개념이 보이는

전자회로 실험

with PSpice

신경욱 지음

한빛아카데미
Hanbit Academy, Inc.

지은이 **신경욱** kwshin@kumoh.ac.kr

한국항공대학교 전자공학과에서 공학사(1984년)를 취득하고, 연세대학교에서 공학석사(1986년)와 공학박사(1990년) 학위를 취득했다. 이후 한국전자통신연구원(ETRI) 반도체연구단에서 근무했으며, 1991년 7월부터 현재까지 금오공과대학교 전자공학부 교수로 재직 중이다. 일리노이 주립대학교 어버나-샴페인 전기 및 컴퓨터공학과(1995년), 캘리포니아 주립대학교 샌디에고 전기 및 컴퓨터공학과(2003년), 조지아텍 전기 및 컴퓨터공학과(2013년)에서 방문연구를 수행했다. 연구 분야는 반도체 집적회로설계, 정보보호 SoC 설계, 디지털시스템 설계 등이다.

저서 및 역서

- 『핵심이 보이는 전자회로 with PSPICE(3판)』(2024, 한빛아카데미)
- 『Verilog HDL 설계 : Vivado와 FPGA를 이용한 설계 실습』(2023, 한빛아카데미)
- 『기초 회로실험(개정판)』(번역서, 2016, 한울)
- 『CMOS 디지털 집적회로 설계』(2014, 한빛아카데미)
- 『전자회로 : 핵심 개념부터 응용까지』(2013, 한빛아카데미)

개념이 보이는 전자회로 실험 with PSpice

초판발행 2026년 1월 9일

지은이 신경욱 / **펴낸이** 전태호
펴낸곳 한빛아카데미(주) / **주소** 서울시 서대문구 연희로2길 62 한빛아카데미(주) 2층
전화 02-336-7112 / **팩스** 02-336-7199
등록 2013년 1월 14일 제2017-000063호 / **ISBN** 979-11-7340-047-6 93560

총괄 박현진 / **책임편집** 김평화 / **기획·편집** 김평화 / **교정** 이정현
디자인 표지 이아란 내지 윤혜원 / **전산편집** 임희남 / **제작** 박성우, 김정우
영업 김성삼, 이정훈, 임현기, 이성훈, 김주성, 심지연

이 책에 대한 의견이나 오탈자 및 잘못된 내용은 출판사 홈페이지나 아래 이메일로 알려주십시오.
파본은 구매처에서 교환하실 수 있습니다. 책값은 뒤표지에 표시되어 있습니다.

홈페이지 www.hanbit.co.kr / 이메일 question@hanbit.co.kr

개념이 보이는

전자회로 실험

with PSpice

신경욱 지음

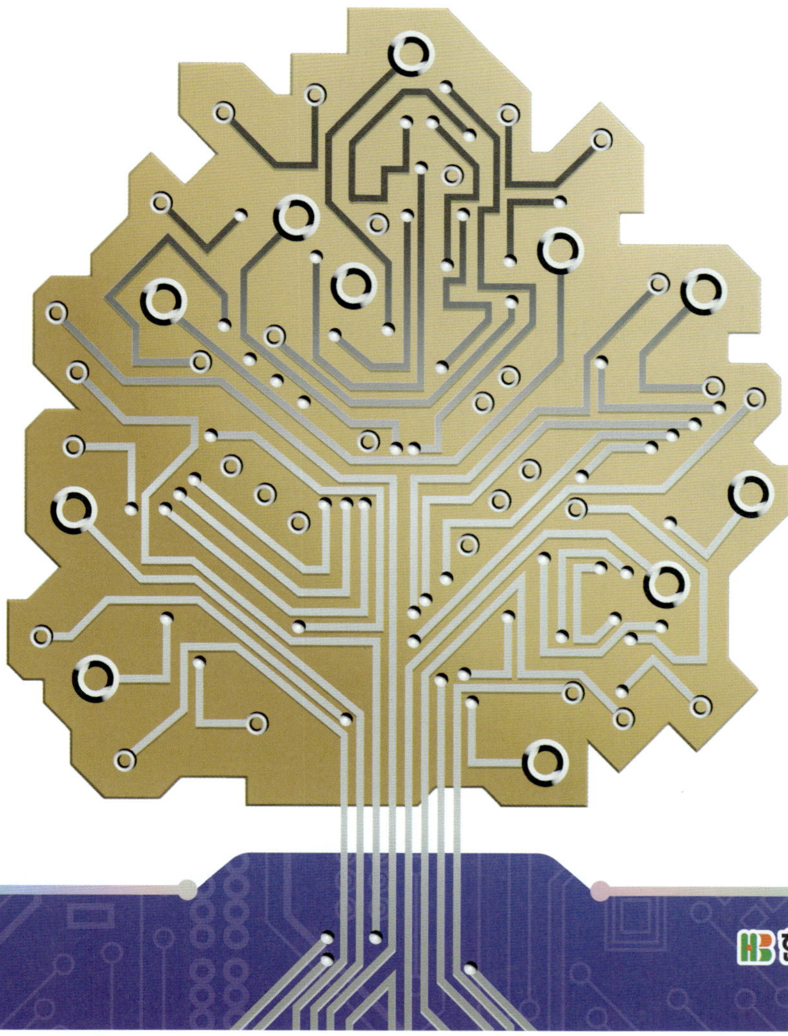

한빛아카데미
Hanbit Academy, Inc.

시뮬레이션과 실험을 결합한 개념이 보이는 전자회로 실험 교재

전자회로는 전기 · 전자공학에서 가장 기본이 되는 교과목이며, 특히 전자회로 실험은 전자, 반도체, 통신, 제어 등의 분야에서 필수로 배우는 교과목이다. 향후 인공지능 기반의 교수 · 학습법이 전자공학 분야 교육에 큰 영향을 미칠 것으로 예상되지만, 학생이 주체가 되어 직접 체험해야 하는 실험은 온라인 교육으로 대체될 수 없으므로 그 중요성은 변함이 없을 것이다. 최근 전자, 정보통신, 반도체 기술이 빠른 속도로 발전함에 따라 산업계에서 요구하는 인재의 역량에도 많은 변화가 있다. 새로운 기술 변화에 대한 이해와 빠른 적응을 위해 전자회로 분야의 기본 개념과 실무 기초 역량을 갖춘 엔지니어를 필요로 한다. 이와 같은 산업계의 요구를 반영하여 체계적인 실험서가 필요하다는 생각에 이 책을 집필하게 되었다.

이 실험서는 4년제 대학교뿐만 아니라 2~3년제 대학에서 전자회로 실험 수업의 주교재로 사용할 수 있도록 구성했다. 국내 대학에서는 한 학기를 14주~15주로 운영하고, 1학점 2시간 또는 2학점 4시간의 실험을 한 학기 또는 두 학기로 편성하는 점을 고려하여 총 26개의 실험 주제로 구성했다. 각 실험 주제는 2개의 실험으로 구성되어 있고, 일부 주제는 설계 실험이 추가되어 있다. 그러므로 대학의 수업 환경에 따라 필요한 실험을 선택할 수 있다.

이 책의 특징

- **실험장비 및 PSpice 사용법을 상세하게 제시**
  전자회로 실험에서는 학생들이 멀티미터, 오실로스코프, 함수발생기, 전원공급기 등의 실험장비와 시뮬레이션 툴인 PSpice를 올바르게 사용하는 것이 중요하다. 그러나 시간 부족 등의 이유로 이들 장비와 툴에 대한 체계적인 교육 없이 실험을 진행하는 게 현실이다. 이 책에서는 전자회로 실험에 사용되는 기본적인 실험장비와 PSpice 시뮬레이션 툴의 사용법 및 주의 사항을 상세하게 설명하고, 관련 실험을 통해 직접 체험하며 사용법을 제대로 익힐 수 있게 했다.

- **'이론적 배경 이해 → PSpice 시뮬레이션 → 실험 진행 → 실험 고찰'의 4단계 실험 전략**
  이론적 배경 이해하기(단계 1)에서는 실험 주제와 관련된 이론을 핵심 개념을 중심으로 이해하고, PSpice 시뮬레이션(단계 2)에서는 시뮬레이션을 통해 실험회로의 구성과 동작을 이해하며 실험에서 측정할 값을 예측해 봄으로써 실험회로에 대한 이해를 높인다. 실험 진행(단계 3)에서는 브레드보드에 실험회로를 구성하고 회로의 동작 특성을 측정하여 기록한다. 실험 고찰(단계 4)에서는 실험 결과에 대한 분석을 통해 실험회로와 관련한 핵심 개념을 충실히 이해한다.

- **시뮬레이션 및 실험 진행 절차를 상세하게 제시**
  PSpice 시뮬레이션은 회로도 입력 → 시뮬레이션 설정 → 시뮬레이션 실행 및 결과 확인의 단계별 절차를 캡처 화면과 함께 상세하게 제시했으며, 시뮬레이션 결과로부터 회로 특성값을 확인하는 방법도 구체적으로 설명했다. 또한 실험 진행은 부품 배치도 완성 → 회로 구성 → 회로 점검 → 전원 연결 → 측정의 단계별 절차를 상세하게 제시하여 체계적으로 실험을 진행할 수 있게 했다. 특히, 브레드보드에 실험회로를 구성하기 전에 부품 배치도를 완성해 봄으로써 실험회로를 정확하게 구성하는 데 도움이 되도록 했다.

- **소자의 데이터 시트 이해**
  [여기서 잠깐] 코너를 통해 실험에 사용되는 소자(다이오드, BJT, 연산증폭기 등)의 데이터 시트에 명시된 정격 및 특성 파라미터의 의미를 이해하고, 이들의 대푯값을 파악할 수 있게 했다.

- **이론서와 실험서의 연계 & 설계와 실험의 연계**
  이 실험서의 실험 내용은 이론서 『핵심이 보이는 전자회로』(한빛아카데미)의 내용과 밀접한 연계성을 갖도록 구성했다. 실험회로에 관한 상세한 이론은 과감하게 줄여 핵심 내용만 제시하고, 대신에 시뮬레이션 및 실험 과정에 집중할 수 있게 했다. 일부 실험 주제에는 회로 설계, 즉 주어진 사양을 만족하도록 소자값을 결정하는 과정을 추가함으로써 정해진 절차에 따라 실험을 진행하는 수동적 실험을 뛰어넘어 회로에 대한 이해력과 응용력을 함양할 수 있도록 했다.

이 책을 올바르게 학습하는 방법

1. 실험 주제에 대한 이론적 배경은 핵심 개념을 중심으로 명확하게 이해하자. 이 책의 **이론적 배경 이해하기**를 통해 실험회로의 이론적 내용을 학습하고, 부족한 부분은 이론서의 관련 내용을 학습하여 보충하자.
2. PSpice **시뮬레이션**을 통해 실험회로의 구성과 동작을 명확하게 이해하고, 실험에서 얻어질 측정값의 예상 범위와 특성을 미리 파악하도록 하자. PSpice 시뮬레이션 결과는 **예비 보고서**로 작성하여 실험 진행에서 참고하도록 하자.
3. 실험을 진행하기 전에 실험회로의 구성, 실험 절차, 측정해야 할 값 등을 충실히 파악하도록 하자. 실험회로를 브레드보드에 올바로 구성하는 것이 실험 진행에서 가장 중요하므로, 실험회로의 브레드보드 부품 배치도 연결을 신중하게 완성하도록 하자.
4. 실험회로를 브레드보드에 구성한 후에는 소자 간의 단락, 접촉 불량, 전원과 접지의 단락 등의 문제가 없는지 회로를 꼼꼼하게 점검하고 확인하도록 하자.
5. 실험에서 얻어진 측정값은 실험 **결과 보고서**로 작성하도록 하자. 측정값이 PSpice 시뮬레이션 결과와 비교하여 차이가 큰 경우에는 측정 과정과 환경을 점검하여 측정 오차가 최소화되도록 하자.
6. 마지막으로, **실험 고찰**을 통해 실험에서 얻어진 결과의 의미를 분석하고, 이론적 배경에서 학습한 내용과 연계하여 실험 주제와 관련한 기본 개념을 충실히 확인하도록 하자.

※ 예비/결과 보고서 양식은 한빛아카데미 홈페이지(http://www.hanbit.co.kr/academy)에서 다운로드할 수 있습니다.

지난 30여 년 동안 필자의 강의 경험을 토대로, 전자회로의 핵심 내용을 간추려 전자공학을 전공하는 학생들에게 꼭 필요한 주제를 중심으로 실험을 구성했다. 다만, 교수자의 시각에 따라서는 보완이 필요하다고 생각되는 부분이 있을 것이다. 보완이 필요한 부분을 출판사나 저자에게 알려주면 개정판에 반영하겠다. PSpice 시뮬레이션 툴과 관련하여 도움을 준 나인플러스(주) 관계자분들과 실험 검증을 통해 실험 내용의 완성도를 높이는 데 도움을 준 대학원생들, 그리고 부족한 원고를 가다듬어 준 한빛아카데미(주) 관계자분들에게 감사의 마음을 전한다.

지은이 **신경욱**

연계 | 〈핵심이 보이는 전자회로〉 1.4절

실험

04

전파 정류회로

실험 목적

- 시뮬레이션을 통해 전파 정류회로와 커패시터 평활회로의 동작을 예측한다.
- 전파 정류회로의 특성을 확인한다.
- 커패시터 평활회로를 갖는 전파 정류회로의 특성을 확인한다.

실험 내용

- 실험 4-1 | 전파 정류회로의 동작 특성 측정
- 실험 4-2 | 커패시터 평활회로를 갖는 전파 정류회로의 동작 특성 측정

이론서와의 연계 표시

이 책과 연계된 이론서 『핵심이 보이는 전자회로』와 매칭되는 절을 보여준다.

실험 목적/내용

실험 목적과 내용을 소개한다.

이론적 배경 이해하기

실험 내용과 관련되는 기본 지식과 핵심 개념을 설명한다.

4.1 이론적 배경 이해하기

1. PN 접합 다이오드 전파 정류회로

■ 회로 구성

- **전파 정류회로** full-wave rectifier는 입력 정현파의 양의 반주기와 음의 반주기 반전을 통과시켜 전체 주기 동안 양의 출력이 얻어지는 회로이며, 교류전압을 직류로 변환하는 직류전원 공급장치에

점검하기

[이론적 배경 이해하기]에서 살펴본 내용을 퀴즈를 통해 점검한다.

점검하기 다음 각 문제에 답하라.

(1) 전파 정류회로는 입력 정현파의 전체 주기 동안 양의 출력이 얻어진다. (O, X)

(2) 중앙 탭 변압기를 이용한 전파 정류회로의 출력전압은 변압기 2차측 전압보다 (V_γ, $2V_\gamma$)만큼 감소되어 출력된다. 단, V_γ는 다이오드의 커트-인 전압이다.

(3) 중앙 탭 변압기를 이용한 전파 정류회로의 다이오드에 걸리는 최대 역방향 전압은 (V_m, $2V_m$)이다. 단, V_m은 변압기 2차측 전압의 진폭이다.

(4) 커패시터 평활회로를 갖는 전파 정류회로의 대표적인 응용은 (교류, 직류) 전원 공급장치이다.

여기서 잠깐

실험에 관련된 소자의 데이터 시트 내용 중 소자 특성 파라미터 등을 소개한다.

여기서 잠깐 PN 접합 다이오드의 데이터 시트 이해하기 – 전기적 특성

전기적 특성 electrical characteristics은 다이오드의 전기적인 특성 파라미터를 규정한다.

[데이터 시트 – 다이오드의 전기적 특성]

ELECTRICAL CHARACTERISTICS†

Rating	Symbol	Typ	Max	Unit
Maximum Instantaneous Forward Voltage Drop, (i_F = 1.0 Amp, T_J = 25°C)	v_F	0.93	1.1	V
Maximum Full-Cycle Average Forward Voltage Drop, (I_O = 1.0 Amp, T_L = 75°C, 1 inch leads)	$V_{F(AV)}$	-	0.8	V
Maximum Reverse Current (rated DC voltage) (T_J = 25°C) (T_J = 100°C)	I_R	 0.05 1.0	 10 50	μA
Maximum Full-Cycle Average Reverse Current, (I_O = 1.0 Amp, T_L = 75°C, 1 inch leads)	$I_{R(AV)}$	-	30	μA

†Indicates JEDEC Registered Data

4.2 실험 진행하기

실험 4-1 | 전파 정류회로의 동작 특성 측정

1. PSpice 시뮬레이션

1 회로도 입력

- PN 접합 다이오드를 이용한 전파 정류회로의 시뮬레이션을 위해 [그림 4-3(a)]의 회로를 PSpice 회로도 편집기에 입력한다.
- 다이오드는 D1N4004 또는 유사 소자를 사용하고, 저항은 $R_L = 1\,\mathrm{k\Omega}$을 사용한다.
- 중앙 탭 변압기를 사용하기 위해 [그림 4-3(b)~(d)]와 같이 anl_misc 라이브러리를 추가하고, XFRM_LIN/CT-SEC 소자를 삽입한다.
- 회로도 편집기 창에서 XFRM_LIN/CT-SEC를 선택하고, 마우스 오른쪽 버튼을 클릭하여 속성 편집기 창을 연다. [그림 4-3(e)]와 같이 1차측 코일은 20 mH, 2차측 코일은 각각 10 mH가 되도록 설정한다.

PSpice 시뮬레이션

시뮬레이션을 통해 실험 결과를 예측하고 검토한다.

2. 실험 전파 정류회로의 동작 특성 측정

[실험장비]

장비명	수량	장비명	수량
함수발생기	1대	멀티미터	1대
오실로스코프	1대		

[실험부품]

다이오드	1N4004(2개)	저항	1kΩ
중앙 탭 변압기	1차측 220V, 2차측 4V 중앙 탭		

1 브레드보드 부품 배치도 연결 완성하기

- [그림 4-6(a)]의 실험회로를 참조해서 [그림 4-6(b)]의 브레드보드 부품 배치도의 연결을 완성한다.

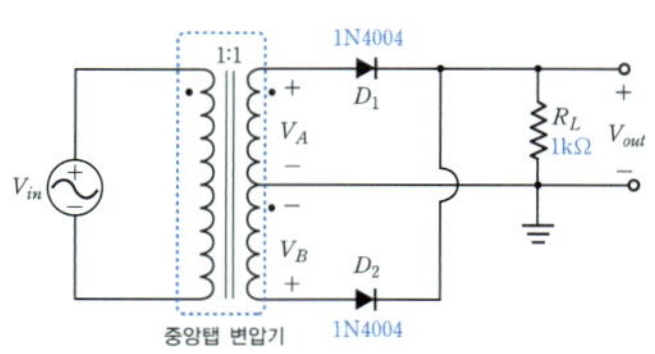

(a) 실험회로

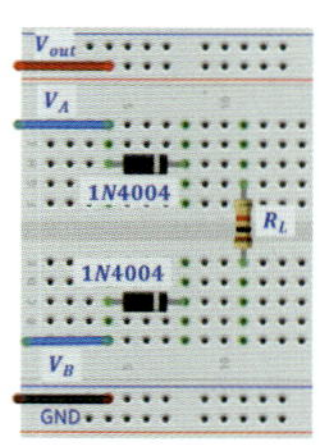

실험회로를 참고해서 부품 배치도의 연결을 완성한다.

(b) 부품 배치도

그림 4-6 중앙탭 변압기를 이용한 전파 정류 실험회로

실험

실제 실험을 진행할 수 있도록 상세한 과정을 소개한다.

실험장비/부품

실험에 사용할 장비와 회로 부품의 종류 및 수량을 알려준다.

부품 배치도 연결

실험회로를 브레드보드에 구현하기 전에 제시된 부품 배치도에 연결을 완성한다.

실험 고찰

결과에 대한 분석을 통해 해당 실험에서 알아야 하는 핵심 개념을 고찰한다.

실험 고찰

■ **고찰 [1]**

- [그림 4-5(b)]의 시뮬레이션 결과와 [그림 4-7(b)]의 측정 결과로부터, [그림 4-6(a)]의 전파 정류회로에 사용되는 PN 접합 다이오드의 PIV는 얼마 이상 되어야 하는지 구하라.

■ **고찰 [2]**

- [표 4-4]의 측정 결과로부터, 평활 커패시터 C_F가 출력전압의 리플 크기에 미치는 영향을 설명하라.

장	실험 제목	실험 번호	실험 내용
1	실험장비 사용법	1-1	직류 전원공급기와 DMM 사용법 익히기
		1-2	함수발생기와 오실로스코프 사용법 익히기
2	PSpice 사용법	2-1	Bias Point 해석
		2-2	DC Sweep 해석
		2-3	Time Domain(Transient) 해석
		2-4	AC Sweep(Noise) 해석
3	PN 접합 다이오드의 전류–전압 특성과 반파 정류회로	3-1	PN 접합 다이오드의 전류–전압 특성 측정
		3-2	반파 정류회로의 동작 특성 측정
4	전파 정류회로	4-1	전파 정류회로의 동작 특성 측정
		4-2	커패시터 평활회로를 갖는 전파 정류회로의 동작 특성 측정
5	제너 다이오드 응용회로	5-1	제너 다이오드의 전류–전압 특성 측정
		5-2	제너 다이오드 정전압 회로의 특성 측정
6	BJT의 전류–전압 특성	6-1	NPN형 BJT의 $I_C - V_{CE}$ 특성 측정
		6-2	NPN형 BJT의 $I_C - V_{BE}$ 특성 측정
7	BJT의 바이어스 회로	7-1	NPN형 BJT의 전압분배 바이어스 회로의 동작점 전류, 전압 측정
		7-2	NPN형 BJT의 자기 바이어스 회로의 동작점 전류, 전압 측정
		7-3	[설계] NPN형 BJT의 전압분배 바이어스 회로 설계
8	BJT 증폭기 회로	8-1	공통이미터 증폭기 회로의 동작 특성 측정
		8-2	공통컬렉터 증폭기 회로의 동작 특성 측정
		8-3	[설계] 공통이미터 증폭기 회로 설계
9	증가형 MOSFET의 전류–전압 특성	9-1	증가형 N채널 MOSFET의 $I_D - V_{DS}$ 특성 측정
		9-2	증가형 N채널 MOSFET의 $I_D - V_{GS}$ 특성 측정
10	증가형 MOSFET의 바이어스 회로	10-1	N채널 MOSFET의 전압분배 바이어스 회로의 동작점 전류, 전압 측정
		10-2	N채널 MOSFET의 자기 바이어스 회로의 동작점 전류, 전압 측정
		10-3	[설계] N채널 MOSFET의 전압분배 바이어스 회로 설계
11	MOSFET 증폭기 회로	11-1	공통소오스 증폭기 회로의 동작 특성 측정
		11-2	공통드레인 증폭기 회로의 동작 특성 측정
		11-3	[설계] 공통소오스 증폭기 회로 설계
12	능동부하를 갖는 MOSFET 증폭기 회로	12-1	MOSFET 정전류원 회로의 동작 특성 측정
		12-2	능동부하를 갖는 공통소오스 증폭기 회로의 동작 특성 측정

장	실험 제목	실험 번호	실험 내용
13	증폭기의 저주파 응답 특성	13-1	결합 커패시터에 의한 공통컬렉터 증폭기의 저주파 응답 특성 측정
		13-2	바이패스 커패시터에 의한 공통이미터 증폭기의 저주파 응답 특성 측정
14	증폭기의 고주파 응답 특성	14-1	공통이미터 증폭기의 고주파 응답 특성 측정
		14-2	공통소오스 증폭기의 고주파 응답 특성 측정
15	캐스코드 증폭기의 주파수 응답 특성	15-1	BJT 캐스코드 증폭기의 주파수 응답 특성 측정
		15-2	MOSFET 캐스코드 증폭기의 주파수 응답 특성 측정
16	차동증폭기 회로	16-1	MOSFET 차동증폭기 회로의 특성 측정
		16-2	BJT 차동증폭기 회로의 특성 측정
17	푸시-풀 증폭기 회로	17-1	B급 푸시-풀 증폭기 회로의 특성 측정
		17-2	[설계] AB급 푸시-풀 증폭기 회로 설계
18	귀환증폭기 회로	18-1	직렬-병렬 귀환증폭기 회로의 특성 측정
		18-2	병렬-병렬 귀환증폭기 회로의 특성 측정
19	OP Amp 비교기 및 반전증폭기 회로	19-1	OP Amp 비교기 회로의 동작 특성 측정
		19-2	OP Amp 반전증폭기 회로의 동작 특성 측정
20	OP Amp 비반전증폭기 및 전압 팔로워 회로	20-1	OP Amp 비반전증폭기 회로의 동작 특성 측정
		20-2	OP Amp 전압 팔로워 회로의 동작 특성 측정
		20-3	[설계] OP Amp 비반전가산기 회로 설계
21	OP Amp 응용회로	21-1	OP Amp 계측증폭기 회로의 동작 특성 측정
		21-2	OP Amp 정밀 반파 정류회로의 동작 특성 측정
22	OP Amp 주파수 응답 특성과 슬루율	22-1	OP Amp 비반전증폭기의 주파수 응답 특성 측정
		22-2	OP Amp 슬루율 특성 측정
23	정현파 발진기 회로	23-1	위상이동 발진기 회로의 동작 특성 측정
		23-2	빈 브릿지 발진기 회로의 동작 특성 측정
24	슈미트 트리거 회로	24-1	반전 슈미트 트리거 회로의 동작 특성 측정
		24-2	[설계] 비반전 슈미트 트리거 회로 설계
25	슈미트 트리거 응용회로	25-1	슈미트 트리거를 이용한 구형파 발생기 회로의 동작 특성 측정
		25-2	슈미트 트리거와 적분기를 이용한 삼각파 발생기 회로의 동작 특성 측정
26	555 타이머 IC 응용회로	26-1	555 타이머 IC를 이용한 구형파 발생기 회로의 동작 특성 측정
		26-2	555 타이머 IC를 이용한 펄스 발생기 회로의 동작 특성 측정

실험

01

실험장비 사용법

실험 목적

- 직류 전원공급기와 디지털 멀티미터(DMM)의 기능과 사용법을 익힌다.
- 함수발생기와 오실로스코프의 기능과 사용법을 익힌다.

실험 내용

- 실험 1-1 | 직류 전원공급기와 DMM 사용법 익히기
- 실험 1-2 | 함수발생기와 오실로스코프 사용법 익히기

1.1 실험장비 소개

1. 직류 전원공급기

- **직류 전원공급기**[DC power supply]는 실험회로에 일정한 직류전압을 공급하는 장치이다.
- [그림 1-1]은 2개(master와 slave)의 출력을 제공하는 전원공급기의 한 예시이다. 제조사와 모델에 따라 장비 전면부 조작 버튼의 구성에 차이가 있으나, 기본적인 기능과 조작 방법은 유사하다.

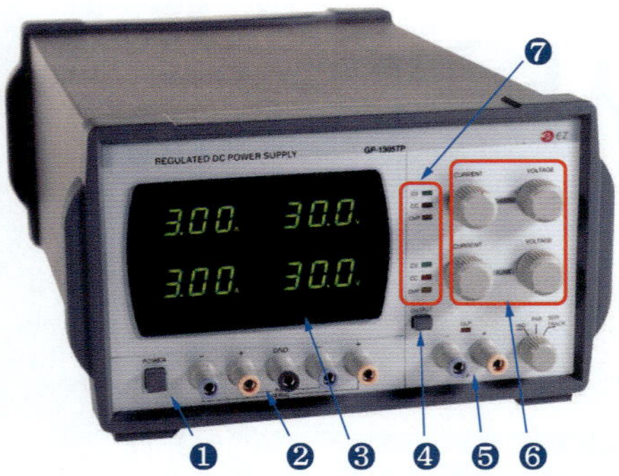

그림 1-1 직류 전원공급기(예시)

❶	장비의 전원 버튼
❷	master, slave 출력단자, 접지단자
❸	master, slave 출력전압, 전류 표시
❹	master, slave 출력 ON/OFF 스위치
❺	DC 5V 출력단자
❻	master, slave 출력전압, 전류 설정 다이얼
❼	master, slave CV, CC, OVP 표시

■ 사용 방법

❶ 전원 스위치(❶)를 눌러 전원을 켠다.

❷ master, slave 출력 스위치(❹)가 OFF 상태인지 확인한다.

❸ master, slave의 출력전압, 전류 설정 다이얼(❻)로 원하는 출력 전압값과 전류값을 설정한다.

❹ 설정된 전압값과 전류값을 디지털 멀티미터[DMM : Digital Multi-Meter] 등을 이용해서 확인한다.

❺ 연결될 회로의 단자와 접지 상태를 확인한 후, 전원공급기의 출력을 회로에 연결한다.

❻ master, slave 출력 스위치(❹)를 ON시켜 회로에 전원을 공급한다.

■ 직류 전원공급기 사용 시 주의 사항

- 직류 전원공급기의 출력을 회로에 연결할 때는 극성에 주의해야 한다.
- 전류나 과전압으로 인해 전원공급기나 회로가 손상되지 않도록 주의한다. 과전압이 발생하여 OVP^Over Voltage Protection^ LED(❼)가 켜지면 즉시 전원을 OFF시키고 원인을 해결한다.

■ 직류 전원공급기의 동작모드

- 일반적인 직류 전원공급기는 CV^Constant Voltage^(정전압) 모드와 CC^Constant Current^(정전류) 모드를 가지며, 장치에서 모드가 자동으로 선택되므로 사용자가 임의로 선택할 수 없다.
- **CV 모드** : 사용자가 설정한 전압값이 유지되고 부하 저항값에 따라 전류가 유동적으로 공급되는 정전압 모드이다. 예를 들어, 전원공급기의 출력전압을 $V_S = 10\,\text{V}$, 출력전류를 $I_S = 1\,\text{A}$로 설정한 상태에서 부하저항 $R_L = 20\,\Omega$을 연결하면, $V_S < I_S R_L$이 되므로 출력전압은 $V_S = 10\,\text{V}$로 설정된 값이 유지되고 전류 $I_S = 0.5\,\text{A}$가 부하저항에 공급되는 CV 모드로 동작한다. 즉, 전원공급기의 출력전류를 줄여서 출력전압을 설정값으로 유지한다.
- **CC 모드** : 사용자가 설정한 전류값이 유지되고 부하 저항값에 따라 전압이 유동적으로 공급되는 정전류 모드이다. 예를 들어, 전원공급기의 출력전압을 $V_S = 10\,\text{V}$, 출력전류를 $I_S = 1\,\text{A}$로 설정한 상태에서 부하저항 $R_L = 5\,\Omega$을 연결하면, $I_S R_L < V_S$가 되므로 출력전류는 $I_S = 1\,\text{A}$로 설정된 값이 유지되고 $V_S = 5\,\text{V}$가 부하저항에 공급되는 CC 모드로 동작한다. 즉, 전원공급기의 출력전압을 줄여서 출력전류를 설정값으로 유지한다.

■ 직류 전원공급기의 보호 기능

- 직류 전원공급기는 기본적으로 부하에 무관하게 일정한 전압을 공급하는 정전압^CV^ 모드로 동작하며, 출력전류는 연결된 부하저항에 의해 옴의 법칙^Ohm's law^에 따라 결정된다.
- 직류 전원공급기에 연결된 부하저항이 작은 경우에는 예기치 않게 큰 전류가 발생할 수 있으며, 또한 예기치 않게 과전압이 출력될 수 있다. 이는 부하의 손상 또는 파괴를 유발할 수 있으므로, 이런 상황이 발생하지 않도록 다음의 방법이 사용된다.
  - **과전류 방지**^OCP : Over Current Protection^ : 전원공급기에서 전류 임계값의 초과가 감지될 때 출력을 차단하는 기능
  - **과전압 방지**^OVP : Over Voltage Protection^ : 전원공급기에서 과전압이 출력되었을 때 출력을 차단해서 부하를 보호하는 기능
  - **정전류**^CC^ **모드** : 출력전류가 설정된 임계값으로 유지되도록 출력전압을 줄이는 기능

2. 함수발생기

- **함수발생기**function generator는 정현파sine wave, 삼각파triangular wave, 구형파square wave 등의 신호를 생성하는 장비이며 **신호발생기**signal generator라고도 한다. 출력 파형의 종류 선택과 주파수 및 진폭을 설정하는 기능을 갖는다.
- [그림 1-2]는 함수발생기의 한 예시이다. 제조사와 모델에 따라 기능과 성능 그리고 장비 전면부 조작 버튼의 구성에 차이가 있으나, 기본적인 기능과 조작 방법은 유사하다.

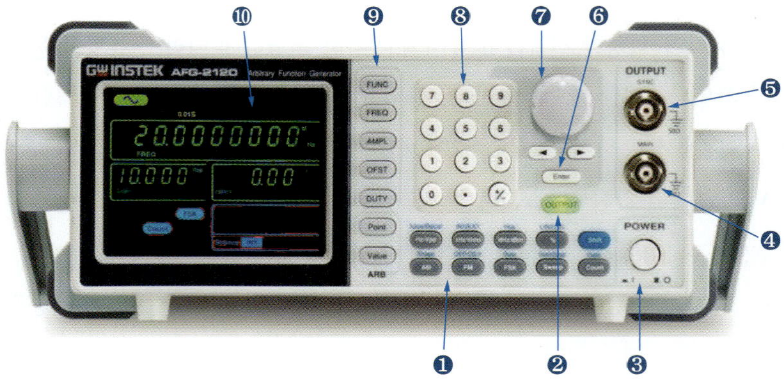

❶	동작 키 : 주파수 단위(Hz, kHz, MHz), 진폭값 유형(Vpp, Vrms), 변조 방식(AM, FM) 등을 설정	❻	방향 및 엔터 키 : 입력되는 값의 자리 이동 및 입력 확정
❷	OUTPUT 키 : 파형의 출력을 ON/OFF시킴	❼	다이얼 : 휠을 돌려서 값을 1씩 증가/감소시켜 입력함
❸	장비의 전원 버튼	❽	숫자 키패드 : 숫자키를 눌러 값을 직접 입력함
❹	MAIN 출력 포트	❾	바로가기 버튼 : 출력 파형, 주파수, 진폭, DC offset, 듀티비 등 설정할 파라미터를 선택함
❺	SYNC 출력 포트	❿	LCD 표시부 : 출력 파형의 종류, 주파수, 진폭, DC offset 등의 정보를 표시

그림 1-2 함수발생기(예시)

■ 정현파 생성(주파수 10kHz, 피크-피크 5Vpp, DC 오프셋 1Vdc의 경우)

❶ 기기의 전원을 켜고, OUTPUT의 OFF 여부를 확인한다. 만약 OUTPUT이 ON되어 있으면, OUTPUT 키를 한 번 눌러서 OFF시킨다.

❷ FUNC 버튼을 눌러 정현파를 선택한다.

❸ FREQ 버튼을 누르고 숫자 키패드로 10을 입력한 후, kHz 키를 눌러 주파수 10kHz로 설정한다.

❹ AMPL 버튼을 누르고 숫자 키패드로 5를 입력한 후, Hz/Vpp 키를 눌러 5Vpp로 설정한다.

❺ OFST 버튼을 누르고 숫자 키패드로 1을 입력한 후, Hz/Vpp 키를 눌러 1Vdc로 설정한다.

■ 구형파 생성(주파수 100kHz, 피크-피크 3Vpp, 듀티비 75%의 경우)

❶ 기기의 전원을 켜고, OUTPUT의 OFF 여부를 확인한다. 만약 OUTPUT이 ON되어 있으면, OUTPUT 키를 한 번 눌러서 OFF시킨다.

❷ FUNC 버튼을 눌러 구형파를 선택한다.

❸ FREQ 버튼을 누르고 숫자 키패드로 100을 입력한 후, kHz 키를 눌러 주파수 100kHz로 설정한다.

❹ AMPL 버튼을 누르고 숫자 키패드로 3을 입력한 후, Hz/Vpp 키를 눌러 3Vpp로 설정한다.

❺ DUTY 버튼을 누르고 숫자 키패드로 75를 입력한 후, % 키를 눌러 75%로 설정한다.

■ 삼각파 생성(주파수 5kHz, 피크-피크 4Vpp, 듀티비 25%의 경우)

❶ 기기의 전원을 켜고, OUTPUT의 OFF 여부를 확인한다. 만약 OUTPUT이 ON되어 있으면, OUTPUT 키를 한 번 눌러서 OFF시킨다.

❷ FUNC 버튼을 눌러 삼각파를 선택한다.

❸ FREQ 버튼을 누르고 숫자 키패드로 5를 입력한 후, kHz 키를 눌러 주파수 5kHz로 설정한다.

❹ AMPL 버튼을 누르고 숫자 키패드로 4를 입력한 후, Hz/Vpp 키를 눌러 4Vpp로 설정한다.

❺ DUTY 버튼을 누르고 숫자 키패드로 25를 입력한 후, % 키를 눌러 25%로 설정한다.

■ 함수발생기 사용 시 주의 사항

- 함수발생기에서 출력되는 파형(정현파, 삼각파, 구형파 등)과 주파수를 정확하게 설정해야 한다. 잘못된 설정은 측정 결과에 영향을 줄 수 있다.
- 대부분의 함수발생기에는 기기의 전원 스위치와 별도로 출력을 ON/OFF시키는 버튼이 있다. 출력을 OFF시킨 상태에서 파형 선택, 주파수, 진폭 등을 설정하고, 설정이 완료된 후에 출력을 ON시켜 회로에 공급하는 것이 바람직하다.
- 대부분의 함수발생기는 50Ω의 내부 임피던스를 갖는다. 함수발생기 출력이 인가되는 회로의 부하 임피던스가 작은 경우에는 함수발생기 내부 임피던스에 의한 전압강하가 발생하여 무부하 상태의 함수발생기 출력전압보다 감쇄된 전압이 회로에 인가되므로, 이를 고려해서 출력전압의 크기를 설정해야 한다. 부하 임피던스가 수 kΩ 이상으로 충분히 큰 경우에는 함수발생기 내부 임피던스의 영향은 무시해도 된다.

3. 디지털 멀티미터(DMM)

- **멀티미터**multimeter는 교류AC 및 직류DC 전류와 전압, 저항값 등을 측정하는 다기능 계측기이다. 과거에는 아날로그 방식이 사용되었으나, 최근에는 디지털 방식의 **디지털 멀티미터**DMM : Digital Multi-Meter가 일반적으로 사용된다.
- [그림 1-3]은 휴대형 DMM의 예시이고, [그림 1-4]는 탁상형 DMM의 예시이다. 기기의 제조회사와 제품에 따라 차이가 있으나 기본적인 구성과 기능은 유사하다.

❶	디지털 표시부
❷	기능(측정 모드) 및 기기의 전원 OFF 다이얼 스위치
❸	400 mA 이내의 AC, DC 전류 측정용 입력단자
❹	10 A 이내의 AC, DC 전류 측정용 입력단자
❺	모든 측정을 위한 공통 단자
❻	전압, 저항 값 측정 및 다이오드 테스트용 입력단자
❼	Auto Range와 Manual Range 전환 및 수동 범위 설정 버튼
❽	시프트 버튼(노란색으로 표시된 대체 측정 기능 설정용)
❾	HOLD 버튼(누르면 측정치를 기록)
❿	MIN, MAX, AVG 기록 모드 설정 버튼

그림 1-3 휴대형 DMM(예시)

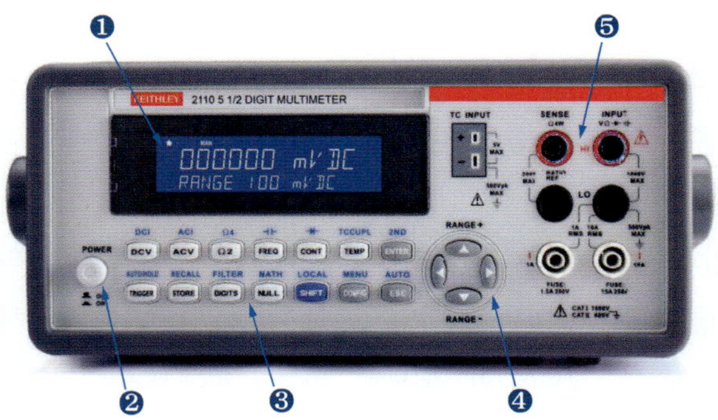

❶	디지털 표시부
❷	장비의 전원 버튼
❸	기능 설정 키
❹	Range 설정 및 스크롤 키
❺	입력 및 COM 단자, SENSE 단자

그림 1-4 탁상형 DMM(예시)

- 측정용 프로브는 [그림 1-5]와 같이 흑색과 적색이 한 쌍으로 구성되며, 흑색 프로브는 DMM의 COM(공통) 단자에 연결하고, 적색 프로브는 측정하려는 대상(전압, 전류, 저항, 다이오드 테스트)에 따라 V Ω ⊣▷⊢ 또는 mA 또는 A 단자에 연결한다.

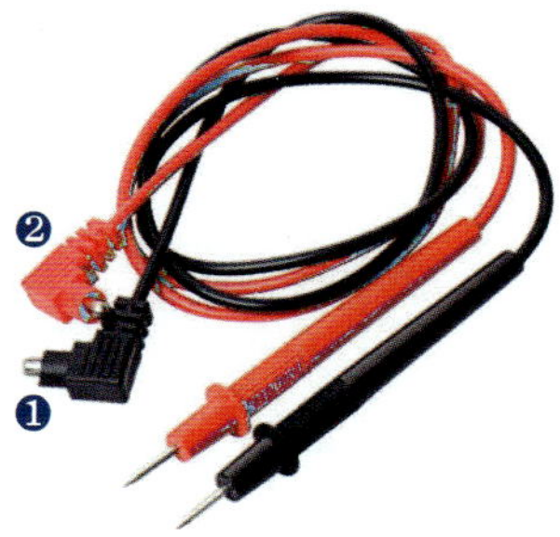

❶ 흑색 프로브	항상 DMM의 COM 단자에 연결
❷ 적색 프로브	측정하려는 전압, 전류, 저항에 따라 V Ω ⊣▷⊢ 또는 mA 또는 A 단자에 연결

그림 1-5 측정용 프로브

■ 전압 측정

- 회로나 부품에 걸리는 전압을 측정하며, 전압 측정 위치에 **병렬로** DMM을 연결한다.
- 교류전압^{ACV}과 직류전압^{DCV}은 측정 원리가 다르므로 측정 모드를 먼저 설정한 후 측정해야 한다.
- [그림 1-6]은 직류전압과 교류전압 측정을 위한 연결을 보인 것이다. DMM의 측정 모드를 DCV 또는 ACV로 설정하고, 측정되는 전압의 범위를 추정하여 측정 범위도 설정한다.
- 예상되는 전압보다 높은 측정 범위로 설정하는 것이 바람직하다.

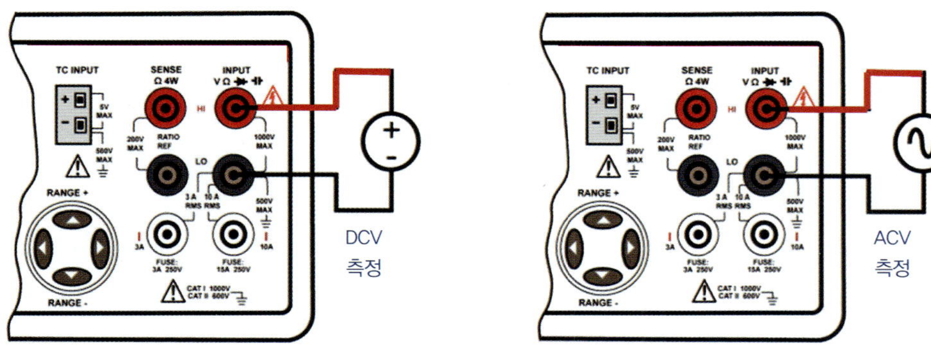

(a) 직류전압 측정(측정 모드를 DCV로 설정해야 함)　(b) 교류전압 측정(측정 모드를 ACV로 설정해야 함)

그림 1-6 전압 측정

■ 전류 측정

- 회로나 부품에 흐르는 전류를 측정하며, 전류 측정 위치에 **직렬로** DMM을 삽입해서 연결한다.
- 전류 측정 모드에서 DMM 내부의 저항은 0Ω에 가까운 매우 작은 값을 가지므로, 전류 측정 모드로 설정된 상태에서 배터리 등의 전압을 측정하면 과전류가 흘러 기기가 손상될 수 있으므로 주의해야 한다.
- [그림 1-7]은 직류전류와 교류전류 측정을 위한 연결을 보인 것이다. DMM의 측정 모드를 DCI 또는 ACI로 설정하고 측정되는 전류의 범위를 추정하여 측정 범위를 설정한다.

- 예상되는 전류보다 높은 측정 범위로 설정하는 것이 바람직하며, 적색 프로브를 측정 전류 범위에 적합한 단자에 연결한다.
- 최대 측정 전류량은 DMM 기기에 따라 다르며, 휴대형 DMM의 경우에는 수백 mA 이내의 전류 측정 단자와 10 A 이내의 전류 측정 단자로 나뉘기도 한다.

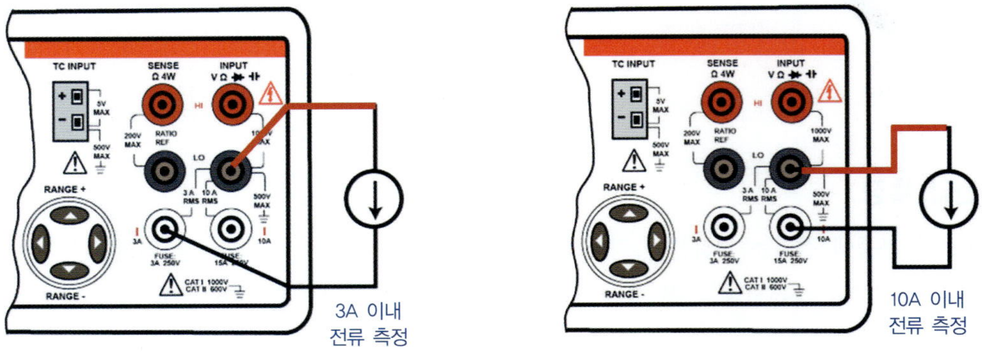

(a) 3A 이내의 직류 또는 교류전류 측정 (b) 10A 이내의 직류 또는 교류전류 측정

그림 1-7 전류 측정(측정 모드를 DCI 또는 ACI로 설정해야 함)

■ 저항 측정

- 저항값 확인, 도통 확인, 개방 또는 단락의 식별을 위해 사용된다.
- [그림 1-8]은 저항 측정을 위한 연결을 보인 것이다. DMM을 저항 측정 모드로 설정하고, 측정되는 저항의 범위를 추정하여 측정 범위도 설정한다.
- 예상되는 저항값보다 높은 측정 범위로 설정하는 것이 바람직하며, 저항을 측정할 때 범위에 유의해야 한다. 예를 들어, 큰 측정 범위로 설정한 상태에서 작은 값의 저항을 측정하면, 측정 결과는 '0'으로 표시되며, 반대로 작은 측정 범위로 설정한 상태에서 큰 값의 저항을 측정하면 무한대로 표시되어 부정확한 측정이 된다. 측정 범위를 예상하기 어려운 경우에는 큰 측정 범위부터 시작해서 점차 작은 범위로 변경하면서 반복 측정하는 방법을 사용한다.
- 측정 범위가 자동으로 설정되는 DMM도 있다.

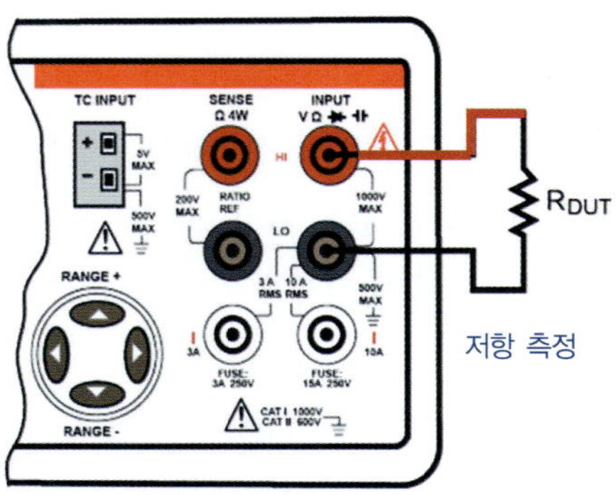

그림 1-8 저항 측정(저항 측정 모드로 설정해야 함)

■ 다이오드 테스트

- PN 접합 다이오드나 제너Zener 다이오드의 순방향 및 역방향 특성을 테스트할 수 있으며, 다이오드의 결함이나 손상의 식별을 위해 사용될 수 있다.
- [그림 1-9]는 다이오드 테스트를 위한 연결을 보인 것이며, 측정 모드를 다이오드 테스트 모드로 설정해야 한다.

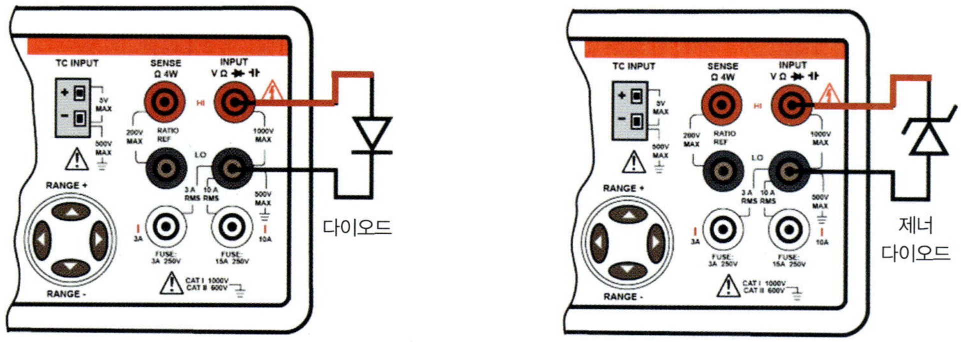

(a) PN 접합 다이오드 테스트

(b) 제너 다이오드 테스트

그림 1-9 다이오드 테스트(측정 모드를 다이오드 테스트 모드로 설정해야 함)

■ DMM 사용 시 주의 사항

- DMM은 전류, 전압, 저항값 등 여러 전기적 물리량을 측정하는 기기이므로, 측정 모드를 정확하게 설정한 후 측정해야 한다.
- DMM을 이용한 저항, 다이오드 테스트, 단락/개방 확인 전에는 먼저 회로의 전원을 OFF시킨 후 측정해야 한다.
- 측정하려는 범위를 정확히 파악하고, 해당 범위에 맞게 DMM의 측정 범위를 설정해야 한다. 측정 범위가 잘못 설정되면 측정 결과가 부정확하거나 기기가 손상될 수 있다.
- 정확한 측정을 위해서는 프로브와 측정 대상 사이의 접촉이 확실해야 한다. 불완전한 접촉은 측정 오차를 유발할 수 있다.
- 측정 회로나 DMM에 과전류가 흐르거나 과전압이 걸리지 않도록 주의해야 한다. 과전류, 과전압에 의해 기기가 손상되거나 폭발, 화재 등을 유발할 수 있다.
- 전류 측정 모드에서 DMM 내부의 저항은 0Ω에 가깝게 매우 작으므로, 전류 측정 모드로 설정한 상태에서 전압을 측정하면 과전류가 흘러 기기가 손상될 수 있다.
- DMM의 보정calibration 상태를 정기적으로 확인하여 정확한 측정값이 유지되도록 한다.
- 테스트 프로브에 이물질이 있으면 측정 결과에 영향을 미칠 수 있으므로, 청결한 상태를 유지한다.
- 배터리로 작동하는 DMM의 경우, 배터리 잔량을 정기적으로 확인해야 한다. 배터리 잔량이 부족하면 부정확한 측정 결과가 얻어질 수 있다.

4. 오실로스코프

- **오실로스코프**[oscilloscope]는 전자/전기/통신 분야에서 회로나 시스템의 동작 특성 정보를 측정하고 분석하기 위한 목적으로 사용되는 계측장비이다.
- 오실로스코프는 시간에 따라 변하는 전압 파형을 화면에 표시해주며, 세로(Y) 축은 전압이고 가로(X) 축은 시간이다. 디스플레이의 명암 또는 밝기를 Z-축이라고도 한다.
- 오실로스코프는 정현파 또는 비정현파(구형파, 삼각파, 펄스 등)의 크기(진폭), 주파수(주기), 위상, 평균값, 실효값[rms value], 그리고 직류전압 등을 측정하기 위해 사용된다.
- 과거에는 아날로그형 오실로스코프가 사용되었으나, 최근에는 디지털형 오실로스코프가 일반적으로 사용된다. 디지털 오실로스코프는 측정된 아날로그 신호(전압)를 연속된 샘플링[sampling]으로 획득하고, 이를 아날로그-디지털 변환기[ADC : Analog-Digital Converter]를 통해 디지털 정보로 변환하여 파형을 표시한다. 따라서 오실로스코프 자체 또는 외부 컴퓨터를 사용하여 측정된 파형 정보의 저장, 분석 등 다양한 기능을 제공한다.
- 디지털 오실로스코프는 제조사와 모델에 따라 장비의 성능과 전면부 조작 버튼 구성 및 기능에 차이가 있다. [그림 1-10]은 Tektronix사 TBS1000C Series 디지털 오실로스코프의 전면 제어부 구성과 기능 설정 버튼에 대한 간략한 설명을 보인다.
  - 장비의 전면부는 측정된 파형, 관련 데이터 및 설정 메뉴가 표시되는 LCD 영역과 각종 버튼이 배치된 제어 영역으로 구성된다.
  - 제어 영역은 크게 나누어 수직[vertical] 제어, 수평[horizontal] 제어, 트리거[trigger] 제어와 장비의 기능과 환경을 설정하는 버튼 영역으로 구성된다.

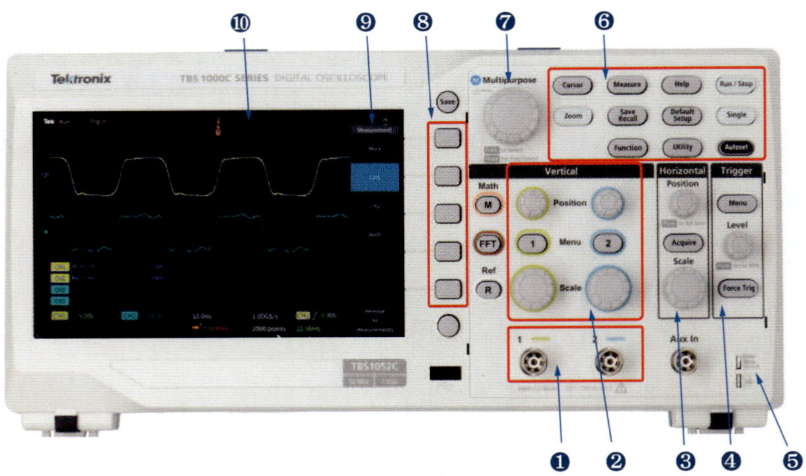

그림 1-10 디지털 오실로스코프 전면부(예시)(계속)

❶	입력 포트 : CH1, CH2 프로브 연결
❷	**수직 제어부** • Position 노브 : CH1, CH2 파형의 수직 위치 조정 • Scale 노브 : CH1, CH2 파형의 전압 스케일 확대/축소 조정 • Menu 버튼 : CH1, CH2의 ON/OFF 및 채널 조정메뉴 ON/OFF
❸	**수평 제어부** • Position 노브 : CH1, CH2 파형의 수평 위치 조정 • Scale 노브 : CH1, CH2 파형의 시간 스케일 확대/축소 조정
❹	**트리거 제어부** • Menu 버튼 : 트리거 메뉴 ON/OFF • Level 노브 : 트리거 레벨 조정
❺	프로브 보정용 단자 : 1 kHz, 5 Vpp 구형파 기준신호 제공
❻	기능 버튼 • Utility 버튼 : 기기의 편의 기능(언어, 시간 설정, 기능 활성화 등) 설정 • Measure 버튼 : CH1, CH2 파형에 대한 측정 기능 설정 • Autoset 버튼 : 측정된 파형이 최적의 상태로 화면에 표시되도록 자동 설정
❼	다목적 노브(Knob) : 화면의 메뉴 표시 영역(❾)에 메뉴가 표시되고 노브 사용이 활성화(왼쪽 LED ON)된 상태에서 하위 메뉴를 이동하여 선택/취소
❽	메뉴 버튼 : 화면의 메뉴 표시 영역(❾)에 메뉴가 표시된 상태에서 버튼을 누르면 세부 메뉴가 표시되며, 다목적 노브(❼)로 세부 메뉴를 설정할 수 있음
❾	메뉴 표시 영역
❿	LCD 표시부 : 측정된 파형 및 관련 데이터(첨두-첨두값, 주파수 등)를 표시

그림 1-10 디지털 오실로스코프 전면부(예시)

• 디지털 오실로스코프는 크게 나누어 수직 시스템, 수평 시스템, 트리거 시스템 그리고 디스플레이 시스템으로 구성된다. Tektronix TBS 1000C Series의 수직, 수평, 트리거 제어부는 [그림 1-11]과 같이 구성된다.

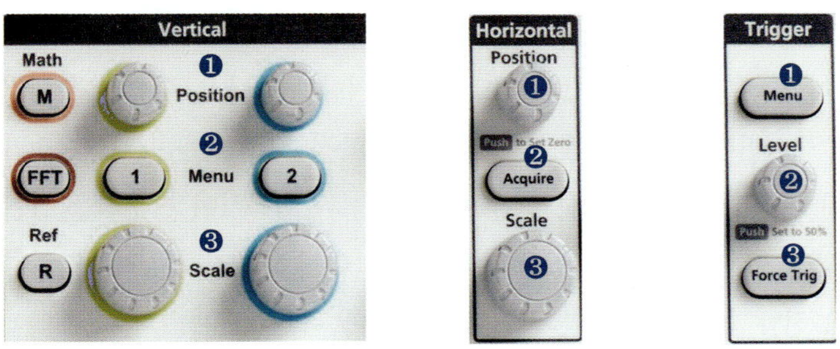

(a) 수직 제어부 (b) 수평 제어부 (c) 트리거 제어부

그림 1-11 오실로스코프 제어부

(1) 수직 시스템

- 각 채널 파형의 수직 방향 위치와 스케일을 설정하고, 파라미터 설정 및 개별 파형을 켜거나 끌 수 있다.
- **수직 위치 노브([그림 1-11(a)]의 ❶)** : 각 채널 파형을 위/아래로 이동시켜 화면에서 원하는 위치로 조정할 수 있다. [그림 1-12]는 수직 위치 설정에 의해 파형의 위치가 다르게 표시되는 예를 보인다.
- **수직 스케일 노브([그림 1-11(a)]의 ❸)** : 각 채널 파형이 화면에 표시되는 크기를 설정하며, 통상 volts/div로 표시한다. 예를 들어, 수직 스케일을 1V/div로 설정하면, 10개의 수직 영역으로 구성되는 전체 화면의 맨 아래에서 맨 위까지 화면에 표시되는 최대 전압은 10V가 된다. 사용하는 프로브의 감쇠율(1X 또는 10X)도 수직 스케일에 영향을 주는 점에 유의해야 한다. [그림 1-13]은 수직 스케일 설정에 따라 피크-피크 1Vpp인 파형의 크기가 다르게 표시되는 것을 보인다.
- **수직 메뉴 버튼([그림 1-11(a)]의 ❷)** : 각 채널에 대한 수직 파라미터(입력 커플링, 프로브 감쇠 및 유형) 또는 디스플레이에서 파형의 표시나 제거를 위한 수직 파라미터를 설정하는 사이드 메뉴를 연다.

■ 오실로스코프의 입력 커플링

- 전기신호를 한 회로에서 다른 회로로 연결하는 데 사용되는 방법을 커플링[coupling]이라고 하며, 테스트 회로와 오실로스코프 사이의 연결을 입력 커플링이라 한다. 오실로스코프의 입력 커플링은 DC, AC 또는 접지로 설정할 수 있다.
  - **DC 커플링** : 입력신호에 포함된 DC 성분과 AC 성분을 모두 화면에 표시한다. [그림 1-14(a)]는 DC 2V가 포함된 정현파를 DC 커플링 입력한 경우이다.
  - **AC 커플링** : 입력신호에 포함된 DC 성분을 차단해서 0V를 중심으로 파형을 화면에 표시하며, 전체 입력신호(교류 + 직류)가 수직 스케일 설정에 비해 큰 경우에 유용하다. [그림 1-14(b)]는 DC 2V가 포함된 정현파를 AC 커플링 입력한 경우이며, 입력에 포함된 DC 성분이 제거되어 교류 성분만 화면에 표시된다.
  - **접지 커플링** : 입력신호에서 DC 성분을 차단해서 0V의 위치를 나타내는 수평선 형태의 접지(0V) 신호만 화면에 표시한다. 실제 파형 형태나 크기를 측정하기보다는, 신호의 전압 레벨을 접지(0V)와 비교하여 기준점을 확인하거나, AC 커플링과 비교하여 기준점을 잡는 용도로 사용된다. DC 커플링에서 접지 커플링으로 전환했다가 다시 DC 커플링으로 전환하는 방법을 사용하면 신호 전압 레벨을 접지와 비교하여 손쉽게 측정할 수 있다.

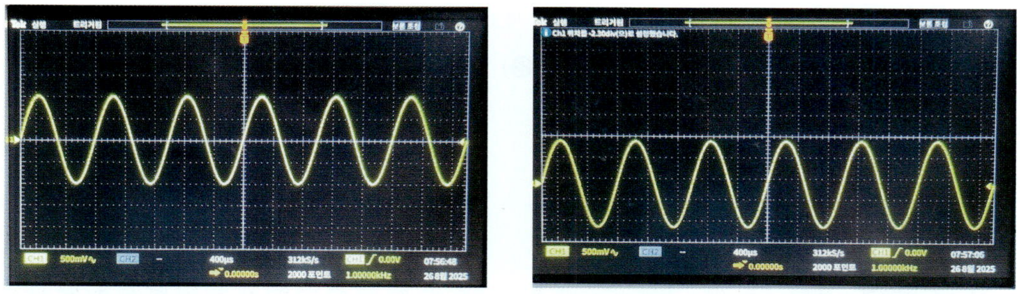

(a) DC 0V를 기준으로 표시된 정현파

(b) (a)의 정현파를 음의 수직 방향으로 이동시킨 경우

그림 1-12 수직 위치 제어

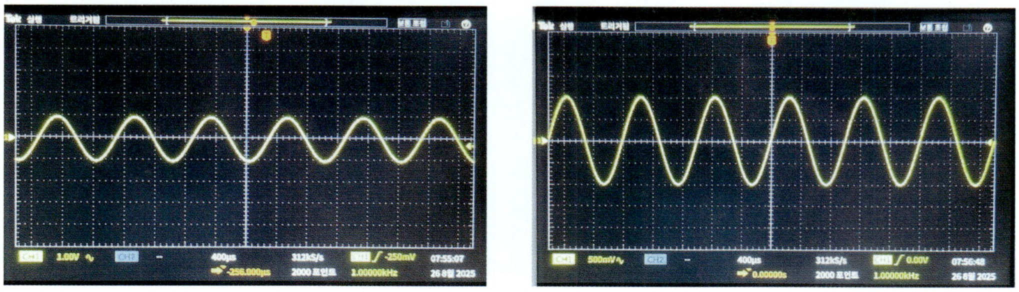

(a) 1V/div

(b) 500mV/div

그림 1-13 수직 스케일 제어

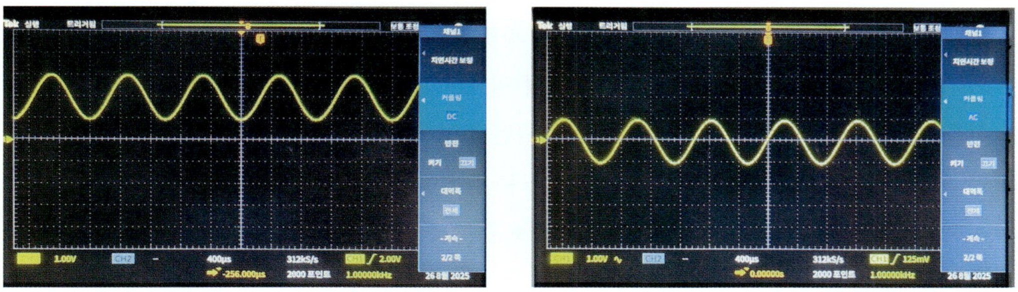

(a) 2V DC 성분이 포함된 정현파를 DC 커플링 입력한 경우

(b) (a)의 정현파를 AC 커플링 입력한 경우

그림 1-14 입력 커플링

(2) 수평 시스템

- 화면에 표시되는 파형의 수평 방향(시간) 위치와 스케일 조정을 위해 사용된다.
- **수평 위치 노브([그림 1-11(b)]의 ❶)** : 화면에 표시되는 파형을 좌우로 이동시켜 원하는 위치로 조정할 수 있다.
- **수평 스케일 노브([그림 1-11(b)]의 ❸)** : 화면에 파형이 그려지는 속도(스위프 속도sweep speed라고도 함)를 설정하며, ms/div로 표시한다. 수평 스케일 설정을 통해 입력신호가 화면에 표시되는 시간 간격을 조정할 수 있다. 예를 들어, 수평 스케일이 1ms/div로 설정되면 15개의 수평 영역으로 구성되는 전체 화면 폭에 대한 스위프 시간은 15ms로 설정된다.

- [그림 1-15]는 주파수 1kHz의 정현파를 서로 다른 수평 스케일로 화면에 표시한 예이다.
- **수평 획득(Acquire) 버튼([그림 1-11(b)]의 ❷)** : 획득 모드를 설정하고 레코드 길이를 조정하는 메뉴를 연다.

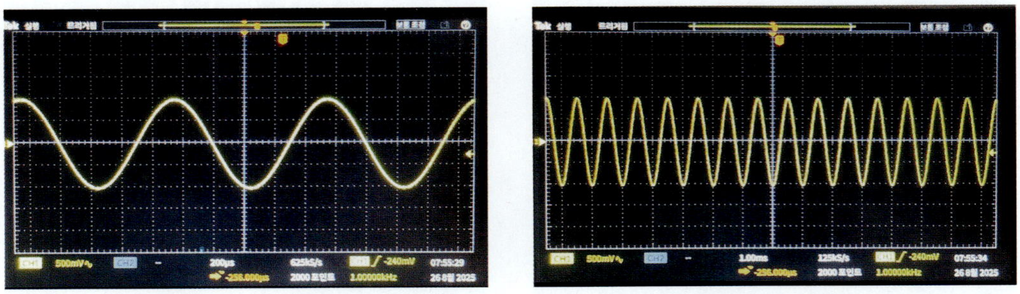

(a) 200μs/div (b) 1ms/div

그림 1-15 수평 스케일 제어

■ 오실로스코프의 샘플링 및 획득 개념

- **샘플링** : 디지털 오실로스코프가 신호를 표시하거나 측정하기 위해 일정한 시간 간격(샘플링 속도, 초당 샘플 수라고 함)으로 입력신호의 크기(진폭 값)를 측정하는 과정이다. [그림 1-16]은 아날로그 신호의 샘플링 예를 보인다. 오실로스코프의 수평 시스템은 정해진 샘플링 속도로 입력신호를 디지털화하고 메모리에 저장한다.
- 샘플링 레이트가 높을수록 화면에 표시되는 파형의 시간 해상도가 향상되며, 이례적인 이벤트의 캡처 가능성이 높아지지만, 저장을 위해 필요한 메모리 용량이 증가한다.
- **획득** 또는 **파형 획득** waveform acquisition : 샘플링된 전압 레벨을 디지털 데이터로 변환하고 메모리에 저장하여 파형 레코드 waveform record 를 만드는 과정이다. 오실로스코프가 파형 레코드를 채우는 것을 획득이라고 하며, 각 획득에서는 새로운 샘플 데이터를 해당 채널의 같은 파형 레코드에 저장한다.

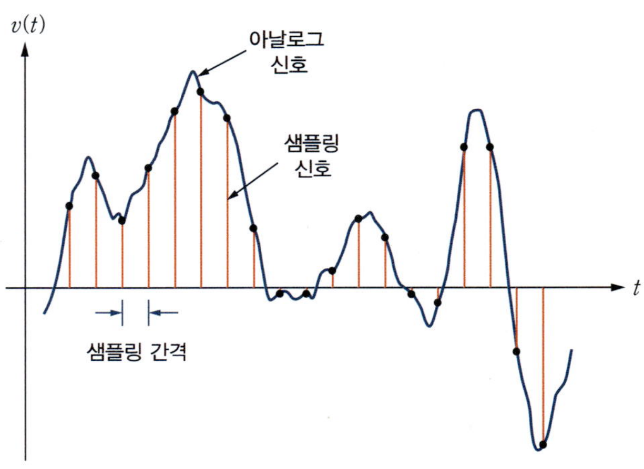

그림 1-16 입력신호 샘플링

(3) 트리거 시스템

- **트리거 메뉴 버튼([그림 1-11(c)]의 ❶)** : 트리거 설정을 위한 사이드 메뉴를 연다.
- **트리거 레벨 노브([그림 1-11(c)]의 ❷)** : 트리거 레벨을 조정하며, 트리거 레벨이 수평선과 함께 화면에 표시된 후 사라진다.
- **강제 트리거 버튼([그림 1-11(c)]의 ❸)** : 즉각적인 트리거 이벤트에 의한 강제 트리거를 발생시킨다.

■ 오실로스코프의 트리거 개념

- **트리거**[trigger]는 기본적으로 오실로스코프가 신호를 획득하거나 샘플 수집을 시작하기 전에 필요한 조건을 정의하는 것이다.
- 정현파, 구형파 등의 주기적인 신호를 지정된 파형 조건(예를 들면, 신호 상승 에지의 지정된 전압 레벨)에서 개별 스위프를 시작하도록 설정하여 주기적인 신호 파형이 정지된 것처럼 보이도록 만든다. 또한, 단일 펄스, 버스트 등 1회성 단일 이벤트를 캡처할 수 있도록 한다.
- 에지 트리거링[edge triggering], 펄스폭 트리거링[pulse width triggering], 런트 트리거링[runt triggering] 등이 사용될 수 있으며, 에지 트리거링이 가장 일반적으로 사용된다.
- [그림 1-17(a)]와 같이 트리거 레벨이 신호 진폭 범위 밖에 설정되면, 매번 스위프가 신호의 서로 다른 부분에서 시작되어 여러 파형이 겹쳐서 표시되며, 따라서 정확한 측정이 불가능하다.
- [그림 1-17(b)]와 같이 트리거 레벨이 올바로 설정되면, 반복되는 파형이 정지된 모양으로 화면에 표시된다.

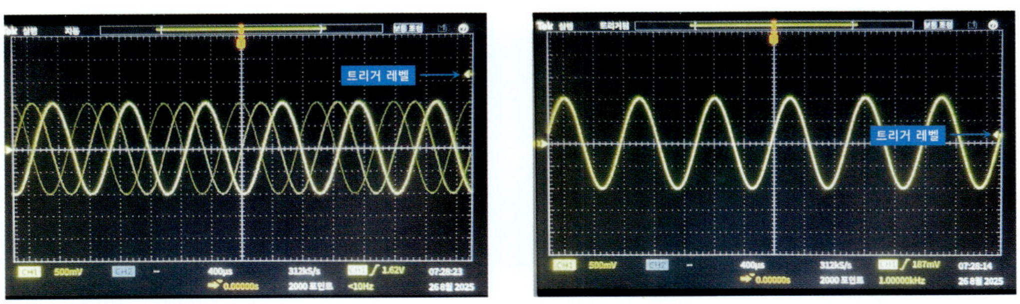

(a) 트리거 레벨이 올바르지 않은 경우 (b) 트리거 레벨이 올바른 경우

그림 1-17 트리거의 역할

(4) 프로브

- **프로브**[probe]는 오실로스코프와 측정 대상 회로 사이를 연결하는 장치이며, 측정 대상 회로에 접촉되어 신호를 감지하는 기능을 수행하는 오실로스코프의 중요한 부속품이다.
- 프로브는 패시브[passive] 프로브, 액티브[active] 프로브, 차동[differential] 프로브, 로직[logic] 프로브, 전류 프로브 등으로 구분되며, 측정하고자 하는 신호의 특성에 따라 적절한 프로브를 선택해야 한다.

■ 패시브 프로브

- 일반적인 신호 및 전압 레벨 측정을 위해 사용되며, 피측정 회로에 대한 부하효과[loading effect]가 작고 고전압 측정이 가능하며 가격이 저렴하여 보편적으로 사용된다.
- 대부분의 패시브 프로브는 1X, 10X 등의 감쇠 계수를 가지고 있으며, 프로브 팁에서 1X 또는 10X로 감쇠 기능을 전환할 수 있는 프로브도 있다. 자신이 사용하는 프로브에 감쇠 기능이 있는 경우에는 측정 전에 감쇠 기능 설정을 확인해야 한다.
- **1X 프로브** : 신호를 감쇠 없이 오실로스코프로 전달하며, 낮은 신호 레벨의 측정에 적합하다. 그러나 대역폭이 좁고 피측정 회로에 대한 부하효과가 크다.
- **10X 프로브** : 신호 전압을 1/10로 감쇠시켜 오실로스코프로 전달하며, 피측정 회로에 대한 부하효과가 작다. 고전압 측정에 유용하며, 피크-피크 전압 10mVpp 미만인 신호는 측정이 어렵다.
- [그림 1-18]은 실험실에서 보편적으로 사용되는 패시브 프로브의 실물 사진이며, 1X 또는 10X로 감쇠 기능을 선택할 수 있는 스위치가 포함되어 있다.

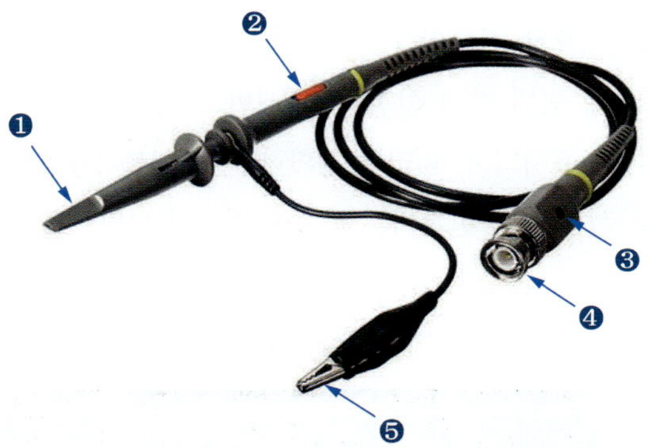

❶	측정 팁
❷	1X, 10X 선택 스위치
❸	프로브 보정용 구멍
❹	BNC 플러그
❺	접지 클립

그림 1-18 오실로스코프 프로브(패시브형)

■ 액티브 프로브

- 프로브 팁에서 감지된 신호를 증폭하는 집적회로[IC : Integrated Circuit]가 포함된 프로브이며, 측정된 신호의 충실도가 높고 고속 신호 측정에 적합하지만, 프로브에 전원을 공급해야 하고 가격이 비싸다.

■ 차동 프로브

- 두 지점 사이의 전압 차를 측정하는 프로브이며, 접지에 대한 기준 없이 신호를 측정할 수 있어 고속 디지털회로나 전력전자 회로의 측정에 유용하다.

■ 프로브 보정

- 패시브 감쇠 전압 프로브는 전기적 특성이 오실로스코프와 균형을 이루도록 보정되어야 한다. 만약 보정되지 않은 프로브를 사용하면 측정의 정확도가 낮아질 수 있다.
- 대부분의 오실로스코프는 프로브 보정용 단자를 제공하며, [그림 1-10]의 오실로스코프는 우측 아랫부분(❺)에 프로브 보정용 단자를 제공하며, 5 Vpp, 1 kHz 의 구형파 기준신호를 출력한다.
- 프로브 보정 절차는 다음을 따른다.
  ❶ 오실로스코프의 전원을 켠다.
  ❷ 프로브를 오실로스코프의 CH1에 연결한다.
  ❸ [그림 1-19(a)]와 같이 프로브 팁과 접지 클립을 오실로스코프의 프로브 보정 커넥터에 연결한다.
  ❹ Default setup 버튼을 눌러 오실로스코프 설정을 초기상태 기본값으로 되돌린다.
  ❺ Autoset 버튼을 누르면 1 kHz, 5 Vpp 의 구형파가 화면에 표시된다.
  ❻ [그림 1-19(c), (d)]와 같이 왜곡된 구형파가 표시되면 프로브 보정이 필요하다.
  ❼ 프로브 보정용 구멍([그림 1-18]의 ❸)에 소형 드라이버를 삽입하고 회전시키면 구형파 모양이 변하며, [그림 1-19(b)]와 같이 완전한 구형파가 표시되면 보정이 완료된 것이다.

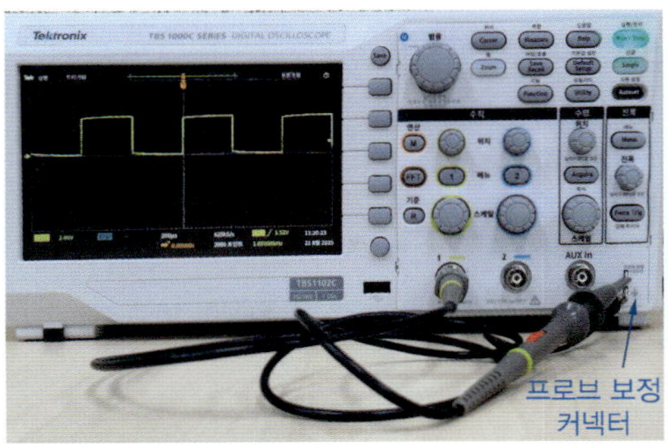

(a) 프로브 보정을 위해 오실로스코프의 프로브 보정 커넥터에 연결한 상태

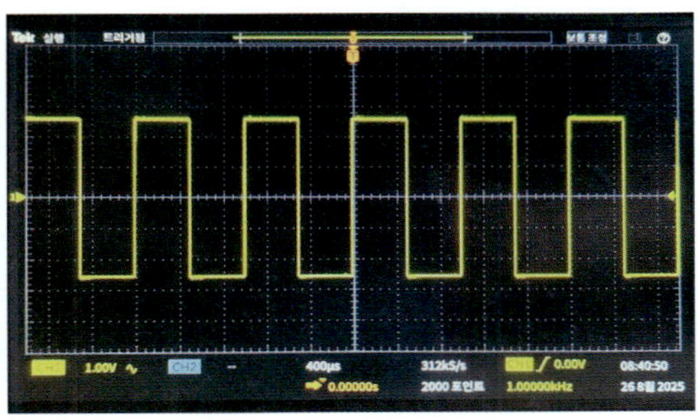

(b) 프로브 보정이 올바른 경우의 파형

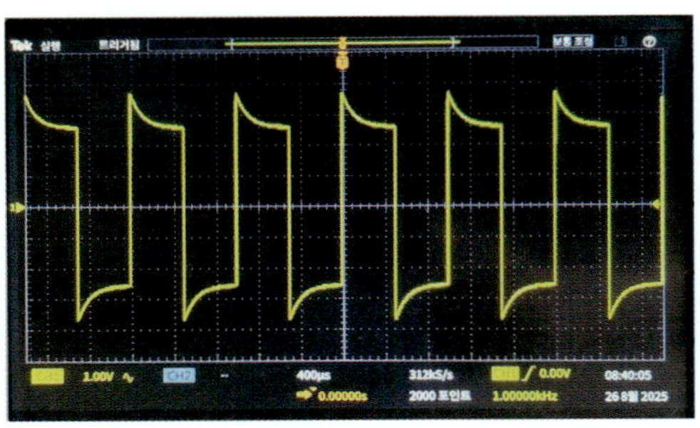

(c) 프로브 보정이 필요한 경우의 파형
- 초과 보상(over compensated)인 경우

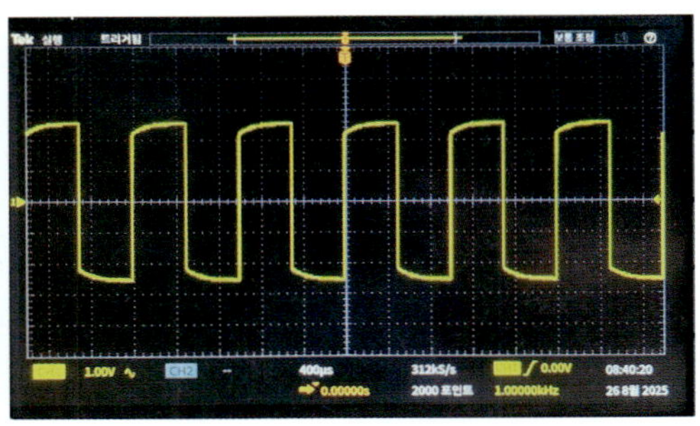

(d) 프로브 보정이 필요한 경우의 파형
- 보상 부족(under compensated)인 경우

그림 1-19 오실로스코프 프로브 보정

여기서 잠깐 **오실로스코프를 이용한 간접적인 전류 측정 방법**

- 오실로스코프는 기본적으로 전압을 측정하는 장비이므로, 전류를 직접 측정할 수 없다.
- 그러나 전류가 흐르는 경로에 두 지점 사이의 전압 V를 측정하고 저항값 R을 알면, 옴의 법칙을 적용해서 전류 $I=\frac{V}{R}$를 알아낼 수 있다.

점검하기 **다음 각 문제에 답하라.**

(1) 직류 전원공급기는 기본적으로 부하에 무관하게 일정한 (**전류, 전압**)을 공급하며, 출력전류는 부하저항에 따라 옴의 법칙으로 결정된다.
(2) 직류 전원공급기는 기본적으로 (CC, CV) 모드로 동작한다.
(3) 회로 특정 부분의 전압을 측정하기 위해서는 DMM을 측정 포인트에 (**직렬, 병렬**)로 연결한다.
(4) 회로 특정 부분에 흐르는 전류를 측정하기 위해서는 DMM을 측정 포인트에 (**직렬, 병렬**)로 연결한다.
(5) DMM을 전류측정 모드로 설정한 상태에서 전압을 측정하면 과전류가 흘러 기기가 손상될 수 있다. (O, X)
(6) 오실로스코프는 (**전류, 전압**)을 측정한다.
(7) 오실로스코프는 기본적으로 (**시간과 전압, 시간과 주파수**)를 측정할 수 있다.
(8) 오실로스코프에 입력되는 신호의 감쇠 또는 증폭은 (**수평부, 수직부**)의 기능이다.
(9) 오실로스코프의 수평 축은 (**전압, 시간**)을 표시한다.
(10) 오실로스코프의 수직 축은 (**전압, 시간**)을 표시한다.
(11) 오실로스코프의 측정을 위한 기준점 제공을 위해 (**접지, 트리거**)가 필요하다.
(12) 오실로스코프는 반복되는 파형의 안정화와 일회성 파형의 캡처를 위해 (**접지, 트리거**)가 필요하다.

1.2 실험 진행하기

실험 1-1 | 직류 전원공급기와 DMM 사용법 익히기

1. DMM을 이용한 저항값 측정

1 저항값 측정하기

- DMM의 전원을 ON시키고 저항 측정 모드로 설정한다. 측정 범위는 1 kΩ 범위 또는 Auto Range로 설정한다.
- 0.1 kΩ 저항 샘플 3개에 대해 DMM을 이용해서 저항값을 측정하고 [표 1-1]의 0.1 kΩ 열에 기록한다.
- 1 kΩ, 10 kΩ, 100 kΩ 저항 샘플 각각에 적합한 측정 범위로 변경(Auto Range 기능이 있는 DMM은 자동 범위 모드로 설정)한 후, 저항값을 측정하여 [표 1-1]의 해당 칸에 기록한다.

표 1-1 DMM을 이용한 저항값 측정 결과

	저항값[kΩ]			
	0.1	1	10	100
저항 샘플-1				
저항 샘플-2				
저항 샘플-3				

2. DC 전압, 전류 측정

1 회로 구성하기

• [그림 1-20(b)]의 브레드보드 부품 배치도를 참조해서 [그림 1-20(a)]의 실험회로를 브레드보드에 구성한다.

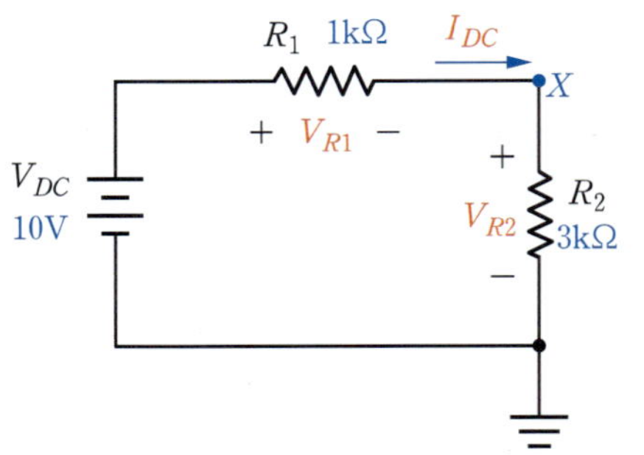

(a) 실험회로

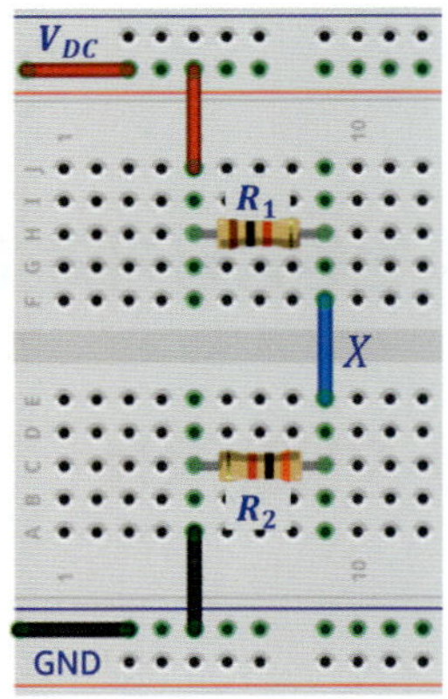

(b) 브레드보드 부품 배치도

그림 1-20 DC 전압, 전류 측정 실험회로

2 직류 전원공급기 출력 설정하기

• 직류 전원공급기의 전원을 ON시키고, master와 slave 출력 스위치는 OFF시킨다.
• master 출력전압을 10 V로 설정한다.

3 DMM을 이용한 DC 전압 측정하기

• DMM의 전원을 ON시키고, **DC 전압 측정 모드(DCV)**로 설정한다. 측정 범위는 10 V 범위 또는 Auto Range로 설정한다.
• 직류 전원공급기의 출력 스위치를 ON시키고, 출력전압을 DMM으로 측정해서 [표 1-2]의 $V_{DC} = 10\,V$ 행에 기록한다.
• DMM으로 저항 R_1, R_2 양단의 전압을 측정해서 [표 1-2]의 $V_{DC} = 10\,V$ 행의 V_{R1}, V_{R2} 칸에 각각 기록한다.
• 직류 전원공급기의 출력 스위치를 OFF시킨다.

4 DMM을 이용한 DC 전류 측정하기

• DMM의 전원을 ON시키고 **DC 전류 측정 모드(DCI)**로 설정한다.
• 실험에 사용하는 DMM의 전류 측정 범위와 해당 입력단자를 확인한 후, DMM의 mA 측정 범위 입력단자와 COM 단자에 프로브를 연결한다.

- [그림 1-20(b)]의 브레드보드 부품 배치도에서 X로 표시된 파란색 연결선을 제거하고 DMM을 연결한다. 이는 [그림 1-20(a)]의 실험회로에서 X로 표시된 부분의 연결을 끊고 DMM을 직렬로 연결(삽입)하는 것을 의미한다.
- 직류 전원공급기의 출력 스위치를 ON시키고, DMM에 표시되는 전류를 [표 1-2]의 $V_{DC} = 10\,\text{V}$ 행의 I_{DC} 칸에 기록한다.
- 단계 **3** 에서 측정된 전압 V_{R1}, V_{R2}를 저항값으로 나눈 전류 I_{R1}, I_{R2}를 계산해서 [표 1-2]의 해당 칸에 기록한다.

5 V_{DC} 값 변경 후 측정하기

- 직류 전원공급기의 출력 스위치를 OFF시킨다.
- 직류 전원공급기의 전원이 ON된 상태에서 master 출력전압을 16 V로 변경한다.
- 단계 **3** 과 단계 **4** 의 과정을 반복해서 [표 1-2]의 $V_{DC} = 16\,\text{V}$ 행에 기록한다.

표 1-2 DMM을 이용한 DC 전압, 전류 측정 결과

		DC 전압 측정 [V]			DC 전류 측정 [mA]		
		V_{DC} (측정값)	V_{R1} (측정값)	V_{R2} (측정값)	I_{DC} (측정값)	$I_{R1} = \frac{V_{R1}}{R_1}$ (계산값)	$I_{R2} = \frac{V_{R2}}{R_2}$ (계산값)
V_{DC} [V]	10						
	16						

실험 1-2 | 함수발생기와 오실로스코프 사용법 익히기

1. 프로브 보정

1 프로브 보정하기

- 프로브를 오실로스코프의 CH1에 연결한다.
- [그림 1-19(a)]와 같이 프로브 팁과 접지 클립을 오실로스코프의 프로브 보정 커넥터에 연결한다.
- 오실로스코프의 전원을 켜고, Default Setup 버튼을 눌러 오실로스코프 설정을 초기 상태 기본값으로 되돌린다.

- Autoset 버튼을 누르면 1 kHz, 5 Vpp의 구형파가 화면에 표시된다.
- 프로브 보정용 구멍([그림 1-18]의 ❸)에 소형 드라이버를 삽입하고 회전시키면서 완전한 구형파 모양이 출력되도록 조정한다.
- 프로브 보정이 완료된 파형을 캡처하여 [그림 1-21]에 붙여 넣는다.

측정 결과 파형을 캡처하여 붙여 넣는다.

그림 1-21 프로브 보정이 완료된 오실로스코프 파형

2. 정현파, 구형파 및 삼각파 측정

1 회로 구성하기

- [그림 1-22(b)]의 브레드보드 부품 배치도를 참조해서 [그림 1-22(a)]의 실험회로를 브레드보드에 구성한다.

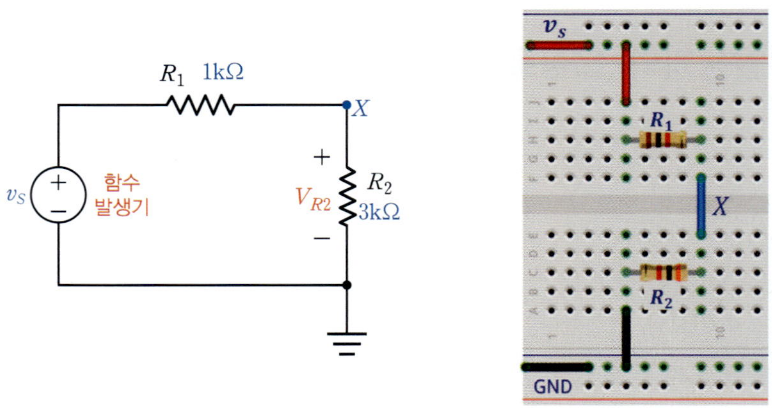

(a) 실험회로 (b) 브레드보드 부품 배치도

그림 1-22 함수발생기 출력의 오실로스코프 측정 실험회로

2 함수발생기 출력 설정하기

- 함수발생기의 전원을 ON시키고, 출력 스위치는 OFF시킨다.
- FUNC 버튼을 눌러 정현파 생성을 선택하고, 주파수 1kHz, 피크-피크 4Vpp, DC 오프셋 0V인 정현파가 생성되도록 설정한다.
- 함수발생기의 출력을 [그림 1-22(a)]의 실험회로 v_S에 연결한다.

3 오실로스코프를 이용한 정현파 측정하기

- 프로브를 오실로스코프의 CH1, CH2에 각각 연결하고, 프로브의 감쇠율을 10X로 설정한다.
- CH1 프로브의 측정 팁을 함수발생기 출력 v_S에 연결하고, CH2 프로브의 측정 팁을 노드 X에 연결한다. 두 프로브의 접지 클립은 모두 회로의 접지에 연결한다.
- 함수발생기의 출력 스위치를 ON시킨다.
- 오실로스코프의 전원을 ON시키고, Auotset 버튼을 눌러 측정된 정현파가 오실로스코프 화면에 표시되도록 한다. 만약 CH1과 CH2의 수직 스케일이 다르게 설정되었으면 동일하게 변경해서 두 정현파의 상대적인 크기를 비교해본다.
- 정현파의 피크-피크 값과 rms 값 그리고 주파수가 화면에 표시되도록 측정 기능을 설정한다.
- 측정 결과 파형을 캡처하여 [그림 1-23(a)]에 붙여 넣는다.

4 DC 커플링과 AC 커플링 입력에 대한 측정하기

- 함수발생기에서 출력되는 정현파의 주파수 1kHz, 피크-피크 4Vpp를 유지한 상태에서 DC 오프셋을 2V로 설정한다.
- CH1과 CH2 입력을 DC 커플링으로 설정하고, 화면에 표시되는 측정 파형을 캡처하여 [그림 1-23(b)]에 붙여 넣는다.
- CH1과 CH2 입력을 AC 커플링으로 변경하고, 화면에 표시되는 측정 파형을 캡처하여 [그림 1-23(c)]에 붙여 넣는다.

5 측정된 파형의 수직 위치 및 수평 스케일 변경하기

- 함수발생기에서 출력되는 정현파의 주파수 1kHz, 피크-피크 4Vpp를 유지한 상태에서 DC 오프셋을 0V로 설정한다.
- CH1 측정 파형은 0V 위쪽으로, CH2 측정 파형은 0V 아래쪽으로 각각 수직 위치를 변경한 후, 화면에 표시되는 측정 파형을 캡처하여 [그림 1-23(d)]에 붙여 넣는다.
- CH1, CH2 측정 파형의 수평 스케일을 변경한 후, 화면에 표시되는 측정 파형을 캡처하여 [그림 1-23(e)]에 붙여 넣는다.

6 함수발생기 출력 정현파의 주파수 변경 후 측정하기

- 함수발생기에서 출력되는 정현파의 주파수 10 kHz, 피크-피크 4 Vpp, DC 오프셋 0 V인 정현파가 생성되도록 변경한 후, 화면에 표시되는 측정 파형을 캡처하여 [그림 1-23(f)]에 붙여 넣는다.

7 함수발생기 구형파와 삼각파 생성 및 측정하기

- 함수발생기의 FUNC 버튼을 눌러 구형파 생성을 선택하고, 주파수 1 kHz, 피크-피크 4 Vpp, DC 오프셋 2 V, 듀티비 30 %인 구형파가 생성되도록 설정한다.
- 오실로스코프의 CH1 프로브를 함수발생기 출력에 연결한다. CH1 입력을 DC 커플링으로 설정하고, 화면에 표시되는 측정 파형을 캡처하여 [그림 1-24(a)]에 붙여 넣는다.
- CH1 입력을 AC 커플링으로 설정하고, 측정 파형을 캡처하여 [그림 1-24(b)]에 붙여 넣는다.
- 함수발생기에서 출력되는 구형파의 주파수 1 kHz, 피크-피크 4 Vpp, DC 오프셋 0 V인 상태에서 듀티비를 50 %로 변경한 후, 측정 파형을 캡처하여 [그림 1-24(c)]에 붙여 넣는다.
- 함수발생기의 FUNC 버튼을 눌러 삼각파 생성을 선택하고, 주파수 1 kHz, 피크-피크 4 Vpp, DC 오프셋 0 V, 듀티비 50 %인 삼각파가 생성되도록 설정한다. 측정 파형을 캡처하여 [그림 1-24(d)]에 붙여 넣는다.

측정 결과 파형을 캡처하여 붙여 넣는다.	측정 결과 파형을 캡처하여 붙여 넣는다.
(a) 함수발생기 출력 v_S가 주파수 1kHz, 피크-피크 4Vpp, DC 오프셋 0V인 경우	(b) DC 커플링 입력(v_S : 주파수 1kHz, 피크-피크 4Vpp, DC 오프셋 2V)

그림 1-23 정현파 측정 결과(계속)

측정 결과 파형을 캡처하여 붙여 넣는다.

(c) AC 커플링 입력(v_S : 주파수 1kHz, 피크-피크 4Vpp, DC 오프셋 2V)

측정 결과 파형을 캡처하여 붙여 넣는다.

(d) CH1과 CH2 파형의 수직 위치 변경 파형

측정 결과 파형을 캡처하여 붙여 넣는다.

(e) CH1과 CH2 파형의 수평 스케일 변경 파형

측정 결과 파형을 캡처하여 붙여 넣는다.

(f) v_S : 주파수 10kHz, 피크-피크 4Vpp, DC 오프셋 0V

그림 1-23 정현파 측정 결과

측정 결과 파형을 캡처하여 붙여 넣는다.

(a) DC 커플링 입력의 경우 (v_S가 주파수 1kHz, 피크-피크 4Vpp, DC 오프셋 2V, 듀티비 30%인 구형파 입력)

측정 결과 파형을 캡처하여 붙여 넣는다.

(b) AC 커플링 입력의 경우 (v_S가 주파수 1kHz, 피크-피크 4Vpp, DC 오프셋 2V, 듀티비 30%인 구형파 입력)

측정 결과 파형을 캡처하여 붙여 넣는다.

(c) v_S가 주파수 1kHz, 피크-피크 4Vpp, DC 오프셋 0V, 듀티비 50%인 구형파의 경우

측정 결과 파형을 캡처하여 붙여 넣는다.

(d) v_S가 주파수 1kHz, 피크-피크 4Vpp, DC 오프셋 0V, 듀티비 50%인 삼각파의 경우

그림 1-24 구형파와 삼각파 측정 결과

실험

02

PSpice 사용법

실험 목적

- 회로 시뮬레이션에 사용되는 PSpice 툴의 기능을 알아본다.
- PSpice 프로젝트 생성과 회로도 편집기 사용법을 익힌다.
- Bias Point 해석, DC Sweep 해석, Time Domain 해석, AC Sweep 해석의 설정과 결과 확인 방법을 익힌다.

실험 내용

- 실험 2-1 | Bias Point 해석
- 실험 2-2 | DC Sweep 해석
- 실험 2-3 | Time Domain(Transient) 해석
- 실험 2-4 | AC Sweep(Noise) 해석

2.1 OrCAD PSpice Designer 툴 소개

1. PSpice란?

- PSpice는 아날로그 및 디지털 회로의 전압, 전류, 주파수 응답, 시간응답 등을 해석하고 검증하기 위해 사용되는 회로 시뮬레이션simulation 소프트웨어 툴tool이다.
- 회로 시뮬레이션이란 회로를 제작하거나 실험을 진행하기 전에 컴퓨터 프로그램을 이용해 전기·전자회로의 동작을 예측하고 분석하는 과정이다. 시뮬레이션을 통해 회로 구성 소자와 동작 조건의 변화에 따른 회로의 동작과 성능을 빠르고 정확하게 확인하고 검증함으로써 회로 설계의 정확성을 높이고 최적의 설계를 도출할 수 있다. 따라서 PSpice는 전기·전자회로의 설계 및 개발을 위해 폭넓게 사용되고 있다.
- 이 책에서는 Cadence사의 OrCAD® PSpice Designer 24.1 버전을 사용한다. 참고로, 이 책의 예제들을 실습하는 데 있어서 OrCAD PSpice 툴의 버전은 크게 영향을 미치지 않으며, 툴이 실행되는 GUI Graphic User Interface와 명령어 아이콘 등에 일부 차이가 있다.
- 학생들은 OrCAD PSpice 툴의 학생용 Demo(Lite) 버전 또는 Trial 버전을 내려받아 설치하고 임시 라이선스를 받아 일정 기간 사용할 수 있으며, 구체적인 절차는 아래 웹사이트를 참고한다.
  - http://www.npit.co.kr
  - https://www.cadence.com/en_US/home/tools/pcb-design-and-analysis/orcad.html

2. OrCAD PSpice Designer 개요

- OrCAD® PSpice Designer는 회로도 편집 툴 Capture CIS와 시뮬레이션 툴 PSpice AD가 통합된 회로 설계 툴 세트이다. 회로도 편집 외에도 인쇄회로 기판 정보를 생성할 수 있도록 PCB 레이아웃 툴 세트 제품군과 통합되어 있다.
- 이 장에서는 PSpice 시뮬레이션과 회로도 편집기 Capture CIS의 사용법을 이 책의 시뮬레이션 실습에 필요한 기능을 중심으로 간략히 소개한다.[1]

---

1 PSpice AD와 Capture CIS 툴의 자세한 사용법은 참고문헌 [6]~[8]을 참고한다.

■ 회로 시뮬레이션 과정

- OrCAD PSpice Designer를 이용한 회로 시뮬레이션은 [그림 2-1]의 흐름으로 진행된다.
  ❶ **프로젝트 생성** : OrCAD 프로젝트를 생성하거나 기존에 만들어진 프로젝트를 열면 OrCAD Capture CIS 툴의 회로도 편집기가 활성화된다.
  ❷ **회로도 작성** : 회로도에 사용될 소자의 심볼과 모델 파라미터가 포함된 라이브러리를 불러오고, 소자 심볼을 사용해 회로도를 완성한다.
  ❸ **해석 유형 및 시뮬레이션 조건 설정** : 회로도 편집이 완성되면 해석 유형(Bias Point, DC Sweep, Transient, AC Sweep)을 선택하고, 시뮬레이션 조건을 설정하는 시뮬레이션 프로파일 생성 또는 기존에 만들어진 프로파일을 수정한다.
  ❹ **시뮬레이션 실행** : PSpice AD 툴에 의해 시뮬레이션이 실행된다.
  ❺ **시뮬레이션 결과 확인** : 시뮬레이션이 종료되면 시뮬레이션 결과가 표시되는 Probe Window에 전압, 전류 파형이 표시되며, 시뮬레이션 결과가 파일에 저장된다.

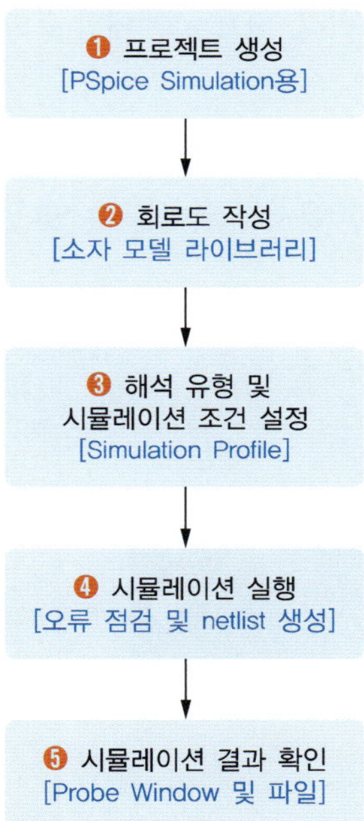

그림 2-1 OrCAD X(OrCAD PSpice Designer)를 이용한 회로 시뮬레이션 흐름

■ OrCAD Capture CIS의 작업

- 회로도 편집 툴인 OrCAD Capture CIS를 사용해서 다음과 같은 작업을 수행할 수 있다.
  – 회로도 편집과 인쇄회로 기판 및 프로그래머블 로직 설계를 위한 연결성 및 시뮬레이션 정보 생성
  – 새 프로젝트 생성 시 PSpice 프로젝트 설정을 선택하여 다른 EDA 애플리케이션을 위한 설계 생성

– 시스템의 모든 설계에 대한 사용자 기본 설정 지정
– 생성하는 각 프로젝트 또는 설계에 대한 설계 옵션 설정
– 표준 라이브러리를 사용한 회로도 설계
– OrCAD Capture 회로도 편집기에서 부품 배치
– 사용자 정의 부품 및 부품 패키지 생성과 사용자 정의 라이브러리 생성
– 버스, 와이어, 페이지 외부 커넥터 등을 사용한 부품 연결

■ OrCAD Capture CIS의 화면 구성

- OrCAD Capture CIS 24.1 툴을 실행하면 [그림 2-2]의 초기 화면이 열리며, 화면 구성은 다음과 같다.
  – 메뉴 바(❶) : OrCAD Capture CIS의 명령어를 선택해서 실행할 수 있다.
  – 명령어 아이콘(❷) : 자주 사용되는 명령어의 아이콘을 실행할 수 있다.
  – New(❸) : 새로운 OrCAD 프로젝트를 생성할 수 있다.
  – Open(❹) : OrCAD 프로젝트, Capture 디자인, Capture 라이브러리, SDT 스키매틱 등의 파일을 오픈할 수 있다.
  – Files(❺) : OrCAD Capture CIS에서 작업한 파일을 오픈할 수 있다.
  – Documentation(❻) : OrCAD Capture CIS User Guide 등 관련 문서를 열어볼 수 있다.

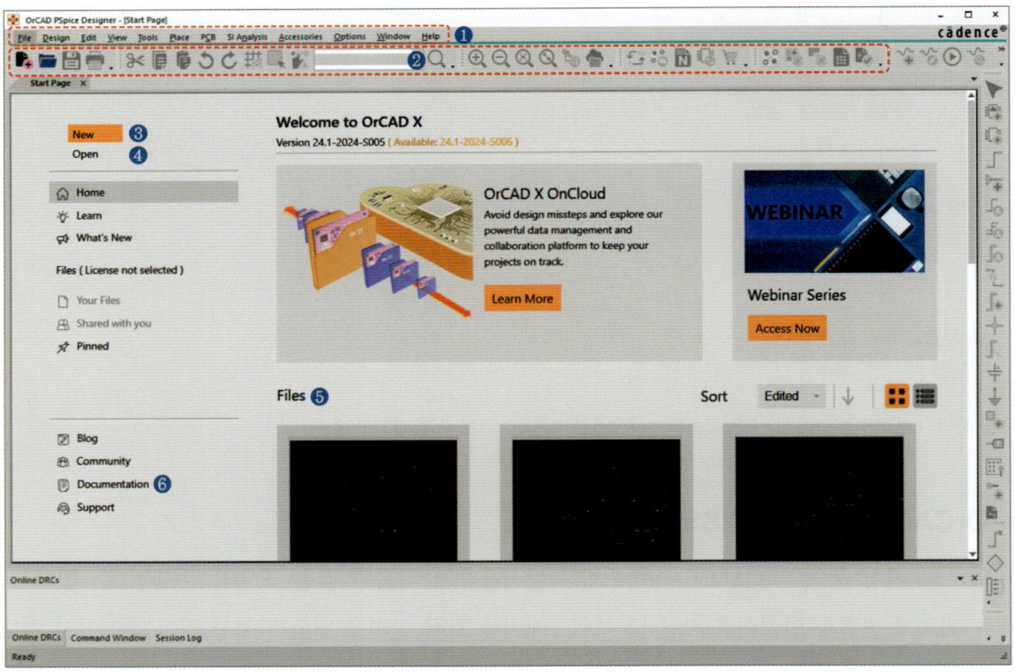

그림 2-2 OrCAD Capture CIS 초기 화면

3. Capture CIS를 이용한 회로도 편집

■ 프로젝트 생성

- OrCAD Capture CIS의 초기 화면에서 New를 클릭하거나 메뉴 File > New > Project를 실행하면, [그림 2-3(a)]의 New Project 대화상자가 나타난다.
  - Enable PSpice Simulation : PSpice AD에서 시뮬레이션할 수 있는 OrCAD 프로젝트를 생성한다. 이 옵션을 설정하지 않으면, PCB 프로젝트가 생성된다. 이 옵션을 설정하지 않고 생성된 프로젝트의 설계도 PSpice로 시뮬레이션할 수 있으나, 시뮬레이션 프로파일 설정, 시뮬레이션용 부품 준비 등 추가적인 작업이 필요하다.
  - 프로젝트 파일의 저장 경로와 프로젝트 이름에 영문과 숫자만 사용해야 한다. 특수문자(~, !, @, #, $, %, ^, &, * 등)는 사용할 수 없다. 단, '-(하이픈)', '_(밑줄)' 기호는 사용할 수 있다.
- OK를 클릭하면 [그림 2-3(b)]의 Create PSpice Project 대화상자가 나타나며, 다음의 두 가지 중 하나를 선택한다.
  - Create based upon an existing project : 기존에 만들어진 설계 템플릿(설계 및 시뮬레이션 프로파일의 조합)을 불러와서 새 프로젝트에 적용할 수 있다. 오른쪽의 찾아보기 버튼을 통해 기존의 프로젝트 파일을 탐색해서 새 프로젝트에 적용할 수 있다.
  - Create a blank project : 완전히 빈 프로젝트가 생성된다.
- Create a blank project를 지정하여 프로젝트를 생성하면, [그림 2-4]와 같이 Capture CIS에 프로젝트가 열린다. 프로젝트가 생성되면 *.opj의 프로젝트 파일과 *.dsn의 설계 파일이 생성된다.
  - *.opj 파일 : Capture에서 생성된 프로젝트 파일이며, *.dsn 파일을 연결하여 프로젝트 전체의 설정을 관리하고 불러오는 역할을 한다.
  - *.dsn 파일 : Capture에서 생성된 회로도 설계 정보가 저장된 파일이다.

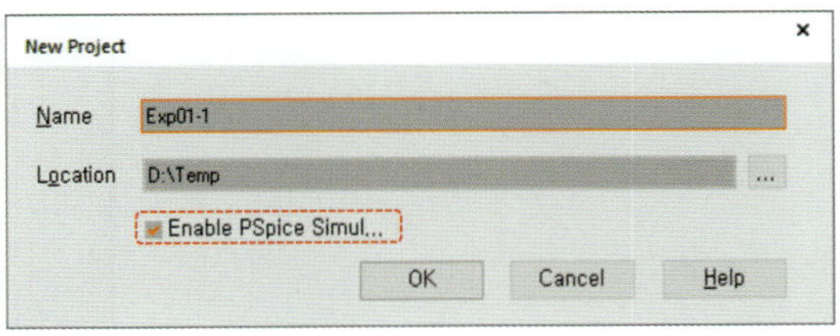

(a) New Project 대화상자

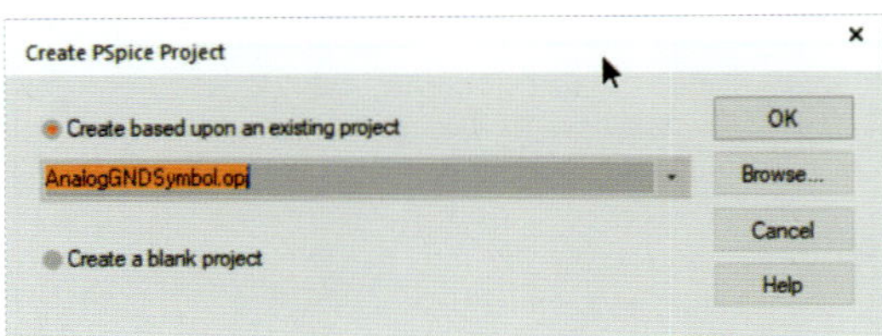

(b) Create PSpice Project 대화상자

그림 2-3 OrCAD Capture CIS의 프로젝트 생성

■ Capture CIS 화면

- 프로젝트가 열린 Capture CIS의 화면은 [그림 2-4]와 같다. Project Manager, 메뉴 바, Capture CIS 툴바, PSpice 툴바, Draw 툴바, 작업 공간, Session Log(작업 이력) 창 등으로 구성된다.
  - **Project Manager** : 프로젝트 관련 파일과 폴더의 계층구조를 보이며, Design Resources와 PSpice Resources로 구성된다. Design Resources 내부의 project_name.dsn 폴더 > SCHEMATIC1 폴더 안에 PAGE1을 더블클릭하면 설계 파일을 오픈할 수 있다. Project Manager의 타이틀 부분에 Analog or Mixed A/D가 표시되면, PSpice AD의 시뮬레이션에 적용할 수 있는 프로젝트를 의미한다. 만약 PCB로 표시되면 PCB Project가 오픈된 것이다.
  - **메뉴 바** : Capture CIS와 PSpice AD의 명령어를 선택해서 실행할 수 있다.
  - **Capture CIS 툴바** : 자주 사용되는 Capture CIS 명령어의 아이콘을 실행할 수 있다.
  - **PSpice 툴바** : 자주 사용되는 PSpice AD 명령어의 아이콘을 실행할 수 있다.
  - **Draw 툴바** : 부품의 배치와 연결 등 회로도 편집에 자주 사용되는 Draw 관련 명령어의 아이콘을 실행할 수 있다.
  - **작업 공간** : 회로도 파일이 오픈되어 부품을 배치하고 연결해서 회로도 편집 작업을 할 수 있는 영역이다.
  - **Session Log 창** : Capture CIS에 처리된 Session Log(작업 이력)가 표시되는 영역이다.

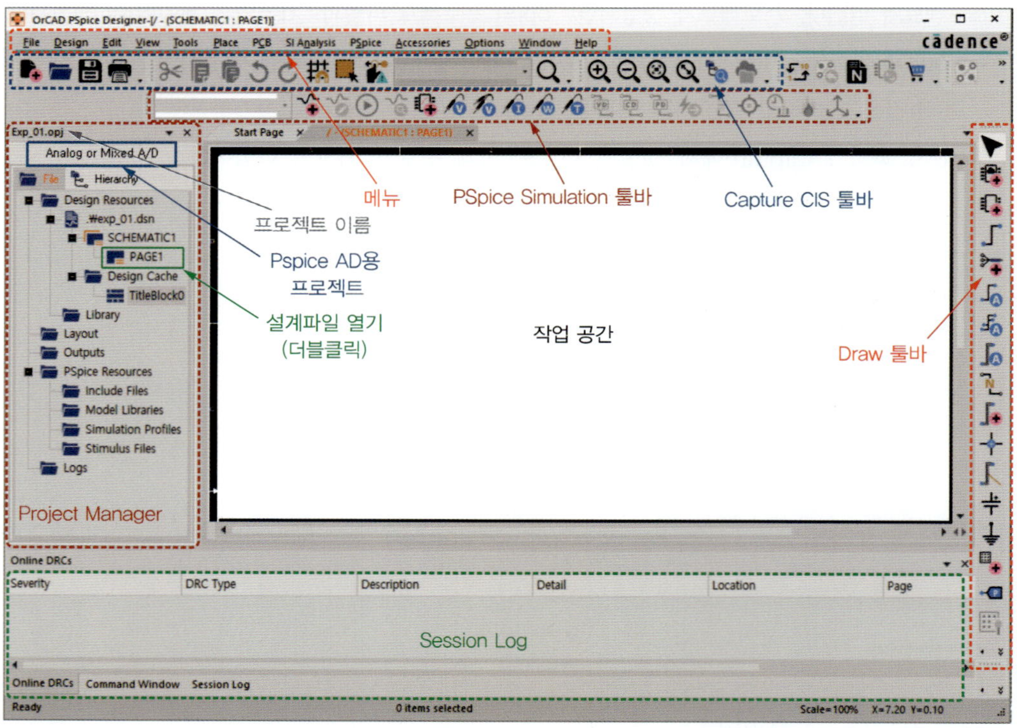

그림 2-4 Capture CIS에 프로젝트가 열린 화면

- Capture CIS 툴바와 PSpice 시뮬레이션 툴바의 기능은 각각 [그림 2-5], [그림 2-6]과 같다.
- Draw 툴바의 기능은 [그림 2-7]과 같다.

메뉴	아이콘	기능	메뉴	아이콘	기능
File		활성화된 창에 적합한 새로운 프로젝트, 설계 파일을 생성	Edit		가장 최근에 실행한 명령어 다시 실행
		기존의 프로젝트, 설계 파일을 열기			부품을 그리드에 맞추어 이동
		작업 프로젝트, 설계 파일을 저장			선택 박스에 완전히 포함된 부품 선택(Area Select)
		작업 도면, 부품을 인쇄	View		작업 도면을 2배씩 확대(Zoom in)
Edit		선택한 객체를 삭제하고 클립보드에 저장			작업 도면을 1/2배씩 축소(Zoom out)
		선택한 객체를 복사하고 클립보드에 저장			지정한 영역의 작업 도면을 확대(Zoom to region)
		클립보드에 저장된 객체를 붙여 넣기			작업 도면 전체가 화면에 보이도록 조정(Zoom to all)
		가장 최근에 실행한 명령어 취소			Project Manager 창 표시

그림 2-5 Capture CIS 툴바의 아이콘

메뉴	아이콘	기능	메뉴	아이콘	기능
PSpice		새로운 시뮬레이션 프로파일 생성	PSpice		회로 내 두 노드의 전압 차 표시 (Differential Voltage Marker)
		기존의 시뮬레이션 프로파일 열기			소자의 전류 표시(Current Marker)
		PSpice 실행			바이어스 전압 표시
		회로 노드의 전압 표시(Voltage/Lever Marker)			바이어스 전류 표시

그림 2-6 PSpice 시뮬레이션 툴바의 아이콘

메뉴	아이콘	기능	메뉴	아이콘	기능
Draw		개체 선택	Draw		Net에 이름(Alias)을 지정
		부품을 선택해서 배치			버스 선 연결
		부품 간 선 연결			배선 교차점(junction) 배치
		Net 그룹 배치(Nets를 그룹으로 묶음)			전원 심볼 배치
		회로도의 두 점을 자동으로 연결			접지 심볼 배치
		회로도의 여러 점을 자동으로 연결			Text 배치

그림 2-7 Draw 툴바의 아이콘

■ Capture용 라이브러리 추가

- 프로젝트가 열린 상태에서 Project Manager의 Design Resources > project_name.dsn > SCHEMATIC1 폴더의 PAGE1을 더블클릭하면 설계 파일이 오픈된다.
- 회로도에 부품을 삽입하기 위해 Place Part 아이콘을 클릭하면, Place Part 창이 열린다. Create a blank project로 프로젝트를 생성한 경우에는 [그림 2-8(a)]와 같이 프로젝트에 포함된 라이브러리와 Design Cache가 빈 상태이다. 회로도를 편집하고 PSpice 시뮬레이션을 하기 위해서는 PSpice 모델 라이브러리가 필요하다.
- Add Library 버튼을 클릭하고 Capture용 라이브러리 *.OLB가 저장된 폴더로 찾아가서 [그림 2-8(c)]와 같이 회로도 편집에 필요한 *.OLB 라이브러리를 선택해서 프로젝트에 추가한다.
  - *.OLB 라이브러리 : Capture에서 회로도 작성에 사용되는 부품의 심볼 및 부품 정보를 저장하는 라이브러리이며, 저장된 경로는 C:₩Cadence₩SPB_24.1₩tools₩capture₩library₩pspice이다.
  - *.LIB 라이브러리 : 부품의 PSpice 시뮬레이션 모델과 파라미터 값이 저장된 라이브러리이며, 저장된 경로는 C:₩Cadence₩SPB_24.1₩tools₩pspice₩Library이다.
- ANALOG 라이브러리를 선택해서 추가하면, [그림 2-8(b)]와 같이 저항, 커패시터, 인덕터, 변압기 transformer 등의 부품을 회로도 편집에 사용할 수 있는 상태가 된다.

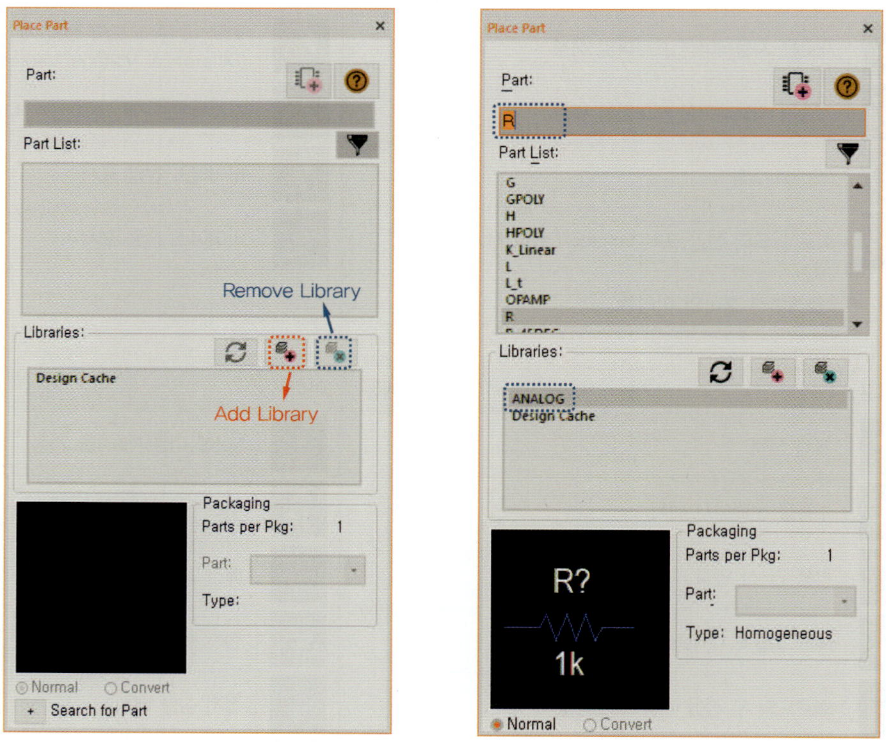

(a) Place Part 창

(b) ANALOG 라이브러리가 추가된 상태

그림 2-8 PSpice 모델 라이브러리 추가(계속)

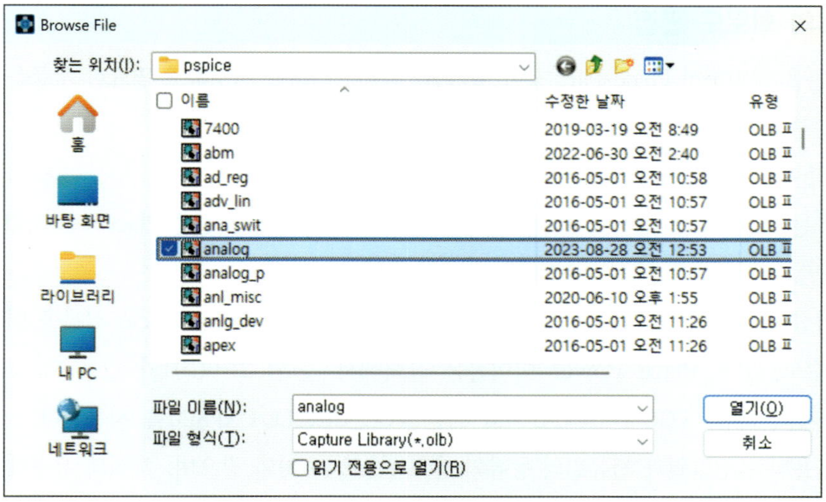

(c) 라이브러리 선택 창

그림 2-8 PSpice 모델 라이브러리 추가

- 이 책의 PSpice 실습에 사용되는 라이브러리와 부품 목록은 [표 2-1]과 같다.

표 2-1 이 책의 PSpice 실습에 사용되는 라이브러리 및 부품

라이브러리 이름	부품명	설명
analog	R, C, L	저항, 커패시터, 인덕터 등 수동 소자
anl_misc	XFRM_LIN_CT-SEC, 555alt	중앙 탭을 갖는 변압기(Transformer), 555 타이머 IC
bipolar	Q2N3904, Q2N3905	NPN형 BJT, PNP형 BJT
diode	D1N4004, D1N4734	PN 접합 다이오드, 제너 다이오드
FAIRCHILD	2N7000/FAI, FDC6322CP/FAI	N채널 증가형 MOSFET, P채널 증가형 MOSFET
opamp	uA741	연산증폭기(OP Amp.)
OSRAM_3MMRADIAL	LA-3366-TYP	LED
source	VDC, VAC, VSIN, VSRC, VPULSE, VPWL, IDC, IAC, ISIN, ISRC, IPULSE, IPWL	직류, 교류, 펄스, PWL 전압원 및 전류원
special	PARAM	소자값의 파라미터 설정

■ Capture CIS의 회로도 편집

- Place Part 아이콘을 클릭해서 Place Part 창이 열리면, 라이브러리를 지정하고 필요한 부품을 선택해서 회로도 편집 화면에 추가한다.
- Place wire 아이콘을 이용해서 부품 간에 필요한 연결을 한다.
- 회로의 접지[ground]는 Place Ground 아이콘을 클릭해서 [그림 2-9(a)]와 같은 Place Ground 대화상자가 열리면, 0/CAPSIM 또는 GND/CAPSIM을 사용한다.
- 전원은 회로에 직접 연결할 수도 있으나, [그림 2-9(c)]와 같이 전원 단자용 Circle 심볼을 이용해서 연결할 수도 있다. Place Power 아이콘을 클릭해서 [그림 2-9(b)]와 같은 Place Power 대화상자가 열리면, VCC_BAR/CAPSIM 또는 VCC_CIRCLE/CAPSIM을 사용한다.
- 회로도 편집에 사용되는 전압원과 전류원의 종류와 용도는 [표 2-2]와 같으며, 해석의 유형에 따라 적합한 전원 및 신호원을 사용해야 한다.

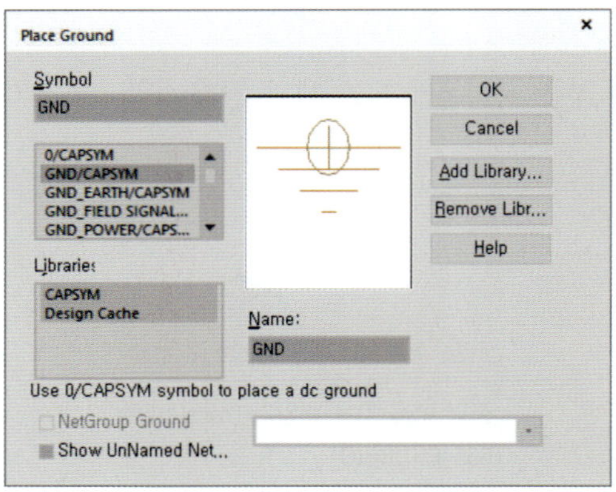

(a) Place Ground 대화상자

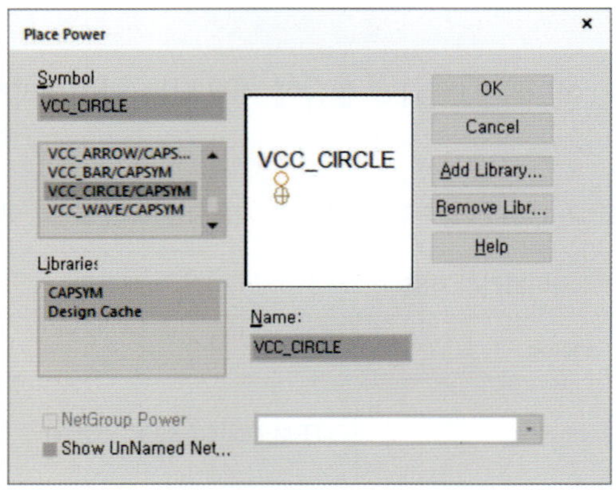

(b) Place Power 대화상자

(c) VDC 전원 연결 예

그림 2-9 VDC 전압원과 접지 및 전원단자 심볼의 연결

표 2-2 회로도에 사용되는 아날로그 전압원과 전류원 종류(* 기본 용도)

이름	심볼 (전압원의 경우)	속성		용도
		파라미터	의미	
VDC, IDC	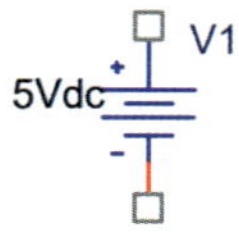	VDC, IDC	직류 전압값, 직류 전류값	DC 전압원, DC 전류원 DC Sweep / Bias Point 해석
VAC, IAC	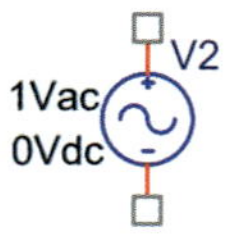	DC	직류 전압값, 직류 전류값	DC Sweep / Bias Point 해석
		ACPHASE ACMAG	교류 전압, 전류의 위상값 교류 전압, 전류의 진폭값	AC Sweep 해석* (주파수 응답 해석)
VSIN, ISIN	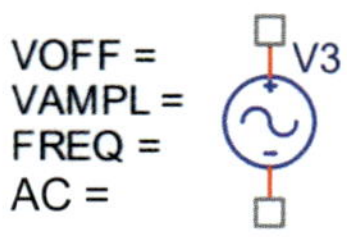	DC	직류 전압값, 직류 전류값	DC Sweep / Bias Point 해석
		AC	교류 전압, 전류의 진폭값	AC Sweep 해석 (주파수 응답 해석)
		VOFF, IOFF VAMPL, IAMPL FREQ DF PHASE	오프셋 전압값, 오프셋 전류값 전압 진폭값, 전류 진폭값 주파수 값 Damping factor 위상값	Transient 해석* (과도응답 해석)
VPULSE, IPULSE	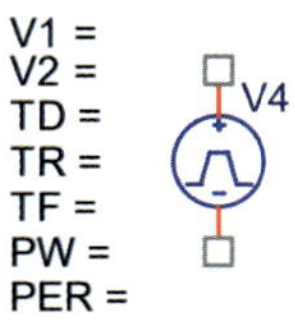	DC	직류 전압값, 직류 전류값	DC Sweep / Bias Point 해석
		V1, I1 V2, I2 TD TR TF PW PER	전압, 전류 펄스의 최솟값 전압, 전류 펄스의 최댓값 전압, 전류 펄스의 지연값 전압, 전류 펄스의 상승시간 전압, 전류 펄스의 하강시간 전압, 전류 펄스의 폭 전압, 전류 펄스의 주기	Transient 해석* (과도응답 해석)

여기서 잠깐 **PSpice의 단위 표기**

PSpice에서 전류값, 전압값, 소자값, 시간 등의 단위를 나타내기 위한 약어는 다음 표와 같으며, 대소문자를 구별하지 않는다. 특히 milli (밀리)와 mega (메가)의 약어 표기에 유의해야 한다. 예를 들어, 저항값 $3.3\mathrm{meg}$는 $3.3\times10^{6}\Omega$, 커패시턴스값 $2\mathrm{pF}$은 2×10^{-12}패럿, 시간 $1.5\mathrm{ms}$는 1.5×10^{-3}초를 나타낸다.

단위 표기 접두어	국제단위계(SI) 표기	스케일	단위 표기 접두어	국제단위계(SI) 표기	스케일
F 또는 f	femto	10^{-15}	K 또는 k	kilo	10^{3}
P 또는 p	pico	10^{-12}	Meg 또는 meg	mega	10^{6}
N 또는 n	nano	10^{-9}	G 또는 g	giga	10^{9}
U 또는 u	micro	10^{-6}	T 또는 t	tera	10^{12}
M 또는 m	milli	10^{-3}			

4. PSpice의 회로 해석

- PSpice의 회로 해석은 기본적으로 Time Domain(Transient), DC Sweep, AC Sweep/Noise, Bias Point의 네 가지 유형으로 구분되며, [그림 2-10]의 Simulation Settings 대화상자에서 설정할 수 있다.

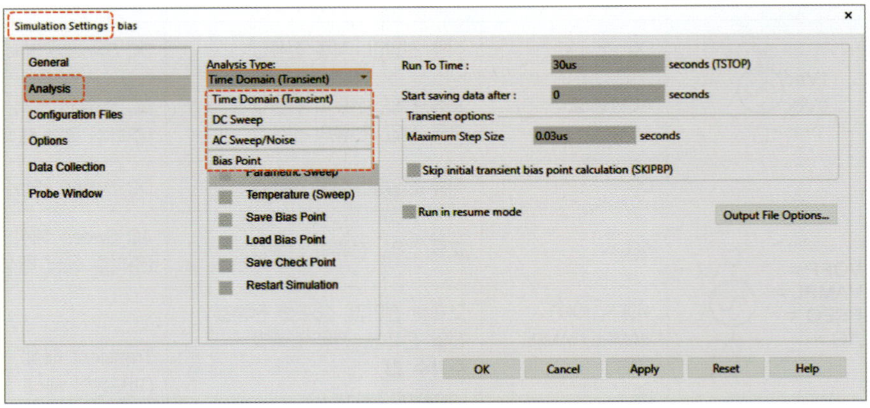

그림 2-10 PSpice 시뮬레이션 설정 대화상자

■ Bias Point 해석

- 다이오드, 트랜지스터(BJT, MOSFET) 등의 소자로 구성되는 회로의 DC 동작점(bias point) 전류, 전압을 계산하는 해석이며, 시간응답 해석과 주파수 해석 전에 진행된다.
- 동작점 해석 결과는 Capture 회로도에 바이어스 전압, 전류값으로 표시되며, 시뮬레이션 출력 파일에도 저장된다.
- Bias Point 해석 설정을 위해 [그림 2-11(a), (b)]와 같이 새로운 시뮬레이션 프로파일을 생성하거나 기존의 시뮬레이션 프로파일을 열면 [그림 2-11(c)]의 설정 대화상자가 열리며, 다음과 같이 설정한다.
  ❶ Analysis Type을 Bias Point로 지정하고,
  ❷ Options에서 General Settings를 체크한 후,
  ❸ Output File Options에서 Include detailed bias point information for nonlinear controlled sources and semiconductors(.OP)를 체크한다.
- 시뮬레이션 실행 후 Bias Point 해석으로 얻어진 DC 바이어스 전류와 전압을 회로도에 표시할 수 있다. [그림 2-12(a), (b)]와 같이 Enable Bias Current Display와 Enable Bias Voltage Display를 활성화하면, [그림 2-12(c)]와 같이 회로도에 DC 동작점 전류와 전압이 표시된다.
- 시뮬레이션 결과 파일을 열어서 동작점 전류와 전압값을 확인할 수 있다. [그림 2-12(d)]와 같이 PSpice 하위메뉴 View Output File을 실행하면 시뮬레이션 결과 파일이 오픈되며, [그림 2-12(e)]와 같이 Bias Point 해석으로 얻어진 DC 동작점 전류와 전압값이 포함되어 있다.

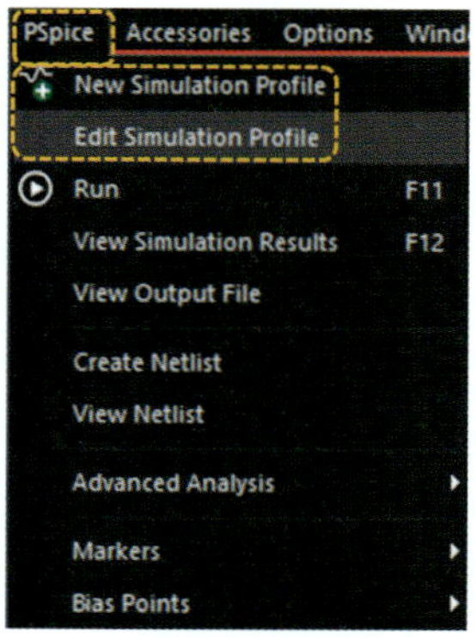

(a) 시뮬레이션 설정 열기 – PSpice 하위 메뉴 이용

(b) 시뮬레이션 설정 열기 – 아이콘 이용

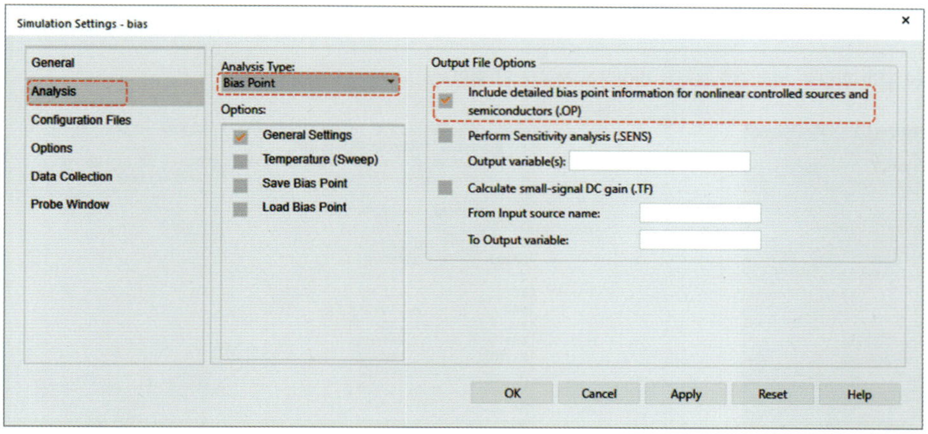

(c) Bias Point 해석 설정

그림 2-11 Bias Point 해석 설정

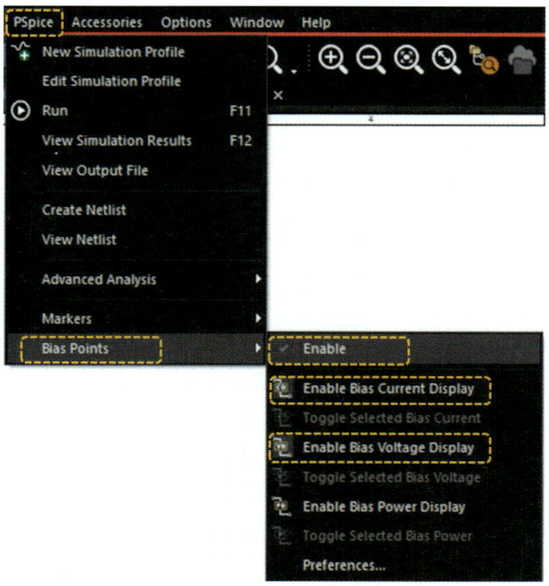

(a) 바이어스 전류/전압 표시 설정 – PSpice 하위 메뉴 이용

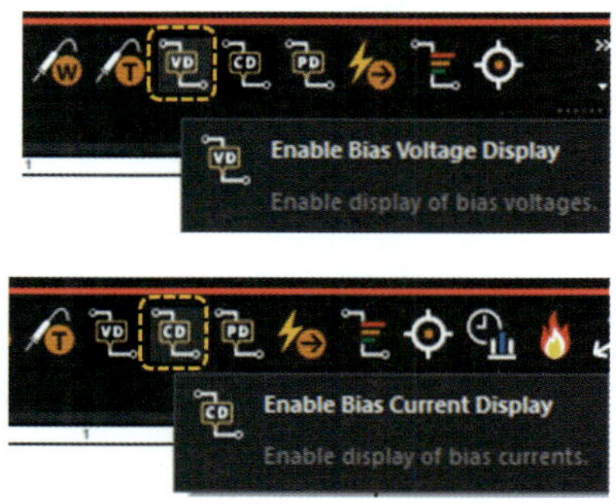

(b) 바이어스 전류/전압 표시 설정 – 아이콘 이용

그림 2-12 Bias Point 해석 결과 확인(계속)

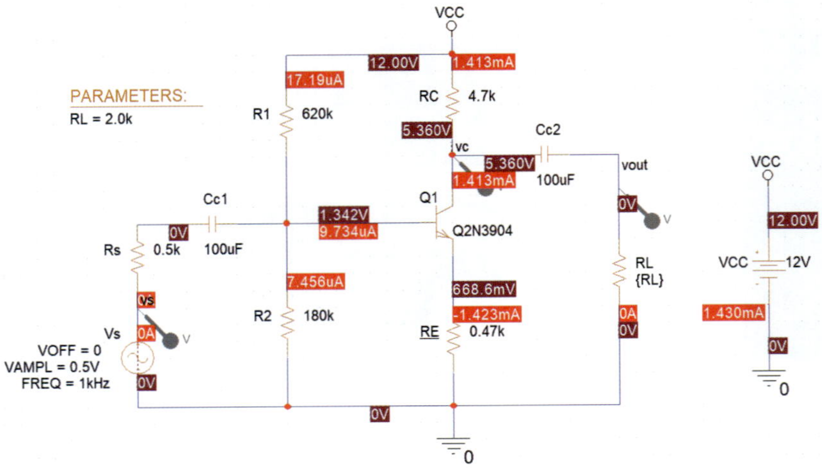

(c) 시뮬레이션 결과 확인 – 회로도에 표시된 바이어스 전류/전압 확인

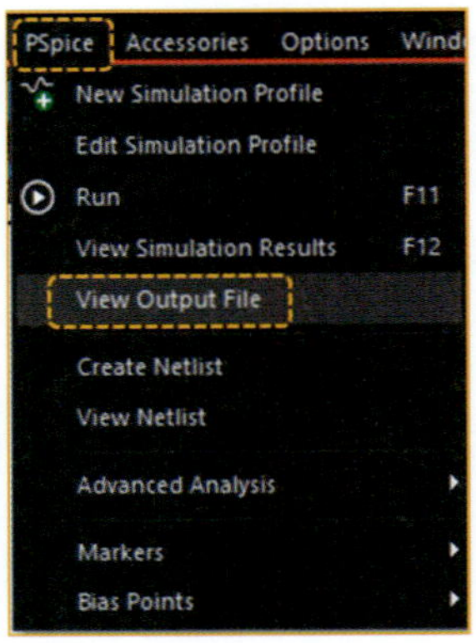

(d) 시뮬레이션 결과 확인 – 출력파일 열기

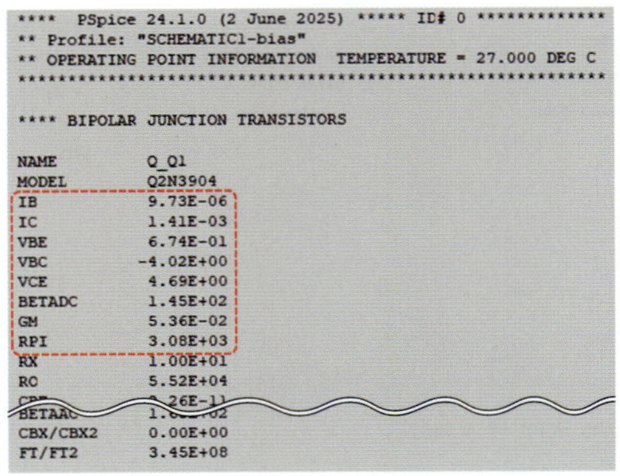

```
****  PSpice 24.1.0 (2 June 2025) ***** ID# 0 *************
** Profile: "SCHEMATIC1-bias"
** OPERATING POINT INFORMATION  TEMPERATURE = 27.000 DEG C
**********************************************************

**** BIPOLAR JUNCTION TRANSISTORS

NAME         Q_Q1
MODEL        Q2N3904
IB           9.73E-06
IC           1.41E-03
VBE          6.74E-01
VBC         -4.02E+00
VCE          4.69E+00
BETADC       1.45E+02
GM           5.36E-02
RPI          3.08E+03
RX           1.00E+01
RO           5.52E+04
CBX/CBX2     0.00E+00
FT/FT2       3.45E+08
```

(e) 시뮬레이션 결과 확인 – 출력파일 확인

그림 2-12 Bias Point 해석 결과 확인

■ DC Sweep 해석

- 회로를 구성하는 어떤 소자의 값을 변화시키며 시뮬레이션하는 과정을 Sweep 해석이라고 한다.
- DC Sweep 해석은 DC 전원(전압, 전류), 온도, 모델 파라미터, 특정 변수의 값을 변화시키면서 회로의 DC 전압, 전류가 어떻게 변하는지를 분석하는 시뮬레이션이다. 다이오드, BJT, MOSFET 등 비선형 소자의 전류-전압 특성의 분석을 위해 사용될 수 있다.
- DC Sweep 해석에서 변화시키는 값은 지정된 범위에서 선형적인 가변, Octave/Decade의 로그적인 가변, 그리고 가변시킬 값을 목록 형태로 나열해서 지정할 수 있다.
- 모든 전원을 DC로 간주하고 인덕터는 단락[short], 커패시터는 개방[open]으로 간주하여 해석한다.
- BJT의 전류-전압 특성을 알아보기 위해 [그림 2-13(a)]의 회로에 대해 DC Sweep 해석을 한다. DC Sweep 해석을 설정하기 위해 새로운 시뮬레이션 프로파일을 생성하거나 기존의 시뮬레이션 프로파일을 열면 [그림 2-13(b)]의 시뮬레이션 설정 대화상자가 오픈되며, 다음과 같이 설정한다.

❶ Analysis Type을 DC Sweep으로 지정하고,

❷ Options에서 Primary Sweep을 체크한 후,

❸ Sweep Variable에서 Voltage source를 체크하고, [그림 2-13(a)] 회로의 DC 전원 이름 VCC를 Name에 입력한다.

❹ Sweep Type에서 Linear를 선택하고, DC 전원 VCC의 Sweep 시작값^Start Value^, 종료값^End Value^, 증가값^Increment^을 입력한다.

❺ [그림 2-13(c)]와 같이 Options에서 Secondary Sweep을 체크한 후,

❻ Sweep Variable에서 Voltage source를 체크하고, [그림 2-13(a)] 회로의 DC 전원 이름인 VBB를 Name에 입력한다.

❼ Sweep Type에 Linear를 선택하고, DC 전원 VBB의 Sweep 시작값, 종료값, 증가값을 입력한다. 또는 [그림 2-13(d)]와 같이 Sweep Type에 Value List를 선택하고, 원하는 값을 나열해서 DC 전원 VBB의 sweep을 설정할 수도 있다.

• 시뮬레이션을 실행하면, 시뮬레이션 결과창에 [그림 2-14]의 DC Sweep 시뮬레이션 결과가 표시된다. X-축은 DC Sweep의 Primary Sweep Variable로 설정된 VCC이고, Y-축은 회로도에 Current Marker로 표시된 BJT의 컬렉터 전류이다. Secondary Sweep Variable로 설정된 VBB 전압의 5개 값 각각에 해당하는 5개의 특성 곡선이 시뮬레이션으로 얻어졌다.

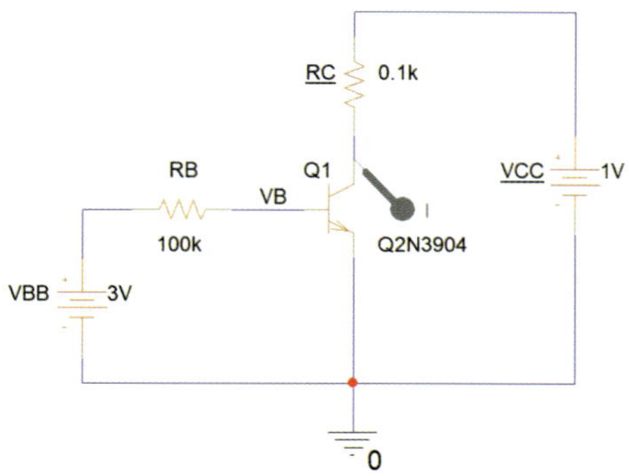

(a) 시뮬레이션 회로

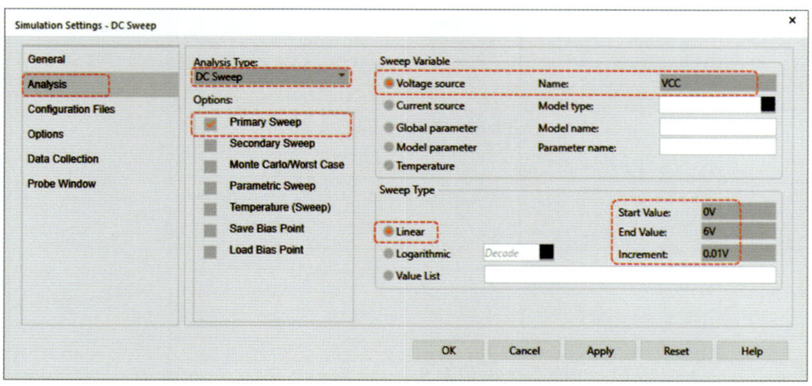

(b) 시뮬레이션 설정 – Primary Sweep 설정

그림 2-13 DC Sweep 해석 설정(계속)

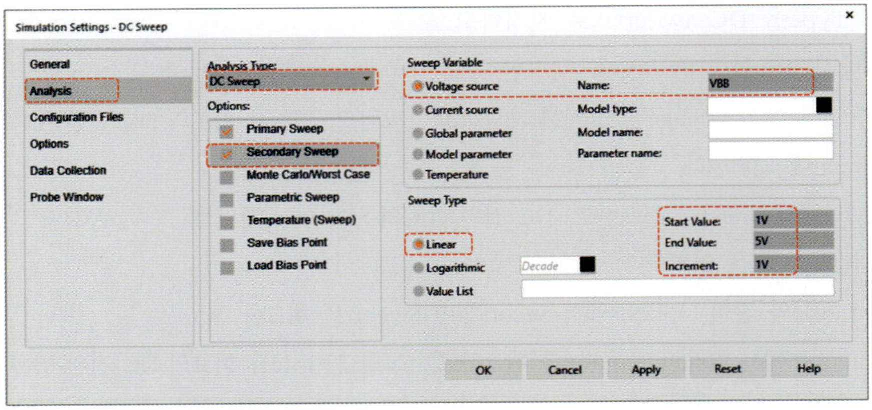

(c) 시뮬레이션 설정 – Secondary Sweep의 Linear Sweep 설정

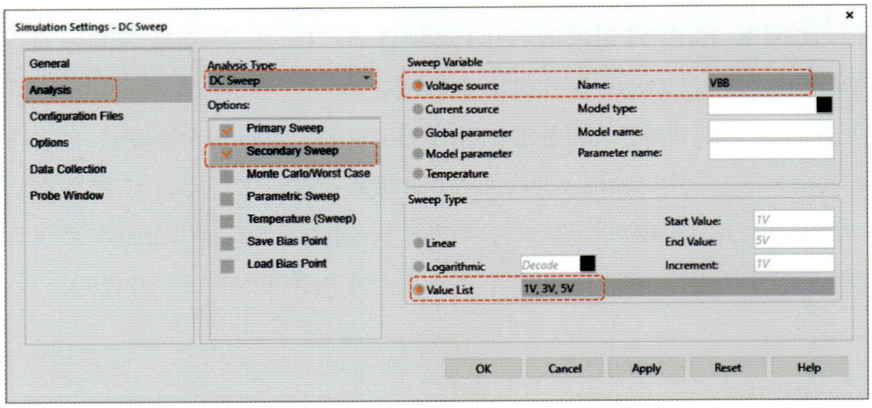

(d) 시뮬레이션 설정 – Secondary Sweep의 Value List 설정

그림 2-13 DC Sweep 해석 설정

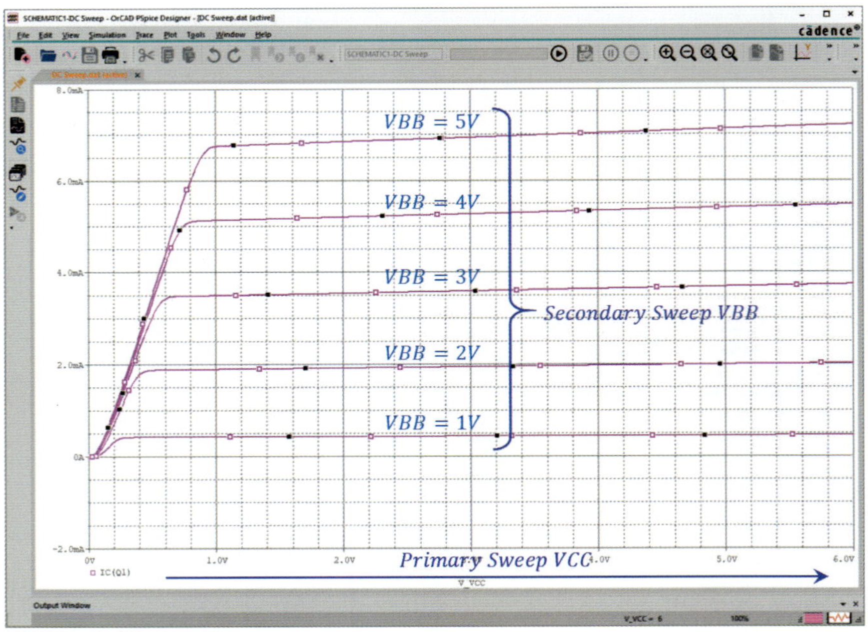

그림 2-14 DC Sweep 해석 결과

■ Time Domain(Transient) 해석

- 과도응답[Transient] 해석은 회로에 인가되는 입력신호의 시간에 따른 변화에 대해 회로의 전압, 전류 등의 응답을 분석하는 시뮬레이션이며, 시간영역[time domain] 해석이라고도 한다.
- 직류 및 교류 입력에 대한 회로의 동작과 출력 특성을 확인하기 위해 일반적으로 사용되는 해석 방법이며, 시간에 따른 회로의 응답을 파형으로 그래프화하여 분석할 수 있다.
- 소자값, 모델 파라미터, 온도 등의 변화가 시간응답에 미치는 영향을 분석하기 위해 Parametric Sweep, Temperature Sweep과 함께 실행될 수 있다.
- 증폭기 회로의 경우에는 Bias Point 해석을 통해 DC 동작점을 분석한 후에 과도응답 해석이 진행된다.
- [그림 2-15(a)]의 *RC* 회로에 대해 Transient 해석으로 과도응답 특성을 알아본다. 커패시터 C1의 값을 파라미터로 설정하고, C1의 값에 따른 과도응답을 확인하기 위해 PARAMETERS 심볼이 추가되었다.
- Transient 해석을 설정하기 위해 새로운 시뮬레이션 프로파일을 생성하거나 기존의 시뮬레이션 프로파일을 열면 [그림 2-15(b)]의 시뮬레이션 설정 대화상자가 오픈되며, 다음과 같이 설정한다. 신호원으로 VPULSE가 사용되었다.
  1. Analysis Type을 Time Domain(Transient)로 지정하고,
  2. Options에서 General Settings를 체크한 후,
  3. Run To Time(시뮬레이션 실행 시간)에 30ms를 입력한다. 이때 시뮬레이션 실행 시간은 회로의 시간응답 확인에 적절한 값을 추정해서 설정한다. 만약, 적절한 값을 모를 때에는 시행착오법[trial and error]으로 찾는다.
  4. Maximum Step Size는 Run To Time에 설정한 값의 1/500 ~ 1/1,000 정도의 값을 입력한다. 너무 작은 값을 설정하면 시뮬레이션 시간이 많이 소요되며, 너무 큰 값을 설정하면 시뮬레이션 결과가 부드러운 곡선이 아닌 직선이 포함된 파형이 얻어져 정확도가 떨어진다.
  5. [그림 2-15(c)]와 같이 Options에 Parametric Sweep을 체크한 후,
  6. Sweep Variable에서 Global Parameter를 체크하고, [그림 2-15(a)] 회로도의 커패시터 C1의 파라미터 이름 C_var를 Parameter Name에 입력한다.
  7. Sweep Type에서 Value List를 선택하고, 1uF, 5uF, 10uF 값을 나열해서 입력한다.
- 시뮬레이션을 실행하면, 시뮬레이션 결과창에 [그림 2-16]의 Transient 시뮬레이션 결과가 표시된다. X-축은 시간이고, Y-축은 회로도에 Voltage Marker로 표시된 전압이다. Parametric Sweep Variable로 설정된 커패시터 C1의 3개 값 각각에 해당하는 3개의 시간응답 특성 곡선이 시뮬레이션으로 얻어졌다.

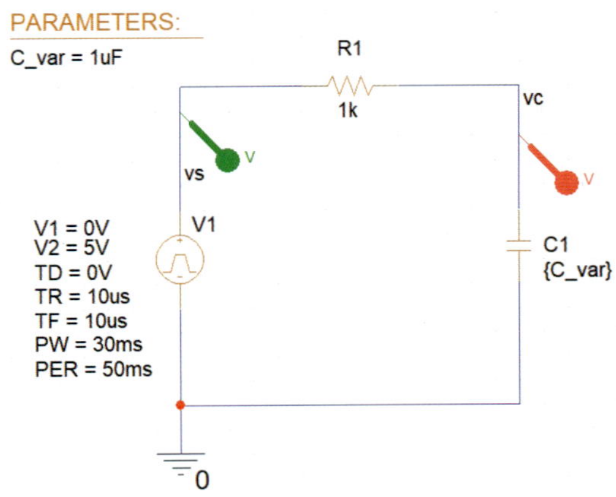

(a) 시뮬레이션 회로

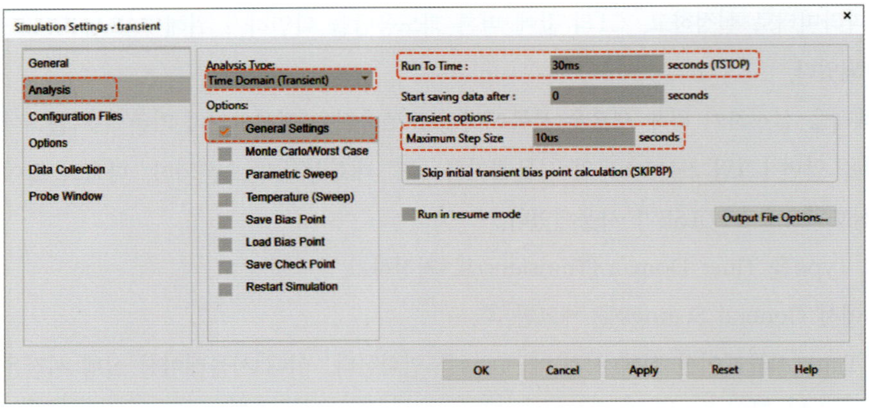

(b) 시뮬레이션 설정 – General Settings

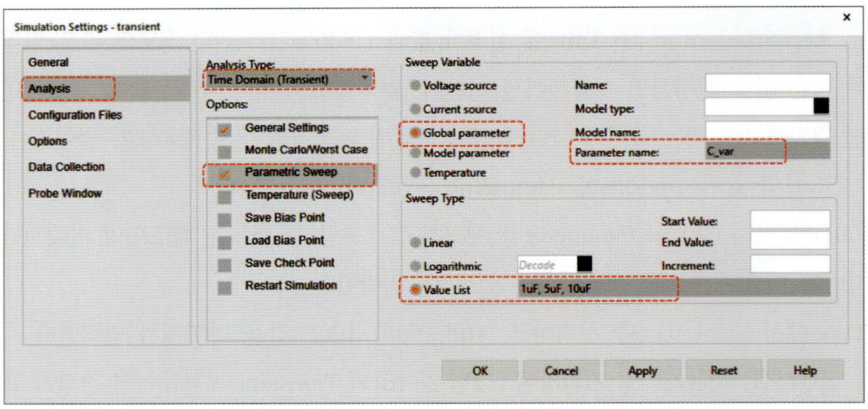

(c) 시뮬레이션 설정 – Parametric Sweep

그림 2-15 Transient 해석 설정

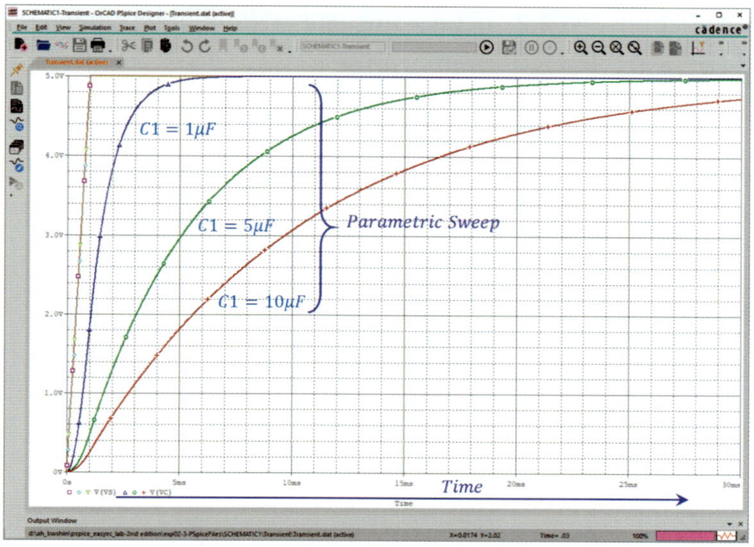

그림 2-16 Transient 해석 결과

■ AC Sweep/Noise 해석

- 회로에 인가되는 입력신호의 주파수에 따른 회로의 응답과 신호 대 잡음비^SNR : Signal to Noise Ratio^를 분석하는 해석이다.
- 주파수에 따른 회로의 응답을 보드 선도^bode plot^ 형태로 그래프화하여 분석할 수 있다.
- 소자값, 모델 파라미터, 온도 등의 변화가 주파수 응답 특성에 미치는 영향을 분석하기 위해 Parametric Sweep, Temperature Sweep과 함께 실행될 수 있다.
- [그림 2-17(a)]의 *RC* 회로에 대해 AC Sweep 해석으로 주파수 응답 특성을 알아본다. 신호원으로 VAC가 사용됨에 유의한다. 커패시터 C1의 값을 파라미터로 설정하고, C1의 값에 따른 주파수 응답 특성을 확인하기 위해 PARAMETERS 심볼이 추가되었다.
- AC Sweep 해석을 설정하기 위해 새로운 시뮬레이션 프로파일을 생성하거나 기존의 시뮬레이션 프로파일을 열면 [그림 2-17(b)]의 시뮬레이션 설정 대화상자가 오픈되며, 다음과 같이 설정한다.

❶ Analysis Type을 AC Sweep/Noise로 지정하고,

❷ Options에서 General Settings를 체크한 후,

❸ AC Sweep Type에 Logarithmic과 Decade를 선택하고, 시뮬레이션 시작 주파수^Start Frequency^와 종료 주파수^End Frequency^, Points/Decade 값을 입력한다. 일반적으로, AC Sweep은 넓은 주파수 범위에 대해 시뮬레이션을 실행하므로, X-축의 주파수는 로그 스케일^log scale^로 나타낸다. Points/ Decade는 주파수 10배 간격마다 시뮬레이션을 실행하는 주파수 값의 수를 지정한다.

❹ [그림 2-17(c)]와 같이 Options에서 Parametric Sweep을 체크한 후,

❺ Sweep Variable에서 Global Parameter를 체크하고, [그림 2-17(a)] 회로도의 커패시터 C1의 파라미터 이름인 C_var를 Parameter Name에 입력한다.

❻ Sweep Type에서 Value List를 선택하고, 0.1uF, 1uF, 5uF 값을 나열해서 입력한다.

• 시뮬레이션을 실행하면, 시뮬레이션 결과창에 [그림 2-18]의 AC Sweep 시뮬레이션 결과가 표시된다. X-축은 로그 스케일의 주파수이고, Y-축은 회로도에 Voltage Marker로 표시된 전압이다. Parametric Sweep Variable로 설정된 커패시터 C1의 3개 값 각각에 해당하는 3개의 주파수 응답 특성 곡선이 시뮬레이션으로 얻어졌다.

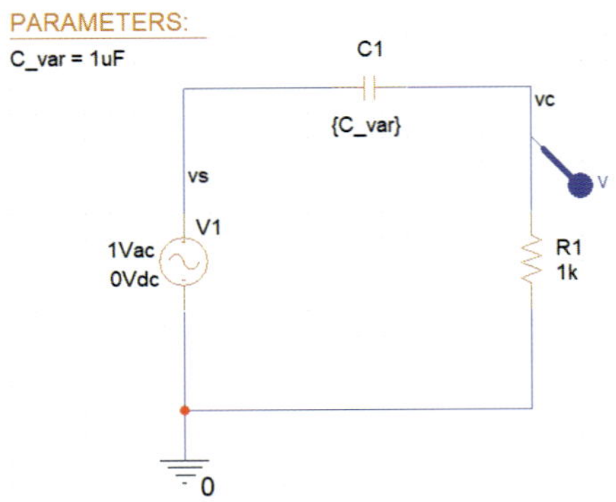

(a) 시뮬레이션 회로

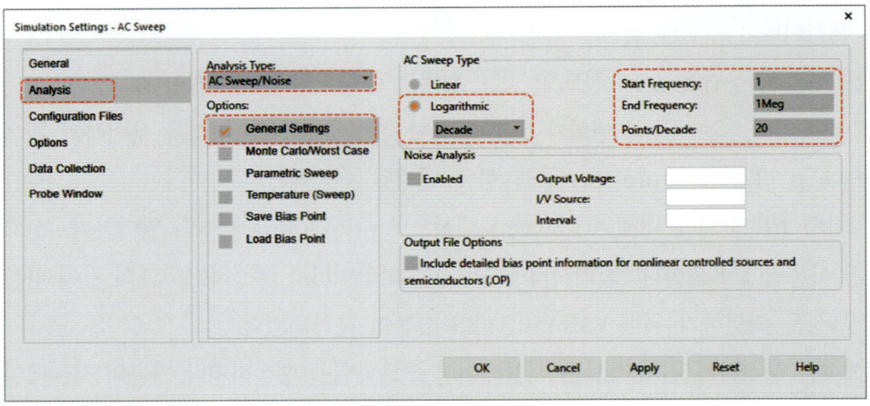

(b) 시뮬레이션 설정 – General Settings

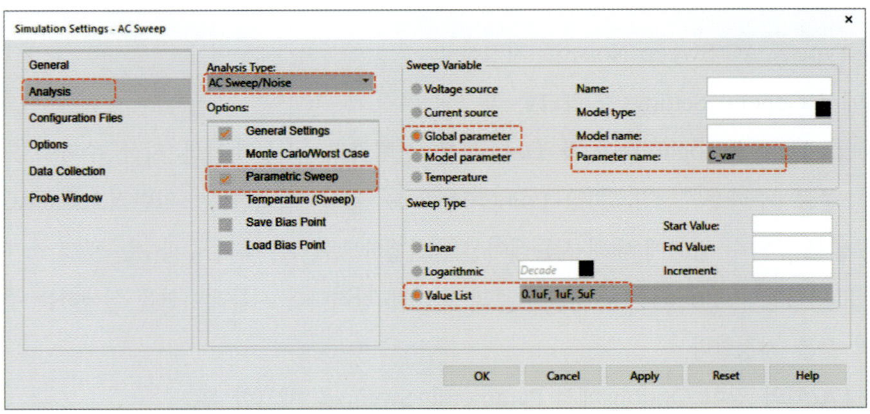

(c) 시뮬레이션 설정 – Parametric Sweep

그림 2-17 AC Sweep 해석 설정

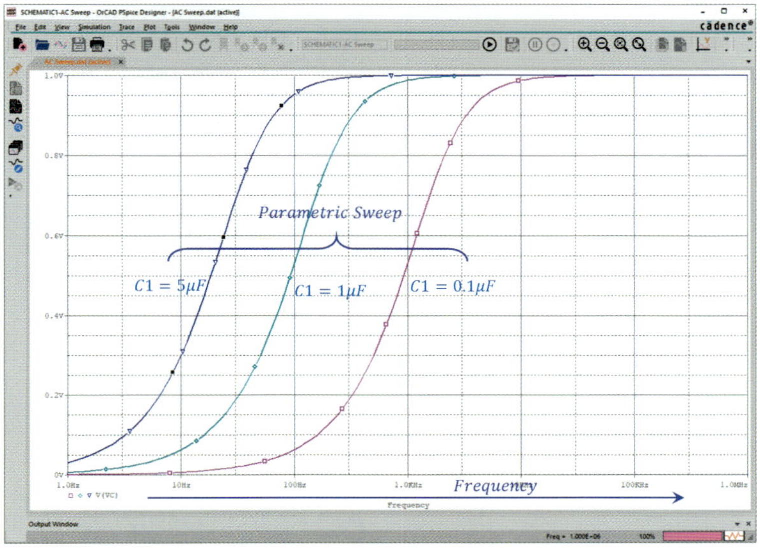

그림 2-18 AC Sweep 해석 결과

점검하기 **다음 각 문제에 답하라.**

(1) 회로에 직류 전원을 공급하기 위해 사용되는 전압원은 (VDC, VAC, VSIN)이다.

(2) 회로의 AC Sweep 해석을 위해 사용될 수 **없는** 신호원은 (VAC, VSIN, VPULSE)이다.

(3) 회로의 시간 과도응답 해석을 위해 사용될 수 **없는** 신호원은 (VAC, VSIN, VPULSE)이다.

(4) 회로의 주파수 응답 해석을 위해 사용되는 신호원은 (VAC, VPULSE)이다.

(5) 회로의 DC 동작점 전압, 전류를 분석하기 위해서는 PSpice의 (Bias Point, DC Sweep, Transient) 해석을 실행한다.

(6) 회로의 DC 전원값의 변화에 대한 응답 특성을 분석하기 위해서는 PSpice의 (Bias Point, DC Sweep, Transient) 해석을 실행한다.

(7) 회로의 과도응답 특성을 분석하기 위해서는 PSpice의 (Bias Point, DC Sweep, Transient) 해석을 실행한다.

(8) 회로의 주파수 응답 특성을 분석하기 위해서는 PSpice의 (Bias Point, AC Sweep, Transient) 해석을 실행한다.

2.2 실험 진행하기

실험 2-1 | Bias Point 해석

1 회로도 입력 및 Bias Point 해석 설정

- [그림 2-19(a)]의 회로를 PSpice 회로도 편집기에 입력한다.
- New Simulation Profile을 생성하고, Bias Point 해석을 [그림 2-19(b)]와 같이 설정한다.

2 시뮬레이션 실행 및 결과 확인

- 시뮬레이션을 실행한다.
- Enable Bias Current Display와 Enable Bias Voltage Display를 활성화하고([그림 2-12(b)] 참조), 회로도에 표시되는 DC 전류, 전압값을 확인한다. 결과 화면을 캡처하여 [그림 2-19(c)]에 붙여 넣는다.
- 시뮬레이션 결과 파일을 오픈하고([그림 2-12(d)] 참조), Bias Point 해석으로 얻어진 DC 동작점 전류와 전압값을 확인한다.

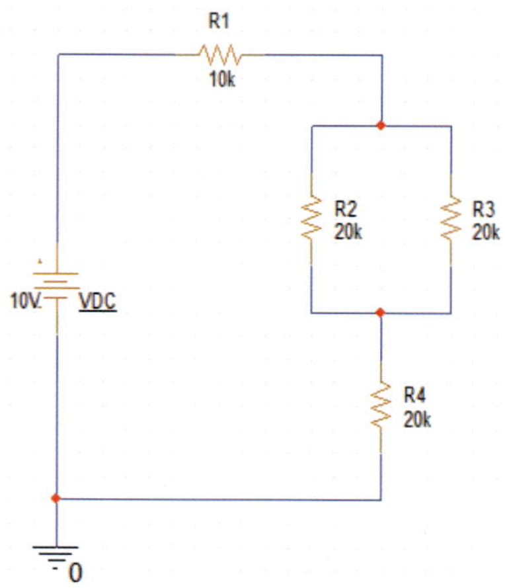

(a) 시뮬레이션 회로

그림 2-19 Bias Point 시뮬레이션(계속)

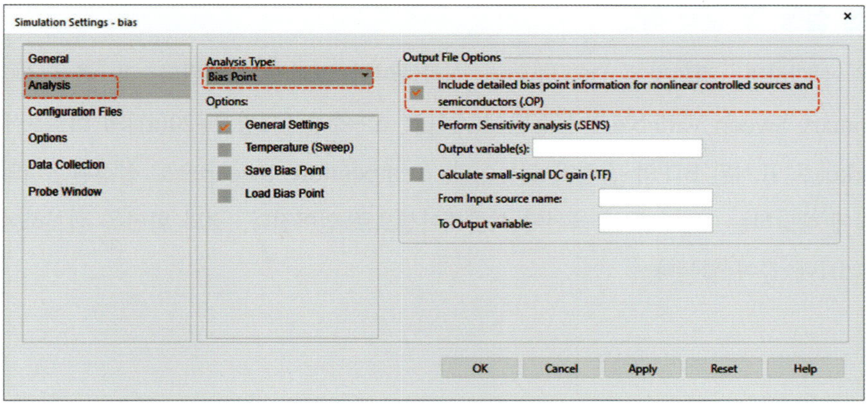

(b) Bias Point 해석 설정

시뮬레이션 결과 화면을 캡처하여 붙여 넣는다.

(c) 시뮬레이션 결과

그림 2-19 Bias Point 시뮬레이션

실험 2-2 | DC Sweep 해석

1 회로도 입력 및 DC Sweep 해석 설정

- [그림 2-20(a)]의 회로를 PSpice 회로도 편집기에 입력한다.
- New Simulation Profile을 생성하고, DC Sweep 해석을 위해 다음과 같이 설정한다.
  - Primary Sweep 설정 : [그림 2-20(b)]
  - Temperature Sweep 설정 : [그림 2-20(c)]

2 시뮬레이션 실행 및 결과 확인

- 시뮬레이션을 실행하면, 결과창에 DC Sweep 시뮬레이션 결과가 표시된다. X-축은 DC Sweep의 Primary Sweep Variable로 설정된 VCC이고, Y-축은 [그림 2-20(a)]의 회로도에 Current Marker로 표시된 BJT의 컬렉터 전류이다. Temperature Sweep으로 설정된 3개의 온도 값 각각에 해당하는 3개의 특성 곡선이 시뮬레이션으로 얻어진다. 결과 화면을 캡처하여 [그림 2-20(d)]에 붙여 넣는다.

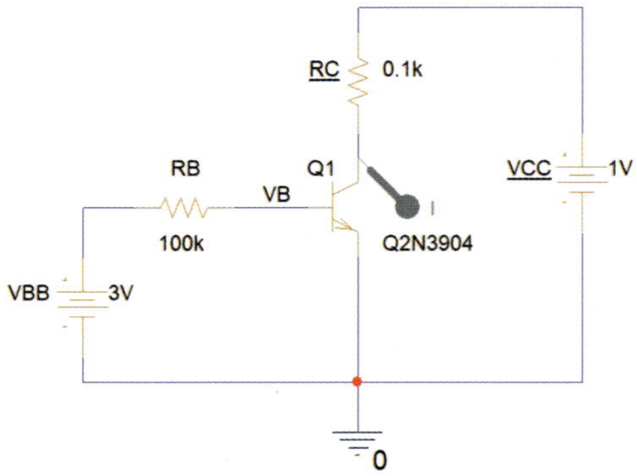

(a) 시뮬레이션 회로

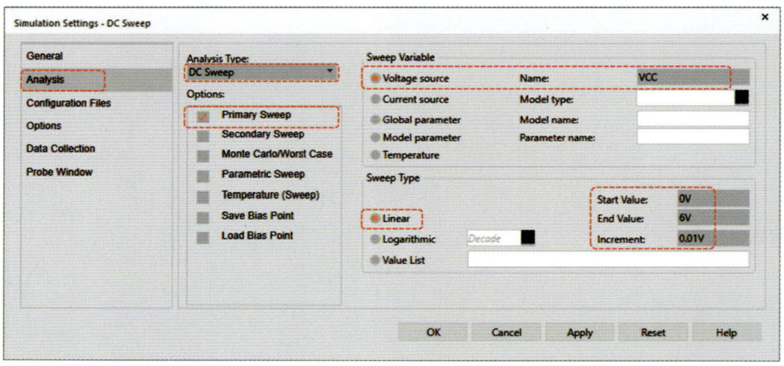

(b) Primary Sweep 설정

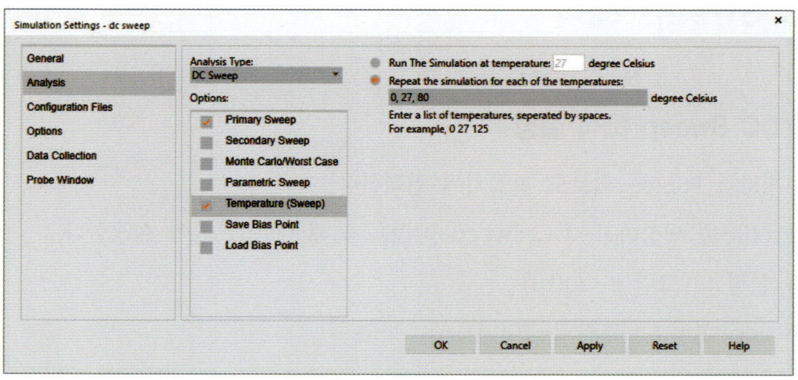

(c) Temperature Sweep 설정

그림 2-20 DC Sweep 시뮬레이션(계속)

시뮬레이션 결과 화면을 캡처하여 붙여 넣는다.

(d) 시뮬레이션 결과

그림 2-20 DC Sweep 시뮬레이션

실험 2-3 | Time Domain(Transient) 해석

1 회로도 입력 및 Transient 해석 설정

- [그림 2-21(a)]의 회로를 PSpice 회로도 편집기에 입력한다. Time Domain(Transient) 해석을 위한 신호원은 SOURCE 라이브러리에서 정현파 전압원 VSIN을 사용하며, DC 오프셋 0 V, 진폭 5 V, 주파수 1 kHz로 설정한다.
- New Simulation Profile을 생성하고, Time Domain(Transient) 해석을 위해 [그림 2-21(b)]와 같이 설정한다.

2 시뮬레이션 실행 및 결과 확인

- 시뮬레이션을 실행하면, 결과 창에 Time Domain(Transient) 시뮬레이션 결과가 표시된다. X-축은 시간이고, Y-축은 회로도에 Voltage Marker로 표시된 전압이다. 시뮬레이션 결과 화면을 캡처하여 [그림 2-21(c)]에 붙여 넣는다.

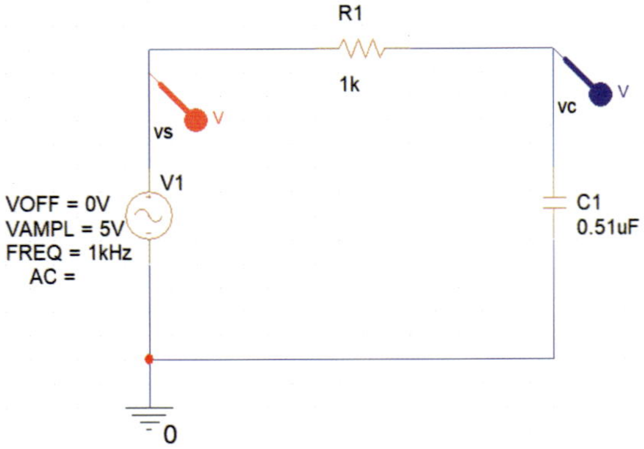

(a) 시뮬레이션 회로

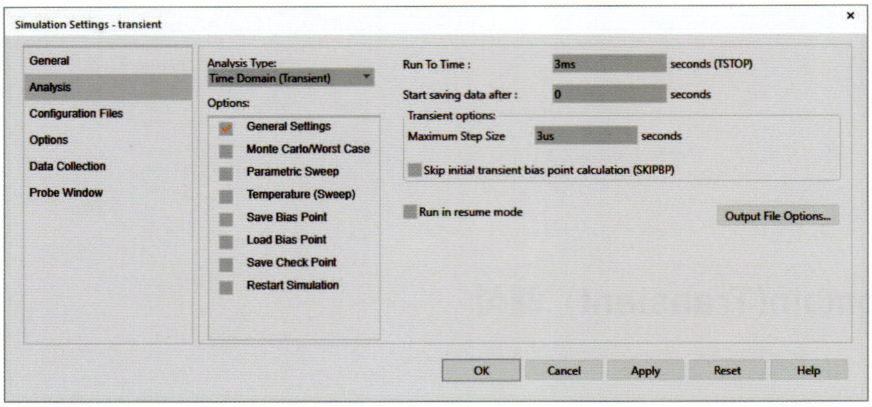

(b) Transient 해석 설정

시뮬레이션 결과 화면을 캡처하여 붙여 넣는다.

(c) 시뮬레이션 결과

그림 2-21 Transient 시뮬레이션

실험 2-4 | AC Sweep(Noise) 해석

1 회로도 입력 및 AC Sweep 해석 설정

- [그림 2-22(a)]의 회로를 PSpice 회로도 편집기에 입력한다. AC Sweep 해석을 위한 신호원은 SOURCE 라이브러리에서 VAC를 사용한다. Voltage Marker와 PSpice > Markers > Advanced > dB Magnitude of Voltage를 vc 노드에 붙여 넣는다.
- New Simulation Profile을 생성하고, AC Sweep 해석을 위해 [그림 2-22(b)]와 같이 설정한다.
- Options에서 Parametric Sweep을 체크하고, [그림 2-22(c)]와 같이 설정한다.

2 시뮬레이션 실행 및 결과 확인

- 시뮬레이션을 실행하면, 결과창에 AC Sweep 시뮬레이션 결과가 표시된다. X-축은 로그 스케일의 주파수이고, [그림 2-22(a)] 회로도의 Voltage Marker와 dB Magnitude of Voltage에 의한 전압이 함께 표시된다.
- 시뮬레이션 결과창에서 Plot > Add Plot to Window를 실행해서 새로운 Plot 영역을 추가한다.
- 새로 추가된 Plot 영역으로 Voltage Marker의 파형 V(VC)를 옮긴다. V(VC)를 선택하고 단축키 Ctrl - X로 잘라낸 후, 새로 추가된 Plot 영역에 단축키 Ctrl - V로 붙여 넣는다. 이에 의해 새롭게 추가된 Plot 영역에는 Y-축이 V 단위인 결과가 표시되고, 아래쪽 기존 Plot 영역에는 Y-축이 dB 단위인 시뮬레이션 결과로 분리된다.
- 시뮬레이션 결과 화면을 캡처하여 [그림 2-22(d)]에 붙여 넣는다.

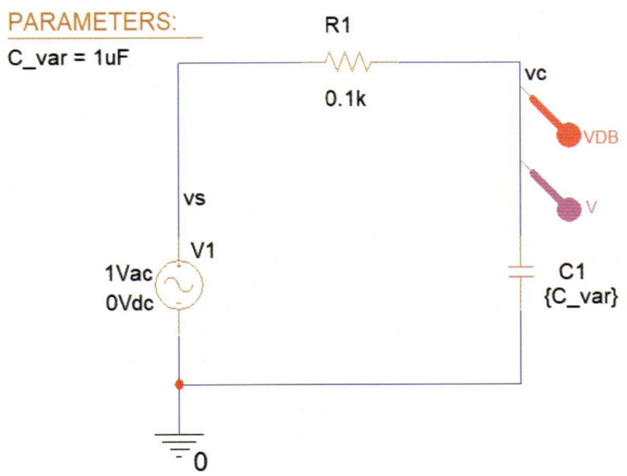

(a) 시뮬레이션 회로

그림 2-22 AC Sweep 시뮬레이션(계속)

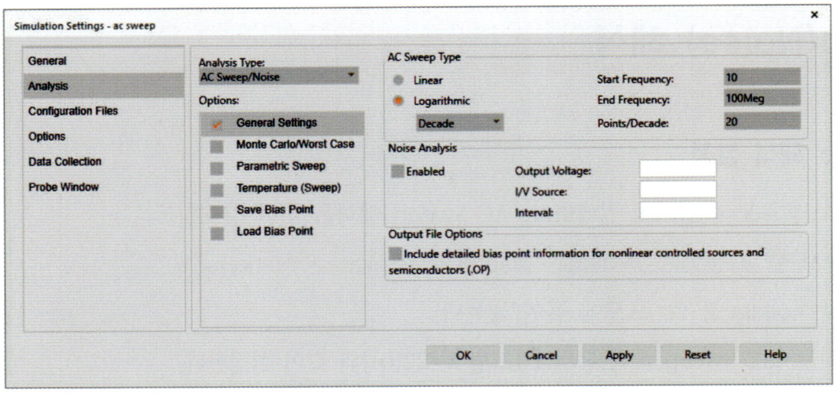

(b) AC Sweep 설정

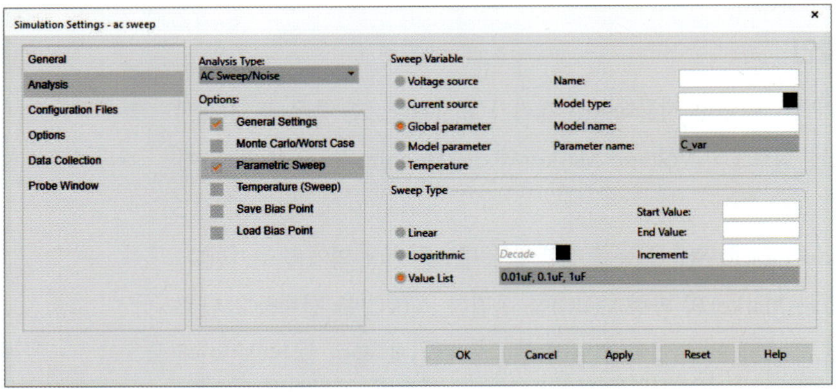

(c) AC Sweep 설정 – Parametric Sweep

시뮬레이션 결과 화면을 캡처하여 붙여 넣는다.

(d) 시뮬레이션 결과

그림 2-22 AC Sweep 시뮬레이션

연계 | 〈핵심이 보이는 전자회로〉 1.2절, 1.4.1절

실험

03

PN 접합 다이오드의 전류-전압 특성과 반파 정류회로

실험 목적

- 시뮬레이션을 통해 PN 접합 다이오드의 전류-전압 특성과 반파 정류회로의 특성을 예측한다.
- PN 접합 다이오드의 전류-전압 특성을 확인한다.
- 반파 정류회로의 특성을 확인한다.

실험 내용

- 실험 3-1 | PN 접합 다이오드의 전류-전압 특성 측정
- 실험 3-2 | 반파 정류회로의 동작 특성 측정

3.1 이론적 배경 이해하기

1. PN 접합 다이오드의 전류-전압 특성

■ 구조

- PN 접합 다이오드는 [그림 3-1(a)]와 같이 억셉터(3가 불순물)가 도핑된 P형 반도체와 도너(5가 불순물)가 도핑된 N형 반도체의 접합으로 만들어진다.
- P형 반도체 영역은 정공 hole(양공)의 농도가 자유전자보다 훨씬 높고, 반대로 N형 반도체 영역은 전자 electron의 농도가 정공보다 훨씬 높다.
- P형 반도체 영역에 연결된 전극을 **애노드**anode, N형 반도체 영역에 연결된 전극을 **캐소드**cathode라고 하며, [그림 3-1(b)]의 기호로 나타낸다.
- 다이오드의 전류는 애노드에서 캐소드 방향으로 흐르며, 기호에서 삼각형 방향으로 전류가 흐른다고 생각하면 된다.
- [그림 3-1(c)]는 PN 접합 다이오드 소자의 실물 사진이며, 흰색 줄이 표시된 단자(❷)가 캐소드, 그 반대편 단자(❶)가 애노드이다.

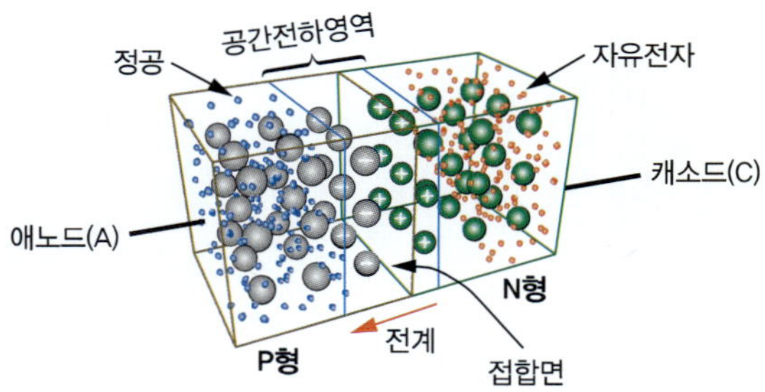

(a) PN 접합 다이오드의 구조

(b) 회로 기호

(c) 소자 사진

그림 3-1 PN 접합 다이오드의 구조와 회로 기호 및 소자 사진

■ 전류-전압 특성

- PN 접합 다이오드에 인가된 전압 V_D와 다이오드에 흐르는 전류 I_D의 관계는 식 (3.1)과 같다.
  - V_T는 열전압으로 상온(300 K)에서 26 mV 정도의 값을 가지며, I_S는 역방향 포화전류이다.
  - 식 (3.1)에서 $V_D \gg V_T$이면, 다이오드 전류 I_D는 $I_D \simeq I_S e^{V_D/V_T}$으로 근사화될 수 있다.

$$I_D = I_S\left(e^{V_D/V_T} - 1\right) \tag{3.1}$$

- PN 접합 다이오드의 바이어스 전압에 따른 동작 영역과 전류-전압 특성은 [그림 3-2]와 같다.
- **순방향**[forward] **바이어스** : $V_D \geq V_\gamma$의 전압이 인가된 상태
  - 다이오드 전류는 식 (3.1)에 의해 지수함수적으로 급격히 증가한다.
- **역방향**[reverse] **바이어스** : $V_D < V_\gamma$의 전압이 인가된 상태
  - 다이오드에는 매우 작은 역방향 포화전류 $I_D \simeq -I_S$가 흐른다.
  - 일정 임계치를 초과하는 역방향 전압이 인가되면, 항복 영역으로 들어가며 매우 큰 역방향 전류가 흐르게 된다. 제너 다이오드를 제외한 일반적인 다이오드는 역방향 항복 영역에서 동작하지 않도록 해야 한다.
- **커트-인**[cut-in] **전압** V_γ : 다이오드 전류가 흐르기 시작하는 순방향 임계전압이며, **턴-온**[turn-on] **전압**이라고도 한다. 데이터 시트에는 순방향 전압[forward voltage] V_F로 표기되기도 한다.
  - V_γ는 PN 접합의 고유전위에 관계되며, 실리콘 PN 접합 다이오드의 경우 $V_\gamma \simeq 0.6 \sim 0.7$ V 범위의 값을 갖는다.

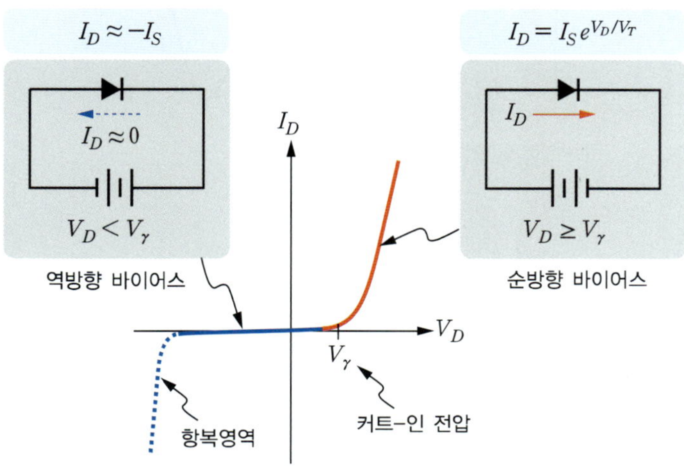

그림 3-2 PN 접합 다이오드의 전류-전압 특성

2. 반파 정류회로

- **반파 정류회로**half-wave rectifier는 PN 접합 다이오드의 단방향 전류 흐름(애노드→캐소드) 특성을 이용하는 회로이다.
- [그림 3-3(a)]는 정현파의 양positive의 반주기를 통과시키는 반파 정류회로이고, 정현파 입력 V_{in}과 출력 V_{out}의 관계는 [그림 3-3(b)]와 같다. 입출력 전달 특성은 [그림 3-3(c)]와 같다.
- $V_{in} > V_{\gamma}$이면, 다이오드가 도통되어 입력전압 V_{in}이 V_{γ}만큼 감소되어 $V_{out} = V_{in} - V_{\gamma}$가 출력된다.
- $V_{in} \leq V_{\gamma}$이면, 다이오드가 차단되어 전류가 흐르지 않으므로, $V_{out} = 0$이 된다.
- 반파 정류된 출력전압 V_{out}의 평균값은 $V_{o,avg} = \dfrac{V_m - V_{\gamma}}{\pi} \simeq 0.318(V_m - V_{\gamma})$이고, 다이오드가 견뎌야 하는 피크 역전압은 $PIV = V_m$이며, V_m은 입력 정현파의 진폭이다.
- [그림 3-3(a)]의 회로에서 다이오드의 방향을 반대로 바꾸면 음negative의 반주기를 통과시키는 반파 정류회로로 동작한다.

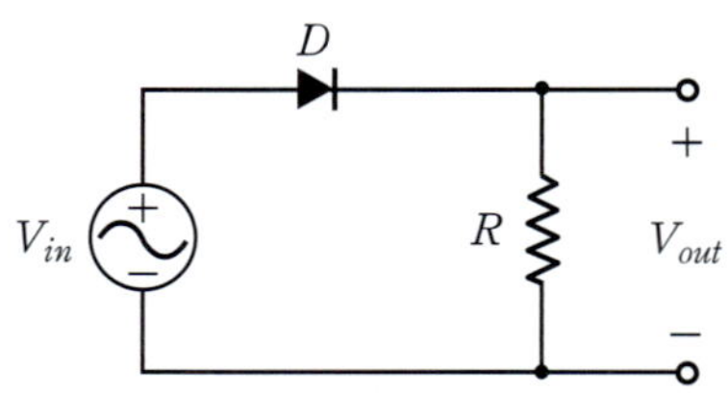

(a) 반파 정류회로

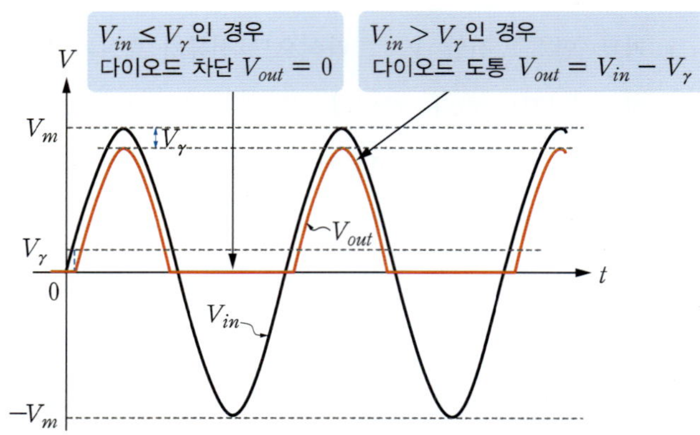

(b) 입력 및 출력 파형

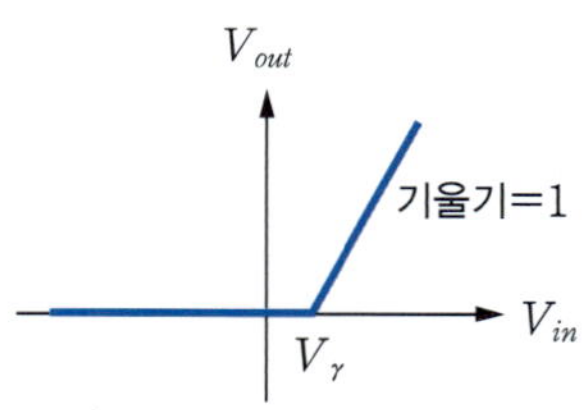

(c) 입출력 전달 특성

그림 3-3 양의 반주기를 출력하는 반파 정류회로

점검하기 **다음 각 문제에 답하라.**

(1) PN 접합 다이오드의 애노드 전압이 캐소드 전압보다 커트-인 전압 V_γ 이상 크면, (순방향, 역방향) 바이어스 상태가 된다.

(2) PN 접합 다이오드에 순방향 바이어스가 인가되면, (애노드 → 캐소드, 캐소드 → 애노드)로 전류가 흐른다.

(3) 순방향 바이어스된 PN 접합 다이오드에 흐르는 전류는 다이오드에 인가된 전압 V_D와 (선형, 지수함수) 관계이다.

(4) PN 접합 다이오드에 전류가 흐르기 시작하는 순방향 임계전압을 (커트-인[cut-in], 항복[breakdown]) 전압이라고 한다.

(5) [그림 3-4]는 PN 접합 다이오드 소자의 실물 사진이다. 흰색 줄이 표시된 단자(❷)는 (애노드, 캐소드) 단자이다.

그림 3-4 PN 접합 다이오드의 소자 사진

(6) 입력 정현파의 양의 반주기를 출력하는 반파 정류회로에 $V_D > V_\gamma$의 전압이 인가되면, 다이오드가 (도통, 차단)되어 ($V_{out} = 0$, $V_{out} = V_{in} - V_\gamma$)이/가 된다.

(7) 반파 정류회로는 다이오드의 커트-인 전압보다 작은 진폭의 정현파를 정류할 수 없다. (O, X)

(8) 입력 정현파의 음의 반주기를 출력하는 반파 정류회로는 입력신호의 진폭이 $V_{in} < -V_\gamma$이면 반파 정류가 이루어진다. (O, X)

여기서 잠깐 **PN 접합 다이오드의 데이터 시트 이해하기 – 최대 정격**

PN 접합 다이오드의 DC 특성은 다음과 같다.

- 다이오드는 용도에 따라 정류용, 고속 스위칭용 등 다양한 제품들이 시판되고 있으며, 다이오드의 전기적 특성, 물리적인 규격 등이 데이터 시트에 제공된다.
- 데이터 시트에 명시되는 특성 파라미터는 제조사에 따라 다소 차이가 있으나, ON Semiconductor 사의 범용 정류용 PN 접합 다이오드인 1N4001 ~ 1N4007의 데이터 시트에 대해 간략히 설명한다.
- 최대 정격maximum ratings : 다이오드가 정상적으로 동작하는 전압, 전류, 접합온도의 한계치를 규정한다. 최대 정격이 초과되면 **항복**breakdown이 발생하거나 과열되어 다이오드와 전체 회로에 치명적인 손상을 초래할 수 있다.

【데이터 시트 – PN 접합 다이오드의 최대 정격】

MAXIMUM RATINGS

Rating	Symbol	1N4001	1N4002	1N4003	1N4004	1N4005	1N4006	1N4007	Unit
†Peak Repetitive Reverse Voltage Working Peak Reverse Voltage DC Blocking Voltage	V_{RRM} V_{RWM} V_R	50	100	200	400	600	800	1000	V
†Non–Repetitive Peak Reverse Voltage (halfwave, single phase, 60 Hz)	V_{RSM}	60	120	240	480	720	1000	1200	V
†RMS Reverse Voltage	$V_{R(RMS)}$	35	70	140	280	420	560	700	V
†Average Rectified Forward Current (single phase, resistive load, 60 Hz, T_A = 75°C)	I_O	1.0							A
†Non–Repetitive Peak Surge Current (surge applied at rated load conditions)	I_{FSM}	30 (for 1 cycle)							A
Operating and Storage Junction Temperature Range	T_J T_{stg}	–65 to +175							°C

Stresses exceeding Maximum Ratings may damage the device. Maximum Ratings are stress ratings only. Functional operation above the Recommended Operating Conditions is not implied. Extended exposure to stresses above the Recommended Operating Conditions may affect device reliability.
†Indicates JEDEC Registered Data

- V_{RRM} : 반복(주기)적으로 인가되는 순시 역전압의 허용 가능한 최댓값을 나타내며, V_{RRM}을 초과하는 역방향 전압이 반복적으로 인가되면 올바른 동작이 보장되지 않는다. 반복적이지 않은 과도 전압과 DC 전압에는 적용되지 않는다.
- V_{RWM} : 다이오드에 인가되는 역방향 동작 전압의 허용 가능한 최댓값을 나타내며, 과도 전압에는 적용되지 않는다.
- V_R : 다이오드에 인가될 수 있는 역방향 DC 전압의 허용 가능한 최댓값을 나타내며, 과도 전압에는 적용되지 않는다. 다이오드의 실제 항복전압은 V_R에 비해 $5 \sim 10\%$ 정도 큰 값을 갖는다.
- I_O 또는 $I_{F(AV)}$: 정류된 순방향 전류 평균의 허용 가능한 최댓값을 나타내며, 순방향 정류전류의 평균치가 I_O를 초과하면 올바른 동작이 보장되지 않는다. 케이스 온도가 최대 접합온도 $T_J = 175℃$와 대기온도 $T_A = 75℃$ 사이에서 유지되는 경우에 적용된다.
- I_{FSM} : 반복적이지 않은 반정현파half–sine wave 서지surge 전류(갑자기 유입되는 큰 전류)의 허용 가능한 최댓값을 나타낸다.
- T_J : 다이오드가 동작할 때, 허용 가능한 접합온도 범위를 나타낸다.
- T_{STG} : 허용 가능한 보관온도 범위를 나타내며, 통상 T_J와 동일한 온도 범위를 갖는다.

3.2 실험 진행하기

실험 3-1 | PN 접합 다이오드의 전류-전압 특성 측정

1. PSpice 시뮬레이션

1 회로도 입력

- PN 접합 다이오드의 전류-전압 특성을 시뮬레이션하기 위해 [그림 3-5(a)]의 회로를 PSpice 회로도 편집기에 입력한다.
- [그림 3-5(b)~(d)]의 과정으로 diode 라이브러리를 추가하고, 다이오드 D1N4004 소자를 삽입한다.
- 저항은 $R_1 = 0.1\,\mathrm{k\Omega}$ 을 사용하고, 다이오드의 애노드에 net alias를 VD로 지정한다.
- DC 전원은 SOURCE 라이브러리의 VDC를 사용하며, VDC의 속성 창을 열어 DC 1 V로 설정한다.
- 다이오드에 흐르는 전류를 확인할 수 있도록 [그림 3-5(a)]와 같이 다이오드의 애노드에 Current Marker를 연결한다.

회로도 편집기에서 diode 라이브러리 추가 및 다이오드 삽입하기

❶ 회로도 편집기 메뉴에서 Place의 Part를 실행하면 Place Part 창이 나타난다.

❷ Place Part 창에서 Add Library 버튼을 클릭한다([그림 3-5(b)]).

❸ pspice 폴더에서 diode 라이브러리를 선택하고, 열기 버튼을 클릭한다([그림 3-5(c)]).
참고로, pspice 폴더의 경로는 Cadence₩SPB24.1₩tools₩capture₩library₩pspice이다.

❹ Place Part 창의 Libraries에서 DIODE를 지정한 후, Part List에서 D1N4004를 선택하여 회로도에 삽입한다([그림 3-5(d)]).

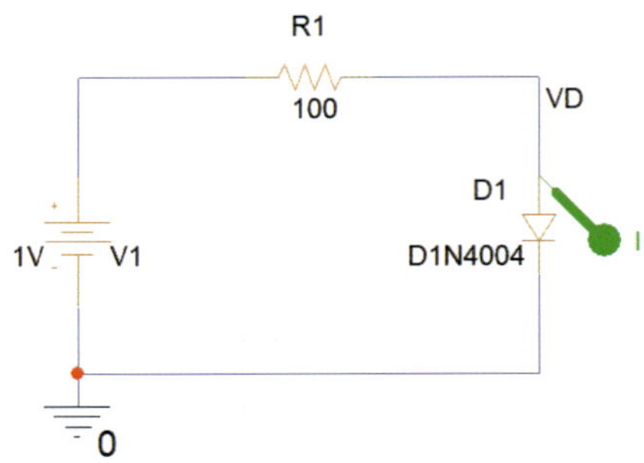

(a) 시뮬레이션 회로

(b) Place Part 창에서 Add Library 실행

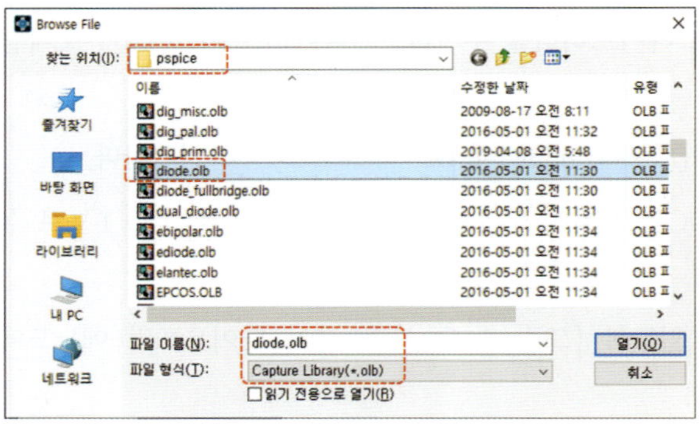

(c) diode 라이브러리 추가

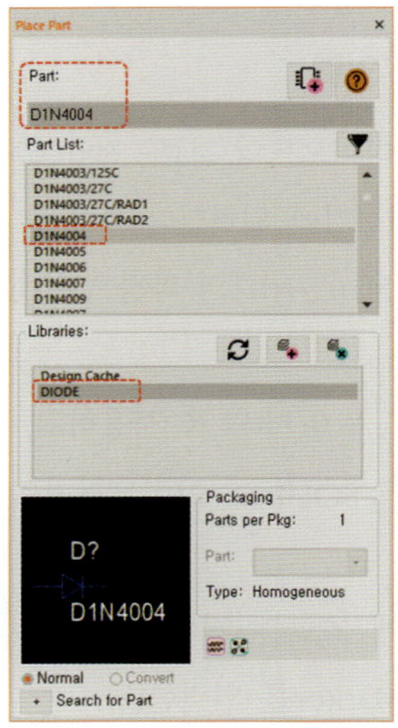

(d) D1N4004 소자 삽입

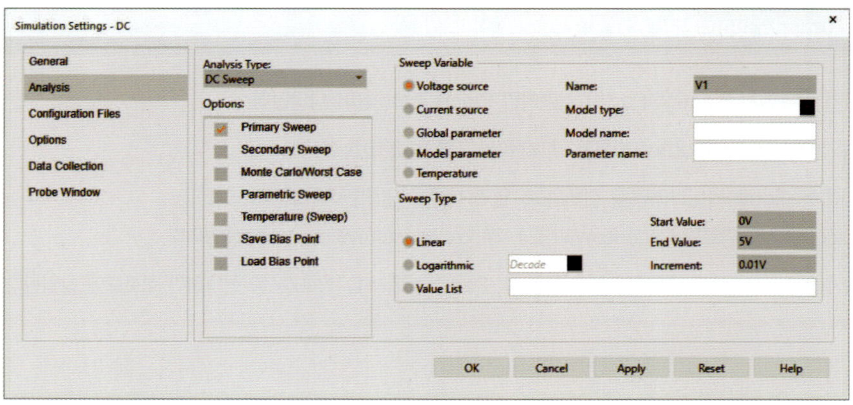

(e) 시뮬레이션 설정(DC Sweep)

그림 3-5 PN 접합 다이오드 전류-전압 특성 시뮬레이션

2 시뮬레이션 설정

- PSpice의 Simulation Settings 창을 열어 Analysis Type을 DC Sweep으로 지정한다.
- [그림 3-5(e)]와 같이 Options에서 Primary Sweep을 선택한 후, Sweep Variable에 Voltage source를 지정하고 V1을 입력한다. 그리고 Sweep Type은 Linear를 선택하고 Start Value에 0 V, End value에 5 V, Increment에 0.01 V를 입력한다.

3 시뮬레이션 실행 및 결과 확인

- 시뮬레이션을 실행하면, DC 전원 V1에 따른 다이오드 전류가 시뮬레이션 결과 창에 표시된다.
- [그림 3-6(a), (b)]의 과정으로 시뮬레이션 결과의 X-축을 다이오드 양단의 전압 VD로 변경한다.
- X-축이 변경된 $I_D - V_D$ 시뮬레이션 결과 화면을 캡처하여 [그림 3-7]에 붙여 넣는다.
- $I_D - V_D$ 시뮬레이션 결과로부터, [표 3-1]에 나열된 다이오드 전압 V_D에 대해 다이오드 전류 I_D의 값을 확인하여 표에 기록한다.

시뮬레이션 결과의 X-축 변경하기

❶ 시뮬레이션 결과 창 메뉴 > Plot > Axis Settings를 실행하면 팝업 창이 나타난다.

❷ X Axis 탭에서 Axis Variable 버튼을 클릭하면, 또 다른 팝업 창이 나타난다([그림 3-6(a)]).

❸ X-축 변수를 다이오드의 애노드 전압 V(VD)로 지정한 후 OK 버튼을 클릭한다([그림 3-6(b)]).

❹ X-축이 다이오드 양단의 전압으로 변환된 시뮬레이션 결과가 표시된다.

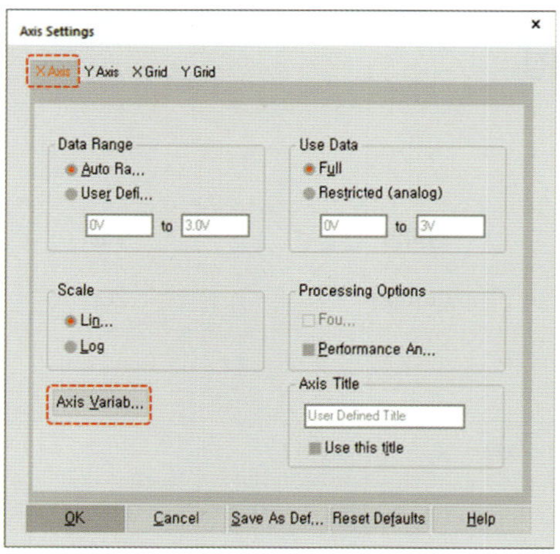

(a) Axis Settings

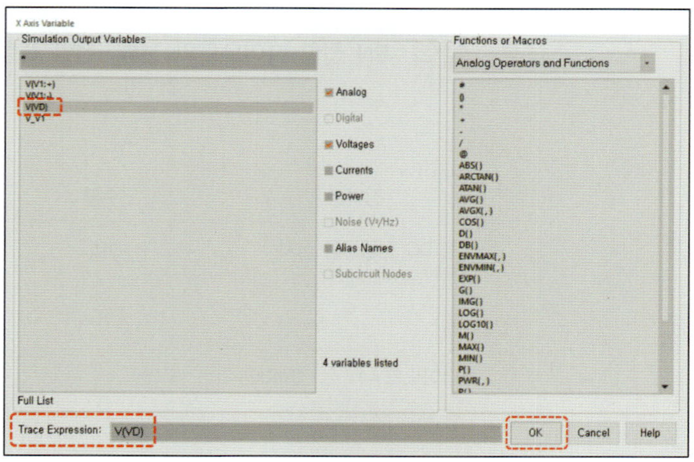

(b) X Axis Variable Setting

그림 3-6 시뮬레이션 결과의 X-축 변경

표 3-1 PN 접합 다이오드의 전류-전압 특성 시뮬레이션 결과

	V_D [mV]					
	300	400	450	520	580	620
I_D [mA]						
	V_D [mV]					
	650	680	700	720	740	760
I_D [mA]						

시뮬레이션 결과 파형을 캡처하여 붙여 넣는다.
(시뮬레이션 결과의 X-축을 다이오드 양단의 전압 V_D로 변환한 결과)

그림 3-7 PN 접합 다이오드의 $I_D - V_D$ 특성 시뮬레이션 결과 파형

2. 실험 PN 접합 다이오드의 전류-전압 특성 측정

[실험장비]

장비명	수량	장비명	수량
DC 전원공급 장치	1대	멀티미터	2대

[실험부품]

다이오드	1N4004	저항	$0.1\text{k}\Omega$

1 브레드보드 부품 배치도 연결 완성하기

- [그림 3-8(a)]의 실험회로를 참조해서 [그림 3-8(b)]의 브레드보드 부품 배치도의 연결을 완성한다.

2 회로 구성하기

- 완성된 부품 배치도를 참조해서 [그림 3-8(a)]의 실험회로를 브레드보드에 구성한다.
  - 1N4004 PN 접합 다이오드의 애노드와 캐소드 단자를 잘 구별하여 캐소드 단자가 아래쪽을 향하도록 브레드보드에 삽입한다.
- 저항 R_1 : 다이오드의 애노드 단자와 DC 전원 사이에 $0.1\,\mathrm{k}\Omega$ 을 연결한다.

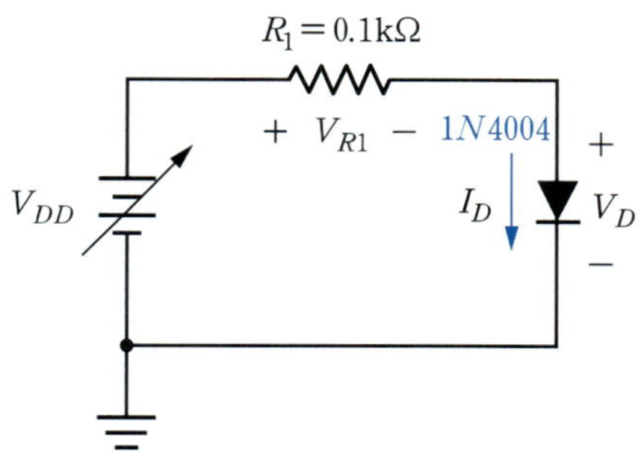

(a) 실험회로

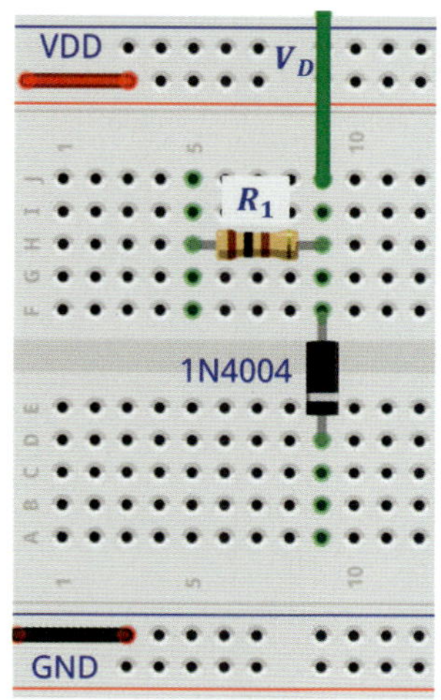

실험회로를 참고해서 부품 배치도의 연결을 완성한다.

(b) 부품 배치도

그림 3-8 PN 접합 다이오드의 전류-전압 특성 실험회로

3 회로 점검하기

- 브레드보드에 부품 실장이 완료되면, 멀티미터를 저항측정 모드로 설정하고 단락, 접촉 불량 등을 점검한다.
- DC 전원과 접지 사이의 단락 여부를 점검한다.
- DC 전원과 접지로 연결되는 노드들의 단락/개방 여부를 점검한다.

4 전원전압 인가하기

- DC 전원공급 장치의 출력이 0 V가 되도록 설정하고, 실험회로의 V_{DD} 단자에 연결한다.

5 전류, 전압 측정하기

- 다이오드 양단의 전압 V_D와 저항 R_1 양단의 전압 V_{R1}을 측정할 수 있도록 멀티미터를 연결한다.
- [표 3-2]에 나열된 V_D 값이 되도록 DC 전원공급 장치의 출력전압을 조정한 후, 저항 R_1 양단의 전압 V_{R1}을 측정하여 [표 3-2]에 기록한다.

– 멀티미터를 1대만 사용하는 경우에는 먼저 전압 V_D를 측정해서 DC 전원공급 장치의 출력 전압을 조정한 후 전압 V_{R1}을 측정한다.

- 측정된 V_{R1} 전압으로부터 다이오드의 전류 $I_D = V_{R1}/R_1$을 계산하여 [표 3-2]의 해당 칸에 기록한다.

표 3-2 PN 접합 다이오드의 전류-전압 특성 측정 결과

	V_D [mV]					
	300	400	450	520	580	620
V_{R1} [V]						
$I_D = \frac{V_{R1}}{R_1}$ [mA]						
	V_D [mV]					
	650	680	700	720	740	760
V_{R1} [V]						
$I_D = \frac{V_{R1}}{R_1}$ [mA]						

실험 3-2 | 반파 정류회로의 동작 특성 측정

1. PSpice 시뮬레이션

1 회로도 입력

- PN 접합 다이오드를 이용한 반파 정류회로의 시뮬레이션을 위해 [그림 3-9(a)]의 회로를 PSpice 회로도 편집기에 입력한다.
- 다이오드는 D1N4004 또는 유사 소자를 사용하고, 저항은 $R_L = 1\,\text{k}\Omega$을 사용한다.
- 입력전압은 SOURCE 라이브러리의 VSIN을 사용하며, VSIN의 속성 창을 열어 진폭 5 V, 주파수 60 Hz인 정현파로 설정한다.
- 입력전압과 출력전압의 파형을 확인할 수 있도록 Voltage Marker를 다이오드의 애노드 단자와 캐소드 단자에 각각 연결한다.
- 다이오드 양단에 걸리는 전압의 파형을 확인하기 위해 Voltage Differential Marker의 플러스 단자를 다이오드의 애노드에, 마이너스 단자를 캐소드에 각각 연결한다.

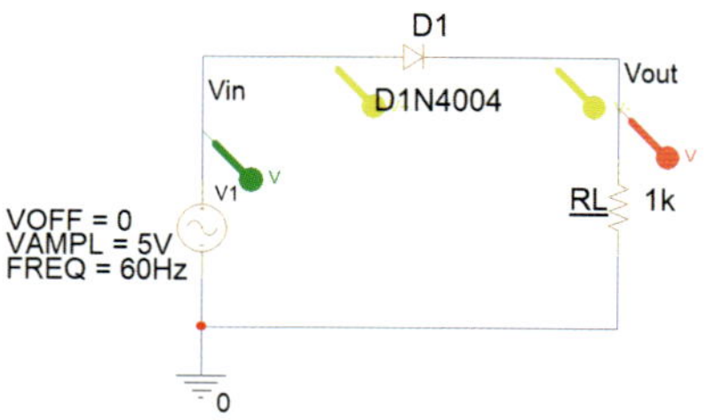

(a) 시뮬레이션 회로

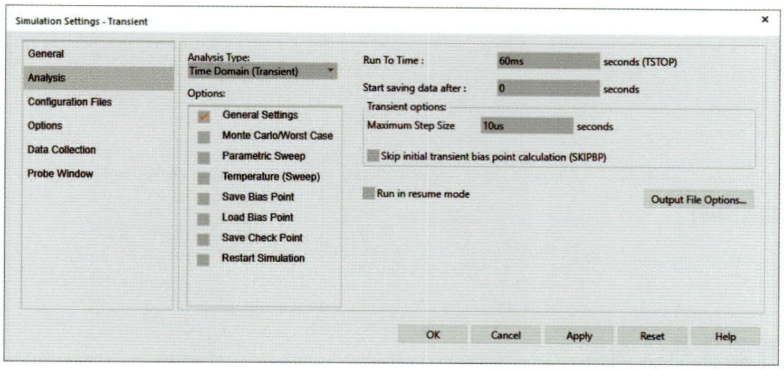

(b) 시뮬레이션 설정

그림 3-9 반파 정류회로의 동작 특성 시뮬레이션

2 시뮬레이션 설정

- PSpice의 Simulation Settings 창을 열어 Analysis Type을 Time Domain(Transient)으로 지정하고, [그림 3-9(b)]와 같이 정한다.

3 시뮬레이션 실행 및 결과 확인

- 시뮬레이션을 실행하면, 입력 정현파와 반파 정류된 출력전압의 파형이 시뮬레이션 결과 창에 표시된다. 또한, 다이오드 양단에 걸리는 전압의 파형이 표시된다.
- 시뮬레이션 결과 화면을 캡처하여 [그림 3-10]에 붙여 넣는다.
- 시뮬레이션 결과로부터, 입력 정현파와 반파 정류된 출력전압의 첨두값, 다이오드의 커트-인 전압에 의해 감소된 전압, 그리고 다이오드에 걸리는 역방향 전압의 첨두값을 확인하여 [표 3-3]의 해당 칸에 기록한다.

표 3-3 반파 정류회로의 동작 특성 시뮬레이션 결과

입력전압의 첨두값 [V]	
반파 정류된 출력전압의 첨두값 [V]	
다이오드의 커트-인 전압 [V]	
다이오드에 걸리는 역방향 전압의 첨두값 [V]	

시뮬레이션 결과 파형을 캡처하여 붙여 넣는다.

그림 3-10 반파 정류회로의 동작 특성 시뮬레이션 결과 파형

2. 실험 반파 정류회로의 동작 특성 측정

[실험장비]

장비명	수량	장비명	수량
함수발생기	1대	멀티미터	1대
오실로스코프	1대		

[실험부품]

다이오드	1N4004	저항	$1\,\mathrm{k\Omega}$

1 브레드보드 부품 배치도 연결 완성하기

- [그림 3-11(a)]의 실험회로를 참조해서 [그림 3-11(b)]의 브레드보드 부품 배치도의 연결을 완성한다.

2 회로 구성하기

- 완성된 부품 배치도를 참조해서 [그림 3-11(a)]의 실험회로를 브레드보드에 구성한다. 1N4004 다이오드의 애노드, 캐소드 단자를 구별하여 캐소드 단자가 오른쪽에 연결되도록 브레드보드에 삽입한다.
- 저항 R_L : 다이오드의 캐소드 단자와 접지 사이에 $1\,\mathrm{k\Omega}$ 을 연결한다.

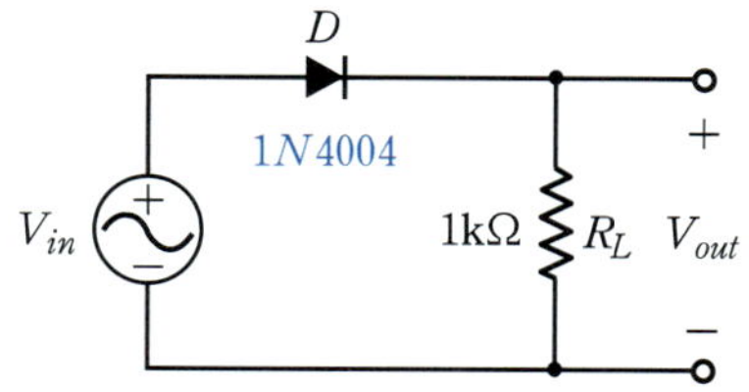

(a) 실험회로

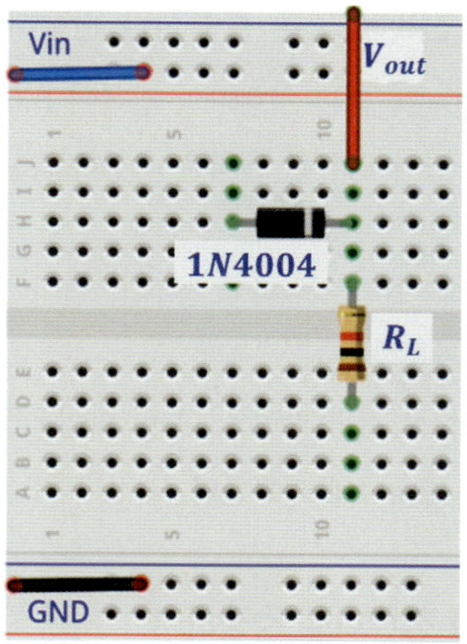

실험회로를 참고해서 부품 배치도의 연결을 완성한다.

(b) 부품 배치도

그림 3-11 PN 접합 다이오드 반파 정류 실험회로

3 회로 점검하기

- 브레드보드에 부품 실장이 완료되면, 멀티미터를 저항측정 모드로 설정하고 단락, 접촉 불량을 점검한다.
- 접지로 연결되는 노드의 단락/개방 여부를 확인한다.

4 신호원 연결하기

- 함수발생기의 전원을 ON시키고 정현파 출력 모드로 설정한다. 정현파의 주파수 60 Hz, 진폭 5 V가 되도록 설정하고, 오실로스코프를 이용하여 정현파의 주파수와 진폭을 확인한다. 확인이 완료되면, 실험회로의 다이오드 애노드에 연결한다.

5 출력 파형 측정하기

- 입력 정현파 V_{in}을 오실로스코프의 CH1로 측정하고, 반파 정류된 출력 V_{out}을 CH2로 측정한다. 측정 결과 파형을 캡처하여 [그림 3-12(a)]에 붙여 넣는다.
- 측정 결과로부터, 입력 정현파의 첨두값, 반파 정류된 출력전압의 첨두값을 확인하여 [표 3-4]의 해당 칸에 기록한다.
- V_{in}, V_{out}의 측정 결과 파형으로부터 다이오드 양단의 전압 $V_D = V_{in} - V_{out}$의 파형을 그려서 [그림 3-12(a)]에 기록한다.

6 입력전압의 진폭에 따른 출력전압 관찰하기

- 함수발생기에서 출력되는 정현파의 진폭이 0.5 V가 되도록 설정한다.
- 입력 정현파와 반파 정류된 출력을 측정하고, 측정 결과 파형을 캡처하여 [그림 3-12(b)]에 붙여 넣는다.
- 측정 결과로부터, 입력 정현파의 첨두값, 반파 정류된 출력전압의 첨두값을 확인하여 [표 3-4]의 해당 칸에 기록한다.
- V_{in}, V_{out}의 측정 결과 파형으로부터 다이오드 양단의 전압 $V_D = V_{in} - V_{out}$의 파형을 그려서 [그림 3-12(b)]에 기록한다.

7 음의 반주기 정류회로 측정하기

- 함수발생기의 전원을 OFF시킨 후, 브레드보드의 PN 접합 다이오드의 방향을 반대로(애노드가 저항 R_L에 연결되도록) 바꾼다.
- 함수발생기의 전원을 ON시키고 정현파 출력 모드로 설정한다. 정현파의 주파수 60 Hz, 진폭 5 V가 되도록 설정하고, 오실로스코프를 이용하여 정현파의 주파수와 진폭을 확인한다. 확인이 완료되면, 실험회로의 다이오드 캐소드에 연결한다.
- 입력 정현파 V_{in}을 오실로스코프 CH1로 측정하고, 반파 정류된 출력 V_{out}을 CH2로 측정한다. 측정 결과 파형을 캡처하여 [그림 3-12(c)]에 붙여 넣는다.
- V_{in}, V_{out}의 측정 결과 파형으로부터 다이오드 양단의 전압 $V_D = V_{in} - V_{out}$의 파형을 그려서 [그림 3-12(c)]에 기록한다.
- 측정 결과로부터, 입력 정현파의 첨두값과 반파 정류된 출력전압의 첨두값을 확인하여 [표 3-4]의 해당 칸에 기록한다.

표 3-4 반파 정류회로의 동작 특성 측정 결과

양의 반주기 정류회로 (V_{in}의 첨두값이 5V인 경우)	입력전압의 첨두값 [V]	
	반파 정류된 출력전압의 첨두값 [V]	
	다이오드의 커트-인 전압 [V]	
	다이오드에 걸리는 역방향 전압의 첨두값 [V]	
양의 반주기 정류회로 (V_{in}의 첨두값이 0.5V인 경우)	입력전압의 첨두값 [V]	
	반파 정류된 출력전압의 첨두값 [V]	
음의 반주기 정류회로 (V_{in}의 첨두값이 5V인 경우)	입력전압의 첨두값 [V]	
	반파 정류된 출력전압의 첨두값 [V]	

V_{in}과 V_{out}	다이오드 양단의 전압 ($V_D = V_{in} - V_{out}$)
측정 결과 파형을 캡처하여 붙여 넣는다.	$V_{in} - V_{out}$ 파형을 그려 넣는다.

(a) 양의 반주기 정류, V_{in}의 진폭이 $5\,\mathrm{V}$인 경우

V_{in}과 V_{out}	다이오드 양단의 전압 ($V_D = V_{in} - V_{out}$)
측정 결과 파형을 캡처하여 붙여 넣는다.	$V_{in} - V_{out}$ 파형을 그려 넣는다.

(b) 양의 반주기 정류, V_{in}의 진폭이 $0.5\,\mathrm{V}$인 경우

그림 3-12 반파 정류회로의 동작 특성 측정 결과 파형(계속)

V_{in}과 V_{out}	다이오드 양단의 전압 ($V_D = V_{in} - V_{out}$)
측정 결과 파형을 캡처하여 붙여 넣는다.	$V_{in} - V_{out}$ 파형을 그려 넣는다.

(c) 음의 반주기 정류, V_{in}의 진폭이 $5\,\mathrm{V}$인 경우

그림 3-12 반파 정류회로의 동작 특성 측정 결과 파형

실험 고찰

■ 고찰 [1]

- [표 3-2]의 측정 결과로부터 PN 접합 다이오드의 전류-전압 특성 곡선을 [그림 3-13]의 모눈종이에 그래프로 그리고, 다이오드의 커트-인 전압을 구하라.
- [그림 3-7]의 시뮬레이션 결과와 [그림 3-13]의 측정 결과를 비교하라.

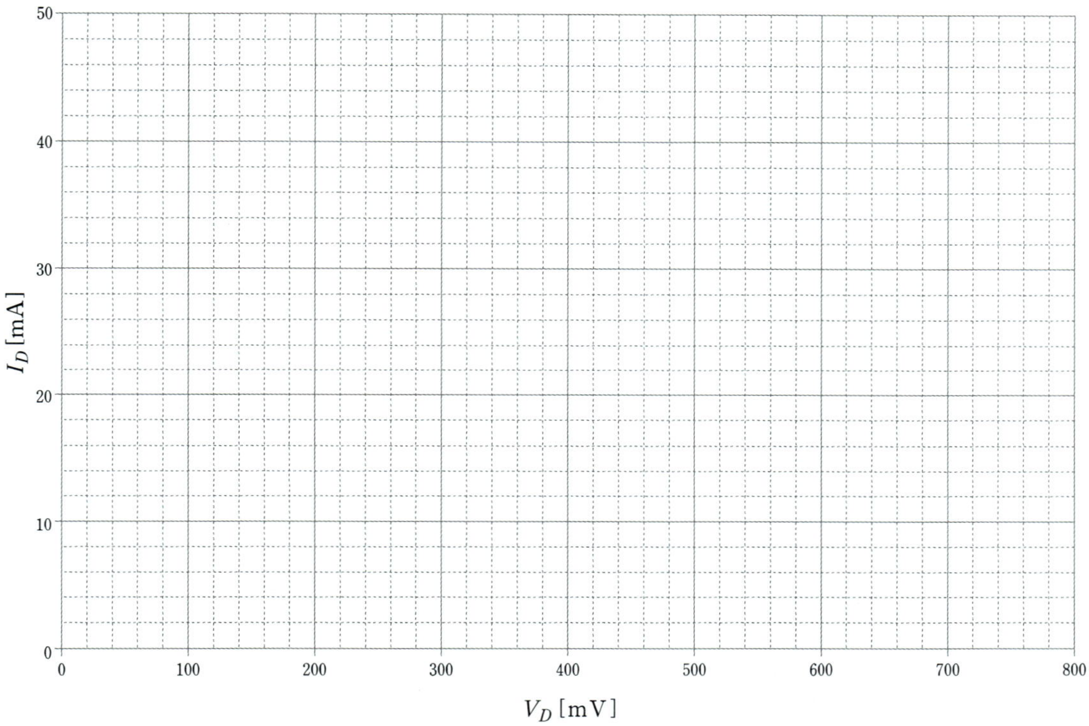

그림 3-13 PN 접합 다이오드의 전류-전압 특성

실험 고찰

■ 고찰 [2]

- [그림 3-11(a)]의 반파 정류회로가 입력 정현파의 진폭이 0.5 V인 경우에 [그림 3-12(b)]와 같은 출력이 얻어지는 이유를 설명하라.
- [표 3-4]와 [그림 3-12]의 측정 결과로부터, [그림 3-11(a)]의 반파 정류회로가 갖는 대표적인 단점 두 가지를 설명하라.
- [그림 3-12(a)]의 측정 결과로부터, [그림 3-11(a)]의 반파 정류회로에 사용되는 PN 접합 다이오드의 피크 역전압(PIV)은 얼마 이상 되어야 하는지 설명하라.

연계 | 〈핵심이 보이는 전자회로〉 1.4절

실험

04

전파 정류회로

실험 목적

- 시뮬레이션을 통해 전파 정류회로와 커패시터 평활회로의 동작을 예측한다.
- 전파 정류회로의 특성을 확인한다.
- 커패시터 평활회로를 갖는 전파 정류회로의 특성을 확인한다.

실험 내용

- 실험 4-1 | 전파 정류회로의 동작 특성 측정
- 실험 4-2 | 커패시터 평활회로를 갖는 전파 정류회로의 동작 특성 측정

4.1 이론적 배경 이해하기

1. PN 접합 다이오드 전파 정류회로

■ 회로 구성

- **전파 정류회로**full-wave rectifier는 입력 정현파의 양의 반주기와 음의 반주기 반전을 통과시켜 전체 주기 동안 양의 출력이 얻어지는 회로이며, 교류전압을 직류로 변환하는 직류전원 공급장치에 사용된다.
- 브리지 회로 또는 [그림 4-1(a)]와 같이 중앙 탭 변압기와 2개의 PN 접합 다이오드를 사용하여 구성할 수 있다.
- 변압기 2차측의 중앙 탭이 접지로 연결되며, 다이오드 D_1에는 변압기 1차측과 동일 위상의 정현파가 인가되고, 다이오드 D_2에는 반대 위상의 정현파가 인가된다.

■ 동작

- 정현파 입력 V_{in}과 출력 V_{out}의 관계는 [그림 4-1(b)]와 같으며, 입출력 전달 특성은 [그림 4-1(c)]와 같다.
- 입력 정현파의 양의 반주기 : 다이오드 D_1은 도통되고, D_2는 차단상태가 되어 $D_1 \rightarrow R_L$ 방향으로 전류가 흐른다. 2차측 전압 V_{in2}로부터 D_1의 커트-인 전압 V_γ만큼 감소되어 출력된다.
- 입력 정현파의 음의 반주기 : 다이오드 D_2는 도통되고, D_1은 차단상태가 되어 $D_2 \rightarrow R_L$ 방향으로 전류가 흐른다. 2차측 전압 V_{in2}의 반전으로부터 D_2의 커트-인 전압 V_γ만큼 감소되어 출력된다.
- $-V_\gamma \le V_{in2} \le V_\gamma$인 범위 : 다이오드 D_1과 D_2가 모두 차단되어 저항 R_L에 흐르는 전류는 0이며, 따라서 출력전압은 0 V가 된다.
- **전파 정류된 출력전압** V_{out}의 평균값은 $V_{o,avg} = \dfrac{2(V_m - V_\gamma)}{\pi} \simeq 0.636(V_m - V_\gamma)$이고, 다이오드가 견뎌야 하는 피크 역전압은 $\mathrm{PIV} = 2V_m$이며, V_m은 변압기 2차측 전압의 진폭이다.

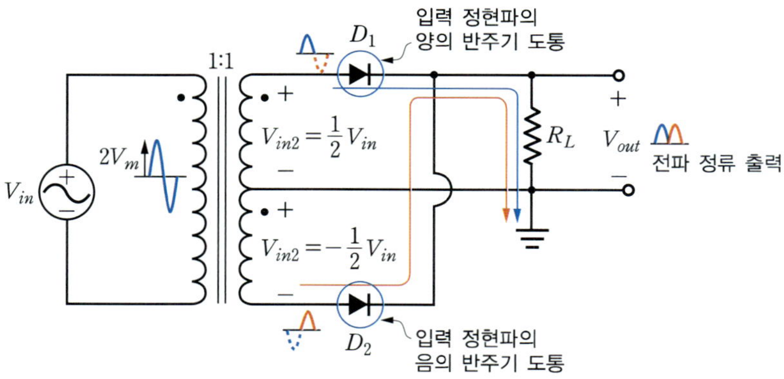

(a) 중앙 탭 변압기를 이용한 전파 정류회로

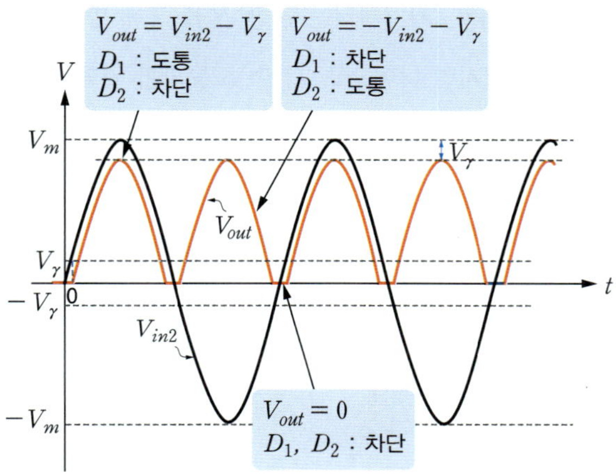

(b) 입력 및 출력 파형

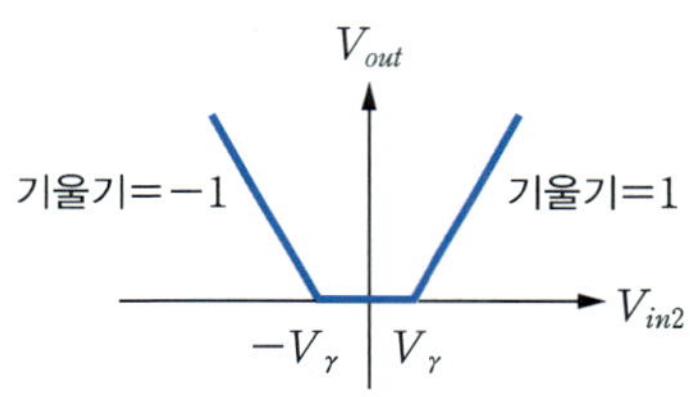

(c) 입출력 전달 특성

그림 4-1 PN 접합 다이오드 전파 정류회로

2. 커패시터 평활회로를 갖는 전파 정류회로

■ 회로 구성

- [그림 4-1(a)]와 같은 전파 정류회로의 출력은 큰 리플ripple(맥류)를 가지므로, [그림 4-2(a)]와 같이 저항 R과 커패시터 C_1의 병렬 연결로 구성되는 커패시터 평활회로를 이용해서 맥류를 줄일 수 있다.

■ 동작

- [그림 4-2(b)]는 커패시터 평활회로를 갖는 전파 정류회로의 출력 V_{out}을 보인 것이며, 구간별 동작은 다음과 같다.

- 초기 $0 \sim \frac{\pi}{2}$ 기간 : 커패시터 C_1은 전파 정류 출력의 피크값 $V_m - V_\gamma$까지 충전된다.
- 기간-❶ : $\frac{\pi}{2}$ 이후에 전파 정류된 전압이 피크값 $V_m - V_\gamma$에서 감소하면 다이오드 D_1이 차단된다. 다이오드 D_2도 차단상태이므로, 커패시터는 저항 R을 통해 방전하며, 방전 시상수는 $\tau = RC_1$이다. π 이후에 전파 정류회로 출력이 커패시터 전압보다 작은 동안에 커패시터는 방전을 지속한다.
- 기간-❷ : 전파 정류 출력이 커패시터 전압보다 커지면 다이오드 D_2가 도통되어 커패시터는 다시 충전된다. 커패시터 충전은 전파 정류된 전압이 피크값 $V_m - V_\gamma$에 도달하는 $\frac{3}{2}\pi$까지 계속된다.
- 기간-❸ : $\frac{3}{2}\pi$를 지나면서 다이오드 D_2가 개방되고, 커패시터는 저항 R을 통해 방전한다.
- 기간-❹ : 전파 정류 출력이 커패시터 전압보다 커지면 다이오드 D_1이 도통되어 커패시터는 다시 충전된다. 커패시터 충전은 전파 정류된 전압이 피크값 $V_m - V_\gamma$에 도달하는 $\frac{5}{2}\pi$까지 계속된다.
- 방전 시상수 $\tau = RC_1$이 클수록 커패시터 방전속도가 느리므로, 출력전압의 리플 크기 V_{ripple}이 작다.

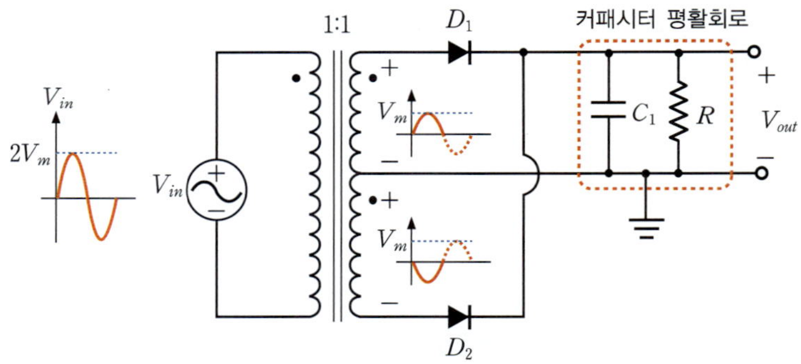

(a) 회로 구성

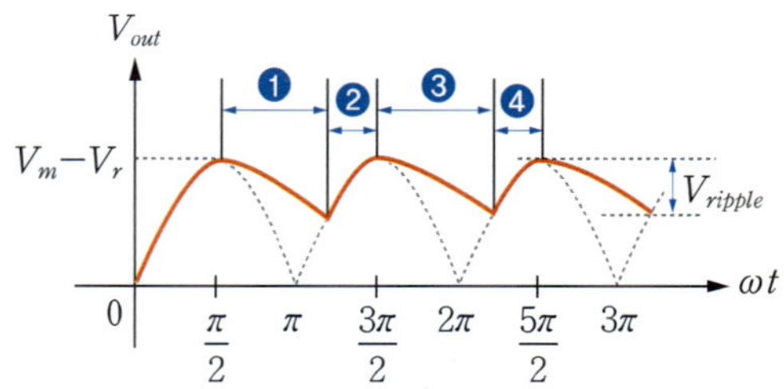

(b) 회로 동작

그림 4-2 커패시터 평활회로를 갖는 전파 정류회로

점검하기 **다음 각 문제에 답하라.**

(1) 전파 정류회로는 입력 정현파의 전체 주기 동안 양의 출력이 얻어진다. (O, X)

(2) 중앙 탭 변압기를 이용한 전파 정류회로의 출력전압은 변압기 2차측 전압보다 (V_γ , $2V_\gamma$)만큼 감소되어 출력된다. 단, V_γ는 다이오드의 커트-인 전압이다.

(3) 중앙 탭 변압기를 이용한 전파 정류회로의 다이오드에 걸리는 최대 역방향 전압은 (V_m, $2V_m$)이다. 단, V_m은 변압기 2차측 전압의 진폭이다.

(4) 커패시터 평활회로를 갖는 전파 정류회로의 대표적인 응용은 (교류, 직류) 전원 공급장치이다.

(5) 커패시터 평활회로의 시상수 $\tau = RC_1$이 클수록 출력전압의 리플 크기가 (작다, 크다).

여기서 잠깐 **PN 접합 다이오드의 데이터 시트 이해하기 – 전기적 특성**

전기적 특성 electrical characteristics은 다이오드의 전기적인 특성 파라미터를 규정한다.

【 데이터 시트 – 다이오드의 전기적 특성 】

ELECTRICAL CHARACTERISTICS†

Rating	Symbol	Typ	Max	Unit
Maximum Instantaneous Forward Voltage Drop, (i_F = 1.0 Amp, T_J = 25°C)	v_F	0.93	1.1	V
Maximum Full-Cycle Average Forward Voltage Drop, (I_O = 1.0 Amp, T_L = 75°C, 1 inch leads)	$V_{F(AV)}$	–	0.8	V
Maximum Reverse Current (rated DC voltage) (T_J = 25°C) (T_J = 100°C)	I_R	 0.05 1.0	 10 50	μA
Maximum Full-Cycle Average Reverse Current, (I_O = 1.0 Amp, T_L = 75°C, 1 inch leads)	$I_{R(AV)}$	–	30	μA

†Indicates JEDEC Registered Data

- V_F : 다이오드에 걸리는 순방향 순시 전압강하의 최댓값을 나타내며, 순방향 전류는 $i_F = 1.0\,\text{A}$이고 접합온도는 $T_J = 25$℃에서의 값이 명시된다. 즉 다이오드에 1.0A의 전류가 흐를 때, 다이오드에 0.93V의 전압강하가 발생한다는 것을 의미한다.
- $V_{F(AV)}$: 다이오드에 걸리는 순방향 전압강하 평균의 최댓값을 나타내며, 순방향 정격전류는 $I_O = 1.0\,\text{A}$이고 단자온도는 $T_L = 75$℃에서의 값이 명시된다.
- I_R : 정격 DC 역전압이 인가된 상태에서 역방향 누설전류의 최댓값을 나타낸다.
- $I_{R(AV)}$: 역방향 누설전류 평균의 최댓값을 나타낸다.

4.2 실험 진행하기

실험 4-1 | 전파 정류회로의 동작 특성 측정

1. PSpice 시뮬레이션

1 회로도 입력

- PN 접합 다이오드를 이용한 전파 정류회로의 시뮬레이션을 위해 [그림 4-3(a)]의 회로를 PSpice 회로도 편집기에 입력한다.
- 다이오드는 D1N4004 또는 유사 소자를 사용하고, 저항은 $R_L = 1\,\mathrm{k\Omega}$을 사용한다.
- 중앙 탭 변압기를 사용하기 위해 [그림 4-3(b)~(d)]와 같이 anl_misc 라이브러리를 추가하고, XFRM_LIN/CT-SEC 소자를 삽입한다.
- 회로도 편집기 창에서 XFRM_LIN/CT-SEC를 선택하고, 마우스 오른쪽 버튼을 클릭하여 속성 편집기 창을 연다. [그림 4-3(e)]와 같이 1차측 코일은 20 mH, 2차측 코일은 각각 10 mH가 되도록 설정한다.
- 입력전압은 SOURCE 라이브러리의 VSIN을 사용하며, VSIN의 속성 창을 열어 진폭 10 V, 주파수 60 Hz의 정현파로 설정한다.
- 입력전압과 출력전압 파형을 확인할 수 있도록 Voltage Marker를 회로도와 같이 연결한다.

회로도 편집기에서 anl_misc 라이브러리 추가 및 변압기 소자 삽입하기

❶ 회로도 편집기 메뉴에서 Place의 Part를 실행하면 Place Part 창이 나타난다.

❷ Place Part 창에서 Add Library 버튼을 클릭한다([그림 4-3(b)]).

❸ pspice 폴더에서 anl_misc 라이브러리를 선택하고, 열기 버튼을 클릭한다([그림 4-3(c)]).
참고로, pspice 폴더의 경로는 Cadence₩SPB24.1₩tools₩capture₩library₩pspice이다.

❹ Place Part 창의 Libraries에서 ANL_MISC를 지정한 후, Part List에서 XFRM_LIN/CT-SEC를 선택하여 회로도에 삽입한다([그림 4-3(d)]).

2 시뮬레이션 설정

- PSpice의 Simulation Settings 창을 열어 Analysis Type을 Time Domain(Transient)으로 지정하고, [그림 4-3(f)]와 같이 설정한다.

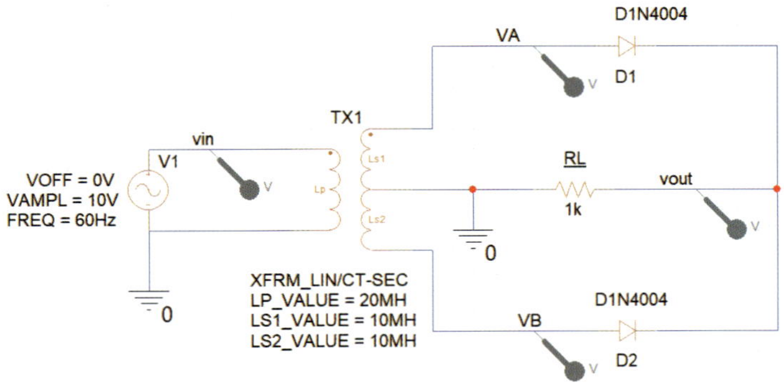

(a) 시뮬레이션 회로

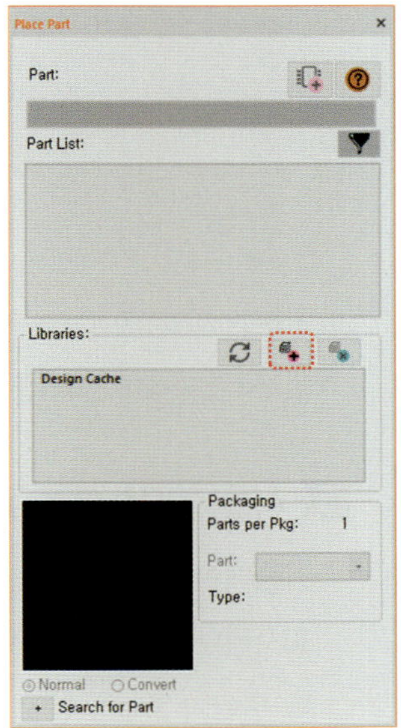

(b) Place Part 창에서 Add Library 실행

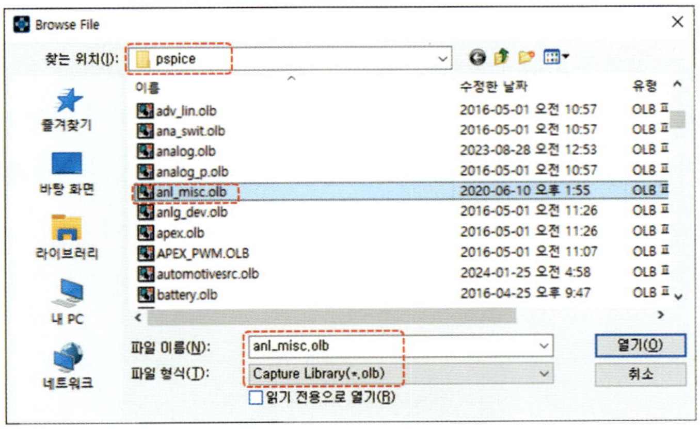

(c) anl_misc 라이브러리 추가

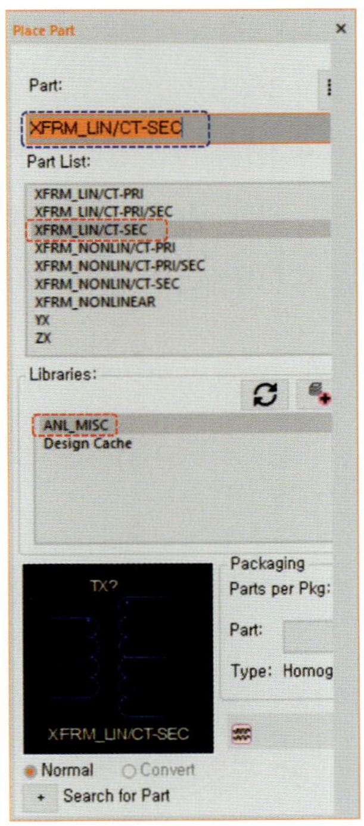

(d) XFRM_LIN/CT-SEC 소자 삽입

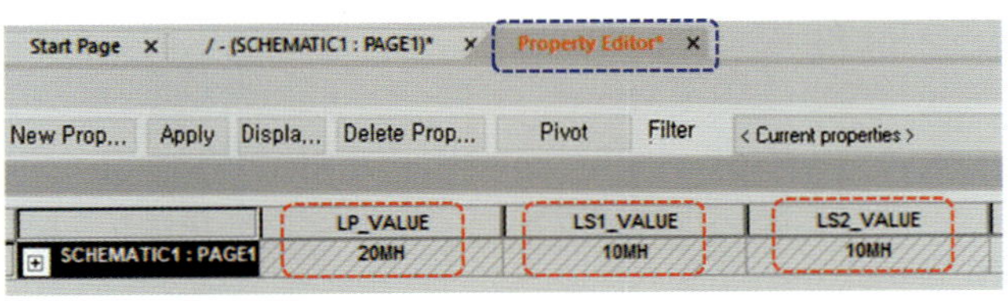

(e) 변압기 소자 XFRM_LIN/CT-SEC의 속성 변경

그림 4-3 전파 정류회로의 동작 특성 시뮬레이션(계속)

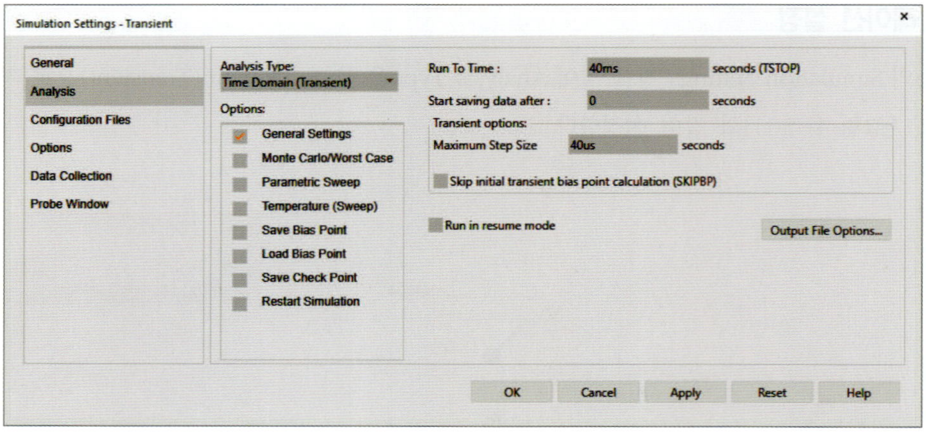

(f) 시뮬레이션 설정(Transient 해석)

그림 4-3 전파 정류회로의 동작 특성 시뮬레이션

3 시뮬레이션 실행 및 결과 확인

- 시뮬레이션을 실행하면, 입력 정현파와 전파 정류된 출력전압의 파형이 시뮬레이션 결과 창에 표시된다. 결과 창의 메뉴 Plot을 선택하고, Add Plot to Window를 실행하여 입력전압 V_{in}과 변압기 2차측 전압 V_A와 V_B, 그리고 전파 정류된 출력전압 V_{out}이 분리되어 표시되도록 한다. 시뮬레이션 결과 화면을 캡처하여 [그림 4-5(a)]에 붙여 넣는다.
- [그림 4-4]와 같이 PSpice 결과 창에서 Add Traces를 이용해 다이오드 양단에 걸리는 전압 $V_A - V_{out}$과 $V_B - V_{out}$이 표시되도록 하고, 화면을 캡처하여 [그림 4-5(b)]에 붙여 넣는다.
- 시뮬레이션 결과로부터, 변압기 1차측 전압 V_{in}의 첨두값, 2차측 전압 V_A와 V_B의 첨두값, 전파 정류된 출력전압 V_{out}의 첨두값을 확인하여 [표 4-1]의 해당 칸에 기록한다.
- 시뮬레이션 결과로부터, 다이오드의 커트-인 전압을 확인하여 [표 4-1]의 해당 칸에 기록한다.

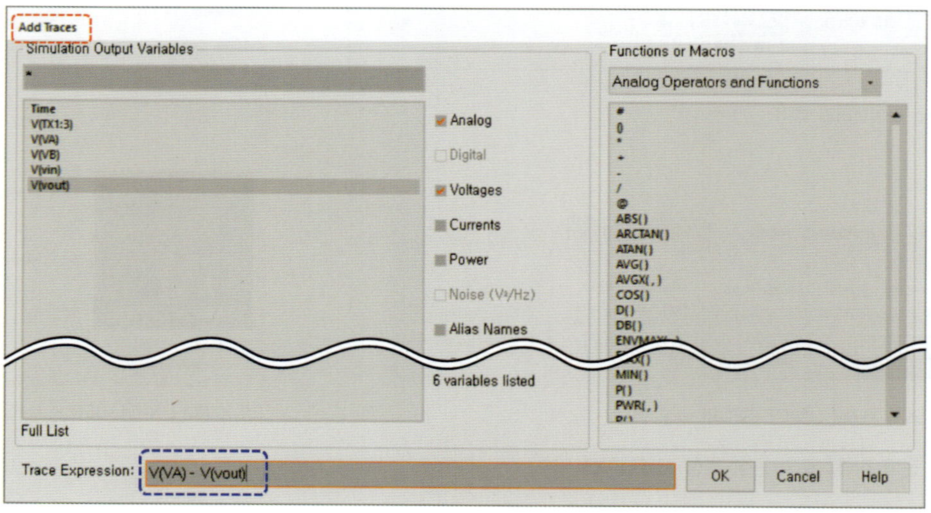

그림 4-4 Add traces를 이용한 다이오드 양단에 걸리는 전압 $V_A - V_{out}$ 표시

표 4-1 전파 정류회로의 동작 특성 **시뮬레이션 결과**

변압기 1차측 전압 V_{in}의 첨두값 [V]		
변압기 2차측 전압의 첨두값 [V]	V_A	
	V_B	
전파 정류된 출력전압 V_{out}의 첨두값 [V]		
다이오드의 커트-인 전압 [V]		

시뮬레이션 결과 파형을 캡처하여 붙여 넣는다.

(a) 변압기 1차측 및 2차측 전압과 전파 정류 출력

시뮬레이션 결과 파형을 캡처하여 붙여 넣는다.

(b) 다이오드 양단에 인가되는 전압

그림 4-5 전파 정류회로의 시뮬레이션 결과 파형

2. 실험 전파 정류회로의 동작 특성 측정

[실험장비]

장비명	수량	장비명	수량
함수발생기	1대	멀티미터	1대
오실로스코프	1대		

[실험부품]

다이오드	1N4004(2개)	저항	1kΩ
중앙 탭 변압기	1차측 220V, 2차측 4V 중앙 탭		

1 브레드보드 부품 배치도 연결 완성하기

- [그림 4-6(a)]의 실험회로를 참조해서 [그림 4-6(b)]의 브레드보드 부품 배치도의 연결을 완성한다.

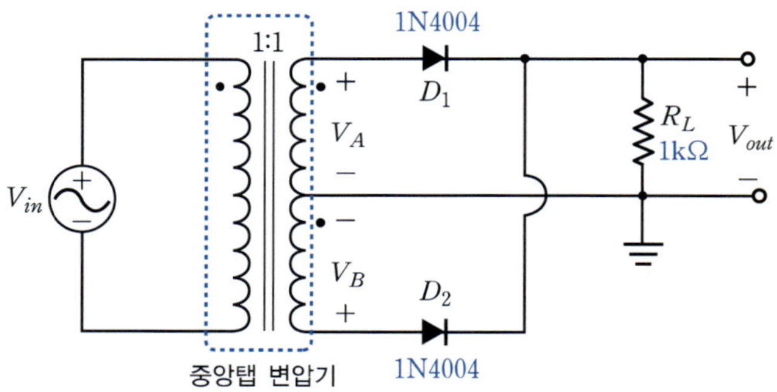

(a) 실험회로

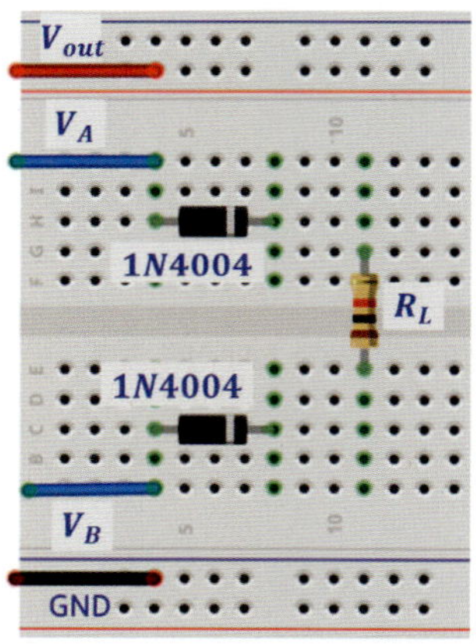

실험회로를 참고해서 부품 배치도의 연결을 완성한다.

(b) 부품 배치도

그림 4-6 중앙탭 변압기를 이용한 전파 정류 실험회로

2 회로 구성하기

- 완성된 부품 배치도를 참조해서 [그림 4-6(a)]의 실험회로를 브레드보드에 구성한다.
  - 1N4004 PN 접합 다이오드의 애노드와 캐소드 단자를 잘 구별하여 캐소드 단자가 오른쪽을 향하도록 브레드보드에 삽입한다.
- 저항 R_L : 다이오드의 캐소드 단자와 접지 사이에 1kΩ을 연결한다.
- 변압기 : 중앙 탭 변압기(1차측 220V, 2차측 4V 또는 유사 소자)를 사용한다. 변압기 2차측의 양 끝 단자를 다이오드 D_1과 D_2의 애노드에 각각 연결하고, 중앙 단자는 접지로 연결한다.

3 회로 점검하기

- 브레드보드에 부품 실장이 완료되면, 멀티미터를 저항측정 모드로 설정하고 단락, 접촉 불량을 점검한다.
- 변압기 2차측과 접지로 연결되는 노드들의 단락/개방 여부를 확인한다.

4 신호원 연결하기

- 함수발생기의 전원을 ON시키고 정현파 출력 모드로 설정한다. 정현파의 주파수 60 Hz, 진폭 10 V가 되도록 설정하고, 오실로스코프를 이용하여 정현파의 주파수와 진폭을 확인한다. 확인이 완료되면, 중앙 탭 변압기의 1차측에 연결한다.
- 중앙 탭 변압기의 2차측 출력을 각각 다이오드 D_1, D_2의 애노드 단자에 연결한다.

5 출력 파형 측정하기

- 변압기 2차측 전압 V_A와 V_B를 각각 오실로스코프의 CH 1, CH 2로 측정한다. 측정된 파형을 캡처하여 [그림 4-7(a)]에 기록한다.
- 전파 정류회로의 출력전압 V_{out}을 오실로스코프로 측정하고, 측정 결과 파형을 캡처하여 [그림 4-7(a)]에 기록한다.
- 변압기 1차측 전압 V_{in}의 첨두값과 2차측 전압 V_A, V_B의 첨두값, 전파 정류된 출력전압 V_{out}의 첨두값을 측정하여 [표 4-2]의 해당 칸에 기록한다.
- 측정 결과로부터, 다이오드의 커트-인 전압을 확인하여 [표 4-2]의 해당 칸에 기록한다.
- 측정된 V_A, V_B와 출력 V_{out}으로부터 다이오드 양단에 걸리는 전압 $V_A - V_{out}$과 $V_B - V_{out}$의 파형을 [그림 4-7(b)]에 기록한다.

표 4-2 전파 정류회로의 동작 특성 측정 결과

변압기 1차측 전압 V_{in}의 첨두값 [V]		
변압기 2차측 전압의 첨두값 [V]	V_A	
	V_B	
전파 정류된 출력전압 V_{out}의 첨두값 [V]		
다이오드의 커트-인 전압 [V]		

측정 결과 파형을 캡처하여 붙여 넣는다.

(a) 변압기 1차측 및 2차측 전압과 전파 정류 출력

파형을 그려 넣는다.

(b) 다이오드 양단에 인가되는 전압($V_A - V_{out}$, $V_B - V_{out}$)

그림 4-7 전파 정류회로의 측정 결과 파형

실험 4-2 | 커패시터 평활회로를 갖는 전파 정류회로의 동작 특성 측정

1. PSpice 시뮬레이션

1 회로도 입력

- 커패시터 평활회로를 갖는 전파 정류회로의 시뮬레이션을 위해 [그림 4-8(a)]의 회로를 PSpice 회로도 편집기에 입력한다.

- 다이오드는 D1N4004 또는 유사 소자를 사용하고, 저항은 $R_L = 1\,\text{k}\Omega$을 사용한다.
- 중앙 탭 변압기는 anl_misc 라이브러리의 XFRM_LIN/CT-SEC 소자를 사용한다.
- 회로도 편집기 창에서 XFRM_LIN/CT-SEC를 선택하고, 마우스 오른쪽 버튼을 클릭하여 속성 편집기 창을 연다. [그림 4-3(e)]와 같이 1차측 코일은 20 mH, 2차측 코일은 각각 10 mH가 되도록 설정한다.
- 리플 감소를 위한 커패시터 C1은 파라미터 {Cvar}로 설정한다.
- 커패시터 C1의 값을 변화시키면서 시뮬레이션할 수 있도록 SPECIAL 라이브러리에서 PARAM을 회로도에 삽입한다. PARAM의 속성 창을 열고 Add New Column을 실행하여 Name에 Cvar을 입력하고, Value에 10 μF을 입력한다. Cvar의 Display Properties를 Name and Value로 설정하면, 회로도에 Parameters 심벌이 Cvar = 10 μF으로 표시된다.
  - SPECIAL 라이브러리 추가는 [실험 3-1]의 라이브러리 추가를 참고한다.
- 입력전압은 SOURCE 라이브러리의 VSIN을 사용하며, VSIN의 속성 창을 열어 진폭 10 V, 주파수 60 Hz의 정현파로 설정한다.
- 입력전압과 출력전압 파형을 확인할 수 있도록 Voltage Marker를 회로도와 같이 연결한다.

2 시뮬레이션 설정

- PSpice의 Simulation Settings 창을 열어 Analysis Type을 Time Domain(Transient)으로 지정하고, [그림 4-8(b)]와 같이 설정한다.
- [그림 4-8(c)]와 같이 Options에서 Parametric Sweep을 선택한 후, Sweep Variable에 Global parameter를 지정하고, Parameter name에 Cvar을 입력한다. Sweep Type은 Value List를 선택하고, 10 μF, 22 μF, 56 μF을 입력한다.

3 시뮬레이션 실행 및 결과 확인

- 시뮬레이션을 실행하면, 입력 정현파와 전파 정류된 출력전압의 파형이 시뮬레이션 결과 창에 표시된다. 결과 창의 메뉴 Plot을 선택하고, Add Plot to Window를 실행하여 입력전압 V_{in}과 변압기 2차측 전압 V_A와 V_B, 그리고 커패시터 평활회로 출력전압 V_{out}이 별도의 plot에 분리되어 표시되도록 한 후, 시뮬레이션 결과 화면을 캡처하여 [그림 4-10]에 붙여 넣는다.
- 시뮬레이션 결과로부터, 변압기 2차측 전압 V_A, V_B의 첨두값과 커패시터 평활회로 출력 V_{out}의 첨두값을 측정하여 [표 4-3]의 해당 칸에 기록한다.
- 커패시터 평활회로 출력 V_{out}의 리플 크기를 [그림 4-9]와 같이 PSpice의 Evaluate Measurements로 확인하여 [표 4-3]의 해당 칸에 기록한다.

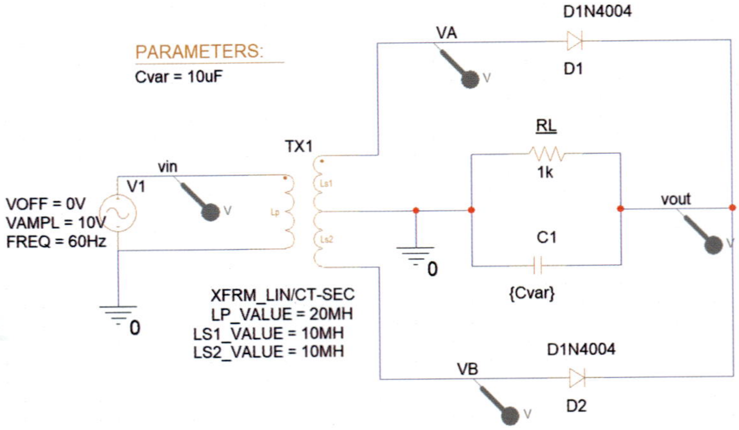

(a) 시뮬레이션 회로

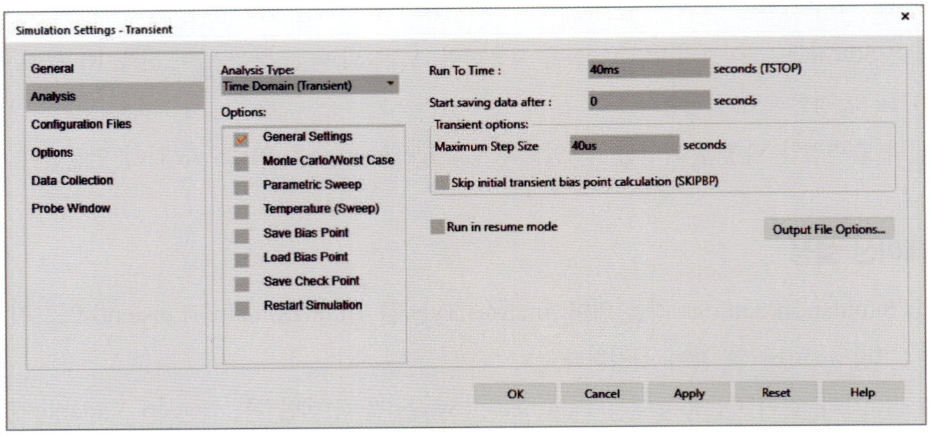

(b) 시뮬레이션 설정(Transient 해석)

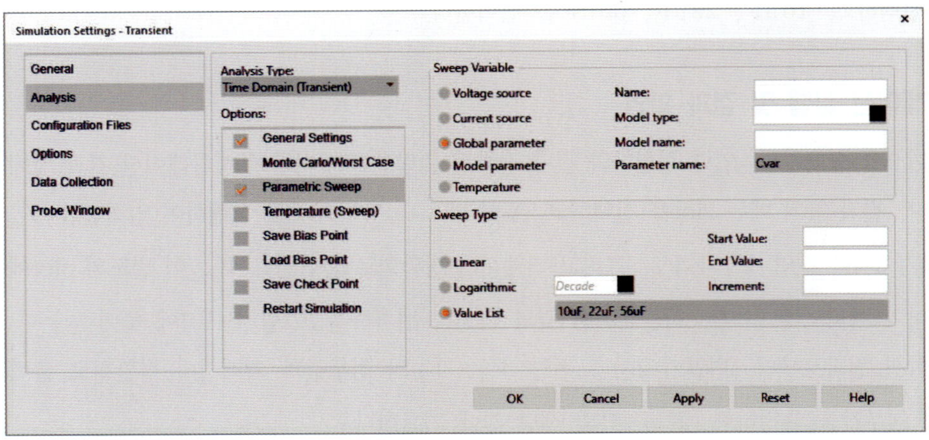

(c) 시뮬레이션 설정(Parametric Sweep)

그림 4-8 커패시터 평활회로를 갖는 전파 정류회로의 동작 특성 시뮬레이션

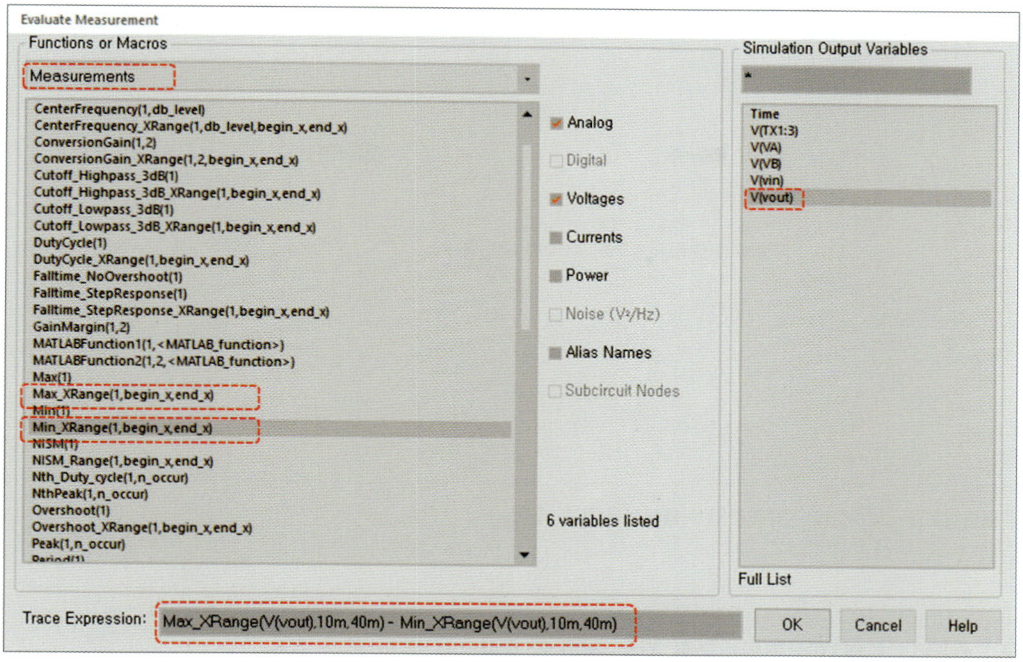

그림 4-9 Evaluate Measurements로 리플 크기 측정하기

Evaluate Measurements를 이용한 리플 크기 측정하기([그림 4-9])

❶ PSpice 결과 창의 메뉴에서 Trace > Evaluate Measurements를 실행한다(또는 Evaluate Measurement 아이콘 클릭).

❷ Evaluate Measurements 창의 Function or Macros에 Measurements를 지정한다.

❸ Max_XRange(1,begin_x,end_x)를 선택한 후, 첫 번째 인수에 V(vout)를 지정하고, 두 번째와 세 번째 인수에 각각 10 m와 40 m를 지정하여 10 msec ~ 40 msec 범위에서 최댓값을 찾도록 한다.

❹ Trace Expression에서 Max_XRange(1,begin_x,end_x) 뒤에 마이너스(−) 기호를 입력하고, Min_XRange(1,begin_x, end_x)를 추가한 후, 인수 값을 동일하게 지정한다. OK를 클릭하면, Measurements에 의한 리플 크기가 시뮬레이션 결과 창의 하단부에 표시된다.

표 4-3 커패시터 평활회로를 갖는 전파 정류회로의 동작 특성 **시뮬레이션 결과**

변압기 2차측 전압의 첨두값 [V]	V_A		
	V_B		
		커패시터 평활회로 출력전압	
		첨두값 [V]	리플 크기 [V]
커패시터 C_1 [μF]	10		
	22		
	56		

시뮬레이션 결과 파형을 캡처하여 붙여 넣는다.

그림 4-10 커패시터 평활회로를 갖는 전파 정류회로의 시뮬레이션 결과 파형

2. 실험 커패시터 평활회로를 갖는 전파 정류회로의 동작 특성 측정

[실험장비]

장비명	수량	장비명	수량
함수발생기	1대	멀티미터	1대
오실로스코프	1대		

[실험부품]

다이오드	1N4004(2개)	저항	$1\,\mathrm{k\Omega}$
중앙 탭 변압기	1개	전해 커패시터	$10\,\mu\mathrm{F}$, $22\,\mu\mathrm{F}$, $56\,\mu\mathrm{F}$

1 브레드보드 부품 배치도 연결 완성하기

- [그림 4-11(a)]의 실험회로를 참조해서 [그림 4-11(b)]의 브레드보드 부품 배치도의 연결을 완성한다.

2 회로 구성하기

- 완성된 부품 배치도를 참조해서 [그림 4-11(a)]의 실험회로를 브레드보드에 구성한다.
  - 1N4004 다이오드의 애노드, 캐소드 단자를 구별하여 캐소드 단자가 오른쪽에 연결되도록 브레드보드에 삽입한다.
- 저항 R_L : 다이오드의 캐소드 단자와 접지 사이에 $1\,\mathrm{k\Omega}$을 연결한다.

• 커패시터 C_1 : 10μF의 전해 커패시터를 저항 R_L에 병렬로 연결한다. 전해 커패시터는 플러스와 마이너스 단자가 정해져 있으므로, 단자의 극성을 확인하여 연결한다.

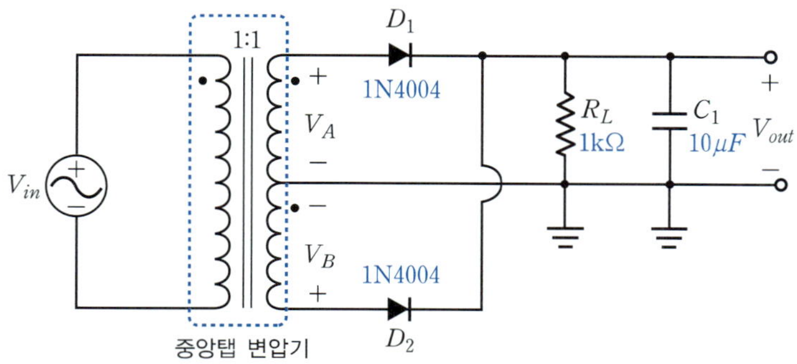

(a) 실험회로

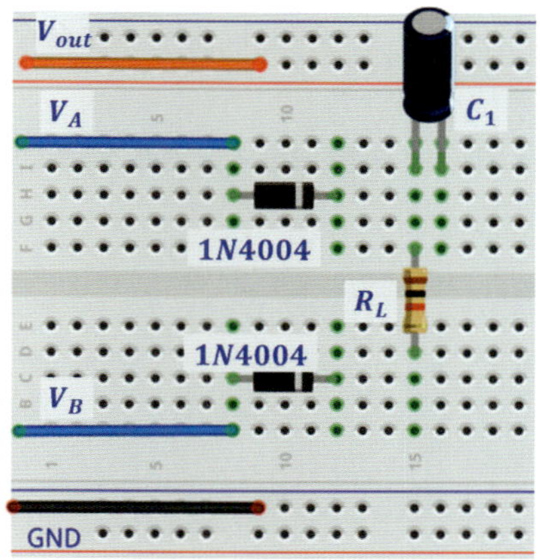

실험회로를 참고해서 부품 배치도의 연결을 완성한다.

(b) 부품 배치도

그림 4-11 커패시터 평활회로를 갖는 전파 정류 실험회로

3 회로 점검하기

• 브레드보드에 부품 실장이 완료되면, 멀티미터를 저항측정 모드로 설정하고 단락, 접촉 불량을 점검한다.

• 접지로 연결되는 노드의 단락/개방 여부를 확인한다.

4 신호원 연결하기

• 함수발생기의 전원을 ON시키고, 정현파 출력 모드로 설정한다. 정현파의 주파수 60Hz, 진폭 10V가 되도록 설정하고, 오실로스코프를 이용하여 정현파의 주파수와 진폭을 확인한다. 확인이 완료되면, 중앙 탭 변압기의 1차측에 연결한다.

5 출력 파형 측정하기

• 변압기 2차측 전압 V_A와 V_B를 각각 오실로스코프 CH1, CH2로 측정한다. 측정 결과 파형을 캡처하여 [그림 4-12(a)]에 기록한다.

• 출력 V_{out}을 오실로스코프 CH2로 측정하고, 측정 결과 파형을 캡처하여 [그림 4-12(b)]에 기록한다.

• 변압기 2차측 전압 V_A, V_B의 첨두값과 평활회로 출력 V_{out}의 첨두값을 측정하여 [표 4-4]의 $C_1 = 10\mu F$ 항에 기록한다.

• 출력 V_{out}의 리플 크기를 측정하여 [표 4-4]의 $C_1 = 10\mu F$ 항에 기록한다.

6 평활 커패시터 C_1의 값에 따른 출력전압 리플 관찰하기

- 커패시터 C_1을 22μF, 56μF으로 교체한 후, 평활회로 출력 V_{out}을 오실로스코프 CH2로 측정하고, 측정 결과 파형을 캡처하여 [그림 4-12(c), (d)]에 기록한다.
- 출력 V_{out}의 첨두값과 리플 크기를 측정하여 [표 4-4]의 해당 C_1 항에 기록한다.

표 4-4 커패시터 평활회로를 갖는 전파 정류회로의 동작 특성 측정 결과

변압기 2차측 전압의 첨두값 [V]	V_A		
	V_B		
		커패시터 평활회로 출력전압 V_{out}	
		첨두값 [V]	리플 크기 [V]
커패시터 C_1 [μF]	10		
	22		
	56		

측정 결과 파형을 캡처하여 붙여 넣는다.

(a) 변압기 2차측 전압 V_A, V_B

그림 4-12 커패시터 평활회로를 갖는 전파 정류회로의 측정 결과 파형(계속)

측정 결과 파형을 캡처하여 붙여 넣는다.

(b) 커패시터 평활회로 출력전압 $V_{out}\,(C_1 = 10\,\mu\mathrm{F})$

측정 결과 파형을 캡처하여 붙여 넣는다.

(c) 커패시터 평활회로 출력전압 $V_{out}\,(C_1 = 22\,\mu\mathrm{F})$

측정 결과 파형을 캡처하여 붙여 넣는다.

(d) 커패시터 평활회로 출력전압 $V_{out}\,(C_1 = 56\,\mu\mathrm{F})$

그림 4-12 커패시터 평활회로를 갖는 전파 정류회로의 측정 결과 파형

실험 고찰

■ 고찰 [1]

- [그림 4-5(b)]의 시뮬레이션 결과와 [그림 4-7(b)]의 측정 결과로부터, [그림 4-6(a)]의 전파 정류 회로에 사용되는 PN 접합 다이오드의 PIV는 얼마 이상 되어야 하는지 구하라.

■ 고찰 [2]

- [표 4-4]의 측정 결과로부터, 평활 커패시터 C_F가 출력전압의 리플 크기에 미치는 영향을 설명하라.

연계 | 〈핵심이 보이는 전자회로〉 1.5절

실험

05

제너 다이오드 응용회로

실험 목적

- 시뮬레이션을 통해 제너 다이오드의 전류-전압 특성과 정전압 회로의 동작을 예측한다.
- 제너 다이오드의 전류-전압 특성을 확인한다.
- 제너 다이오드를 이용한 정전압 회로의 특성을 확인한다.

실험 내용

- 실험 5-1 | 제너 다이오드의 전류-전압 특성 측정
- 실험 5-2 | 제너 다이오드 정전압 회로의 특성 측정

5.1 이론적 배경 이해하기

1. 제너 다이오드의 전류-전압 특성

■ 제너 다이오드란?

- **제너 다이오드**Zener diode는 역방향 항복전압 근처에서 큰 역방향 항복 전류가 흐르는 제너항복Zener breakdown 현상을 이용하는 소자이다. 제너항복이 발생하면 다이오드 양 단자의 전압은 거의 일정한 값으로 유지되며 전류만 급격하게 증가한다.
- 항복전압 근처에서 다이오드 양 단자의 전압이 일정하게 유지되는 특성을 이용하여 전압을 일정하게 유지시키는 정전압 장치에 사용된다.
- 제너 다이오드는 일반 정류용 다이오드보다 불순물 도핑 농도가 높게 만들어진다. 도핑 농도를 조정하여 원하는 제너 전압의 다이오드를 만들 수 있으며, 제너 전압이 수 V 인 소자에서부터 수백 V 인 소자까지 다양한 형태가 상용화되어 있다.

■ 전류-전압 특성

- 제너 다이오드의 전류-전압 특성과 회로기호는 [그림 5-1]과 같다.
- 제너 다이오드는 역방향 전압을 걸어서 사용하는 소자이다. 역방향 전압을 인가하면 전류가 거의 흐르지 않다가 특정 임계전압 근처에서 제너항복 현상에 의해 전류가 갑자기 증가한다.
- 제너항복영역에서는 다이오드 전류가 변해도 캐소드와 애노드 사이의 전압은 제너전압 V_Z로 거의 일정하게 유지된다. 항복영역에서 전류-전압 특성 곡선의 기울기가 매우 크므로, 넓은 역방향 전류 범위에서 매우 작은 제너전압 변동을 갖는다.

■ 동작영역

- 제너 다이오드는 임계전류 I_{ZK}(첨자 K는 knee(무릎, 꺾이는 점)를 나타낸다) 이상의 전류에서만 제너항복이 유지되므로 I_{ZK} 이상의 역방향 전류로 동작해야 한다.
- 너무 큰 전류가 지속적으로 흐르면 전력소모가 증가하여 소자가 파괴될 수 있으므로 정격전력 $P_{Z,\max} = V_Z \times I_{ZM}$에 의해 결정되는 최대 제너전류 I_{ZM} 이하로 동작해야 한다.
- 제너 다이오드의 동작전류 범위는 $I_{ZK} \le I_Z \le I_{ZM}$ 이다.

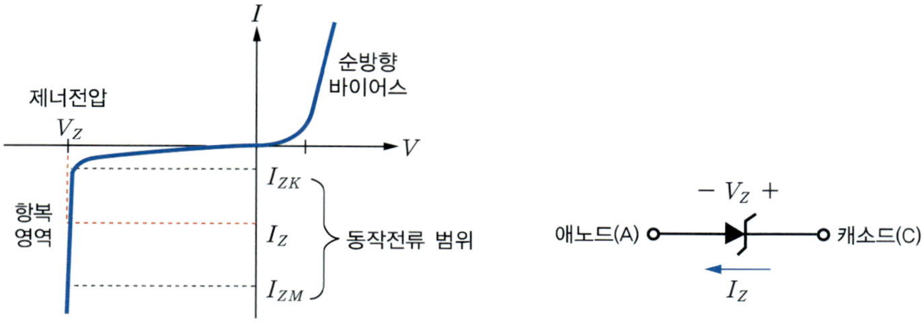

(a) 전류-전압 특성 (b) 회로 기호

그림 5-1 제너 다이오드의 전류-전압 특성과 회로 기호

2. 제너 다이오드를 이용한 정전압 회로

- 정전압 회로는 부하저항 R_L이나 입력전압 V_S가 일정 범위 내에서 변해도 출력전압 V_L이 일정하게 유지되는 회로이며, 제너 다이오드를 이용해서 [그림 5-2]와 같이 구성된다.
- 부하 R_L에 일정한 전압 $V_L = V_Z$를 공급하기 위한 저항 R은 다음과 같이 결정된다.

$$R = \frac{V_S - V_Z}{I_Z + I_L} \tag{5.1}$$

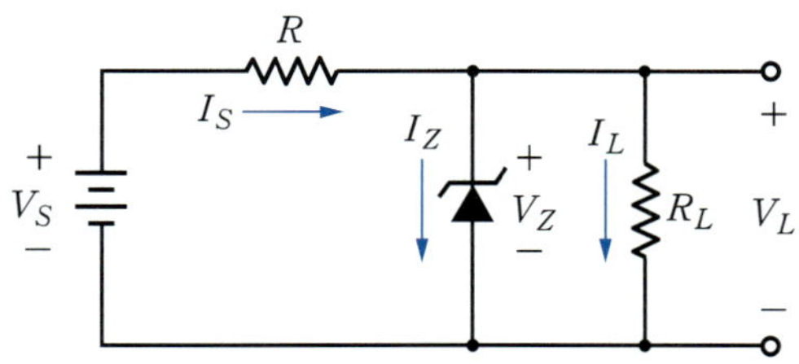

그림 5-2 제너 다이오드를 이용한 정전압 회로

점검하기 **다음 각 문제에 답하라.**

(1) 제너 다이오드는 (순방향, 역방향) 전압을 인가해서 사용한다.

(2) 제너 다이오드는 (정전압, 정전류)을(를) 얻기 위한 회로나 장치에 사용된다.

(3) 제너 다이오드는 넓은 역방향 전류 범위에서 매우 (작은, 큰) 전압 변동을 갖는다.

(4) 제너 다이오드가 올바로 동작하기 위해서는 전류 I_Z가 최소 항복전류 I_{ZK}보다 (작아야, 커야) 한다.

(5) [그림 5-2]의 제너 다이오드 정전압 회로에서 저항 R 값이 너무 (작으면, 크면) 제너항복이 일어나지 않는다.

여기서 잠깐 제너 다이오드의 데이터 시트 이해하기

전압 레귤레이터용으로 사용되는 제너 다이오드 1N4728 ~ 1N4764의 데이터 시트에 사용되는 용어를 알아본다.

【 제너 다이오드의 데이터 시트 】

ABSOLUTE MAXIMUM RATINGS(LIMITING VALUES)(TA=25℃)

	Symbols	Value	Units
Zener current see table "Characteristics"			
Power dissipation at TA=25℃	Ptot	1 1)	mW
Junction temperature	TJ	175	℃

ELECTRCAL CHARACTERISTICS(TA=25℃)

	Symbols	Min	Typ	Max	Units
Thermal resistance junction to ambient	RthA			170 1)	℃/W
Forward voltage at IF=200mA	VF			1.2	V
1) Valid provided that a distance at 8mm from case are kept at ambient temperature					

1N4728..1N4764 SILICON PLANAR ZENER DIODES

Type	Nominal Zener Voltage 3)	Test Current	Maximum Zener Impedance 1)			Maximum reverse leakage current		Surge current	Maximum regulator Current 2)
	at IZT VZ V	IZT mA	at IZT ZZT Ω	ZZK Ω	at IZK mA	IR μA	at VR V	at TA=0.25 IR mA	IZM mA
1N4728	3.3	76	10	400	1.0	100	1.0	1380	276
1N4729	3.6	69	10				1.0	1260	252
1N4730	3.9	64	9			50	1.0	1190	234
1N4731	4.3	58	9				1.0	1070	217
1N4732	4.7	53	8	500			1.0	970	193

- P_{tot} : $T_A = 25$℃에서의 정격 전력
- R_{thA} : 접합-대기 간 열저항
- V_Z : 역방향 제너전류 I_{ZT}일 때의 역방향 제너전압
- I_{ZK} : 항복영역 내에서 동작할 때 최소 역방향 전류
- I_{ZM} : 전력을 초과하지 않고 견딜 수 있는 최대 역방향 전류
- Z_{ZT} : 역방향 제너전류 I_{ZT}에서 최대 제너 임피던스
- Z_{ZK} : 역방향 전류 I_{ZK}에서 최대 제너 임피던스
- I_R : 역방향 전압 V_R에서 최대 역방향 누설전류
- I_F : 순방향 전압 V_F에서 순방향 전류
- T_J : 허용 가능한 최대 접합 온도
- V_F : 순방향 전류 I_F에서의 순방향 전압강하
- I_{ZT} : 역방향 제너전류 Test current

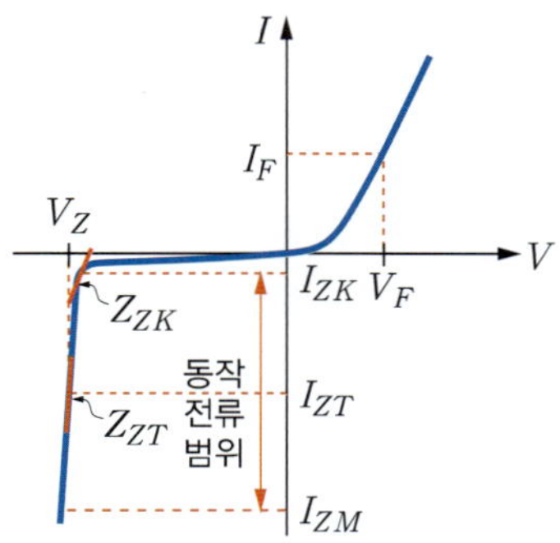

5.2 실험 진행하기

실험 5-1 | 제너 다이오드의 전류-전압 특성 측정

1. PSpice 시뮬레이션

1 회로도 입력

- 제너 다이오드의 전류-전압 특성을 시뮬레이션하기 위해 [그림 5-3(a)]의 회로를 PSpice 회로도 편집기에 입력한다.
- 제너 다이오드는 $V_Z = 5.6\,\text{V}$ 인 D1N4734를 사용하고, 저항은 $R_1 = 10\,\Omega$으로 설정한다.
  - diode 라이브러리 추가는 [실험 3-1]의 라이브러리 추가를 참고한다.
- 입력전압은 SOURCE 라이브러리의 VDC를 사용하며, VDC의 속성 창을 열어 DC 1 V 로 설정한다.
- 제너 다이오드에 흐르는 전류를 확인할 수 있도록 [그림 5-3(a)]와 같이 다이오드의 캐소드에 Current Marker를 연결한다.

2 시뮬레이션 설정

- PSpice의 Simulation Settings 창을 열어 Analysis Type을 DC Sweep으로 지정하고, [그림 5-3(b)]와 같이 Options에서 Primary Sweep을 선택한 후, Sweep Variable에 Voltage source를 선택하고 Name에 DC 전압원의 이름 VDC를 입력한다. Sweep Type은 Linear를 선택하고, Start Value에 0 V, End Value에 6 V, Increment에 0.05 V를 입력한다.

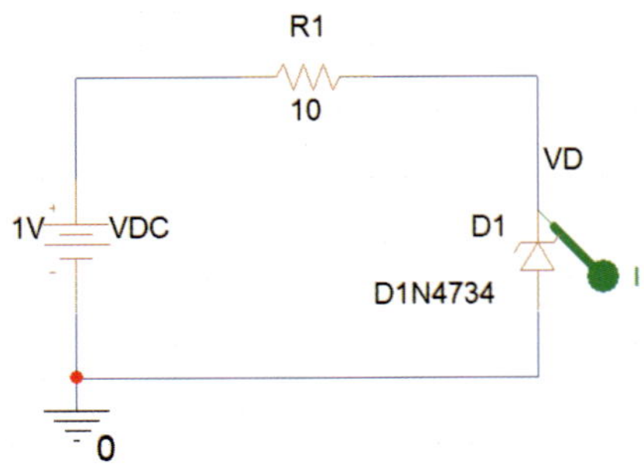

(a) 시뮬레이션 회로

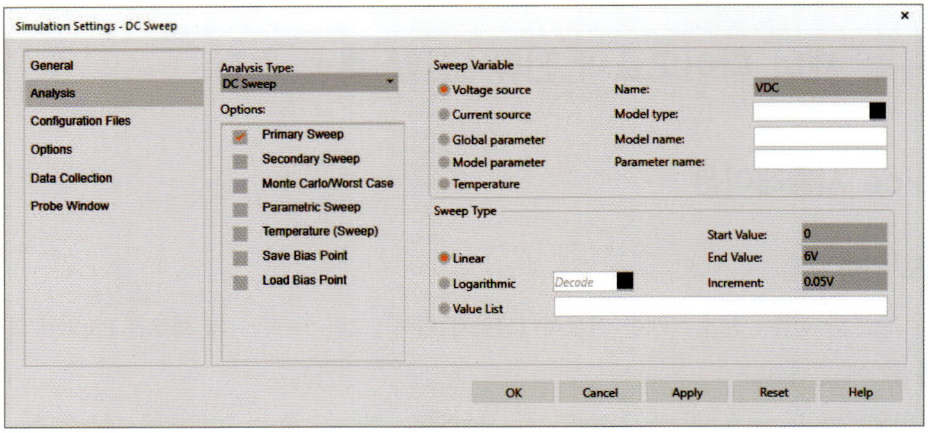

(b) 시뮬레이션 설정(DC Sweep)

그림 5-3 제너 다이오드의 전류-전압 특성 시뮬레이션

3 시뮬레이션 실행 및 결과 확인

- 시뮬레이션을 실행하면, DC 전원 VDC에 따른 다이오드 전류가 시뮬레이션 결과 창에 표시된다.
- [그림 5-4]의 과정으로 시뮬레이션 결과의 X-축을 제너 다이오드의 캐소드 전압 V_D로 변경하고, $I_D - V_D$ 결과를 캡처하여 [그림 5-5]에 붙여 넣는다. 제너 다이오드의 전류는 캐소드에서 애노드로 흐름에 유의한다.
- $I_D - V_D$ 시뮬레이션 결과로부터, [표 5-1]에 나열된 다이오드 전압 V_D에 대해 제너 다이오드의 캐소드에서 애노드로 흐르는 전류 I_D의 값을 확인하여 표에 기록한다.

시뮬레이션 결과의 X-축 변경하기

❶ 시뮬레이션 결과 창 메뉴 > Plot > Axis Settings를 실행하면 팝업 창이 나타난다.

❷ X Axis 탭에서 Axis Variable 버튼을 클릭하면, 또 다른 팝업 창이 나타난다([그림 5-4(a)]).

❸ X-축 변수를 제너 다이오드의 캐소드 전압 V(VD)로 지정한 후 OK 버튼을 클릭한다([그림 5-4(b)]).

❹ X-축이 다이오드 양단의 전압으로 변환된 시뮬레이션 결과가 표시된다.

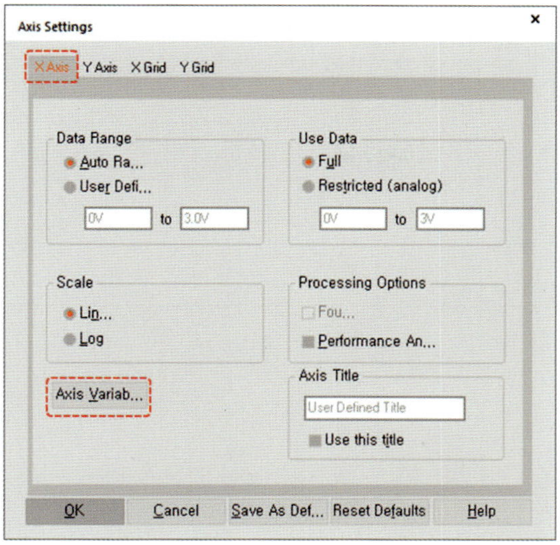

(a) Axis Settings

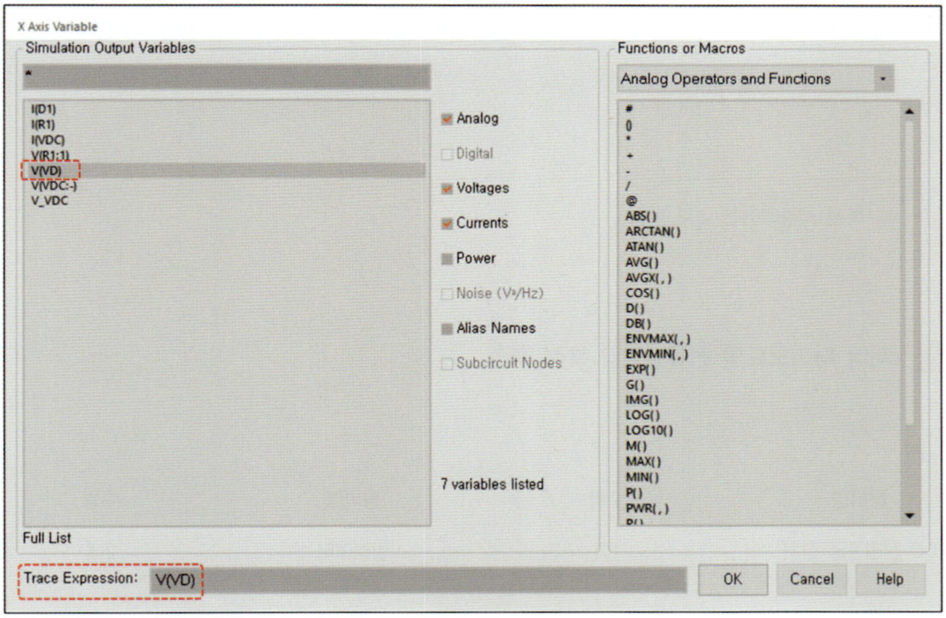

(b) X Axis Variable Setting

그림 5-4 시뮬레이션 결과의 X-축 변경

표 5-1 제너 다이오드의 전류–전압 특성 **시뮬레이션 결과**

	V_D[V]						
	4.0	5.0	5.2	5.3	5.4	5.5	5.6
I_D[mA]							

시뮬레이션 결과 파형을 캡처하여 붙여 넣는다.
(시뮬레이션 결과의 X-축을 제너 다이오드 양단의 전압 V_D로 변환한 결과)

그림 5-5 제너 다이오드의 $I_D - V_D$ 특성 시뮬레이션 결과 파형

2. 실험 제너 다이오드의 전류–전압 특성 측정

[실험장비]

장비명	수량	장비명	수량
DC 전원공급 장치	1대	멀티미터	2대

[실험부품]

다이오드	1N4734	저항	10Ω

1 브레드보드 부품 배치도 연결 완성하기

- [그림 5-6(a)]의 실험회로를 참조해서 [그림 5-6(b)]의 브레드보드 부품 배치도의 연결을 완성한다.

2 회로 구성하기

- 완성된 부품 배치도를 참조해서 [그림 5-6(a)]의 실험회로를 브레드보드에 구성한다.
  - 1N4734 제너 다이오드의 애노드와 캐소드 단자를 잘 구별하여 캐소드 단자가 위쪽을 향하도록 브레드보드에 삽입한다.
- 저항 R_1 : 제너 다이오드의 캐소드 단자와 DC 전원 사이에 10Ω을 연결한다.

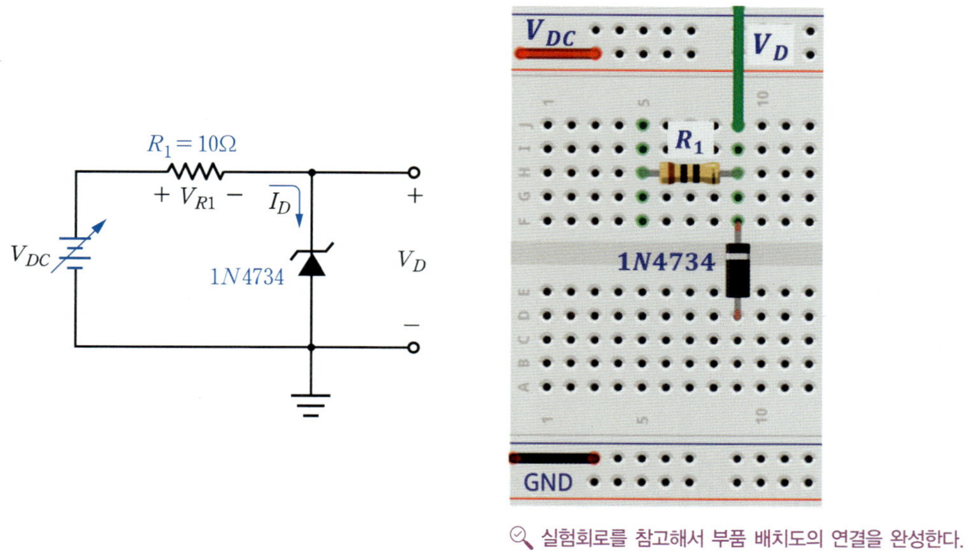

(a) 실험회로 (b) 부품 배치도

그림 5-6 제너 다이오드의 전류-전압 특성 실험회로

3 회로 점검하기

- 브레드보드에 부품 실장이 완료되면, 멀티미터를 저항측정 모드로 설정하고 단락, 접촉 불량 등을 점검한다.
- DC 전원과 접지 사이의 단락 여부를 점검한다.

4 DC 전원 연결하기

- DC 전원공급 장치의 출력이 0V가 되도록 설정하고, 실험회로의 V_{DC} 단자에 연결한다.

5 전류, 전압 측정하기

- 다이오드 양단의 전압 V_D와 저항 R_1 양단의 전압 V_{R1}을 측정할 수 있도록 멀티미터를 연결한다.
- [표 5-2]에 나열된 V_D 값이 되도록 DC 전원공급 장치의 출력전압을 조정한 후, 저항 R_1 양단의 전압 V_{R1}을 측정하여 [표 5-2]에 기록한다.
  - 멀티미터를 1대만 사용하는 경우에는 먼저 전압 V_D를 측정해서 DC 전원공급 장치의 출력 전압을 조정한 후 전압 V_{R1}을 측정한다.
- 측정된 전압 V_{R1}으로부터 제너 다이오드의 전류 $I_D = \frac{V_{R1}}{R_1}$을 계산하여 [표 5-2]의 해당 칸에 기록한다.

표 5-2 제너 다이오드의 전류-전압 특성 측정 결과

	V_D[V]						
	4.0	5.0	5.2	5.3	5.4	5.5	5.6
V_{R1}[V]							
$I_D = \frac{V_{R1}}{R_1}$[mA]							

실험 5-2 | 제너 다이오드 정전압 회로의 특성 측정

1. PSpice 시뮬레이션

1 회로도 입력

- 제너 다이오드를 이용한 정전압 회로의 시뮬레이션을 위해 [그림 5-7(a)]의 회로를 PSpice 회로도 편집기에 입력한다.
- 제너 다이오드는 $V_Z = 5.6\,\text{V}$인 D1N4734를 사용한다.
- 저항은 $R_1 = 0.1\,\text{k}\Omega$으로 설정하고, 부하저항 R_L은 파라미터 {RL}로 설정한다.
- 부하저항 R_L의 값을 변화시키면서 시뮬레이션할 수 있도록 SPECIAL 라이브러리에서 PARAM을 회로도에 삽입한다. PARAM의 속성 창을 열고 Add New Column을 실행하여 Name에 RL을 입력하고, Value에 $1\,\text{k}\Omega$을 입력한다. RL의 Display Properties를 Name and Value로 설정하면, [그림 5-7(a)]와 같이 회로도에 Parameters 심벌이 RL = 1k로 표시된다.

– SPECIAL 라이브러리 추가는 [실험 3-1]의 PSpice 시뮬레이션의 라이브러리 추가하기를 참고한다.

- 입력전압은 SOURCE 라이브러리의 VDC를 사용하며, VDC의 속성 창을 열어 DC 10 V로 설정한다.
- 출력전압 확인을 위해 [그림 5-7(a)]와 같이 Voltage Marker를 연결하고, 제너 다이오드와 부하저항의 전류를 확인할 수 있도록 Current Marker를 연결한다.

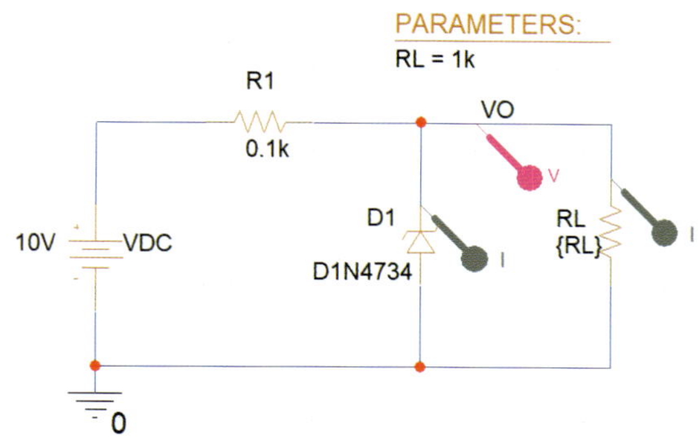

(a) 시뮬레이션 회로

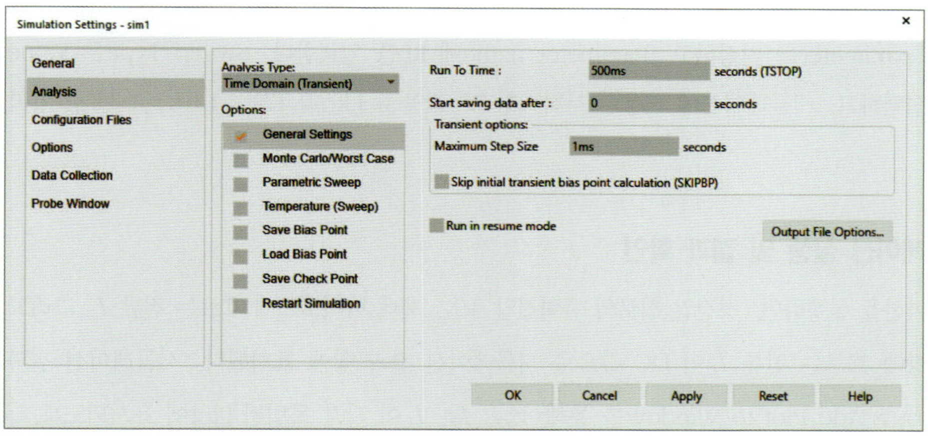

(b) 시뮬레이션 설정(Transient 해석)

그림 5-7 제너 다이오드 정전압 회로의 시뮬레이션(계속)

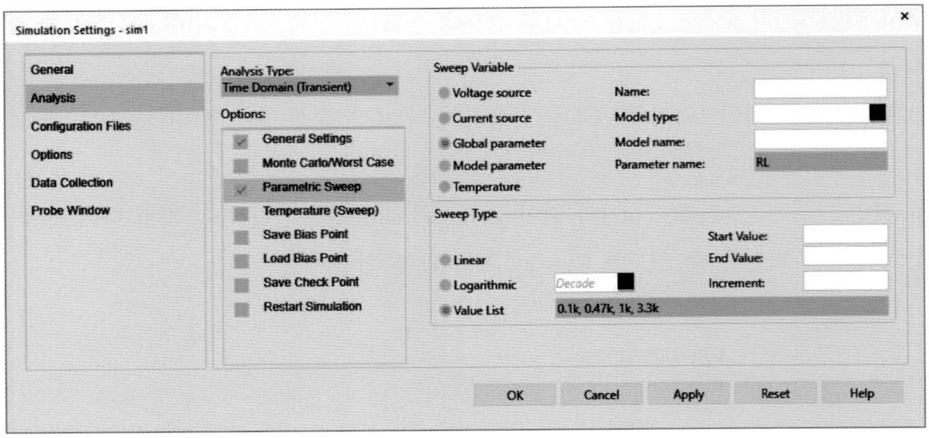

(c) 시뮬레이션 설정(Parametric Sweep)

그림 5-7 제너 다이오드 정전압 회로의 시뮬레이션

2 시뮬레이션 설정

- PSpice의 Simulation Settings 창을 열어 Analysis Type을 Time Domain(Transient)으로 지정하고, [그림 5-7(b)]와 같이 설정한다.
- [그림 5-7(c)]와 같이 Options에서 Parametric Sweep을 선택한 후, Sweep Variable에 Global parameter를 지정하고, Parameter name에 RL을 입력한다. Sweep Type은 Value List를 선택하고, 시뮬레이션에 적용할 부하저항 RL 값을 0.1k, 0.47k, 1.0k, 3.3k로 입력한다.

3 시뮬레이션 실행 및 결과 확인

- 시뮬레이션을 실행하면, 정전압 회로의 출력전압 V_O, 제너 다이오드에 흐르는 전류 I_Z 그리고 부하저항에 흐르는 전류 I_L이 DC 값으로 시뮬레이션 결과 창에 표시된다. 시뮬레이션 결과 창의 Plot > Add Plot to Window를 통해 V_O, I_Z, I_L이 각각 독립된 Plot에 표시되도록 하고, 시뮬레이션 결과 화면을 캡처하여 [그림 5-9]에 붙여 넣는다.
- PSpice의 Measurements를 이용하여 V_O, I_Z, I_L의 값을 확인하여 [표 5-3]의 해당 칸에 기록한다.

Evaluate Measurements를 이용한 전류, 전압값 측정하기([그림 5-8])

❶ PSpice 결과 창의 메뉴에서 Trace > Evaluate Measurements를 실행한다(또는 Evaluate Measurement 아이콘 클릭).

❷ Evaluate Measurements 창의 Function or Macros에 Measurements를 지정한다.

❸ YatX(1,X_value)를 선택하고, 첫 번째 인수에 V(VO)를 지정하고, 두 번째 인수에 300m을 지정하여 300msec에서 VO의 값을 찾는다.

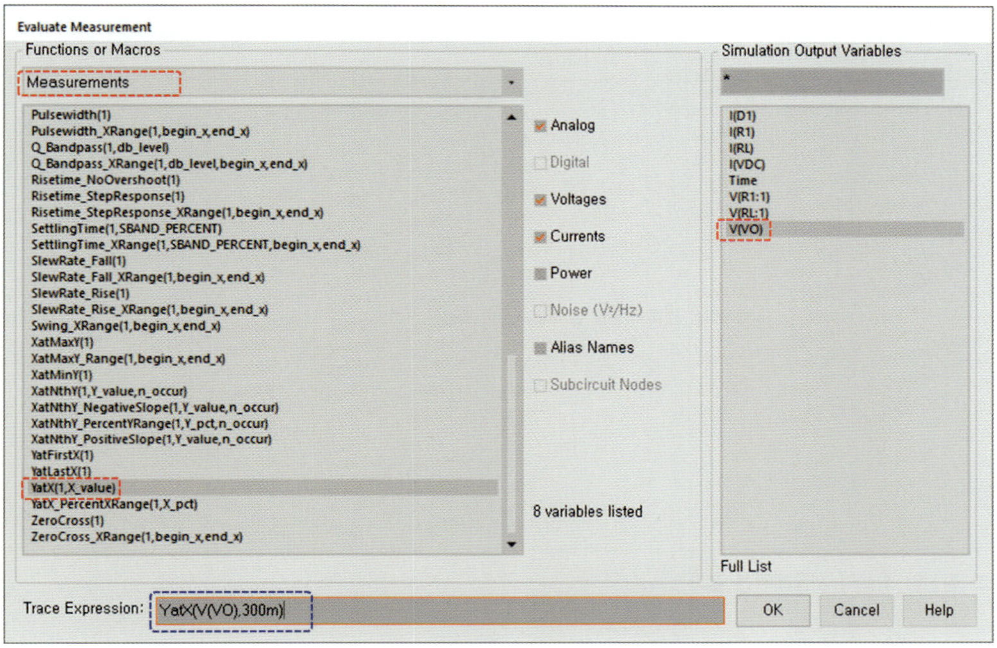

그림 5-8 Evaluate Measurements로 전압값 측정하기

4 무부하 상태에 대한 시뮬레이션

- [그림 5-7(a)]의 회로에서 부하저항 R_L을 제거하여 무부하 상태로 변경하고, Simulation Settings에서 Parametric Sweep을 해제한 후 시뮬레이션을 실행한다.
- PSpice의 Measurements를 이용하여 정전압 회로의 출력전압 V_O, 제너 다이오드에 흐르는 전류 I_Z를 [표 5-3]의 $R_L = \infty$ 칸에 기록한다.

표 5-3 제너 다이오드 정전압 회로의 특성 **시뮬레이션 결과**

	R_L [kΩ]				
	0.1	0.47	1.0	3.3	무부하($R_L=\infty$)
V_O[V]					
I_L[mA]					
I_Z[mA]					

시뮬레이션 결과 파형을 캡처하여 붙여 넣는다.

그림 5-9 제너 다이오드 정전압 회로의 시뮬레이션 결과

2. 실험 제너 다이오드 정전압 회로의 특성 측정

[실험장비]

장비명	수량	장비명	수량
함수발생기	1대	멀티미터	1대
오실로스코프	1대		

[실험부품]

다이오드	1N4734	저항	0.1kΩ(2개), 0.47kΩ, 1.0kΩ, 3.3kΩ

1 브레드보드 부품 배치도 연결 완성하기

- [그림 5-10(a)]의 제너 다이오드 정전압 실험회로를 참조해서 [그림 5-10(b)]의 브레드보드 부품 배치도의 연결을 완성한다.

2 회로 구성하기

- 완성된 부품 배치도를 참조해서 [그림 5-10(a)]의 실험회로를 브레드보드에 구성한다.
  - 1N4734 제너 다이오드의 애노드, 캐소드 단자를 구별하여 캐소드 단자가 위쪽에 연결되도록 브레드보드에 삽입한다.
- 저항 R_1 : 제너 다이오드의 캐소드 단자와 DC 전원 사이에 $0.1\,\text{k}\Omega$을 연결한다.
- 저항 R_L : 제너 다이오드의 캐소드 단자와 접지 사이에 $0.1\,\text{k}\Omega$을 연결한다.

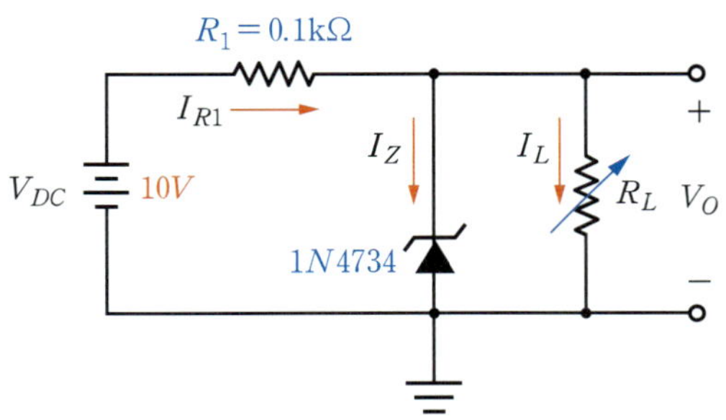

(a) 실험회로

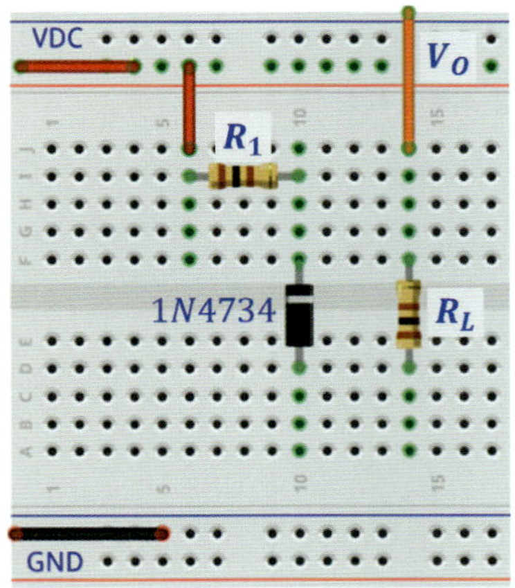

실험회로를 참고해서 부품 배치도의 연결을 완성한다.

(b) 부품 배치도

그림 5-10 제너 다이오드 정전압 실험회로

3 회로 점검하기

- 브레드보드에 부품 실장이 완료되면, 멀티미터를 저항측정 모드로 설정하고 단락, 접촉 불량을 점검한다.
- 접지로 연결되는 노드의 단락/개방 여부를 확인한다.

4 DC 전원 연결하기

- DC 전원공급 장치의 출력이 10 V가 되도록 설정하고 실험회로의 V_{DC} 단자에 연결한다.

5 전압, 전류 측정하기

- 정전압 회로의 출력전압 V_O와 저항 R_1 양단의 전압 V_{R1}을 측정하여 [표 5-4]에 기록한다.
- 측정된 V_O와 V_{R1} 전압으로부터 부하에 공급되는 전류 $I_L = \dfrac{V_O}{R_L}$와 저항 R_1의 전류 $I_{R1} = \dfrac{V_{R1}}{R_1}$을 각각 계산하여 [표 5-4]의 $R_L = 0.1\,\text{k}\Omega$ 칸에 기록한다.
- 제너 다이오드에 흐르는 전류를 $I_Z = I_{R1} - I_L$로 계산해서 [표 5-4]의 해당 칸에 기록한다.

6 부하저항 R_L에 따른 전압, 전류 측정하기

- 부하저항 R_L을 [표 5-4]에 나열된 값으로 변경한 후, V_{R1}, V_O를 측정하고, I_{R1}, I_L, I_Z 값을 계산하여 [표 5-4]의 해당 칸에 기록한다.
- 부하저항 R_L이 연결되지 않은 무부하 상태의 경우도 측정하여 기록한다.

표 5-4 제너 다이오드 정전압 회로의 특성 측정 결과

	R_L [kΩ]				
	0.1	0.47	1.0	3.3	무부하($R_L = \infty$)
V_{R1} [V]					
$I_{R1} = \dfrac{V_{R1}}{R_1}$ [mA]					
V_O [V]					
$I_L = \dfrac{V_O}{R_L}$ [mA]					X
$I_Z = I_{R1} - I_L$ [mA]					

실험 고찰

■ 고찰 [1]

• [표 5-2]의 제너 다이오드 측정 결과로부터, 제너 다이오드의 전류-전압 특성 곡선을 [그림 5-11]의 모눈종이에 그래프로 그리고, [그림 5-5]의 시뮬레이션 결과와 비교하라.

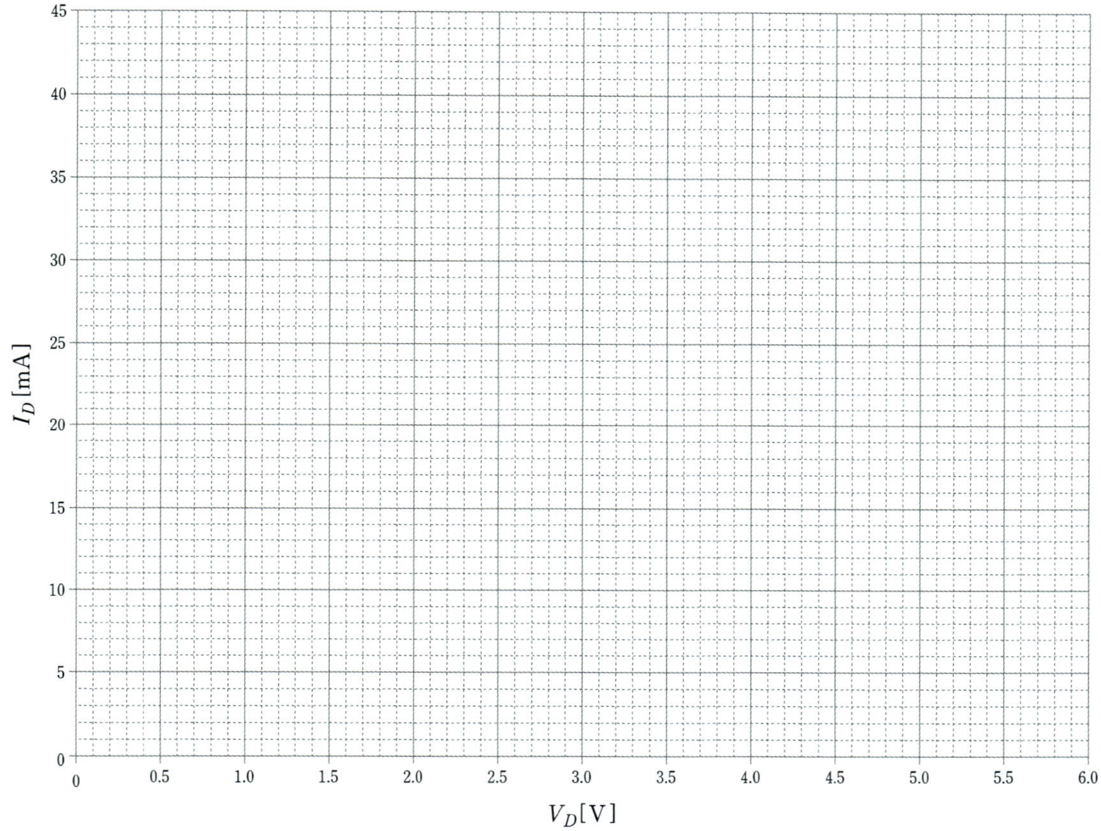

그림 5-11 제너 다이오드의 전류-전압 특성

실험 고찰

■ 고찰 [2]

• [표 5-4]의 정전압 회로 측정 결과로부터, 부하저항 R_L이 정전압 회로의 동작에 미치는 영향을 설명하라.

■ 고찰 [3]

• [표 5-3]의 시뮬레이션 결과와 [표 5-4]의 측정 결과로부터, 부하저항 R_L에 따른 제너 다이오드의 전류 I_Z, 부하에 공급되는 전압 V_O, 부하전류 I_L을 [표 5-5]에 기록하고, 시뮬레이션 값과 측정값의 오차를 분석하여 설명하라.

표 5-5 제너 다이오드 정전압 회로의 오차 분석

	부하저항 R_L[kΩ]	[표 5-3]의 시뮬레이션 결과 값	[표 5-4]의 측정 결과 값	오차
V_O[V]	0.1			
	0.47			
	1.0			
	3.3			
	무부하($R_L=\infty$)			
I_Z[mA]	0.1			
	0.47			
	1.0			
	3.3			
	무부하($R_L=\infty$)			
I_L[mA]	0.1			
	0.47			
	1.0			
	3.3			

연계 | 〈핵심이 보이는 전자회로〉 2.1절

실험

06

BJT의 전류-전압 특성

실험 목적

- 시뮬레이션을 통해 BJT의 전류-전압 특성을 예측한다.
- NPN형 BJT의 $I_C - V_{CE}$ 특성을 확인한다.
- NPN형 BJT의 $I_C - V_{BE}$ 특성을 확인한다.

실험 내용

- 실험 6-1 | NPN형 BJT의 $I_C - V_{CE}$ 특성 측정
- 실험 6-2 | NPN형 BJT의 $I_C - V_{BE}$ 특성 측정

6.1 이론적 배경 이해하기

1. BJT의 구조와 동작모드

■ 구조

- **바이폴라 접합 트랜지스터**BJT : Bipolar Junction Transistor는 N형 반도체와 P형 반도체가 접합된 PN 접합 2개로 구성되며, BJT를 구성하는 각 반도체 영역을 이미터, 베이스, 컬렉터라고 부른다.
- BJT는 이미터, 베이스, 컬렉터 영역의 도핑 형태에 따라 NPN형과 PNP형으로 구분되며, NPN형 BJT는 [그림 6-1(a)]와 같이 이미터, 베이스, 컬렉터 영역이 각각 N형, P형, N형 반도체로 구성된다.
- BJT의 회로 기호는 [그림 6-1(b)]와 같으며, 이미터의 화살표 방향으로 NPN형과 PNP형을 구별한다. 화살표는 BJT에 흐르는 전류의 방향을 나타낸다.
- [그림 6-1(c)]는 2N3904 NPN형 BJT의 소자 사진이며, 단자 ❶, 단자 ❷, 단자 ❸은 각각 이미터, 베이스, 컬렉터 단자이다.

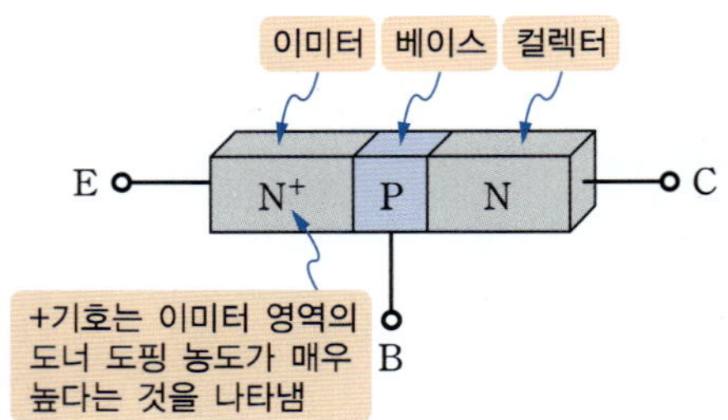

(a) 구조

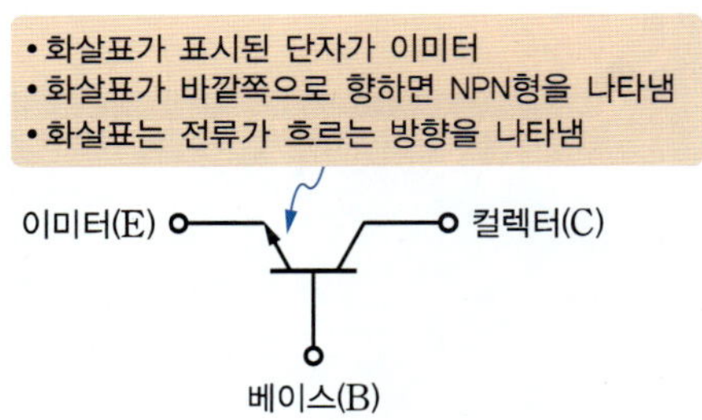

(b) 회로 기호

(c) 2N3904 NPN형 BJT의 소자 사진

그림 6-1 NPN형 BJT의 구조 및 회로 기호

■ 동작모드

- 이미터-베이스 PN 접합과 베이스-컬렉터 PN 접합의 바이어스 조건에 따라 [표 6-1]과 같이 순방향 활성forward active모드, 포화saturation모드, 차단cutoff모드로 동작한다.

표 6-1 바이어스에 따른 NPN형 BJT의 동작모드

동작모드	바이어스		동작	응용
	B-E 접합	B-C 접합		
순방향 활성	순방향 $V_{BE}>0$	역방향 $V_{BC}<0$	작은 베이스 전류에 의해 큰 컬렉터 및 이미터 전류가 제어되는 트랜지스터 작용이 일어난다.	증폭기
포화	순방향 $V_{BE}>0$	순방향 $V_{BC}>0$	BJT의 세 단자에 전류가 흐르지만, 컬렉터 및 이미터 전류가 베이스 전류에 비례하지 않으며, 컬렉터-이미터 사이에는 작은 포화전압 $V_{CE,sat}$가 걸린다.	닫힌 스위치
차단	역방향 $V_{BE}<0$	역방향 $V_{BC}<0$	BJT의 세 단자에 모두 전류가 흐르지 않는다.	개방 스위치

2. BJT의 전류-전압 특성

- NPN형 BJT의 컬렉터 전류-전압 특성은 [그림 6-2(a)]와 같으며, 순방향 활성모드에서 컬렉터 전류 I_C는 베이스 전류 I_B와 선형적인 관계를 가져 증폭기로 사용된다.
- 순방향 활성모드에서 BJT의 베이스-이미터 전압 V_{BE}에 대한 컬렉터 전류 I_C는 [그림 6-2(b)]와 같으며, 순방향 바이어스가 인가된 PN 접합 다이오드의 전류 수식과 동일하게 지수함수적인 관계를 갖는다. V_T는 상온(300K)에서 일정한 값(26mV)을 갖는 열전압thermal voltage이며, I_S는 역방향 포화전류이다.

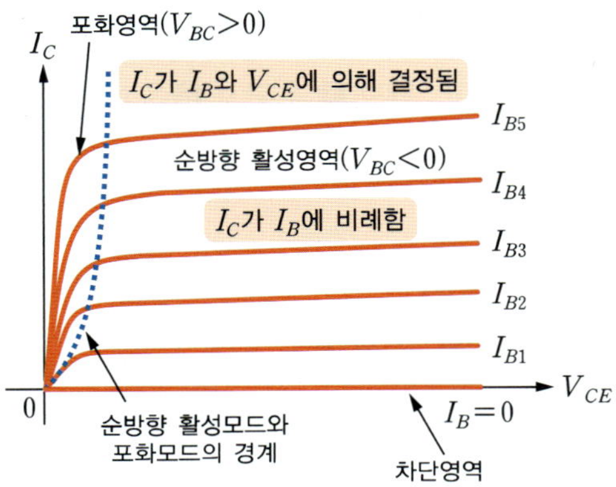

(a) $I_C - V_{CE}$ 특성 곡선

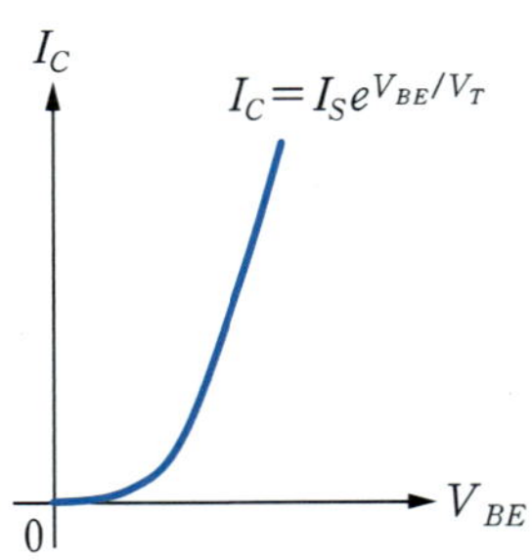

(b) $I_C - V_{BE}$ 특성 곡선

그림 6-2 NPN형 BJT의 전류-전압 특성

- 순방향 활성모드에서 NPN형 BJT의 베이스, 이미터, 컬렉터 전류는 [그림 6-3]의 관계를 갖는다.
  - 공통이미터(또는 이미터 접지) DC 전류이득 $\beta_{DC} \equiv I_C/I_B$는 수십 ~ 수백 정도의 값을 가짐
  - 공통베이스(또는 베이스 접지) 전류이득 $\alpha_{DC} \equiv I_C/I_E$는 1에 가까운 값($0 < \alpha_{DC} < 1$)을 가짐
  - $\beta_{DC} \equiv \dfrac{I_C}{I_B} = \dfrac{\alpha_{DC}}{1-\alpha_{DC}}$와 $\alpha_{DC} \equiv \dfrac{I_C}{I_E} = \dfrac{\beta_{DC}}{1+\beta_{DC}}$의 관계를 가짐

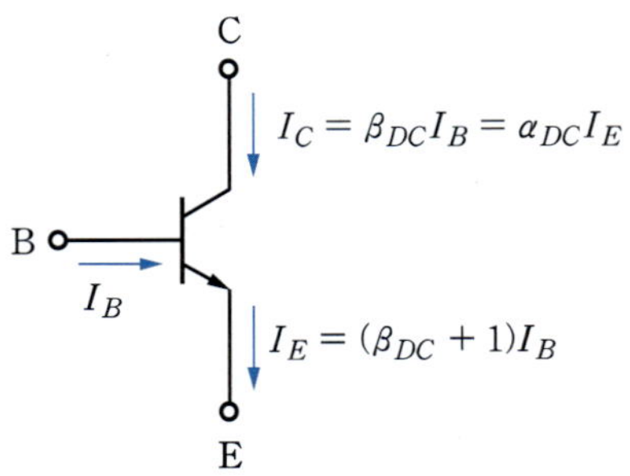

그림 6-3 순방향 활성모드에서 NPN형 BJT의 전류 성분

3. 디지털 멀티미터(DMM)를 이용한 BJT 구별

- BJT의 세 단자는 [그림 6-1(c)]와 같이 소자의 단자(핀) 위치로 구별할 수 있으며, DMM을 이용하면 BJT 소자의 형태(NPN형 또는 PNP형)와 세 단자를 쉽게 구별할 수 있다. DMM을 'diode check' 모드로 설정하고, BJT 두 단자 사이의 전압을 [그림 6-4(a)]와 같이 측정한다.
- 총 6가지의 측정 결과 중 [그림 6-4(b)]의 두 가지 경우에서 0.6V 근처의 전압이 측정되면, 다음과 같이 판단한다.
  - BJT 단자 ❷에 DMM의 적색 프로브를 연결하고, BJT 단자 ❶ 또는 단자 ❸에 **흑색** 프로브를 연결한 상태(측정-3과 측정-4)에서 PN 접합의 고유전위[built-in potential]에 해당하는 0.6V 근처의 전압이 측정되었으므로, 단자 ❷는 P형 베이스이고, 단자 ❶과 단자 ❸은 N형의 이미터 또는 컬렉터이다.

    ∴ NPN형 BJT
  - 측정-3이 측정-4보다 더 높은 전압이 관측되므로, 단자 ❶의 N형 영역이 단자 ❸의 N형 영역보다 도핑 농도가 더 높다. 따라서 단자 ❶은 이미터, 단자 ❸은 컬렉터이다.

    ∴ 단자 ❶ : 이미터, 단자 ❷ : 베이스, 단자 ❸ : 컬렉터

측정	DMM 프로브 연결		측정 결과
	적색 프로브	흑색 프로브	
1	BJT 단자 ❶	BJT 단자 ❷	개방
2	BJT 단자 ❶	BJT 단자 ❸	개방
3	BJT 단자 ❷	BJT 단자 ❶	0.617V
4	BJT 단자 ❷	BJT 단자 ❸	0.605V
5	BJT 단자 ❸	BJT 단자 ❶	개방
6	BJT 단자 ❸	BJT 단자 ❷	개방

(a) DMM을 이용한 BJT 단자 측정

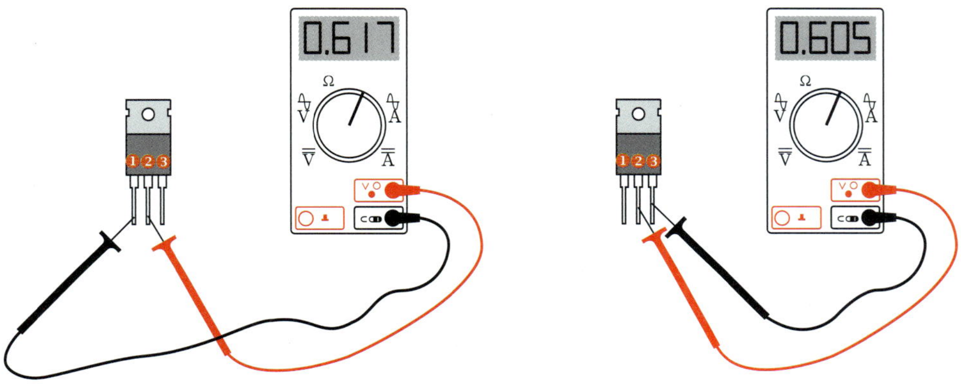

(b) DMM을 이용한 BJT 단자 측정-3과 측정-4

그림 6-4 DMM의 diode check 모드를 이용한 BJT 구별 및 단자 확인

점검하기 **다음 각 문제에 답하라.**

(1) BJT는 이미터 단자와 컬렉터 단자를 구별 없이 서로 바꾸어 사용할 수 있다. (O, X)

(2) 순방향 활성모드에서 BJT의 컬렉터 전류는 (베이스, 이미터) 전류에 의해 제어된다.

(3) BJT의 베이스 전류 I_B에 전류 증폭률 β_{DC}를 곱한 값의 컬렉터 전류가 흐르는 동작모드는 (차단, 선형, 포화) 이다.

(4) 순방향 활성모드에서 BJT의 DC 전류이득이 $\beta_{DC}=150$인 경우, 컬렉터에 $I_C=30\,\mathrm{mA}$의 전류가 흐르도록 하려면, 베이스 전류 I_B는 ($0.2\,\mathrm{mA}$, $5.0\,\mathrm{mA}$, $30\,\mathrm{mA}$)가 되어야 한다.

(5) 순방향 활성모드에서 BJT의 공통베이스 전류이득 α_{DC} 값이 1에 가까울수록 공통이미터 전류이득 β_{DC}가 (작은, 큰) 값을 갖는다.

(6) 순방향 활성모드에서 베이스 전류와 컬렉터 전류의 관계는 ($I_C=\beta_{DC}I_B$, $I_B=\beta_{DC}I_C$)이다.

(7) 순방향 활성모드에서 베이스 전류와 이미터 전류의 관계는 ($I_E = (\beta_{DC}+1)I_B$, $I_E = (\alpha_{DC}+1)I_B$)이다.

(8) 순방향 활성모드에서 컬렉터 전류와 이미터 전류의 관계는 ($I_C = \alpha_{DC} I_E$, $I_E = \alpha_{DC} I_C$)이다.

(9) 순방향 활성모드에서 베이스, 컬렉터, 이미터 전류의 관계는 ($I_B = I_C + I_E$, $I_C = I_B + I_E$, $I_E = I_B + I_C$)이다.

(10) [그림 6-5]는 2N3904 NPN형 BJT 소자의 실물 사진이다. 이미터 단자는 (❶, ❷, ❸)이고, 컬렉터 단자는 (❶, ❷, ❸)이다.

그림 6-5 2N3904 NPN형 BJT

여기서 잠깐 **BJT 데이터 시트 이해하기 – 최대 정격**

- BJT의 데이터 시트에는 소자의 최대 정격maximum ratings, DC 동작 특성DC ON characteristics, 소신호 특성small-signal characteristics, 스위칭 특성switching characteristics 등의 전기적인 특성이 명시되어 있다.
- 2N3904 NPN형 BJT의 최대 정격 특성은 다음과 같다.

【데이터 시트 – BJT의 정격】

정격	기호	값	단위	설명
Collector–Emitter Voltage	V_{CEO}	40	Vdc	C–E 접합의 허용 가능한 최대 전압(베이스 개방 상태)
Collector–Base Voltage	V_{CBO}	60	Vdc	C–B 접합의 허용 가능한 최대 역방향 전압(이미터 개방 상태)
Emitter–Base Voltage	V_{EBO}	6	Vdc	E–B 접합의 허용 가능한 최대 역방향 전압(컬렉터 개방 상태)
Collector Current–Continuous	I_C	200	mAdc	최대 컬렉터 전류
Total Device Dissipation @$T_A = 25℃$ Derate above $25℃$	P_D	625 5.0	mW mW/℃	허용 가능한 최대 전력소모(대기 온도 $T_A = 25℃$)
Total Device Dissipation @$T_C = 25℃$ Derate above $25℃$	P_D	1.5 12	mW mW/℃	허용 가능한 최대 전력소모(케이스 온도 $T_C = 25℃$)

- 최대 정격을 초과하는 전압, 전류, 전력소모가 발생하면 소자가 물리적으로 파괴될 수 있으며, 소자의 손상 또는 파괴를 방지하기 위해서는 최대 정격을 초과하는 전압, 전류, 전력소모가 일어나지 않도록 해야 한다.
- 회로와 소자의 안전한 동작을 위해서는 최대 정격의 50% 이하로 설계하는 것이 바람직하다.

6.2 실험 진행하기

실험 6-1 | NPN형 BJT의 $I_C - V_{CE}$ 특성 측정

1. PSpice 시뮬레이션

1 회로도 입력

- NPN형 BJT의 컬렉터 전류-전압 특성을 시뮬레이션하기 위해 [그림 6-6(a)]의 회로를 PSpice 회로도 편집기에 입력한다.
- NPN형 BJT는 2N3904를 사용한다.
- 베이스 저항은 $R_B = 100\,\text{k}\Omega$으로, 컬렉터 저항은 $R_C = 0.1\,\text{k}\Omega$으로 설정한다.
- DC 전압 V_{BB}와 V_{CC}는 SOURCE 라이브러리의 VDC를 사용하며, VDC의 속성 창을 열어 각각 DC $1\,\text{V}$로 설정한다.
- BJT의 컬렉터 전류를 확인할 수 있도록 [그림 6-6(a)]와 같이 컬렉터 단자에 Current Marker를 연결한다.

회로도 편집기에서 라이브러리 추가 및 BJT 삽입하기

❶ 회로도 편집기 메뉴에서 Place의 Part를 실행하면 Place Part 창이 나타난다.

❷ Place Part 창에서 Add Library 버튼을 클릭한다([그림 6-6(b)]).

❸ PSpice 폴더에서 bipolar 라이브러리를 선택하고, 열기 버튼을 클릭한다([그림 6-6(c)]).
참고로, pspice 폴더의 경로는 Cadence₩SPB24.1₩tools₩capture₩library₩pspice이다.

❹ Place Part 창의 Libraries에서 BIPOLAR를 지정한 후, Part List에서 Q2N3904 NPN형 BJT를 선택하여 회로도에 삽입한다([그림 6-6(d)]).

2 시뮬레이션 설정

- PSpice의 Simulation Settings 창을 열어 Analysis type을 DC Sweep으로 지정한다.

- [그림 6-6(e)]와 같이 Options에서 Primary Sweep을 선택한 후, Sweep variable에 Voltage source를 지정하고 VCC를 입력한다. Sweep type은 Linear를 선택하고, Start value에 0V, End value에 6V, Increment에 0.01V를 각각 입력한다.
- [그림 6-6(f)]와 같이 Options에서 Secondary Sweep을 선택한 후, Sweep variable에 Voltage source를 지정하고 VBB를 입력한다. Sweep type은 Linear를 선택하고, Start value에 1V, End value에 5V, Increment에 1V를 각각 입력한다.

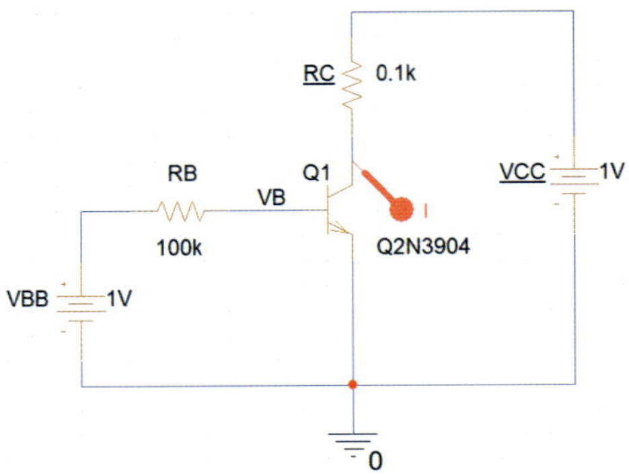

(a) 시뮬레이션 회로

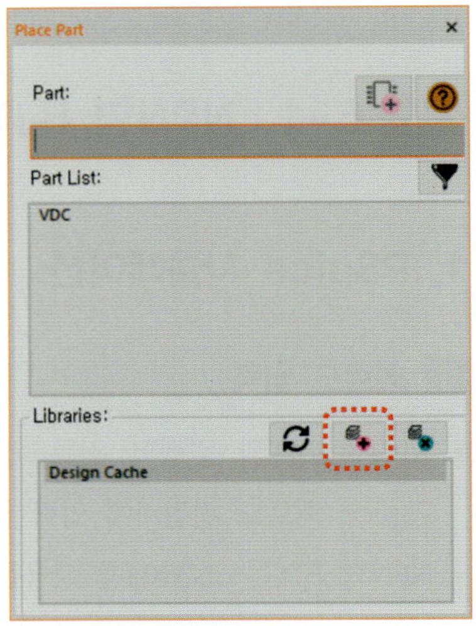

(b) Place Part 창에서 Add Library 실행

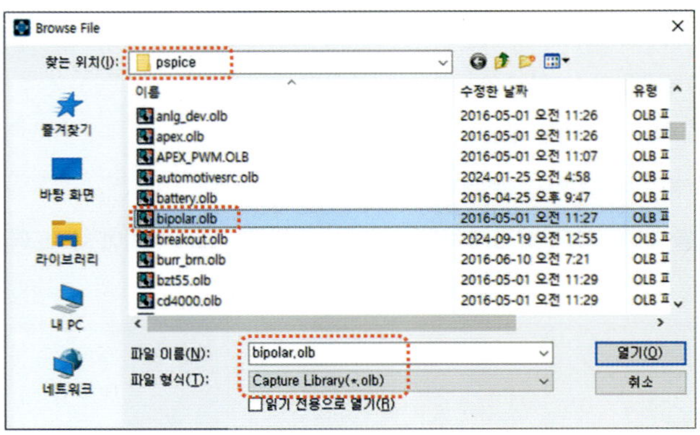

(c) bipolar Library 추가

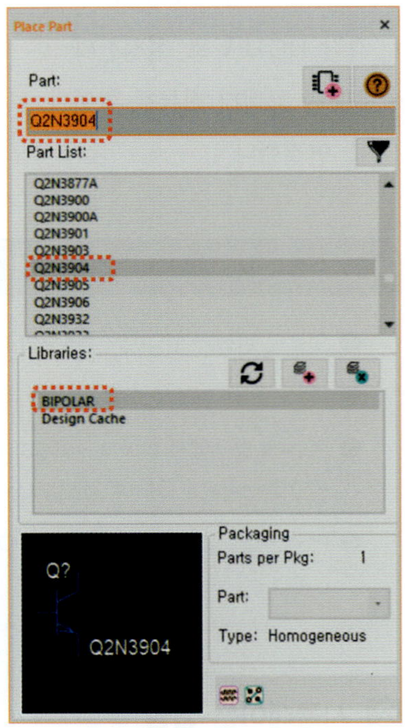

(d) Q2N3904 소자 삽입

그림 6-6 NPN형 BJT의 $I_C - V_{CE}$ 특성 시뮬레이션(계속)

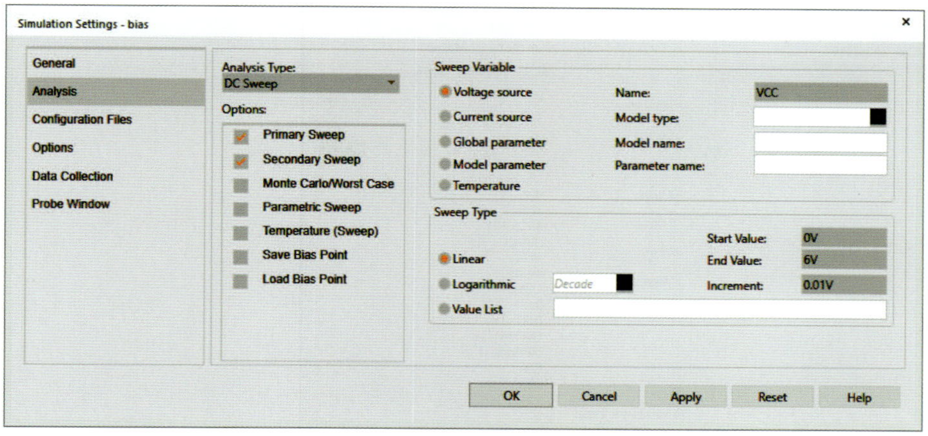

(e) 시뮬레이션 설정(Primary Sweep)

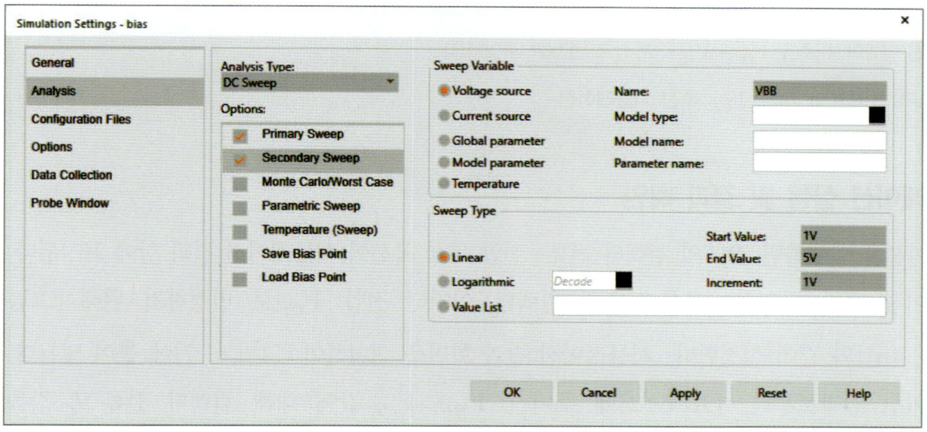

(f) 시뮬레이션 설정(Secondary Sweep)

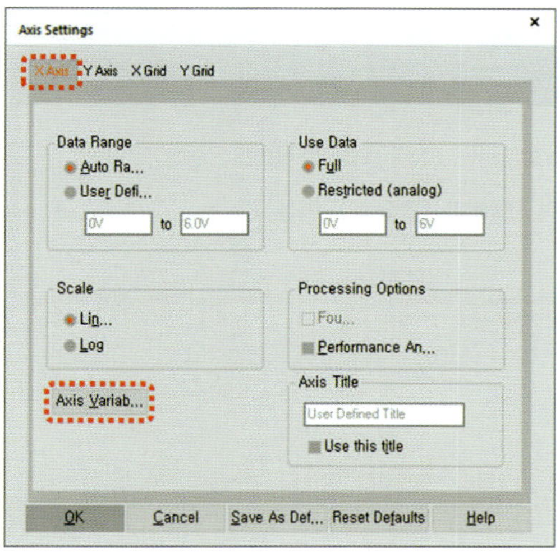

(g) 시뮬레이션 결과의 축 변경 창

그림 6-6 NPN형 BJT의 $I_C - V_{CE}$ 특성 시뮬레이션(계속)

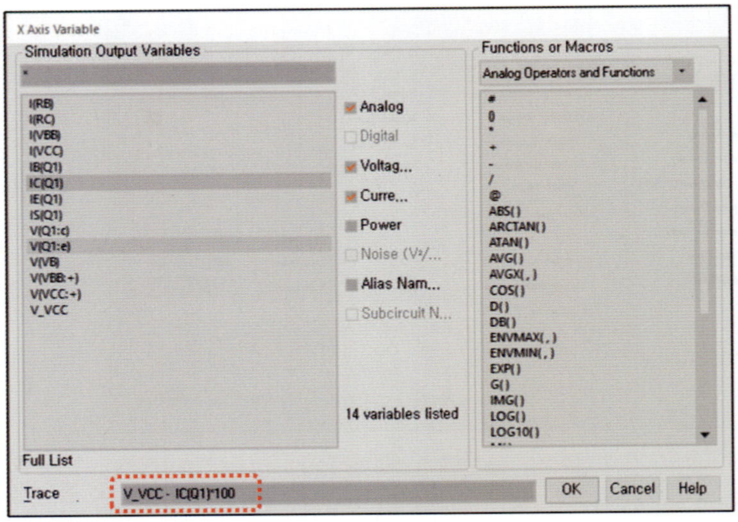

(h) 시뮬레이션 결과의 X-축을 $V_{CE} = V_{CC} - R_C I_C$로 변경($R_C = 100\Omega$)

그림 6-6 NPN형 BJT의 $I_C - V_{CE}$ 특성 시뮬레이션

3 시뮬레이션 실행 및 결과 확인

- 시뮬레이션을 실행하면, BJT의 컬렉터 전류-전압 특성 곡선이 시뮬레이션 결과 창에 표시된다.
- 시뮬레이션 결과 창의 X-축을 BJT의 컬렉터-이미터 전압 V_{CE}로 변경하기 위해 [그림 6-6(g), (h)]와 같이 설정한다. 시뮬레이션 결과 화면을 캡처하여 [그림 6-7]에 붙여 넣는다.
- 시뮬레이션 결과로부터, [표 6-2]에 주어진 V_{BB}, V_{CE} 값에 대해 컬렉터 전류 I_C 값을 Measurements의 `YatX(1,X_value)`로 측정하여 해당 칸에 기록한다.

시뮬레이션 결과의 X-축 변경하기

❶ 시뮬레이션 결과 창 > Plot > Axis Settings > X Axis 탭 > Axis Variable... 클릭([그림 6-6(g)]).

❷ X Axis Variable 창의 Trace 필드에 V_CC – IC(Q1) * 100을 입력하여 시뮬레이션 결과의 X-축을 $V_{CE} = V_{CC} - V_{RC}$로 변경한다([그림 6-6(h)]).

표 6-2 NPN형 BJT의 $I_C - V_{CE}$ 특성 시뮬레이션 결과

I_C [mA]		V_{BB} [V]		
		1.0	2.0	4.0
V_{CE} [V]	0.1			
	0.2			
	0.3			
	0.4			
	0.5			
	1.0			
	3.0			

시뮬레이션 결과 파형을 캡처하여 붙여 넣는다.

그림 6-7 NPN형 BJT의 $I_C - V_{CE}$ 특성 시뮬레이션 결과 파형

2. 실험 NPN형 BJT의 $I_C - V_{CE}$ 특성 측정

[실험장비]

장비명	수량	장비명	수량
DC 전원공급 장치(2출력)	1대	오실로스코프(2채널)	1대
함수발생기	1대	멀티미터	1대

[실험부품]

트랜지스터	NPN형 BJT 2N3904	저항	$0.1\text{k}\Omega$, $100\text{k}\Omega$

1 브레드보드 부품 배치도 연결 완성하기

- NPN형 BJT의 $I_C - V_{CE}$ 특성 측정을 위한 [그림 6-8(a)]의 실험회로를 참조해서 [그림 6-8(c)]의 브레드보드 부품 배치도의 연결을 완성한다.
  - 2N3904 NPN형 BJT의 이미터(❶), 베이스(❷), 컬렉터(❸) 단자를 잘 구별하여 소자 간의 연결, 전원전압 V_{BB}와 접지의 연결을 표시한다.

2 회로 구성하기

- 완성된 부품 배치도를 참조해서 [그림 6-8(a)]의 실험회로를 브레드보드에 구성한다.
  - 2N3904 NPN형 BJT의 이미터(❶), 베이스(❷), 컬렉터(❸) 단자를 잘 구별하여 이미터가 왼쪽에, 컬렉터가 오른쪽에 위치하도록 브레드보드에 삽입한다.
  - 베이스 저항 R_B : 베이스 전류 공급을 위해 DC 전원 V_{BB}와 BJT의 베이스 사이에 저항 $R_B = 100\,\text{k}\Omega$을 연결한다.
  - 이미터 저항 R_E : BJT의 이미터와 접지 사이에 저항 $R_E = 0.1\,\text{k}\Omega$을 연결한다. 저항 R_E는 오실로스코프로 BJT의 이미터 전압 V_E를 측정하기 위해 사용된다.

3 회로 점검하기

- 브레드보드에 부품 실장이 완료되면, 멀티미터를 저항측정 모드로 설정하고 브레드보드에 구성된 회로의 단락, 접촉 불량 등을 점검한다.
- V_{BB}, V_C와 GND의 단락 여부, 그리고 V_{BB}와 V_C의 단락 여부를 확인한다.
- GND로 연결되는 노드들의 단락/개방 여부를 확인한다.

4 베이스 전압 V_{BB} 연결하기

- DC 전원공급 장치 출력(1)이 1V가 되도록 설정한 후, 실험회로의 V_{BB} 단자에 연결하여 $V_{BB} = 1\,\text{V}$가 되도록 한다.

5 함수발생기 연결하기

- 함수발생기의 전원을 ON시키고 삼각파 출력 모드로 설정한다. 삼각파의 주파수가 100 Hz, 첨두-첨두값이 0 V-5 V가 되도록 설정한 후, 오실로스코프를 이용하여 삼각파의 주파수, 진폭, 오프셋 전압을 확인한다.
- 확인이 완료되면 함수발생기의 출력을 컬렉터에 연결한다. 함수발생기의 삼각파 출력은 오실로스코프의 XY-모드에서 X-축 신호로 사용된다.

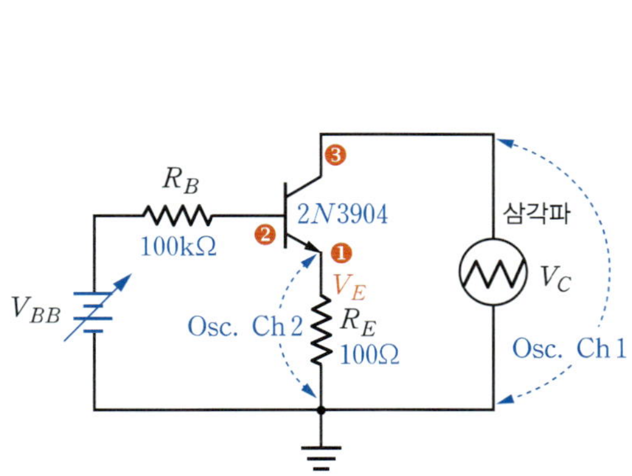

(a) XY-모드 실험회로

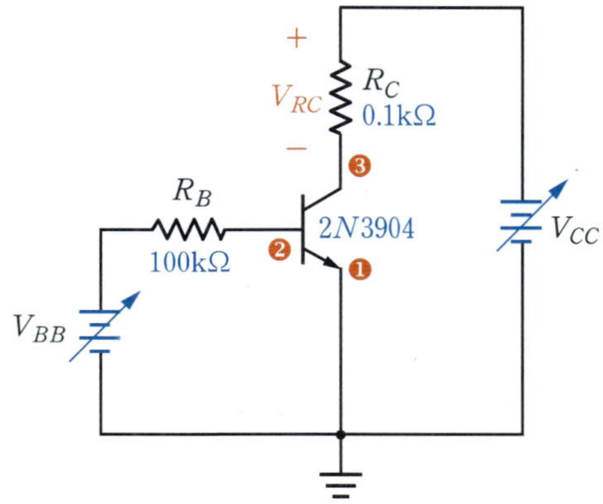

(b) $I_C - V_{CE}$ 특성 실험회로

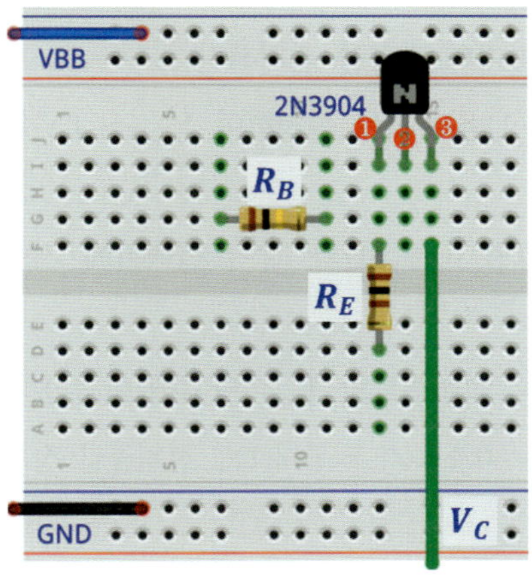

실험회로를 참고해서 부품 배치도의 연결을 완성한다.

(c) 부품 배치도

그림 6-8 NPN형 BJT의 $I_C - V_{CE}$ 특성 실험회로

6 $V_E - V_C$ 특성 측정하기

- 오실로스코프의 디스플레이 모드를 오실로스코프 XY-모드로 설정한 후에 오실로스코프의 CH 1로 컬렉터 전압 V_C를 측정하고, CH 2로 이미터 전압 V_E를 측정한다. 측정된 파형($V_E - V_C$ 특성)을 캡처하여 [그림 6-10]에 기록한다.
- 베이스 전압 V_{BB}를 2V, 3V, 4V, 5V로 변화시키면서 오실로스코프의 CH 2로 이미터 전압 V_E를 측정한다. 측정된 파형($V_E - V_C$ 특성)을 캡처하여 [그림 6-10]에 기록한다.
- 참고로, [그림 6-9]는 $V_{BB} = 4\text{V}$인 경우에 측정된 $V_E - V_C$ 특성 곡선이다. XY-모드 측정 파형의 Y-축 전압 V_E는 $I_E = \dfrac{V_E}{R_E}$에 의해 이미터 전류로 변환될 수 있고, $I_C \approx I_E$이므로, BJT의 $I_C - V_{CE}$ 특성을 간접적으로 확인할 수 있다.

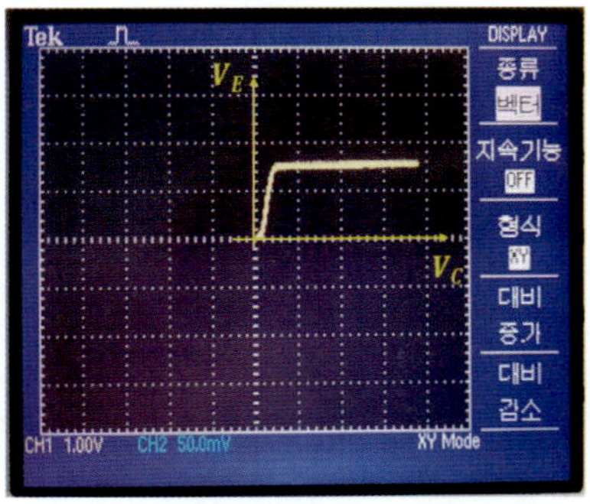

그림 6-9 NPN형 BJT의 $V_E - V_C$ 특성 측정 결과 파형($R_E = 0.1\,\mathrm{k\Omega}$, $V_{BB} = 4\,\mathrm{V}$)

7 V_{BE} 와 V_{CE} 의 변화에 따른 출력 특성 관찰하기

- 실험회로에서 이미터 저항 R_E를 회로에서 제거하고, 이미터 단자를 접지시킨다.
- 베이스 전압 V_{BB}를 공급하는 DC 전원공급 장치의 출력(1)을 $1\,\mathrm{V}$로 설정하여 $V_{BB} = 1\,\mathrm{V}$가 되도록 한다.
- 컬렉터에 연결된 함수발생기를 회로에서 분리하고, [그림 6-8(b)]와 같이 컬렉터에 저항 $R_C = 0.1\,\mathrm{k\Omega}$을 연결한다.
- DC 전원공급 장치의 출력(2)가 $1\,\mathrm{V}$가 되도록 설정한 후, 실험회로의 V_{CC} 단자에 연결한다. BJT의 컬렉터-이미터 전압을 DMM으로 측정해서 $V_{CE} = 0.1\,\mathrm{V}$가 되도록 DC 전원공급 장치의 출력(2)의 전압 V_{CC}를 조정한다.
- 컬렉터 저항 R_C에 걸리는 전압 V_{RC}를 측정하고, 컬렉터 전류를 $I_C = \dfrac{V_{RC}}{R_C}$로 계산해서 [표 6-3]의 해당 칸에 기록한다.
- [표 6-3]에 주어진 컬렉터-이미터 전압 V_{CE} 값이 되도록 DC 전원공급 장치 출력(2)의 전압 V_{CC}를 조정한 후, 전압 V_{RC}를 측정하고 컬렉터 전류 I_C를 계산해서 해당 칸에 기록한다.
- 베이스 전압 V_{BB}를 $2\,\mathrm{V}$, $4\,\mathrm{V}$로 변경해서 위의 과정을 반복하여 [표 6-3]의 해당 칸에 기록한다.

오실로스코프를 이용해 간접적으로 전류 측정하기

오실로스코프로 전류를 직접 측정할 수 없으므로, 컬렉터 저항 R_C 양단의 전압 V_C를 측정하면 $I_C = V_C / R_C$에 의해 컬렉터 전류를 간접적으로 측정할 수 있다.

표 6-3 NPN형 BJT의 $I_C - V_{CE}$ 특성 측정 결과 ($I_C = V_{RC}/R_C$의 계산값을 기록한다.)

			V_{BB} [V]		
			1.0	2.0	4.0
V_{CE} [V]	0.1	V_{RC} [V]			
		I_C [mA]			
	0.2	V_{RC} [V]			
		I_C [mA]			
	0.3	V_{RC} [V]			
		I_C [mA]			
	0.4	V_{RC} [V]			
		I_C [mA]			
	0.5	V_{RC} [V]			
		I_C [mA]			
	1.0	V_{RC} [V]			
		I_C [mA]			
	3.0	V_{RC} [V]			
		I_C [mA]			

V_{BB} = 1 V, 2 V, 3 V, 4 V, 5 V에 대해 측정된 파형을 붙여 넣는다.

그림 6-10 NPN형 BJT의 $V_E - V_C$ 특성 측정 결과 파형

실험 6-2 | NPN형 BJT의 $I_C - V_{BE}$ 특성 측정

1. PSpice 시뮬레이션

1 회로도 입력

- BJT의 베이스-이미터 전압 V_{BE}에 따른 컬렉터 전류 I_C 특성을 시뮬레이션하기 위해 [그림 6-11(a)]의 회로를 PSpice 회로도 편집기에 입력한다.
- 컬렉터 전압을 공급하는 DC 전원은 $V_{CC} = 4\,\text{V}$로 고정시킨다.
- 베이스 전류와 컬렉터 전류를 확인할 수 있도록 Current Marker를 BJT의 베이스 단자와 컬렉터 단자에 연결한다.

참고 PSpice의 Current Marker는 소자의 단자로 들어가는 전류를 측정한다. Current Marker를 연결할 때 BJT 심벌의 베이스, 컬렉터 단자에 정확히 붙여야 한다.

2 시뮬레이션 설정

- PSpice의 Simulation Settings 창을 열어 Analysis type을 DC Sweep으로 지정한다.
- [그림 6-11(b)]와 같이 Options에서 Primary Sweep을 선택한 후, Sweep variable에 Voltage source를 지정하고 VBB를 입력한다. Sweep type은 Linear를 선택하고, Start value에 0V, End value에 10V, Increment에 0.05V를 각각 입력한다.

3 시뮬레이션 실행 및 결과 확인

- 시뮬레이션을 실행하면 V_{BB} 전압에 따른 BJT의 베이스 전류 I_B와 컬렉터 전류 I_C가 시뮬레이션 결과 창에 표시된다.
- 시뮬레이션 결과 창의 메뉴에서 Plot의 Add Plot to Window를 실행하여 I_B와 I_C가 각각 별도의 Plot에 표시되도록 한다.
- 시뮬레이션 결과 창의 X-축을 BJT의 베이스-이미터 전압 V_{BE}로 변경하기 위해 [그림 6-11(c)]와 같이 $V_{BE} = V_{BB} - V_{RB}$로 변경한다. 시뮬레이션 결과 화면을 캡처하여 [그림 6-12]에 붙여 넣는다.
- 시뮬레이션 결과로부터, [표 6-4]에 주어진 베이스-이미터 전압 V_{BE} 값에 대한 베이스 전류 I_B, 컬렉터 전류 I_C, 이미터 전류 I_E 값을 Measurements의 `YatX (1,X_value)`로 측정하여 표의 해당 칸에 기록한다.

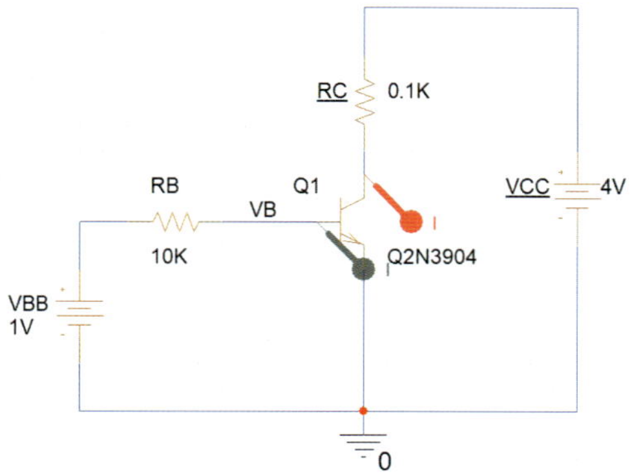

(a) 시뮬레이션 회로

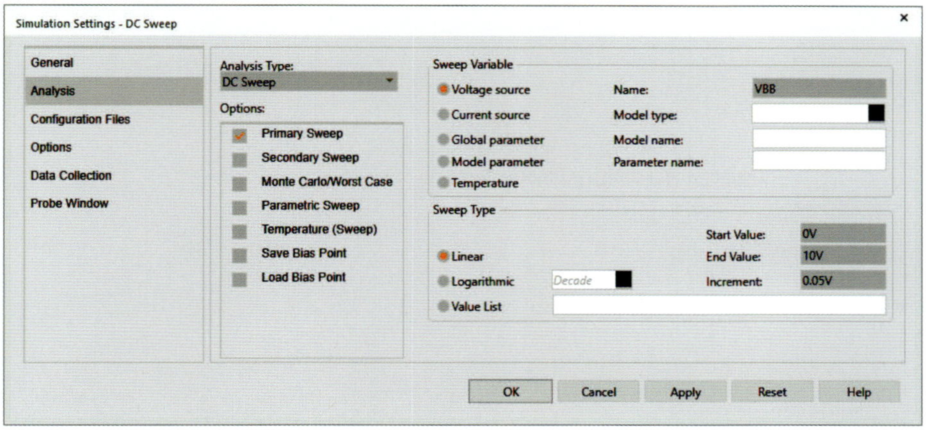

(b) 시뮬레이션 설정(Primary Sweep)

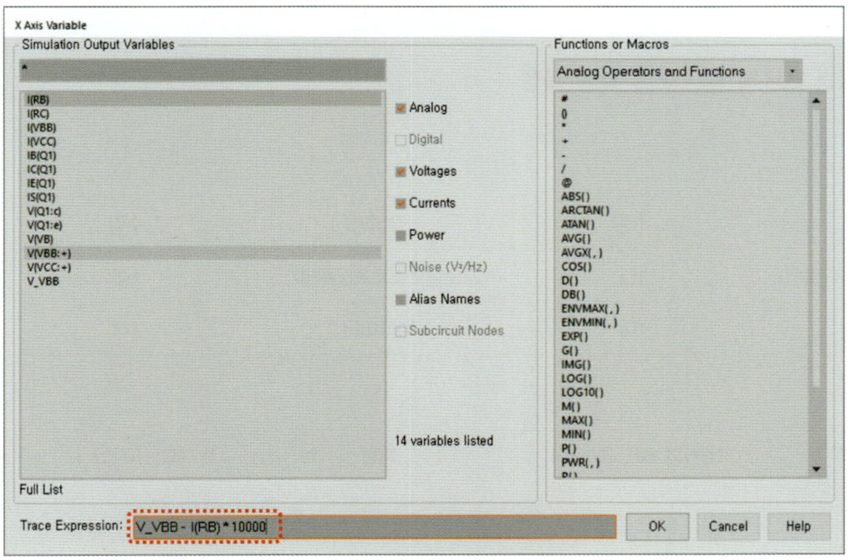

(c) 시뮬레이션 결과의 X-축을 $V_{BE} = V_{BB} - V_{RB}$로 변경 ($R_B = 10\,\mathrm{k\Omega}$)

그림 6-11 NPN형 BJT의 $I_C - V_{BE}$ 특성 시뮬레이션

표 6-4 NPN형 BJT의 $I_C - V_{BE}$ 특성 시뮬레이션 결과

V_{BE}[V]	I_B[μA]	I_C[mA]	I_E[mA]
0.65			
0.70			
0.73			
0.76			

시뮬레이션 결과 파형을 캡처하여 붙여 넣는다.

그림 6-12 NPN형 BJT의 $I_C - V_{BE}$ 특성 시뮬레이션 결과 파형

2. 실험 NPN형 BJT의 $I_C - V_{BE}$ 특성 측정

[실험장비]

장비명	수량	장비명	수량
DC 전원공급 장치(2출력)	1대	오실로스코프(2채널)	1대
함수발생기	1대	멀티미터	1대

[실험부품]

트랜지스터	NPN형 BJT 2N3904	저항	0.1kΩ, 10kΩ

1 브레드보드 부품 배치도 연결 완성하기

• NPN형 BJT의 $I_C - V_{BE}$ 특성 측정을 위한 [그림 6-13(a)]의 실험회로를 참조해서 [그림 6-13(b)]의 브레드보드 부품 배치도의 연결을 완성한다.

2 회로 구성하기

• 완성된 부품 배치도를 참조해서 [그림 6-13(a)]의 실험회로를 브레드보드에 구성한다.
  - 2N3904 NPN형 BJT의 이미터(❶), 베이스(❷), 컬렉터(❸) 단자를 잘 구별하여 이미터가 왼쪽에, 컬렉터가 오른쪽에 위치하도록 브레드보드에 삽입한다.
  - 베이스 저항 R_B : 베이스 전류 공급을 위해 DC 전원 V_{BB}와 BJT의 베이스 사이에 저항 $R_B = 10\,\text{k}\Omega$을 연결한다.
  - 컬렉터 저항 R_C : BJT의 컬렉터와 DC 전원 V_{CC} 사이에 저항 $R_C = 0.1\,\text{k}\Omega$을 연결한다. 오실로스코프로 저항 R_C 양단의 전압을 측정해서 BJT의 컬렉터 전류 I_C를 측정하기 위해 사용된다.

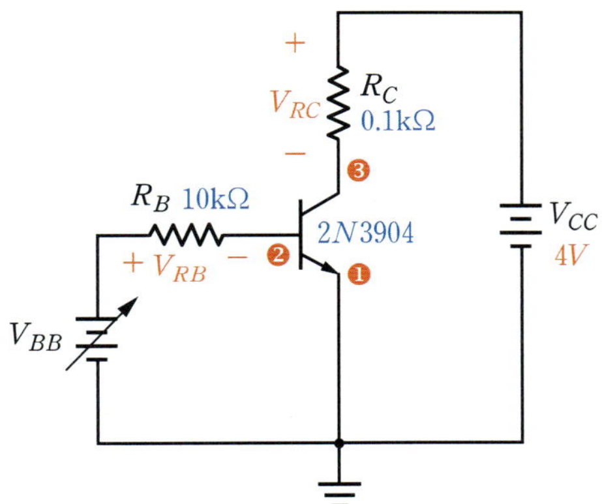

(a) 실험회로

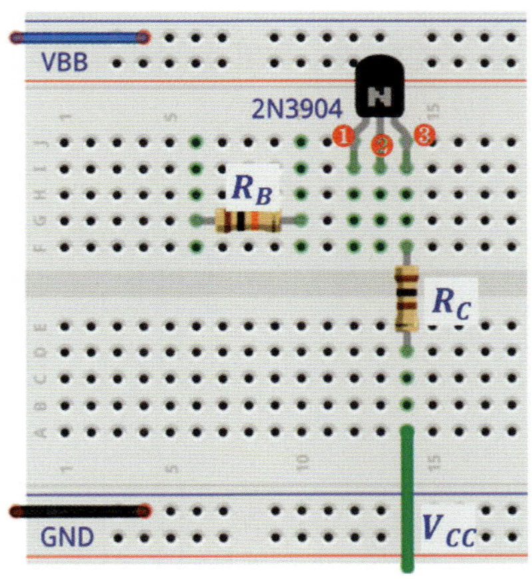

실험회로를 참고해서 부품 배치도의 연결을 완성한다.

(b) 부품 배치도

그림 6-13 NPN형 BJT의 $I_C - V_{BE}$ 특성 실험회로

3 회로 점검하기

• 브레드보드에 부품 실장이 완료되면, 멀티미터를 저항측정 모드로 설정하고 브레드보드에 구성된 회로의 단락, 접촉 불량 등을 점검한다.

• V_{BB}, V_{CC}와 GND의 단락 여부, 그리고 V_{BB}와 V_{CC}의 단락 여부를 확인한다.

• GND로 연결되는 노드들의 단락/개방 여부를 확인한다.

4 컬렉터 전압 V_{CC}와 베이스 전압 V_{BB} 연결하기

- DC 전원공급 장치 출력(1)이 4V가 되도록 설정한 후, 실험회로의 V_{CC} 단자에 연결하여 $V_{CC} = 4\text{V}$가 되도록 한다.
- DC 전원공급 장치 출력(2)가 0.2V 정도가 되도록 설정한 후, 실험회로의 V_{BB} 단자에 연결한다. BJT의 베이스-이미터 전압을 DMM으로 측정해서 $V_{BE} = 0.65\text{V}$가 되도록 DC 전원공급 장치의 출력(2)의 전압 V_{BB}를 조정한다.

5 전류, 전압 측정하기

- 베이스 저항 R_B에 걸리는 전압 V_{RB}를 DMM으로 측정하고, $I_B = V_{RB}/R_B$로 베이스 전류를 계산해서 [표 6-5]의 해당 칸에 기록한다.
- 컬렉터 저항 R_C에 걸리는 전압 V_{RC}를 측정하고, $I_C = V_{RC}/R_C$로 컬렉터 전류를 계산해서 [표 6-5]의 해당 칸에 기록한다.
- 이미터 전류를 $I_E = I_B + I_C$로 계산해서 [표 6-5]의 해당 칸에 기록한다.
- [표 6-5]에 주어진 베이스-이미터 전압 V_{BE} 값이 되도록 DC 전원공급 장치 출력(2)의 전압 V_{BB}를 조정한 후, 위의 과정을 반복하여 [표 6-5]의 해당 칸에 기록한다.

표 6-5 NPN형 BJT의 $I_C - V_{BE}$ 특성 측정 결과

V_{BE} [V]	V_{RB} [V]	$I_B = V_{RB}/R_B$ [μA]	V_{RC} [V]	$I_C = V_{RC}/R_C$ [mA]	$I_E = I_B + I_C$ [mA]
0.65					
0.70					
0.73					
0.76					

실험 고찰

■ 고찰 [1]

- [표 6-3]의 측정 결과로부터, NPN형 BJT의 $I_C - V_{CE}$ 특성 곡선을 [그림 6-14]에 그래프로 그려라. 특성 곡선의 X-축은 $V_{CE} = V_{CC} - V_{RC}$를 적용한다.
- [그림 6-7]의 시뮬레이션 결과와 [그림 6-14]의 측정 결과를 비교하라.

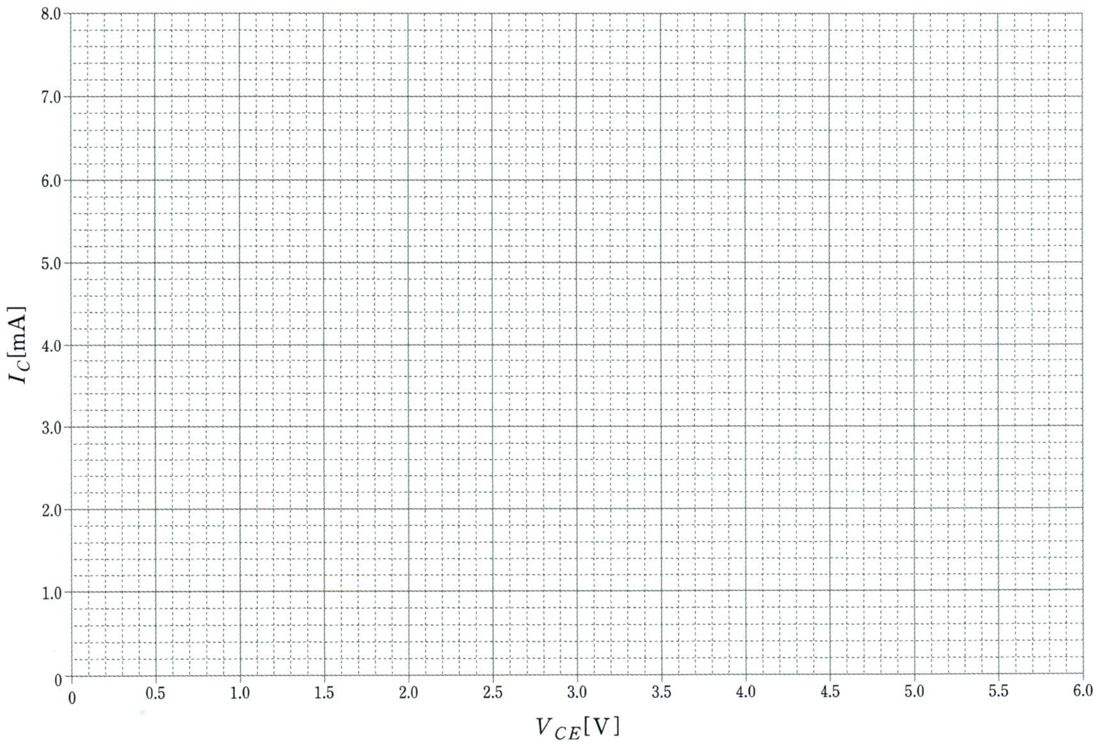

그림 6-14 NPN형 BJT의 $I_C - V_{CE}$ 특성

실험 고찰

■ 고찰 [2]

- [표 6-4]의 시뮬레이션 결과로부터, NPN형 BJT의 공통이미터 DC 전류이득 $\beta_{DC,sim} = I_C / I_B$, 공통베이스 DC 전류이득 $\alpha_{DC,sim} = I_C / I_E$를 구하고, [표 6-5]의 $I_C - V_{BE}$ 측정 결과로부터, 공통이미터 DC 전류이득 $\beta_{DC,meas} = I_C / I_B$, 공통베이스 DC 전류이득 $\alpha_{DC,meas} = I_C / I_E$를 구하여 [표 6-6]에 기록하라.
- [표 6-6]으로부터 $\beta_{DC} \equiv \frac{I_C}{I_B} = \frac{\alpha_{DC}}{1-\alpha_{DC}}$와 $\alpha_{DC} \equiv \frac{I_C}{I_E} = \frac{\beta_{DC}}{1+\beta_{DC}}$의 관계가 성립하는지 검토하라.

표 6-6 NPN형 BJT의 전류이득 비교

		공통이미터 DC 전류이득		공통베이스 DC 전류이득	
		$\beta_{DC,sim}$	$\beta_{DC,meas}$	$\alpha_{DC,sim}$	$\alpha_{DC,meas}$
V_{BE}[V]	0.65				
	0.70				
	0.73				
	0.76				

연계 | 〈핵심이 보이는 전자회로〉 2.2절

실험

07

BJT의 바이어스 회로

실험 목적

- NPN형 BJT 바이어스 회로의 동작을 확인한다.
- 전압분배 바이어스 회로에서 저항비 $\frac{R_1}{R_2}$ 과 컬렉터 저항 R_C 가 동작점에 미치는 영향을 확인한다.
- 자기 바이어스 회로에서 이미터 저항 R_E 가 동작점에 미치는 영향을 확인한다.

실험 내용

- 실험 7-1 | NPN형 BJT의 전압분배 바이어스 회로의 동작점 전류, 전압 측정
- 실험 7-2 | NPN형 BJT의 자기 바이어스 회로의 동작점 전류, 전압 측정
- 설계 실험 7-3 | NPN형 BJT의 전압분배 바이어스 회로 설계

7.1 이론적 배경 이해하기

1. BJT 바이어스 회로

■ 순방향 활성모드 바이어스

- BJT는 DC 바이어스 전압 V_{BEQ}와 V_{BCQ}에 의해 동작모드(차단, 포화, 순방향 활성)가 결정되며, 증폭기로 사용되기 위해서는 순방향 활성모드로 바이어스되어야 한다.
- NPN형 BJT의 순방향 활성모드 바이어스
  - 베이스-이미터 접합 : 순방향 바이어스($V_{BE} > 0$)
  - 베이스-컬렉터 접합 : 역방향 바이어스($V_{BC} < 0$)

■ 동작점 설정

- DC 바이어스 전류 I_{BQ}, I_{CQ}와 바이어스 전압 V_{CEQ}에 의해 동작점 Q가 설정된다.
- 동작점 Q가 차단영역이나 포화영역 근처에 설정되면, 베이스 전류의 음(−) 또는 양(+)의 반주기 중 일부에서 BJT가 차단모드 또는 포화모드로 동작하여 증폭기 출력 파형에 왜곡이 발생한다.
- BJT 증폭기가 선형으로 동작하는 신호 범위를 최대로 만들기 위해서는 순방향 활성영역 중앙 근처에 동작점 Q를 설정하는 것이 바람직하다.

2. BJT 전압분배 바이어스 회로

■ 회로 구성

- NPN형 BJT의 전압분배 바이어스 회로는 [그림 7-1(a)]와 같이 구성된다.
- 전원전압 V_{CC}를 저항 R_1, R_2로 분배하여 베이스 바이어스 전압 V_{BQ}와 바이어스 전류 I_{BQ}를 결정하며, 컬렉터 저항 R_C에 의해 컬렉터 바이어스 전류 I_{CQ}와 컬렉터-이미터 바이어스 전압 V_{CEQ}가 결정된다.

■ 베이스 동작점 전류

- 베이스 단자에 테브냉 등가회로를 적용하면 [그림 7-1(b)]와 같다. 베이스 단자에서 테브냉 등가전압은 $V_{TH} = \dfrac{R_2}{R_1 + R_2} V_{CC}$이고 등가저항은 $R_{TH} = R_1 \parallel R_2$이며, $V_{BE(on)}$는 베이스-이미터 PN 접합의 턴-온 전압이다.
- [그림 7-1(b)]로부터 베이스 바이어스 전류 I_{BQ}는 식 (7.1)로 결정된다.

$$I_{BQ} = \frac{V_{TH} - V_{BE(on)}}{R_{TH}} \tag{7.1}$$

- 컬렉터 저항 R_C가 고정된 상태에서 저항비 $\dfrac{R_1}{R_2}$이 작을수록 베이스 단자의 테브냉 등가전압 V_{TH}와 베이스 바이어스 전류 I_{BQ}가 크며, [그림 7-1(c)]와 같이 동작점의 위치도 달라진다.

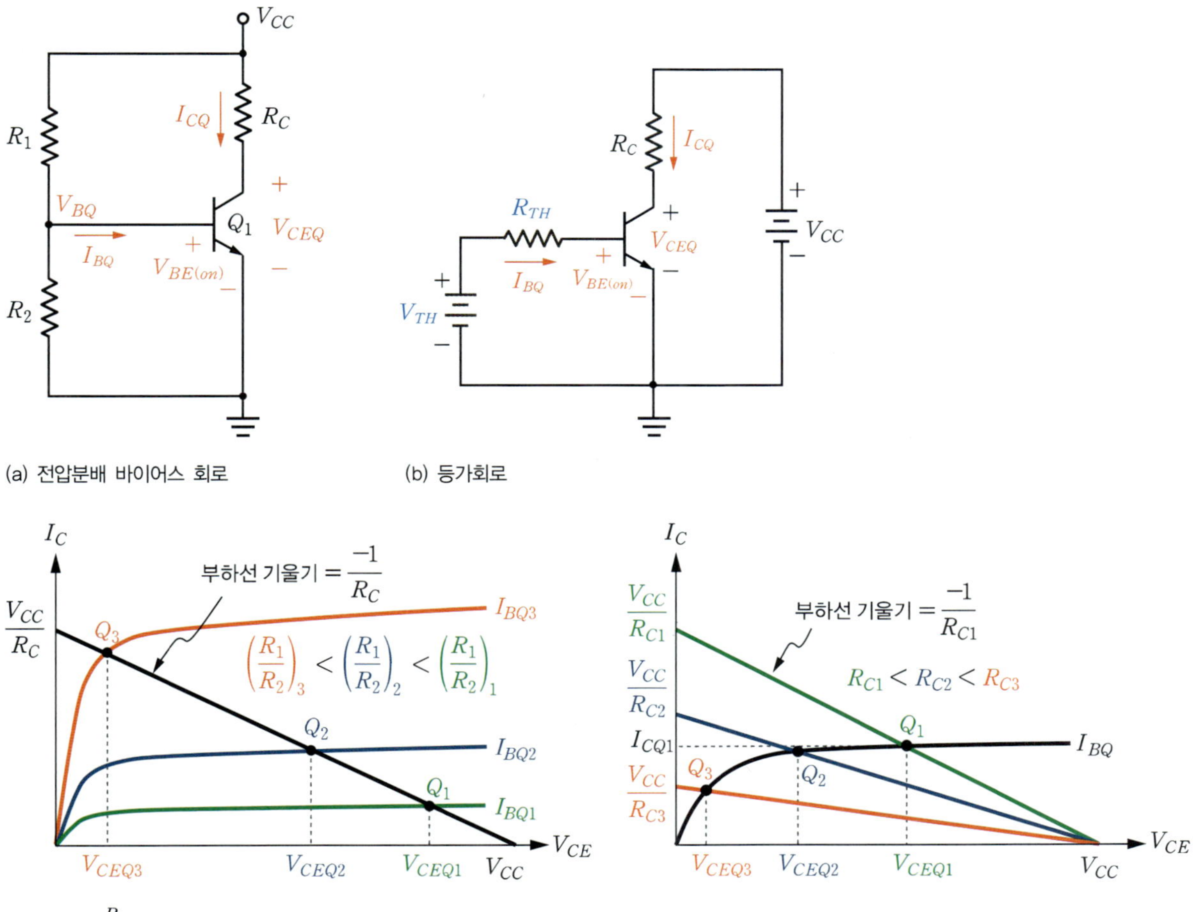

(a) 전압분배 바이어스 회로 (b) 등가회로

(c) 저항비 $\dfrac{R_1}{R_2}$에 따른 동작점 위치 (d) 컬렉터 저항 R_C에 따른 동작점의 위치

그림 7-1 NPN형 BJT의 전압분배 바이어스 회로

■ 컬렉터 동작점 전류와 전압

- 순방향 활성모드에서 동작하는 BJT의 컬렉터 바이어스 전류는 $I_{CQ} = \beta_{DC} I_{BQ}$로 결정되며, 여기서 β_{DC}는 이미터가 접지된 BJT의 DC 전류이득을 나타낸다. 컬렉터 저항 R_C에 의해 컬렉터-이미터 바이어스 전압은 $V_{CEQ} = V_{CC} - R_C I_{CQ}$로 결정된다.

■ 직류 부하선

- 직류 부하선의 기울기는 $-\dfrac{1}{R_C}$이며, X-축 교점은 V_{CC}이고 Y-축 교점은 $\dfrac{V_{CC}}{R_C}$이다.
- 저항비 $\dfrac{R_1}{R_2}$이 고정된 상태에서 컬렉터 저항 R_C 값이 클수록 직류 부하선의 기울기가 작으며, [그림 7-1(d)]와 같이 동작점의 위치도 달라진다.

3. BJT 자기 바이어스 회로

■ 회로 구성

- NPN형 BJT의 자기 바이어스self bias 회로는 [그림 7-2(a)]와 같이 구성된다. [그림 7-1(a)]의 전압분배 바이어스 회로와 비교하여 이미터 저항 R_E가 추가되었다.

■ 베이스 동작점 전류

- 베이스 바이어스 전류 I_{BQ}는 식 (7.2)에 의해 결정된다. V_{TH}와 R_{TH}는 각각 베이스 단자에서 구한 테브냉 등가전압 $V_{TH} = \dfrac{R_2}{R_1 + R_2} V_{CC}$와 등가저항 $R_{TH} = R_1 \parallel R_2$이다.

$$I_{BQ} = \frac{V_{TH} - V_{BE(on)}}{R_{TH} + (\beta_{DC} + 1) R_E} \tag{7.2}$$

■ 컬렉터 동작점 전류와 전압

- $R_{TH} \ll (\beta_{DC} + 1) R_E$이고 $1 \ll \beta_{DC}$이면, 순방향 활성모드에서 컬렉터 바이어스 전류 I_{CQ}는 식 (7.3)으로 결정되며 근사적으로 β_{DC}와 무관한(실제로는 영향이 작은) 장점을 갖는다.
- 컬렉터-이미터 바이어스 전압은 $V_{CEQ} = V_{CC} - R_C I_{CQ} - R_E I_{EQ} \simeq V_{CC} - (R_C + R_E) I_{CQ}$로 결정되고, $\beta_{DC} \gg 1$이면 $I_{EQ} \simeq I_{CQ}$ 이다.

$$I_{CQ} = \beta_{DC} I_{BQ} \simeq \frac{V_{TH} - V_{BE(on)}}{R_E} \tag{7.3}$$

■ 직류 부하선

- 직류 부하선의 기울기는 $-\dfrac{1}{R_C+R_E}$이며, X-축 교점은 V_{CC}이고 Y-축 교점은 $\dfrac{V_{CC}}{R_C+R_E}$이다.
- 저항비 $\dfrac{R_1}{R_2}$과 컬렉터 저항 R_C가 고정된 상태에서, 이미터 저항 R_E 값이 클수록 직류 부하선의 기울기가 작으며, [그림 7-2(b)]와 같이 동작점의 위치도 달라진다.

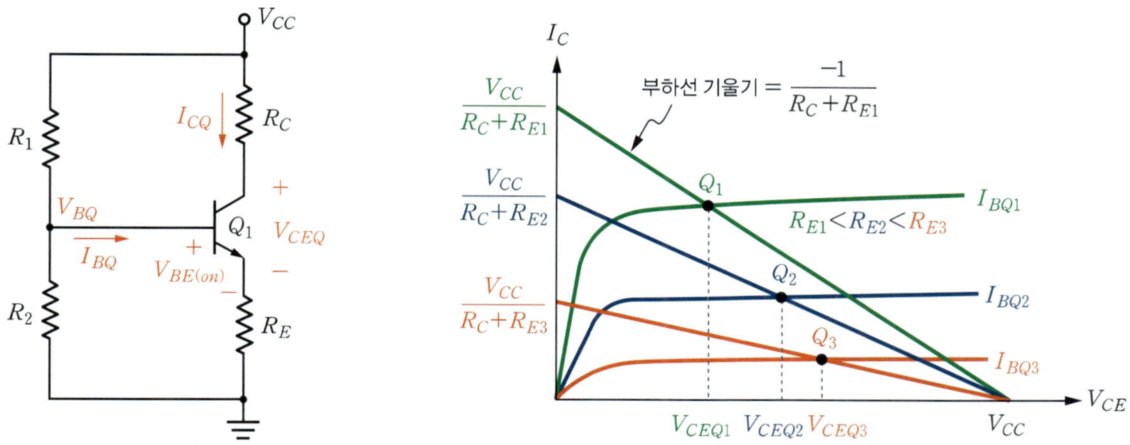

(a) 자기 바이어스 회로 (b) 이미터 저항 R_E에 따른 동작점의 위치

그림 7-2 NPN형 BJT의 자기 바이어스 회로

점검하기 **다음 각 문제에 답하라.**

(1) NPN형 BJT를 순방향 활성모드로 바이어스하려면, 베이스-이미터 접합은 ($V_{BE}<0$, $V_{BE}>0$), 베이스-컬렉터 접합은 ($V_{BC}<0$, $V_{BC}>0$)로 설정되어야 한다.

(2) 전압분배 바이어스 회로의 직류 부하선 기울기는 컬렉터 저항 R_C에 (비례, 반비례)한다.

(3) 전압분배 바이어스 회로의 저항비 $\dfrac{R_1}{R_2}$이 클수록 동작점이 (차단, 포화, 순방향 활성) 모드에 가깝게 설정된다. 단, 다른 조건은 일정하게 유지된다.

(4) 전압분배 바이어스 회로의 컬렉터 저항 R_C가 클수록 동작점이 (차단, 포화, 순방향 활성) 모드에 가깝게 설정된다. 단, 다른 조건은 일정하게 유지된다.

(5) 자기 바이어스 회로의 직류 부하선 기울기는 이미터 저항 R_E에 (비례, 반비례)한다. 단, 컬렉터 저항 R_C는 일정한 값을 유지한다.

(6) 자기 바이어스 회로의 이미터 저항 R_E가 클수록 동작점이 (차단, 포화, 순방향 활성) 모드에 가깝게 설정된다. 단, 다른 조건은 일정하게 유지된다.

여기서 잠깐

BJT 데이터 시트 이해하기 – DC 특성

- 2N3904 NPN형 BJT의 DC 특성은 다음과 같다.

【데이터 시트 – BJT의 DC 특성】

파라미터	기호	최소	최대	단위	설명
DC Current Gain $(I_C=0.1\text{ mAdc},\ V_{CE}=1.0\text{ Vdc})$ $(I_C=1.0\text{ mAdc},\ V_{CE}=1.0\text{ Vdc})$ $(I_C=10\text{ mAdc},\ V_{CE}=1.0\text{ Vdc})$ $(I_C=50\text{ mAdc},\ V_{CE}=1.0\text{ Vdc})$ $(I_C=100\text{ mAdc},\ V_{CE}=1.0\text{ Vdc})$	h_{FE}	40 70 100 60 30	300	–	• 직류 전류이득($h_{FE}\equiv I_C/I_B$) • 소자의 동작조건(컬렉터 전류)에 따라 달라지며, 또한 소자 간에 편차가 있음 • 교류 전류이득 h_{fe}와 구분됨
C–E Saturation Voltage $(I_C=10\text{ mAdc},\ I_B=1.0\text{ mAdc})$ $(I_C=50\text{ mAdc},\ I_B=5.0\text{ mAdc})$	$V_{CE,sat}$	–	0.2 0.3	Vdc	• BJT의 포화영역과 순방향 활성영역 경계의 C–E 전압 • $V_{CE}>V_{CE,sat}$가 되어야 BJT가 순방향 활성영역에서 동작함
B–E Saturation Voltage $(I_C=10\text{ mAdc},\ I_B=1.0\text{ mAdc})$ $(I_C=50\text{ mAdc},\ I_B=5.0\text{ mAdc})$	$V_{BE,sat}$	0.65 –	0.85 0.95	Vdc	• 순방향 활성영역에서 동작하는 BJT에 베이스 전류를 증가시켜 포화영역으로 넘어가는 경계의 B–E 전압 • 통상 $V_{BE,sat}>V_{BE,on}$임

- $V_{CE,sat}$이 크면 컬렉터에 유효한 전압이 작아지므로, 대전력 동작에서 전력소비($V_{CE}\times I_C$)가 커져 전력효율이 나빠진다. 또한 스위칭 용도로 사용되는 경우에도 ON 상태의 잔류 전압이 되므로, $V_{CE,sat}$가 작은 것이 바람직하다.

7.2 실험 진행하기

실험 7-1 | NPN형 BJT의 전압분배 바이어스 회로의 동작점 전류, 전압 측정

1. PSpice 시뮬레이션

1 회로도 입력

- NPN형 BJT의 전압분배 바이어스 회로의 동작을 시뮬레이션하기 위해 [그림 7-3(a)]의 회로를 PSpice 회로도 편집기에 입력한다.
- 전원전압 V_{CC}는 SOURCE 라이브러리의 VDC를 사용하며, VDC의 속성 창을 열어 DC 6V로 설정한다.

2 시뮬레이션 설정

- Simulation Settings 창을 열어 [그림 7-3(b)]와 같이 Analysis Type을 Bias Point로 지정하고, Options에서 General Settings를 선택한다.
- Output File Options에서 Include detailed bias point information ⋯ (.OP)를 체크한다.

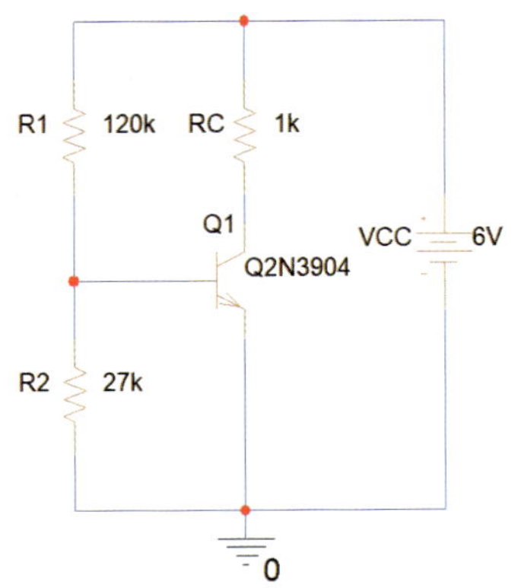

(a) 시뮬레이션 회로

그림 7-3 NPN형 BJT의 전압분배 바이어스 회로 시뮬레이션(계속)

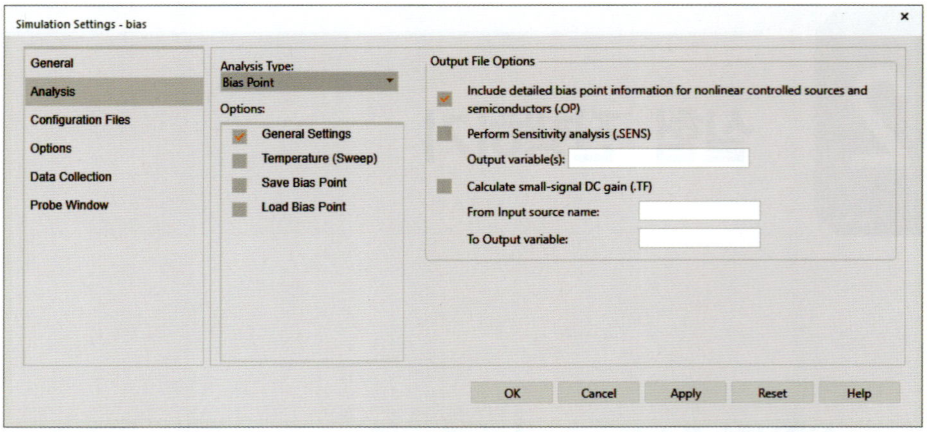

(b) 시뮬레이션 설정

그림 7-3 NPN형 BJT의 전압분배 바이어스 회로 시뮬레이션

3 시뮬레이션 실행 및 결과 확인

- 시뮬레이션을 실행한 후, 회로도 편집기 창에서 Enable Bias Voltage Display와 Enable Bias Current Display를 활성화시키면, 바이어스 전압, 전류 값이 회로도에 표시된다.
- PSpice 메뉴에서 View Output File을 실행해서 시뮬레이션 결과 파일을 열고, OPERATING POINT INFORMATION 부분에서 바이어스 전류와 전압, 순방향 DC 전류이득 β_{DC} 값을 확인하여 [표 7-1(a)]의 해당 $R_2 = 27\,\text{k}\Omega$ 열에 기록한다. 또한 동작점 해석 결과로부터 BJT의 동작모드를 판정하여 표의 해당 칸에 기록한다.
- 저항비 $\dfrac{R_1}{R_2}$에 따른 동작점 해석
  - 저항 $R_1 = 120\,\text{k}\Omega$을 유지한 상태에서 저항 R_2를 [표 7-1(a)]에 나열된 값으로 변경하고 시뮬레이션을 실행한다. 시뮬레이션으로 얻은 바이어스 전류와 전압, 순방향 DC 전류이득 β_{DC} 값을 확인하여 [표 7-1(a)]에 기록하고, BJT의 동작모드를 판정하여 표에 기록한다.
- 컬렉터 저항 R_C에 따른 동작점 해석
  - 저항 $R_1 = 120\,\text{k}\Omega$, $R_2 = 27\,\text{k}\Omega$을 유지한 상태에서 저항 R_C를 [표 7-1(b)]에 나열된 값으로 변경하고 시뮬레이션을 실행한다. 시뮬레이션으로 얻은 바이어스 전류와 전압, 순방향 DC 전류이득 β_{DC} 값을 [표 7-1(b)]의 해당 칸에 기록하고, BJT의 동작모드를 판정하여 표에 기록한다.

표 7-1 NPN형 BJT 전압분배 바이어스 회로의 동작점 전류, 전압 시뮬레이션 결과

(a) 저항비 $\frac{R_1}{R_2}$ 에 따른 동작점 전류, 전압 ($R_1 = 120\,\text{k}\Omega$, $R_C = 1.0\,\text{k}\Omega$ 유지)

	R_2 [kΩ]				
	12	18	27	33	100
I_{BQ} [μA]					
I_{CQ} [mA]					
β_{DC}					
V_{BEQ} [V]					
V_{CEQ} [V]					
V_{BCQ} [V]					
동작모드					

(b) 컬렉터 저항 R_C에 따른 동작점 전류, 전압 (베이스 바이어스 저항은 $R_1 = 120\,\text{k}\Omega$, $R_2 = 27\,\text{k}\Omega$ 유지)

	R_C [kΩ]			
	0.47	1.0	1.8	2.7
I_{BQ} [μA]				
I_{CQ} [mA]				
β_{DC}				
V_{BEQ} [V]				
V_{CEQ} [V]				
V_{BCQ} [V]				
동작모드				

2. 실험 NPN형 BJT의 전압분배 바이어스 회로의 동작점 전류, 전압 측정

[실험장비]

장비명	수량	장비명	수량	장비명	수량
DC 전원공급 장치	1대	오실로스코프(2채널)	1대	멀티미터	1대

[실험부품]

트랜지스터	NPN형 BJT 2N3904
저항	0.47kΩ, 1.0kΩ, 1.8kΩ, 2.7kΩ, 12kΩ, 18kΩ, 27kΩ, 33kΩ, 100kΩ, 120kΩ

1 브레드보드 부품 배치도 연결 완성하기

- [그림 7-4(a)]의 BJT 전압분배 바이어스 실험회로를 참조해서 [그림 7-4(b)]의 브레드보드 부품 배치도의 연결을 완성한다.
  - 2N3904 NPN형 BJT의 이미터(❶), 베이스(❷), 컬렉터(❸) 단자를 잘 구별하여 소자 간의 연결, 전원전압 V_{CC}와 접지의 연결을 표시한다.

2 회로 구성하기

- 완성된 부품 배치도를 참조해서 [그림 7-4(a)]의 실험회로를 브레드보드에 구성한다.
  - 2N3904 NPN형 BJT의 이미터(❶), 베이스(❷), 컬렉터(❸) 단자를 잘 구별하여 이미터가 왼쪽에, 컬렉터가 오른쪽에 위치하도록 브레드보드에 삽입한다.
  - 베이스 단자 : 바이어스 저항 R_1과 R_2의 접점을 베이스(❷)에 연결한다.
  - 이미터 단자 : 이미터(❶)를 접지로 연결한다.
  - 컬렉터 저항 : 컬렉터(❸)와 전원 V_{CC} 사이에 저항 $R_C = 1\,\text{k}\Omega$을 연결한다.

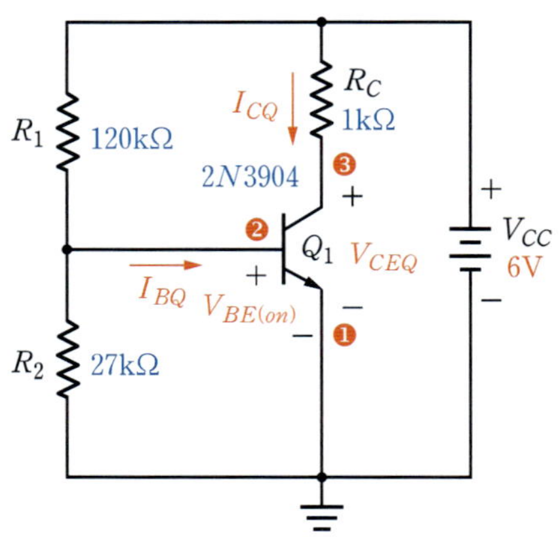

(a) 실험회로

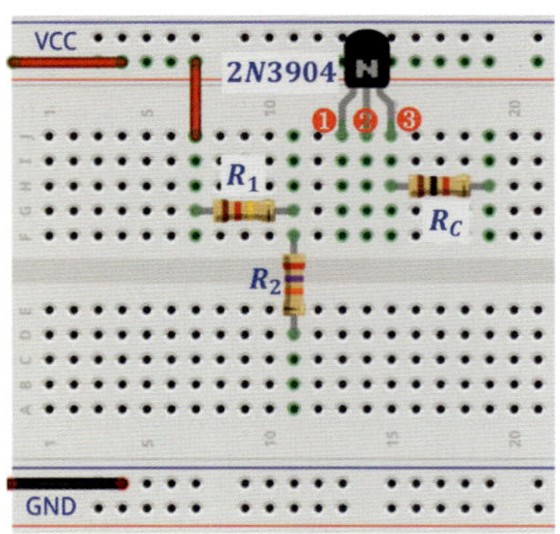

실험회로를 참고해서 부품 배치도의 연결을 완성한다.

(b) 부품 배치도

그림 7-4 NPN형 BJT의 전압분배 바이어스 실험회로

3 회로 점검하기

- 브레드보드에 부품 실장이 완료되면, 멀티미터를 저항측정 모드로 설정하고 브레드보드에 구성된 회로의 단락, 접촉 불량 등을 점검한다.
- V_{CC}와 GND의 단락 여부를 확인한다.
- V_{CC}로 연결되는 노드들과 GND로 연결되는 노드들의 단락/개방 여부를 확인한다.

4 전원전압 인가하기

- DC 전원공급 장치의 출력이 6V가 되도록 설정하고, 브레드보드에 인가한다.

5 저항비 $\frac{R_1}{R_2}$에 따른 동작점 전류, 전압 관찰하기($R_1 = 120\,\text{k}\Omega$ 유지)

- $R_1 = 120\,\text{k}\Omega$을 유지한 상태에서 저항 R_2를 [표 7-2(a)]에 나열된 값으로 바꾸면서 동작점 전류, 전압을 측정하여 해당 칸에 기록한다.
  - 베이스 바이어스 전류 I_{BQ} 측정 : 저항 R_1 양단의 전압 V_{R1}과 저항 R_2 양단의 전압 V_{R2}를 측정하고, $I_{BQ} = I_{R1} - I_{R2} = \frac{V_{R1}}{R_1} - \frac{V_{R2}}{R_2}$에 의해 간접적으로 측정한다.
  - 컬렉터 바이어스 전류 I_{CQ} 측정 : 저항 R_C 양단의 전압 V_{RC}를 측정하고, $I_{CQ} = \frac{V_{RC}}{R_C}$로 얻는다.
- 측정된 I_{BQ}, I_{CQ} 값으로부터 BJT의 순방향 DC 전류이득 β_{DC}를 계산해서 [표 7-2(a)]의 해당 칸에 기록한다.
- 베이스 전압, 컬렉터 전압을 측정하고, BJT의 동작모드를 확인하여 [표 7-2(a)]의 해당 칸에 기록한다.

6 컬렉터 저항 R_C에 따른 동작점 전류, 전압 관찰하기($R_1 = 120\,\text{k}\Omega$, $R_2 = 27\,\text{k}\Omega$ 유지)

- $R_1 = 120\,\text{k}\Omega$, $R_2 = 27\,\text{k}\Omega$을 유지한 상태에서 컬렉터 저항 R_C를 [표 7-2(b)]에 나열된 값으로 바꾸면서 앞의 방법으로 동작점 전류, 전압을 측정하여 해당 칸에 기록한다.
- 측정된 I_{BQ}, I_{CQ} 값으로부터 BJT의 순방향 DC 전류이득 β_{DC}를 계산해서 [표 7-2(b)]의 해당 칸에 기록한다.
- 베이스 전압, 컬렉터 전압을 측정하고, BJT의 동작모드를 확인하여 [표 7-2(b)]의 해당 칸에 기록한다.

표 7-2 NPN형 BJT 전압분배 바이어스 회로의 동작점 전류, 전압 측정 결과 (계속)

(a) 저항비 $\frac{R_1}{R_2}$에 따른 동작점 전류, 전압 ($R_1 = 120\,\mathrm{k\Omega}$, $R_C = 1\,\mathrm{k\Omega}$ 유지)

	$R_2\,[\mathrm{k\Omega}]$				
	12	18	27	33	100
V_{R1} [V]					
$I_{R1} = \frac{V_{R1}}{R_1}$ [μA]					
V_{R2} [V]					
$I_{R2} = \frac{V_{R2}}{R_2}$ [μA]					
$I_{BQ} = I_{R1} - I_{R2}$ [μA]					
V_{RC} [V]					
$I_{CQ} = \frac{V_{RC}}{R_C}$ [mA]					
β_{DC}					
V_{BEQ} [V]					
V_{CEQ} [V]					
V_{BCQ} [V]					
동작모드					

표 7-2 NPN형 BJT 전압분배 바이어스 회로의 동작점 전류, 전압 **측정 결과**

(b) 컬렉터 저항 R_C에 따른 동작점 전류, 전압 (베이스 바이어스 저항은 $R_1 = 120\,\text{k}\Omega$, $R_2 = 27\,\text{k}\Omega$ 유지)

	$R_C\,[\text{k}\Omega]$			
	0.47	1.0	1.8	2.7
$V_{R1}\,[\text{V}]$				
$I_{R1} = \dfrac{V_{R1}}{R_1}\,[\mu\text{A}]$				
$V_{R2}\,[\text{V}]$				
$I_{R2} = \dfrac{V_{R2}}{R_2}\,[\mu\text{A}]$				
$I_{BQ} = I_{R1} - I_{R2}\,[\mu\text{A}]$				
$V_{RC}\,[\text{V}]$				
$I_{CQ} = \dfrac{V_{RC}}{R_C}\,[\text{mA}]$				
β_{DC}				
$V_{BEQ}\,[\text{V}]$				
$V_{CEQ}\,[\text{V}]$				
$V_{BCQ}\,[\text{V}]$				
동작모드				

실험 7-2 | NPN형 BJT의 자기 바이어스 회로의 동작점 전류, 전압 측정

1. PSpice 시뮬레이션

1 회로도 입력

- NPN형 BJT의 자기 바이어스 회로의 동작을 시뮬레이션하기 위해 [그림 7-5(a)]의 회로를 PSpice 회로도 편집기에 입력한다.
  - NPN형 BJT : 2N3904
  - 베이스 바이어스 저항 : $R_1 = 100\,\text{k}\Omega$, $R_2 = 33\,\text{k}\Omega$
  - 컬렉터 저항 : $R_C = 1.2\,\text{k}\Omega$
  - 이미터 저항 : $R_E = 0.22\,\text{k}\Omega$

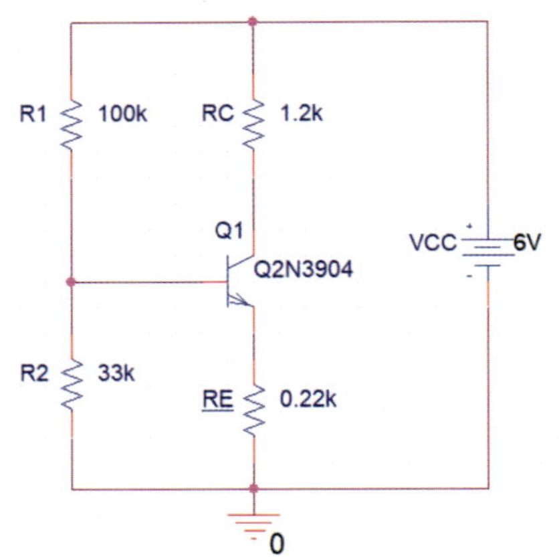

(a) 시뮬레이션 회로

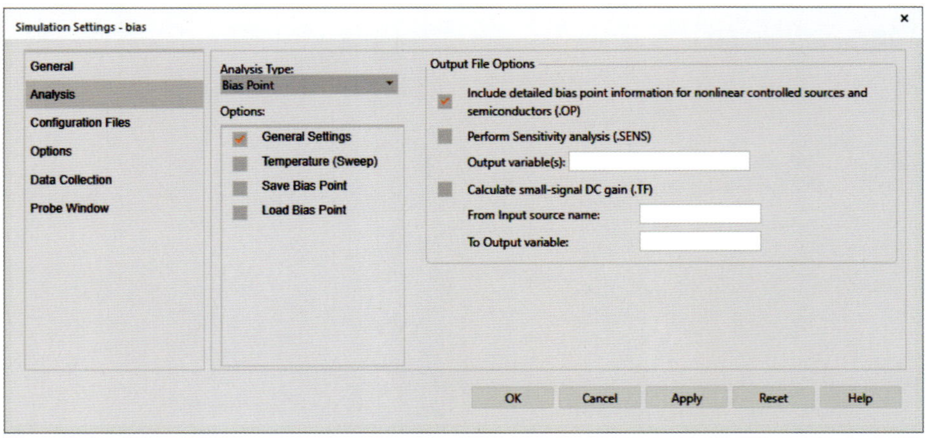

(b) 시뮬레이션 설정

그림 7-5 NPN형 BJT의 자기 바이어스 회로 시뮬레이션

- 전원전압 V_{CC}는 SOURCE 라이브러리의 VDC를 사용하며, VDC의 속성 창을 열어 DC 6V로 설정한다.

2 시뮬레이션 설정

- Simulation Settings 창을 열어 [그림 7-5(b)]와 같이 Analysis Type을 Bias Point로 지정하고, Options에서 General Settings를 선택한다.
- Output File Options에서 Include detailed bias point information … (.OP)를 체크한다.

3 시뮬레이션 실행 및 결과 확인

- 시뮬레이션을 실행한 후, 회로도 편집기 창에서 Enable Bias Voltage Display와 Enable Bias Current Display를 활성화시키면, 바이어스 전압, 전류 값이 회로도에 표시된다.
- PSpice 메뉴에서 View Output File을 실행해서 시뮬레이션 결과 파일을 열고, OPERATING POINT INFORMATION 부분에서 바이어스 전류와 전압, 순방향 DC 전류이득 β_{DC} 값을 확인하여 [표 7-3]의 $R_E = 0.22\,\mathrm{k\Omega}$ 열에 기록한다. 또한 동작점 해석 결과로부터 BJT의 동작 모드를 판정하여 표의 해당 칸에 기록한다.

표 7-3 NPN형 BJT 자기 바이어스 회로의 동작점 전류, 전압 시뮬레이션 결과 ($R_1 = 100\,\mathrm{k\Omega}$, $R_2 = 33\,\mathrm{k\Omega}$, $R_C = 1.2\,\mathrm{k\Omega}$ 유지)

	R_E [kΩ]			
	0.22	0.47	1.0	2.2
I_{BQ} [μA]				
I_{CQ} [mA]				
I_{EQ} [mA]				
β_{DC}				
V_{BQ} [V]				
V_{EQ} [V]				
V_{CQ} [V]				
V_{BEQ} [V]				
V_{CEQ} [V]				
V_{BCQ} [V]				
동작모드				

- 이미터 저항 R_E에 따른 동작점 해석
  - 이미터 저항 R_E를 [표 7-3]에 나열된 값으로 변경하고 시뮬레이션을 실행한다. 시뮬레이션으로 얻은 바이어스 전류와 전압, 순방향 DC 전류이득 β_{DC} 값을 확인하여 [표 7-3]에 기록하고, BJT의 동작모드를 판정하여 표에 기록한다.

2. 실험 NPN형 BJT의 자기 바이어스 회로의 동작점 전류, 전압 측정

[실험장비]

장비명	수량	장비명	수량	장비명	수량
DC 전원공급 장치	1대	오실로스코프(2채널)	1대	멀티미터	1대

[실험부품]

트랜지스터	NPN형 BJT 2N3904
저항	$0.22\,\text{k}\Omega$, $0.47\,\text{k}\Omega$, $1.0\,\text{k}\Omega$, $1.2\,\text{k}\Omega$, $2.2\,\text{k}\Omega$, $33\,\text{k}\Omega$, $100\,\text{k}\Omega$

1 브레드보드 부품 배치도 연결 완성하기

- [그림 7-6(a)]의 BJT 자기 바이어스 실험회로를 참조해서 [그림 7-6(b)]의 브레드보드 부품 배치도의 연결을 완성한다.
  - 2N3904 NPN형 BJT의 이미터(❶), 베이스(❷), 컬렉터(❸) 단자를 잘 구별하여 소자 간의 연결, 전원전압 V_{CC}와 접지의 연결을 표시한다.

2 회로 구성하기

- 완성된 부품 배치도를 참조해서 [그림 7-6(a)]의 실험회로를 브레드보드에 구성한다.
  - 2N3904 NPN형 BJT의 이미터(❶), 베이스(❷), 컬렉터(❸) 단자를 잘 구별하여 이미터가 왼쪽에, 컬렉터가 오른쪽에 위치하도록 브레드보드에 삽입한다.
  - 베이스 단자 : 바이어스 저항 R_1과 R_2의 접점을 베이스(❷)에 연결한다.
  - 이미터 저항 : 이미터(❶)와 접지 사이에 이미터 저항 $R_E = 0.22\,\text{k}\Omega$을 연결한다.
  - 컬렉터 저항 : 컬렉터(❸)와 전원 V_{CC} 사이에 저항 $R_C = 1.2\,\text{k}\Omega$을 연결한다.

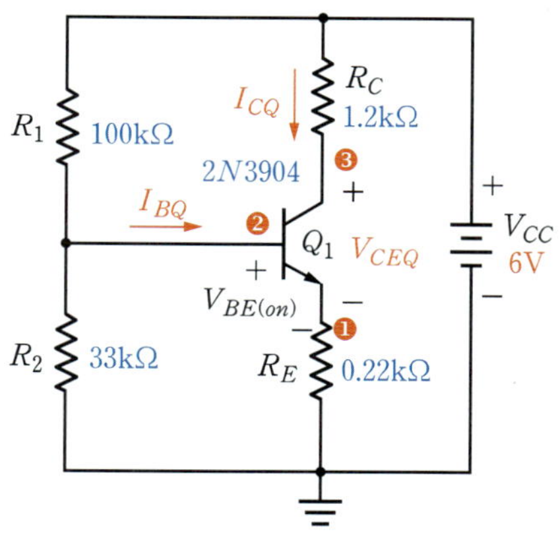

(a) 실험회로

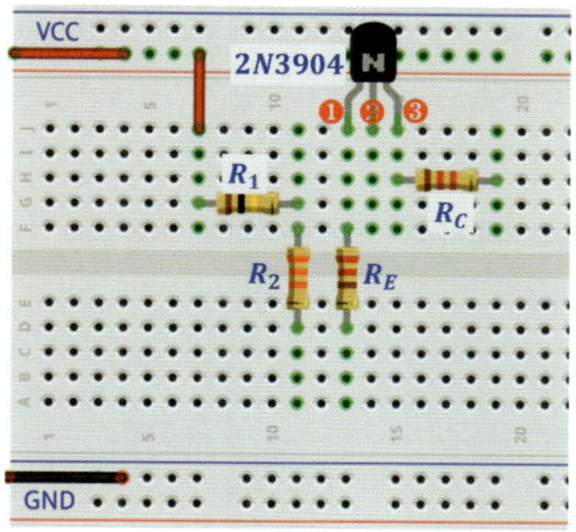

실험회로를 참고해서 부품 배치도의 연결을 완성한다.

(b) 부품 배치도

그림 7-6 NPN형 BJT의 자기 바이어스 실험회로

3 회로 점검하기

- 브레드보드에 부품 실장이 완료되면, 멀티미터를 저항측정 모드로 설정하고 브레드보드에 구성된 회로의 단락, 접촉 불량 등을 점검한다.
- V_{CC}와 GND의 단락 여부를 확인한다.
- V_{CC}로 연결되는 노드들과 GND로 연결되는 노드들의 단락/개방 여부를 확인한다.

4 전원전압 인가하기

- DC 전원공급 장치의 출력이 6V가 되도록 설정하고, 브레드보드에 인가한다.

5 이미터 저항 R_E에 따른 동작점 전류, 전압 관찰하기 (R_1, R_2, R_C 값은 고정)

- R_1, R_2, R_C 값을 고정한 상태에서 이미터 저항 R_E를 [표 7-4]에 나열된 값으로 바꾸면서 동작점 전류, 전압을 측정하여 해당 칸에 기록한다.
  - 베이스 바이어스 전류 I_{BQ} 측정 : 저항 R_1 양단의 전압 V_{R1}과 저항 R_2 양단의 전압 V_{R2}를 측정하고, $I_{BQ} = I_{R1} - I_{R2} = \dfrac{V_{R1}}{R_1} - \dfrac{V_{R2}}{R_2}$에 의해 간접적으로 측정한다.
  - 컬렉터 바이어스 전류 I_{CQ} 측정 : 저항 R_C 양단의 전압 V_{RC}를 측정하고, $I_{CQ} = \dfrac{V_{RC}}{R_C}$로 얻는다.
  - 이미터 바이어스 전류 I_{EQ} 측정 : 저항 R_E 양단의 전압 $V_{RE} = V_{EQ}$를 측정하고, $I_{EQ} = \dfrac{V_{RE}}{R_E}$로 얻는다.
  - 측정된 I_{BQ}, I_{CQ} 값으로부터 BJT의 순방향 DC 전류이득 β_{DC}를 계산해서 [표 7-4]의 해당 칸에 기록한다.

– 베이스, 컬렉터, 이미터 전압을 측정하고, BJT의 동작모드를 확인하여 [표 7-4]의 해당 칸에 기록한다.

표 7-4 NPN형 BJT 자기 바이어스 회로의 동작점 전류, 전압 측정 결과 ($R_1 = 100\,\text{k}\Omega$, $R_2 = 33\,\text{k}\Omega$, $R_C = 1.2\,\text{k}\Omega$ 유지)

	$R_E\,[\text{k}\Omega]$			
	0.22	0.47	1.0	2.2
V_{R1} [V]				
$I_{R1} = \frac{V_{R1}}{R_1}$ [μA]				
V_{R2} [V]				
$I_{R2} = \frac{V_{R2}}{R_2}$ [μA]				
$I_{BQ} = I_{R1} - I_{R2}$ [μA]				
V_{RC} [V]				
$I_{CQ} = \frac{V_{RC}}{R_C}$ [mA]				
β_{DC}				
$V_{RE} = V_{EQ}$ [V]				
$I_{EQ} = \frac{V_{RE}}{R_E}$ [mA]				
V_{BQ} [V]				
V_{EQ} [V]				
V_{CQ} [V]				
V_{BEQ} [V]				
V_{CEQ} [V]				
V_{BCQ} [V]				
동작모드				

실험 7-3 | 설계 NPN형 BJT의 전압분배 바이어스 회로 설계

1. 회로 설계

■ 설계 조건

- [그림 7-1(a)]와 같은 전압분배 바이어스 회로의 동작점이 다음과 같이 설정되도록 베이스 바이어스 저항 R_1, R_2와 컬렉터 저항 R_C 값을 결정한다. 계산값에 가장 가까운 표준 저항값(오차 5%)으로 결정한다. 저항비 $\frac{R_1}{R_2}=4$를 적용하며, $V_{BE(on)}=0.69\text{V}$, $\beta_{DC}=157$이고, 전원전압은 $V_{CC}=8\text{V}$이다.
- 동작점 : $I_{BQ}\simeq 20.0\,\mu\text{A}$, $I_{CQ}\simeq 3.3\,\text{mA}$, $V_{CEQ}\simeq 4.1\,\text{V}$

■ 설계

- 베이스 바이어스 저항 R_1, R_2 값 구하기 : 식 (7.1)로부터 베이스 바이어스 전류를 다음과 같이 계산한다.

$$I_{BQ}=\frac{V_{TH}-V_{BE(on)}}{R_{TH}}= \boxed{\qquad\qquad\qquad} \tag{7.4}$$

- 식 (7.4)를 R_1에 대해 정리하고 $R_1/R_2=4$와 주어진 값을 대입하여 R_1 값을 계산한다. 주어진 저항비 $R_1/R_2=4$로부터 R_2 값을 구한다.
- 컬렉터 저항 R_C 값 구하기 : $I_{CQ}=3.3\,\text{mA}$, $V_{CEQ}=4.1\text{V}$가 되도록 동작점을 설정하므로, 컬렉터-이미터 바이어스 전압 $V_{CEQ}=V_{CC}-R_CI_{CQ}$로부터 컬렉터 저항 R_C 값을 구한다.
- 설계 결과로 얻어진 저항의 계산값과 표준 저항값을 [표 7-5]와 [표 7-6]에 기록한다.

2. PSpice 시뮬레이션

1 회로도 입력

- 설계된 전압분배 바이어스 회로의 시뮬레이션을 위해 [그림 7-3(a)]의 회로를 PSpice 회로도 편집기에 입력한다.
- NPN형 BJT는 2N3904를 사용하고, 저항 R_1, R_2와 컬렉터 저항 R_C를 설계로 구해진 값으로 설정한다.
- 전원전압 V_{CC}는 SOURCE 라이브러리의 VDC를 사용하며, VDC의 속성 창을 열어 DC 8V로 설정한다.

2 시뮬레이션 설정

- Simulation Settings 창을 열어 [그림 7-3(b)]와 같이 Analysis Type을 Bias Point로 지정하고, Options에서 General Settings를 선택한다.
- Output File Options에서 Include detailed bias point information ··· (.OP)를 체크한다.

3 시뮬레이션 실행 및 결과 확인

- 시뮬레이션을 실행한 후, 회로도 편집기 창에서 Enable Bias Voltage Display와 Enable Bias Current Display를 활성화시키면, 바이어스 전압, 전류 값이 회로도에 표시된다.
- PSpice 메뉴에서 View Output File을 실행해서 시뮬레이션 결과 파일을 열고, OPERATING POINT INFORMATION 부분에서 바이어스 전류와 전압, 순방향 DC 전류이득 β_{DC} 값을 확인하여 [표 7-5]에 기록한다. 또한 동작점 해석 결과로부터 BJT의 동작모드를 판정하여 표에 기록한다.

표 7-5 NPN형 BJT 전압분배 바이어스 회로의 설계 결과 및 시뮬레이션 결과

설계 결과	R_1 [kΩ]		R_2 [kΩ]		R_C [kΩ]			
	계산값	표준 저항값	계산값	표준 저항값	계산값	표준 저항값		
	V_{CC} [V]	I_{BQ} [μA]	I_{CQ} [mA]	β_{DC}	V_{BEQ} [V]	V_{CEQ} [V]	V_{BCQ} [V]	동작 모드
설계 조건	8	20.0	3.3	–	–	4.1	–	순방향 활성
시뮬레이션 결과								

3. 실험 설계된 전압분배 바이어스 회로의 동작점 전류, 전압 측정

1 회로 구성하기

- [실험 7-1]의 완성된 부품 배치도를 참조해서 브레드보드에 실험회로를 구성한다.
- 저항 R_1, R_2와 컬렉터 저항 R_C는 설계로 구해진 값을 적용한다.

2 회로 점검하기

- 브레드보드에 부품 실장이 완료되면, 멀티미터를 저항측정 모드로 설정하고 브레드보드에 구성된 회로의 단락, 접촉 불량 등을 점검한다.
- V_{CC}와 GND의 단락 여부를 확인한다.
- V_{CC}로 연결되는 노드들과 GND로 연결되는 노드들의 단락/개방 여부를 확인한다.

3 전원전압 인가하기

- DC 전원공급 장치의 출력이 8V가 되도록 설정하고, 브레드보드에 인가한다.

4 바이어스 전류, 전압 측정하기

- [실험 7-1]의 방법으로 베이스 전류 I_{BQ}, 컬렉터 전류 I_{CQ}, 베이스-이미터 전압 V_{BEQ}, 컬렉터-이미터 전압 V_{CEQ}, 컬렉터-베이스 전압 V_{BCQ}를 측정하여 [표 7-6]에 기록한다.
- 측정된 값으로부터 BJT의 순방향 DC 전류이득 β_{DC} 값을 계산하고, BJT의 동작모드를 확인하여 표에 기록한다.

표 7-6 NPN형 BJT 전압분배 바이어스 회로의 **설계 결과 및 측정 결과**

설계 결과	R_1 [kΩ]		R_2 [kΩ]		R_C [kΩ]			
	계산값	표준 저항값	계산값	표준 저항값	계산값	표준 저항값		
	V_{CC} [V]	I_{BQ} [μA]	I_{CQ} [mA]	β_{DC}	V_{BEQ} [V]	V_{CEQ} [V]	V_{BCQ} [V]	동작 모드
설계 조건	8	20.0	3.3	–	–	4.1	–	순방향 활성
측정 결과								

실험 고찰

■ 고찰 [1]

- [표 7-1(a)]와 [표 7-2(a)]의 컬렉터 저항 R_C 값에 대해 직류 부하선을 [그림 7-7]의 모눈종이에 그린다. $V_{CC}=6\,\text{V}$로 하고, [그림 7-1(c)]를 참조한다.
- [표 7-1(a)]의 시뮬레이션 결과와 [표 7-2(a)]의 측정 결과로 얻은 V_{CEQ} 값과 I_{CQ} 값을 직류 부하선 위에 ▲(시뮬레이션 결과 값)와 ●(측정 값)로 표시한다.
- [그림 7-7]의 그래프로부터, 컬렉터 저항 R_C 값이 고정된 상태에서 베이스 바이어스 저항비 $\frac{R_1}{R_2}$이 BJT의 동작점 위치에 미치는 영향을 설명하라.

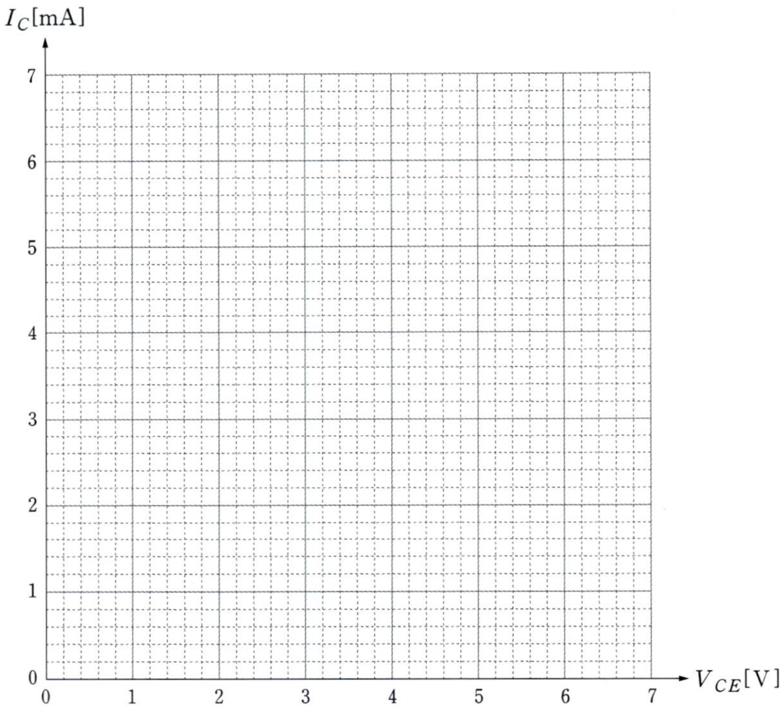

그림 7-7 전압분배 바이어스 회로의 저항비 $\frac{R_1}{R_2}$에 따른 동작점 위치 변화

실험 고찰

■ 고찰 [2]

- [표 7-1(b)]와 [표 7-2(b)]에 나열된 컬렉터 저항 R_C 값에 대해 직류 부하선을 [그림 7-8]의 모눈종이에 그린다. $V_{CC} = 6\,\mathrm{V}$로 하고, [그림 7-1(d)]를 참조한다.
- [표 7-1(b)]의 시뮬레이션 결과와 [표 7-2(b)]의 측정 결과로 얻은 V_{CEQ} 값과 I_{CQ} 값을 R_C 값에 따른 직류 부하선 위에 ▲(시뮬레이션 결과 값)와 ●(측정 값)로 표시한다.
- [그림 7-8]의 그래프로부터, 베이스 바이어스 전류 I_{BQ} 값이 고정된 상태에서 컬렉터 저항 R_C가 증가함에 따라 BJT의 동작점 위치가 어떻게 변하는지 설명하라.

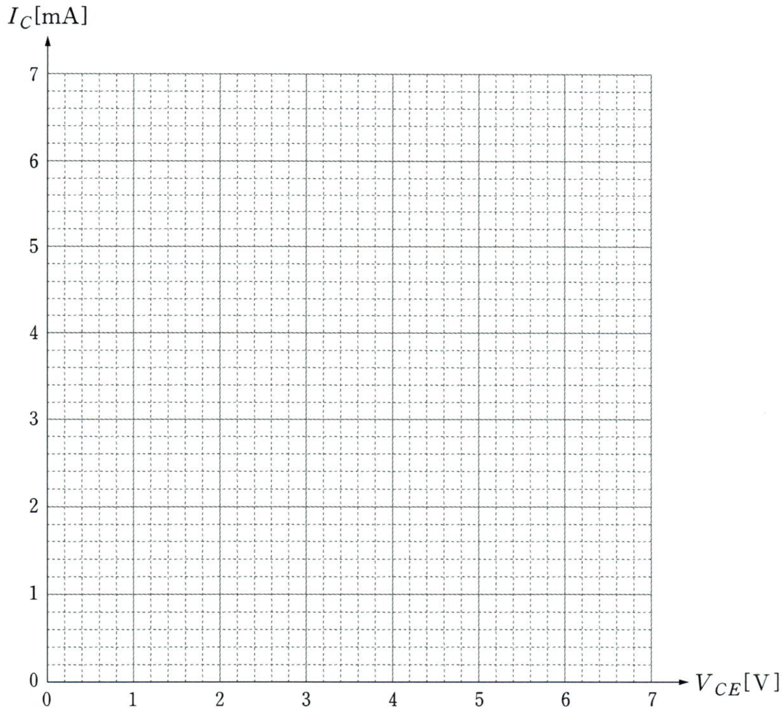

그림 7-8 전압분배 바이어스 회로의 컬렉터 저항 R_C에 따른 동작점 위치 변화

실험 고찰

■ 고찰 [3]

- [표 7-3]과 [표 7-4]에 나열된 이미터 저항 R_E 값에 대해 직류 부하선을 [그림 7-9]의 모눈종이에 그린다. $V_{CC} = 6\,\text{V}$로 하고, [그림 7-2(b)]를 참조한다.
- [표 7-3]의 시뮬레이션 결과와 [표 7-4]의 측정 결과로 얻은 V_{CEQ} 값과 I_{CQ} 값을 이미터 저항 R_E 값에 따른 직류 부하선 위에 ▲(시뮬레이션 결과 값)와 ●(측정 값)로 표시한다.
- [그림 7-9]의 그래프로부터, 베이스 바이어스 저항비 $\frac{R_1}{R_2}$과 컬렉터 저항 R_C 값이 고정된 상태에서 이미터 저항 R_E가 증가함에 따라 BJT의 동작점 위치가 어떻게 변하는지 설명하라.

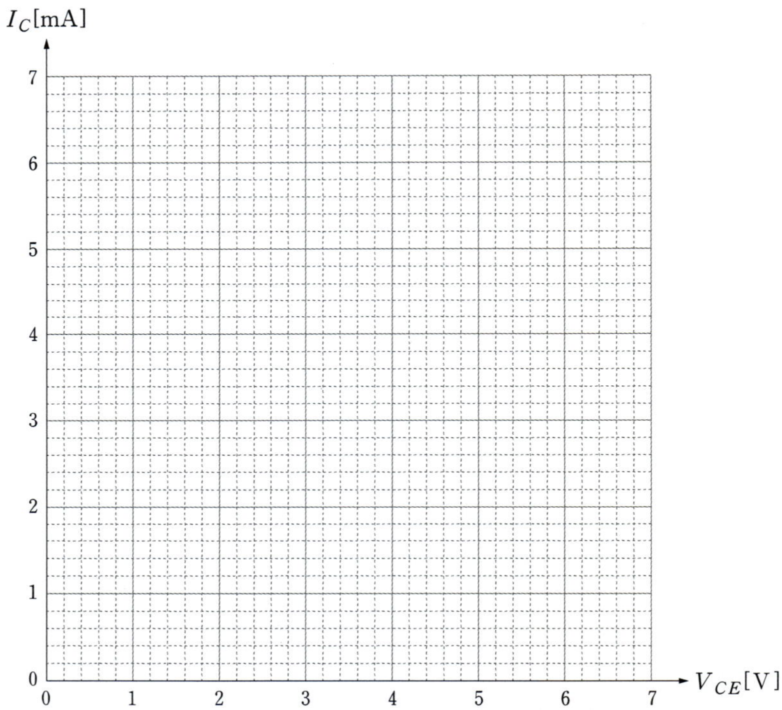

그림 7-9 자기 바이어스 회로의 이미터 저항 R_E에 따른 동작점 위치 변화

연계 | 〈핵심이 보이는 전자회로〉 2.4절

실험

08

BJT 증폭기 회로

실험 목적

- 시뮬레이션을 통해 공통이미터 증폭기와 공통컬렉터 증폭기의 동작 특성을 예측한다.
- 공통이미터 증폭기의 회로 구성과 동작을 확인한다.
- 공통컬렉터 증폭기의 회로 구성과 동작을 확인한다.

실험 내용

- 실험 8-1 | 공통이미터 증폭기 회로의 동작 특성 측정
- 실험 8-2 | 공통컬렉터 증폭기 회로의 동작 특성 측정
- 설계 실험 8-3 | 공통이미터 증폭기 회로 설계

8.1 이론적 배경 이해하기

1. BJT 증폭기 회로

- **증폭기**amplifier는 미약한 세기의 전자신호(전압 또는 전류)를 큰 진폭으로 만들어 신호의 전력을 증가시키는 아날로그 전자회로 또는 장치이다. 오디오 시스템, 무선통신 시스템, 센서 시스템 등 매우 다양한 분야에 활용된다.
- 증폭기 회로는 전압증폭기, 전류증폭기, 전달컨덕턴스 증폭기, 전달임피던스 증폭기로 분류되며, 전압증폭기가 가장 일반적이다.
- BJT 소자를 사용한 증폭기는 공통이미터 증폭기, 공통컬렉터 증폭기, 공통베이스 증폭기의 세 가지 기본 형태로 구현된다.
- 증폭기 회로는 입력신호와 출력신호 사이에 선형성이 중요하다. 따라서 BJT 소자가 증폭기로 사용되기 위해서는 순방향 활성모드로 바이어스되어야 한다.

2. 공통이미터 증폭기

■ 회로 구성

- NPN형 BJT를 사용한 공통이미터 증폭기 회로는 [그림 8-1]과 같이 이미터가 접지로 연결되어 입력단과 출력단의 공통단자로 사용되며, 컬렉터는 저항 R_C를 통해 전원 V_{CC}로 연결된다.
- 입력전압 v_S는 결합 커패시터coupling capacitor C_{C1}을 통해 BJT의 베이스로 입력되고, 컬렉터에 연결된 결합 커패시터 C_{C2}를 통해 출력전압 v_o가 얻어진다.

■ 바이어스

- 저항 R_1, R_2에 의해 BJT의 베이스 바이어스 전류 I_{BQ}와 베이스-이미터 바이어스 전압 V_{BEQ}가 결정된다.
- 저항 R_C에 의해 컬렉터 바이어스 전류 I_{CQ}와 V_{CEQ}가 결정된다.

- BJT 증폭기가 선형으로 동작하는 신호범위를 최대로 만들기 위해서는 V_{BEQ}, I_{CQ}, V_{CEQ}에 의해 결정되는 동작점이 순방향 활성영역의 중앙 근처에 설정되어야 한다.

■ 전압이득

- 바이어스 저항의 영향을 무시하고($r_\pi \ll R_1 \parallel R_2$), BJT의 컬렉터 출력저항 r_o를 무시할 수 있다고 가정하면, 공통이미터 증폭기의 소신호 전압이득은 식 (8.1)과 같다.
- 마이너스 부호는 입력전압과 출력전압의 위상이 서로 반전 관계임을 의미한다.
- $r_\pi \ll (\beta_o + 1)R_E$이고 $\beta_o \gg 1$ (실제로 수십 ~ 수백 정도)이면, 공통이미터 증폭기의 전압이득은 전달컨덕턴스 g_m에 무관하게 저항비로 주어진다.

$$A_v \equiv \frac{v_o}{v_s} = -\frac{\beta_o(R_C \parallel R_L)}{R_S + r_\pi + (\beta_o + 1)R_E} \simeq -\frac{(R_C \parallel R_L)}{R_E} \tag{8.1}$$

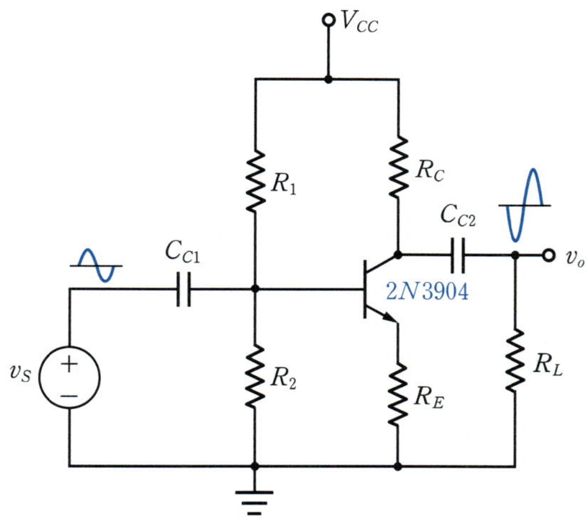

그림 8-1 공통이미터 증폭기 회로

3. 공통컬렉터 증폭기

■ 회로 구성

- NPN형 BJT를 사용한 공통컬렉터 증폭기 회로는 [그림 8-2]와 같이 컬렉터가 전원 V_{CC}로 연결되며, 이미터는 저항 R_E를 통해 접지로 연결된다.
- 입력전압 v_S는 결합 커패시터 C_{C1}을 통해 BJT의 베이스로 입력되고, 출력전압 v_o는 이미터에서 얻어진다.

■ 바이어스

- 저항 R_1, R_2와 이미터 저항 R_E에 의해 BJT의 베이스 바이어스 전류 I_{BQ}가 결정된다.
- 컬렉터와 이미터 바이어스 전류는 각각 $I_{CQ} = \beta_{DC} I_{BQ}$, $I_{EQ} = (\beta_{DC} + 1) I_{BQ}$로 결정된다.
- BJT 증폭기가 선형으로 동작하는 신호범위를 최대로 만들기 위해서는 V_{BEQ}, I_{CQ}, V_{CEQ}에 의해 결정되는 동작점이 순방향 활성영역의 중앙 근처에 설정되어야 한다.

■ 전압이득

- 바이어스 저항의 영향을 무시하고($r_\pi \ll R_1 \parallel R_2$), BJT의 컬렉터 출력저항 r_o를 무시할 수 있다고 가정하면, 공통컬렉터 증폭기의 소신호 전압이득은 식 (8.2)와 같다.
- BJT의 전류증폭률이 $\beta_o \gg 1$ (실제로 수십 ~ 수백 정도)이므로, 통상 $r_\pi \ll (\beta_o + 1) R_E$이다. 따라서 공통컬렉터 증폭기의 전압이득은 근사적으로 $A_v \simeq 1\,\mathrm{V/V}$ 이다.
- 공통컬렉터 증폭기는 전압이득이 근사적으로 1이고, 큰 입력저항과 작은 출력저항을 가지므로 임피던스 매칭용 전압버퍼로 사용된다.

$$A_v \equiv \frac{v_o}{v_s} = \frac{(\beta_o + 1) R_E}{r_\pi + (\beta_o + 1) R_E} \simeq 1\,\mathrm{V/V} \tag{8.2}$$

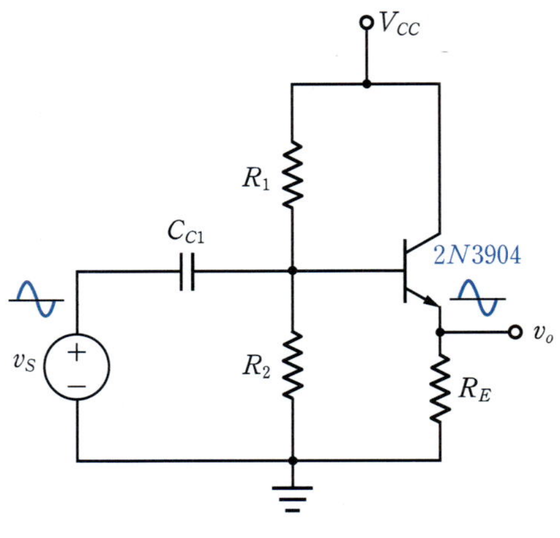

그림 8-2 공통컬렉터 증폭기 회로

점검하기 **다음 각 문제에 답하라.**

(1) 공통이미터 증폭기의 입력은 (이미터, 베이스, 컬렉터)에 인가되고, 출력은 (이미터, 베이스, 컬렉터)에서 얻어진다.

(2) 이미터 저항 R_E를 갖는 공통이미터 증폭기의 전압이득은 근사적으로 BJT의 전달컨덕턴스 g_m에 (비례, 반비례, 무관한) 관계이다.

(3) 공통이미터 증폭기의 입력전압과 출력전압은 서로 (동일, 반전) 위상 관계이다.

(4) 공통이미터 증폭기의 컬렉터 저항 R_C와 이미터 저항 R_E의 합인 $R_C + R_E$ 값이 너무 크면 BJT 동작이 (포화, 차단) 모드로 넘어가 출력 파형에 왜곡이 발생할 수 있다.

(5) 공통컬렉터 증폭기의 입력은 (이미터, 베이스, 컬렉터)에 인가되고, 출력은 (이미터, 베이스, 컬렉터)에서 얻어진다.

(6) 공통컬렉터 증폭기의 (전압이득, 전류이득)은 근사적으로 1이다.

(7) 공통컬렉터 증폭기의 입력전압과 출력전압은 서로 (동일, 반전) 위상 관계이다.

(8) 공통컬렉터 증폭기는 (전압 증폭기, 임피던스 매칭용 버퍼)로 사용된다.

여기서 잠깐 **증폭기 회로의 고장 진단**

증폭기 회로를 구성하고 전원과 입력신호를 인가한 상태에서 출력신호를 측정했을 때, 회로가 올바르게 동작하지 않아 신호가 증폭되지 않거나 파형에 왜곡이 생기는 경우가 흔히 발생할 수 있다. 이런 경우에는 다음과 같은 과정으로 진단하여 원인을 찾아 해결한다.

❶ BJT의 이미터, 베이스, 컬렉터 단자가 회로기판에 올바르게 연결되었는지 확인한다.

❷ DC 전원전압이 회로에 올바르게 인가되었는지 확인한다.

- NPN형 BJT를 사용하는 경우, 전원장치의 (+) 단자가 트랜지스터의 컬렉터 쪽에 연결되어야 한다.

❸ BJT에 인가된 바이어스 상태를 확인한다. BJT가 증폭기로 동작하기 위해서는 순방향 활성영역에서 동작하도록 바이어스되어야 한다.

- BJT가 차단영역 또는 포화영역에서 동작하는지 확인한다.

❹ 출력 파형이 찌그러져 왜곡이 발생하는 것은 동작점이 포화 또는 차단영역 근처로 치우쳐져 있기 때문이므로, 바이어스 회로를 수정해서 동작점을 선형영역의 중앙 근처로 이동시킨다.

❺ 마지막으로, 측정 방법이 올바른지 확인한다. 오실로스코프의 접지 단자가 회로의 접지에 연결되어 있는지 확인한다.

8.2 실험 진행하기

실험 8-1 | 공통이미터 증폭기 회로의 동작 특성 측정

1. PSpice 시뮬레이션

1 회로도 입력

- NPN형 BJT 공통이미터 증폭기의 해석을 위해 [그림 8-3(a)]의 회로를 PSpice 회로도 편집기에 입력한다.
- NPN형 BJT는 2N3904를 사용한다.
- 전원전압 V_{CC}는 SOURCE 라이브러리의 VDC를 사용하며, VDC의 속성 창을 열어 DC 12V로 설정한다.
- 정현파 입력과 증폭기 사이, 그리고 증폭기 출력과 부하저항 사이에 결합 커패시터는 100μF을 사용한다.
- 부하저항 R_L에 따른 출력 특성을 관찰하기 위해 R_L 값을 파라미터 {RL}로 설정한다.
- 부하저항 R_L의 값을 변화시키면서 시뮬레이션할 수 있도록 SPECIAL 라이브러리에서 PARAM을 회로도에 삽입한다. PARAM의 속성 창을 열고 Add New Column을 실행하여 Name에 RL을 입력하고, Value에 2k를 입력한다. RL의 Display Properties를 Name and Value로 설정하면, [그림 8-3(a)]와 같이 회로도에 Parameters 심벌이 RL=2.0k로 표시된다.
- 입력전압은 SOURCE 라이브러리의 VSIN을 사용하며, VSIN의 속성 창을 열어 진폭 0.5V, 주파수 1kHz, 오프셋 0V인 정현파로 설정한다.
- 입력전압과 출력전압 파형을 확인할 수 있도록 [그림 8-3(a)]와 같이 Voltage Marker를 연결한다.

2 DC 바이어스 해석

- PSpice의 Simulation Settings 창을 열어 [그림 8-3(b)]와 같이 Analysis Type을 Bias Point로 지정하고, Options에서 General Settings만 선택한다.

- Output File Options에서 Include detailed bias point information ⋯ (.OP)를 체크한다.
- 시뮬레이션을 실행한 후, PSpice 메뉴의 View Output File로 시뮬레이션 결과 파일을 연다. OPERATING POINT INFORMATION 부분에서 다음의 시뮬레이션 결과 값을 확인하여 [표 8-1]의 해당 칸에 기록한다. 시뮬레이션 결과에 r_π, g_m과 β_o는 각각 RPI, GM, BETAAC로 표기된다.
  - 베이스 바이어스 전류 I_{BQ}
  - 베이스-이미터 바이어스 전압 V_{BEQ}
  - 컬렉터 바이어스 전류 I_{CQ}
  - 컬렉터-이미터 바이어스 전압 V_{CEQ}
  - 소신호 파라미터 r_π, g_m와 β_o

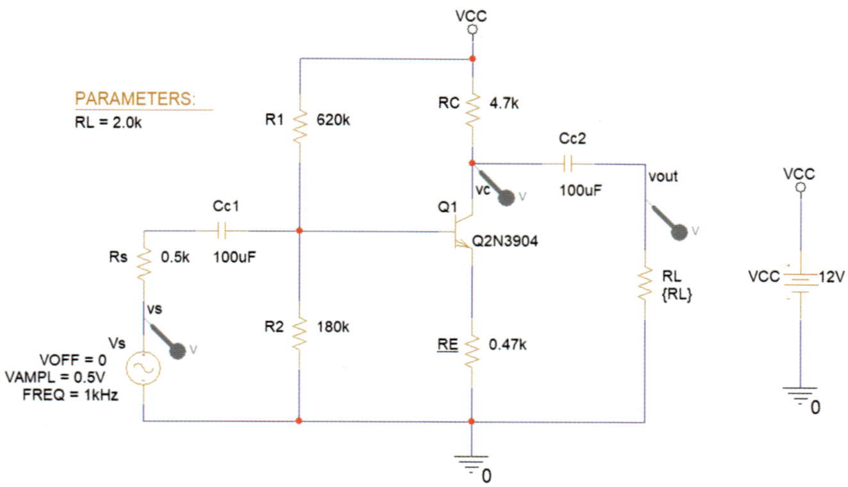

(a) 시뮬레이션 회로

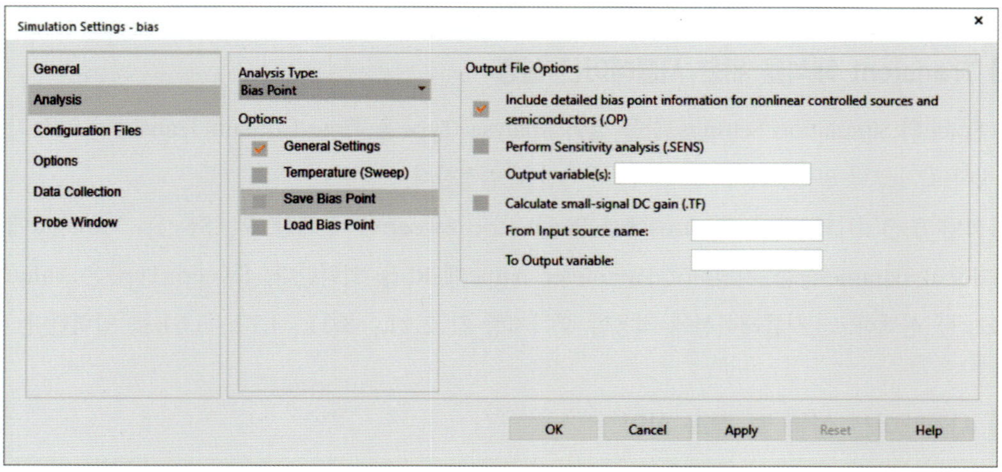

(b) 시뮬레이션 설정(Bias Point)

그림 8-3 NPN형 BJT 공통이미터 증폭기의 시뮬레이션(계속)

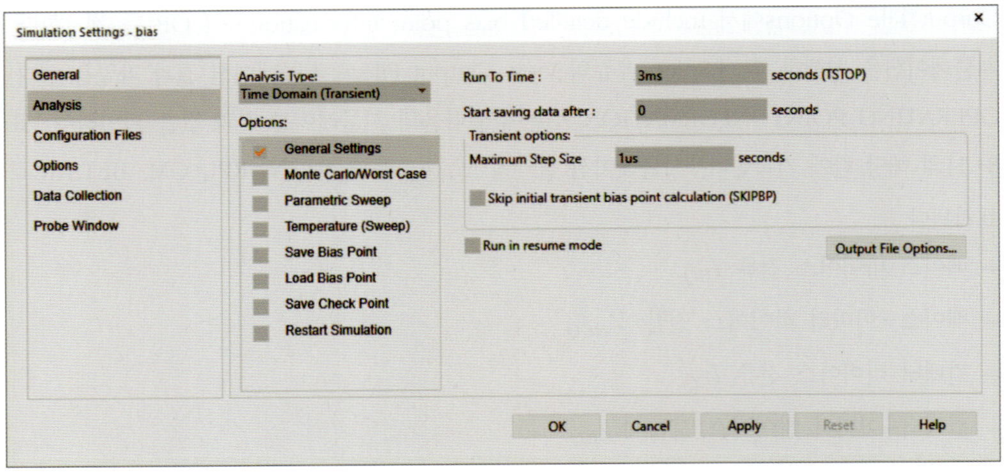

(c) 시뮬레이션 설정(Transient 해석)

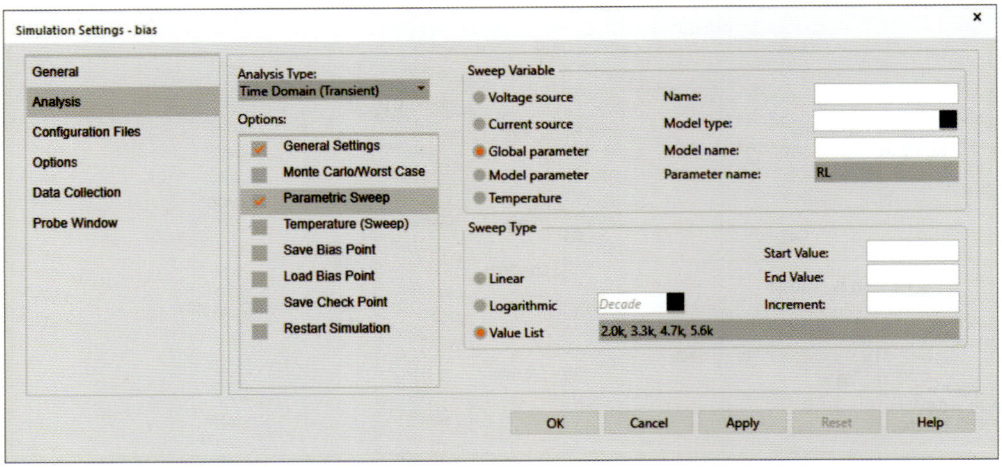

(d) 시뮬레이션 설정(Parametric Sweep)

그림 8-3 NPN형 BJT 공통이미터 증폭기의 시뮬레이션

3 Transient 해석을 위한 시뮬레이션 설정

- PSpice의 Simulation Settings 창을 열어 Analysis Type을 Time Domain(Transient)으로 지정하고, [그림 8-3(c)]와 같이 시뮬레이션을 설정한다.
- [그림 8-3(d)]와 같이 Options에서 Parametric Sweep을 선택한 후, Sweep Variable에 Global parameter를 지정하고 Parameter name에 RL을 입력한다. Sweep Type은 Value List를 선택하고, 시뮬레이션에 적용할 부하저항 값 2.0k, 3.3k, 4.7k, 5.6k를 입력한다.

4 시뮬레이션 실행 및 결과 확인

- 시뮬레이션을 실행하면, 입력전압과 출력전압의 파형이 시뮬레이션 결과 창에 표시된다. 시뮬레이션 결과 화면을 캡처하여 [그림 8-5]에 붙여 넣는다.

- 다음의 시뮬레이션 결과 값을 [표 8-1]의 해당 칸에 기록한다.
  - 입력신호 v_s의 첨두-첨두값
  - 입력신호 v_s와 출력전압 v_o의 위상 관계
  - [표 8-1]에 주어진 R_L 값에 따른 출력전압 v_o의 첨두-첨두값과 소신호 전압이득 A_v

참고 첨두-첨두값 측정은 시뮬레이션 결과 창에서 `Evaluate Measurement`를 이용한다.

시뮬레이션 결과 창에서 Evaluate Measurement를 이용해 첨두-첨두값 측정하기

❶ 시뮬레이션 결과 창에서 Evaluate Measurement를 실행하여 창을 오픈한다.

❷ [그림 8-4(a)]와 같이 Measurements 함수에서 Swing_XRange(1,begin_x,end_x)를 선택한다.

❸ Trace Expression 필드에 V(vout),0,30m를 입력한 후, OK를 클릭한다.

❹ [그림 8-4(b)]와 같이 시뮬레이션 결과로부터 측정된 첨두-첨두값이 시뮬레이션 결과 창 하단에 표시된다.

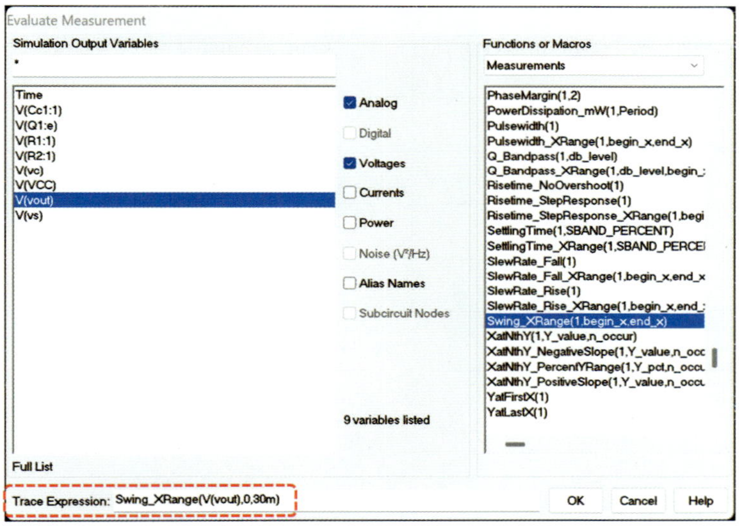

(a) Measurement 함수를 이용한 첨두-첨두값 측정 설정

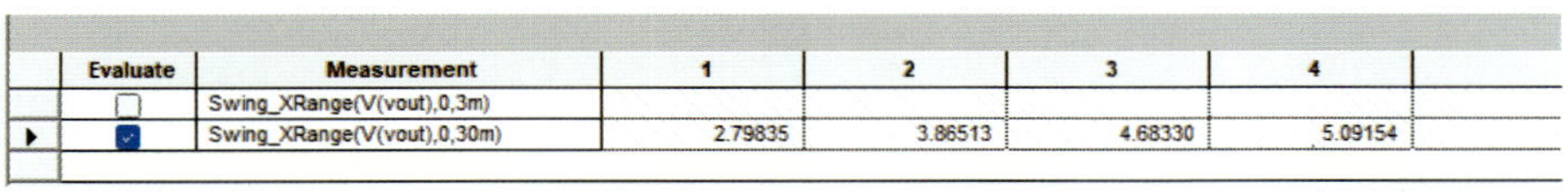

	Evaluate	Measurement	1	2	3	4
	☐	Swing_XRange(V(vout),0,3m)				
▶	☑	Swing_XRange(V(vout),0,30m)	2.79835	3.86513	4.68330	5.09154

(b) vout의 첨두-첨두값 측정 결과

그림 8-4 Measurement 함수를 이용한 출력 vout의 첨두-첨두값 측정

표 8-1 NPN형 BJT 공통이미터 증폭기 회로의 동작 특성 시뮬레이션 결과

동작점 전류, 전압 (DC Bias 해석 결과)	I_{BQ} [μA]	
	V_{BEQ} [V]	
	I_{CQ} [mA]	
	V_{CEQ} [V]	
소신호 파라미터 값 (DC Bias 해석 결과)	r_π [kΩ]	
	g_m [mA/V]	
	$\beta_o = g_m r_\pi$	
v_s 의 첨두-첨두값 [V] (시뮬레이션 입력)		
v_s 와 v_o 의 위상 관계		
R_L [kΩ]	v_o 의 첨두-첨두값 [V] (시뮬레이션 결과)	소신호 전압이득 $A_v = \frac{v_o}{v_s}$ [V/V]
2.0		
3.3		
4.7		
5.6		

시뮬레이션 결과 파형을 캡처하여 붙여 넣는다.

그림 8-5 NPN형 BJT 공통이미터 증폭기 회로의 시뮬레이션 결과 파형

2. 실험 공통이미터 증폭기 회로의 동작 특성 측정

[실험장비]

장비명	수량	장비명	수량
DC 전원공급 장치	1대	오실로스코프(2채널)	1대
함수발생기	1대	멀티미터	1대

[실험부품]

트랜지스터	NPN형 BJT 2N3904	커패시터	100μF(2개)
저항	0.47kΩ, 2.0kΩ, 3.3kΩ, 4.7kΩ, 5.6kΩ, 180kΩ, 620kΩ		

1 브레드보드 부품 배치도 연결 완성하기

- [그림 8-6(a)]의 실험회로를 참조해서 [그림 8-6(b)]의 브레드보드 부품 배치도의 연결을 완성한다.
  - 2N3904 NPN형 BJT의 이미터(❶), 베이스(❷), 컬렉터(❸) 단자를 잘 구별하여 소자 간의 연결, 전원전압 V_{CC}와 접지의 연결을 표시한다.

2 회로 구성하기

- 완성된 부품 배치도를 참조해서 [그림 8-6(a)]의 실험회로를 브레드보드에 구성한다.
- 2N3904 NPN형 BJT의 이미터, 베이스, 컬렉터 단자를 구별하여 컬렉터 단자가 V_{CC} 쪽에, 이미터 단자가 GND에 연결되도록 브레드보드에 삽입한다.

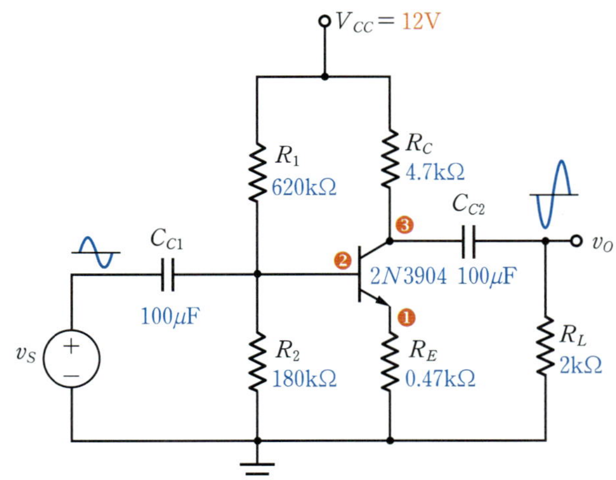

(a) 실험회로

실험회로를 참고해서 부품 배치도의 연결을 완성한다.

(b) 부품 배치도

그림 8-6 공통이미터 증폭기 실험회로

- 입력신호 v_s : $100\,\mu\text{F}$의 결합 커패시터 C_{C1}을 통해 BJT의 베이스로 인가되도록 연결한다.
- 부하저항 R_L : BJT의 컬렉터에 $100\,\mu\text{F}$의 결합 커패시터 C_{C2}를 연결한 후, C_{C2}와 접지 사이에 $R_L = 2\,\text{k}\Omega$의 부하저항을 연결한다.

3 회로 점검하기

- 브레드보드에 부품 실장이 완료되면, 멀티미터를 저항측정 모드로 설정하고 단락, 접촉 불량 등을 점검한다.
- V_{CC}와 GND, 그리고 입력신호 v_s와 V_{CC}, GND의 단락 여부를 확인한다.
- V_{CC}와 GND로 연결되는 노드들의 단락/개방 여부를 확인한다.

4 전원전압 인가하기

- DC 전원공급 장치의 출력이 12V가 되도록 설정한 후, 실험회로의 V_{CC} 단자에 연결하여 $V_{CC} = 12\,\text{V}$가 되도록 한다.

5 동작점 전류, 전압 측정하기

- 다음의 측정값을 [표 8-2]의 해당 칸에 기록한다.
  - 베이스 바이어스 전류 I_{BQ} (저항 R_1, R_2 양단의 전압 V_{R1}, V_{R2}를 측정하여 베이스 전류를 $I_{BQ} = \dfrac{V_{R1}}{R_1} - \dfrac{V_{R2}}{R_2}$로 계산하는 [실험 7]의 방법을 적용한다.)
  - 베이스-이미터 바이어스 전압 V_{BEQ}
  - 컬렉터 바이어스 전류 I_{CQ} (저항 R_C 양단의 전압 V_{RC}를 측정하여 컬렉터 전류를 $I_{CQ} = \dfrac{V_{RC}}{R_C}$로 계산한다.)
  - 컬렉터-이미터 바이어스 전압 V_{CEQ}
  - 측정된 동작점 전류, 전압 값으로부터 계산된 소신호 파라미터 값

6 신호원 연결하기

- 함수발생기의 전원을 ON시키고 정현파 출력 모드로 설정한다. 정현파의 주파수 $1\,\text{kHz}$, 진폭 0.5V가 되도록 설정한 후, 오실로스코프를 이용하여 정현파의 주파수와 진폭을 확인한다. 확인이 완료되면 실험회로의 v_s 단자에 연결한다.

7 출력전압 측정하기

- 입력신호 v_s를 오실로스코프의 CH 1로 측정하고, 증폭기 출력전압 v_o를 CH 2로 측정한다. 측정 결과 파형을 캡처하여 [그림 8-7(a)]에 붙여 넣는다.

- 다음의 측정값을 [표 8-2]의 해당 칸에 기록한다.
  - 입력신호 v_s와 출력전압 v_o의 위상 관계
  - 입력신호 v_s의 첨두-첨두값
  - 출력전압 v_o의 첨두-첨두값 ($R_L = 2\,\mathrm{k\Omega}$ 칸에 기록)
  - 소신호 전압이득 A_v 값 ($R_L = 2\,\mathrm{k\Omega}$ 칸에 기록)

표 8-2 NPN형 BJT 공통이미터 증폭기 회로의 입력전압과 출력전압 측정 결과

동작점 전류, 전압	$I_{BQ} = \frac{V_{R1}}{R_1} - \frac{V_{R2}}{R_2}$ [μA]	
	V_{BEQ} [V]	
	V_{RC} [V]	
	$I_{CQ} = \frac{V_{RC}}{R_C}$ [mA]	
	V_{CEQ} [V]	
소신호 파라미터 값	$r_\pi = \frac{V_T}{I_{BQ}}$ [kΩ]	
	$g_m = \frac{I_{CQ}}{V_T}$ [mA/V]	
	$\beta_o = g_m r_\pi$	
v_s의 첨두-첨두값 [V]		
v_s와 v_o의 위상 관계		
R_L [kΩ]	v_o의 첨두-첨두값 [V]	소신호 전압이득 $A_v = \frac{v_o}{v_s}$ [V/V]
2.0		
3.3		
4.7		
5.6		

8 부하저항 R_L 값의 변화에 따른 출력전압 측정하기

- 부하저항 R_L을 3.3k, 4.7k, 5.6k로 바꾸면서 출력전압 v_o의 첨두-첨두값을 측정하여 [표 8-2]의 해당 칸에 기록하고, 소신호 전압이득을 계산해서 기록한다.
- 측정 결과 파형을 캡처하여 [그림 8-7(b), (c), (d)]에 붙여 넣는다.

측정 결과 파형을 캡처하여 붙여 넣는다.

(a) $R_L = 2\,\mathrm{k\Omega}$인 경우

측정 결과 파형을 캡처하여 붙여 넣는다.

(b) $R_L = 3.3\,\mathrm{k\Omega}$인 경우

측정 결과 파형을 캡처하여 붙여 넣는다.

(c) $R_L = 4.7\,\mathrm{k\Omega}$인 경우

측정 결과 파형을 캡처하여 붙여 넣는다.

(d) $R_L = 5.6\,\mathrm{k\Omega}$인 경우

그림 8-7 NPN형 BJT 공통이미터 증폭기의 입력 v_s와 출력 v_o의 측정 결과 파형

실험 8-2 | 공통컬렉터 증폭기 회로의 동작 특성 측정

1. PSpice 시뮬레이션

1 회로도 입력

- NPN형 BJT 공통컬렉터 증폭기 회로를 [그림 8-8]과 같이 PSpice 회로도 편집기에 입력한다.
- NPN형 BJT는 2N3904를 사용하고, 이미터 저항은 $R_E = 1.5\,\text{k}\Omega$으로 설정한다.
- 정현파 입력과 증폭기 사이에 결합 커패시터는 $100\,\mu\text{F}$을 사용한다.
- 입력전압은 SOURCE 라이브러리의 VSIN을 사용하며, VSIN의 속성 창을 열어 진폭 3V, 주파수 1kHz, 오프셋은 0V인 정현파로 설정한다.
- 입력전압과 출력전압의 파형을 확인할 수 있도록 [그림 8-8]과 같이 Voltage Marker를 연결한다.

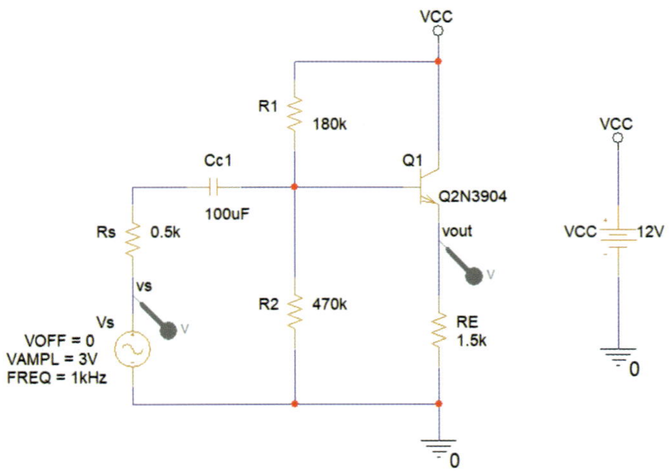

그림 8-8 공통컬렉터 증폭기 회로 시뮬레이션

2 DC 바이어스 해석

- PSpice의 Simulation Settings 창을 열어 Analysis Type을 Bias Point로 지정하고, Options에서 General Settings만 선택한다.
- Output File Options에서 Include detailed bias point information ··· (.OP)를 체크한다.
- 시뮬레이션을 실행한 후, PSpice 메뉴의 View Output File로 시뮬레이션 결과 파일을 연다. OPERATING POINT INFORMATION 부분에서 다음의 시뮬레이션 결과 값을 확인하여 [표 8-3]의 해당 칸에 기록한다. 시뮬레이션 결과에 r_π, g_m과 β_o는 각각 RPI, GM, BETAAC로 표기된다.

- 베이스 바이어스 전류 I_{BQ}
- 베이스-이미터 바이어스 전압 V_{BEQ}
- 컬렉터 바이어스 전류 I_{CQ}
- 컬렉터-이미터 바이어스 전압 V_{CEQ}
- 소신호 파라미터 r_{π}, g_m와 β_o

3 Transient 해석을 위한 시뮬레이션 설정

- PSpice의 Simulation Settings 창을 열어 Analysis Type을 Time Domain(Transient)으로 지정하고, [그림 8-3(c)]와 같이 시뮬레이션을 설정한다.

4 시뮬레이션 실행 및 결과 확인

- 시뮬레이션을 실행하면, 입력전압과 출력전압의 파형이 시뮬레이션 결과 창에 표시된다. 시뮬레이션 결과 화면을 캡처하여 [그림 8-9]에 붙여 넣는다.
- 다음의 시뮬레이션 결과 값을 [표 8-3]의 해당 칸에 기록한다.
  - 입력신호 v_s의 첨두-첨두값
  - 출력전압 v_o의 첨두-첨두값
  - 소신호 전압이득 A_v 값
  - 입력신호 v_s와 출력전압 v_o의 위상 관계

참고 첨두-첨두값 측정은 시뮬레이션 결과 창에서 Evaluate Measurement를 이용한다.

표 8-3 NPN형 BJT 공통컬렉터 증폭기 회로의 동작 특성 시뮬레이션 결과

동작점 전류, 전압	I_{BQ} [μA]		
	V_{BEQ} [V]		
	I_{CQ} [mA]		
	V_{CEQ} [V]		
소신호 파라미터 값	r_{π} [kΩ]		
	g_m [mA/V]		
	$\beta_o = g_m r_{\pi}$		
v_s의 첨두-첨두값 [V]		v_o의 첨두-첨두값 [V]	
소신호 전압이득 $A_v = \frac{v_o}{v_s}$ [V/V]		v_s와 v_o의 위상 관계	

시뮬레이션 결과 파형을 캡처하여 붙여 넣는다.

그림 8-9 공통컬렉터 증폭기 회로의 시뮬레이션 결과 파형

2. 실험 공통컬렉터 증폭기 회로의 동작 특성 측정

[실험장비]

장비명	수량	장비명	수량
DC 전원공급 장치	1대	오실로스코프(2채널)	1대
함수발생기	1대	멀티미터	1대

[실험부품]

트랜지스터	NPN형 BJT 2N3904	커패시터	$100\mu F$
저항	$1.5k\Omega$, $180k\Omega$, $470k\Omega$		

1 브레드보드 부품 배치도 연결 완성하기

- [그림 8-10(a)]의 공통컬렉터 증폭기 실험회로를 참조해서 [그림 8-10(b)]의 브레드보드 부품 배치도의 연결을 완성한다.
  - 2N3904 NPN형 BJT의 이미터(❶), 베이스(❷), 컬렉터(❸) 단자를 잘 구별하여 소자 간의 연결, 전원전압 V_{CC}와 접지의 연결을 표시한다.

2 회로 구성하기

- 완성된 부품 배치도를 참조해서 [그림 8-10(a)]의 실험회로를 브레드보드에 구성한다.
- 2N3904 NPN형 BJT의 이미터, 베이스, 컬렉터 단자를 구별하여 컬렉터가 DC 전원의 플러스(+) 단자에 연결되도록 브레드보드에 삽입한다.

- 입력신호 v_s : $100\,\mu\text{F}$의 결합 커패시터 C_{C1}을 통해 BJT의 베이스로 인가되도록 연결한다.
- 이미터 저항 R_E : BJT의 이미터와 접지 사이에 $R_E = 1.5\,\text{k}\Omega$의 저항을 연결한다.

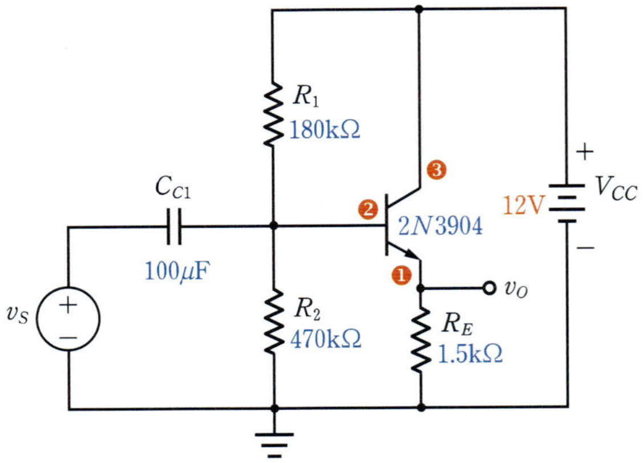

(a) 실험회로

실험회로를 참고해서 부품 배치도의 연결을 완성한다.

(b) 부품 배치도

그림 8-10 공통컬렉터 증폭기 실험회로

3 회로 점검하기

- 브레드보드에 부품 실장이 완료되면, 멀티미터를 저항측정 모드로 설정하고 단락, 접촉 불량 등을 점검한다.
- V_{CC}와 GND, 그리고 입력신호 v_s와 V_{CC}, GND의 단락 여부를 확인한다.
- V_{CC}와 GND로 연결되는 노드들의 단락/개방 여부를 확인한다.

4 전원전압 인가하기

- DC 전원공급 장치의 출력이 12V가 되도록 설정한 후, 실험회로의 V_{CC} 단자에 연결하여 $V_{CC} = 12\,\text{V}$가 되도록 한다.

5 동작점 전류, 전압 측정하기

- 다음의 측정값을 [표 8-4]의 해당 칸에 기록한다.
  - 베이스 바이어스 전류 I_{BQ} (저항 R_1, R_2 양단의 전압 V_{R1}, V_{R2}를 측정하여 베이스 전류를 $I_{BQ} = \dfrac{V_{R1}}{R_1} - \dfrac{V_{R2}}{R_2}$로 계산하는 [실험 7]의 방법을 적용한다.)
  - 베이스-이미터 바이어스 전압 V_{BEQ}
  - 이미터 바이어스 전류 I_{EQ} (저항 R_E 양단의 전압 V_{RE}를 측정하여 이미터 전류를 $I_{EQ} = \dfrac{V_{RE}}{R_E}$로 계산한다.)
  - 컬렉터 바이어스 전류 $I_{CQ} = I_{EQ} - I_{BQ}$로 계산한다.

– 컬렉터-이미터 바이어스 전압 V_{CEQ}

– 측정된 동작점 전류, 전압 값으로부터 계산된 소신호 파라미터 값

6 신호원 연결하기

- 함수발생기의 전원을 ON시키고 정현파 출력 모드로 설정한다. 정현파의 주파수 1kHz, 진폭 3V가 되도록 설정한 후, 오실로스코프를 이용하여 정현파의 주파수와 진폭을 확인한다. 확인이 완료되면 실험회로의 v_s 단자에 연결한다.

7 결과 값 측정하기

- 입력신호 v_s를 오실로스코프의 CH 1로 측정하고, 증폭기 출력전압 v_o를 CH 2로 측정한다. 측정 결과 파형을 캡처하여 [그림 8-11]에 기록한다.
- 다음의 측정값을 [표 8-4]의 해당 칸에 기록한다.
  – 입력신호 v_s의 첨두-첨두값
  – 출력전압 v_o의 첨두-첨두값
  – 소신호 전압이득 A_v 값
  – 입력신호 v_s와 출력전압 v_o의 위상 관계

표 8-4 NPN형 BJT 공통컬렉터 증폭기 회로의 입력전압과 출력전압 측정 결과

동작점 전류, 전압	$I_{BQ} = \frac{V_{R1}}{R_1} - \frac{V_{R2}}{R_2}$ [μA]		
	V_{BEQ} [V]		
	V_{RE} [V]		
	$I_{EQ} = \frac{V_{RE}}{R_E}$ [mA]		
	$I_{CQ} = I_{EQ} - I_{BQ}$		
	V_{CEQ} [V]		
소신호 파라미터 값	$r_\pi = \frac{V_T}{I_{BQ}}$ [kΩ]		
	$g_m = \frac{I_{CQ}}{V_T}$ [mA/V]		
	$\beta_o = g_m r_\pi$		
v_s의 첨두-첨두값 [V]		v_o의 첨두-첨두값 [V]	
소신호 전압이득 $A_v = \frac{v_o}{v_s}$ [V/V]		v_s와 v_o의 위상 관계	

측정 결과 파형을 캡처하여 붙여 넣는다.

그림 8-11 공통컬렉터 증폭기 회로의 입력 v_s와 출력 v_o의 측정 결과 파형

실험 8-3 | 설계 공통이미터 증폭기 회로 설계

1. 회로 설계

■ 설계 조건

- [그림 8-12]의 공통이미터 증폭기 회로가 다음의 설계 조건을 만족하도록 설계한다. 저항값은 계산값에 가장 가까운 표준 저항값(오차 5%)으로 결정한다.

DC 전원전압	$V_{CC} = 15\text{V}$		소신호 전압이득	$A_v \simeq -10\text{V/V}$
BJT 파라미터	$\beta_{DC} = 151$	$V_{BE(on)} \simeq 0.68\text{V}$	바이어스 저항	$\frac{R_1}{R_2} = 4$
동작점	$I_{CQ} \simeq 1.7\text{mA}$	$V_{CEQ} \simeq 6.5\text{V}$	$V_{EQ} \simeq 0.05\,V_{CC}$ (V_{CC}의 5%)	

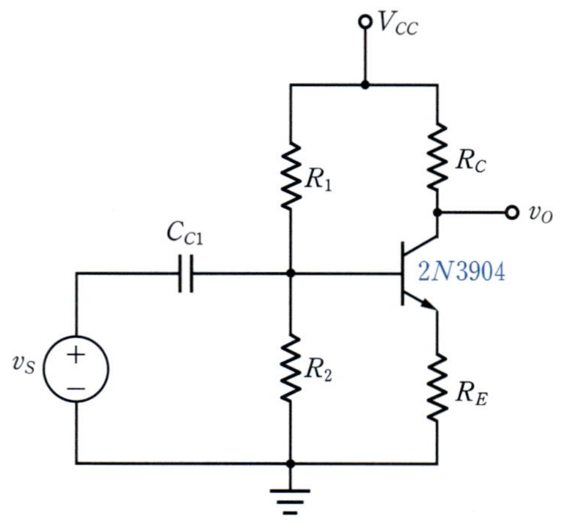

그림 8-12 공통이미터 증폭기 설계 회로

■ 설계

- 다음의 과정으로 이미터 저항 R_E와 컬렉터 저항 R_C 값을 결정한다.
  - 이미터 저항 R_E : 이미터 바이어스 전압 V_{EQ}가 전원전압 V_{CC}의 5%가 되도록 적용하고 $R_E \simeq \frac{V_{EQ}}{I_{CQ}}$ 로부터 구한다.
  - 컬렉터 저항 R_C : 주어진 설계 조건의 소신호 전압이득 $A_v \simeq -\frac{R_C}{R_E} \simeq -10\,\text{V/V}$를 적용하여 R_C 값을 구한다.
- 다음의 과정으로 베이스 바이어스 저항 R_1, R_2 값을 결정한다.
  - 베이스 단자에서 구한 테브냉 등가전압 : $V_{TH} = \frac{R_2}{R_1 + R_2} V_{CC}$
  - 베이스 단자에서 구한 테브냉 등가저항 : $R_{TH} = \frac{R_1 R_2}{R_1 + R_2} = \frac{R_1}{(R_1/R_2)+1}$
  - 베이스 바이어스 전류 : $I_{BQ} = \frac{I_{CQ}}{\beta_{DC}}$
  - 베이스 단자에 테브냉 등가회로를 적용하면 베이스 바이어스 전류는 $I_{BQ} = \frac{V_{TH} - V_{BE(on)}}{R_{TH} + (\beta_{DC}+1)R_E}$ 이다.

    $\therefore R_1 = \square \qquad R_2 = \frac{R_1}{4} = \square$
- 설계 결과로 얻어진 저항의 계산값과 표준 저항값을 [표 8-5]와 [표 8-6]에 기록한다.

2. PSpice 시뮬레이션

1 회로도 입력

- 설계된 회로의 시뮬레이션을 위해 [그림 8-12]의 회로를 PSpice 회로도 편집기에 입력한다.
- NPN형 BJT는 2N3904를 사용하고, 바이어스 저항 R_1, R_2와 컬렉터 저항 R_C, 이미터 저항 R_E를 설계로 구해진 값으로 설정한다.
- 입력전압은 SOURCE 라이브러리의 VSIN을 사용하며, VSIN의 속성 창을 열어 진폭 0.5V, 주파수 1kHz, 오프셋 0V인 정현파로 설정한다.
- 전원전압 V_{CC}는 SOURCE 라이브러리의 VDC를 사용하며, VDC의 속성 창을 열어 DC 15V로 설정한다.

2 DC 바이어스 해석

- Simulation Settings 창을 열어 [그림 8-3(b)]와 같이 Analysis Type을 Bias Point로 지정하고, Options에서 General Settings를 선택한다.

- Output File Options에서 Include detailed bias point information … (.OP)를 체크한다.
- 시뮬레이션을 실행한 후, PSpice 메뉴의 View Output File로 시뮬레이션 결과 파일을 연다. OPERATING POINT INFORMATION 부분에서 바이어스 전류와 전압값을 확인하여 [표 8-5]에 기록한다.

3 Transient 해석을 위한 시뮬레이션 설정

- Simulation Settings 창을 열어 Analysis Type을 Time Domain(Transient)로 지정하고, [그림 8-3(c)]와 같이 시뮬레이션을 설정한다.

4 시뮬레이션 실행 및 결과 확인

- 시뮬레이션을 실행하면, 입력전압과 출력전압의 파형이 시뮬레이션 결과 창에 표시된다. 시뮬레이션 결과 화면을 캡처하여 [그림 8-13]에 붙여 넣는다.
- 다음의 시뮬레이션 결과 값을 [표 8-5]의 해당 칸에 기록한다.
  - 입력신호 v_s와 출력전압 v_o의 첨두-첨두값
  - 소신호 전압이득 A_v 값

표 8-5 공통이미터 증폭기 회로의 설계 결과 및 시뮬레이션 결과

<table>
<tr><td rowspan="6">설계 결과</td><td colspan="2">R_1 [kΩ]</td><td colspan="2">R_2 [kΩ]</td></tr>
<tr><td>계산값</td><td>표준 저항값</td><td>계산값</td><td>표준 저항값</td></tr>
<tr><td></td><td></td><td></td><td></td></tr>
<tr><td colspan="2">R_C [kΩ]</td><td colspan="2">R_E [kΩ]</td></tr>
<tr><td>계산값</td><td>표준 저항값</td><td>계산값</td><td>표준 저항값</td></tr>
<tr><td></td><td></td><td></td><td></td></tr>
<tr><td></td><td>A_v [V/V]</td><td>I_{CQ} [mA]</td><td>V_{CEQ} [V]</td><td>V_{EQ} [V]</td></tr>
<tr><td>설계 조건</td><td>−10</td><td>1.7</td><td>6.5</td><td>0.75</td></tr>
<tr><td>시뮬레이션 결과</td><td></td><td></td><td></td><td></td></tr>
<tr><td>v_s의 첨두-첨두값 [V]
(시뮬레이션 입력)</td><td></td><td>v_o의 첨두-첨두값 [V]
(시뮬레이션 결과)</td><td colspan="2"></td></tr>
</table>

시뮬레이션 결과 파형을 캡처하여 붙여 넣는다.

그림 8-13 설계된 공통이미터 증폭기 회로의 시뮬레이션 결과 파형

3. 실험 설계된 공통이미터 증폭기 회로의 동작 특성 측정

1 회로 구성하기

- [실험 8-1]의 완성된 부품 배치도를 참조해 브레드보드에 실험회로를 구성한다.
- 바이어스 저항 R_1, R_2와 컬렉터 저항 R_C, 이미터 저항 R_E는 설계로 구해진 값을 적용한다.

2 회로 점검하기

- 브레드보드에 부품 실장이 완료되면, 멀티미터를 저항측정 모드로 설정하고 브레드보드에 구성된 회로의 단락, 접촉 불량 등을 점검한다.
- V_{CC}와 GND의 단락 여부를 확인한다.
- V_{CC}로 연결되는 노드들과 GND로 연결되는 노드들의 단락/개방 여부를 확인한다.

3 전원전압 인가하기

- DC 전원공급 장치의 출력이 15V가 되도록 설정하고, 브레드보드에 인가한다.

4 바이어스 전류, 전압 측정하기

- 컬렉터 바이어스 전류 I_{CQ}, 컬렉터-이미터 바이어스 전압 V_{CEQ}, 이미터 바이어스 전압 V_{EQ}를 측정하여 [표 8-6]에 기록한다. I_{CQ} 측정 방법은 [실험 8-1]을 참고한다.

5 신호원 연결하기

- 함수발생기의 전원을 ON시키고 정현파 출력 모드로 설정한다. 정현파의 주파수 $1\,\text{kHz}$, 진폭

0.5V가 되도록 설정한 후, 오실로스코프를 이용하여 정현파의 주파수와 진폭을 확인한다. 확인이 완료되면 실험회로의 v_s 단자에 연결한다.

6 결과 값 측정하기

- 입력신호 v_s를 오실로스코프의 CH 1로 측정하고, 증폭기 출력전압 v_o를 CH 2로 측정한다. 측정 결과 파형을 캡처하여 [그림 8-14]에 기록한다.
- 다음의 측정값을 [표 8-6]의 해당 칸에 기록한다.
  - 입력신호 v_s와 출력전압 v_o의 첨두-첨두값
  - 소신호 전압이득 A_v 값

표 8-6 공통이미터 증폭기 회로의 설계 결과 및 측정 결과

<table>
<tr><td rowspan="6">설계 결과</td><td colspan="2">R_1 [kΩ]</td><td colspan="2">R_2 [kΩ]</td></tr>
<tr><td>계산값</td><td>표준 저항값</td><td>계산값</td><td>표준 저항값</td></tr>
<tr><td></td><td></td><td></td><td></td></tr>
<tr><td colspan="2">R_C [kΩ]</td><td colspan="2">R_E [kΩ]</td></tr>
<tr><td>계산값</td><td>표준 저항값</td><td>계산값</td><td>표준 저항값</td></tr>
<tr><td></td><td></td><td></td><td></td></tr>
<tr><td></td><td>A_v [V/V]</td><td>I_{CQ} [mA]</td><td>V_{CEQ} [V]</td><td>V_{EQ} [V]</td></tr>
<tr><td>설계 조건</td><td>−10</td><td>1.7</td><td>6.5</td><td>0.75</td></tr>
<tr><td>측정 결과</td><td></td><td></td><td></td><td></td></tr>
<tr><td>v_s의 첨두-첨두값[V]</td><td></td><td>v_o의 첨두-첨두값[V]</td><td colspan="2"></td></tr>
</table>

측정 결과 파형을 캡처하여 붙여 넣는다.

그림 8-14 설계된 공통이미터 증폭기 회로의 측정 결과 파형

실험 고찰

■ 고찰 [1]

- [표 8-1]의 시뮬레이션 결과로 구한 전압이득 $A_{v,sim}$, 식 (8.1)에 소신호 파라미터 값을 대입하여 계산된 전압이득 $A_{v,cal}$, 그리고 [표 8-2]의 측정 결과로부터 얻은 소신호 전압이득 $A_{v,meas}$를 [표 8-7]에 기록하고, 비교하여 설명하라.
- [표 8-7]로부터 부하저항 R_L에 따른 전압이득 값을 [그림 8-15]에 그래프로 나타내고, 그래프로부터 결론을 도출하여 설명하라. $A_{v,sim}$은 *, $A_{v,meas}$는 ■, $A_{v,cal}$은 ▲ 로 나타낸다.

표 8-7 공통이미터 증폭기의 전압이득 비교

R_L [kΩ]	시뮬레이션 결과에 의한 전압이득 $A_{v,sim}$ [V/V]	식 (8.1)로 계산된 전압이득 $A_{v,cal}$ [V/V]	측정 결과로부터 얻은 전압이득 $A_{v,meas}$ [V/V]
2.0			
3.3			
4.7			
5.6			

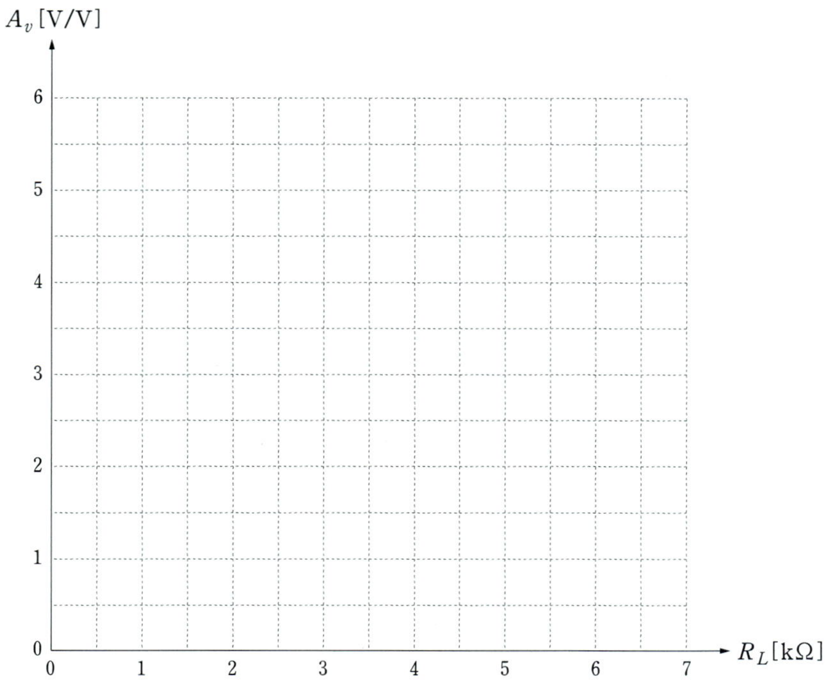

그림 8-15 부하저항 R_L에 따른 공통이미터 증폭기의 전압이득 변화

실험 고찰

■ 고찰 [2]

- [표 8-3]의 시뮬레이션 결과로 구한 전압이득 $A_{v,sim}$, 식 (8.2)에 소신호 파라미터 값을 대입하여 계산된 전압이득 $A_{v,cal}$, 그리고 [표 8-4]의 측정 결과로부터 얻은 소신호 전압이득 $A_{v,meas}$를 [표 8-8]에 기록하고, 오차의 원인에 대해 분석하라.

표 8-8 공통컬렉터 증폭기의 전압이득 비교

	시뮬레이션 결과에 의한 전압이득 $A_{v,sim}$ [V/V]	식 (8.2)로 계산된 전압이득 $A_{v,cal}$ [V/V]	측정 결과로부터 얻은 전압이득 $A_{v,meas}$ [V/V]
전압이득			

■ 고찰 [3]

- [실험 8-3]의 공통이미터 증폭기 회로 설계에서는 이미터 바이어스 전압 V_{EQ}를 전원전압 V_{CC}의 5% ($V_{EQ} = 0.05\,V_{CC}$)로 적용해서 설계했다. 만약 이미터 바이어스 전압을 $V_{EQ} = 0.1\,V_{CC}$로 적용하여 설계하면, 증폭기 동작에 어떤 영향을 미치는지 설명하라. 단, 전원전압과 다른 조건은 동일하게 적용한다.

연계 | 〈핵심이 보이는 전자회로〉 3.1절

실험

09

증가형 MOSFET의 전류-전압 특성

실험 목적

- 시뮬레이션을 통해 증가형 MOSFET의 전류-전압 특성을 예측한다.
- 증가형 N채널 MOSFET의 $I_D - V_{DS}$ 특성을 확인한다.
- 증가형 N채널 MOSFET의 $I_D - V_{GS}$ 특성을 확인한다.

실험 내용

- 실험 9-1 | 증가형 N채널 MOSFET의 $I_D - V_{DS}$ 특성 측정
- 실험 9-2 | 증가형 N채널 MOSFET의 $I_D - V_{GS}$ 특성 측정

9.1 이론적 배경 이해하기

1. MOSFET의 구조와 동작모드

■ 구조

- **증가형**[enhancement] MOSFET[Metal-Oxide-Semiconductor Field-Effect Transistor]는 [그림 9-1(a)]와 같은 구조로 만들어지며, 소오스/드레인과 기판의 도핑 형태에 따라 N채널 MOSFET와 P채널 MOSFET로 구분된다.
- 증가형 N채널 MOSFET는 [그림 9-1(a)]와 같이 P형 반도체 기판에 N형 반도체의 소오스와 드레인으로 만들어진다. 소오스와 드레인 사이의 간격을 채널 길이[channel length] L로 나타내며, 소오스와 드레인 사이에 캐리어가 이동하는 폭을 채널 폭[channel width] W로 나타낸다.
- MOSFET 소자는 게이트[gate], 소오스[source], 드레인[drain]의 3개 단자를 갖는다. 참고로, 게이트, 소오스, 드레인 단자는 각각 BJT의 베이스, 이미터, 컬렉터 단자와 대응된다.
- 소오스와 드레인 사이의 기판 영역을 트랜지스터의 채널[channel] 영역이라고 한다. 소오스는 전류를 운반하는 캐리어를 공급하고, 드레인은 소오스에서 공급된 캐리어가 채널영역을 지나 소자 밖으로 방출되는 단자이다.
- N채널 MOSFET의 회로 기호, 단자 전압 극성과 전류 방향은 [그림 9-1(b)]와 같이 표기한다. MOSFET의 게이트 단자는 산화막으로 절연되어 있으므로, 게이트 단자에는 전류가 흐르지 않는다.
- [그림 9-1(c)]는 2N7000 증가형 N채널 MOSFET의 소자 사진이며, 단자 ❶, 단자 ❷, 단자 ❸은 각각 소오스, 게이트, 드레인 단자이다.

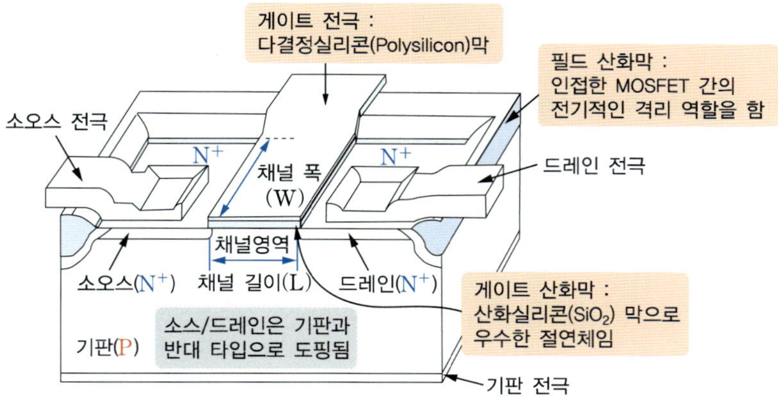

(a) 구조

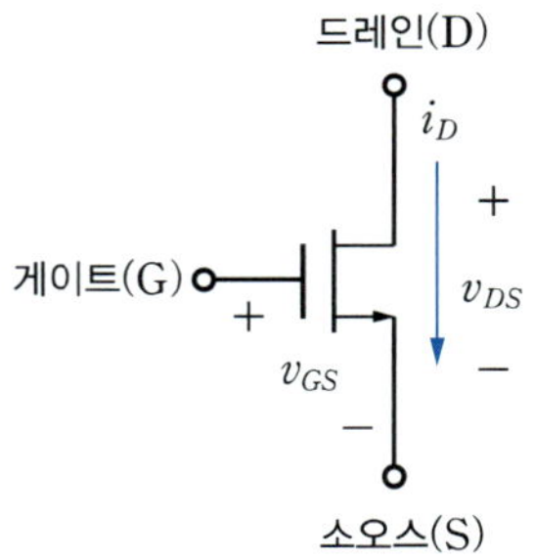

(b) 회로 기호와 전압 극성 및 전류 방향

(c) 2N7000 증가형 N채널 MOSFET의 소자 사진

그림 9-1 증가형 N채널 MOSFET의 구조 및 회로 기호

■ 동작모드

- 게이트 단자에 인가되는 전압의 극성과 크기에 따라 소오스와 드레인 사이의 전류 흐름이 제어된다.
- 게이트-소오스 전압 V_{GS}와 드레인-소오스 전압 V_{DS}의 조건에 따라 [표 9-1]과 같이 포화saturation 모드, 비포화non-saturation 모드, 차단cutoff 모드로 동작한다.

표 9-1 바이어스에 따른 증가형 N채널 MOSFET의 동작모드

동작모드	N채널 MOSFET [$V_{Tn} > 0,\ K_n = \mu_n C_{ox}(W/L)$]			
	전압 조건		드레인 전류	응용
차단	$V_{GS} < V_{Tn}$	−	$I_D = 0$	열린 스위치
비포화	$V_{GS} \geq V_{Tn}$	$V_{DS} < V_{GS} - V_{Tn}$	$I_D = k_n\left(\frac{W}{L}\right)_n\left[(V_{GS} - V_{Tn})V_{DS} - \frac{1}{2}V_{DS}^2\right]$	닫힌 스위치
포화		$V_{DS} \geq V_{GS} - V_{Tn}$	$I_D = \frac{1}{2}k_n\left(\frac{W}{L}\right)_n(V_{GS} - V_{Tn})^2$	증폭기

2. MOSFET의 전류–전압 특성

- 증가형 N채널 MOSFET의 드레인 전류–전압 특성은 [그림 9–2(a)]와 같다. 2차 효과 secondary effect를 무시하는 이상적인 경우, 포화모드의 드레인 전류는 식 (9.1)과 같으며 드레인 전압에 무관하게 게이트 전압에만 영향을 받는다. V_{Tn}은 MOSFET의 문턱전압, μ_n은 전자의 이동도 mobility, C_{ox}는 단위 면적당 게이트 산화막 정전용량이다.
- MOSFET의 게이트는 실리콘 산화실리콘 막(SiO_2)에 의해 절연되어 있으므로, 게이트 단자로 흐르는 전류는 0이다.
- 포화모드에서 증가형 N채널 MOSFET의 게이트–소오스 전압 V_{GS}에 대한 드레인 전류 I_D는 [그림 9–2(b)]와 같다.

$$I_D = \frac{1}{2}\left(\mu_n C_{ox}\frac{W}{L}\right)(V_{GS} - V_{Tn})^2 \tag{9.1}$$

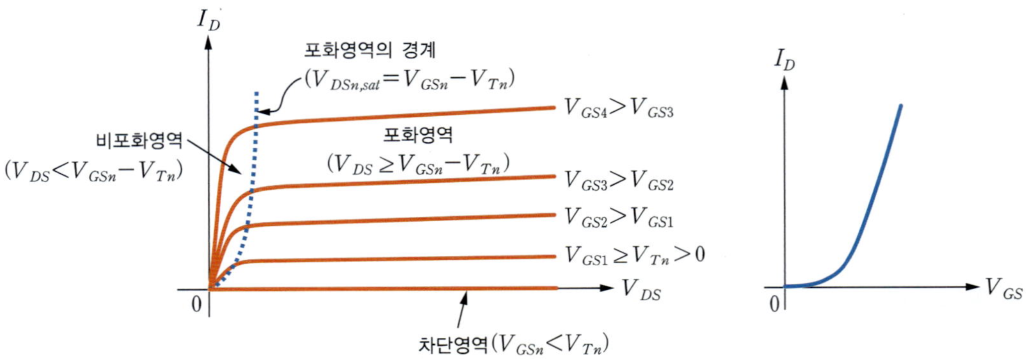

(a) $I_D - V_{DS}$ 특성 곡선　　　(b) $I_D - V_{GS}$ 특성 곡선

그림 9–2 증가형 N채널 MOSFET의 전류–전압 특성

점검하기 **다음 각 문제에 답하라.**

(1) 증가형 N채널 MOSFET는 소오스와 드레인이 (N+, P+) 반도체 영역으로 만들어진다.

(2) MOSFET의 드레인 전류는 게이트 (전압, 전류)에 의해 제어된다.

(3) 증가형 N채널 MOSFET의 문턱전압은 ($V_{Tn} < 0$, $V_{Tn} > 0$)이다.

(4) 증가형 N채널 MOSFET의 소오스 단자에 음(–)의 전압이 인가될 수 있다. (O, X)

(5) MOSFET가 증폭기로 동작하기 위해서는 (차단, 비포화, 포화)모드로 바이어스되어야 한다.

(6) MOSFET의 게이트 단자 전류는 0이다. (O, X)

(7) 증가형 N채널 MOSFET에서 $V_{GS} < V_{Tn}$이면, (차단, 비포화, 포화)모드이다.

(8) 증가형 N채널 MOSFET에서 $V_{GS} \geq V_{Tn} > 0$이고 $V_{DS} \geq V_{GS} - V_{Tn}$이면, (차단, 비포화, 포화) 모드이다.

(9) [그림 9-3]은 2N7000 증가형 N채널 MOSFET 소자의 실물 사진이다. 소오스 단자는 (❶, ❷, ❸), 게이트 단자는 (❶, ❷, ❸)이다.

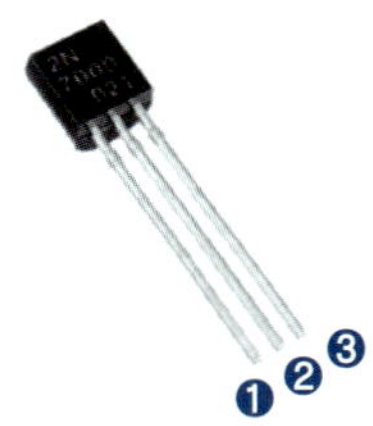

그림 9-3 2N7000 증가형 N채널 MOSFET

여기서 잠깐 **MOSFET 데이터 시트 이해하기 – 최대 정격**

- MOSFET의 데이터 시트에는 소자의 최대 정격maximum ratings, DC 동작 특성DC ON characteristics, 소신호 특성small-signal characteristics, 스위칭 특성switching characteristics 등의 전기적인 특성이 명시되어 있다.
- Fairchild사 2N7000 N채널 MOSFET의 최대 정격 특성은 다음과 같다.

【 데이터 시트 – MOSFET의 정격 】

정격		기호	값	단위	설명
Drain-to-Source Voltage		V_{DSS}	60	V	D-S 사이의 허용 가능한 최대 전압
Drain-Gate Voltage ($R_{GS} \leq 1\,\mathrm{M\Omega}$)		V_{DGR}	60	V	D-G 사이의 허용 가능한 최대 전압
Gate-Source Voltage	Continuous	V_{GSS}	±20	V	G-S 사이의 허용 가능한 최대 전압
	Non-Repetitive ($t_P < 50\,\mu s$)		±40		
Max. Drain Current	Continuous	I_D	200	mA	허용 가능한 최대 드레인 전류
	Pulsed		500		
Max. Power Dissipation(@25℃) Derate above 25℃		P_D	400 3.2	mW mW/℃	허용 가능한 최대 전력소모 (대기 온도 $T_A = 25$℃)
Operating and storage Temp. range		T_J, T_{STG}	-55~150	℃	동작 및 보관 온도 범위

- 최대 정격을 초과하는 전압, 전류, 전력소모가 발생하면 소자가 물리적으로 파괴될 수 있으며, 소자의 손상 또는 파괴를 방지하기 위해서는 최대 정격을 초과하는 전압, 전류, 전력소모가 일어나지 않도록 해야 한다.

9.2 실험 진행하기

실험 9-1 | 증가형 N채널 MOSFET의 $I_D - V_{DS}$ 특성 측정

1. PSpice 시뮬레이션

1 회로도 입력

- 증가형 N채널 MOSFET의 드레인 전류-전압 특성을 시뮬레이션하기 위해 [그림 9-4(a)]의 회로를 PSpice 회로도 편집기에 입력한다.
- 증가형 N채널 MOSFET는 2N7000을 사용하고, 드레인 저항은 $R_D = 10\,\Omega$으로 설정한다.
- 게이트 전압 V_{GG}와 드레인 전압 V_{DD}는 SOURCE 라이브러리의 VDC를 사용하며, VDC의 속성 창을 열어 각각 DC 1 V로 설정한다.
- MOSFET의 드레인에 흐르는 전류를 확인할 수 있도록 [그림 9-4(a)]와 같이 드레인 단자에 Current Marker를 연결한다.

회로도 편집기에서 라이브러리 추가 및 MOSFET 삽입하기

❶ 회로도 편집기 메뉴에서 Place의 Part를 실행하면 Place Part 창이 나타난다.

❷ Place Part 창에서 Add Library 버튼을 클릭한다([그림 9-4(b)]).

❸ pspice 폴더에서 FAIRCHILD 라이브러리를 선택하고, 열기 버튼을 클릭한다([그림 9-4(c)]).
참고로, pspice 폴더의 경로는 Cadence₩SPB24.1₩tools₩capture₩library₩pspice이다.

❹ Place Part 창의 Libraries에서 FAIRCHILD를 지정한 후, Part List에서 2N7000 N채널 MOSFET를 선택하여 회로도에 삽입한다([그림 9-4(d)]).

2 시뮬레이션 설정

- PSpice의 Simulation Settings 창을 열어 Analysis Type을 DC Sweep으로 지정한다.
- [그림 9-4(e)]와 같이 Options에서 Primary Sweep을 선택한 후, Sweep Variable에 Voltage source를 지정하고 VDD를 입력한다. Sweep Type은 Linear를 선택하고, Start

Value에 0.0 V, End Value에 5 V, Increment에 0.01 V를 각각 입력한다.

- [그림 9-4(f)]와 같이 Options에서 Secondary Sweep을 선택한 후, Sweep Variable에 Voltage source를 지정하고 VGG를 입력한다. Sweep Type은 Linear를 선택하고, Start Value에 2 V, End Value에 2.5 V, Increment에 0.1 V를 각각 입력한다.

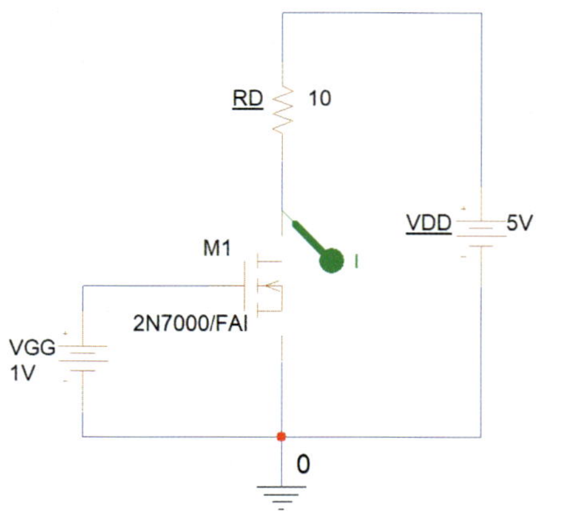

(a) 시뮬레이션 회로

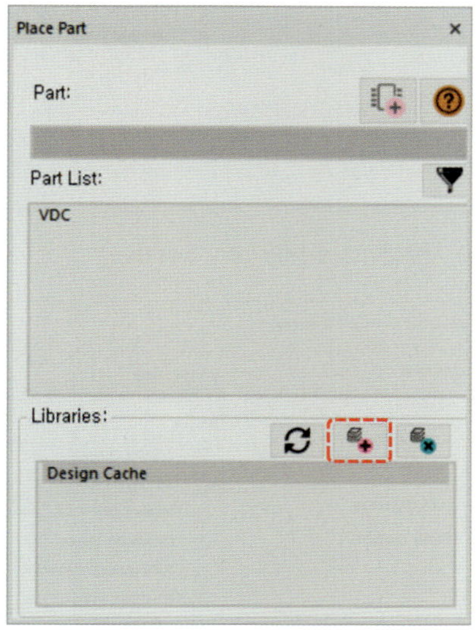

(b) Place Part 창에서 Add Library 실행

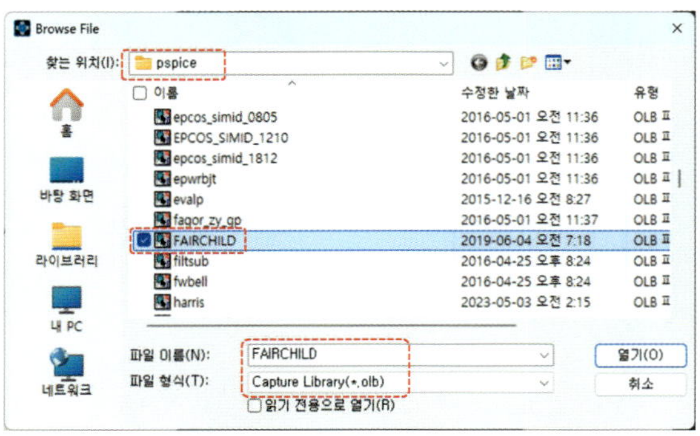

(c) FAIRCHILD Library 추가

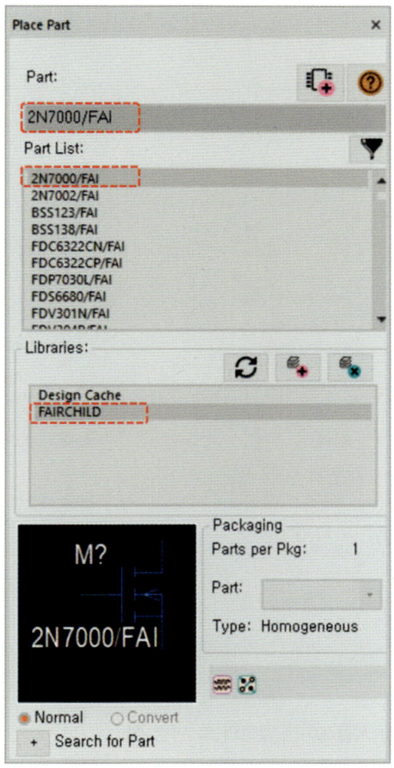

(d) 2N7000 소자 삽입

그림 9-4 증가형 N채널 MOSFET의 $I_D - V_{DS}$ 특성 시뮬레이션(계속)

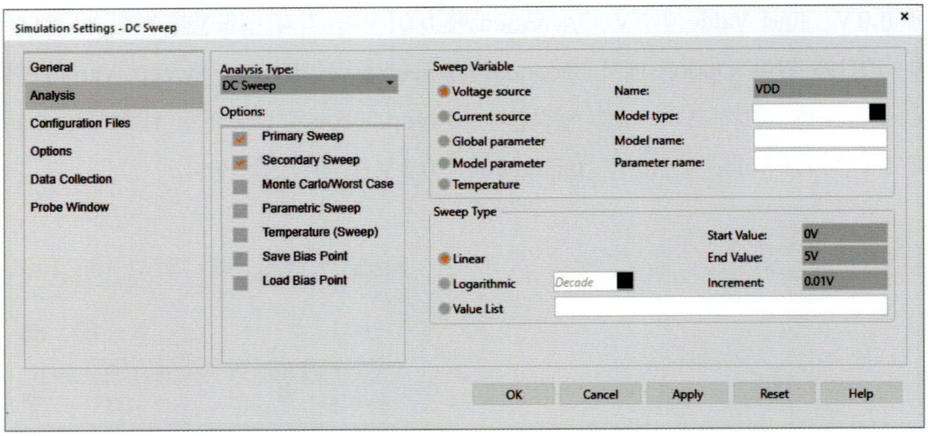

(e) 시뮬레이션 설정(Primary Sweep)

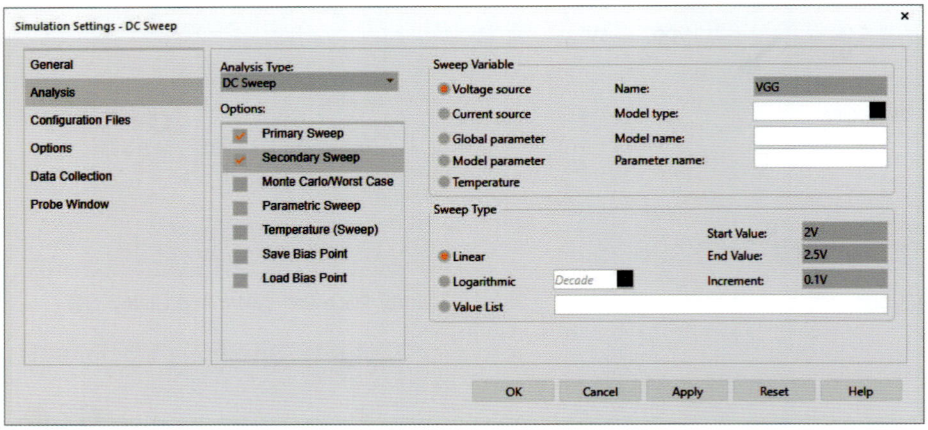

(f) 시뮬레이션 설정(Secondary Sweep)

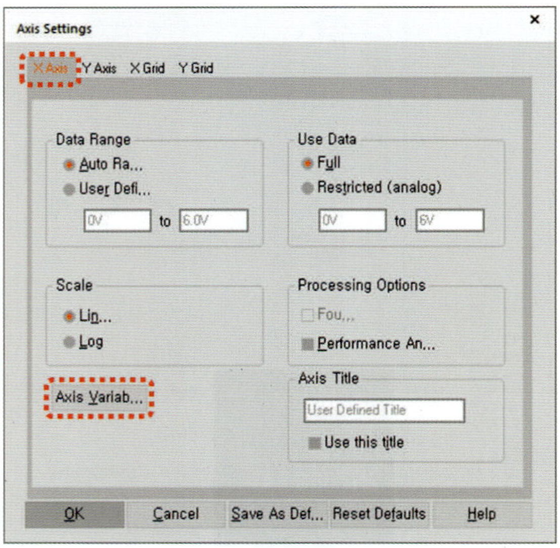

(g) 시뮬레이션 결과의 축 변경 창

그림 9-4 증가형 N채널 MOSFET의 $I_D - V_{DS}$ 특성 시뮬레이션(계속)

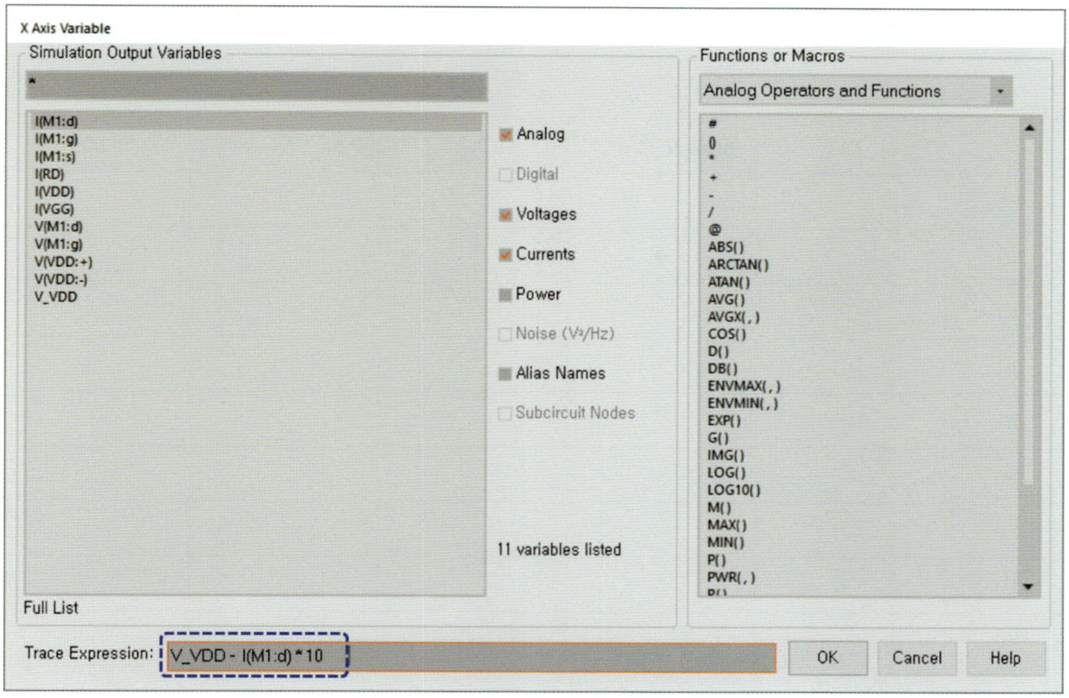

(h) 시뮬레이션 결과의 X-축을 $V_{DS} = V_{DD} - R_D I_D$로 변경 ($R_D = 10\Omega$)

그림 9-4 증가형 N채널 MOSFET의 $I_D - V_{DS}$ 특성 시뮬레이션

3 시뮬레이션 실행 및 결과 확인

- 시뮬레이션을 실행하면, MOSFET의 드레인 전류-전압 특성 곡선이 시뮬레이션 결과 창에 표시된다.
- 시뮬레이션 결과 창의 X-축을 MOSFET의 드레인-소오스 전압 V_{DS}로 변경하기 위해 [그림 9-4(g), (h)]와 같이 변경한 후, 시뮬레이션 결과 화면을 캡처하여 [그림 9-5]에 붙여 넣는다.
- 시뮬레이션 결과로부터, [표 9-2]에 주어진 V_{GG}, V_{DS} 값에 대해 드레인 전류 I_D 값을 Measurements의 `YatX(1,X_value)`로 측정하여 해당 칸에 기록한다.

시뮬레이션 결과의 X-축 변경하기

❶ 시뮬레이션 결과 창 > Plot > Axis Settings > X Axis 탭 > Axis Variable... 클릭한다([그림 9-4(g)]).

❷ X Axis Variable 창의 Trace 필드에 V_DD - I(M1:d) * 10을 입력하여 시뮬레이션 결과의 X-축을 $V_{DS} = V_{DD} - V_{RD}$로 변경한다([그림 9-4(h)]).

표 9-2 증가형 N채널 MOSFET의 $I_D - V_{DS}$ 특성 시뮬레이션 결과

I_D [mA]		V_{GG} [V]				
		2.1	2.2	2.3	2.4	2.5
V_{DS} [V]	0.1					
	0.2					
	0.3					
	0.4					
	0.5					
	1.0					
	2.0					
	3.0					
	4.0					

시뮬레이션 결과 파형을 캡처하여 붙여 넣는다.

그림 9-5 증가형 N채널 MOSFET의 $I_D - V_{DS}$ 특성 시뮬레이션 결과 파형

2. 실험 증가형 N채널 MOSFET의 $I_D - V_{DS}$ 특성 측정

[실험장비]

장비명	수량	장비명	수량
DC 전원공급 장치(2출력)	1대	오실로스코프(2채널)	1대
함수발생기	1대	멀티미터	1대

[실험부품]

트랜지스터	N채널 MOSFET 2N7000	저항	10Ω, 0.1kΩ

1 브레드보드 부품 배치도 연결 완성하기

- 증가형 N채널 MOSFET의 $I_D - V_{DS}$ 특성 측정을 위한 [그림 9-6(a)]의 실험회로를 참조해서 [그림 9-6(c)]의 브레드보드 부품 배치도의 연결을 완성한다.

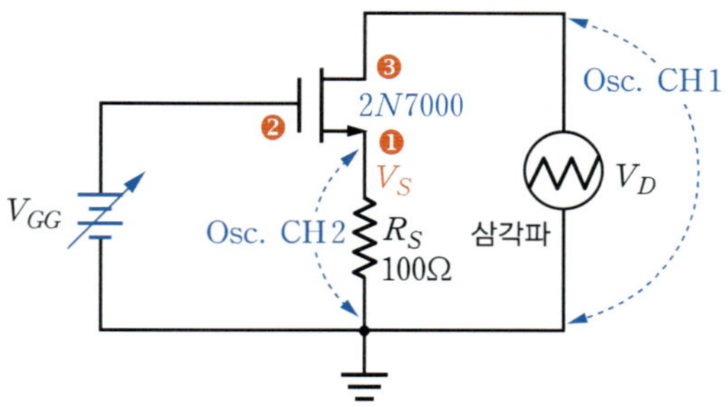

(a) XY-모드 실험회로

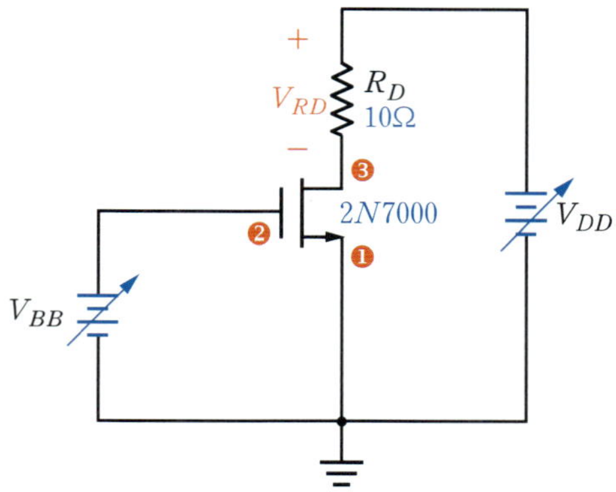

(b) $I_D - V_{DS}$ 특성 실험회로

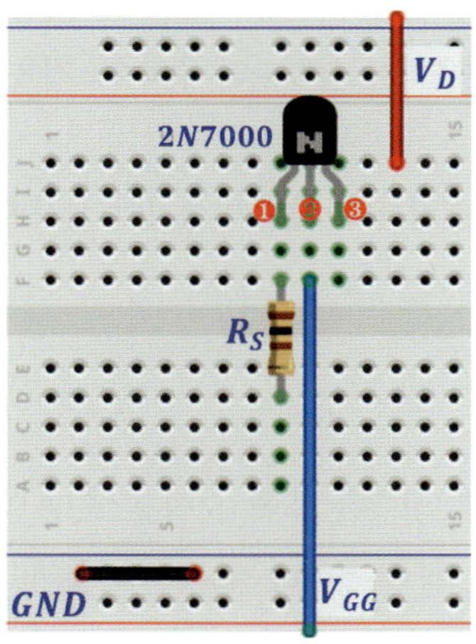

실험회로를 참고해서 부품 배치도의 연결을 완성한다.

(c) 부품 배치도

그림 9-6 증가형 N채널 MOSFET의 $I_D - V_{DS}$ 특성 실험회로

– 2N7000 증가형 N채널 MOSFET의 소오스(❶), 게이트(❷), 드레인(❸) 단자를 잘 구별하여 소자 간의 연결, 전원전압 V_{GG}와 접지의 연결을 표시한다.

2 회로 구성하기

- 완성된 부품 배치도를 참조해서 [그림 9-6(a)]의 실험회로를 브레드보드에 구성한다.
  - 2N7000 증가형 N채널 MOSFET의 소오스(❶), 게이트(❷), 드레인(❸) 단자를 잘 구별하여 소오스가 왼쪽에, 드레인이 오른쪽에 위치하도록 브레드보드에 삽입한다.
- 소오스 저항 R_S : MOSFET의 소오스와 접지 사이에 $R_S = 0.1\,\text{k}\Omega$의 저항을 연결한다. 저항 R_S는 오실로스코프로 MOSFET의 소오스 전압 V_S를 측정하기 위해 사용된다.

3 회로 점검하기

- 브레드보드에 부품 실장이 완료되면, 멀티미터를 저항측정 모드로 설정하고 단락, 접촉 불량 등을 점검한다.
- V_{GG}, V_D와 GND의 단락 여부, 그리고 V_{GG}와 V_D의 단락 여부를 확인한다.
- GND로 연결되는 노드들의 단락/개방 여부를 확인한다.

4 게이트 전압 V_{GG} 연결하기

- DC 전원공급 장치 출력(1)이 $1\,\text{V}$가 되도록 설정한 후, 실험회로의 V_{GG} 단자에 연결하여 $V_{GG} = 1\,\text{V}$가 되도록 한다.

5 함수발생기 연결하기

- 함수발생기의 전원을 ON시키고 삼각파 출력 모드로 설정한다. 삼각파의 주파수 $100\,\text{Hz}$, 첨두-첨두값이 0V-5V가 되도록 설정한 후, 오실로스코프를 이용하여 삼각파의 주파수, 진폭, 오프셋 전압을 확인한다.
- 확인이 완료되면 함수발생기의 출력을 MOSFET의 드레인에 연결한다. 함수발생기의 삼각파 출력은 오실로스코프의 XY-모드에서 X축 신호로 사용된다.

6 $V_S - V_D$ 특성 측정하기

- 오실로스코프의 디스플레이 모드를 오실로스코프 XY-모드로 설정한 후에 오실로스코프의 CH 1로 드레인 전압 V_D를 측정하고, CH 2로 소오스 전압 V_S를 측정한다. 측정된 파형($V_S - V_D$ 특성)을 캡처하여 [그림 9-8]에 붙여 넣는다.
- DC 전원공급 장치 출력(1)의 전압 V_{GG}를 $2\,\text{V}$, $3\,\text{V}$, $4\,\text{V}$, $5\,\text{V}$로 바꾸면서 오실로스코프의

CH 2로 소오스 전압 V_S를 측정한 후, 측정된 파형($V_S - V_D$ 특성)을 캡처하여 [그림 9-8]에 붙여 넣는다

- 참고로, [그림 9-7]은 $V_{GG} = 3\,\text{V}$인 경우에 XY-모드로 측정된 $V_S - V_D$ 특성 곡선이다. XY-모드 측정 파형의 Y-축 전압 V_S는 $I_S = \dfrac{V_S}{R_S}$에 의해 소오스 전류로 변환될 수 있고, $I_D = I_S$이므로 MOSFET의 $I_D - V_{DS}$ 특성을 간접적으로 확인할 수 있다.

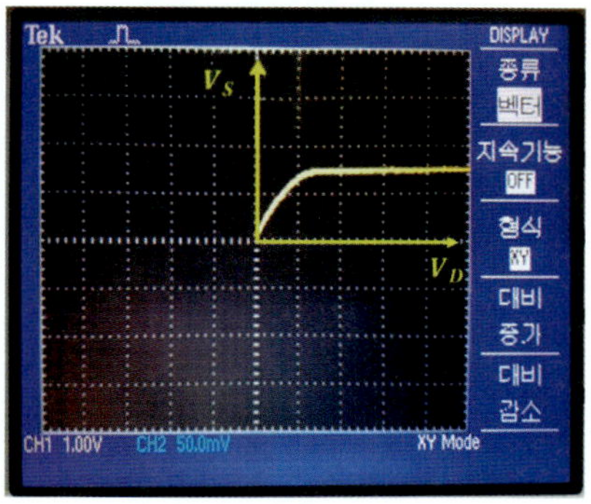

그림 9-7 증가형 N채널 MOSFET의 $V_S - V_D$ 특성 측정 결과 파형($R_S = 0.1\,\text{k}\Omega$, $V_{GG} = 3\,\text{V}$)

7 V_{GG}와 V_{DS}의 변화에 따른 출력 특성 관찰하기

- DC 전원공급 장치를 OFF시킨 후, 소오스 저항 R_S를 회로에서 제거하고, 소오스 단자를 접지시킨다.
- 드레인에 연결된 함수발생기를 회로에서 분리하고, [그림 9-6(b)]와 같이 드레인에 저항 $R_D = 10\,\Omega$을 연결한다. 참고로, 이 실험에서 드레인 전류는 비교적 큰 값 (수 십 mA)이므로, 드레인 저항 R_D는 작은 값($10\,\Omega$)을 사용한다.
- DC 전원공급 장치 출력(1)을 $2.1\,\text{V}$로 설정하여 게이트 전압이 $V_{GG} = 2.1\,\text{V}$가 되도록 한다.
- DC 전원공급 장치 출력(2)이 $1\,\text{V}$가 되도록 설정한 후, 실험회로의 V_{DD} 단자에 연결한다. MOSFET의 드레인-소오스 전압을 DMM으로 측정해서 $V_{DS} = 0.1\,\text{V}$가 되도록 DC 전원공급 장치 출력(2)의 전압 V_{DD}를 조정한다.
- 드레인 저항 R_D에 걸리는 전압 V_{RD}를 측정하고, 드레인 전류를 $I_D = \dfrac{V_{RD}}{R_D}$로 계산해서 [표 9-3]의 $V_{GG} = 2.1\,\text{V}$ 열의 해당 칸에 기록한다.
- [표 9-3]에 주어진 드레인-소오스 전압 V_{DS} 값이 되도록 DC 전원공급 장치 출력(2)의 전압 V_{DD}를 조정한 후, 저항 R_D의 전압 V_{RD}를 측정하고 드레인 전류 I_D를 계산해서 해당 칸에 기록한다.
- 게이트 전압 V_{GG}를 $2.2\,\text{V}$, $2.3\,\text{V}$, $2.4\,\text{V}$, $2.5\,\text{V}$로 변경해서 위의 과정을 반복하여 [표 9-3]의 해당 칸에 기록한다.

표 9-3 증가형 N채널 MOSFET의 $I_D - V_{DS}$ 특성 측정 결과 ($I_D = V_{RD} / R_D$의 계산값을 기록한다.)

			V_{GG} [V]				
			2.1	2.2	2.3	2.4	2.5
V_{DS} [V]	0.1	V_{RD} [V]					
		I_D [mA]					
	0.2	V_{RD} [V]					
		I_D [mA]					
	0.3	V_{RD} [V]					
		I_D [mA]					
	0.4	V_{RD} [V]					
		I_D [mA]					
	0.5	V_{RD} [V]					
		I_D [mA]					
	1.0	V_{RD} [V]					
		I_D [mA]					
	2.0	V_{RD} [V]					
		I_D [mA]					
	3.0	V_{RD} [V]					
		I_D [mA]					
	4.0	V_{RD} [V]					
		I_D [mA]					

V_{GG} = 2.1 V, 2.2 V, 2.3 V, 2.4 V, 2.5 V에 대해 측정된 파형을 캡처하여 붙여 넣는다.

그림 9-8 증가형 N채널 MOSFET의 $I_D - V_{DS}$ 특성 측정 결과 파형($V_S - V_D$ 특성)

실험 9-2 | 증가형 N채널 MOSFET의 $I_D - V_{GS}$ 특성 측정

1. PSpice 시뮬레이션

1 회로도 입력

- N채널 MOSFET의 게이트-소오스 전압 V_{GS}에 따른 드레인 전류 I_D 특성을 시뮬레이션하기 위해 [그림 9-9(a)]의 회로를 PSpice 회로도 편집기에 입력한다.
- N채널 MOSFET는 2N7000을 사용하고, 드레인 저항은 $R_D = 10\Omega$으로 설정한다.
- MOSFET의 드레인에 인가되는 DC 전원은 $V_{DD} = 4\,\text{V}$로 설정한다.
- 드레인 전류를 확인할 수 있도록 Current Marker를 드레인 단자에 연결한다.

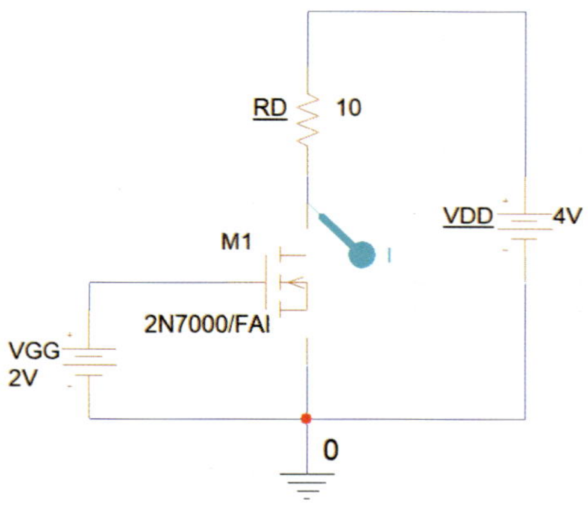

(a) 시뮬레이션 회로

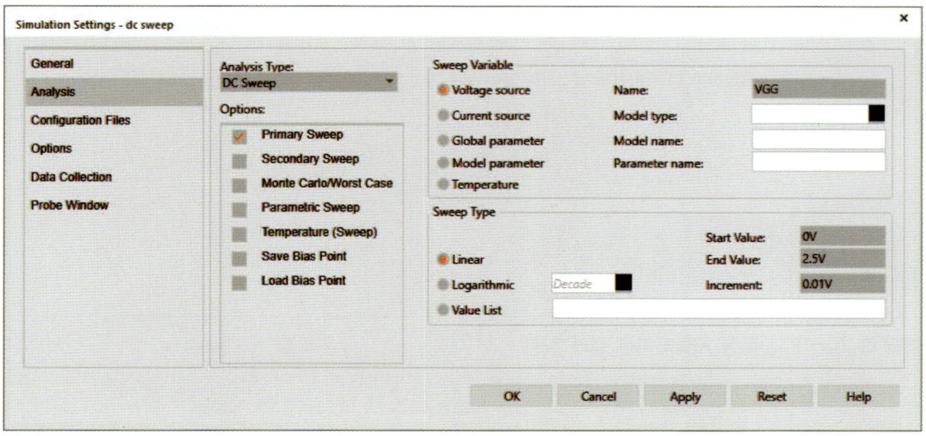

(b) 시뮬레이션 설정(Primary Sweep)

그림 9-9 증가형 N채널 MOSFET의 $I_D - V_{GS}$ 특성 시뮬레이션

2 시뮬레이션 설정

- PSpice의 Simulation Settings 창을 열어 Analysis Type을 DC Sweep으로 지정한다.
- [그림 9-9(b)]와 같이 Options에서 Primary Sweep을 선택한 후, Sweep Variable에 Voltage source를 지정하고 VGG를 입력한다. Sweep Type은 Linear를 선택하고, Start Value에 0.0 V, End Value에 2.5 V, Increment에 0.01 V로 설정한다.

3 시뮬레이션 실행 및 결과 확인

- 시뮬레이션을 실행하면 V_{GG} 전압에 따른 MOSFET의 드레인 전류가 시뮬레이션 결과 창에 표시된다. 시뮬레이션 결과 화면을 캡처하여 [그림 9-10]에 붙여 넣는다.
- 시뮬레이션 결과로부터, [표 9-4]에 주어진 V_{GG} 값에 대해 드레인 전류 I_D 값을 Measurements의 `YatX (1,X_value)`로 측정하여 표의 해당 칸에 기록한다.

표 9-4 증가형 N채널 MOSFET의 $I_D - V_{GS}$ 특성 시뮬레이션 결과 ($V_{DD} = 4\text{V}$)

	V_{GG} [V]						
	1	2	2.1	2.2	2.3	2.4	2.5
I_D [mA]							

시뮬레이션 결과 파형을 캡처하여 붙여 넣는다.

그림 9-10 증가형 N채널 MOSFET의 $I_D - V_{GS}$ 특성 시뮬레이션 결과 파형

2. 실험 증가형 N채널 MOSFET의 $I_D - V_{GS}$ 특성 측정

[실험장비]

장비명	수량	장비명	수량
DC 전원공급 장치(2출력)	1대	오실로스코프(2채널)	1대
함수발생기	1대	멀티미터	1대

[실험부품]

트랜지스터	N채널 MOSFET 2N7000	저항	10Ω

1 브레드보드 부품 배치도 연결 완성하기

- 증가형 N채널 MOSFET의 $I_D - V_{GS}$ 특성 측정을 위한 [그림 9-11(a)]의 실험회로를 참조해서 [그림 9-11(b)]의 브레드보드 부품 배치도의 연결을 완성한다.
  - 2N7000 증가형 N채널 MOSFET의 소오스(❶), 게이트(❷), 드레인(❸) 단자를 잘 구별하여 소자 간의 연결, 전원전압 V_{GG}, V_{DD}와 접지의 연결을 표시한다.

2 회로 구성하기

- 완성된 부품 배치도를 참조해서 [그림 9-11(a)]의 실험회로를 브레드보드에 구성한다.
  - 2N7000 증가형 N채널 MOSFET의 소오스(❶), 게이트(❷), 드레인(❸) 단자를 잘 구별하여 소오스가 왼쪽에, 드레인이 오른쪽에 위치하도록 브레드보드에 삽입한다.
  - 드레인 저항 R_D : MOSFET의 드레인과 DC 전원 V_{DD} 사이에 저항 $R_D = 10\Omega$을 연결한다. 저항 R_D 양단의 전압 V_{RD}를 측정해서 드레인 전류 $I_D = \dfrac{V_{RD}}{R_D}$를 계산하기 위해 사용된다.

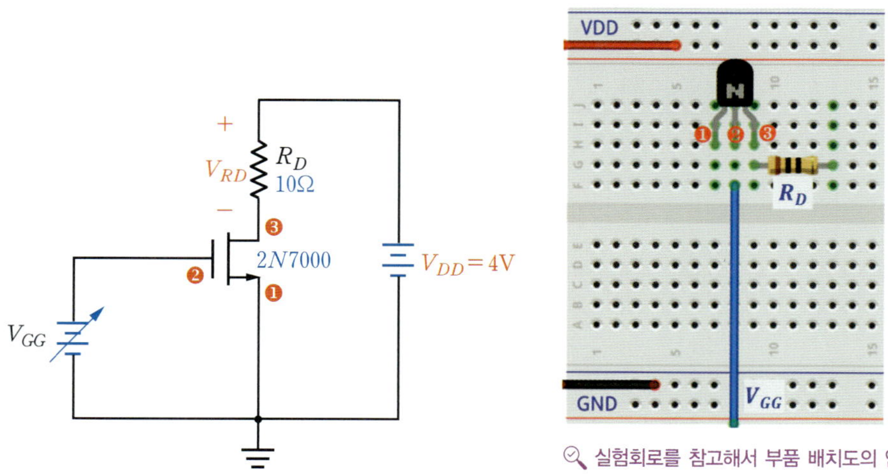

실험회로를 참고해서 부품 배치도의 연결을 완성한다.

(a) 실험회로 (b) 부품 배치도

그림 9-11 증가형 N채널 MOSFET의 $I_D - V_{GS}$ 특성 실험회로

3 회로 점검하기

- 브레드보드에 부품 실장이 완료되면, 멀티미터를 저항측정 모드로 설정하고 단락, 접촉 불량 등을 점검한다.
- V_{GG}, V_{DD}와 GND의 단락 여부, 그리고 V_{GG}와 V_{DD}의 단락 여부를 확인한다.
- GND로 연결되는 노드들의 단락/개방 여부를 확인한다.

4 드레인 전압 V_{DD} 연결하기

- DC 전원공급 장치 출력(2)가 4V가 되도록 설정한 후, 저항 R_D에 연결하여 $V_{DD}=4\text{V}$가 되도록 한다.

5 게이트 전압 V_{GG} 연결하기

- DC 전원공급 장치 출력(1)이 1V가 되도록 설정한 후, 실험회로의 V_{GG} 단자에 연결하여 $V_{GG}=1\text{V}$가 되도록 한다.

6 드레인 전류 측정하기

- 드레인 저항 R_D에 걸리는 전압 V_{RD}를 측정하고, $I_D=\dfrac{V_{RD}}{R_D}$로 드레인 전류를 계산해서 [표 9-5]의 $V_{GG}=1.0\text{V}$ 칸에 기록한다.
- DC 전원공급 장치 출력(1)을 [표 9-5]에 주어진 V_{GG} 값으로 바꾸면서 저항 R_D에 걸리는 전압 V_{RD}를 측정하고, 드레인 전류 $I_D=\dfrac{V_{RD}}{R_D}$를 계산해서 해당 칸에 기록한다.

표 9-5 증가형 N채널 MOSFET의 I_D-V_{GS} 특성 측정 결과 ($V_{DD}=4\text{V}$)

	V_{GG} [V]						
	1	2	2.1	2.2	2.3	2.4	2.5
V_{RD} [V]							
$I_D=\dfrac{V_{RD}}{R_D}$ [mA]							

실험 고찰

■ 고찰 [1]

- [표 9-3]의 측정 결과로부터, 2N7000 증가형 N채널 MOSFET의 I_D-V_{DS} 특성 곡선을 [그림 9-12]에 그래프로 그려라. 특성 곡선의 X-축은 $V_{DS}=V_{DD}-V_{RD}$를 적용한다.
- [그림 9-5]의 시뮬레이션 결과와 [그림 9-12]의 측정 결과를 비교하라.

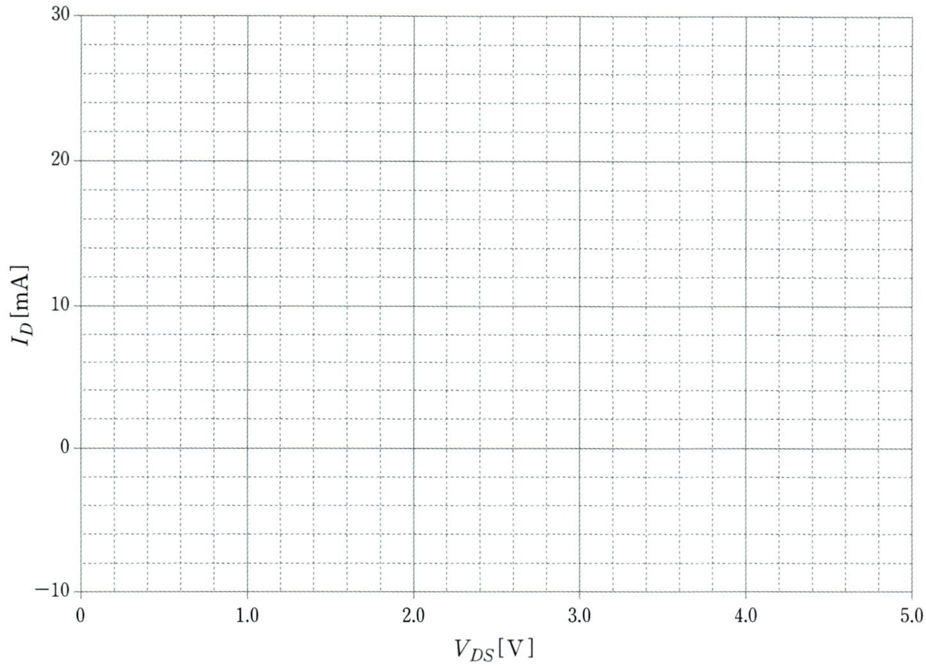

그림 9-12 증가형 N채널 MOSFET의 I_D-V_{DS} 특성 측정 결과 파형

실험 고찰

■ 고찰 [2]

- [표 9-5]의 측정 결과로부터, 2N7000 증가형 MOSFET의 $I_D - V_{GS}$ 특성 곡선을 [그림 9-13]에 그래프로 그리고, [그림 9-10]의 시뮬레이션 결과와 비교하라.
- [그림 9-10]의 시뮬레이션 결과와 [그림 9-13]의 측정 결과로부터, 2N7000 증가형 MOSFET의 문턱전압 V_{Tn}이 얼마인지 구하라.

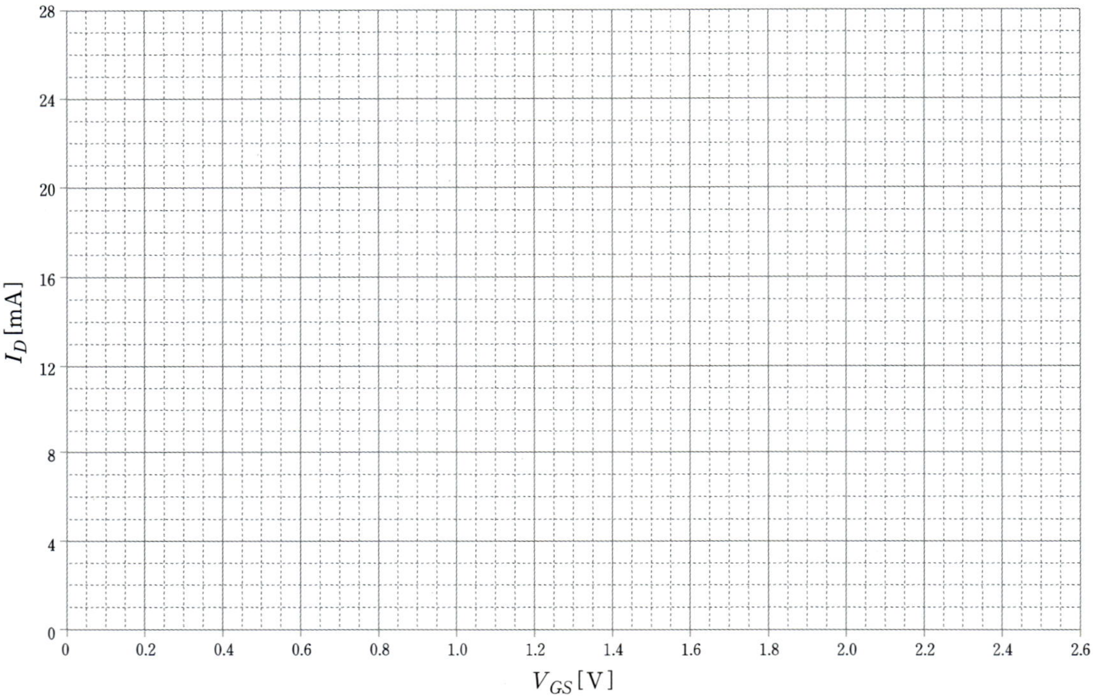

그림 9-13 증가형 N채널 MOSFET의 $I_D - V_{GS}$ 특성 측정 결과 파형

연계 | 〈핵심이 보이는 전자회로〉 3.2절

실험

10

증가형 MOSFET의 바이어스 회로

실험 목적

- 증가형 N채널 MOSFET 바이어스 회로의 동작을 확인한다.
- 전압분배 바이어스 회로에서 저항비 $\frac{R_1}{R_2}$과 드레인 저항 R_D가 동작점에 미치는 영향을 확인한다.
- 자기 바이어스 회로에서 소오스 저항 R_S가 동작점에 미치는 영향을 확인한다.

실험 내용

- 실험 10-1 | N채널 MOSFET의 전압분배 바이어스 회로의 동작점 전류, 전압 측정
- 실험 10-2 | N채널 MOSFET의 자기 바이어스 회로의 동작점 전류, 전압 측정
- 설계 실험 10-3 | N채널 MOSFET의 전압분배 바이어스 회로 설계

10.1 이론적 배경 이해하기

1. 증가형 MOSFET 바이어스 회로

■ 포화모드 바이어스

- MOSFET는 DC 바이어스 전압 V_{GSQ}와 V_{DSQ}에 따라 동작모드(차단, 포화, 비포화)가 결정되며, 증폭기로 사용되기 위해서는 포화모드로 바이어스되어야 한다.
- 증가형 N채널 MOSFET의 포화모드 바이어스(V_{Tn}은 문턱전압)
  - 게이트-소오스 전압 : $V_{GS} \geq V_{Tn}$
  - 드레인-소오스 전압 : $V_{DS} \geq V_{GS} - V_{Tn}$

■ 동작점 설정

- DC 바이어스 전압 V_{GSQ}, V_{DSQ}와 드레인 바이어스 전류 I_{DQ}에 의해 동작점 Q가 설정된다.
- 동작점 Q가 차단영역이나 비포화영역 근처에 설정되면, 게이트에 인가되는 정현파 전압의 음(−) 또는 양(+)의 반주기 중 일부에서 MOSFET가 차단모드 또는 비포화모드로 동작하여 증폭기 출력 파형에 왜곡이 발생한다.
- MOSFET 증폭기가 선형으로 동작하는 신호범위를 최대로 만들기 위해서는 포화영역 중앙 근처에 동작점 Q를 설정하는 것이 바람직하다.

2. 증가형 N채널 MOSFET의 전압분배 바이어스 회로

■ 회로 구성

- 증가형 N채널 MOSFET의 전압분배 바이어스 회로는 [그림 10-1(a)]와 같이 구성된다.
- 전원전압 V_{DD}를 저항 R_1, R_2로 분배하여 게이트 바이어스 전압 $V_{GQ} = V_{GSQ}$를 식 (10.1)과 같이 생성한다.

$$V_{GQ} = \left(\frac{R_2}{R_1 + R_2} \right) V_{DD} \tag{10.1}$$

■ 드레인 동작점 전류와 전압

- MOSFET가 포화영역에서 동작하도록 바이어스되면, 드레인 바이어스 전류는 식 (10.2)와 같다.

$$I_{DQ} = \frac{1}{2}K_n(V_{GSQ} - V_{Tn})^2 \qquad (10.2)$$

- 드레인 저항 R_D에 의해 드레인-소오스 바이어스 전압은 $V_{DSQ} = V_{DD} - R_D I_{DQ}$로 결정된다.
- 드레인 저항 R_D가 고정된 상태에서, 저항비 $\frac{R_1}{R_2}$이 작을수록 게이트-소오스 바이어스 전압 V_{GSQ}가 크며, [그림 10-1(b)]와 같이 동작점의 위치도 달라진다.

■ 직류 부하선

- 직류 부하선의 기울기는 $-\frac{1}{R_D}$이며, X-축 교점은 V_{DD}이고 Y-축 교점은 $\frac{V_{DD}}{R_D}$이다.
- 저항비 $\frac{R_1}{R_2}$이 고정된 상태에서, 드레인 저항 R_D 값이 클수록 직류 부하선의 기울기가 작으며, [그림 10-1(c)]와 같이 동작점의 위치도 달라진다.

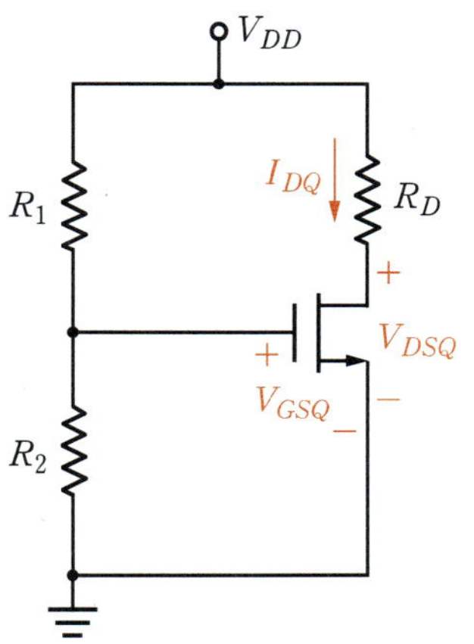

(a) 전압분배 바이어스 회로

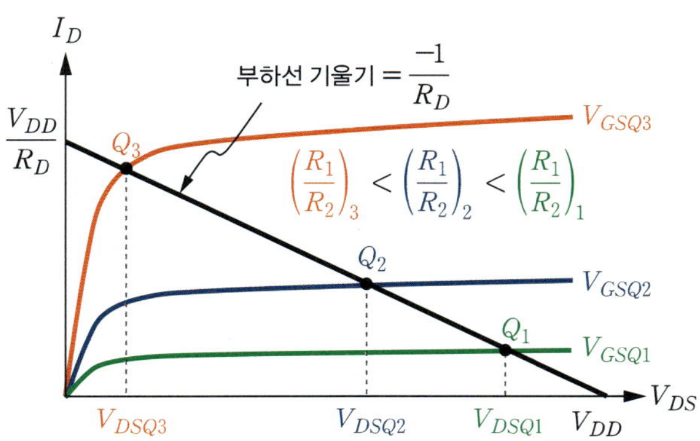

(b) 저항비 $\frac{R_1}{R_2}$에 따른 동작점 위치

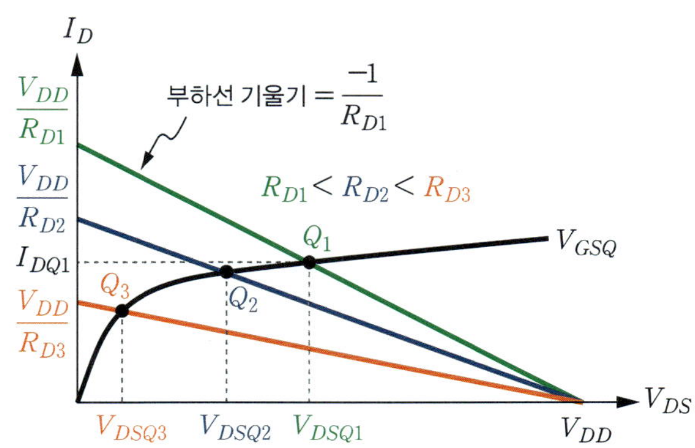

(c) 드레인 저항 R_D에 따른 동작점의 위치

그림 10-1 증가형 N채널 MOSFET의 전압분배 바이어스 회로

3. 증가형 N채널 MOSFET의 자기 바이어스 회로

■ 회로 구성

- 증가형 N채널 MOSFET의 자기 바이어스[self bias] 회로는 [그림 10-2(a)]와 같이 구성된다. [그림 10-1(a)]의 전압분배 바이어스 회로와 비교하여 소오스 저항 R_S가 추가되었다.
- 게이트 단자의 동작점 전압 V_{GQ}는 식 (10.1)에 의해 결정되며, 게이트-소오스 동작점 전압은 $V_{GSQ} = V_{GQ} - R_S I_{DQ}$로 결정된다.

■ 드레인 동작점 전류와 전압

- 포화영역에서 동작하도록 바이어스되면, 드레인 바이어스 전류는 식 (10.2)와 같다.
- 드레인-소오스 바이어스 전압은 $V_{DSQ} = V_{DD} - (R_D + R_S) I_{DQ}$로 결정된다.

■ 직류 부하선

- 직류 부하선의 기울기는 $-\dfrac{1}{R_D + R_S}$이며, X-축 교점은 V_{DD}이고 Y-축 교점은 $\dfrac{V_{DD}}{R_D + R_S}$이다.
- 저항비 $\dfrac{R_1}{R_2}$과 드레인 저항 R_D가 고정된 상태에서, 소오스 저항 R_S 값이 클수록 직류 부하선의 기울기가 작으며, [그림 10-2(b)]와 같이 동작점의 위치도 달라진다.

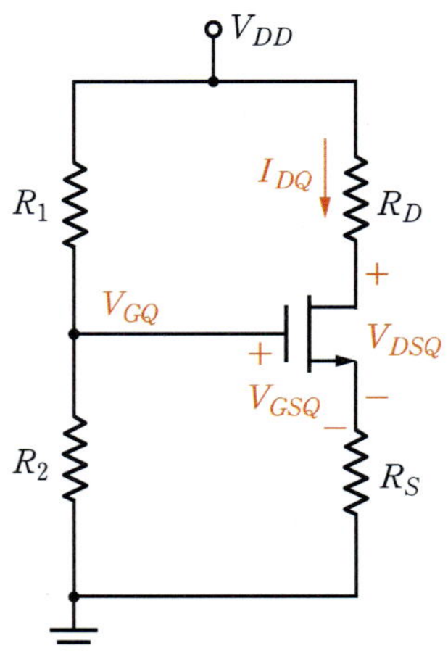

(a) 자기 바이어스 회로

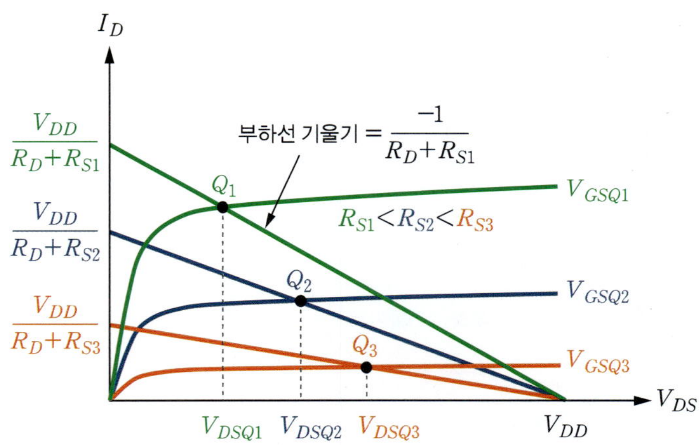

(b) 소오스 저항 R_S에 따른 동작점의 위치

그림 10-2 증가형 N채널 MOSFET의 자기 바이어스 회로

점검하기 다음 각 문제에 답하라.

(1) 바이어스 회로는 MOSFET의 DC 동작점을 설정한다. (O, X)

(2) 증가형 N채널 MOSFET가 포화영역에서 동작하려면 드레인-소오스 전압이 ($V_{GSQ} - V_{Tn} \leq V_{DSQ}$, $V_{GSQ} - V_{Tn} \geq V_{DSQ}$)로 바이어스되어야 한다. 단, 게이트-소오스 전압은 $V_{GSQ} \geq V_{Tn}$이고, V_{Tn}은 MOSFET의 문턱전압이다.

(3) 전압분배 바이어스 회로의 직류 부하선 기울기는 드레인 저항 R_D에 (비례, 반비례)한다.

(4) 전압분배 바이어스 회로의 저항비 $\dfrac{R_1}{R_2}$이 클수록 동작점이 (차단, 포화, 비포화) 모드에 가깝게 설정된다. 단, 다른 조건은 일정하게 유지된다.

(5) 전압분배 바이어스 회로의 드레인 저항 R_D가 클수록 동작점이 (차단, 포화, 비포화) 모드에 가깝게 설정된다. 단, 다른 조건은 일정하게 유지된다.

(6) 자기 바이어스 회로의 직류 부하선 기울기는 소오스 저항 R_S에 (비례, 반비례)한다. 단, 드레인 저항 R_D는 일정한 값을 유지한다.

(7) 자기 바이어스 회로의 소오스 저항 R_S가 클수록 동작점이 (차단, 포화, 비포화) 모드에 가깝게 설정된다. 단, 다른 조건은 일정하게 유지된다.

여기서 잠깐 **MOSFET 데이터 시트 이해하기 - DC 특성**

Fairchild사 2N7000 N채널 MOSFET의 DC 특성 다음과 같다.

【데이터 시트 - MOSFET의 DC 특성】

파라미터	기호	Min	Typ.	Max	단위	설명
Drain-Source Breakdown Voltage	BV_{DSS}	60	-	-	V	$V_{GS}=0\text{V}$, $I_D=10\mu\text{A}$ 상태에서 드레인-소오스 항복 전압
Zero Gate Voltage Drain Current	I_{DSS}	-	-	1	μA	$V_{GS}=0\text{V}$, $V_{DS}=48\text{V}$ 상태에서 드레인 전류
Gate Threshold Voltage	$V_{GS(th)}$	1	2.1	3	V	$V_{GS}=V_{DS}$, $I_D=1\text{mA}$ 상태에서 문턱전압
Static Drain-Source On-Resistance	$R_{DS(ON)}$	-	1.2	5	Ω	$V_{GS}=10\text{V}$, $I_D=500\text{mA}$ 상태에서 채널 저항
Drain-Source On-Voltage	$V_{DS(ON)}$	-	0.6	2.5	V	$V_{GS}=10\text{V}$, $I_D=500\text{mA}$ 상태에서 드레인-소오스 전압
On-State Drain Current	$I_{D(ON)}$	75	600	-	mA	$V_{GS}=4.5\text{V}$, $V_{DS}=10\text{V}$ 상태에서 드레인 전류
Forward Transconductance	g_{FS}	100	320	-	mS	$V_{GS}=10\text{V}$, $I_D=200\text{mA}$ 상태에서 전달컨덕턴스

10.2 실험 진행하기

실험 10-1 | N채널 MOSFET의 전압분배 바이어스 회로의 동작점 전류, 전압 측정

1. PSpice 시뮬레이션

1 회로도 입력

- N채널 MOSFET의 전압분배 바이어스 동작을 시뮬레이션하기 위해 [그림 10-3(a)]의 회로를 PSpice 회로도 편집기에 입력한다.
- 전원전압 V_{DD}는 SOURCE 라이브러리의 VDC를 사용하며, VDC의 속성 창을 열어 DC 10V로 설정한다.

2 시뮬레이션 설정

- Simulation Settings 창을 열어 [그림 10-3(b)]와 같이 Analysis Type을 Bias Point로 지정하고, Options에서 General Settings를 선택한다.
- Output File Options에서 Include detailed bias point information ··· (.OP)를 체크한다.

3 시뮬레이션 실행 및 결과 확인

- 시뮬레이션을 실행한 후, 회로도 편집기 창에서 Enable Bias Voltage Display와 Enable Bias Current Display를 활성화시키면, 바이어스 전압, 전류값이 회로도에 표시된다.
- PSpice 메뉴에서 View Output File을 실행해서 시뮬레이션 결과 파일을 열고, OPERATING POINT INFORMATION 부분에서 바이어스 전류와 전압 값을 확인하여 [표 10-1(a)]의 $R_2 = 160\,\text{k}\Omega$ 열에 기록한다. 또한, 동작점 해석 결과로부터 MOSFET의 동작모드를 판정하여 표의 해당 칸에 기록한다. MOSFET의 문턱전압은 $V_{Tn} = 2.093\,\text{V}$를 적용한다.

- 저항비 $\frac{R_1}{R_2}$에 따른 동작점 해석
  - 저항 $R_1 = 560\,\text{k}\Omega$을 유지한 상태로 저항 R_2를 [표 10-1(a)]에 나열된 값으로 변경하고 시뮬레이션을 실행한다. 시뮬레이션으로 얻은 바이어스 전류와 전압값을 [표 10-1(a)]에 기록하고, MOSFET의 동작모드를 판정하여 표에 기록한다.
- 드레인 저항 R_D에 따른 동작점 해석
  - 저항 $R_1 = 560\,\text{k}\Omega$, $R_2 = 160\,\text{k}\Omega$을 유지한 상태에서 저항 R_D를 [표 10-1(b)]에 나열된 값으로 변경하고 시뮬레이션을 실행한다. 시뮬레이션으로 얻은 바이어스 전류와 전압값을 [표 10-1(b)]의 해당 칸에 기록하고, MOSFET의 동작모드를 판정하여 표에 기록한다.

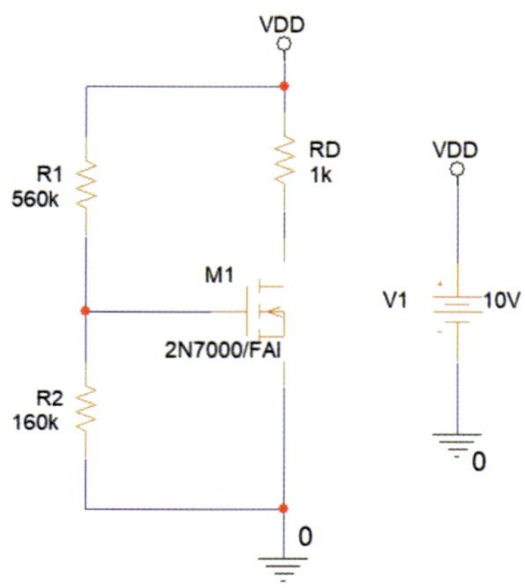

(a) 시뮬레이션 회로

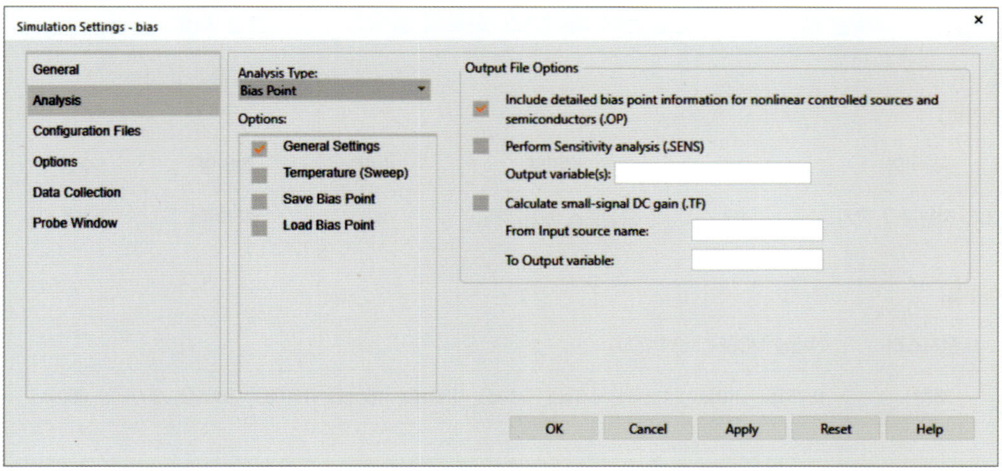

(b) 시뮬레이션 설정

그림 10-3 N채널 MOSFET의 전압분배 바이어스 회로 시뮬레이션

표 10-1 N채널 MOSFET 전압분배의 바이어스 회로의 동작점 전류, 전압 시뮬레이션 결과

(a) 저항비 $\frac{R_1}{R_2}$에 따른 동작점 전류, 전압 ($R_1 = 560\,\mathrm{k\Omega}$, $R_D = 1\,\mathrm{k\Omega}$ 유지)

	$R_2\,[\mathrm{k\Omega}]$				
	130	150	160	180	200
$V_{GSQ}\,[\mathrm{V}]$					
$I_{DQ}\,[\mathrm{mA}]$					
$V_{DSQ}\,[\mathrm{V}]$					
동작모드					

(b) 드레인 저항 R_D에 따른 동작점 전류, 전압 ($R_1 = 560\,\mathrm{k\Omega}$, $R_2 = 160\,\mathrm{k\Omega}$ 유지)

	$R_D\,[\mathrm{k\Omega}]$				
	0.75	1.0	2.2	4.3	5.6
$V_{GSQ}\,[\mathrm{V}]$					
$I_{DQ}\,[\mathrm{mA}]$					
$V_{DSQ}\,[\mathrm{V}]$					
동작모드					

2. 실험 N채널 MOSFET의 전압분배 바이어스 회로의 동작점 전류, 전압 측정

[실험장비]

장비명	수량	장비명	수량	장비명	수량
DC 전원공급 장치	1대	오실로스코프(2채널)	1대	멀티미터	1대

[실험부품]

트랜지스터	N채널 MOSFET 2N7000
저항	$0.75\,\mathrm{k\Omega}$, $1.0\,\mathrm{k\Omega}$, $2.2\,\mathrm{k\Omega}$, $4.3\,\mathrm{k\Omega}$, $5.6\,\mathrm{k\Omega}$, $130\,\mathrm{k\Omega}$, $150\,\mathrm{k\Omega}$, $160\,\mathrm{k\Omega}$, $180\,\mathrm{k\Omega}$, $200\,\mathrm{k\Omega}$, $560\,\mathrm{k\Omega}$

1 브레드보드 부품 배치도 연결 완성하기

- [그림 10-4(a)]의 실험회로를 참조해서 [그림 10-4(b)]의 브레드보드 부품 배치도의 연결을 완성한다.
  - 2N7000 N채널 MOSFET의 소오스(❶), 게이트(❷), 드레인(❸) 단자를 잘 구별하여 소자 간의 연결, 전원전압 V_{DD}와 접지의 연결을 표시한다.

2 회로 구성하기

- 완성된 부품 배치도를 참조해서 [그림 10-4(a)]의 실험회로를 브레드보드에 구성한다.
  - 2N7000 N채널 MOSFET의 소오스(❶), 게이트(❷), 드레인(❸) 단자를 잘 구별하여 소오스가 왼쪽에, 드레인이 오른쪽에 위치하도록 브레드보드에 삽입한다.
  - 게이트 단자 : 바이어스 저항 R_1과 R_2의 접점을 MOSFET의 게이트에 연결한다.
  - 드레인 저항 : MOSFET의 드레인과 V_{DD} 사이에 $R_D = 1\,\text{k}\Omega$을 연결한다.
  - 소오스 단자 : MOSFET의 소오스를 접지로 연결한다.

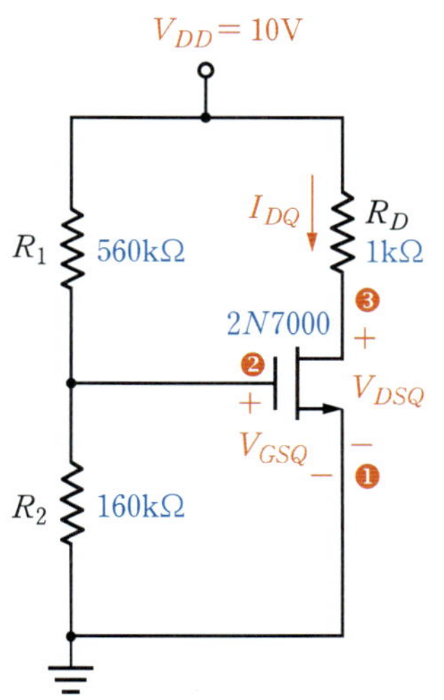

(a) 실험회로

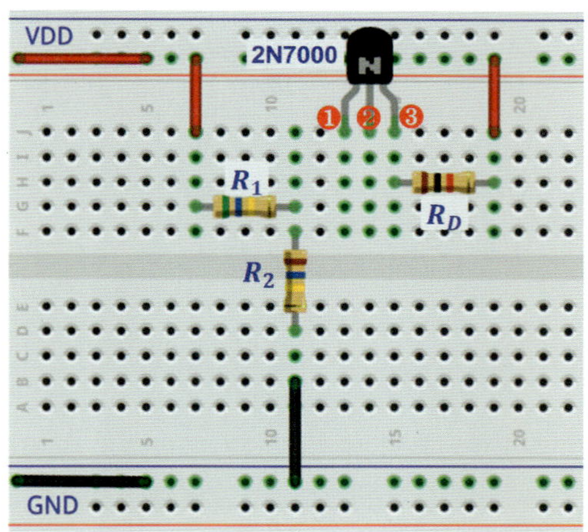

실험회로를 참고해서 부품 배치도의 연결을 완성한다.

(b) 부품 배치도

그림 10-4 N채널 MOSFET의 전압분배 바이어스 실험회로

3 회로 점검하기

- 브레드보드에 부품 실장이 완료되면, 멀티미터를 저항측정 모드로 설정하고 브레드보드에 구성된 회로의 단락, 접촉 불량 등을 점검한다.
- V_{DD}와 GND의 단락 여부를 확인한다.
- V_{DD}로 연결되는 노드들과 GND로 연결되는 노드들의 단락/개방 여부를 확인한다.

4 전원전압 인가하기

- DC 전원공급 장치의 출력이 10V가 되도록 설정하고, 브레드보드에 인가한다.

5 저항비 $\frac{R_1}{R_2}$에 따른 동작점 전류, 전압 관찰하기($R_1 = 560\,\text{k}\Omega$ 유지)

- $R_1 = 560\,\text{k}\Omega$을 유지한 상태에서 저항 R_2를 [표 10-2(a)]에 나열된 값으로 바꾸면서 동작점 전류, 전압을 측정하여 해당 칸에 기록한다.
  - 드레인 바이어스 전류 I_{DQ} 측정 : 저항 R_D 양단의 전압 V_{RD}를 측정하고, $I_{DQ} = \frac{V_{RD}}{R_D}$로 얻는다.
- 측정된 값으로부터 MOSFET의 동작모드를 확인하여 표에 기록한다. MOSFET의 문턱전압은 $V_{Tn} = 2.093\,\text{V}$를 적용한다.

표 10-2 N채널 MOSFET의 전압분배 바이어스 회로의 동작점 전류, 전압 측정 결과

(a) 저항비 $\frac{R_1}{R_2}$에 따른 동작점 전류, 전압 ($R_1 = 560\,\text{k}\Omega$, $R_D = 1\,\text{k}\Omega$ 유지)

	$R_2\,[\text{k}\Omega]$				
	130	150	160	180	200
$V_{GSQ}\,[\text{V}]$					
$V_{RD}\,[\text{V}]$					
$I_{DQ} = \frac{V_{RD}}{R_D}\,[\text{mA}]$					
$V_{DSQ}\,[\text{V}]$					
동작모드					

(b) 드레인 저항 R_D에 따른 동작점 전류, 전압 ($R_1 = 560\,\text{k}\Omega$, $R_2 = 160\,\text{k}\Omega$ 유지)

	$R_D\,[\text{k}\Omega]$				
	0.75	1.0	2.2	4.3	5.6
$V_{GSQ}\,[\text{V}]$					
$V_{RD}\,[\text{V}]$					
$I_{DQ} = \frac{V_{RD}}{R_D}\,[\text{mA}]$					
$V_{DSQ}\,[\text{V}]$					
동작모드					

6 드레인 저항 R_D에 따른 동작점 전류, 전압 관찰하기 ($R_1 = 560\,\text{k}\Omega$, $R_2 = 160\,\text{k}\Omega$ 유지)

- $R_1 = 560\,\text{k}\Omega$, $R_2 = 160\,\text{k}\Omega$을 유지한 상태에서 드레인 저항 R_D를 [표 10-2(b)]에 나열된 값으로 바꾸면서 동작점 전류, 전압을 측정하여 해당 칸에 기록한다.
- 측정된 값으로부터 MOSFET의 동작모드를 확인하여 표에 기록한다.

실험 10-2 | N채널 MOSFET의 자기 바이어스 회로의 동작점 전류, 전압 측정

1. PSpice 시뮬레이션

1 회로도 입력

- N채널 MOSFET의 자기 바이어스 동작을 시뮬레이션하기 위해 [그림 10-5]의 회로를 PSpice 회로도 편집기에 입력한다.
- 전원전압 V_{DD}는 SOURCE 라이브러리의 VDC를 사용하며, VDC의 속성 창을 열어 DC 15V로 설정한다.

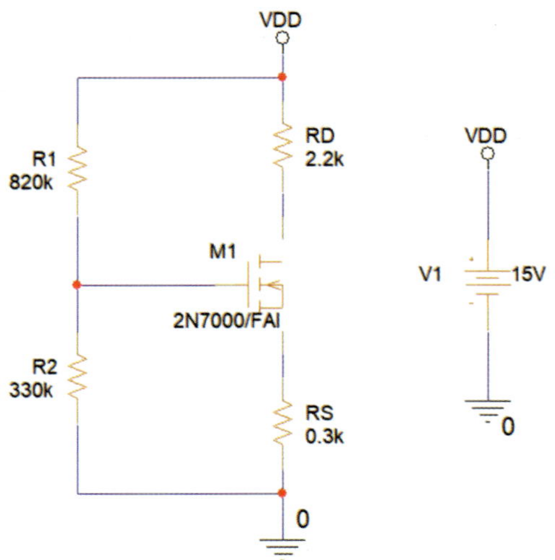

그림 10-5 N채널 MOSFET의 자기 바이어스 회로 시뮬레이션

2 시뮬레이션 설정

- Simulation Settings 창을 열어 [그림 10-3(b)]와 같이 Analysis Type을 Bias Point로 지정하고, Options에서 General Settings를 선택한다.
- Output File Options에서 Include detailed bias point information … (.OP)를 체크한다.

3 시뮬레이션 실행 및 결과 확인

- 시뮬레이션을 실행한 후, 회로도 편집기 창에서 Enable Bias Voltage Display와 Enable Bias Current Display를 활성화시키면, 바이어스 전압, 전류값이 회로도에 표시된다.
- PSpice 메뉴에서 View Output File을 실행해서 시뮬레이션 결과 파일을 열고, OPERATING POINT INFORMATION 부분에서 바이어스 전류와 전압값을 확인하여 [표 10-3]의 $R_S = 0.3\,\mathrm{k\Omega}$ 열에 기록한다. 또한, 동작점 해석 결과로부터 MOSFET의 동작모드를 판정하여 표의 해당 칸에 기록한다. PSpice의 View Output File로부터 MOSFET의 문턱전압은 $V_{Tn} = 2.093\,\mathrm{V}$를 적용한다.
- 소오스 저항 R_S에 따른 동작점 해석
  - 소오스 저항 R_S를 [표 10-3]에 나열된 값으로 변경하고 시뮬레이션을 실행한다. 시뮬레이션으로 얻은 바이어스 전류와 전압값을 확인하여 [표 10-3]에 기록하고, MOSFET의 동작모드를 판정하여 표에 기록한다. PSpice의 View Output File로부터 MOSFET의 문턱전압은 $V_{Tn} = 2.093\,\mathrm{V}$를 적용한다.

표 10-3 N채널 MOSFET의 자기 바이어스 회로의 동작점 전류, 전압 시뮬레이션 결과
($R_1 = 820\,\mathrm{k\Omega}$, $R_2 = 330\,\mathrm{k\Omega}$, $R_D = 2.2\,\mathrm{k\Omega}$을 유지)

	$R_S\,[\mathrm{k\Omega}]$			
	0.18	0.3	1.0	2.2
$V_{GQ}\,[\mathrm{V}]$				
$V_{SQ}\,[\mathrm{V}]$				
$V_{GSQ}\,[\mathrm{V}]$				
$I_{DQ}\,[\mathrm{mA}]$				
$V_{DSQ}\,[\mathrm{V}]$				
동작모드				

2. 실험 N채널 MOSFET의 자기 바이어스 회로의 동작점 전류, 전압 측정

[실험장비]

장비명	수량	장비명	수량	장비명	수량
DC 전원공급 장치	1대	오실로스코프(2채널)	1대	멀티미터	1대

[실험부품]

트랜지스터	N채널 MOSFET 2N7000
저항	0.18kΩ, 0.3kΩ, 1.0kΩ, 2.2kΩ(2개), 330kΩ, 820kΩ

1 브레드보드 부품 배치도 연결 완성하기

- [그림 10-6(a)]의 실험회로를 참조해서 [그림 10-6(b)]의 브레드보드 부품 배치도의 연결을 완성한다.
  - 2N7000 N채널 MOSFET의 소오스(❶), 게이트(❷), 드레인(❸) 단자를 잘 구별하여 소자 간의 연결, 전원전압 V_{DD}와 접지의 연결을 표시한다.

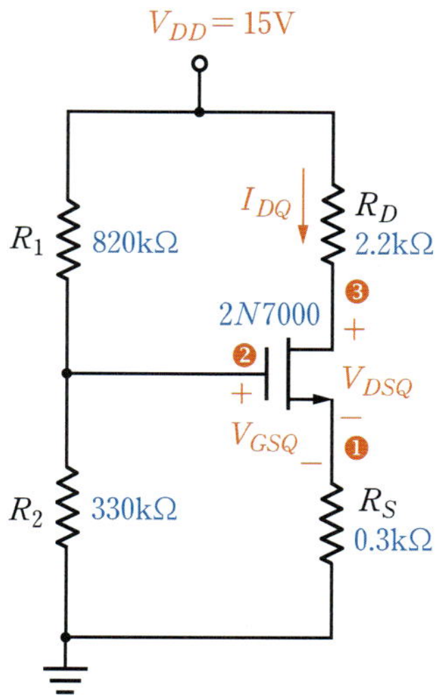

(a) 실험회로

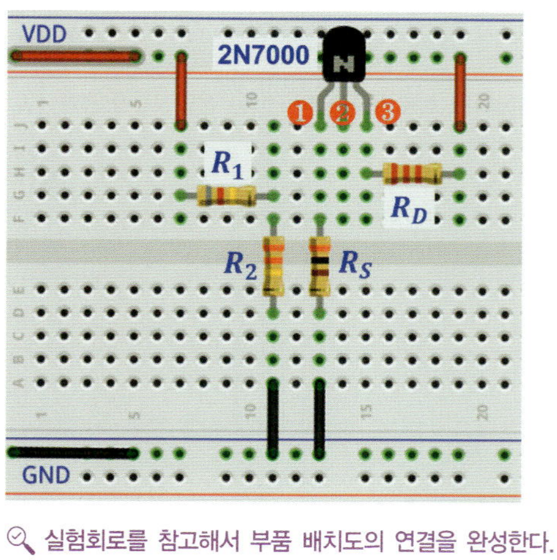

(b) 부품 배치도

그림 10-6 N채널 MOSFET의 자기 바이어스 실험회로

2 회로 구성하기

- 완성된 부품 배치도를 참조해서 [그림 10-6(a)]의 실험회로를 브레드보드에 구성한다.
  - 2N7000 N채널 MOSFET의 소오스(❶), 게이트(❷), 드레인(❸) 단자를 잘 구별하여 소오스가 왼쪽에, 드레인이 오른쪽에 위치하도록 브레드보드에 삽입한다.
  - 게이트 단자 : 바이어스 저항 R_1과 R_2의 접점을 MOSFET의 게이트에 연결한다.
  - 소오스 저항 : 소오스(❶)와 접지 사이에 저항 $R_S = 0.3\,\text{k}\Omega$을 연결한다.
  - 드레인 저항 : 드레인(❸)과 전원 V_{DD} 사이에 저항 $R_D = 2.2\,\text{k}\Omega$을 연결한다.

3 회로 점검하기

- 브레드보드에 부품 실장이 완료되면, 멀티미터를 저항측정 모드로 설정하고 브레드보드에 구성된 회로의 단락, 접촉 불량 등을 점검한다.
- V_{DD}와 GND의 단락 여부를 확인한다.
- V_{DD}로 연결되는 노드들과 GND로 연결되는 노드들의 단락/개방 여부를 확인한다.

4 전원전압 인가하기

- DC 전원공급 장치의 출력이 15V가 되도록 설정하고, 브레드보드에 인가한다.

표 10-4 N채널 MOSFET 자기 바이어스 회로의 동작점 전류, 전압 측정 결과 ($R_1 = 820\,\text{k}\Omega$, $R_2 = 330\,\text{k}\Omega$, $R_D = 2.2\,\text{k}\Omega$ 유지)

	$R_S\,[\text{k}\Omega]$			
	0.18	0.3	1.0	2.2
V_{GQ} [V]				
V_{SQ} [V]				
V_{GSQ} [V]				
V_{RD} [V]				
$I_{DQ} = \dfrac{V_{RD}}{R_D}$ [mA]				
$I_{SQ} = I_{DQ}$ [mA]				
V_{DSQ} [V]				
동작모드				

5 소오스 저항 R_S에 따른 동작점 전류, 전압 관찰하기(R_1, R_2, R_D 값은 고정)

- R_1, R_2, R_D 값을 고정한 상태에서 [표 10-4]에 나열된 소오스 저항 R_S 값으로 바꾸면서 동작점 전류, 전압을 측정하여 해당 칸에 기록한다.
  - 드레인 바이어스 전류 I_{DQ} 측정 : 저항 R_D 양단의 전압 V_{RD}를 측정하고, $I_{DQ} = \frac{V_{RD}}{R_D}$로 얻는다.
  - 소오스 바이어스 전류 I_{SQ} 측정 : MOSFET의 게이트 단자 전류는 0이므로, $I_{SQ} = I_{DQ}$이다.
- 측정된 값으로부터 MOSFET의 동작모드를 확인하여 표에 기록한다. MOSFET의 문턱전압은 $V_{Tn} = 2.093\mathrm{V}$를 적용한다.

실험 10-3 | 설계 N채널 MOSFET의 전압분배 바이어스 회로 설계

1. 회로 설계

■ 설계 조건

- [그림 10-1(a)]와 같은 전압분배 바이어스 회로의 동작점이 다음과 같이 설정되도록 게이트 바이어스 저항 R_1, 드레인 저항 R_D 값을 결정한다. 계산값에 가장 가까운 표준 저항값(오차 5%)으로 결정한다. 단, $R_2 = 150\,\mathrm{k\Omega}$을 적용하고, 전원전압은 $V_{DD} = 12\,\mathrm{V}$이다.
  - 동작점 : $V_{GSQ} \simeq 2.2\,\mathrm{V}$, $I_{DQ} \simeq 3.0\,\mathrm{mA}$, $V_{DSQ} \simeq 6.8\,\mathrm{V}$

■ 설계

- 게이트 바이어스 저항 R_1 값 구하기 : 식 (10.1)로부터 R_1/R_2을 계산하고, 주어진 $R_2 = 150\,\mathrm{k\Omega}$을 적용하여 R_1 값을 구한다.
- 드레인 저항 R_D 값 구하기 : $I_{DQ} \simeq 3.0\,\mathrm{mA}$, $V_{DSQ} \simeq 6.8\,\mathrm{V}$가 되도록 동작점을 설정하므로, 드레인-소오스 바이어스 전압 $V_{DSQ} = V_{DD} - R_D I_{DQ}$로부터 드레인 저항 R_D 값을 구한다.
- 설계 결과로 얻어진 저항의 계산값과 표준 저항값을 [표 10-5]와 [표 10-6]에 기록한다.

2. PSpice 시뮬레이션

1 회로도 입력

- 설계된 전압분배 바이어스 회로의 시뮬레이션을 위해 [그림 10-3(a)]의 회로를 PSpice 회로도 편집기에 입력한다.
- N채널 MOSFET 2N7000를 사용하고, 바이어스 저항 R_1, R_2와 드레인 저항 R_D를 설계로 구해진 값으로 설정한다.
- 전원전압 V_{DD}는 SOURCE 라이브러리의 VDC를 사용하며, VDC의 속성 창을 열어 DC 12V로 설정한다.

2 시뮬레이션 설정

- Simulation Settings 창을 열어 [그림 10-3(b)]와 같이 Analysis Type을 Bias Point로 지정하고, Options에서 General Settings를 선택한다.
- Output File Options에서 Include detailed bias point information … (.OP)를 체크한다.

3 시뮬레이션 실행 및 결과 확인

- 시뮬레이션을 실행한 후, 회로도 편집기 창에서 Enable Bias Voltage Display와 Enable Bias Current Display를 활성화시키면, 바이어스 전압, 전류 값이 회로도에 표시된다.
- PSpice 메뉴에서 View Output File을 실행해서 시뮬레이션 결과 파일을 열고, OPERATING POINT INFORMATION 부분에서 바이어스 전류와 전압값을 확인하여 [표 10-5]에 기록한다. 또한, 동작점 해석 결과로부터 MOSFET의 동작모드를 판정하여 표에 기록한다. PSpice의 View Output File로부터 MOSFET의 문턱전압 $V_{Tn} = 2.093\,\text{V}$를 적용한다.

표 10-5 N채널 MOSFET의 전압분배 바이어스 회로의 설계 결과 및 시뮬레이션 결과

<table>
<tr><td rowspan="3">설계 결과</td><td colspan="2">R_1 [kΩ]</td><td rowspan="2">R_2 [kΩ]</td><td colspan="2">R_D [kΩ]</td></tr>
<tr><td>계산값</td><td>표준 저항값</td><td>계산값</td><td>표준 저항값</td></tr>
<tr><td></td><td></td><td>150</td><td></td><td></td></tr>
<tr><td></td><td>V_{DD} [V]</td><td>V_{GSQ} [V]</td><td>I_{DQ} [mA]</td><td>V_{DSQ} [V]</td><td>동작모드</td></tr>
<tr><td>설계 조건</td><td>12</td><td>2.2</td><td>3.0</td><td>6.8</td><td>포화</td></tr>
<tr><td>시뮬레이션 결과</td><td></td><td></td><td></td><td></td><td></td></tr>
</table>

3. 실험 설계된 전압분배 바이어스 회로의 동작점 전류, 전압 측정

1 회로 구성하기

- [실험 10-1]의 완성된 부품 배치도를 참조해 브레드보드에 실험회로를 구성한다.
- N채널 MOSFET 2N7000을 사용하고, 바이어스 저항 R_1, R_2와 드레인 저항 R_D는 설계로 구해진 값을 적용한다.

2 회로 점검하기

- 브레드보드에 부품 실장이 완료되면, 멀티미터를 저항측정 모드로 설정하고 브레드보드에 구성된 회로의 단락, 접촉 불량 등을 점검한다.
- V_{DD}와 GND의 단락 여부를 확인한다.
- V_{DD}로 연결되는 노드들과 GND로 연결되는 노드들의 단락/개방 여부를 확인한다.

3 전원전압 인가하기

- DC 전원공급 장치의 출력이 12V가 되도록 설정하고, 브레드보드에 인가한다.

4 바이어스 전류, 전압 측정하기

- 게이트-소오스 바이어스 전압 V_{GSQ}, 드레인 바이어스 전류 I_{DQ}, 드레인-소오스 바이어스 전압 V_{DSQ}를 측정하여 [표 10-6]에 기록한다. I_{DQ}는 저항 R_D 양단의 전압 V_{RD}를 측정하고, $I_{DQ}=\dfrac{V_{RD}}{R_D}$로 구한다.
- 측정된 값으로부터 MOSFET의 동작모드를 확인하여 표에 기록한다. MOSFET의 문턱전압은 $V_{Tn}=2.093\,\mathrm{V}$를 적용한다.

표 10-6 N채널 MOSFET의 전압분배 바이어스 회로의 설계 결과 및 측정 결과

설계 결과	R_1 [kΩ]		R_2 [kΩ]	R_D [kΩ]	
	계산값	표준 저항값		계산값	표준 저항값
			150		
	V_{DD} [V]	V_{GSQ} [V]	I_{DQ} [mA]	V_{DSQ} [V]	동작모드
설계 조건	12	2.2	3.0	6.8	포화
측정 결과					

실험 고찰

■ 고찰 [1]

- [표 10-1(a)]와 [표 10-2(a)]의 드레인 저항 R_D 값에 대해 직류 부하선을 [그림 10-7]의 모눈종이에 그린다. $V_{DD} = 10\,\text{V}$로 하고, [그림 10-1(b)]를 참조한다.
- [표 10-1(a)]의 시뮬레이션 결과와 [표 10-2(a)]의 측정 결과로 얻은 V_{DSQ} 값과 I_{DQ} 값을 직류 부하선 위에 ▲(시뮬레이션 결과 값)와 ●(측정값)로 표시한다.
- [그림 10-7]의 그래프로부터, 드레인 저항 R_D 값이 고정된 상태에서 게이트 바이어스 저항비 $\frac{R_1}{R_2}$이 MOSFET의 동작점 위치에 미치는 영향을 설명하라.

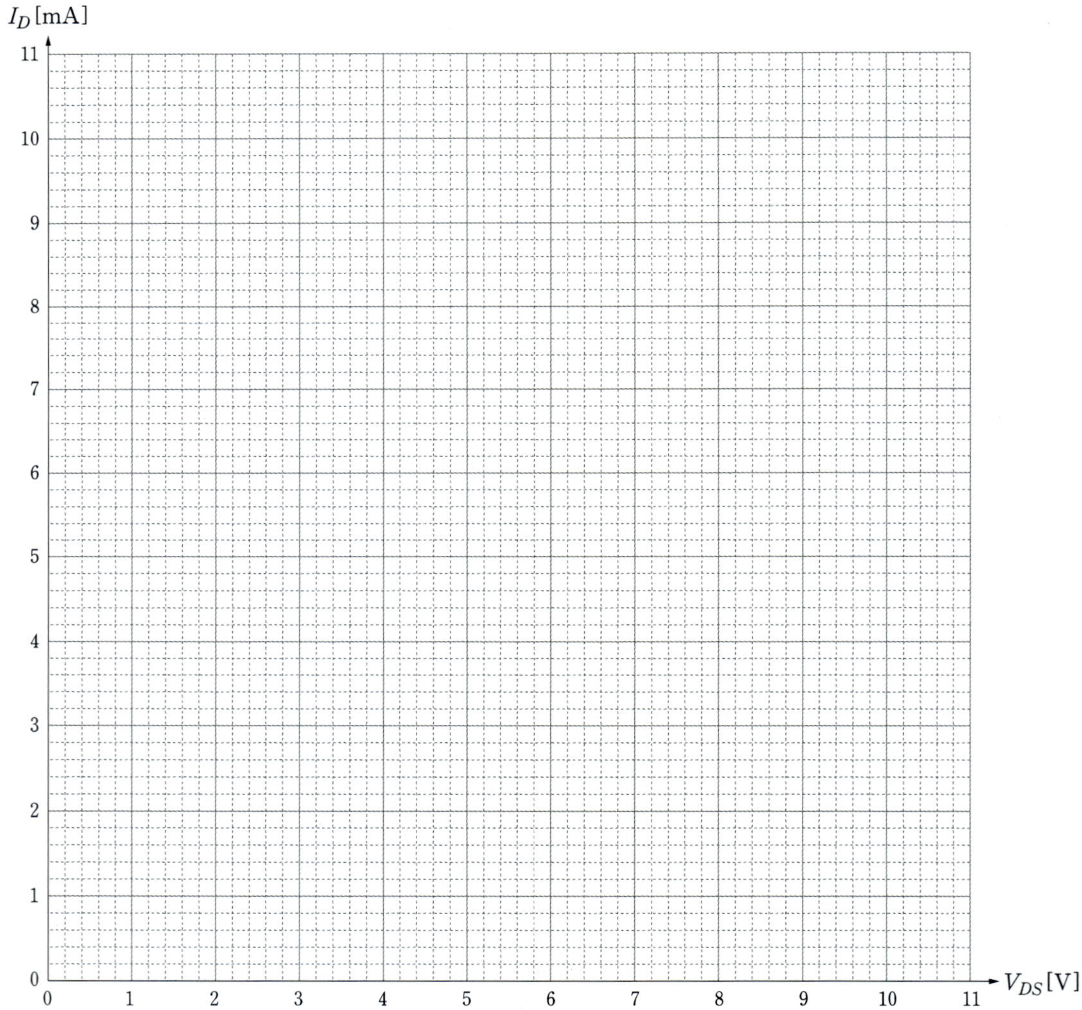

그림 10-7 N채널 MOSFET의 전압분배 바이어스 회로의 저항비 $\frac{R_1}{R_2}$에 따른 동작점 위치 변화

실험 고찰

■ 고찰 [2]

- [표 10-1(b)]와 [표 10-2(b)]에 나열된 드레인 저항 R_D 값에 대해 직류 부하선을 [그림 10-8]의 모눈종이에 그린다. $V_{DD} = 10\,\text{V}$로 하고, [그림 10-1(c)]를 참조한다.
- [표 10-1(b)]의 시뮬레이션 결과와 [표 10-2(b)]의 측정 결과로 얻은 V_{DSQ} 값과 I_{DQ} 값을 R_D 값에 따른 직류 부하선 위에 ▲(시뮬레이션 결과 값)와 ●(측정값)로 표시한다.
- [그림 10-8]의 그래프로부터, 게이트 바이어스 전압 V_{GQ} 값이 고정된 상태에서 드레인 저항 R_D가 증가함에 따라 MOSFET의 동작점 위치가 어떻게 변하는지 설명하라.

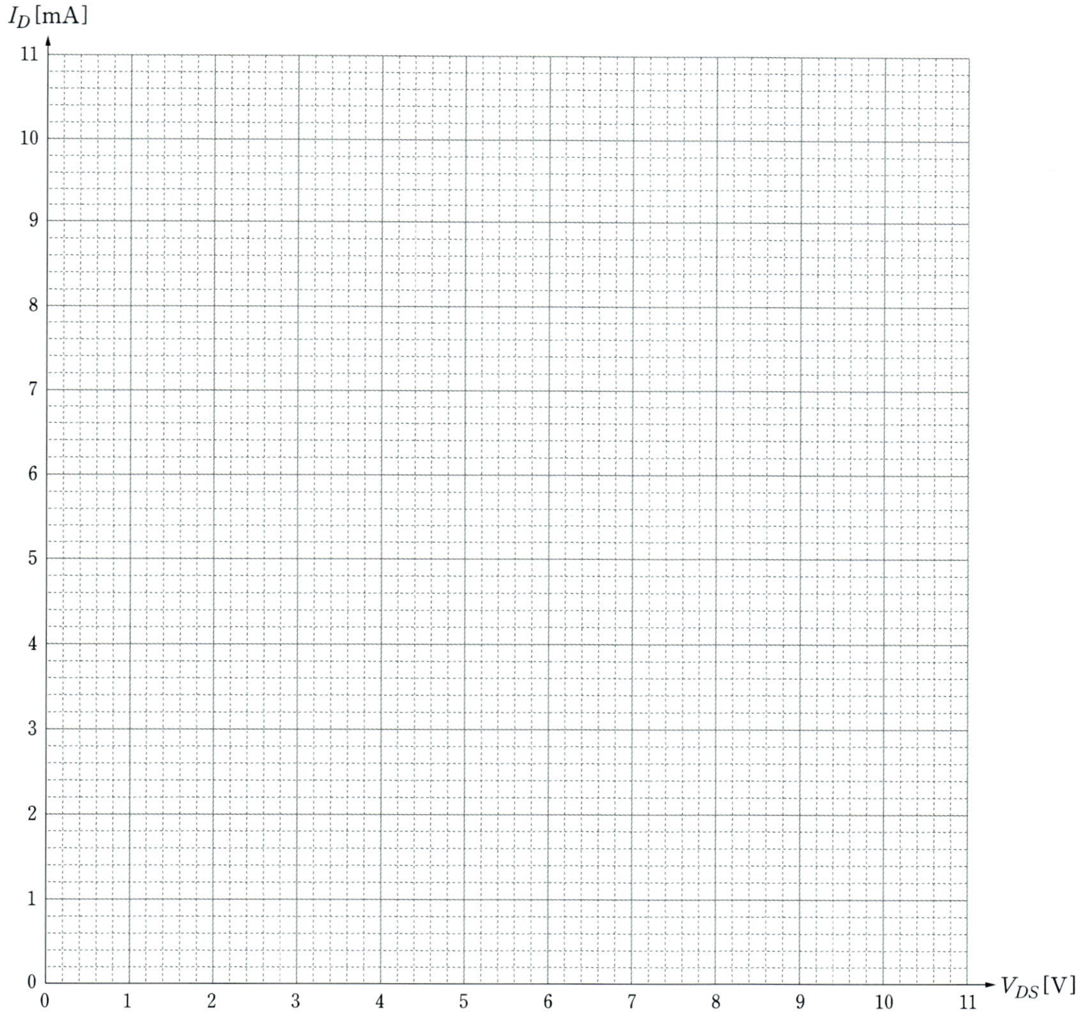

그림 10-8 N채널 MOSFET의 전압분배 바이어스 회로의 드레인 저항 R_D에 따른 동작점 위치 변화

실험 고찰

■ 고찰 [3]

- [표 10−3]과 [표 10−4]에 나열된 소오스 저항 R_S 값에 대해 직류 부하선을 [그림 10−9]의 모눈종이에 그린다. $V_{DD} = 15\,\mathrm{V}$로 하고, [그림 10−2(b)]를 참조한다.
- [표 10−3]의 시뮬레이션 결과와 [표 10−4]의 측정 결과로 얻은 V_{DSQ} 값과 I_{DQ} 값을 R_S 값에 따른 직류 부하선 위에 ▲(시뮬레이션 결과 값)와 ●(측정값)로 표시한다.
- [그림 10−9]의 그래프로부터, 게이트 바이어스 저항비 $\dfrac{R_1}{R_2}$과 드레인 저항 R_D 값이 고정된 상태에서 소오스 저항 R_S가 증가함에 따라 MOSFET의 동작점 위치가 어떻게 변하는지 설명하라.

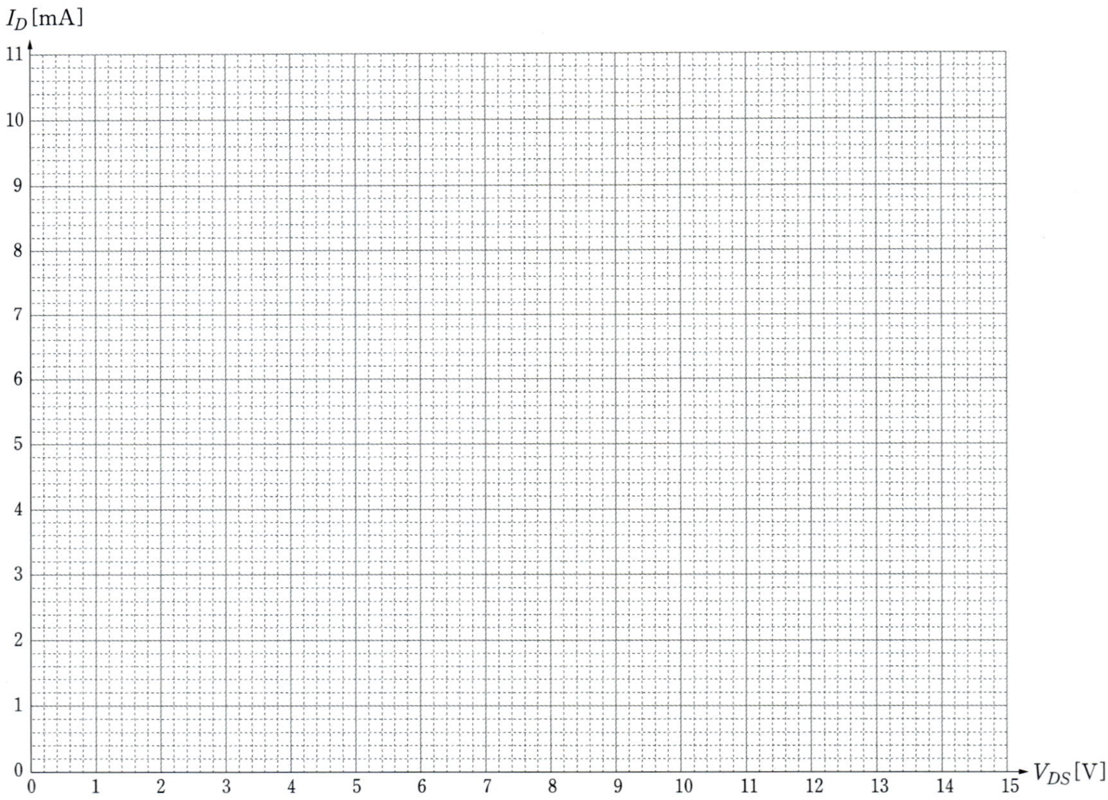

그림 10−9 N채널 MOSFET의 자기 바이어스 회로의 소오스 저항 R_S에 따른 동작점 위치 변화

연계 | 〈핵심이 보이는 전자회로〉 3.4절

실험

11

MOSFET 증폭기 회로

실험 목적

- 시뮬레이션을 통해 공통소오스 증폭기와 공통드레인 증폭기의 동작 특성을 예측한다.
- 공통소오스 증폭기의 회로 구성과 동작을 확인한다.
- 공통드레인 증폭기의 회로 구성과 동작을 확인한다.

실험 내용

- 실험 11-1 | 공통소오스 증폭기 회로의 동작 특성 측정
- 실험 11-2 | 공통드레인 증폭기 회로의 동작 특성 측정
- 설계 실험 11-3 | 공통소오스 증폭기 회로 설계

11.1 이론적 배경 이해하기

1. MOSFET 증폭기 회로

- 증폭기amplifier는 미약한 세기의 전자 신호(전압 또는 전류)를 큰 진폭으로 만들어 신호의 전력을 증가시키는 아날로그 전자회로 또는 장치이며, 오디오 시스템, 무선통신 시스템, 센서 시스템 등 매우 다양한 분야에 활용된다.
- 증폭기 회로는 전압 증폭기, 전류 증폭기, 전달컨덕턴스 증폭기, 전달임피던스 증폭기 등으로 분류되며, 전압 증폭기가 가장 일반적이다.
- MOSFET 소자를 사용한 증폭기는 공통소오스 증폭기, 공통드레인 증폭기, 공통게이트 증폭기의 세 가지 기본 형태로 구현된다.
- 증폭기 회로는 입력과 출력 사이에 선형성이 중요하며, 따라서 MOSFET 소자가 증폭기로 사용되기 위해서는 포화모드로 바이어스되어야 한다.

2. 공통소오스 증폭기

■ 회로 구성

- N채널 MOSFET 공통소오스 증폭기는 [그림 11-1]과 같이 소오스가 접지로 연결되어 입력단과 출력단의 공통단자로 사용되며, 드레인은 저항 R_D를 통해 전원 V_{DD}로 연결된다.
- 입력전압 v_S는 결합 커패시터coupling capacitor C_{C1}을 통해 MOSFET의 게이트로 입력되고, 드레인에 연결된 결합 커패시터 C_{C2}를 통해 출력전압 v_o가 얻어진다.

■ 바이어스

- 저항 R_1, R_2에 의해 MOSFET의 게이트 바이어스 전압 V_{GQ}가 결정된다.
- 저항 R_D에 의해 드레인-소오스 바이어스 전압은 $V_{DSQ} = V_{DD} - R_D I_{DQ}$로 결정된다.
- MOSFET 증폭기가 선형으로 동작하는 신호범위를 최대로 만들기 위해서는 V_{GSQ}, I_{DQ}, V_{DSQ}에 의해 결정되는 동작점이 포화영역의 중앙 근처에 설정되어야 한다.

- 동작점 드레인 전류 I_{DQ}와 게이트-소오스 전압 V_{GSQ}로부터, MOSFET의 전달컨덕턴스 g_m은 식 (11.1)과 같이 계산된다. 참고로, 2N7000 증가형 MOSFET의 문턱전압은 $V_{Tn} = 2.1\,\text{V}$이다.

$$g_m = \frac{2I_{DQ}}{(V_{GSQ} - V_{Tn})} \tag{11.1}$$

■ 전압이득

- 바이어스 저항의 영향을 무시하고($R_1 \parallel R_2 \gg R_{SS}$), MOSFET의 드레인 출력저항 r_d가 매우 커서 그 영향을 무시할 수 있다고 가정하면, 공통소오스 증폭기의 소신호 전압이득은 식 (11.2)와 같다.
- 마이너스 부호는 입력전압과 출력전압의 위상이 서로 반전 관계임을 의미한다.
- $g_m R_S \gg 1$이면, 공통소오스 증폭기의 전압이득은 근사적으로 전달컨덕턴스 g_m에 무관하게 저항비로 주어진다.

$$A_v \equiv \frac{v_o}{v_s} = -\frac{g_m(R_D \parallel R_L)}{1 + g_m R_S} \simeq -\frac{(R_D \parallel R_L)}{R_S} \tag{11.2}$$

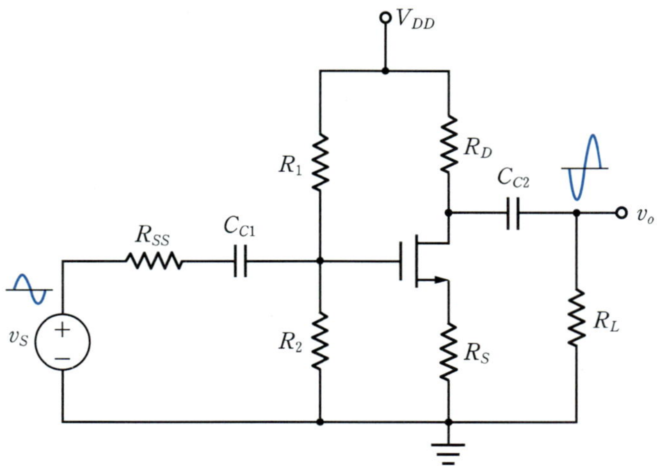

그림 11-1 공통소오스 증폭기 회로

3. 공통드레인 증폭기

■ 회로 구성

- N채널 MOSFET 공통드레인 증폭기는 [그림 11-2]와 같이 드레인이 전원 V_{DD}로 연결되어 입력단과 출력단의 공통단자로 사용되며, 소오스는 저항 R_S를 통해 접지로 연결된다.

- 입력전압 v_S는 결합 커패시터 C_C를 통해 MOSFET의 게이트로 입력되고, 출력전압 v_o는 소오스에서 얻어진다.

■ 바이어스

- 저항 R_1, R_2에 의해 MOSFET 게이트 단자의 바이어스 전압 V_{GQ}가 결정된다.
- 게이트-소오스 바이어스 전압은 $V_{GSQ} = V_{GQ} - R_S I_{DQ}$로 결정된다.
- 드레인-소오스 바이어스 전압은 $V_{DSQ} = V_{DD} - R_S I_{DQ}$로 결정된다.
- MOSFET 증폭기가 선형으로 동작하는 신호범위를 최대로 만들기 위해서는 V_{GSQ}, I_{DQ}, V_{DSQ}에 의해 결정되는 동작점이 포화영역의 중앙 근처에 설정되어야 한다.
- 동작점 드레인 전류 I_{DQ}와 게이트-소오스 전압 V_{GSQ}로부터, MOSFET의 전달컨덕턴스 g_m은 식 (11.1)과 같이 계산된다. 참고로, 2N7000 증가형 MOSFET의 문턱전압은 $V_{Tn} = 2.1\,\mathrm{V}$이다.

■ 전압이득

- 바이어스 저항의 영향을 무시하고($R_1 \parallel R_2 \gg R_{SS}$), MOSFET의 드레인 출력저항 r_d가 매우 커서 그 영향을 무시할 수 있다고 가정하면, 공통드레인 증폭기의 소신호 전압이득은 식 (11.3)과 같다.
- $g_m R_S \gg 1$이면, 공통드레인 증폭기의 전압이득은 근사적으로 $A_v \simeq 1\,[\mathrm{V/V}]$이 된다.
- 공통드레인 증폭기는 전압이득이 근사적으로 1이고, 큰 입력저항과 작은 출력저항을 가지므로, 전압버퍼로 사용된다.

$$A_v \equiv \frac{v_o}{v_s} = \frac{g_m R_S}{1 + g_m R_S} \simeq 1\,[\mathrm{V/V}] \tag{11.3}$$

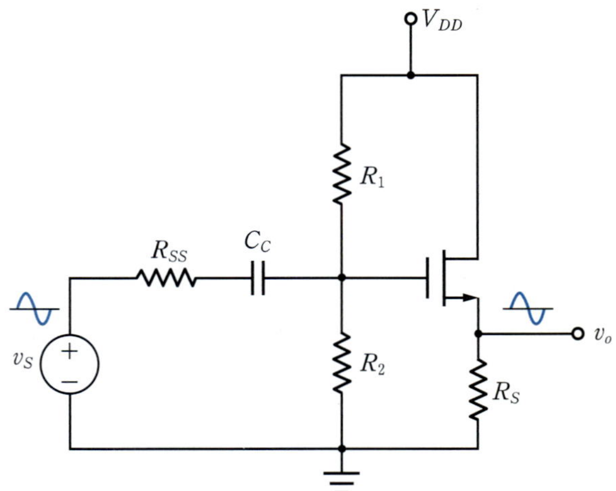

그림 11-2 공통드레인 증폭기 회로

점검하기 **다음 각 문제에 답하라.**

(1) 공통소오스 증폭기의 입력은 (소오스, 게이트, 드레인)에 인가되고, 출력은 (소오스, 게이트, 드레인)에서 얻어진다.

(2) 증가형 MOSFET를 공통소오스 증폭기로 사용하기 위해서는 (차단, 선형, 포화) 모드로 바이어스해야 한다.

(3) 공통소오스 증폭기의 입력전압과 출력전압은 서로 (동일, 반전) 위상 관계이다.

(4) 소오스 저항 R_S를 갖는 공통소오스 증폭기의 전압이득은 근사적으로 MOSFET의 전달컨덕턴스 g_m에 (비례, 반비례, 무관한) 관계이다.

(5) 소오스 저항 R_S를 갖는 공통소오스 증폭기의 드레인 저항 R_D와 소오스 저항 R_S의 합 $R_D + R_S$ 값이 너무 크면 MOSFET 동작이 (비포화, 차단) 모드로 넘어가 출력 파형에 왜곡이 발생할 수 있다.

(6) 공통드레인 증폭기의 입력은 (소오스, 게이트, 드레인)에 인가되고, 출력은 (소오스, 게이트, 드레인)에서 얻어진다.

(7) 공통드레인 증폭기의 (전압이득, 전류이득)은 근사적으로 1이다.

(8) 공통드레인 증폭기의 입력전압과 출력전압은 서로 (동일, 반전) 위상 관계이다.

(9) 공통드레인 증폭기는 (전압 증폭기, 임피던스 매칭용 버퍼)로 사용된다.

11.2 실험 진행하기

실험 11-1 | 공통소오스 증폭기 회로의 동작 특성 측정

1. PSpice 시뮬레이션

1 회로도 입력

- N채널 MOSFET 공통소오스 증폭기의 해석을 위해 [그림 11-3(a)]의 회로를 PSpice 회로도 편집기에 입력한다.
- N채널 MOSFET는 2N7000을 사용하고, 전원전압 V_{DD}는 SOURCE 라이브러리의 VDC를 사용하며, VDC의 속성 창을 열어 DC 10V로 설정한다.
- 정현파 입력과 증폭기 사이, 그리고 증폭기 출력과 부하저항 사이에 결합 커패시터는 100 μF을 사용한다.
- 부하저항 R_L에 따른 출력 특성을 관찰하기 위해 R_L 값을 파라미터 {RL}로 설정한다.
- 부하저항 R_L의 값을 변화시키면서 시뮬레이션할 수 있도록 SPECIAL 라이브러리에서 PARAM을 회로도에 삽입한다. PARAM의 속성 창을 열고 Add New Column을 실행하여 Name에 RL을 입력하고, Value에 4.7k를 입력한다. RL의 Display Properties를 Name and Value로 설정하면, [그림 11-3(a)]와 같이 회로도에 Parameters 심벌이 RL = 4.7k로 표시된다.
- 입력전압은 SOURCE 라이브러리의 VSIN을 사용하며, VSIN의 속성 창을 열어 진폭 0.5V, 주파수 1kHz, 오프셋 0V인 정현파로 설정한다.
- 입력전압과 출력전압 파형을 확인할 수 있도록 [그림 11-3(a)]와 같이 Voltage Marker를 연결한다.

2 DC 바이어스 해석

- PSpice의 Simulation Settings 창을 열어 [그림 11-3(b)]와 같이 Analysis Type을 Bias Point로 지정하고, Options에서 General Settings만 선택한다.
- Output File Options에서 Include detailed bias point information … (.OP)를 체크한다.
- 시뮬레이션을 실행한 후, PSpice 메뉴의 View Output File로 시뮬레이션 결과 파일을 연다. OPERATING POINT INFORMATION 부분에서 다음의 시뮬레이션 결과 값을 확인하여 [표 11-1]의 해당 칸에 기록한다.
  - 게이트-소오스 바이어스 전압 V_{GSQ}
  - 드레인 바이어스 전류 I_{DQ}
  - 드레인-소오스 바이어스 전압 V_{DSQ}
  - 전달컨덕턴스 g_m

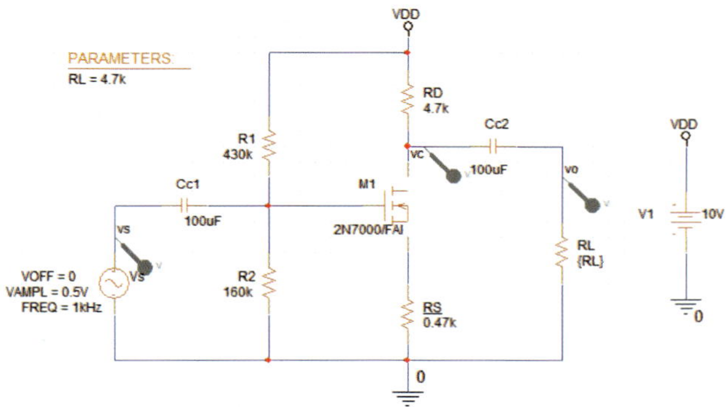

(a) 시뮬레이션 회로

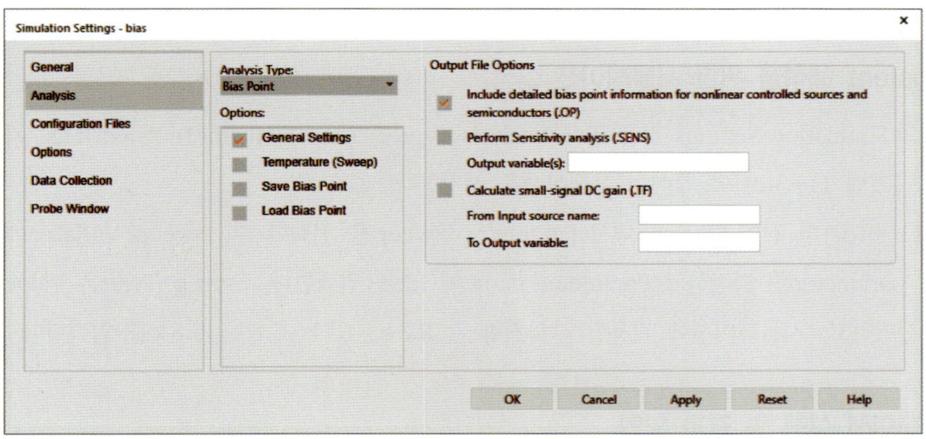

(b) 시뮬레이션 설정(Bias Point)

그림 11-3 공통소오스 증폭기 회로의 시뮬레이션(계속)

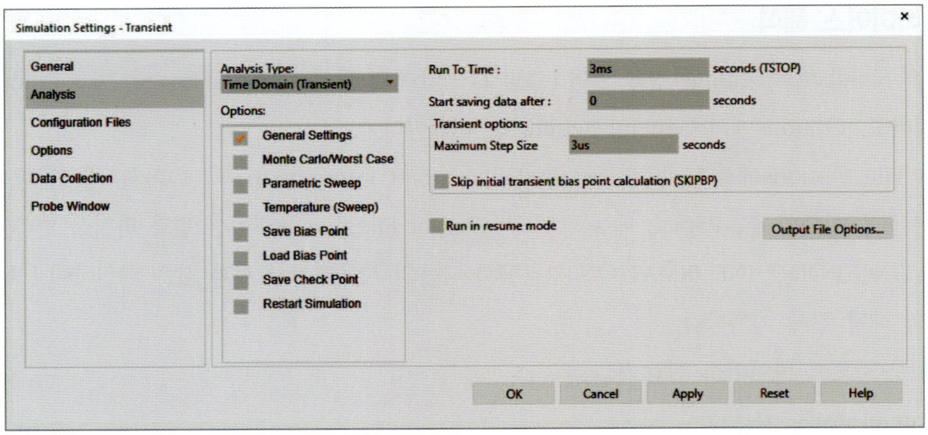

(c) 시뮬레이션 설정(Transient 해석)

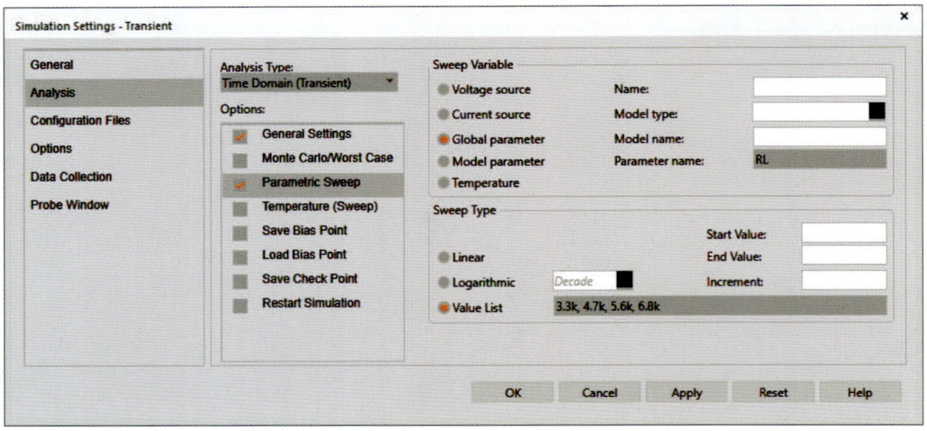

(d) 시뮬레이션 설정(Parametric Sweep)

그림 11-3 공통소오스 증폭기 회로의 시뮬레이션

3 Transient 해석을 위한 시뮬레이션 설정

- PSpice의 Simulation Settings 창을 열어 Analysis Type을 Time Domain(Transient)으로 지정하고, [그림 11-3(c)]와 같이 시뮬레이션을 설정한다.
- [그림 11-3(d)]와 같이 Options에서 Parametric Sweep을 선택한 후, Sweep Variable에 Global parameter를 지정하고 Parameter name에 RL을 입력한다. Sweep Type은 Value List를 선택하고, 시뮬레이션에 적용할 부하저항 값 3.3k, 4.7k, 5.6k, 6.8k를 입력한다.

4 시뮬레이션 실행 및 결과 확인

- 시뮬레이션을 실행하면, 입력전압과 출력전압의 파형이 시뮬레이션 결과 창에 표시된다. 시뮬레이션 결과 화면을 캡처하여 [그림 11-4]에 붙여 넣는다.

- 다음의 시뮬레이션 결과 값을 [표 11-1]의 해당 칸에 기록한다.
  - 입력신호 v_s의 첨두-첨두값
  - 입력신호 v_s와 출력전압 v_o의 위상 관계
  - [표 11-1]에 주어진 R_L 값에 따른 출력전압 v_o의 첨두-첨두값과 소신호 전압이득 A_v

참고 첨두-첨두값 측정은 시뮬레이션 결과 창에서 `Evaluate Measurement`를 이용한다. ([그림 8-4] 참조)

표 11-1 공통소스 증폭기 회로의 동작 특성 시뮬레이션 결과

동작점 전류, 전압 (DC Bias 해석 결과)	V_{GSQ} [V]	
	I_{DQ} [mA]	
	V_{DSQ} [V]	
전달컨덕턴스 계산 (DC Bias 해석 결과)	g_m [mA/V]	
v_s 의 첨두-첨두값 [V] (시뮬레이션 입력)		
v_s 와 v_o의 위상 관계		
R_L [kΩ]	v_o의 첨두-첨두값 [V] (시뮬레이션 결과)	소신호 전압이득 $A_v = \frac{v_o}{v_s}$ [V/V]
3.3		
4.7		
5.6		
6.8		

[표 11-1]에 나열된 R_L 값들에 대해 시뮬레이션 결과 파형을 캡처하여 붙여 넣는다.

그림 11-4 공통소스 증폭기 회로의 시뮬레이션 결과 파형

2. 실험 공통소오스 증폭기 회로의 동작 특성 측정

[실험장비]

장비명	수량	장비명	수량
DC 전원공급 장치	1대	오실로스코프(2채널)	1대
함수발생기	1대	멀티미터	1대

[실험부품]

트랜지스터	N채널 MOSFET 2N7000	커패시터	100 μF (2개)
저항	0.47 kΩ, 3.3 kΩ, 4.7 kΩ(2개), 5.6 kΩ, 6.8 kΩ, 160 kΩ, 430 kΩ		

1 브레드보드 부품 배치도 연결 완성하기

- [그림 11–5(a)]의 공통소오스 증폭기 실험회로를 참조해서 [그림 11–5(b)]의 브레드보드 부품 배치도의 연결을 완성한다.
  - 2N7000 N채널 MOSFET의 소오스(❶), 게이트(❷), 드레인(❸) 단자를 잘 구별하여 소자 간의 연결, 전원전압 V_{DD}와 접지의 연결을 표시한다.

2 회로 구성하기

- 완성된 부품 배치도를 참조해서 [그림 11–5(a)]의 실험회로를 브레드보드에 구성한다.
- 2N7000 N채널 MOSFET의 소오스, 게이트, 드레인 단자를 구별하여 드레인 단자가 V_{DD} 쪽에, 소오스 단자가 GND에 연결되도록 브레드보드에 삽입한다.
- 입력신호 v_s : 100 μF의 결합 커패시터 C_{C1}을 통해 MOSFET의 게이트로 인가되도록 연결한다.
- 부하저항 R_L : MOSFET의 드레인에 100 μF의 결합 커패시터 C_{C2}를 연결한 후, C_{C2}와 접지 사이에 $R_L = 3.3\,\text{k}\Omega$의 부하저항을 연결한다.

3 회로 점검하기

- 브레드보드에 부품 실장이 완료되면, 멀티미터를 저항측정 모드로 설정하고 단락, 접촉 불량 등을 점검한다.
- V_{DD}와 GND, 그리고 입력신호 v_s와 V_{DD}, GND의 단락 여부를 확인한다.
- V_{DD}와 GND로 연결되는 노드들의 단락/개방 여부를 확인한다.

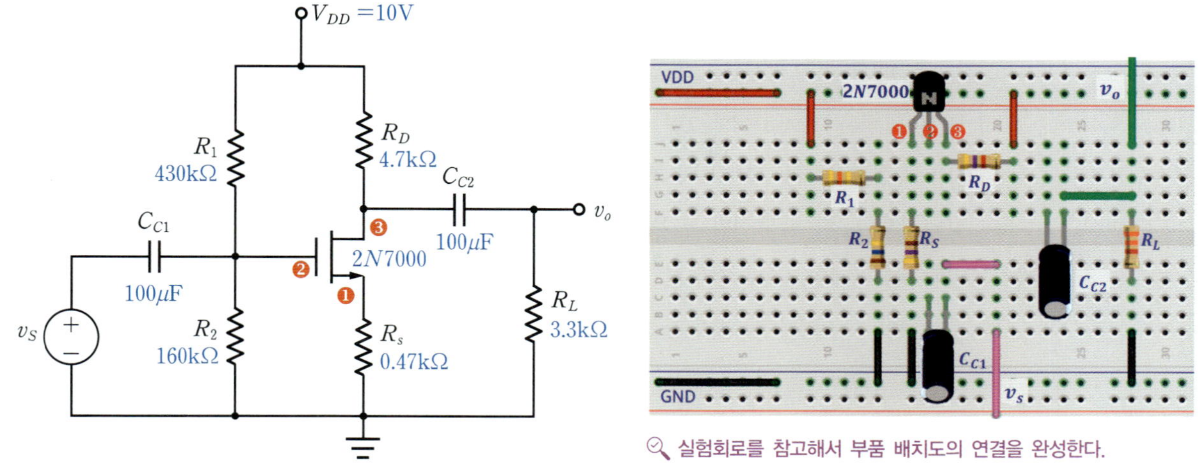

(a) 실험회로 (b) 부품 배치도

그림 11-5 공통소오스 증폭기 실험회로

4 전원전압 인가하기

- DC 전원공급 장치의 출력이 10V가 되도록 설정한 후, 실험회로의 V_{DD} 단자에 연결하여 $V_{DD} = 10\text{V}$가 되도록 한다.

5 동작점 전류, 전압 측정하기

- 다음의 측정값을 [표 11-2]의 해당 칸에 기록한다.
  - 게이트-소오스 바이어스 전압 V_{GSQ}
  - 드레인 바이어스 전류 I_{DQ} (저항 R_D 양단의 전압 V_{RD}를 측정하여 드레인 전류를 $I_{DQ} = \dfrac{V_{RD}}{R_D}$로 계산한다.)
  - 드레인-소오스 바이어스 전압 V_{DSQ}
  - 측정된 동작점 전류, 전압 값으로부터 계산된 전달컨덕턴스 g_m 값

6 신호원 연결하기

- 함수발생기의 전원을 ON시키고 정현파 출력 모드로 설정한다. 정현파의 주파수 1kHz, 진폭 0.5V가 되도록 설정한 후, 오실로스코프를 이용하여 정현파의 주파수와 진폭을 확인한다. 확인이 완료되면 실험회로의 v_s 단자에 연결한다.

7 출력전압 측정하기

- 입력신호 v_s를 오실로스코프의 CH 1로 측정하고, 증폭기 출력전압 v_o를 CH 2로 측정한다. 측정 결과 파형을 캡처하여 [그림 11-6(a)]에 붙여 넣는다.
- 다음의 측정값을 [표 11-2]의 해당 칸에 기록한다.
  - 입력신호 v_s와 출력전압 v_o의 위상 관계
  - 입력신호 v_s의 첨두-첨두값
  - 출력전압 v_o의 첨두-첨두값 ($R_L = 3.3\,\text{k}\Omega$ 칸에 기록)
  - 소신호 전압이득 A_v 값 ($R_L = 3.3\,\text{k}\Omega$ 칸에 기록)

8 부하저항 R_L 값의 변화에 따른 출력전압 측정하기

- 부하저항 R_L을 4.7 k, 5.6 k, 6.8 k으로 바꾸면서 출력전압 v_o의 첨두-첨두값을 측정하여 [표 11-2]의 해당 R_L 칸에 기록하고, 소신호 전압이득을 기록한다.
- 측정 결과 파형을 캡처하여 [그림 11-6(b), (c), (d)]에 붙여 넣는다.

표 11-2 공통소오스 증폭기의 동작 특성 측정 결과

동작점 전류, 전압	V_{GSQ} [V]	
	V_{RD} [V]	
	$I_{DQ} = \dfrac{V_{RD}}{R_D}$ [mA]	
	V_{DSQ} [V]	
전달컨덕턴스 계산값 $g_m = \dfrac{2I_{DQ}}{V_{GSQ} - V_{Tn}}$ [mA/V] 2N7000의 경우, $V_{Tn} = 2.1$[V] 적용		
v_s 의 첨두-첨두값 [V]		
v_s 와 v_o의 위상 관계		
R_L [kΩ]	v_o의 첨두-첨두값 [V] (시뮬레이션 결과)	소신호 전압이득 $A_v = \dfrac{v_o}{v_s}$ [V/V]
3.3		
4.7		
5.6		
6.8		

측정 결과 파형을 캡처하여 붙여 넣는다.

(a) $R_L = 3.3\,\mathrm{k\Omega}$

측정 결과 파형을 캡처하여 붙여 넣는다.

(b) $R_L = 4.7\,\mathrm{k\Omega}$

측정 결과 파형을 캡처하여 붙여 넣는다.

(c) $R_L = 5.6\,\mathrm{k\Omega}$

측정 결과 파형을 캡처하여 붙여 넣는다.

(d) $R_L = 6.8\,\mathrm{k\Omega}$

그림 11-6 공통소오스 증폭기의 입력 v_s와 출력 v_o의 측정 결과 파형

실험 11-2 | 공통드레인 증폭기 회로의 동작 특성 측정

1. PSpice 시뮬레이션

1 회로도 입력

- N채널 MOSFET 공통드레인 증폭기의 해석을 위해 [그림 11-7]의 회로를 PSpice 회로도 편집기에 입력한다.
- N채널 MOSFET는 2N7000을 사용하고, 전원전압 V_{DD}는 SOURCE 라이브러리의 VDC를 사용하며, VDC의 속성 창을 열어 DC 10V로 설정한다.
- 정현파 입력과 증폭기 사이에 결합 커패시터는 $100\,\mu F$을 사용한다.
- 소오스 저항은 $R_S = 1.8\,k\Omega$으로 설정한다.
- 입력전압은 SOURCE 라이브러리의 VSIN을 사용하며, VSIN의 속성 창을 열어 진폭 $3\,V$, 주파수 $1\,kHz$, 오프셋 $0\,V$인 정현파로 설정한다.
- 입력전압과 출력전압의 파형을 확인할 수 있도록 [그림 11-7]과 같이 Voltage Marker를 연결한다.

2 DC 바이어스 해석

- PSpice의 Simulation Settings 창을 열어 [그림 11-3(b)]와 같이 Analysis Type을 Bias Point로 지정하고, Options에서 General Settings만 선택한다.
- Output File Options에서 Include detailed bias point information … (.OP)를 체크한다.
- 시뮬레이션을 실행한 후, PSpice 메뉴의 View Output File로 시뮬레이션 결과 파일을 연다. OPERATING POINT INFORMATION 부분에서 다음의 시뮬레이션 결과 값을 확인하여 [표 11-3]의 해당 칸에 기록한다.
  - 게이트-소오스 바이어스 전압 V_{GSQ}
  - 드레인 바이어스 전류 I_{DQ}
  - 드레인-소오스 바이어스 전압 V_{DSQ}
  - 전달컨덕턴스 g_m

3 Transient 해석을 위한 시뮬레이션 설정

- PSpice의 Simulation Settings 창을 열어 Analysis Type을 Time Domain(Transient)으로 지정하고, [그림 11-3(c)]와 같이 시뮬레이션을 설정한다.

4 시뮬레이션 실행 및 결과 확인

- 시뮬레이션을 실행하면, 입력전압과 출력전압의 파형이 시뮬레이션 결과 창에 표시된다. 시뮬레이션 결과 화면을 캡처하여 [그림 11-8]에 붙여 넣는다.
- 다음의 시뮬레이션 결과 값을 [표 11-3]의 해당 칸에 기록한다.
  - 입력신호 v_s와 출력전압 v_o의 위상 관계
  - 입력신호 v_s와 출력전압 v_o의 첨두-첨두값 및 소신호 전압이득 A_v

참고 첨두-첨두값 측정은 시뮬레이션 결과 창에서 `Evaluate Measurement`를 이용한다. ([그림 8-4] 참조)

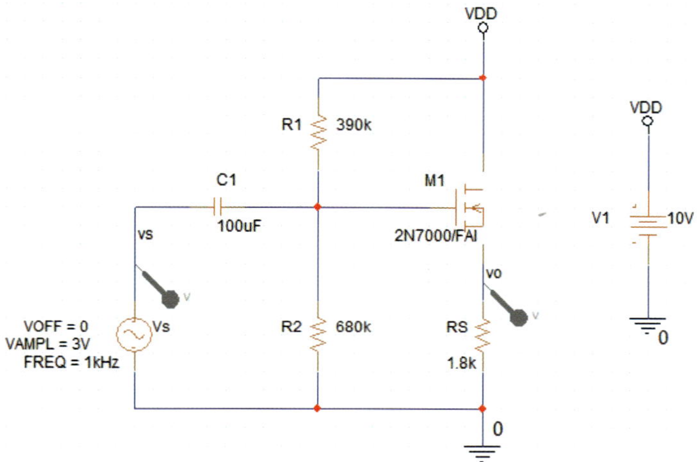

그림 11-7 공통드레인 증폭기 회로 시뮬레이션

표 11-3 공통드레인 증폭기 회로의 동작 특성 시뮬레이션 결과

<table>
<tr><td rowspan="5">동작점 전류, 전압
(DC Bias 해석 결과)</td><td>V_{GQ} [V]</td><td colspan="3"></td></tr>
<tr><td>V_{SQ} [V]</td><td colspan="3"></td></tr>
<tr><td>V_{GSQ} [V]</td><td colspan="3"></td></tr>
<tr><td>I_{DQ} [mA]</td><td colspan="3"></td></tr>
<tr><td>V_{DSQ} [V]</td><td colspan="3"></td></tr>
<tr><td>전달컨덕턴스
(DC Bias 해석 결과)</td><td>g_m [mA/V]</td><td colspan="3"></td></tr>
<tr><td>v_s의 첨두-첨두값 [V]
(시뮬레이션 입력)</td><td></td><td>v_o의 첨두-첨두값 [V]
(시뮬레이션 결과)</td><td></td></tr>
<tr><td>소신호 전압이득 $A_v = \frac{v_o}{v_s}$ [V/V]</td><td></td><td>v_s와 v_o의 위상 관계</td><td></td></tr>
</table>

시뮬레이션 결과 파형을 캡처하여 붙여 넣는다.

그림 11-8 공통드레인 증폭기 회로의 시뮬레이션 결과 파형

2. 실험 공통드레인 증폭기 회로의 동작 특성 측정

[실험장비]

장비명	수량	장비명	수량
DC 전원공급 장치	1대	오실로스코프(2채널)	1대
함수발생기	1대	멀티미터	1대

[실험부품]

트랜지스터	N채널 MOSFET 2N7000	커패시터	100μF
저항	1.8kΩ, 390kΩ, 680kΩ		

1 브레드보드 부품 배치도 연결 완성하기

- [그림 11-9(a)]의 공통드레인 증폭기 실험회로를 참조해서 [그림 11-9(b)]의 브레드보드 부품 배치도의 연결을 완성한다.
  - 2N7000 N채널 MOSFET의 소오스(❶), 게이트(❷), 드레인(❸) 단자를 잘 구별하여 소자 간의 연결, 전원전압 V_{DD}와 접지의 연결을 표시한다.

2 회로 구성하기

- 완성된 부품 배치도를 참조해서 [그림 11-9(a)]의 실험회로를 브레드보드에 구성한다.
- 2N7000 N채널 MOSFET의 소오스, 게이트, 드레인 단자를 구별하여 드레인이 DC 전원의 플러스(+) 단자에 연결되도록 브레드보드에 삽입한다.

- 입력신호 v_s : $100\,\mu\mathrm{F}$의 결합 커패시터 C_{C1}을 통해 MOSFET의 게이트로 인가되도록 연결한다.
- 소오스 저항 R_S : MOSFET의 소오스와 접지 사이에 $R_S = 1.8\,\mathrm{k}\Omega$의 저항을 연결한다.

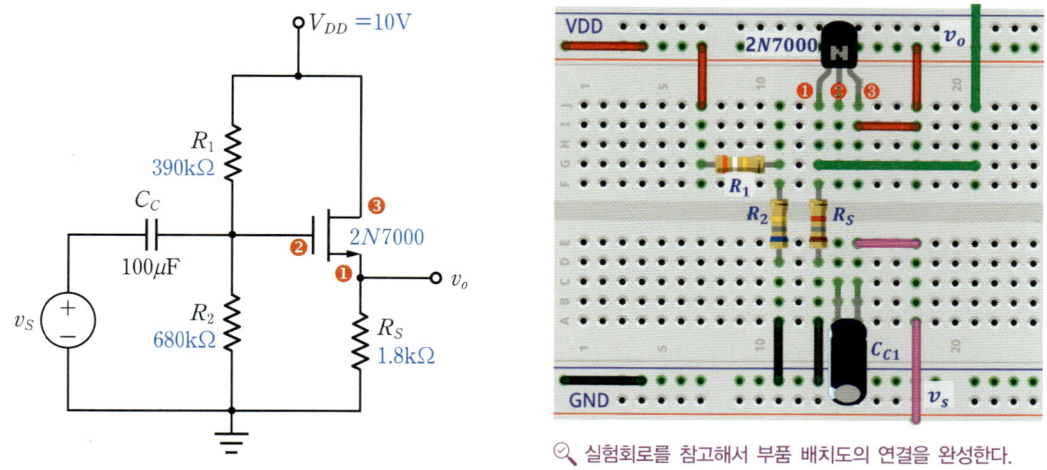

(a) 실험회로 (b) 부품 배치도

그림 11-9 공통드레인 증폭기 실험회로

3 회로 점검하기

- 브레드보드에 부품 실장이 완료되면, 멀티미터를 저항측정 모드로 설정하고 단락, 접촉 불량 등을 점검한다.
- V_{DD}와 GND, 그리고 입력신호 v_s와 V_{DD}, GND의 단락 여부를 확인한다.
- V_{DD}와 GND로 연결되는 노드들의 단락/개방 여부를 확인한다.

4 전원전압 인가하기

- DC 전원공급 장치의 출력이 10V가 되도록 설정한 후, 실험회로의 V_{DD} 단자에 연결하여 $V_{DD} = 10\,\mathrm{V}$가 되도록 한다.

5 동작점 전류, 전압 측정하기

- 다음의 측정값을 [표 11-4]의 해당 칸에 기록한다.
  - 게이트 바이어스 전압 V_{GQ}, 소오스 바이어스 전압 V_{SQ}, 게이트-소오스 바이어스 전압 V_{GSQ}
  - 드레인 바이어스 전류 I_{DQ} (저항 R_S 양단의 전압 V_{RS}를 측정하여 드레인 전류를 $I_{DQ} = I_{SQ} = \dfrac{V_{RS}}{R_S}$로 계산한다.)

– 드레인-소오스 바이어스 전압 V_{DSQ}

– 측정된 동작점 전류, 전압으로부터 계산된 MOSFET의 전달컨덕턴스 g_m 값

6 신호원 연결하기

- 함수발생기의 전원을 ON시키고 정현파 출력 모드로 설정한다. 정현파의 주파수 1 kHz, 진폭 3 V가 되도록 설정한 후, 오실로스코프를 이용하여 정현파의 주파수와 진폭을 확인한다. 확인이 완료되면 실험회로의 v_s 단자에 연결한다.

7 결과 값 측정하기

- 입력신호 v_s를 오실로스코프의 CH 1로 측정하고, 증폭기 출력전압 v_o를 CH 2로 측정한다. 측정 결과 파형을 캡처하여 [그림 11-10]에 붙여 넣는다.
- 다음의 측정값을 [표 11-4]의 해당 칸에 기록한다.
  - 입력신호 v_s와 출력전압 v_o의 위상 관계
  - 입력신호 v_s와 출력전압 v_o의 첨두-첨두값 및 소신호 전압이득 A_v 값

표 11-4 공통드레인 증폭기의 동작 특성 측정 결과

동작점 전류, 전압	V_{GQ} [V]		
	V_{SQ} [V]		
	V_{GSQ} [V]		
	V_{RS} [V]		
	$I_{DQ}=\frac{V_{RS}}{R_S}$ [mA]		
	V_{DQ} [V]		
	V_{DSQ} [V]		
전달컨덕턴스 계산값 $g_m=\frac{2I_{DQ}}{V_{GSQ}-V_{Tn}}$ [mA/V] 2N7000의 경우, $V_{Tn}=2.1$ [V] 적용			
v_s의 첨두-첨두값 [V]		v_o의 첨두-첨두값 [V]	
소신호 전압이득 $A_v=\frac{v_o}{v_s}$ [V/V]		v_s와 v_o의 위상 관계	

측정 결과 파형을 캡처하여 붙여 넣는다.

그림 11-10 공통드레인 증폭기의 입력 v_s와 출력 v_o의 측정 결과 파형

실험 11-3 | 설계 공통소오스 증폭기 회로 설계

1. 회로 설계

■ 설계 조건

- [그림 11-11]의 공통소오스 증폭기 회로가 다음의 설계 조건을 만족하도록 설계한다. 저항값은 계산값에 가장 가까운 표준 저항값(오차 5%)으로 결정한다.

전원전압	$V_{DD}=15\text{V}$	소신호 전압이득	$A_v \simeq -10\text{V/V}$
드레인 바이어스 전류	$I_{DQ} \simeq 1.0\text{mA}$	바이어스 저항	$\frac{R_1}{R_2}=4$
MOSFET 파라미터	$K_n=360\text{mA/V}^2$	$V_{Tn}=2.1\text{V}$	

■ 설계

- 다음의 과정으로 소오스 저항 R_S와 드레인 저항 R_D 값을 결정한다.
  - 게이트 바이어스 전압 : $V_{GQ} = \dfrac{R_2}{R_1 + R_2} V_{DD} = \dfrac{V_{DD}}{(R_1/R_2)+1}$
  - 게이트-소오스 바이어스 전압 : 포화모드의 드레인 바이어스 전류

    $I_{DQ} = \dfrac{1}{2} K_n (V_{GSQ} - V_{Tn})^2$ 로부터 $V_{GSQ} = \sqrt{\dfrac{2I_{DQ}}{K_n}} + V_{Tn}$
  - 소오스 저항 R_S : $V_{SQ} = R_S I_{DQ} = V_{GQ} - V_{GSQ}$로부터, $R_S = \dfrac{V_{GQ} - V_{GSQ}}{I_{DQ}}$
  - 드레인 저항 R_D : 주어진 설계 조건의 소신호 전압이득 $A_v \simeq -\dfrac{R_D}{R_S} \simeq -10\,\mathrm{V/V}$를 적용하여 드레인 저항 R_D 값을 결정한다.
- 게이트 바이어스 저항 R_1, R_2 값을 다음과 같이 결정한다.
  - $R_2 = 150\,\mathrm{k\Omega}$로 선택하면, $R_1 = 4R_1$
- 설계 결과로 얻어진 저항의 계산값과 표준 저항값을 [표 11-5]와 [표 11-6]에 기록한다.

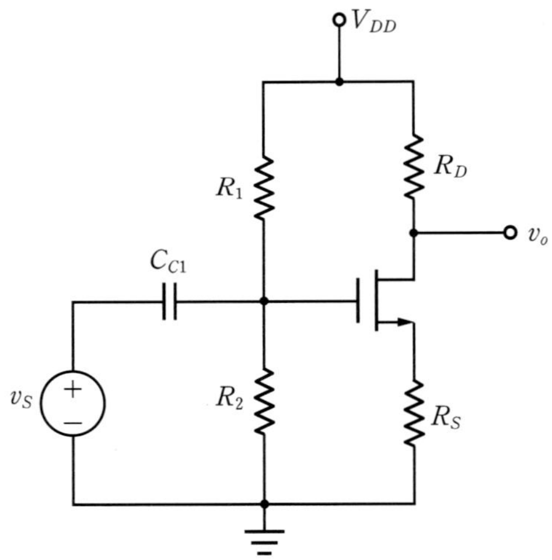

그림 11-11 공통소오스 증폭기 설계 회로

2. PSpice 시뮬레이션

1 회로도 입력

- 설계된 회로의 시뮬레이션을 위해 [그림 11-3(a)]의 회로를 PSpice 회로도 편집기에 입력한다.
- N채널 MOSFET 2N7000를 사용하고, 바이어스 저항 R_1, R_2와 드레인 저항 R_D, 소오스 저항 R_S를 설계로 구해진 값으로 설정한다.
- 전원전압 V_{DD}는 SOURCE 라이브러리의 VDC를 사용하며, VDC의 속성 창을 열어 DC 15V로 설정한다.
- 정현파 입력과 증폭기 사이에 결합 커패시터는 100μF을 사용한다.
- 입력전압은 SOURCE 라이브러리의 VSIN을 사용하며, VSIN의 속성 창을 열어 진폭 0.5V, 주파수 1kHz, 오프셋 0V인 정현파로 설정한다.
- 입력전압과 출력전압 파형을 확인할 수 있도록 [그림 11-3(a)]와 같이 Voltage Marker를 연결한다.

2 DC 바이어스 해석

- Simulation Settings 창을 열어 [그림 11-3(b)]와 같이 Analysis Type을 Bias Point로 지정하고, Options에서 General Settings를 선택한다.
- Output File Options에서 Include detailed bias point information … (.OP)를 체크한다.
- 시뮬레이션을 실행한 후, PSpice 메뉴에서 View Output File을 실행해서 시뮬레이션 결과 파일을 열고, OPERATING POINT INFORMATION 부분에서 드레인 바이어스 전류 I_{DQ} 값을 확인하여 [표 11-5]에 기록한다.

3 Transient 해석을 위한 시뮬레이션 설정

- Simulation Settings 창을 열어 Analysis Type을 Time Domain(Transient)로 지정하고, [그림 11-3(c)]와 같이 시뮬레이션을 설정한다.

4 시뮬레이션 실행 및 결과 확인

- 시뮬레이션을 실행하면, 입력전압과 출력전압의 파형이 시뮬레이션 결과 창에 표시된다. 시뮬레이션 결과 화면을 캡처하여 [그림 11-12]에 붙여 넣는다.
- 다음의 시뮬레이션 결과 값을 [표 11-5]의 해당 칸에 기록한다.
  - 입력신호 v_s와 출력전압 v_o의 첨두-첨두값 및 소신호 전압이득 A_v 값

표 11-5 공통소오스 증폭기 회로의 설계 결과 및 시뮬레이션 결과

<table>
<tr><td rowspan="6">설계 결과</td><td colspan="2">R_1 [kΩ]</td><td colspan="2">R_2 [kΩ]</td></tr>
<tr><td>계산값</td><td>표준 저항값</td><td>계산값</td><td>표준 저항값</td></tr>
<tr><td></td><td></td><td></td><td></td></tr>
<tr><td colspan="2">R_D [kΩ]</td><td colspan="2">R_S [kΩ]</td></tr>
<tr><td>계산값</td><td>표준 저항값</td><td>계산값</td><td>표준 저항값</td></tr>
<tr><td></td><td></td><td></td><td></td></tr>
<tr><td></td><td colspan="2">A_v [V/V]</td><td colspan="2">I_{DQ} [mA]</td></tr>
<tr><td>설계 조건</td><td colspan="2">−10</td><td colspan="2">1.0</td></tr>
<tr><td>시뮬레이션 결과</td><td colspan="2"></td><td colspan="2"></td></tr>
<tr><td>v_s의 첨두-첨두값 [V]
(시뮬레이션 입력)</td><td></td><td>v_o의 첨두-첨두값 [V]
(시뮬레이션 결과)</td><td colspan="2"></td></tr>
</table>

시뮬레이션 결과 파형을 캡처하여 붙여 넣는다.

그림 11-12 설계된 공통소오스 증폭기의 시뮬레이션 결과 파형

3. 실험 설계된 공통소오스 증폭기 회로의 동작 특성 측정

1 회로 구성하기

- [실험 11-1]의 완성된 부품 배치도를 참조해 브레드보드에 실험회로를 구성한다.
- 바이어스 저항 R_1, R_2와 드레인 저항 R_D, 소오스 저항 R_S는 설계로 구해진 값을 적용한다.

2 회로 점검하기

- 브레드보드에 부품 실장이 완료되면, 멀티미터를 저항측정 모드로 설정하고 브레드보드에 구성된 회로의 단락, 접촉 불량 등을 점검한다.
- V_{DD}와 GND의 단락 여부를 확인한다.
- V_{DD}로 연결되는 노드들과 GND로 연결되는 노드들의 단락/개방 여부를 확인한다.

3 전원전압 인가하기

- DC 전원공급 장치의 출력이 15V가 되도록 설정하고, 브레드보드에 인가한다.

4 동작점 전류, 전압 측정하기

- 드레인 바이어스 전류 I_{DQ}의 측정값을 [표 11-6]의 해당 칸에 기록한다.

5 신호원 연결하기

- 함수발생기의 전원을 ON시키고 정현파 출력 모드로 설정한다. 정현파의 주파수 1kHz, 진폭 0.5V가 되도록 설정한 후, 오실로스코프를 이용하여 정현파의 주파수와 진폭을 확인한다. 확인이 완료되면 실험회로의 v_s 단자에 연결한다.

6 결과 값 측정하기

- 입력신호 v_s를 오실로스코프의 CH 1로 측정하고, 증폭기 출력전압 v_o를 CH 2로 측정한다. 측정 결과 파형을 캡처하여 [그림 11-13]에 붙여 넣는다.
- 다음의 측정값을 [표 11-6]의 해당 칸에 기록한다.
  - 입력신호 v_s와 출력전압 v_o의 첨두-첨두값
  - 소신호 전압이득 A_v 값

표 11-6 공통소오스 증폭기 회로의 **설계 결과 및 측정 결과**

설계 결과	R_1 [kΩ]		R_2 [kΩ]	
	계산값	표준 저항값	계산값	표준 저항값
	R_D [kΩ]		R_S [kΩ]	
	계산값	표준 저항값	계산값	표준 저항값
	A_v [V/V]		I_{DQ} [mA]	
설계 조건	-10		1.0	
측정 결과				
v_s의 첨두-첨두값 [V]		v_o의 첨두-첨두값 [V]		

측정 결과 파형을 캡처하여 붙여 넣는다.

그림 11-13 설계된 공통소오스 증폭기의 측정 결과 파형

실험 고찰

■ 고찰 [1]

- 공통소오스 증폭기 회로에 대해, [표 11-1]의 시뮬레이션 결과로 구한 전압이득 $A_{v,sim}$, 식 (11.2)에 소신호 파라미터 값을 대입하여 계산한 전압이득 $A_{v,cal}$, 그리고 [표 11-2]의 측정 결과로부터 얻은 소신호 전압이득 $A_{v,meas}$를 [표 11-7]에 기록하고, 비교하여 설명하라. 단, 전달컨덕턴스 g_m은 [표 11-1]의 값을 사용한다.
- [표 11-7]로부터 부하저항 R_L에 따른 전압이득 값을 [그림 11-14]에 그래프로 나타내고, 그래프로부터 결론을 도출하여 설명하라. $A_{v,sim}$은 *, $A_{v,meas}$는 ■, $A_{v,cal}$은 ▲ 로 나타낸다.

표 11-7 공통소오스 증폭기의 전압이득 비교

R_L [kΩ]	시뮬레이션 결과에 의한 전압이득 $A_{v,sim}$ [V/V]	식 (11.2)에 의해 계산된 전압이득 $A_{v,cal}$ [V/V]	측정값으로부터 얻은 전압이득 $A_{v,meas}$ [V/V]
3.3			
4.7			
5.6			
6.8			

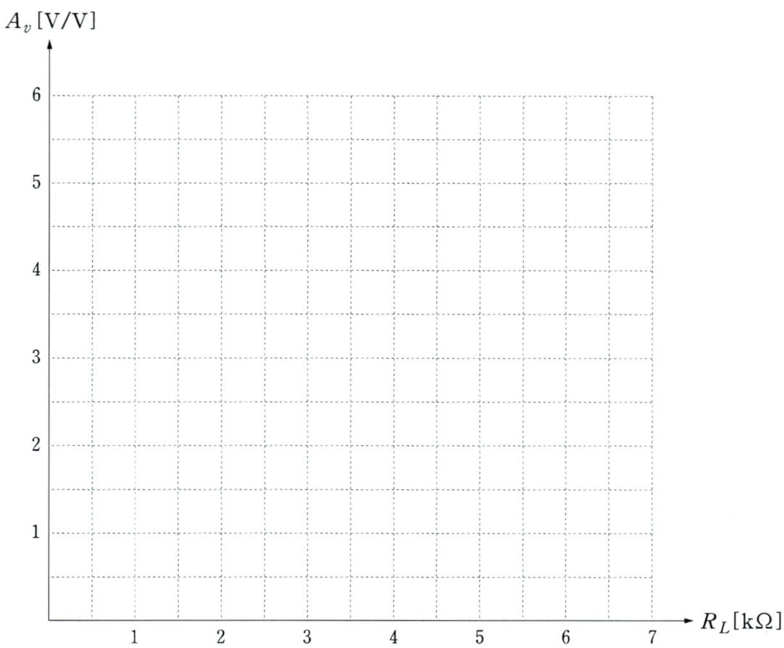

그림 11-14 부하저항 R_L에 따른 공통소오스 증폭기의 전압이득 변화

실험 고찰

■ 고찰 [2]

- 공통드레인 증폭기 회로에 대해, [표 11-3]의 시뮬레이션 결과로 구한 전압이득 $A_{v,sim}$, 식 (11.3)에 소신호 파라미터 값을 대입하여 계산한 전압이득 $A_{v,cal}$, 그리고 [표 11-4]의 측정 결과로부터 얻은 소신호 전압이득 $A_{v,meas}$를 [표 11-8]에 기록하고, 오차의 원인에 대해 분석하라.

표 11-8 공통드레인 증폭기의 전압이득 비교

	시뮬레이션 결과 $A_{v,sim}$ [V/V]	식 (11.3)의 계산 결과 $A_{v,cal}$ [V/V]	측정 결과 $A_{v,meas}$ [V/V]
전압이득			

연계 | 〈핵심이 보이는 전자회로〉 3.5절

실험

12

능동부하를 갖는 MOSFET 증폭기 회로

실험 목적

- 시뮬레이션을 통해 MOSFET 정전류원 회로와 능동부하를 갖는 공통소오스 증폭기의 동작 특성을 예측한다.
- MOSFET 정전류원의 회로 구성과 동작을 확인한다.
- 능동부하를 갖는 공통소오스 증폭기의 회로 구성과 동작을 확인한다.

실험 내용

- 실험 12-1 | MOSFET 정전류원 회로의 동작 특성 측정
- 실험 12-2 | 능동부하를 갖는 공통소오스 증폭기 회로의 동작 특성 측정

12.1 이론적 배경 이해하기

1. MOSFET 정전류원

- **정전류원** constant current source 은 일정 범위의 전압 변동에 무관하게 일정한 전류를 공급하거나 받아들이는 회로이며, 증폭기 회로에 바이어스 전류를 공급하거나 능동부하 active load 로 사용된다.
- MOSFET 소자를 사용한 정전류원 회로는 [그림 12-1]과 같으며, P채널 MOSFET M_{p1}과 M_{p2}는 게이트가 서로 연결되고 소오스도 서로 연결되어 있으므로 두 트랜지스터의 소오스-게이트 전압 V_{SG}는 같다. M_{p2}는 드레인에 연결된 저항 R_{ref}에 의한 기준전류 I_{ref}를 공급받는다.

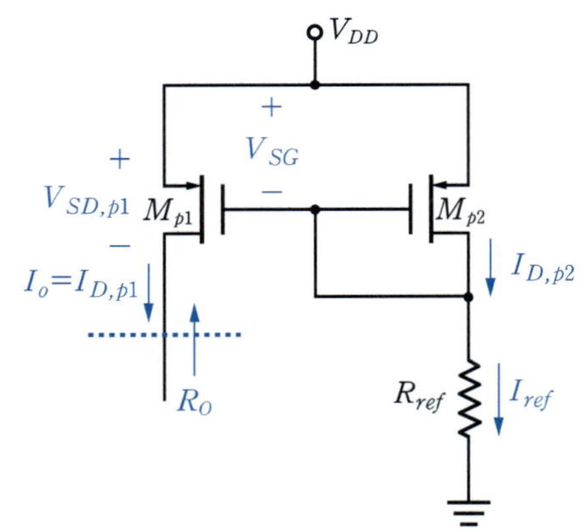

그림 12-1 MOSFET 정전류원 회로

- 트랜지스터 M_{p1}, M_{p2}의 문턱전압이 $V_{Tp1} = V_{Tp2} = V_{Tp}$로 같고 $\lambda = 0$으로 가정하면, M_{p2}는 드레인과 게이트가 연결되어 있으므로 포화모드로 동작하며, 드레인 전류는 식 (12.1)과 같다.

$$I_{D,p2} = \frac{1}{2} k_p \left(\frac{W}{L} \right)_{Mp2} (V_{SG} - |V_{Tp}|)^2 = I_{ref} \tag{12.1}$$

- 기준전류 I_{ref}는 전원전압 V_{DD}와 저항 R_{ref}에 의해 다음과 같이 결정된다.

$$I_{ref} = \frac{V_{DD} - V_{SG}}{R_{ref}} \tag{12.2}$$

- 정전류원의 출력전류 I_O는 M_{p1}의 드레인 전류이므로 식 (12.3)과 같다.

$$I_O = I_{D,p1} = \frac{1}{2}k_p\left(\frac{W}{L}\right)_{Mp1}(V_{SG} - |V_{Tp}|)^2 \tag{12.3}$$

- 식 (12.1)로부터 V_{SG}를 구하여 식 (12.3)에 대입하여 정리하면 정전류원 회로의 출력전류는 식 (12.4)와 같다.

$$I_O = \frac{(W/L)_{Mp1}}{(W/L)_{Mp2}} \times I_{ref} \tag{12.4}$$

- 두 MOSFET M_{p1}, M_{p2}가 $(W/L)_{Mp1} = (W/L)_{Mp2}$이면, $I_O = I_{ref}$가 되어 전류 거울[current mirror] 회로로 동작한다.
- $\lambda_1 = \lambda_2 = \lambda$로 가정하고 MOSFET의 채널길이 변조효과를 고려하면, [그림 12-1] 정전류원 회로의 출력저항은 식 (12.5)와 같이 트랜지스터 M_{p1}의 소신호 드레인 저항이 되며 비교적 큰 값을 갖는다.

$$R_O = \left(\frac{dI_O}{dV_{SD,p1}}\right)^{-1} = \frac{1}{\lambda I_O} = r_{d,p1} \tag{12.5}$$

2. 능동부하를 갖는 공통소오스 증폭기

■ 회로 구성

- 능동 소자인 트랜지스터로 만들어진 저항성 부하를 능동부하라고 한다. 정전류원 회로는 큰 출력저항을 가지므로, 증폭기 회로에 능동부하로 사용되어 큰 전압이득을 얻을 수 있다.
- [그림 12-2(a)]는 능동부하를 갖는 공통소오스 증폭기 회로이다. 편의상 N채널 MOSFET M_{n1}을 포화모드로 바이어스하는 회로는 생략했다.
- P채널 MOSFET M_{p1}과 M_{p2}와 저항 R_{ref}가 정전류원 회로를 구성하며, 정전류원의 출력저항 R_{AL}이 공통소오스 증폭기의 부하저항으로 사용된다.

■ 소신호 전압이득

- [그림 12-2(a)]의 회로에서 정전류원의 출력저항 $R_{AL} = r_{d,p1}$이 트랜지스터 M_{n1}의 드레인에 연결되어 부하저항 역할을 하므로, 소신호 등가회로는 [그림 12-2(b)]와 같다.
- 소신호 등가회로로부터, $v_{gs,n1} = v_s$이므로 증폭기의 소신호 전압이득은 식 (12.6)과 같다.
- MOSFET의 소신호 드레인 저항 $r_{d,n1}$, $r_{d,p1}$이 비교적 큰 값을 가지므로, 큰 전압이득을 얻을 수 있다.

$$A_v \equiv \frac{v_o}{v_s} = -g_{m,n1}(r_{d,n1} \parallel r_{d,p1}) \tag{12.6}$$

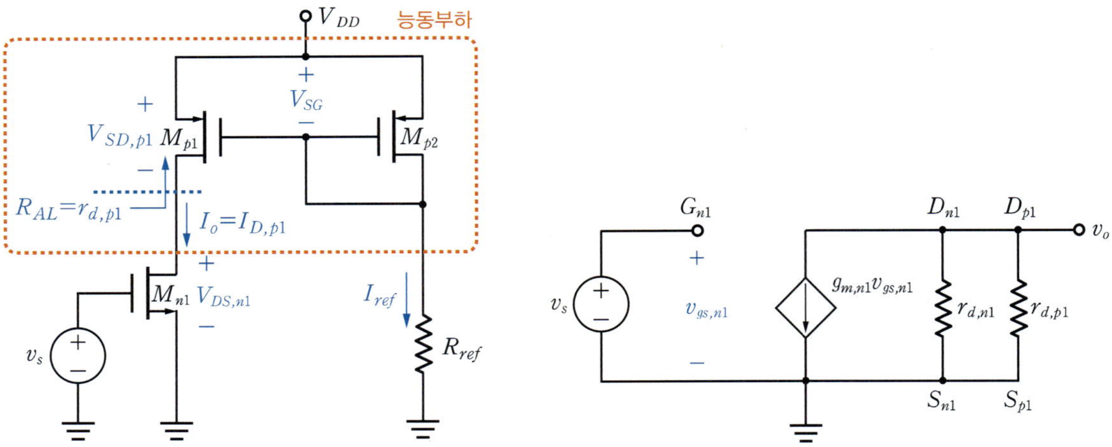

(a) 공통소스 증폭기 (b) 소신호 등가회로

그림 12-2 능동부하를 갖는 공통소스 증폭기 회로

점검하기 **다음 각 문제에 답하라.**

(1) 정전류원 회로는 일정 범위의 전압 변동에 무관하게 일정한 (**전류, 전압**)을 공급하거나 받아들이는 회로이다.

(2) [그림 12-1] 정전류원 회로의 기준전류 I_{ref}는 저항 R_{ref}에 (**비례, 반비례, 무관한**) 관계이다.

(3) [그림 12-1] 정전류원 회로의 출력저항은 출력전류 I_O에 (**비례, 반비례, 무관한**) 관계이다.

(4) 정전류원 회로의 출력저항은 비교적 (**작은, 큰**) 값을 갖는다.

(5) 정전류원 회로의 (**입력저항, 출력저항**)은 공통소스 증폭기에 능동부하로 사용된다.

(6) 공통소스 증폭기에 능동부하를 사용하면, 저항성 부하에 비해 비교적 (**작은, 큰**) 소신호 전압이득을 얻을 수 있다.

12.2 실험 진행하기

실험 12-1 | MOSFET 정전류원 회로의 동작 특성 측정

1. PSpice 시뮬레이션

1 회로도 입력

- MOSFET 정전류원 회로의 해석을 위해 [그림 12-3(a)]의 회로를 PSpice 회로도 편집기에 입력한다.
- Add Library로 라이브러리 IRF를 추가한 후, P채널 MOSFET IRF4905를 사용한다.
- 전원전압 V_{DD}는 SOURCE 라이브러리의 VDC를 사용하며, VDC의 속성 창을 열어 DC 10V로 설정한다.
- 저항 R_{ref}에 따른 출력 특성을 관찰하기 위해 R_{ref} 값을 파라미터 {R_Ref}로 설정한다.
- 저항 R_{ref}의 값을 변화시키면서 시뮬레이션할 수 있도록 SPECIAL 라이브러리에서 PARAM을 회로도에 삽입한다. PARAM의 속성 창을 열고 Add New Column을 실행하여 Name에 R_Ref를 입력하고, Value에 0.1k를 입력한다. R_Ref의 Display Properties를 Name and Value로 설정하면, [그림 12-3(a)]와 같이 회로도에 Parameters 심벌이 R_Ref = 0.1k로 표시된다.
- 출력전류 값을 확인하기 위해 [그림 12-3(a)]와 같이 회로도에 Current Marker를 연결한다.

2 저항 R_{ref}에 따른 기준전류 및 정전류원 출력전류 해석을 위한 시뮬레이션 설정

- PSpice의 Simulation Settings 창을 열어 Analysis Type을 Time Domain(Transient)으로 지정하고, [그림 12-3(b)]와 같이 설정한다.
- [그림 12-3(c)]와 같이 Options에서 Parametric Sweep을 선택한 후, Sweep Variable에 Global parameter를 선택하고 Parameter name에 R_Ref를 입력한다. Sweep Type은 Value list를 선택하고, 시뮬레이션에 적용할 저항 R_Ref 값 0.1k, 0.56k, 0.82k, 1k를 입력한다.

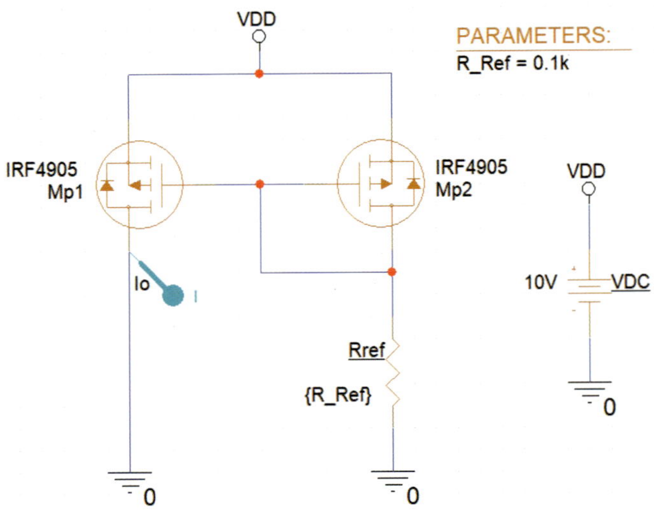

(a) 시뮬레이션 회로

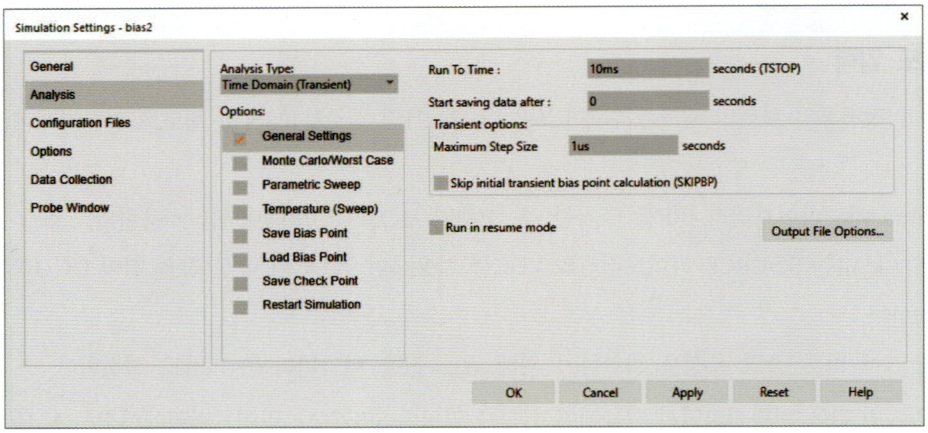

(b) 시뮬레이션 설정(Transient 해석)

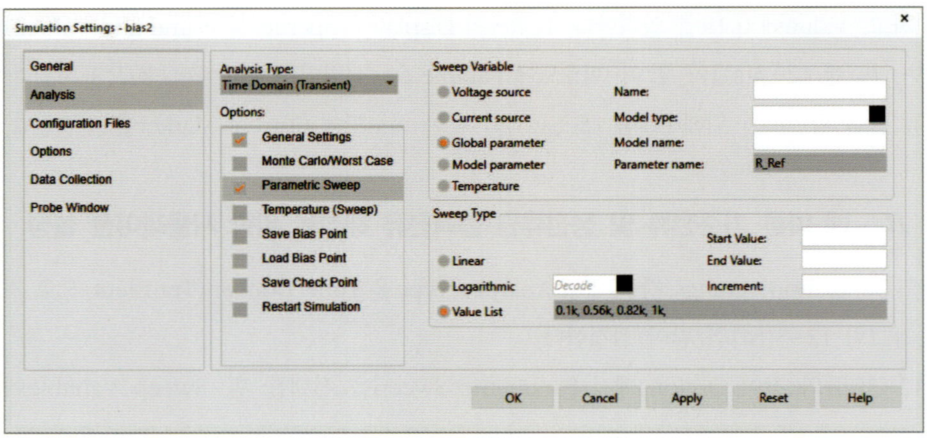

(c) 시뮬레이션 설정(Parametric Sweep)

그림 12-3 MOSFET 정전류원 회로 시뮬레이션

3 시뮬레이션 실행 및 결과 확인

- 시뮬레이션을 실행하면, 정전류원 출력전류의 파형이 시뮬레이션 결과 창에 표시된다. 시뮬레이션 결과 화면을 캡처하여 [그림 12-4]에 붙여 넣는다.
- 저항 R_{ref} 값에 따른 출력전류 시뮬레이션 결과 값을 [표 12-1]의 해당 칸에 기록한다.

표 12-1 MOSFET 정전류원 회로의 동작 특성 시뮬레이션 결과

R_{ref} [kΩ]	0.1	0.56	0.82	1.0
정전류원 출력전류 I_O[mA]				

시뮬레이션 결과 파형을 캡처하여 붙여 넣는다.

그림 12-4 MOSFET 정전류원 회로의 시뮬레이션 결과 파형

2. 실험 MOSFET 정전류원 회로의 동작 특성 측정

[실험장비]

장비명	수량	장비명	수량
DC 전원공급 장치	1대	오실로스코프(2채널)	1대
멀티미터	1대		

[실험부품]

트랜지스터	P채널 MOSFET IRF4905
저항	0.1kΩ, 0.56kΩ, 0.82kΩ, 1kΩ

1 브레드보드 부품 배치도 연결 완성하기

- [그림 12-5(a)]의 정전류원 실험회로를 참조해서 [그림 12-5(b)]의 브레드보드 부품 배치도의 연결을 완성한다.
  - P채널 MOSFET IRF4905의 소오스, 게이트, 드레인 단자를 잘 구별하여 소자 간의 연결, 전원전압 V_{DD}와 접지의 연결을 표시한다.

2 회로 구성하기

- 완성된 부품 배치도를 참조해서 [그림 12-5(a)]의 실험회로를 브레드보드에 구성한다.
- P채널 MOSFET IRF4905의 소오스(❶), 게이트(❷), 드레인(❸) 단자를 구별하여 브레드보드에 삽입한다.
- P채널 MOSFET M_{p2}의 드레인과 접지 사이에 $R_{ref} = 1\,\text{k}\Omega$의 저항을 연결한다.

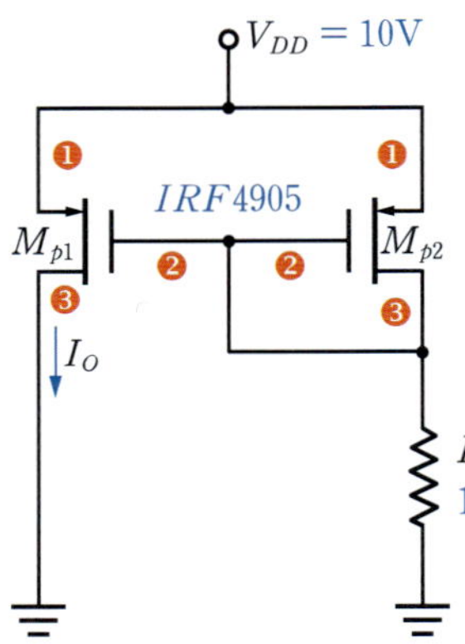

(a) 실험회로

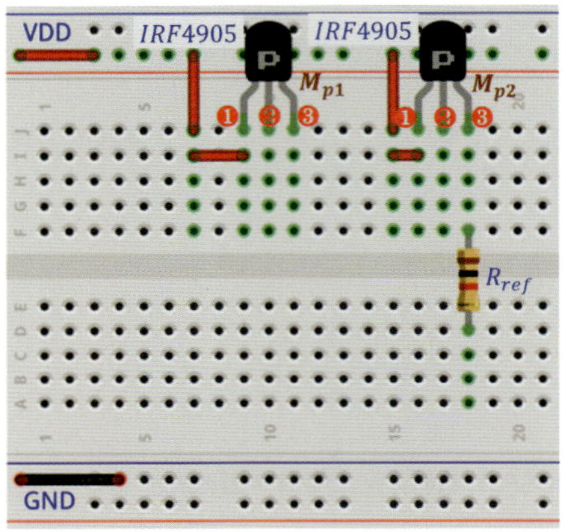

실험회로를 참고해서 부품 배치도의 연결을 완성한다.

(b) 부품 배치도

그림 12-5 MOSFET 정전류원 실험회로

3 회로 점검하기

- 브레드보드에 부품 실장이 완료되면, 멀티미터를 저항측정 모드로 설정하고 단락, 접촉 불량 등을 점검한다.
- V_{DD}와 GND의 단락 여부를 확인한다.
- V_{DD}와 GND로 연결되는 노드들의 단락/개방 여부를 확인한다.

4 전원전압 인가하기

- DC 전원공급 장치의 출력이 10V가 되도록 설정한 후, 실험회로의 V_{DD} 단자에 연결하여 $V_{DD} = 10\,\text{V}$가 되도록 한다.

5 저항 R_{ref} 값에 따른 정전류원 출력전류 측정하기

- MOSFET M_{p1}의 드레인과 접지 사이에 멀티미터(단, 전류측정 모드로 설정함)를 연결하고 전류를 측정하여 [표 12-2]의 해당 칸에 기록한다.
- 저항 R_{ref}를 0.1k, 0.56k, 0.82k로 바꾸면서 출력전류 값을 측정하여 [표 12-2]의 해당 R_{ref} 칸에 기록한다.

표 12-2 MOSFET 정전류원의 출력전류 측정 결과

R_{ref} [kΩ]	0.1	0.56	0.82	1.0
정전류원 출력전류 I_O[mA]				

실험 12-2 | 능동부하를 갖는 공통소오스 증폭기 회로의 동작 특성 측정

1. PSpice 시뮬레이션

1 회로도 입력

- 능동부하를 갖는 공통소오스 증폭기의 해석을 위해 [그림 12-6(a)]의 회로를 PSpice 회로도 편집기에 입력한다.
- Add Library로 라이브러리 IRF를 추가한 후, N채널 MOSFET는 IRF510을 사용하고, P채널 MOSFET는 IRF4905를 사용한다.
- 전원전압 V_{DD}는 SOURCE 라이브러리의 VDC를 사용하며, VDC의 속성 창을 열어 DC 20V로 설정한다.
- 정현파 입력과 증폭기 사이에 결합 커패시터는 100μF을 사용한다.
- 입력전압은 SOURCE 라이브러리의 VSIN을 사용하며, VSIN의 속성 창을 열어 진폭 10mV, 주파수 10kHz, 오프셋 0V인 정현파로 설정한다.
- 입력전압과 출력전압 파형을 확인할 수 있도록 [그림 12-6(a)]와 같이 Voltage Marker를 연결한다.

2 DC 바이어스 해석

- PSpice의 Simulation Settings 창을 열어 [그림 12-6(b)]와 같이 Analysis Type을 Bias Point로 지정하고, Options에서 General Settings만 선택한다.
- Output File Options에서 Include detailed bias point information … (.OP)를 체크한다.
- 시뮬레이션을 실행한 후, PSpice 메뉴의 View Output File로 시뮬레이션 결과 파일을 연다. OPERATING POINT INFORMATION 부분에서 N채널 MOSFET M_{n1}에 대한 다음의 시뮬레이션 결과 값을 확인하여 [표 12-3]에 기록한다.
  - 게이트-소오스 바이어스 전압 V_{GSQ}
  - 드레인 바이어스 전류 I_{DQ}
  - 드레인-소오스 바이어스 전압 V_{DSQ}

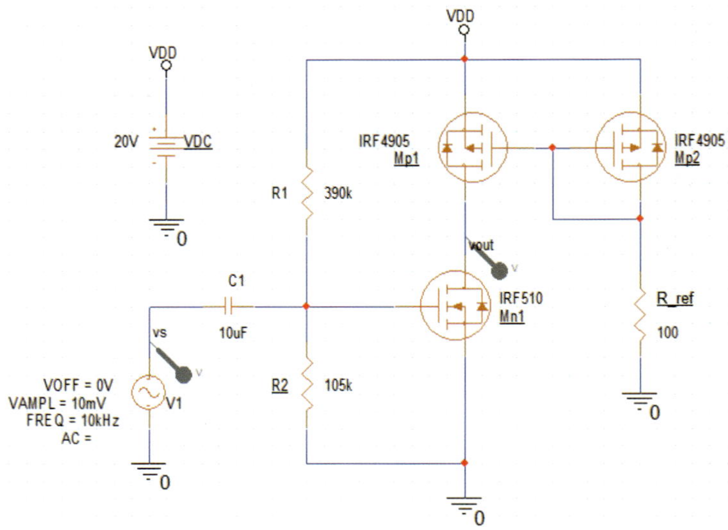

(a) 시뮬레이션 회로

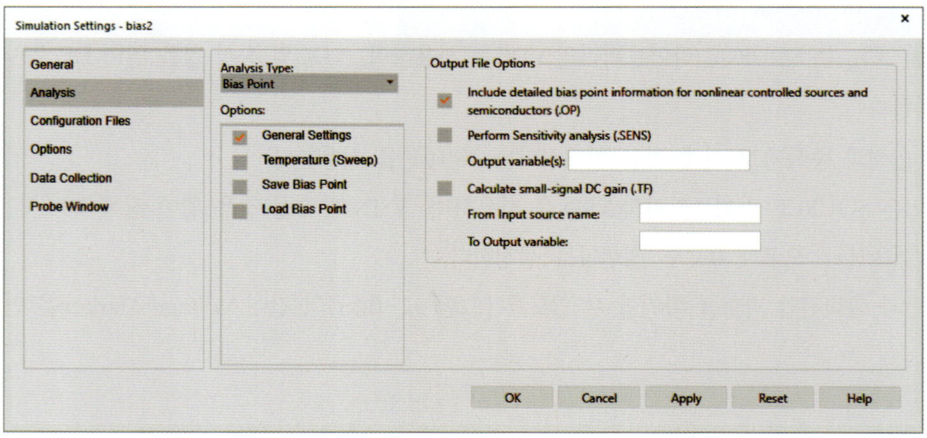

(b) 시뮬레이션 설정(Bias Point)

그림 12-6 능동부하를 갖는 공통소오스 증폭기 회로의 시뮬레이션(계속)

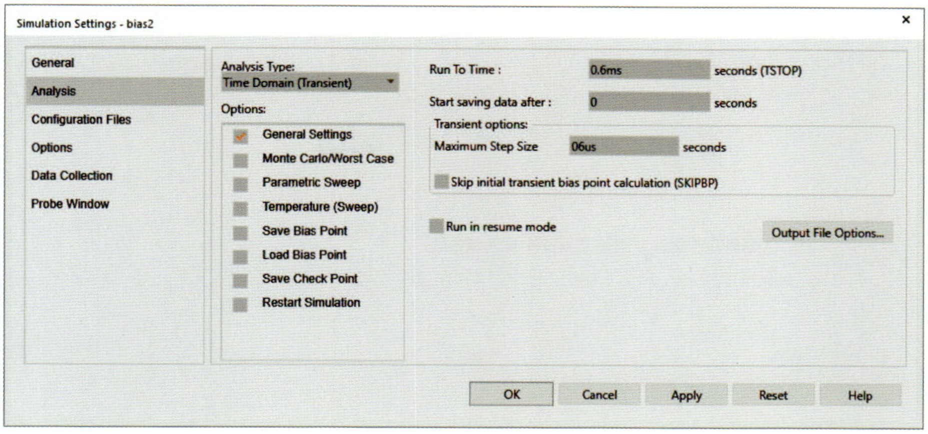

(c) 시뮬레이션 설정(Transient 해석)

그림 12-6 능동부하를 갖는 공통소오스 증폭기 회로의 시뮬레이션

3 Transient 해석을 위한 시뮬레이션 설정

- PSpice의 Simulation Settings 창을 열어 Analysis Type을 Time Domain(Transient)으로 지정하고, [그림 12-6(c)]와 같이 시뮬레이션을 설정한다.

4 시뮬레이션 실행 및 결과 확인

- 시뮬레이션을 실행하면, 입력전압과 출력전압의 파형이 시뮬레이션 결과 창에 표시된다. 시뮬레이션 결과 화면을 캡처하여 [그림 12-7]에 붙여 넣는다.
- 다음의 시뮬레이션 결과 값을 [표 12-3]의 해당 칸에 기록한다.
  - 입력신호 v_S의 첨두-첨두값
  - 입력신호 v_S와 출력전압 v_O의 위상 관계
  - v_O의 첨두-첨두값

표 12-3 능동부하를 갖는 공통소오스 증폭기 회로의 동작 특성 시뮬레이션 결과

M_{n1}의 동작점 전류, 전압 (DC 바이어스 해석 결과)	V_{GSQ} [V]	
	I_{DQ} [mA]	
	V_{DSQ} [V]	
v_S의 첨두-첨두값 [mV]		
v_S와 v_O의 위상 관계		
v_O의 첨두-첨두값 [V]		

시뮬레이션 결과 파형을 캡처하여 붙여 넣는다.

그림 12-7 능동부하를 갖는 공통소오스 증폭기의 시뮬레이션 결과 파형

2. 실험 능동부하를 갖는 공통소오스 증폭기 회로의 동작 특성 측정

[실험장비]

장비명	수량	장비명	수량
DC 전원공급 장치	1대	오실로스코프(2채널)	1대
함수발생기	1대	멀티미터	1대

[실험부품]

트랜지스터	N채널 MOSFET IRF510, P채널 MOSFET IRF4905		
저항	$0.1\,\text{k}\Omega$, $100\,\text{k}\Omega$, $390\,\text{k}\Omega$, 가변저항 $10\,\text{k}\Omega$	커패시터	$100\,\mu\text{F}$

1 브레드보드 부품 배치도 연결 완성하기

- [그림 12-8(a)]의 능동부하를 갖는 공통소오스 증폭기 실험회로를 참조해서 [그림 12-8(b)]의 브레드보드 부품 배치도의 연결을 완성한다.
  - N채널 MOSFET IRF510과 P채널 MOSFET IRF4905의 소오스(❶), 게이트(❷), 드레인(❸) 단자를 잘 구별하여 소자 간의 연결을 표시한다.

2 회로 구성하기

- 완성된 부품 배치도를 참조해서 [그림 12-8(a)]의 실험회로를 브레드보드에 구성한다.
- 저항 R_2는 100kΩ과 가변저항 10kΩ의 직렬연결로 구성한다.
- 입력신호 v_S : 100μF의 결합 커패시터 C_{C1}을 통해 N채널 MOSFET IRF510의 게이트로 인가되도록 연결한다.

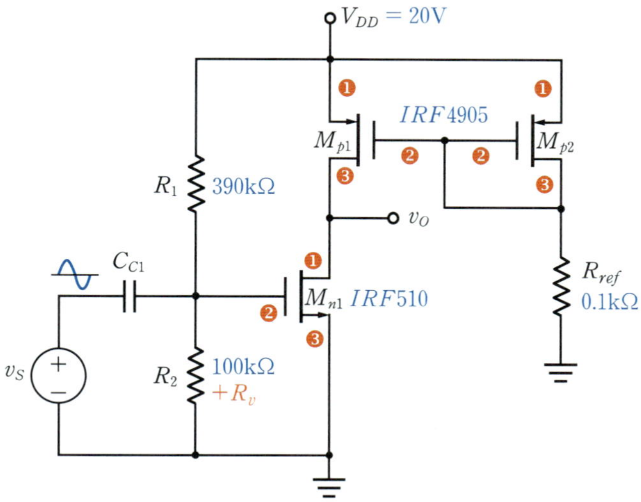

(a) 실험회로

실험회로를 참고해서 부품 배치도의 연결을 완성한다.

(b) 부품 배치도

그림 12-8 능동부하를 갖는 공통소스 증폭기 실험회로

3 회로 점검하기

- 브레드보드에 부품 실장이 완료되면, 멀티미터를 저항측정 모드로 설정하고 단락, 접촉 불량 등을 점검한다.
- V_{DD}와 GND, 그리고 입력신호 v_S와 V_{DD}, GND의 단락 여부를 확인한다.
- V_{DD}와 GND로 연결되는 노드들의 단락/개방 여부를 확인한다.

4 전원전압 인가하기

- DC 전원공급 장치의 출력이 20V가 되도록 설정한 후, 실험회로의 V_{DD} 단자에 연결하여 $V_{DD} = 20\,\text{V}$가 되도록 한다.

5 동작점 전류, 전압 측정하기

- $V_{DSQ} \simeq 10\,\text{V}$가 되도록 저항 R_2의 가변저항을 조정한다.
- N채널 MOSFET M_{n1}에 대한 다음의 측정값을 [표 12-4]의 해당 칸에 기록한다.
  - 게이트-소오스 바이어스 전압 V_{GSQ}
  - 드레인 바이어스 전류 I_{DQ} (멀티미터를 전류측정 모드로 설정한 후, N채널 MOSFET M_{n1}의 소오스와 접지 사이에 연결하여 전류를 측정한다.)
  - 드레인-소오스 바이어스 전압 V_{DSQ}

6 신호원 연결하기

- 함수발생기의 전원을 ON시키고 정현파 출력 모드로 설정한다. 정현파의 주파수 10kHz, 진폭 10mV가 되도록 설정한 후, 오실로스코프를 이용하여 정현파의 주파수와 진폭을 확인한다. 확인이 완료되면 실험회로의 v_S 단자에 연결한다.

7 출력전압 측정하기

- 입력신호 v_S를 오실로스코프의 CH 1로 측정하고, 증폭기 출력전압 v_o를 CH 2로 측정한다. 측정 결과 파형을 캡처하여 [그림 12-9]에 붙여 넣는다.
- 다음의 측정값을 [표 12-4]의 해당 칸에 기록한다.
  - 입력신호 v_S의 첨두-첨두값
  - 입력신호 v_S와 출력전압 v_O의 위상 관계
  - 출력전압 v_O의 첨두-첨두값

표 12-4 능동부하를 갖는 공통소오스 증폭기의 입력전압과 출력전압 측정 결과

M_{n1}의 동작점 전류, 전압 (측정 결과)	V_{GSQ} [V]	
	I_{DQ} [mA]	
	V_{DSQ} [V]	
v_S의 첨두-첨두값 [mV]		
v_S와 v_O의 위상 관계		
v_O의 첨두-첨두값 [V]		

측정 결과 파형을 캡처하여 붙여 넣는다.

그림 12-9 능동부하를 갖는 공통소오스 증폭기의 입력 v_S와 출력 v_O의 측정 결과 파형

실험 고찰

■ 고찰 [1]

- [표 12-1]의 시뮬레이션 결과와 [표 12-2]의 측정 결과로부터 저항 R_{ref} 값이 정전류원 출력전류 I_O에 미치는 영향을 설명하라.

■ 고찰 [2]

- [표 12-3]의 시뮬레이션 결과로부터 구한 소신호 전압이득 $A_{v,sim}$, [표 12-4]의 측정 결과로부터 구한 소신호 전압이득 $A_{v,meas}$, 식 (12.6)에 소신호 파라미터 값을 대입하여 계산한 전압이득 $A_{v,cal}$을 [표 12-5]에 기록하고, 비교하여 설명하라. 단, 전달컨덕턴스 $g_{m,n1}$과 소신호 드레인 저항 $r_{d,n1}$, $r_{d,p1}$은 바이어스 해석 결과로부터 값을 구해서 적용한다.

표 12-5 능동부하를 갖는 공통소오스 증폭기의 전압이득 비교

	시뮬레이션 결과 $A_{v,sim}$ [V/V]	측정 결과 $A_{v,meas}$ [V/V]	식 (12.6)에 의한 계산 결과 $A_{v,cal}$ [V/V]
전압이득			

연계 | 〈핵심이 보이는 전자회로〉 4.2절

실험

13

증폭기의 저주파 응답 특성

실험 목적

- 시뮬레이션을 통해 증폭기의 저주파 응답 특성을 예측한다.
- 결합 및 바이패스 커패시터가 증폭기의 하측 차단주파수에 미치는 영향을 확인한다.

실험 내용

- 실험 13-1 | 결합 커패시터에 의한 공통컬렉터 증폭기의 저주파 응답 특성 측정
- 실험 13-2 | 바이패스 커패시터에 의한 공통이미터 증폭기의 저주파 응답 특성 측정

13.1 이론적 배경 이해하기

1. 증폭기의 저주파 응답 특성

■ 저주파 응답 특성

- 신호의 주파수가 낮을수록 증폭기 이득이 감소하는 특성을 저주파 응답 특성이라고 한다.
- [그림 13-1(a)]의 회로에서 결합[coupling] 커패시터 C_{C1}, C_{C2}와 바이패스[bypass] 커패시터 C_E는 증폭기의 저주파 응답 특성에 영향을 미친다.
- 증폭기의 저주파 응답 특성을 나타내는 하측 차단주파수 f_L은 [그림 13-1(b)]와 같이 중대역 이득 $|A_m|$으로부터 3dB 감소하는 주파수로 정의된다.

■ 결합 커패시터가 하측 차단주파수에 미치는 영향

- 증폭기 입력단의 결합 커패시터 C_{C1}에 의한 하측 차단주파수 f_L은 식 (13.1)과 같이 결정된다. 단, 바이어스 저항 R_1, R_2의 영향은 무시한다.

$$f_L = \frac{1}{2\pi(R_s + r_\pi)C_{C1}} \tag{13.1}$$

■ 바이패스 커패시터가 하측 차단주파수에 미치는 영향

- 바이패스 커패시터 C_E에 의한 하측 차단주파수 f_L은 식 (13.2)와 같이 결정된다.

$$f_L \simeq \frac{g_m}{2\pi C_E} \tag{13.2}$$

■ 결합 및 바이패스 커패시터가 하측 차단주파수에 미치는 영향

- [그림 13-1(a)]의 회로에서 결합 커패시터 C_{C1}, C_{C2}와 바이패스 커패시터 C_E에 의한 하측 차단주파수 f_L은 [그림 13-1(b)]의 수식과 같이 결정된다.
- 하측 차단주파수 f_L은 각 커패시터에 의한 하측 차단주파수의 합, 즉 각 커패시터가 갖는 단락 회로 시상수 역수의 합으로 계산된다.

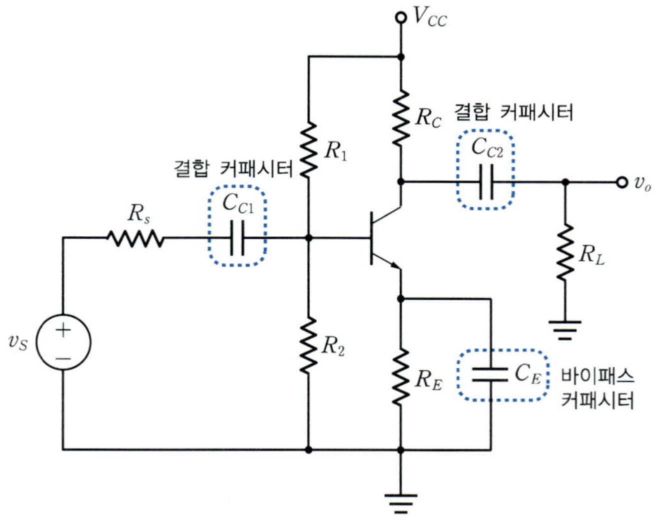

(a) 결합 및 바이패스 커패시터를 갖는 공통이미터 증폭기

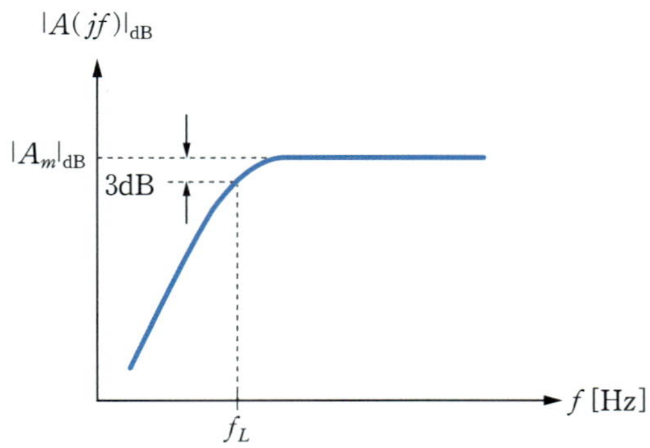

- $f_L = \dfrac{1}{2\pi}\left(\dfrac{1}{\tau_{C1}} + \dfrac{1}{\tau_{C2}} + \dfrac{1}{\tau_E}\right) = f_{L,C1} + f_{L,C2} + f_{L,CE}$
- $\tau_{C1} \simeq (R_s + r_\pi)C_{C1}$
- $\tau_{C2} \simeq (R_C + R_L)C_{C2}$
- $\tau_E \simeq \dfrac{C_E}{g_m}$

(b) 저주파 응답 특성을 나타내는 보드 선도와 관련 수식

그림 13-1 결합 및 바이패스 커패시터를 갖는 공통이미터 증폭기의 저주파 응답 특성

점검하기 **다음 각 문제에 답하라.**

(1) 증폭기의 하측 차단주파수가 (클수록, 작을수록) 저주파 성분을 잘 증폭할 수 있다.

(2) 하측 차단주파수는 중대역 이득으로부터 (　　　　) dB 감소하는 주파수이다.

(3) 결합 커패시턴스 값이 클수록 하측 차단주파수가 (작다, 크다).

(4) 바이패스 커패시턴스 값이 클수록 하측 차단주파수가 (작다, 크다).

(5) 증폭기의 주파수 응답 특성 해석을 위해 PSpice의 (AC, Transient) 해석이 사용된다.

13.2 실험 진행하기

실험 13-1 | 결합 커패시터에 의한 공통컬렉터 증폭기의 저주파 응답 특성 측정

1. PSpice 시뮬레이션

1 회로도 입력

- 결합 커패시터가 공통컬렉터 증폭기의 하측 차단주파수에 미치는 영향을 해석하기 위해 [그림 13-2(a)]의 회로를 PSpice 회로도 편집기에 입력한다.
- BJT는 2N3904 NPN형 소자를 사용하며, 바이어스 저항은 $R_1 = 10\,\text{k}\Omega$, $R_2 = 47\,\text{k}\Omega$, 이미터 저항은 $R_E = 0.15\,\text{k}\Omega$, 그리고 부하저항은 $R_L = 1\,\text{k}\Omega$으로 설정한다.
- 결합 커패시터 C_{C2}는 파라미터 {Cc2}로 설정한다.
- 결합 커패시터 C_{C2}의 값을 변화시키면서 시뮬레이션할 수 있도록 SPECIAL 라이브러리에서 PARAM을 회로도에 삽입한다. PARAM의 속성 창을 열고 Add New Column을 실행하여 Name에 Cc2를 입력하고, Value에 $0.1\,\mu\text{F}$을 입력한다. Cc2의 Display Properties를 Name and Value로 설정하면, [그림 13-2(a)]와 같이 회로도에 Parameters 심벌이 $\text{Cc2} = 0.1\,\mu\text{F}$로 표시된다.
- 입력전압은 SOURCE 라이브러리의 VAC를 사용하며, VAC의 속성 창을 열어 ACMAG는 $1\,\text{V}$, DC는 $0\,\text{V}$로 설정한다.
- 출력전압의 크기를 데시벨로 확인할 수 있도록 [그림 13-2(b)]와 같이 dB Magnitude of Voltage Marker를 활성화시켜 부하저항에 VDB Marker를 연결한다.

2 시뮬레이션 설정

- Simulation Settings 창을 열어 Analysis Type을 AC Sweep/Noise로 설정한다.
- [그림 13-2(c)]와 같이 Options에서 General Settings을 선택하고, AC Sweep Type에서 Logarithmic과 Decade를 지정하여 주파수가 로그 스케일로 표시되도록 설정한다. 시뮬레이션

을 실행할 주파수 범위로 Start Frequency는 1Hz, End Frequency는 1MHz, Points/Decade는 20으로 설정한다.

- [그림 13-2(d)]와 같이 Options에서 Parametric Sweep을 선택하고, Sweep Variable에서 Global parameter를 지정하고, Parameter name에 Cc2를 입력한다. Sweep Type은 Value List를 선택하고, 0.1μF, 0.47μF, 10μF을 입력한다.

PSpice에서 단위 표기

PSpice에서 단위 메가(10^6)는 약어 meg로 표기하며, 단위 밀리(10^{-3})는 약어 m으로 나타냄에 유의한다.

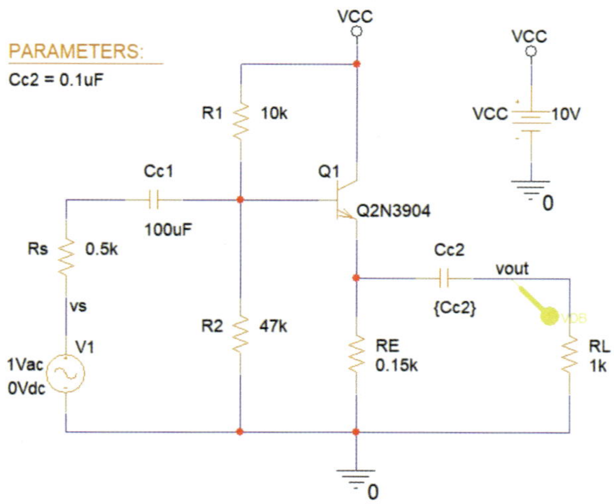

(a) 시뮬레이션 회로

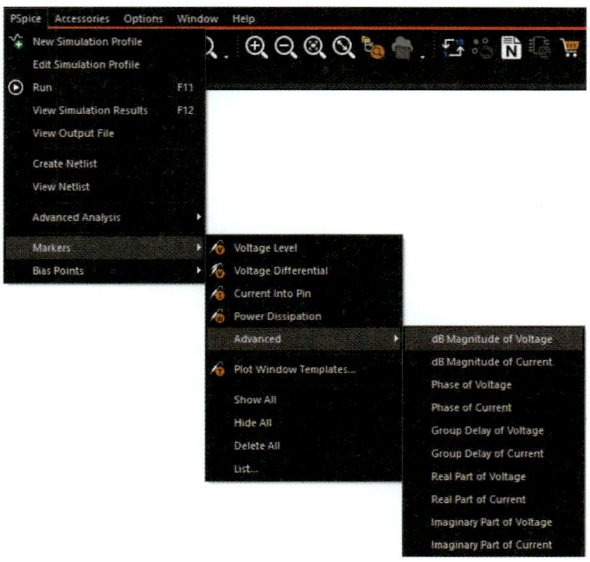

(b) VDB Marker 설정

그림 13-2 결합 커패시터에 의한 공통컬렉터 증폭기의 저주파 응답 특성 시뮬레이션(계속)

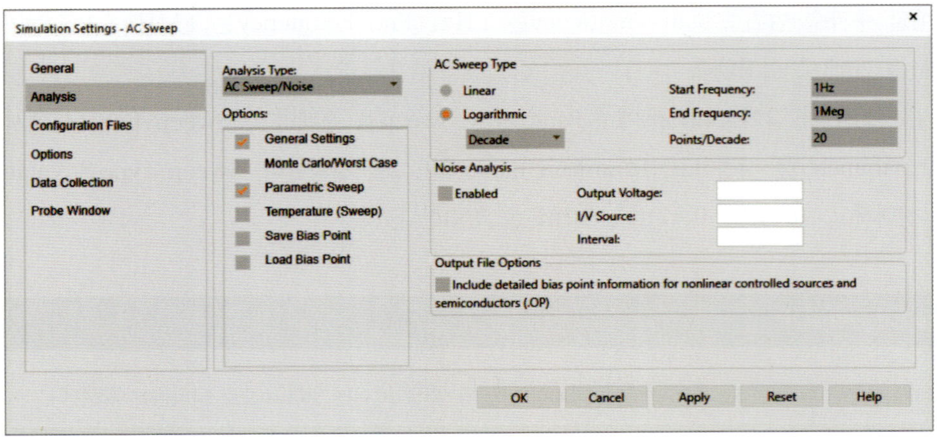

(c) 시뮬레이션 설정(AC Sweep)

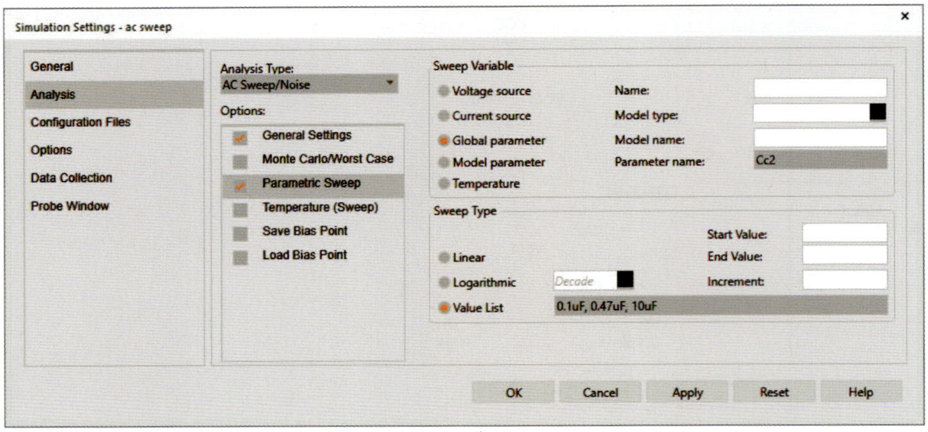

(d) 시뮬레이션 설정(Parametric Sweep)

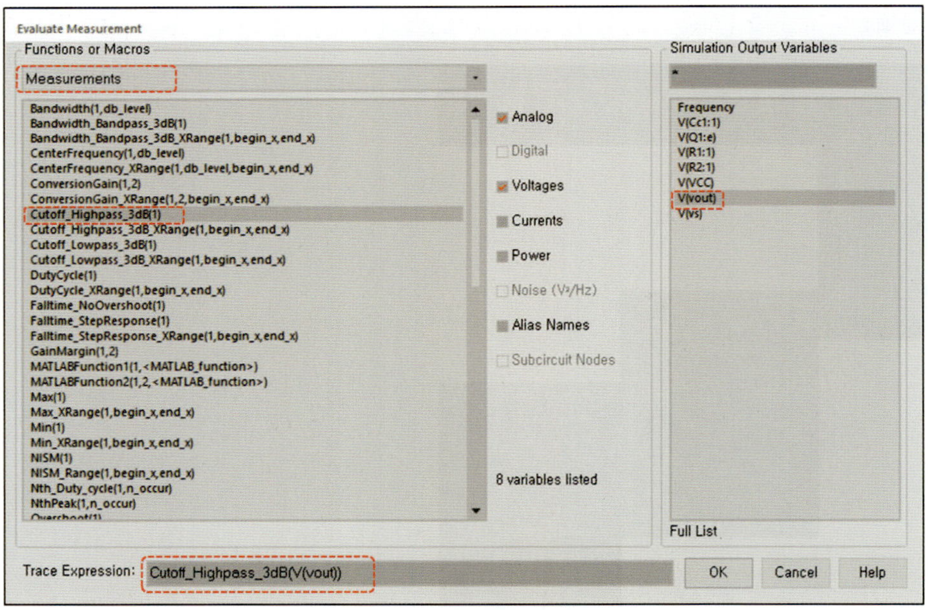

(e) Measurements의 Cutoff_Highpass_3dB을 이용한 하측 3dB 주파수 확인

그림 13-2 결합 커패시터에 의한 공통컬렉터 증폭기의 저주파 응답 특성 시뮬레이션

3 시뮬레이션 실행 및 결과 확인

- 시뮬레이션을 실행하면 주파수 응답 특성이 시뮬레이션 결과 창에 표시된다. 시뮬레이션 결과 화면을 캡처하여 [그림 13-3]에 붙여 넣는다.
- PSpice Measurements의 `Cutoff_Highpass_3dB`을 이용하여 [그림 13-2(e)]과 같이 하측 3dB 주파수 값을 구하고, [표 13-1]의 해당 C_{C2} 칸에 기록한다.
- 시뮬레이션 결과로부터, 중대역 이득 A_v 값을 구하여 [표 13-1]에 기록한다.

표 13-1 결합 커패시터에 의한 공통컬렉터 증폭기의 저주파 응답 특성 시뮬레이션 결과

	C_{C2} [μF]		
	0.1	0.47	10
하측 차단주파수 [Hz]			
중대역 이득 [dB]			

시뮬레이션 결과 파형을 캡처하여 붙여 넣는다.

그림 13-3 결합 커패시터에 의한 공통컬렉터 증폭기의 저주파 응답 특성 시뮬레이션 결과 파형

2. 실험 결합 커패시터에 의한 공통컬렉터 증폭기의 저주파 응답 특성 측정

[실험장비]

장비명	수량	장비명	수량
DC 전원공급 장치	1대	오실로스코프(2채널)	1대
함수발생기	1대	멀티미터	1대

[실험부품]

트랜지스터	2N3904 NPN형 BJT	커패시터	$0.1\mu F$, $0.47\mu F$, $10\mu F$
저항	$0.15k\Omega$, $1k\Omega$, $10k\Omega$, $47k\Omega$		

1 브레드보드 부품 배치도 연결 완성하기

- [그림 13–4(a)]의 실험회로를 참조해서 [그림 13–4(b)]의 브레드보드 부품 배치도의 연결을 완성한다.
  - 2N3904 NPN형 BJT의 이미터(❶), 베이스(❷), 컬렉터(❸) 단자를 잘 구별하여 소자 간의 연결, 전원전압 V_{CC}와 접지의 연결을 표시한다.

2 회로 구성하기

- 완성된 부품 배치도를 참조하여 브레드보드에 [그림 13–4(a)]의 실험회로를 구성한다.
- 결합 커패시터 $C_{C1} = 100\,\mu F$을 사용하여 하측 차단주파수에 미치는 영향을 최소화하고, 결합 커패시터 $C_{C2} = 0.1\mu F$을 사용한다.
- 부하저항은 $R_L = 1\,k\Omega$을 사용한다.

3 회로 점검하기

- 브레드보드에 부품 실장이 완료되면, 멀티미터를 저항측정 모드로 설정하고 점검한다.
- V_{CC}와 GND, 그리고 입력신호 v_S와 V_{CC}, GND의 단락 여부를 확인한다.
- V_{CC}와 GND로 연결되는 노드들의 단락/개방 여부를 확인한다.

4 전원전압 인가하기

- DC 전원공급 장치의 출력이 10V가 되도록 설정한 후, 실험회로에 $V_{CC} = 10\,V$를 연결한다.

5 신호원 연결하기

- 함수발생기의 전원을 ON시키고 정현파 출력 모드로 설정한다. 정현파의 진폭 1V, 주파수 10Hz가 되도록 설정한 후, 오실로스코프를 이용하여 정현파의 주파수와 진폭을 확인한다. 확인이 완료되면 실험회로의 v_S 단자에 연결한다.

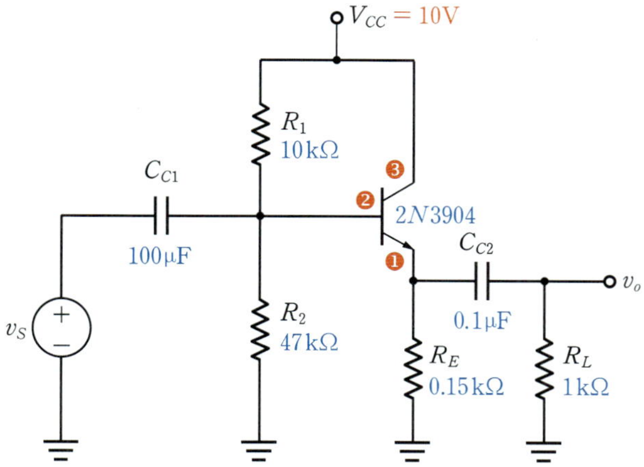

(a) 실험회로

실험회로를 참고해서 부품 배치도의 연결을 완성한다.

(b) 부품 배치도

그림 13-4 결합 커패시터에 의한 공통컬렉터 증폭기의 저주파 응답 특성 실험회로

6 결과 값 측정하기

- 오실로스코프로 증폭기의 출력전압 v_o의 첨두값을 측정하여 [표 13-2]의 $C_{C2} = 0.1\mu F$ 열의 $f = 10Hz$ 칸에 기록한다.
- 함수발생기에서 출력되는 정현파의 진폭을 1V로 고정시킨 상태에서, [표 13-2]에 나열된 주파수 값들로 변경하면서 출력전압의 첨두값을 측정한다. 측정 결과를 해당 주파수 칸에 기록한다.
- 측정값으로부터, 전압이득($A_v = v_o / v_s$)을 데시벨로 계산하여 [표 13-2]에 기록하고, 중대역 이득값을 기록한다.

7 결합 커패시터 C_{C2} 값 변경 후, 출력전압 측정하기

- 함수발생기에서 출력되는 정현파 출력의 진폭을 1V로 고정시킨다.
- 결합 커패시터 값을 $C_{C2} = 0.47\,\mu\text{F}$, $C_{C2} = 10\,\mu\text{F}$으로 변경한 후, [표 13-2]에 나열된 주파수 값들에 대해 출력전압의 첨두값을 측정하여 해당 주파수 칸에 기록한다.
- 측정값으로부터, 전압이득($A_v = v_o / v_s$)을 데시벨로 계산하여 [표 13-2]에 기록하고, 중대역 이득값을 기록한다.

표 13-2 결합 커패시터에 의한 공통컬렉터 증폭기의 저주파 응답 특성 측정 결과

주파수 [Hz]	$C_{C2} = 0.1\,[\mu\text{F}]$		$C_{C2} = 0.47\,[\mu\text{F}]$		$C_{C2} = 10\,[\mu\text{F}]$	
	v_o의 첨두값	전압이득 [dB]	v_o의 첨두값	전압이득 [dB]	v_o의 첨두값	전압이득 [dB]
10						
50						
70						
80						
100						
300						
500						
800						
1,000						
2,000						
2,500						
2,600						
3,000						
중대역 이득 [dB]						

실험 13-2 | 바이패스 커패시터에 의한 공통이미터 증폭기의 저주파 응답 특성 측정

1. PSpice 시뮬레이션

1 회로도 입력

- 공통이미터 증폭기의 하측 차단주파수 특성을 해석하기 위해 [그림 13-5(a)]의 회로를 PSpice 회로도 편집기에 입력한다.
- BJT는 2N3904 NPN형 소자를 사용하며, 바이어스 저항은 $R_1 = 68\,\text{k}\Omega$, $R_2 = 18\,\text{k}\Omega$, 컬렉터 저항은 $R_C = 1\,\text{k}\Omega$, 이미터 저항은 $R_L = 0.2\,\text{k}\Omega$, 그리고 부하 저항은 $R_L = 1\,\text{k}\Omega$으로 설정한다.
- 바이패스 커패시터 C_E는 파라미터 {CE}로 설정한다.
- 바이패스 커패시터 C_E의 값을 변화시키면서 시뮬레이션할 수 있도록 SPECIAL 라이브러리에서 PARAM을 회로도에 삽입한다. PARAM의 속성 창을 열고 Add New Column을 실행하여 Name에 CE를 입력하고, Value에 $10\,\mu\text{F}$을 입력한다. CE의 Display Properties를 Name and Value로 설정하면, [그림 13-5(a)]와 같이 회로도에 Parameters 심벌이 $\text{CE} = 10\,\mu\text{F}$로 표시된다.
- 결합 커패시터 C_{C1}, C_{C2}는 $100\,\mu\text{F}$의 큰 값으로 설정하여 하측 차단주파수에 미치는 영향을 최소화한다.
- 입력전압은 SOURCE 라이브러리의 VAC를 사용하며, VAC의 속성 창을 열어 ACMAG는 $1\,\text{V}$, DC는 $0\,\text{V}$로 설정한다.
- 출력전압의 크기를 데시벨로 확인할 수 있도록 [그림 13-2(b)]와 같이 VDB Marker를 부하저항에 연결한다.

2 시뮬레이션 설정

- PSpice의 Simulation Settings 창을 열어 Analysis Type을 AC Sweep/Noise로 지정한다.
- [그림 13-5(b)]와 같이 Options에서 General Settings을 선택하고, AC Sweep Type에서 Logarithmic과 Decade를 지정하여 주파수가 로그 스케일로 표시되도록 설정한다. 시뮬레이션을 실행할 주파수 범위로 Start Frequency는 $1\,\text{Hz}$, End Frequency는 $100\,\text{kHz}$, 그리고 Points/Decade는 20으로 설정한다.
- [그림 13-5(c)]와 같이 Options에서 Parametric Sweep을 선택하고, Sweep Variable에서 Global parameter를 지정하고, Parameter name에 CE를 입력한다. Sweep Type은 Value List를 선택하고, $10\,\mu\text{F}$, $47\,\mu\text{F}$, $330\,\mu\text{F}$를 입력한다.

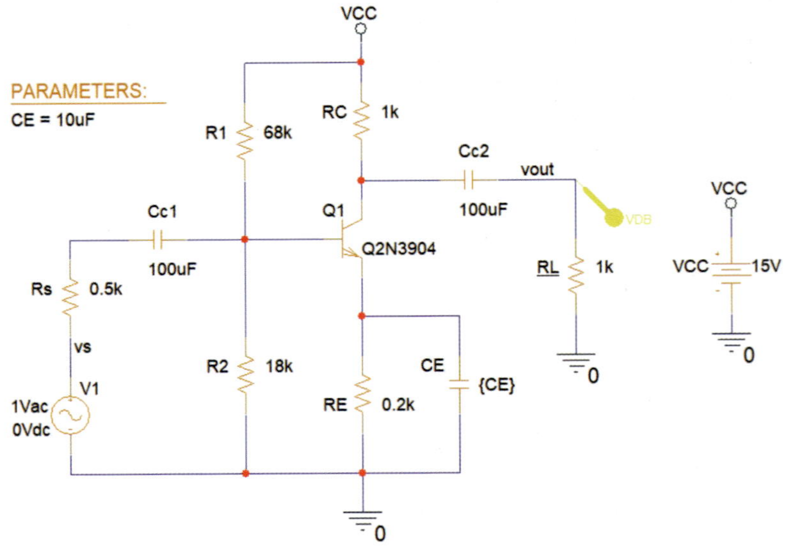

(a) 시뮬레이션 회로

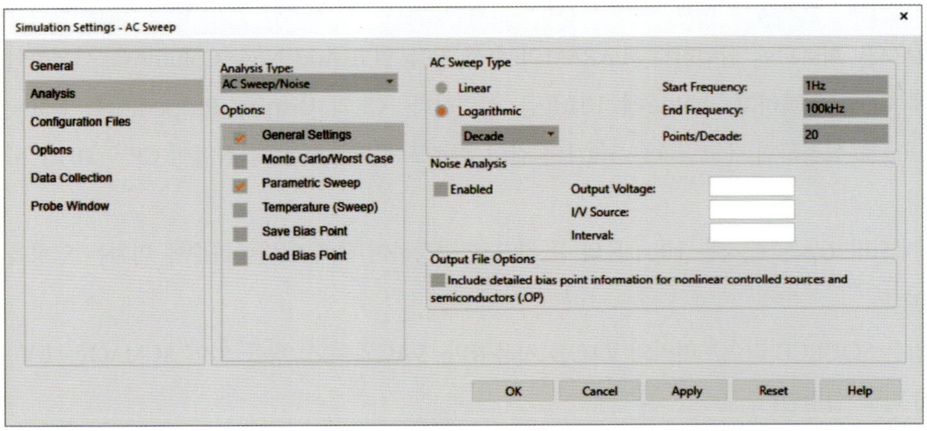

(b) 시뮬레이션 설정(AC Sweep)

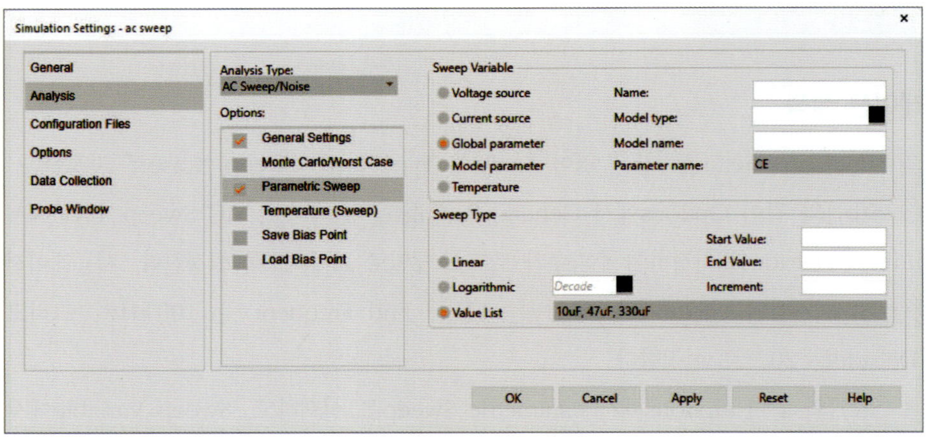

(c) 시뮬레이션 설정(Parametric Sweep)

그림 13-5 바이패스 커패시터에 의한 공통이미터 증폭기의 저주파 응답 특성 시뮬레이션

3 시뮬레이션 실행 및 결과 확인

- 시뮬레이션을 실행하면 주파수 응답 특성이 시뮬레이션 결과 창에 표시된다. 시뮬레이션 결과 화면을 캡처하여 [그림 13-6]에 붙여 넣는다.
- PSpice Measurements의 `Cutoff_Highpass_3dB`을 이용하여 [그림 13-2(e)]와 같이 하측 3dB 주파수 값을 구하고, [표 13-3]의 해당 C_E 칸에 기록한다.
- 시뮬레이션 결과로부터, 중대역 이득 A_v 값을 구하여 [표 13-3]에 기록한다.

표 13-3 바이패스 커패시터에 의한 공통이미터 증폭기의 저주파 응답 특성 시뮬레이션 결과

	$C_E[\mu F]$		
	10	47	330
하측 차단주파수 [Hz]			
중대역 이득 [dB]			

시뮬레이션 결과 파형을 캡처하여 붙여 넣는다.

그림 13-6 바이패스 커패시터에 의한 공통이미터 증폭기의 저주파 응답 특성 시뮬레이션 결과 파형

2. 실험 바이패스 커패시터에 의한 공통이미터 증폭기의 저주파 응답 특성 측정

[실험장비]

장비명	수량	장비명	수량
DC 전원공급 장치	1대	오실로스코프(2채널)	1대
함수발생기	1대	멀티미터	1대

[실험부품]

트랜지스터	2N3904 NPN형 BJT	커패시터	$10\,\mu F$, $47\,\mu F$, $100\,\mu F$(2개), $330\,\mu F$
저항	$0.2\,k\Omega$, $1\,k\Omega$(2개), $18\,k\Omega$, $68\,k\Omega$		

1 브레드보드 부품 배치도 연결 완성하기

- [그림 13-7(a)]의 실험회로를 참조해서 [그림 13-7(b)]의 브레드보드 부품 배치도의 연결을 완성한다.
  - 2N3904 NPN형 BJT의 이미터(❶), 베이스(❷), 컬렉터(❸) 단자를 잘 구별하여 소자 간의 연결, 전원전압 V_{CC}와 접지의 연결을 표시한다.

2 회로 구성하기

- 완성된 부품 배치도를 참조하여 브레드보드에 [그림 13-7(a)]의 실험회로를 구성한다.
- 결합 커패시터는 $C_{C1} = C_{C2} = 100\,\mu F$을 사용하여 하측 차단주파수에 미치는 영향을 최소화한다.
- 부하저항은 $R_L = 1\,k\Omega$을 사용한다.

3 회로 점검하기

- 브레드보드에 부품 실장이 완료되면, 멀티미터를 저항측정 모드로 설정하고 점검한다.
- V_{CC}와 GND, 그리고 입력신호 v_S와 V_{CC}, GND의 단락 여부를 확인한다.
- V_{CC}와 GND로 연결되는 노드들의 단락/개방 여부를 확인한다.

4 전원전압 인가하기

- DC 전원공급 장치의 출력이 $15\,V$가 되도록 설정한 후, 실험회로에 $V_{CC} = 15\,V$를 연결한다.

5 신호원 연결하기

- 함수발생기의 전원을 ON시키고 정현파 출력 모드로 설정한다. 정현파의 진폭 0.05V, 주파수 10Hz가 되도록 설정한 후, 오실로스코프를 이용하여 정현파의 주파수와 진폭을 확인한다. 확인이 완료되면 실험회로의 v_S 단자에 연결한다.

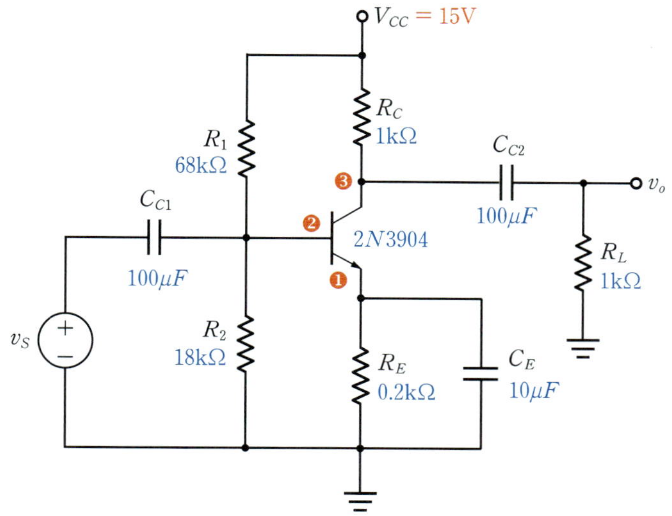

(a) 실험회로

실험회로를 참고해서 부품 배치도의 연결을 완성한다.

(b) 부품 배치도

그림 13-7 바이패스 커패시터에 의한 공통이미터 증폭기의 저주파 응답 특성 실험회로

6 결과 값 측정하기

- 오실로스코프로 증폭기의 출력전압 v_o의 첨두값을 측정하여 [표 13-4]의 $C_E = 10\,\mu F$ 열의 $f = 10\,Hz$ 칸에 기록한다.
- 함수발생기에서 출력되는 정현파의 진폭을 0.05V로 고정시킨 상태에서, [표 13-4]에 나열된 주파수 값들로 변경하면서 출력전압의 첨두값을 측정한다. 측정 결과를 해당 주파수 칸에 기록하고, 중대역 이득값을 기록한다.

- 측정값으로부터, 전압이득($A_v = v_o / v_s$)을 데시벨로 계산하여 [표 13-4]에 기록하고, 중대역 이득값을 기록한다.

7 바이패스 커패시터 C_E 값 변경 후, 출력전압 측정하기

- 함수발생기에서 출력되는 정현파 출력의 진폭을 0.05V로 고정시킨다.
- 바이패스 커패시터 값을 $C_E = 47\,\mu F$, $C_E = 330\,\mu F$ 으로 변경한 후, [표 13-4]에 나열된 주파수 값들에 대해 출력전압의 첨두값을 측정하여 해당 주파수 칸에 기록한다.
- 측정값으로부터, 전압이득($A_v = v_o / v_s$)을 데시벨로 계산하여 [표 13-4]에 기록하고, 중대역 이득값을 기록한다.

표 13-4 바이패스 커패시터에 의한 공통이미터 증폭기의 저주파 응답 특성 측정 결과

주파수 [Hz]	$C_E = 10\,[\mu F]$		$C_E = 47\,[\mu F]$		$C_E = 330\,[\mu F]$	
	v_o의 첨두값	전압이득 [dB]	v_o의 첨두값	전압이득 [dB]	v_o의 첨두값	전압이득 [dB]
10						
50						
70						
80						
100						
300						
500						
800						
1,000						
2,000						
2,500						
2,600						
3,000						
중대역 이득 [dB]						

실험 고찰

■ 고찰 [1]

- 결합 커패시터에 의한 공통컬렉터 증폭기 저주파 응답 특성의 측정 결과([표 13-2])를 [그림 13-8]에 그래프로 그리고, 하측 3dB 주파수를 표시하라. 그래프의 X-축은 로그 스케일이고, Y-축은 데시벨이다.

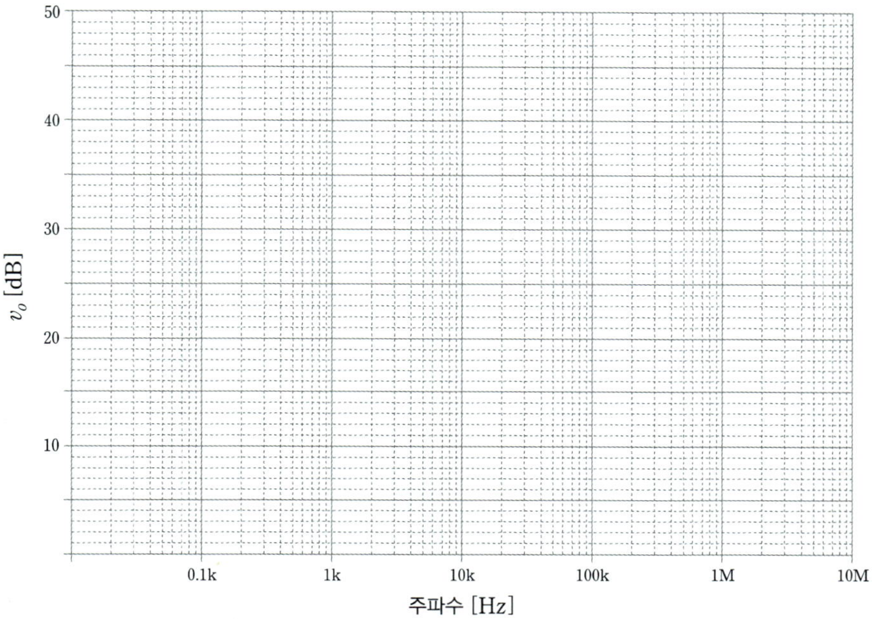

그림 13-8 결합 커패시터에 의한 공통컬렉터 증폭기의 저주파 응답 특성(측정 결과)

- [그림 13-3]과 [그림 13-8]로부터 결합 커패시터에 의한 공통컬렉터 증폭기의 하측 차단주파수를 구하여 [표 13-5]의 해당 칸에 기록하고, 시뮬레이션 결과와 측정 결과 값을 비교하라.

표 13-5 결합 커패시터에 의한 공통컬렉터 증폭기의 대역폭(하측 3dB 주파수) 비교

	C_{C2} [μF]		
	0.1	0.47	10
시뮬레이션 결과([그림 13-3])에 의한 하측 3dB 주파수			
측정 결과([그림 13-8])에 의한 하측 3dB 주파수			

실험 고찰

■ 고찰 [2]

- 바이패스 커패시터에 의한 공통이미터 증폭기 저주파 응답 특성의 측정 결과([표 13-4])를 [그림 13-9]에 그래프로 그리고, 하측 3dB 주파수를 표시하라. 그래프의 X-축은 로그 스케일이고, Y-축은 데시벨이다.

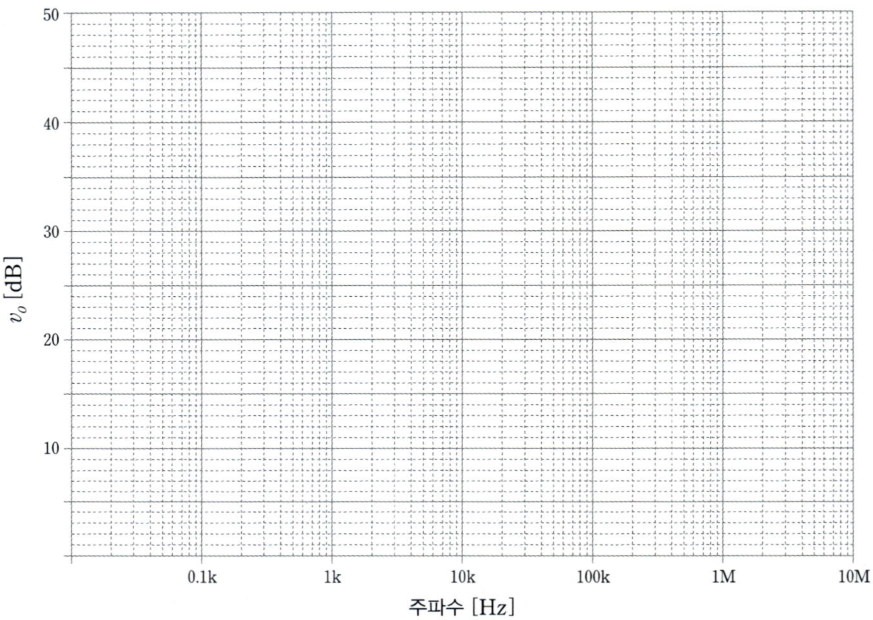

그림 13-9 바이패스 커패시터에 의한 공통이미터 증폭기의 저주파 응답 특성(측정 결과)

- [그림 13-6]과 [그 림 13-9]로부터 바이패스 커패시터에 의한 공통이미터 증폭기의 하측 차단주파수를 구하여 [표 13-6]의 해당 칸에 기록하고, 시뮬레이션 결과와 측정 결과 값을 비교하라.

표 13-6 바이패스 커패시터에 의한 공통이미터 증폭기의 대역폭(하측 3dB 주파수) 비교

	$C_E\,[\mu F]$		
	10	47	330
시뮬레이션 결과([그림 13-6])에 의한 하측 3dB 주파수			
측정 결과([그림 13-9])에 의한 하측 3dB 주파수			

연계 | 〈핵심이 보이는 전자회로〉 4.3절, 4.4절

실험

14

증폭기의 고주파 응답 특성

실험 목적

- 시뮬레이션을 통해 증폭기의 고주파 응답 특성을 예측한다.
- 공통이미터 증폭기의 이득과 상측 차단주파수의 관계를 확인한다.
- 공통소오스 증폭기의 이득과 상측 차단주파수의 관계를 확인한다.

실험 내용

- 실험 14-1 | 공통이미터 증폭기의 고주파 응답 특성 측정
- 실험 14-2 | 공통소오스 증폭기의 고주파 응답 특성 측정

14.1 이론적 배경 이해하기

1. 증폭기의 고주파 응답 특성

- 신호의 주파수가 높을수록 증폭기 이득이 감소하는 특성을 증폭기의 **고주파 응답 특성**이라고 한다.
- 증폭기를 구성하는 BJT와 MOSFET 소자는 내부 기생 parasitic 커패시턴스 성분을 가지며, 이는 증폭기의 고주파 응답 특성인 상측 차단주파수에 영향을 미친다.
- 증폭기의 상측 차단주파수 f_H는 중대역 전압이득 $|A_{v0}|$이 3dB(0.707배) 감소하는 주파수로 정의된다. 이는 증폭기의 출력전력이 중대역에 비해 $\frac{1}{2}$배로 감소하는 주파수이다.
- 증폭기 이득이 주파수에 무관하게 일정한 값을 갖는 주파수 범위를 **대역폭** bandwidth 이라고 하며, 하측 차단주파수 f_L과 상측 차단주파수 f_H 사이의 주파수 범위로 식 (14.1)과 같이 정의된다.

$$BW = f_H - f_L \simeq f_H \tag{14.1}$$

- **이득-대역폭 곱** gain-bandwidth product 은 중대역 이득의 크기 $|A_{v0}|$와 대역폭 BW의 곱으로, 식 (14.2)와 같이 정의된다.

$$GBP = |A_{v0}| \times BW \simeq |A_{v0}| \times f_H \tag{14.2}$$

- 주어진 증폭기 회로의 GBP는 일정한 값을 가지며, 이득과 대역폭 사이에는 상충관계 trade-off 가 존재한다. 증폭기의 이득을 크게 하면 대역폭이 작아지고, 반대로 대역폭을 크게 하면 이득이 작아진다.

2. 공통이미터 증폭기의 고주파 응답 특성

- 공통이미터 증폭기를 구성하는 BJT 소자는 [그림 14-1(a)]와 같이 내부에 기생 커패시턴스 C_π와 C_μ를 가지며, 이는 [그림 14-1(b)]와 같이 증폭기의 고주파 응답 특성을 결정한다.

- C_π는 베이스-이미터 접합의 확산 커패시턴스이고, C_μ는 역방향 바이어스된 베이스-컬렉터 접합 커패시턴스이다.
- 증폭기의 중대역 이득 A_{v0}가 클수록 입력 시상수 τ_i가 크고, 따라서 상측 차단주파수 f_H가 작다.

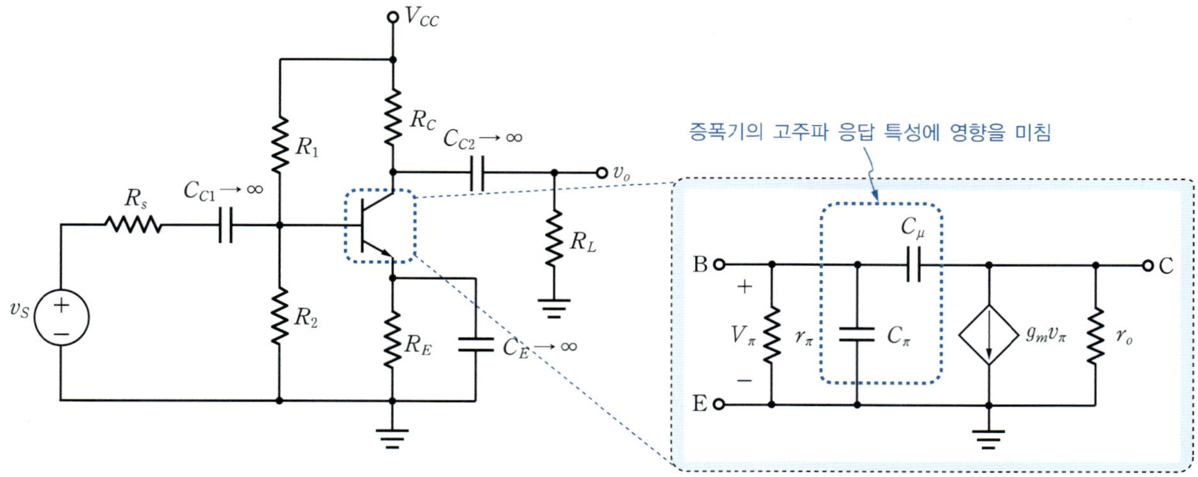

(a) 공통이미터 증폭기의 고주파 응답 특성에 영향을 미치는 BJT 내부 기생 커패시턴스 성분

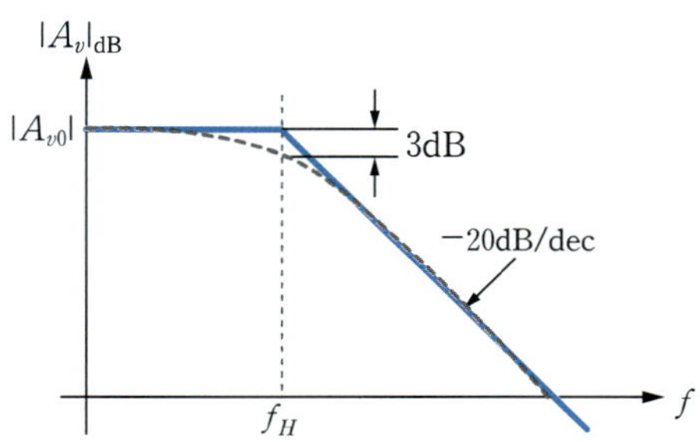

- $A_v(s) = \dfrac{A_{v0}}{1+s/w_H} = \dfrac{A_{v0}}{1+s(\tau_i+\tau_o)}$
- $|A_{v0}| = \dfrac{\beta_o(R_C \parallel R_L)}{R_s + r_\pi} \simeq g_m(R_C \parallel R_L)$
- $f_H = \dfrac{1}{2\pi(\tau_i + \tau_o)}$
- $\tau_i = (R_s \parallel r_\pi)[C_\pi + (1+|A_{v0}|)C_\mu]$
- $\tau_o \simeq (R_C \parallel R_L)C_\mu$

(b) 고주파 응답 특성을 나타내는 보드 선도와 관련 수식

그림 14-1 공통이미터 증폭기의 고주파 응답 특성

3. 공통소오스 증폭기의 고주파 응답 특성

- 공통소오스 증폭기를 구성하는 MOSFET 소자는 [그림 14-2(a)]와 같이 내부에 기생 커패시턴스 C_{gs}, C_{gd}와 C_{db}를 가지며, 이는 [그림 14-2(b)]와 같이 증폭기의 고주파 응답 특성을 결정한다. C_{gs}는 게이트-소오스 커패시턴스, C_{gd}는 게이트-드레인 커패시턴스, 그리고 C_{db}는 드레인-기판의 접합 커패시턴스이다.
- 증폭기의 중대역 이득 A_{v0}가 클수록 입력 시상수 τ_i가 크고, 따라서 상측 차단주파수 f_H가 작다.

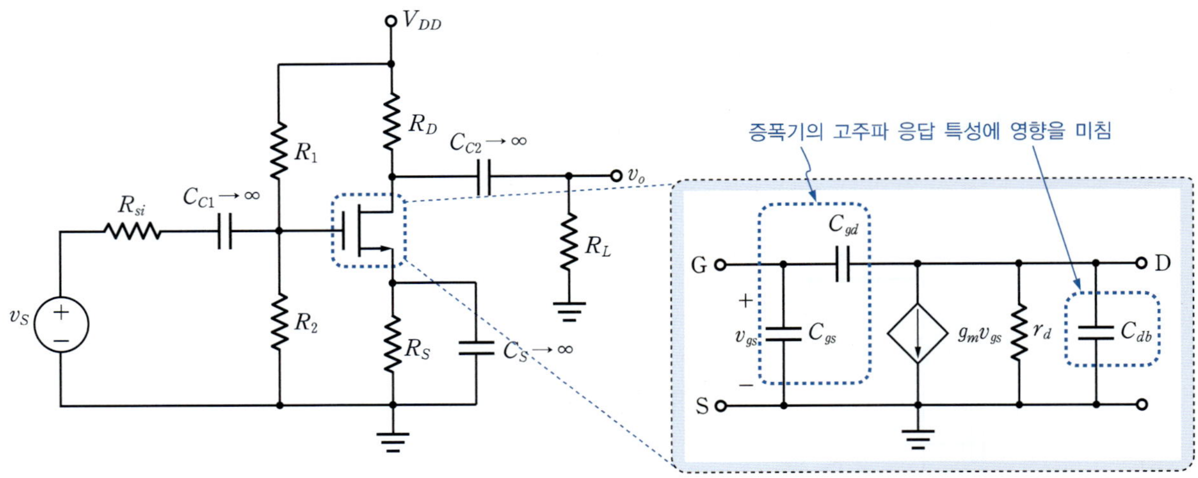

(a) 공통소오스 증폭기의 고주파 응답 특성에 영향을 미치는 MOSFET 내부 기생 커패시턴스 성분

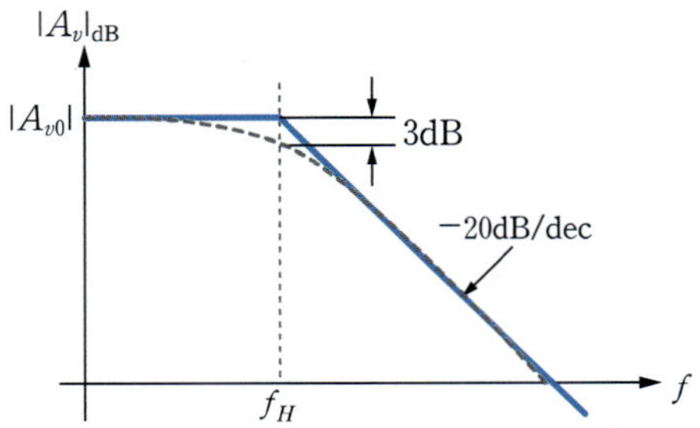

- $A_v(s) = \dfrac{A_{v0}}{1+s/w_H} = \dfrac{A_{v0}}{1+s(\tau_i+\tau_o)}$
- $|A_{v0}| = g_m(R_D \parallel R_L)$
- $f_H = \dfrac{1}{2\pi(\tau_i+\tau_o)}$
- $\tau_i = R_{si}[C_{gs}+(1+|A_{v0}|)C_{gd}]$
- $\tau_o \simeq (R_D \parallel R_L)(C_{gd}+C_{db})$

(b) 고주파 응답 특성을 나타내는 보드 선도와 관련 수식

그림 14-2 공통소오스 증폭기의 고주파 응답 특성

점검하기 ▶ **다음 각 문제에 답하라.**

(1) 증폭기의 상측 차단주파수는 (결합 커패시턴스, 트랜지스터 내부 기생 커패시턴스)에 영향을 받는다.

(2) 증폭기의 상측 차단주파수는 중대역 이득으로부터 (　　　) dB 감소하는 주파수이다.

(3) 주어진 증폭기 회로의 이득과 대역폭은 서로 (비례, 상충) 관계를 갖는다.

(4) BJT의 이미터-베이스 접합 확산 커패시턴스 C_π가 클수록 상측 차단주파수가 (작다, 크다).

(5) BJT, MOSFET 내부에 존재하는 기생 커패시턴스는 증폭기의 (저주파, 고주파) 응답 특성에 영향을 미친다.

(6) 주어진 공통소오스 증폭기 회로에서 중대역 이득이 클수록 대역폭은 작다. (O, X)

14.2 실험 진행하기

실험 14-1 | 공통이미터 증폭기의 고주파 응답 특성 측정

1. PSpice 시뮬레이션

1 회로도 입력

- 공통이미터 증폭기의 고주파 응답 특성을 해석하기 위해 [그림 14-3(a)]의 회로를 PSpice 회로도 편집기에 입력한다.
- BJT는 2N3904를 사용하며, 바이어스 저항은 $R_1 = 390\,\mathrm{k\Omega}$, $R_2 = 24\,\mathrm{k\Omega}$, 컬렉터 저항은 $R_C = 3\,\mathrm{k\Omega}$으로 설정한다.
- 부하저항 R_L은 파라미터 {RL}로 설정한다.
- 부하저항 R_L의 값을 변화시키면서 시뮬레이션할 수 있도록 SPECIAL 라이브러리에서 PARAM을 회로도에 삽입한다. PARAM의 속성 창을 열고 Add New Column을 실행하여 Name에 RL을 입력하고, Value에 $1\,\mathrm{k\Omega}$을 입력한다. RL의 Display Properties를 Name and Value로 설정하면, [그림 14-3(a)]와 같이 회로도에 Parameters 심벌이 RL = 1k로 표시된다.
- 결합 커패시터 C_{C1}, C_{C2}는 $100\,\mathrm{\mu F}$의 큰 값으로 설정하여 상측 차단주파수에 미치는 영향을 최소화한다.
- 입력전압은 SOURCE 라이브러리의 VAC를 사용하며, VAC의 속성 창을 열어 ACMAG는 1 V, DC는 0 V로 설정한다.
- 출력전압의 크기를 데시벨로 확인할 수 있도록 [그림 14-3(b)]와 같이 VDB Marker를 부하저항에 연결한다.

2 시뮬레이션 설정

- PSpice의 Simulation Settings 창을 열어 Analysis Type을 AC Sweep/Noise로 지정한다.
- [그림 14-3(c)]와 같이 Options에서 General Settings을 선택하고, AC Sweep Type에서 Logarithmic과 Decade를 지정하여 주파수가 로그 스케일로 표시되도록 설정한다. 시뮬레이션

을 실행할 주파수 범위로 Start Frequency는 1kHz, End Frequency는 100MHz, 그리고 Points/Decade는 20으로 설정한다.

- [그림 14-3(d)]와 같이 Options에서 Parametric Sweep을 선택하고, Sweep Variable에서 Global parameter를 지정하고, Parameter name에 RL을 입력한다. Sweep Type은 Value List를 선택하고, 1k, 2.4k, 4.7k를 입력한다.

PSpice에서 단위 표기

PSpice에서 단위 메가(10^6)는 약어 meg로 표기하며, 단위 밀리(10^{-3})는 약어 m으로 나타냄에 유의한다.

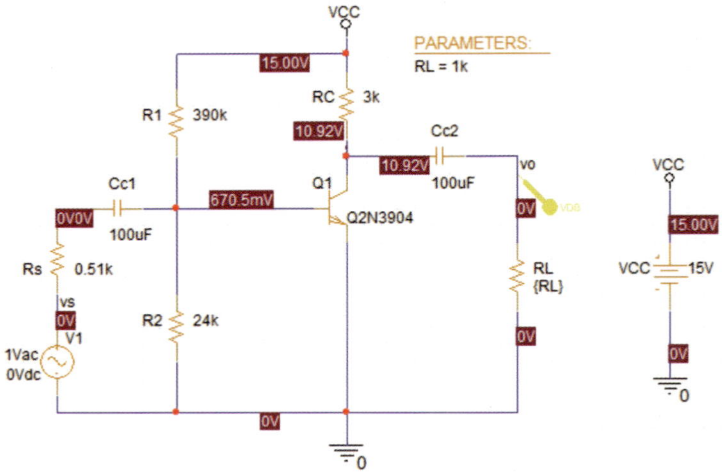

(a) 시뮬레이션 회로

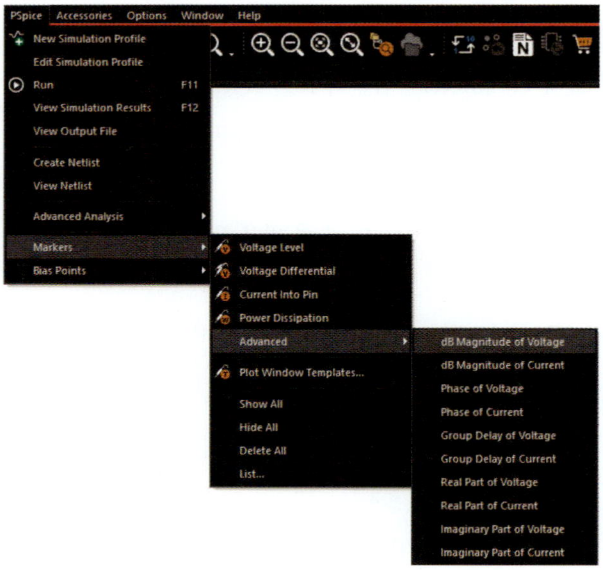

(b) VDB Marker 설정

그림 14-3 공통이미터 증폭기의 고주파 응답 특성 시뮬레이션(계속)

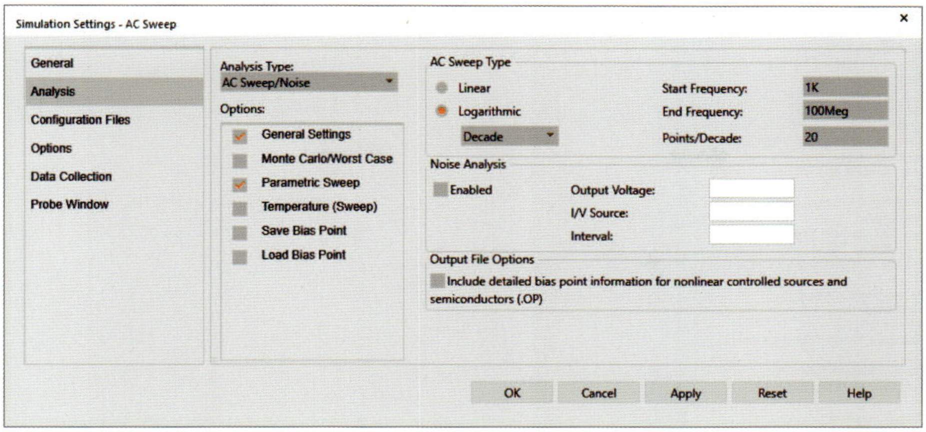

(c) 시뮬레이션 설정(AC Sweep)

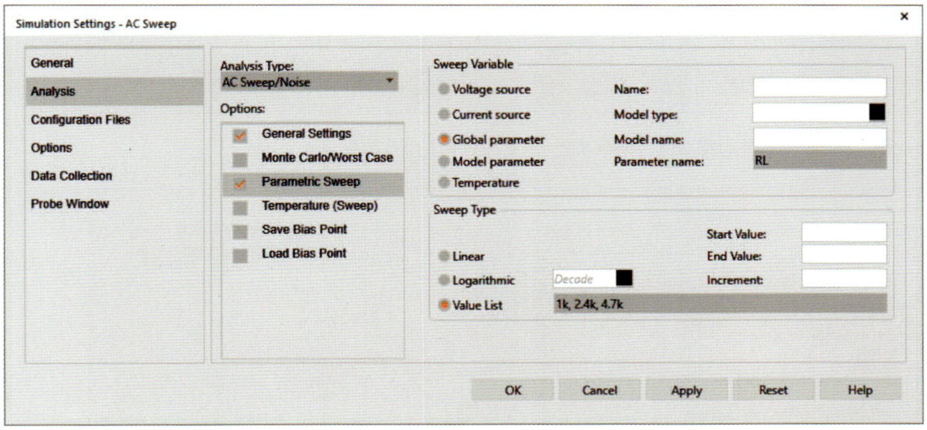

(d) 시뮬레이션 설정(Parametric Sweep)

그림 14-3 공통이미터 증폭기의 고주파 응답 특성 시뮬레이션

3 시뮬레이션 실행 및 결과 확인

- 시뮬레이션을 실행하면, 주파수 응답 특성이 시뮬레이션 결과 창에 표시된다. 시뮬레이션 결과 화면을 캡처하여 [그림 14-5]에 붙여 넣는다.
- PSpice Measurements의 `Cutoff_Lowpass_3dB`를 이용하여 [그림 14-4(a)]와 같이 상측 3 dB 주파수 값을 확인하고, [표 14-1]에 기록한다.
- PSpice Measurements의 `YatX(1,X_value)`를 이용하여 [그림 14-4(b)]와 같이 중대역 이득 값을 확인하고, [표 14-1]에 기록한다.

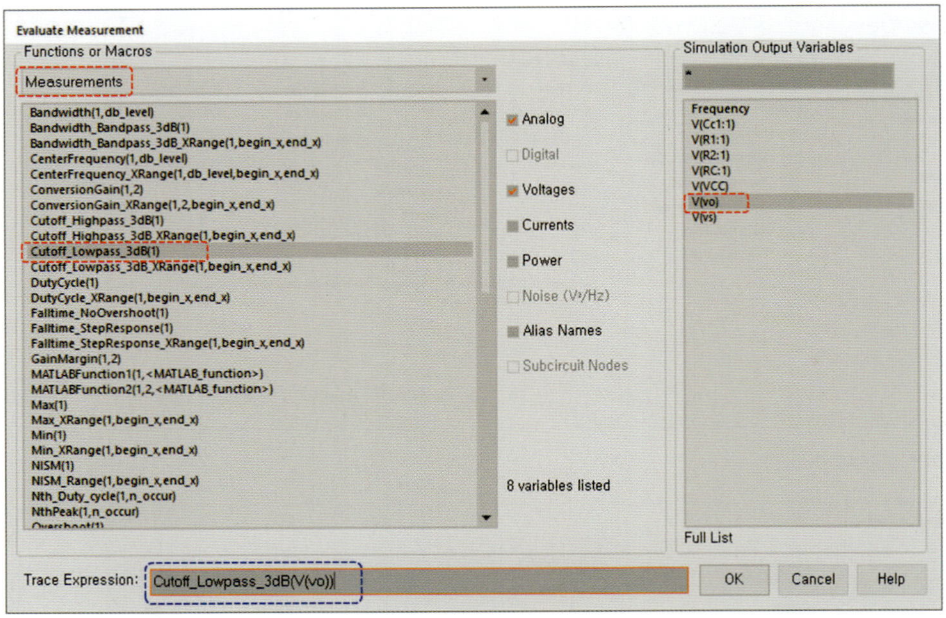

(a) Cutoff_Lowpass_3dB을 이용한 상측 3dB 주파수 확인

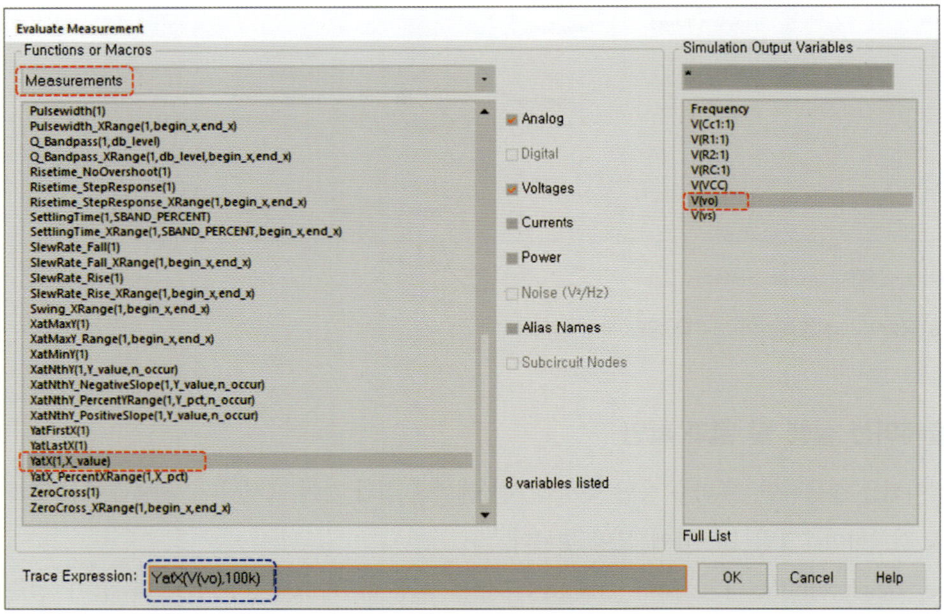

(b) YatX(1,X_value)를 이용한 중대역 이득 확인

그림 14-4 PSpice Measurements를 이용한 상측 3dB 주파수와 중대역 이득 확인

표 14-1 공통이미터 증폭기의 고주파 응답 특성 시뮬레이션 결과

	R_L [kΩ]		
	1	2.4	4.7
중대역 이득 [dB]			
상측 차단주파수 [MHz]			

시뮬레이션 결과 파형을 캡처하여 붙여 넣는다.

그림 14-5 공통이미터 증폭기의 고주파 응답 특성 시뮬레이션 결과 파형

2. 실험 공통이미터 증폭기의 고주파 응답 특성 측정

[실험장비]

장비명	수량	장비명	수량
DC 전원공급 장치	1대	오실로스코프(2채널)	1대
함수발생기	1대	멀티미터	1대

[실험부품]

트랜지스터	2N3904 NPN형 BJT	커패시터	$100\,\mu\text{F}$ (2개)
저항	$0.51\,\text{k}\Omega$, $1\,\text{k}\Omega$, $2.4\,\text{k}\Omega$, $3\,\text{k}\Omega$, $4.7\,\text{k}\Omega$, $24\,\text{k}\Omega$, $390\,\text{k}\Omega$		

1 브레드보드 부품 배치도 연결 완성하기

- [그림 14-6(a)]의 실험회로를 참조해서 [그림 14-6(b)]의 브레드보드 부품 배치도의 연결을 완성한다.
  - 2N3904 NPN형 BJT의 이미터(❶), 베이스(❷), 컬렉터(❸) 단자를 잘 구별하여 소자 간의 연결, 전원전압 V_{CC}와 접지의 연결을 표시한다.

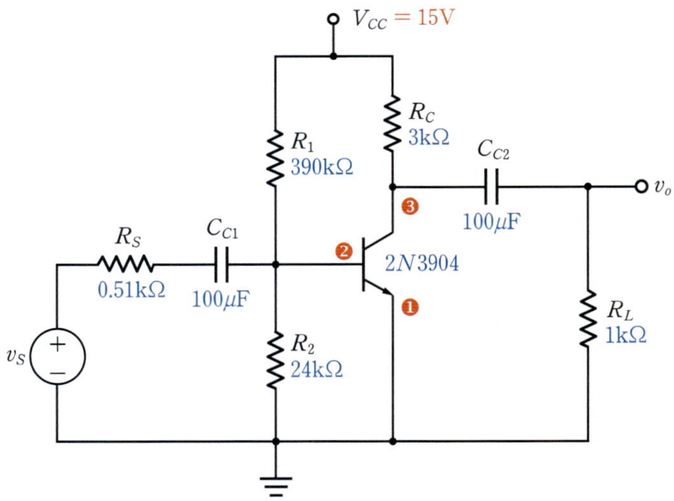

(a) 실험회로

실험회로를 참고해서 부품 배치도의 연결을 완성한다.

(b) 부품 배치도

그림 14-6 공통이미터 증폭기의 고주파 응답 특성 실험회로

2 회로 구성하기

- 완성된 부품 배치도를 참조하여 브레드보드에 [그림 14-6(a)]의 실험회로를 구성한다.
- 결합 커패시터는 $C_{C1} = C_{C2} = 100\,\mu\text{F}$을 사용하여 상측 차단주파수에 미치는 영향을 최소화한다.
- 부하저항은 $R_L = 1\,\text{k}\Omega$을 사용한다.

3 회로 점검하기

- 브레드보드에 부품 실장이 완료되면, 멀티미터를 저항측정 모드로 설정하고 점검한다.
- V_{CC}와 GND, 그리고 입력신호 v_S와 V_{CC}, GND의 단락 여부를 확인한다.
- V_{CC}와 GND로 연결되는 노드들의 단락/개방 여부를 확인한다.

4 전원전압 인가하기

- DC 전원공급 장치의 출력이 15 V가 되도록 설정한 후, 실험회로에 $V_{CC} = 15\,\text{V}$를 연결한다.

5 신호원 연결하기

- 함수발생기의 전원을 ON시키고 정현파 출력 모드로 설정한다. 정현파의 진폭 20 mV, 주파수 100 kHz가 되도록 설정한 후, 오실로스코프를 이용하여 정현파의 주파수와 진폭을 확인한다. 확인이 완료되면 실험회로의 v_S 단자에 연결한다.

6 결과 값 측정하기

- 오실로스코프로 증폭기 출력전압 v_o의 첨두값을 측정하여 [표 14-2] $R_L = 1\,\text{k}\Omega$ 열의 $f = 0.1$ MHz 칸에 기록한다.
- 함수발생기에서 출력되는 정현파의 진폭을 20 mV로 고정시킨 상태에서, [표 14-2]에 나열된 주파수 값들로 변경하면서 출력전압의 첨두값을 측정한다. 측정 결과를 해당 주파수 칸에 기록한다.
- 측정값으로부터, 전압이득($A_v = v_o / v_S$)을 데시벨로 계산하여 [표 14-2]에 기록한다.

7 부하저항 값 변경 후, 출력전압 측정하기

- 함수발생기에서 출력되는 정현파 출력의 진폭을 20 mV로 고정시킨다.
- 부하저항을 $R_L = 2.4\,\text{k}\Omega$, $4.7\,\text{k}\Omega$으로 변경한 후, [표 14-2]에 나열된 주파수 값들에 대해 출력전압의 첨두값을 측정하여 해당 주파수 칸에 기록한다.
- 측정값으로부터, 전압이득($A_v = v_o / v_S$)을 데시벨로 계산하여 [표 14-2]에 기록한다.

표 14-2 공통이미터 증폭기의 고주파 응답 특성 측정 결과

주파수 [MHz]	R_L [kΩ]					
	1		2.4		4.7	
	v_o의 첨두값	전압이득 [dB]	v_o의 첨두값	전압이득 [dB]	v_o의 첨두값	전압이득 [dB]
0.1						
0.3						
0.5						
0.7						
0.9						
1.0						
1.2						
1.4						
1.6						
1.8						
2.0						
2.2						
2.4						
2.6						

실험 14-2 | 공통소오스 증폭기의 고주파 응답 특성 측정

1. PSpice 시뮬레이션

1 회로도 입력

- 공통소오스 증폭기의 고주파 응답 특성을 해석하기 위해 [그림 14-7(a)]의 회로를 PSpice 회로도 편집기에 입력한다.
- MOSFET는 2N6660 N채널 소자를 사용하며, 바이어스 저항은 $R_1 = 220\,\text{k}\Omega$, $R_2 = 68\,\text{k}\Omega$, 드레인 저항은 $R_D = 4.7\,\text{k}\Omega$으로 설정한다.
- 결합 커패시터 C_{C1}, C_{C2}는 $330\,\mu\text{F}$으로 설정하여 상측 차단주파수에 미치는 영향을 최소화한다.

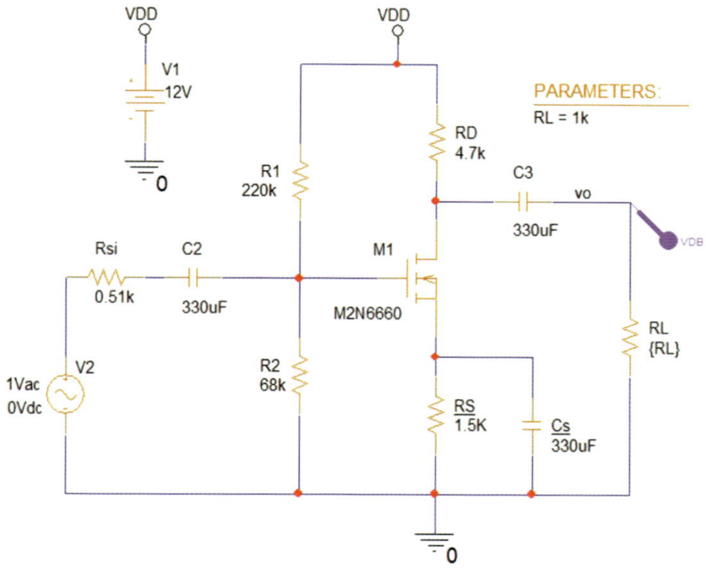

(a) 시뮬레이션 회로

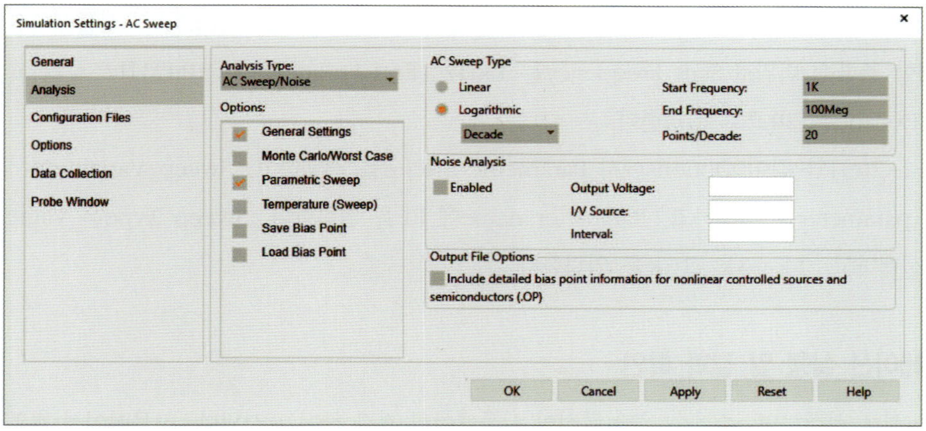

(b) 시뮬레이션 설정(AC Sweep)

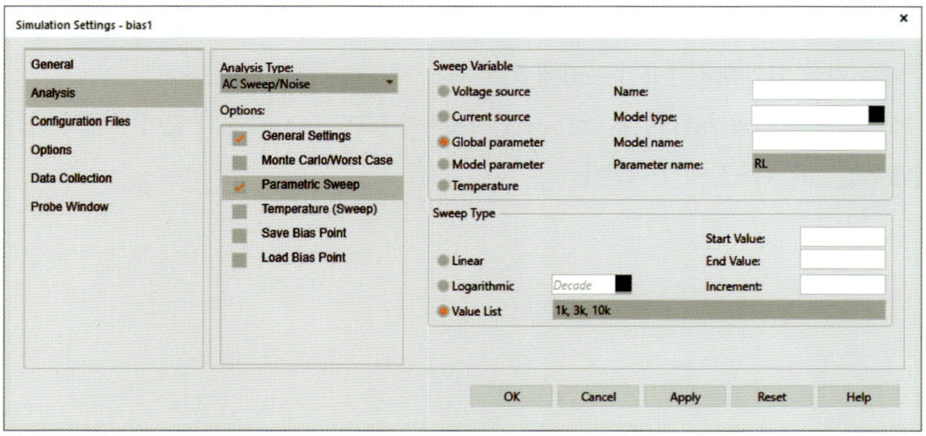

(c) 시뮬레이션 설정(Parametric Sweep)

그림 14-7 공통소오스 증폭기의 고주파 응답 특성 시뮬레이션

- 부하저항 R_L은 파라미터 {RL}로 설정한다.
- 부하저항 R_L의 값을 변화시키면서 시뮬레이션할 수 있도록 SPECIAL 라이브러리에서 PARAM을 회로도에 삽입한다. PARAM의 속성 창을 열고 Add New Column을 실행하여 Name에 RL을 입력하고, Value에 1 kΩ을 입력한다. RL의 Display Properties를 Name and Value로 설정하면, [그림 14-7(a)]와 같이 회로도에 Parameters 심벌이 RL = 1 k로 표시된다.
- 입력전압은 SOURCE 라이브러리의 VAC를 사용하며, VAC의 속성 창을 열어 ACMAG는 1 V, DC는 0 V로 설정한다.
- 출력전압의 크기를 데시벨로 확인할 수 있도록 [그림 14-3(b)]와 같이 VDB Marker를 부하저항에 연결한다.

2 시뮬레이션 설정

- PSpice의 Simulation Settings 창을 열어 Analysis Type을 AC Sweep/Noise로 지정한다.
- [그림 14-7(b)]와 같이 Options에서 General Settings을 선택하고, AC Sweep Type에서 Logarithmic과 Decade를 지정하여 주파수가 로그 스케일로 표시되도록 설정한다. 시뮬레이션을 실행할 주파수 범위로 Start Frequency는 1 kHz, End Frequency는 100 MHz, 그리고 Points/Decade는 20으로 설정한다.
- [그림 14-7(c)]와 같이 Options에서 Parametric Sweep을 선택하고, Sweep Variable에서 Global parameter를 지정하고, Parameter name에 RL을 입력한다. Sweep Type은 Value List를 선택하고, 1 k, 3 k, 10 k를 입력한다.

3 시뮬레이션 실행 및 결과 확인

- 시뮬레이션을 실행하면, 주파수 응답 특성이 시뮬레이션 결과 창에 표시된다. 시뮬레이션 결과 화면을 캡처하여 [그림 14-8]에 붙여 넣는다.
- PSpice Measurements의 `Cutoff_Lowpass_3dB`를 이용하여 [그림 14-4(a)]와 같이 상측 3 dB 주파수 값을 확인하고, [표 14-3]에 기록한다.
- PSpice Measurements의 `YatX(1,X_value)`를 이용하여 [그림 14-4(b)]와 같이 중대역 이득 값을 확인하고, [표 14-3]에 기록한다.

표 14-3 공통소오스 증폭기의 고주파 응답 특성 시뮬레이션 결과

	R_L [kΩ]		
	1	3	10
중대역 이득 [dB]			
상측 차단주파수 [MHz]			

시뮬레이션 결과 파형을 캡처하여 붙여 넣는다.

그림 14-8 공통소오스 증폭기의 고주파 응답 특성 시뮬레이션 결과 파형

2. 실험 공통소오스 증폭기의 고주파 응답 특성 측정

[실험장비]

장비명	수량	장비명	수량
DC 전원공급 장치	1대	오실로스코프(2채널)	1대
함수발생기	1대	멀티미터	1대

[실험부품]

트랜지스터	2N6660 N채널 MOSFET	커패시터	330 μF (3개)
저항	0.51 kΩ, 1 kΩ, 3 kΩ, 4.7 kΩ, 10 kΩ, 68 kΩ, 510 kΩ		

1 브레드보드 부품 배치도 연결 완성하기

- [그림 14-9(a)]의 실험회로를 참조해서 [그림 14-9(b)]의 브레드보드 부품 배치도의 연결을 완성한다.
  - 2N6660 N채널 MOSFET의 소오스(❶), 게이트(❷), 드레인(❸) 단자를 잘 구별하여 소자 간의 연결, 전원전압 V_{DD}와 접지의 연결을 표시한다.

2 회로 구성하기

- 완성된 부품 배치도를 참조하여 브레드보드에 [그림 14-9(a)]의 실험회로를 구성한다.
- 결합 및 바이패스 커패시터는 $C_{C1} = C_{C2} = 330\,\mu\text{F}$, $C_S = 330\,\mu\text{F}$을 사용하여 상측 차단주파수에 미치는 영향을 최소화한다.
- N채널 MOSFET는 2N6660 소자를 사용하며, 부하저항은 $R_L = 1\,\text{k}\Omega$을 사용한다.

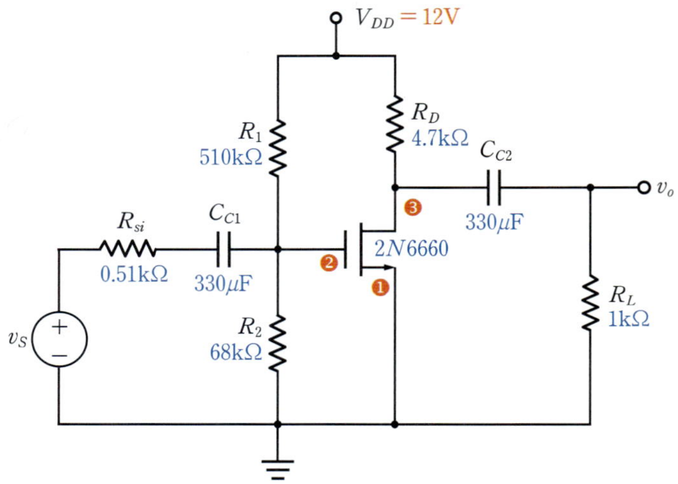

(a) 실험회로

실험회로를 참고해서 부품 배치도의 연결을 완성한다.

(b) 부품 배치도

그림 14-9 공통소오스 증폭기의 고주파 응답 특성 실험회로

3 회로 점검하기

- 브레드보드에 부품 실장이 완료되면, 멀티미터를 저항측정 모드로 설정하고 점검한다.
- V_{DD}와 GND, 그리고 입력신호 v_S와 V_{DD}, GND의 단락 여부를 확인한다.
- V_{DD}와 GND로 연결되는 노드들의 단락/개방 여부를 확인한다.

4 전원전압 인가하기

- DC 전원공급 장치의 출력이 12 V가 되도록 설정한 후, 실험회로에 $V_{DD} = 12\,\text{V}$를 연결한다.

5 신호원 연결하기

- 함수발생기의 전원을 ON시키고 정현파 출력 모드로 설정한다. 정현파의 진폭 20 mV, 주파수 100 kHz가 되도록 설정한 후, 오실로스코프를 이용하여 정현파의 주파수와 진폭을 확인한다. 확인이 완료되면 실험회로의 v_S 단자에 연결한다.

6 결과 값 측정하기

- 오실로스코프로 증폭기 출력전압 v_o의 첨두값을 측정하여 [표 14-4] $R_L = 1\,\text{k}\Omega$ 열의 $f = 0.1$ MHz 칸에 기록한다.
- 함수발생기에서 출력되는 정현파의 진폭을 20 mV로 고정시킨 상태에서, [표 14-4]에 나열된 주파수 값들로 변경하면서 출력전압의 첨두값을 측정한다. 측정 결과를 해당 주파수 칸에 기록한다.
- 측정값으로부터, 전압이득($A_v = v_o / v_S$)을 데시벨로 계산하여 [표 14-4]에 기록한다.

7 부하저항 값 변경 후, 출력전압 측정하기

- 함수발생기에서 출력되는 정현파 출력의 진폭을 20 mV로 고정시킨다.
- 부하저항을 $R_L = 3\,\text{k}\Omega$, $10\,\text{k}\Omega$으로 변경한 후, [표 14-4]에 나열된 주파수 값들에 대해 출력전압의 첨두값을 측정하여 해당 주파수 칸에 기록한다.
- 측정값으로부터, 전압이득($A_v = v_o / v_S$)을 데시벨로 계산하여 [표 14-4]에 기록한다.

표 14-4 공통소오스 증폭기의 고주파 응답 특성 측정 결과

주파수 [MHz]	R_L [kΩ]					
	1		3		10	
	v_o의 첨두값	전압이득 [dB]	v_o의 첨두값	전압이득 [dB]	v_o의 첨두값	전압이득 [dB]
0.1						
0.3						
0.5						
0.7						
0.9						
1.0						
1.2						
1.4						
1.6						
1.8						
2.0						
2.2						
2.4						
2.6						

실험 고찰

■ 고찰 [1]

- 공통이미터 증폭기 고주파 응답 특성의 측정 결과 [표 14-2]를 [그림 14-10]에 그래프로 그리고, 상측 3 dB 주파수를 표시하라. 그래프의 X-축은 로그 스케일이고, Y-축은 데시벨이다.
- [그림 14-5]의 시뮬레이션 결과와 [그림 14-10]으로부터 공통이미터 증폭기의 상측 차단주파수를 구하여 [표 14-5]의 해당 칸에 기록하고, 시뮬레이션 결과와 측정 결과 값을 비교하라.

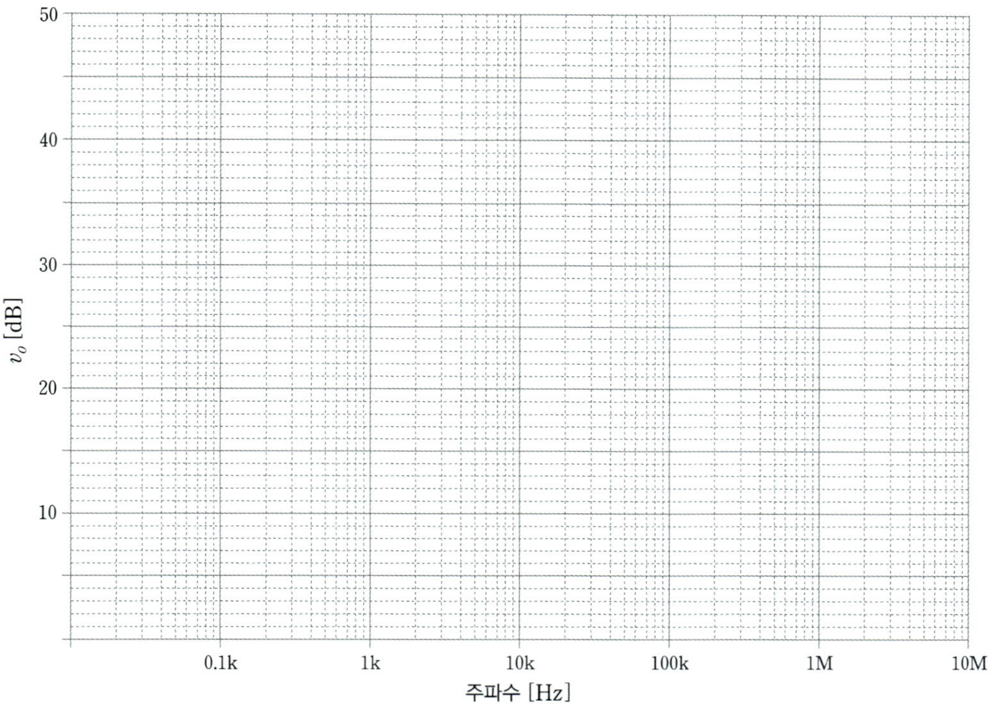

그림 14-10 공통이미터 증폭기의 고주파 응답 특성(측정 결과)

표 14-5 공통이미터 증폭기의 상측 차단주파수(대역폭) 비교

	R_L [kΩ]		
	1	2.4	4.7
시뮬레이션 결과([그림 14-5])에 의한 상측 차단주파수 [MHz]			
측정 결과([그림 14-10])에 의한 상측 차단주파수 [MHz]			

실험 고찰

■ 고찰 [2]

- 공통소오스 증폭기 고주파 응답 특성의 측정 결과 [표 14-4]를 [그림 14-11]에 그래프로 그리고, 상측 3dB 주파수를 표시하라. 그래프의 X-축은 로그 스케일이고, Y-축은 데시벨이다.
- [그림 14-8]의 시뮬레이션 결과와 [그림 14-11]로부터 공통소오스 증폭기의 상측 차단주파수를 구하여 [표 14-6]의 해당 칸에 기록하고, 시뮬레이션 결과와 측정 결과 값을 비교하라.

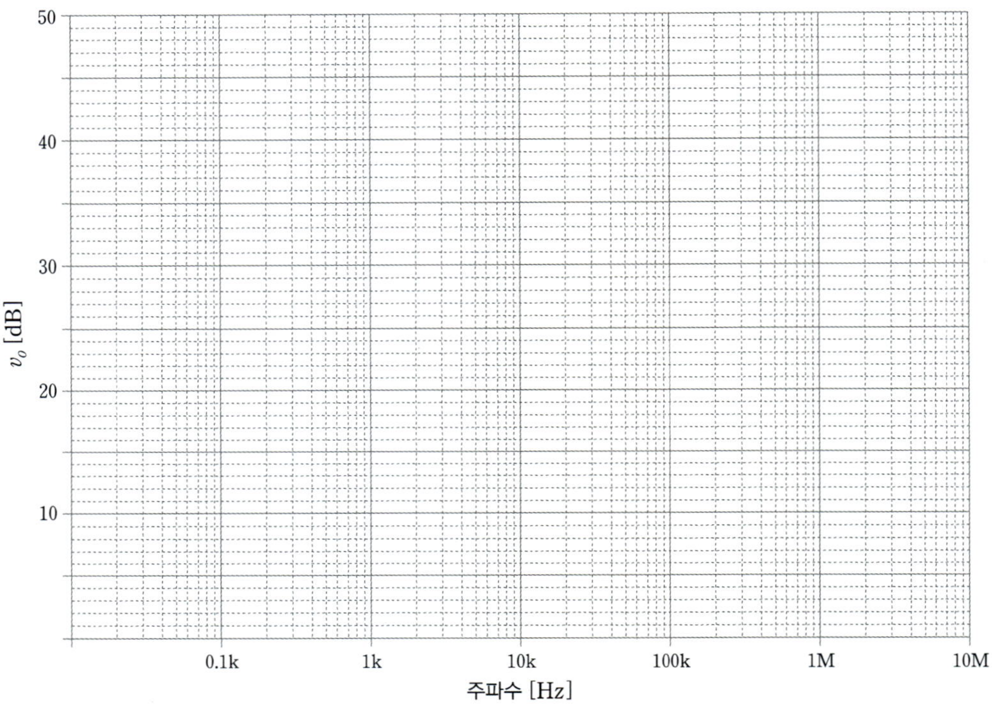

그림 14-11 공통소오스 증폭기의 고주파 응답 특성(측정 결과)

표 14-6 공통소오스 증폭기의 상측 차단주파수(대역폭) 비교

	R_L [kΩ]		
	1	3	10
시뮬레이션 결과([그림 14-8])에 의한 상측 차단주파수 [MHz]			
측정 결과([그림 14-11])에 의한 상측 차단주파수 [MHz]			

연계 | 〈핵심이 보이는 전자회로〉 4.5절

실험

15

캐스코드 증폭기의 주파수 응답 특성

실험 목적

- 시뮬레이션을 통해 캐스코드 증폭기의 주파수 응답 특성을 예측한다.
- BJT 캐스코드 증폭기의 주파수 응답 특성을 확인한다.
- MOSFET 캐스코드 증폭기의 주파수 응답 특성을 확인한다.

실험 내용

- 실험 15-1 | BJT 캐스코드 증폭기의 주파수 응답 특성 측정
- 실험 15-2 | MOSFET 캐스코드 증폭기의 주파수 응답 특성 측정

15.1 이론적 배경 이해하기

1. BJT 캐스코드 증폭기의 주파수 응답 특성

- 공통이미터 증폭기는 밀러 효과Miller effect로 인해 전압이득이 클수록 대역폭이 작아지는 이득–대역폭 상충관계를 갖는다.
- 밀러 효과를 줄여 우수한 주파수 응답 특성을 갖는 구조가 BJT 캐스코드 증폭기이며, [그림 15-1(a)]와 같이 공통이미터 증폭단 뒤에 공통베이스 증폭단이 종속으로 연결된 구조이다.
- 공통베이스 증폭단의 매우 작은 입력저항 r_{e2}에 의해 공통이미터 증폭단의 밀러 효과가 작게 나타나며, 이에 의해 공통이미터 증폭단의 입력 시상수가 작아 상측 차단주파수는 큰 값을 갖는다.
- BJT 캐스코드 증폭기의 상측 차단주파수는 식 (15.1)과 같이 표현된다. BJT Q1의 베이스 단자에서 개방회로 시상수 τ_{B1}, Q1의 컬렉터 단자에서 개방회로 시상수 τ_{C1}, Q2의 컬렉터 단자에서 개방회로 시상수 τ_{C2}는 각각 [그림 15-1(b)]와 같다. $C_{\pi1}$, $C_{\mu1}$, $C_{\pi2}$, $C_{\mu2}$는 BJT 고주파 소신호 등가모델의 기생 커패시턴스 파라미터이다.

$$f_H \simeq \frac{1}{2\pi(\tau_{B1}+\tau_{C1}+\tau_{C2})} \tag{15.1}$$

- 공통베이스 증폭단의 매우 작은 입력저항 r_{e2}에 의해 공통이미터 증폭단의 밀러 효과가 작아지므로, 공통이미터 단일 증폭단에 비해 큰 상측 차단주파수를 갖는다.

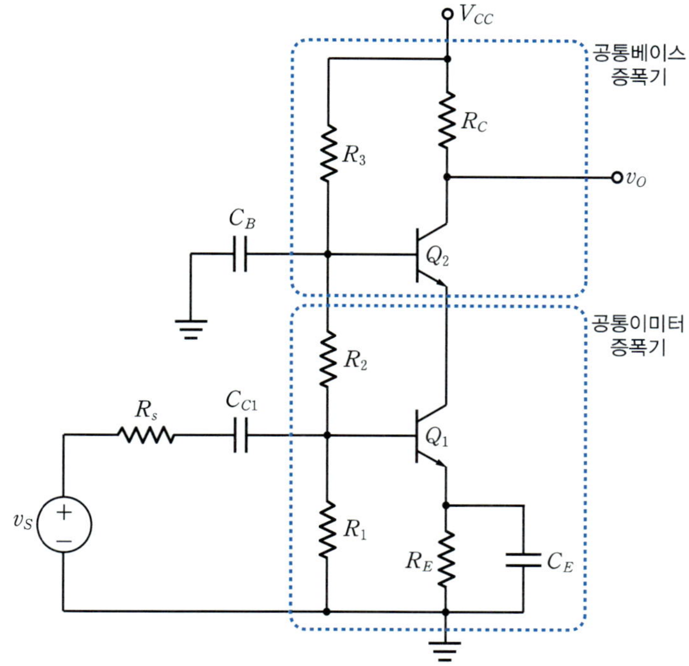

(a) BJT 캐스코드 증폭기 회로

- Q1의 베이스 단자에서 시상수
  : $\tau_{B1} \simeq (R_s \parallel r_{\pi 1})(C_{\pi 1} + 2C_{\mu 1})$
- Q1의 컬렉터 단자에서 시상수
  : $\tau_{C1} \simeq r_{e2}(2C_{\mu 1} + C_{\pi 2})$
- Q2의 컬렉터 단자에서 시상수
  : $\tau_{C2} = R_C C_{\mu 2}$
- 상측 차단주파수
  : $f_H \simeq \dfrac{1}{2\pi(\tau_{B1} + \tau_{C1} + \tau_{C2})}$

(b) 개방회로 시상수 및 상측 차단주파수 수식

그림 15-1 BJT 캐스코드 증폭기의 주파수 응답 특성

2. MOSFET 캐스코드 증폭기의 주파수 응답 특성

- 공통소오스 증폭기는 밀러 효과로 인해 전압이득이 클수록 대역폭이 작아지는 이득-대역폭 상충관계를 갖는다.
- 밀러효과를 줄여 우수한 주파수 응답 특성을 갖는 구조가 MOSFET 캐스코드 증폭기이며, [그림 15-2(a)]와 같이 공통소오스 증폭단 뒤에 공통게이트 증폭단이 종속으로 연결된 구조이다.
- 공통게이트 증폭단의 매우 작은 입력저항 $\dfrac{1}{g_{m2}}$에 의해 공통소오스 증폭단의 밀러 효과가 작게 나타나며, 이에 의해 공통소오스 증폭단의 입력 시상수가 작아 상측 차단주파수는 큰 값을 갖는다.
- MOSFET 캐스코드 증폭기의 상측 차단주파수는 식 (15.2)와 같이 표현된다. MOSFET M1의 게이트 단자에서 개방회로 시상수 τ_{G1}, M1의 드레인 단자에서 개방회로 시상수 τ_{D1}, M2의 드레인 단자에서 개방회로 시상수 τ_{D2}는 각각 [그림 15-2(b)]와 같다. C_{gs1}, C_{gd1}, C_{db1}, C_{gs2}, C_{gd2}, C_{db2}는 MOSFET 고주파 소신호 등가모델의 기생 커패시턴스 파라미터이다.

$$f_H \simeq \frac{1}{2\pi(\tau_{G1} + \tau_{D1} + \tau_{D2})} \tag{15.2}$$

- 공통게이트 증폭단의 매우 작은 입력저항 $\dfrac{1}{g_{m2}}$에 의해 공통소오스 증폭단의 밀러 효과가 작아지므로, 공통소오스 단일 증폭단에 비해 큰 상측 차단주파수를 갖는다.

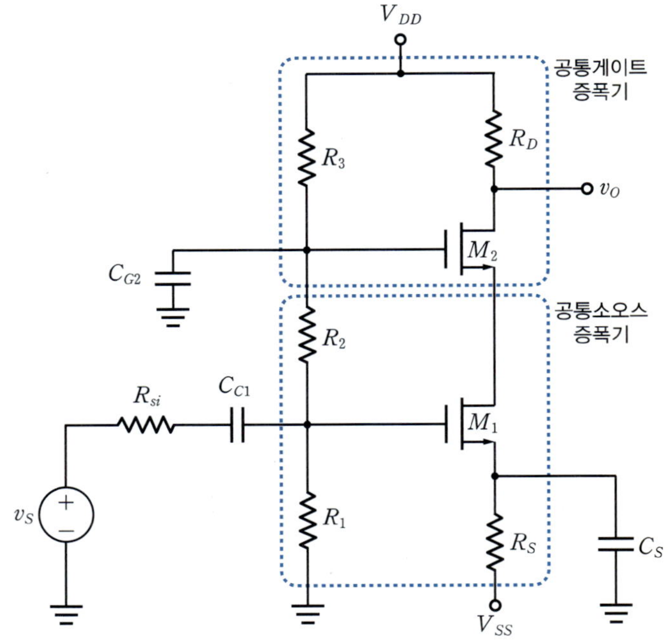

(a) MOSFET 캐스코드 증폭기 회로

- M1의 게이트 단자에서 시상수

  $: \tau_{G1} = R_{si}\left[C_{gs1} + \left(1 + \dfrac{g_{m1}}{g_{m2}}\right)C_{gd1}\right]$

- M1의 드레인 단자에서 시상수

  $: \tau_{D1} \simeq \dfrac{1}{g_{m2}}\left[\left(1 + \dfrac{g_{m2}}{g_{m1}}\right)C_{gd1} + C_{db1} + C_{gs2}\right]$

- M2의 드레인 단자에서 시상수

  $: \tau_{D2} = R_D(C_{gd2} + C_{db2})$

- 상측 차단주파수

  $: f_H \simeq \dfrac{1}{2\pi(\tau_{G1} + \tau_{D1} + \tau_{D2})}$

(b) 개방회로 시상수 및 상측 차단주파수 수식

그림 15-2 MOSFET 캐스코드 증폭기의 주파수 응답 특성

점검하기 **다음 각 문제에 답하라.**

(1) BJT 캐스코드 증폭기는 (공통베이스-공통이미터, 공통이미터-공통베이스) 종속연결 구조이다.

(2) BJT 캐스코드 증폭기는 공통이미터 증폭기와 비교하여 상측 차단주파수가 (작다, 같다, 크다).

(3) BJT 캐스코드 증폭기는 공통베이스 증폭단의 매우 (작은, 큰) (입력, 출력) 저항에 의해 공통이미터 증폭단의 밀러 효과가 (작게, 크게) 나타난다.

(4) MOSFET 캐스코드 증폭기는 (공통게이트-공통소오스, 공통소오스-공통게이트) 종속연결 구조이다.

(5) MOSFET 캐스코드 증폭기는 공통소오스 증폭기와 비교하여 상측 차단주파수가 (작다, 같다, 크다).

(6) MOSFET 캐스코드 증폭기는 공통게이트 증폭단의 매우 (작은, 큰) (입력, 출력) 저항에 의해 공통소오스 증폭단의 밀러 효과가 (작게, 크게) 나타난다.

15.2 실험 진행하기

실험 15-1 | BJT 캐스코드 증폭기의 주파수 응답 특성 측정

1. PSpice 시뮬레이션

1 회로도 입력

- BJT 캐스코드 증폭기의 주파수 응답 특성을 해석하기 위해 [그림 15-3(a)]의 회로를 PSpice 회로도 편집기에 입력한다.
- BJT는 2N3904를 사용하며, 바이어스 저항은 $R_1 = 82\,\text{k}\Omega$, $R_2 = 43\,\text{k}\Omega$, $R_3 = 180\,\text{k}\Omega$, Q_2의 컬렉터 저항은 $R_{C2} = 4.7\,\text{k}\Omega$으로 설정한다.
- 부하저항 R_L은 파라미터 {RL}로 설정한다.
- 부하저항 R_L의 값을 변화시키면서 시뮬레이션할 수 있도록 SPECIAL 라이브러리에서 PARAM을 회로도에 삽입한다. PARAM의 속성 창을 열고 Add New Column을 실행하여 Name에 RL을 입력하고, Value에 $3.3\,\text{k}\Omega$을 입력한다. RL의 Display Properties를 Name and Value로 설정하면, [그림 15-3(a)]와 같이 회로도에 Parameters 심벌이 RL = 3.3 k로 표시된다.
- 결합 커패시터 C_{C1}, C_{C2}와 바이패스 커패시터 C_B, C_E는 $330\,\mu\text{F}$의 큰 값으로 설정하여 상측 차단주파수에 미치는 영향을 최소화한다.
- 입력전압은 SOURCE 라이브러리의 VAC를 사용하며, VAC의 속성 창을 열어 ACMAG는 1 V, DC는 0 V로 설정한다.
- 출력전압의 크기를 데시벨로 확인할 수 있도록 [그림 15-3(b)]와 같이 VDB Marker를 부하저항에 연결한다.

2 시뮬레이션 설정

- PSpice의 Simulation Settings 창을 열어 Analysis Type을 AC Sweep/Noise로 지정한다.
- [그림 15-3(c)]와 같이 Options에서 General Settings을 선택하고, AC Sweep Type에서 Logarithmic과 Decade를 지정하여 주파수가 로그 스케일로 표시되도록 설정한다. 시뮬레이션

을 실행할 주파수 범위로 Start Frequency는 1 kHz, End Frequency는 100 MHz, 그리고 Points/Decade는 20으로 설정한다.

- [그림 15-3(d)]와 같이 Options에서 Parametric Sweep을 선택하고, Sweep Variable에서 Global parameter를 지정하고, Parameter name에 RL을 입력한다. Sweep Type은 Value List를 선택하고, 3.3k, 4.7k, 5.6k를 입력한다.

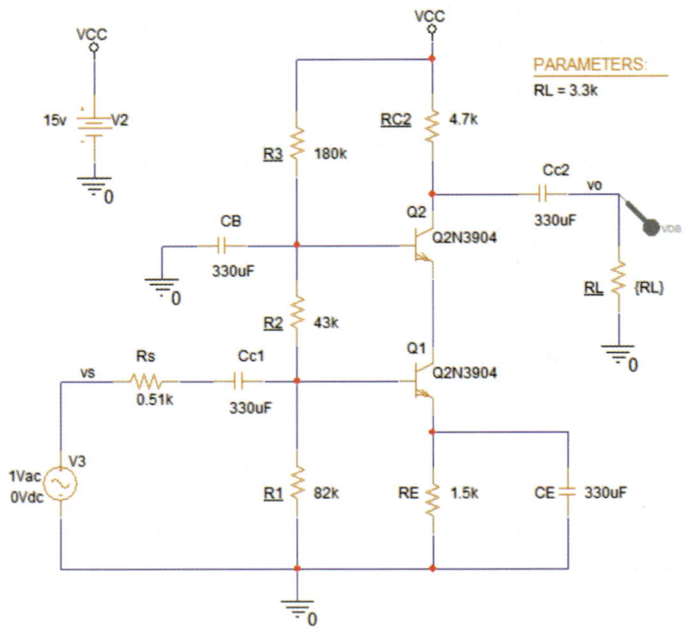

(a) 시뮬레이션 회로

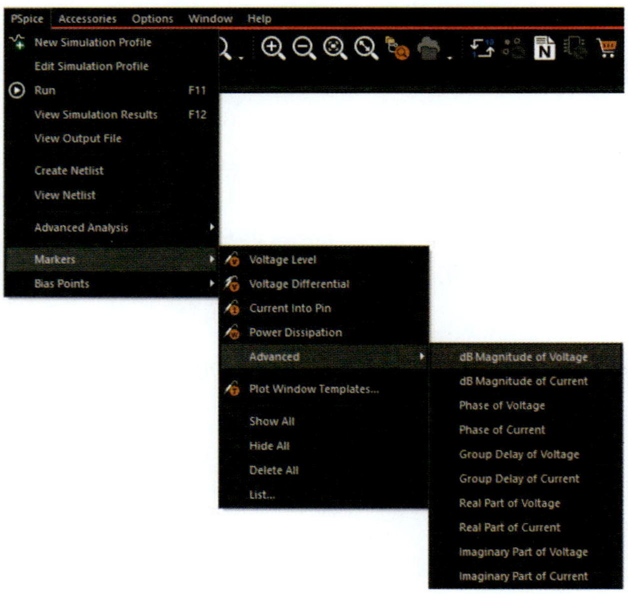

(b) VDB Marker 설정

그림 15-3 BJT 캐스코드 증폭기의 주파수 응답 특성 시뮬레이션(계속)

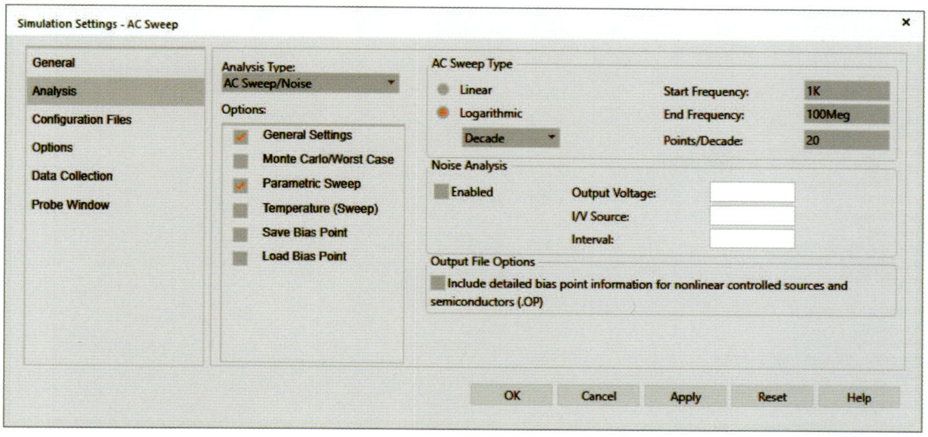

(c) 시뮬레이션 설정(AC Sweep)

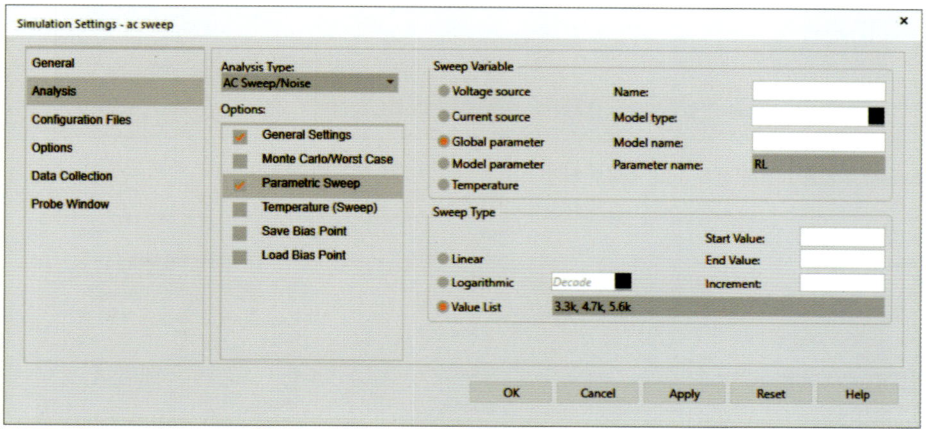

(d) 시뮬레이션 설정(Parametric Sweep)

그림 15-3 BJT 캐스코드 증폭기의 주파수 응답 특성 시뮬레이션

3 시뮬레이션 실행 및 결과 확인

- 시뮬레이션을 실행하면, 주파수 응답 특성이 시뮬레이션 결과 창에 표시된다. 시뮬레이션 결과 화면을 캡처하여 [그림 15-5]에 붙여 넣는다.
- PSpice Measurements의 `Cutoff_Lowpass_3dB`를 이용하여 [그림 15-4(a)]와 같이 상측 3 dB 주파수 값을 확인하고, [표 15-1]의 해당 R_L 칸에 기록한다.
- PSpice Measurements의 `YatX(1,X_value)`를 이용하여 [그림 15-4(b)]와 같이 중대역 이득 값을 확인하고, [표 15-1]의 해당 R_L 칸에 기록한다.

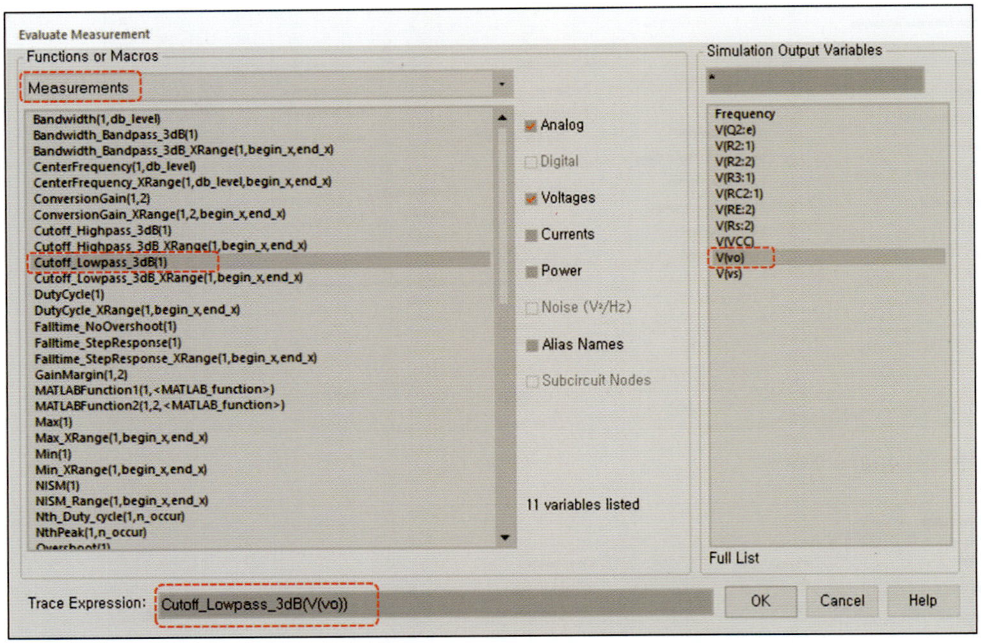

(a) Cutoff_Lowpass_3dB을 이용한 상측 3dB 주파수 확인

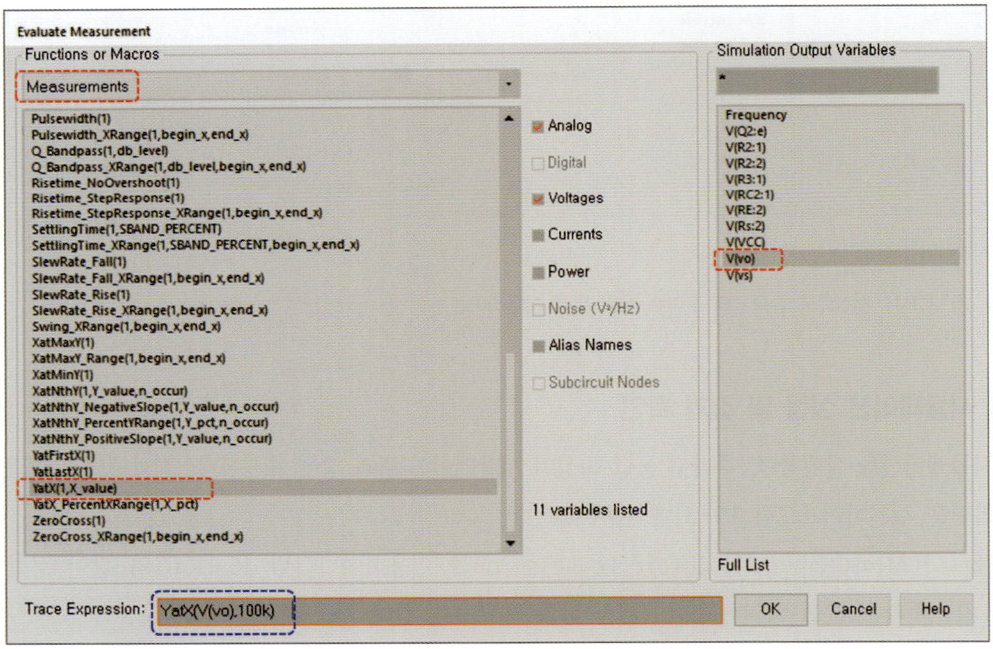

(b) YatX(1,X_value)를 이용한 중대역 이득 확인

그림 15-4 PSpice Measurements를 이용한 상측 3dB 주파수와 중대역 이득 확인

표 15-1 BJT 캐스코드 증폭기의 주파수 응답 특성 **시뮬레이션 결과**

	R_L [kΩ]		
	3.3	4.7	5.6
중대역 이득 [dB]			
상측 차단주파수 [MHz]			

시뮬레이션 결과 파형을 캡처하여 붙여 넣는다.

그림 15-5 BJT 캐스코드 증폭기의 주파수 응답 특성 시뮬레이션 결과 파형

2. 실험 BJT 캐스코드 증폭기의 주파수 응답 특성 측정

[실험장비]

장비명	수량	장비명	수량
DC 전원공급 장치	1대	오실로스코프(2채널)	1대
함수발생기	1대	멀티미터	1대

[실험부품]

트랜지스터	2N3904 NPN형 BJT(2개)	커패시터	330 μF (4개)
저항	0.51 kΩ, 1.5 kΩ, 3.3 kΩ, 4.7 kΩ(2개), 5.6 kΩ, 43 kΩ, 82 kΩ, 180 kΩ		

1 브레드보드 부품 배치도 연결 완성하기

- [그림 15-6(a)]의 실험회로를 참조해서 [그림 15-6(b)]의 브레드보드 부품 배치도의 연결을 완성한다.
  - 2N3904 NPN형 BJT의 이미터(❶), 베이스(❷), 컬렉터(❸) 단자를 잘 구별하여 소자 간의 연결, 전원전압 V_{CC}와 접지의 연결을 표시한다.

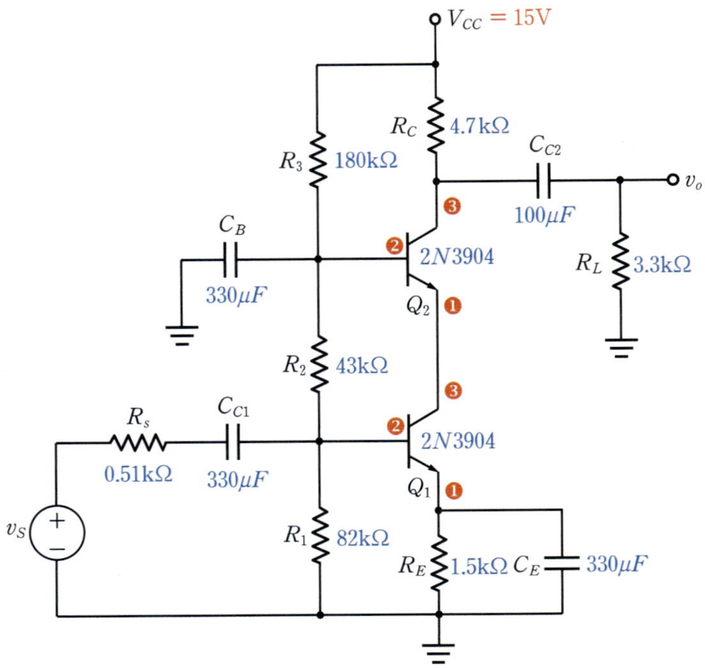

(a) 실험회로

실험회로를 참고해서 부품 배치도의 연결을 완성한다.

(b) 부품 배치도

그림 15-6 BJT 캐스코드 증폭기 실험회로

2 회로 구성하기

- 완성된 부품 배치도를 참조하여 브레드보드에 [그림 15-6(a)]의 실험회로를 구성한다.
- 결합 커패시터 $C_{C1} = C_{C2} = 330\,\mu\text{F}$, 바이패스 커패시터 $C_B = C_E = 330\,\mu\text{F}$로 사용하여 상측 차단주파수에 미치는 영향을 최소화한다.
- 부하저항은 $R_L = 3.3\,\text{k}\Omega$을 사용한다.

3 회로 점검하기

- 브레드보드에 부품 실장이 완료되면, 멀티미터를 저항측정 모드로 설정하고 점검한다.
- V_{CC}와 GND, 그리고 입력신호 v_S와 V_{CC}, GND의 단락 여부를 확인한다.
- V_{CC}와 GND로 연결되는 노드들의 단락/개방 여부를 확인한다.

4 전원전압 인가하기

- DC 전원공급 장치의 출력이 $15\,\text{V}$가 되도록 설정한 후, 실험회로에 $V_{CC} = 15\,\text{V}$를 연결한다.

5 신호원 연결하기

- 함수발생기의 전원을 ON시키고 정현파 출력 모드로 설정한다. 정현파의 진폭 $20\,\text{mV}$, 주파수 $1\,\text{MHz}$가 되도록 설정한 후, 오실로스코프를 이용하여 정현파의 주파수와 진폭을 확인한다. 확인이 완료되면 실험회로의 v_S 단자에 연결한다.

6 결과 값 측정하기

- 오실로스코프로 증폭기의 출력전압 v_o의 첨두값을 측정하여 [표 15-2] $R_L = 3.3\,\text{k}\Omega$ 열의 $f = 1.0\,\text{MHz}$ 칸에 기록한다.
- 함수발생기에서 출력되는 정현파의 진폭을 $20\,\text{mV}$로 고정시킨 상태에서, [표 15-2]에 나열된 주파수 값으로 변경하면서 출력전압의 첨두값을 측정하여 해당 주파수 칸에 기록한다.
- 측정값으로부터, 전압이득($A_v = v_o / v_S$)을 데시벨로 계산하여 [표 15-2]에 기록한다.

7 부하저항 값 변경 후, 출력전압 측정하기

- 함수발생기에서 출력되는 정현파 출력의 진폭을 $20\,\text{mV}$로 고정시킨다.
- 부하저항을 $R_L = 4.7\,\text{k}\Omega$, $5.6\,\text{k}\Omega$으로 변경한 후, [표 15-2]에 나열된 주파수 값에 대해 출력전압의 첨두값을 측정하여 해당 주파수 칸에 기록한다.
- 측정값으로부터, 전압이득($A_v = v_o / v_S$)을 데시벨로 계산하여 [표 15-2]에 기록한다.

표 15-2 BJT 캐스코드 증폭기의 주파수 응답 특성 측정 결과

주파수 [MHz]	R_L [kΩ]					
	3.3		4.7		5.6	
	v_o의 첨두값	전압이득 [dB]	v_o의 첨두값	전압이득 [dB]	v_o의 첨두값	전압이득 [dB]
1.0						
2.0						
3.0						
4.0						
5.0						
6.0						
7.0						
8.0						
9.0						
10.0						
11.0						
12.0						

실험 15-2 | MOSFET 캐스코드 증폭기의 주파수 응답 특성 측정

1. PSpice 시뮬레이션

1 회로도 입력

- MOSFET 캐스코드 증폭기의 주파수 응답 특성을 해석하기 위해 [그림 15-7(a)]의 회로를 PSpice 회로도 편집기에 입력한다.
- MOSFET는 M2N6660 N채널 소자를 사용하며, 바이어스 저항은 $R_1 = 110\,\text{k}\Omega$, $R_2 = 150\,\text{k}\Omega$, $R_3 = 100\,\text{k}\Omega$, 드레인 저항은 $R_{D2} = 2.7\,\text{k}\Omega$으로 설정한다.
- 결합 커패시터 C_{C1}, C_{C2}와 바이패스 커패시터 C_{G2}, C_S는 $330\,\mu\text{F}$으로 설정하여 상측 차단 주파수에 미치는 영향을 최소화한다.

- 부하저항 R_L은 파라미터 {RL}로 설정한다.
- 부하저항 R_L의 값을 변화시키면서 시뮬레이션할 수 있도록 SPECIAL 라이브러리에서 PARAM을 회로도에 삽입한다. PARAM의 속성 창을 열고 Add New Column을 실행하여 Name에 RL을 입력하고, Value에 1kΩ을 입력한다. RL의 Display Properties를 Name and Value로 설정하면, [그림 15-7(a)]와 같이 회로도에 Parameters 심벌이 RL=1k로 표시된다.
- 입력전압은 SOURCE 라이브러리의 VAC를 사용하며, VAC의 속성 창을 열어 ACMAG는 1V, DC는 0V로 설정한다.
- 출력전압의 크기를 데시벨로 확인할 수 있도록 [그림 15-3(b)]와 같이 VDB Marker를 부하저항에 연결한다.

2 시뮬레이션 설정

- PSpice의 Simulation Settings 창을 열어 Analysis Type을 AC Sweep/Noise로 지정한다.
- [그림 15-7(b)]와 같이 Options에서 General Settings을 선택하고, AC Sweep Type에서 Logarithmic과 Decade를 지정하여 주파수가 로그 스케일로 표시되도록 설정한다. 시뮬레이션을 실행할 주파수 범위로 Start Frequency는 1kHz, End Frequency는 100MHz, 그리고 Points/Decade는 20으로 설정한다.
- [그림 15-7(c)]와 같이 Options에서 Parametric Sweep을 선택하고, Sweep Variable에서 Global parameter를 지정하고, Parameter name에 RL을 입력한다. Sweep Type은 Value List를 선택하고, 1k, 2.4k, 4.7k를 입력한다.

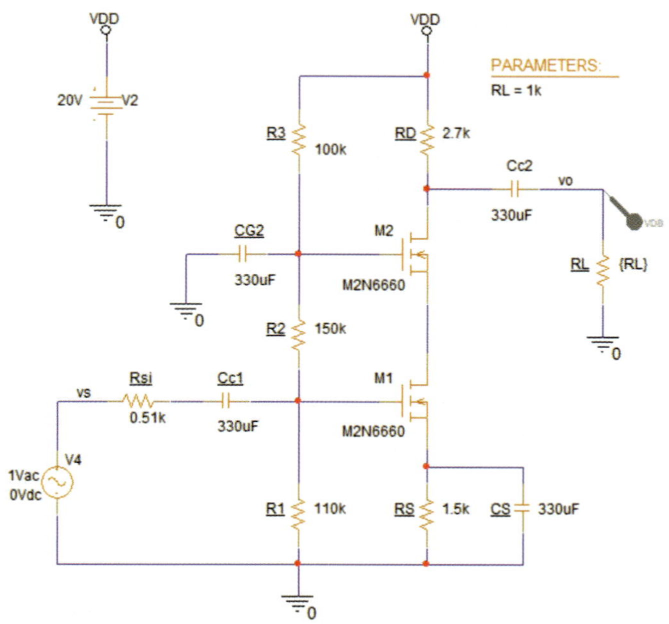

(a) 시뮬레이션 회로

그림 15-7 MOSFET 캐스코드 증폭기의 주파수 응답 특성 시뮬레이션(계속)

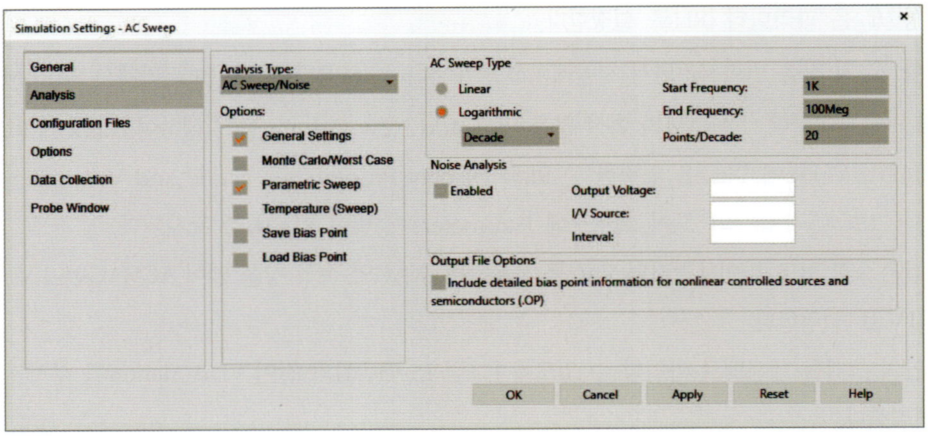

(b) 시뮬레이션 설정(AC Sweep)

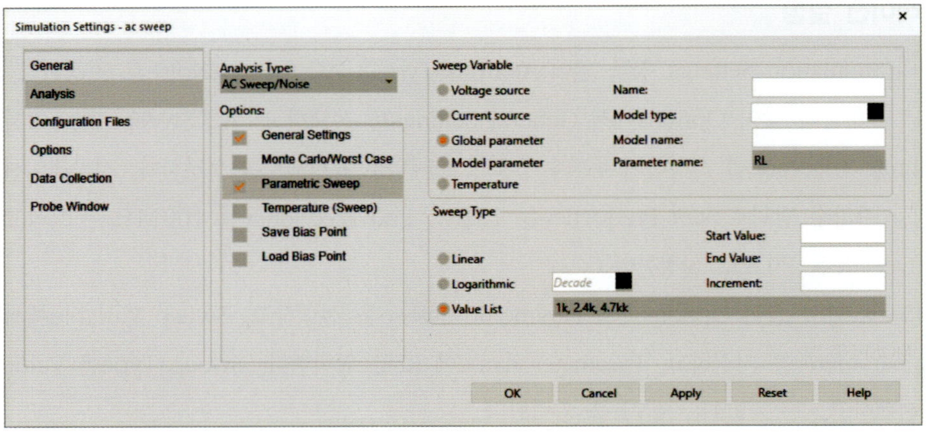

(c) 시뮬레이션 설정(Parametric Sweep)

그림 15-7 MOSFET 캐스코드 증폭기의 주파수 응답 특성 시뮬레이션

3 시뮬레이션 실행 및 결과 확인

- 시뮬레이션을 실행하면, 주파수 응답 특성이 시뮬레이션 결과 창에 표시된다. 시뮬레이션 결과 화면을 캡처하여 [그림 15-8]에 붙여 넣는다.
- PSpice Measurements의 `Cutoff_Lowpass_3dB`를 이용하여 [그림 15-4(a)]와 같이 상측 3 dB 주파수 값을 확인하고, [표 15-3]에 기록한다.
- PSpice Measurements의 `YatX(1,X_value)`를 이용하여 [그림 15-4(b)]와 같이 중대역 이득 값을 확인하고, [표 15-3]에 기록한다.

표 15-3 MOSFET 캐스코드 증폭기의 주파수 응답 특성 시뮬레이션 결과

	R_L [kΩ]		
	1	2.4	4.7
중대역 이득 [dB]			
상측 차단주파수 [MHz]			

시뮬레이션 결과 파형을 캡처하여 붙여 넣는다.

그림 15-8 MOSFET 캐스코드 증폭기의 주파수 응답 특성 시뮬레이션 결과 파형

2. 실험 MOSFET 캐스코드 증폭기의 주파수 응답 특성 측정

[실험장비]

장비명	수량	장비명	수량
DC 전원공급 장치	1대	오실로스코프(2채널)	1대
함수발생기	1대	멀티미터	1대

[실험부품]

트랜지스터	2N6660(또는 2N7000), N채널 MOSFET(2개)	커패시터	330μF (4개)
저항	0.51kΩ, 1kΩ, 1.5kΩ, 2.4kΩ, 2.7kΩ, 4.7kΩ, 100kΩ, 110kΩ, 150kΩ		

1 브레드보드 부품 배치도 연결 완성하기

- [그림 15-9(a)]의 실험회로를 참조해서 [그림 15-9(b)]의 브레드보드 부품 배치도의 연결을 완성한다.
  - 2N6660 N채널 MOSFET의 소오스(❶), 게이트(❷), 드레인(❸) 단자를 잘 구별하여 소자 간의 연결, 전원전압 V_{DD}와 접지의 연결을 표시한다.

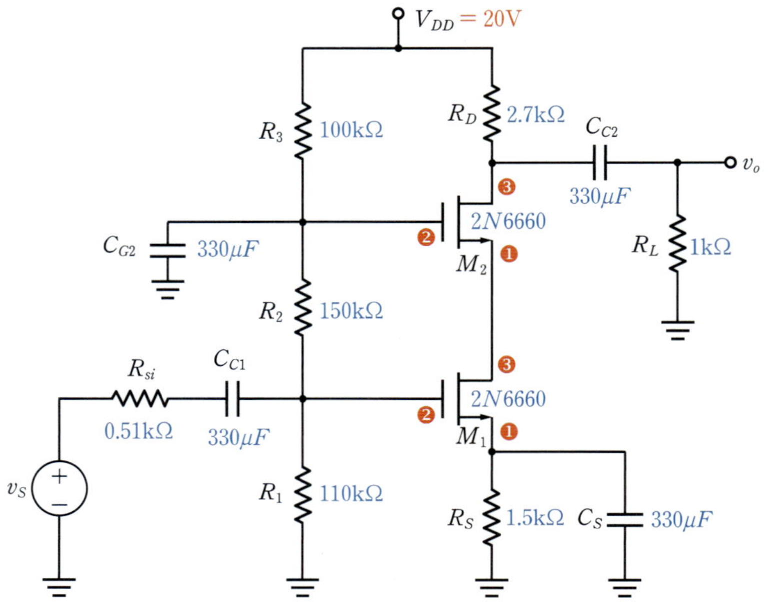

(a) 실험회로

실험회로를 참고해서 부품 배치도의 연결을 완성한다.

(b) 부품 배치도

그림 15-9 MOSFET 캐스코드 증폭기 실험회로

2 회로 구성하기

- 완성된 부품 배치도를 참조하여 브레드보드에 [그림 15-9(a)]의 실험회로를 구성한다.
- 결합 커패시터 $C_{C1}=C_{C2}=330\,\mu\text{F}$, 바이패스 커패시터 $C_{G2}=C_S=330\,\mu\text{F}$로 사용하여 상측 차단주파수에 미치는 영향을 최소화한다.
- N채널 MOSFET는 2N6660 소자를 사용하며, 부하저항은 $R_L=1\,\text{k}\Omega$을 사용한다.

3 회로 점검하기

- 브레드보드에 부품 실장이 완료되면, 멀티미터를 저항측정 모드로 설정하고 점검한다.
- V_{DD}와 GND, 그리고 입력신호 v_S와 V_{DD}, GND의 단락 여부를 확인한다.
- V_{DD}와 GND로 연결되는 노드들의 단락/개방 여부를 확인한다.

4 전원전압 인가하기

- DC 전원공급 장치의 출력이 20 V가 되도록 설정한 후, 실험회로에 $V_{DD}=20\,\text{V}$를 연결한다.

5 신호원 연결하기

- 함수발생기의 전원을 ON시키고 정현파 출력 모드로 설정한다. 정현파의 진폭 50 mV, 주파수 100 kHz가 되도록 설정한 후, 오실로스코프를 이용하여 정현파의 주파수와 진폭을 확인한다. 확인이 완료되면 실험회로의 v_S 단자에 연결한다.

6 결과 값 측정하기

- 오실로스코프로 증폭기의 출력전압 v_o의 첨두값을 측정하여 [표 15-4] $R_L=1\,\text{k}\Omega$ 열의 $f=0.1\,\text{MHz}$ 칸에 기록한다.
- 함수발생기에서 출력되는 정현파의 진폭을 50 mV로 고정시킨 상태에서, [표 15-4]에 나열된 주파수 값으로 변경하면서 출력전압의 첨두값을 측정한다. 측정 결과를 해당 주파수 칸에 기록한다.
- 측정값으로부터, 전압이득($A_v=v_o/v_S$)을 데시벨로 계산하여 [표 15-4]에 기록한다.

7 부하저항 값 변경 후, 출력전압 측정하기

- 함수발생기에서 출력되는 정현파 출력의 진폭을 50 mV로 고정시킨다.
- 부하저항을 $R_L=2.4\,\text{k}\Omega$, $4.7\,\text{k}\Omega$으로 변경한 후, [표 15-4]에 나열된 주파수 값에 대해 출력전압의 첨두값을 측정하여 해당 주파수 칸에 기록한다.
- 측정값으로부터, 전압이득($A_v=v_o/v_S$)을 데시벨로 계산하여 [표 15-4]에 기록한다.

표 15-4 MOSFET 캐스코드 증폭기의 주파수 응답 특성 측정 결과

주파수 [MHz]	R_L [kΩ]					
	1		2.4		4.7	
	v_o의 첨두값	전압이득 [dB]	v_o의 첨두값	전압이득 [dB]	v_o의 첨두값	전압이득 [dB]
0.1						
0.5						
1.0						
1.5						
2.0						
2.5						
3.0						
3.5						
4.0						
4.5						
5.0						
5.5						
6.0						

실험 고찰

■ 고찰 [1]

- BJT 캐스코드 증폭기의 주파수 응답 특성 측정 결과인 [표 15-2]를 [그림 15-10]에 그래프로 그리고, 상측 3dB 주파수를 표시하라. 그래프의 X-축은 로그 스케일이고, Y-축은 데시벨이다.
- [그림 15-5]의 시뮬레이션 결과와 [그림 15-10]으로부터 BJT 캐스코드 증폭기의 상측 차단주파수를 구하여 [표 15-5]의 해당 칸에 기록하고, 시뮬레이션 결과와 측정 결과 값을 비교하라.
- [실험 14-1]의 공통이미터 증폭기의 상측 차단주파수와 비교하여 BJT 캐스코드 증폭기의 상측 차단주파수가 큰 이유를 설명하라.

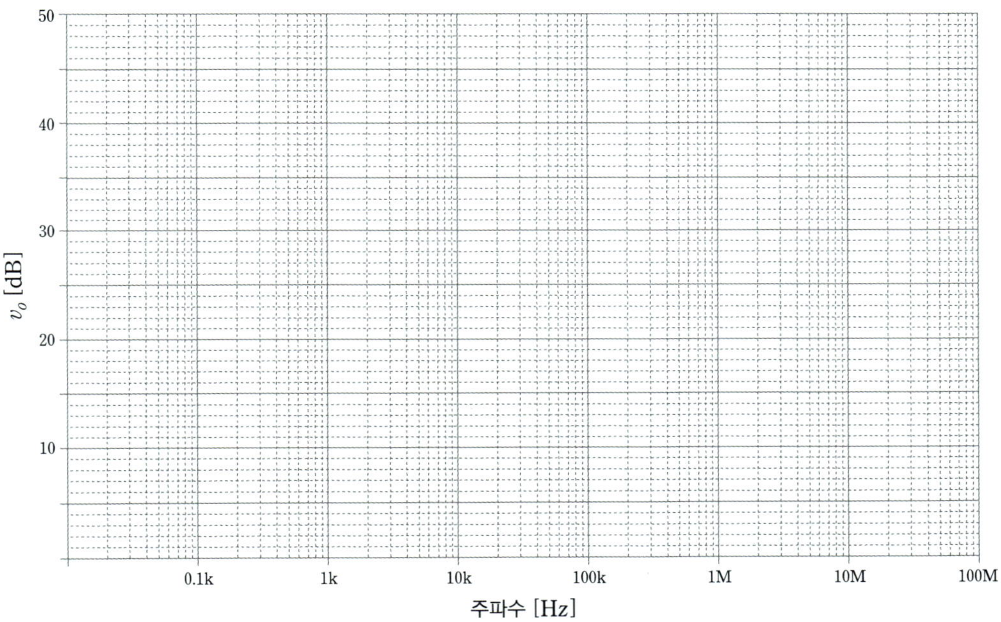

그림 15-10 BJT 캐스코드 증폭기의 주파수 응답 특성(측정 결과)

표 15-5 BJT 캐스코드 증폭기의 상측 차단주파수(대역폭) 비교

	R_L [kΩ]		
	3.3	4.7	5.6
시뮬레이션 결과([그림 15-5])에 의한 상측 차단주파수 [MHz]			
측정 결과([그림 15-10])에 의한 상측 차단주파수 [MHz]			

실험 고찰

■ 고찰 [2]

- MOSFET 캐스코드 증폭기의 주파수 응답 특성 측정 결과인 [표 15-4]를 [그림 15-11]에 그래프로 그리고, 상측 3dB 주파수를 표시하라. 그래프의 X-축은 로그 스케일이고, Y-축은 데시벨이다.
- [그림 15-8]의 시뮬레이션 결과와 [그림 15-11]로부터 MOSFET 캐스코드 증폭기의 상측 차단주파수를 구하여 [표 15-6]의 해당 칸에 기록하고, 시뮬레이션 결과와 측정 결과 값을 비교하라.
- [실험 14-2]의 공통소오스 증폭기의 상측 차단주파수와 비교하여 MOSFET 캐스코드 증폭기의 상측 차단주파수가 큰 이유를 설명하라.

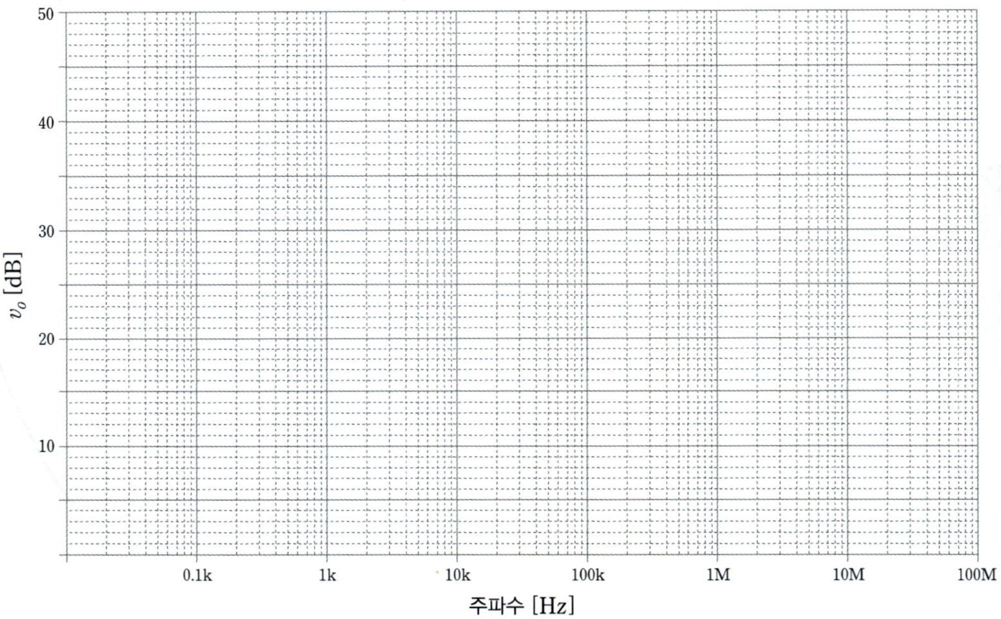

그림 15-11 MOSFET 캐스코드 증폭기의 주파수 응답 특성(측정 결과)

표 15-6 MOSFET 캐스코드 증폭기의 상측 차단주파수(대역폭) 비교

	R_L [kΩ]		
	1	2.4	4.7
시뮬레이션 결과([그림 15-8])에 의한 상측 차단주파수 [MHz]			
측정 결과([그림 15-11])에 의한 상측 차단주파수 [MHz]			

연계 | 〈핵심이 보이는 전자회로〉 5.1절, 5.2절

실험

16

차동증폭기 회로

실험 목적

- 시뮬레이션을 통해 MOSFET와 BJT 차동증폭기의 동작 특성을 예측한다.
- MOSFET 차동증폭기의 회로 구성과 동작을 확인한다.
- BJT 차동증폭기의 회로 구성과 동작을 확인한다.

실험 내용

- 실험 16-1 | MOSFET 차동증폭기 회로의 특성 측정
- 실험 16-2 | BJT 차동증폭기 회로의 특성 측정

16.1 이론적 배경 이해하기

1. MOSFET 차동증폭기

- 두 입력신호의 차를 증폭하는 차동증폭기differential amplifier는 아날로그 집적회로IC : Integrated Circuit를 구성하는 기능블록으로 연산증폭기와 비교기 IC의 입력단으로 사용된다.
- MOSFET 차동증폭기는 [그림 16-1(a)]와 같이 N채널 MOSFET M_1, M_2의 소오스 결합 차동쌍source coupled differential pair과 MOSFET M_3, M_4, 저항 R_4의 정전류원constant current source 회로로 구성된다.
- 정전류원의 전류 I_{SS}는 차동쌍을 구성하는 MOSFET M_1, M_2에 $\frac{I_{SS}}{2}$씩 흘러 포화모드로 바이어스한다.
- 차동증폭기의 전달 특성은 [그림 16-1(b)]와 같으며, MOSFET M_1, M_2의 드레인 전류 i_{D1}과 i_{D2}는 한쪽이 증가하면 다른 쪽은 감소하는 상보적complementary인 동작을 한다.
- 차동증폭기 회로에서 M_1, M_2는 각각 공통소오스 구조이므로, 입력전압 v_{S1}과 출력전압 v_{O1}은 서로 반전위상 관계이며, 입력전압 v_{S2}와 출력전압 v_{O2}도 서로 반전위상 관계이다. [그림 16-1(b)]로부터 드레인 전류 i_{D1}과 i_{D2}는 서로 상보적인 동작을 하므로, 출력전압 v_{O1}과 v_{O2}는 서로 반전위상 관계이다.

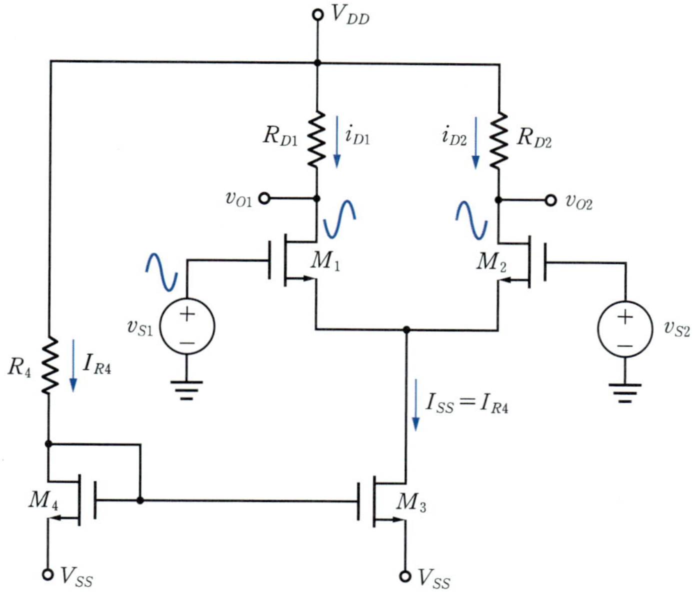

(a) 기본 구조

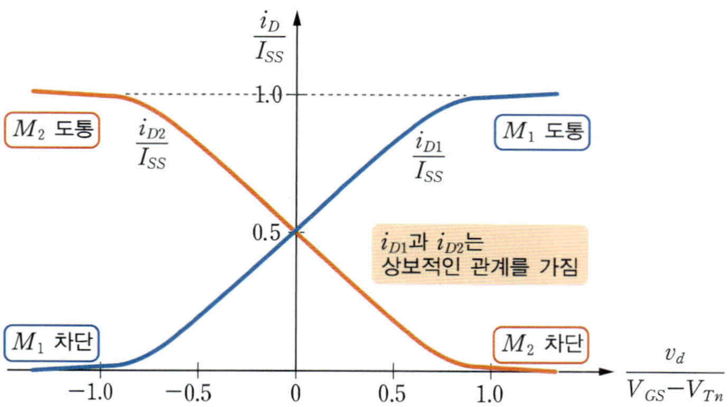

(b) 전달 특성(단, $v_d = v_{S1} - v_{S2}$)

그림 16-1 MOSFET 차동증폭기 회로

2. BJT 차동증폭기

- BJT 차동증폭기는 [그림 16-2]와 같이 NPN형 BJT Q_1, Q_2의 이미터 결합 차동쌍 emitter coupled differential pair과 BJT Q_3, Q_4, 저항 R_4의 정전류원 회로로 구성된다.
- 정전류원의 전류 I_{SS}는 차동쌍을 구성하는 BJT Q_1, Q_2에 $\frac{I_{SS}}{2}$씩 흘러 순방향 활성모드로 바이어스한다.
- 차동증폭기의 전달 특성은 [그림 16-1(b)]과 유사하며, BJT Q_1, Q_2의 컬렉터 전류 i_{C1}과 i_{C2}는 한쪽이 증가하면 다른 쪽은 감소하는 상보적인 동작을 한다.

• 차동증폭기 회로에서 BJT Q_1, Q_2는 각각 공통이미터 구조이므로, 입력전압 v_{S1}과 출력전압 v_{O1}은 서로 반전위상 관계이며, 입력전압 v_{S2}와 출력전압 v_{O2}도 서로 반전위상 관계이다. [그림 16-1(b)]로부터 컬렉터 전류 i_{C1}과 i_{C2}는 서로 상보적인 동작을 하므로, 출력전압 v_{O1}과 v_{O2}는 서로 반전위상 관계이다.

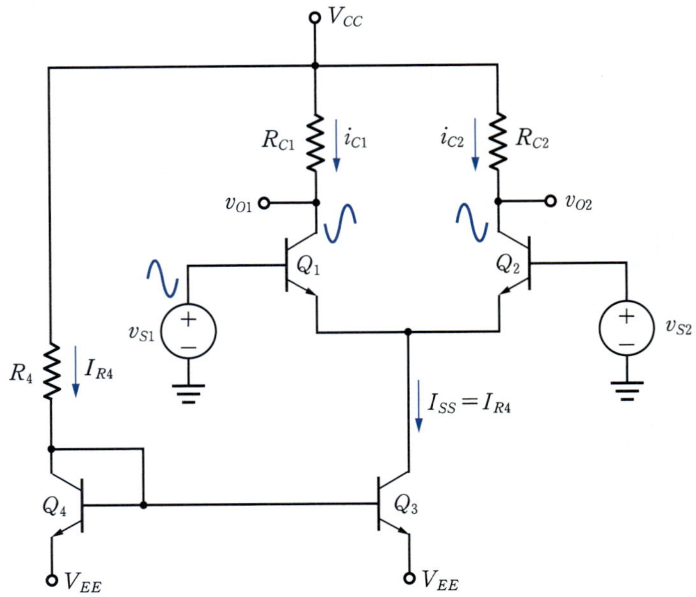

그림 16-2 BJT 차동증폭기 회로

3. 차동증폭기의 특성

• 차동모드 이득 differential-mode gain : 차동모드 입력전압 $v_d = v_{S1} - v_{S2}$에 대한 출력전압 $v_{o,\,dm}$의 비 ratio로 식 (16.1)과 같이 정의된다.

$$A_{dm} \equiv \frac{v_{o,\,dm}}{v_d} = \frac{v_{O2} - v_{O1}}{v_d} \tag{16.1}$$

• 공통모드 이득 common-mode gain : 공통모드 입력전압 $v_{CM} = v_{S1} = v_{S2}$에 대한 출력전압 $v_{o,\,cm}$의 비로 식 (16.2)와 같이 정의된다.

$$A_{cm} \equiv \frac{v_{o,\,cm}}{v_{CM}} = \frac{v_{O2} - v_{O1}}{v_{CM}} \tag{16.2}$$

• 공통모드 제거비 CMRR : Common-Mode Rejection Ratio : 차동모드 이득과 공통모드 이득의 비로 식 (16.3)과 같이 정의되며, 공통모드 입력은 출력되지 않도록 억제하고, 차동모드 입력만 증폭되어 출력되도록 하는 차동증폭기의 성능을 나타낸다. 차동모드 이득이 클수록, 그리고 공통모드 이득이 작을수록 CMRR이 커서 차동증폭기의 성능이 우수하며, 통상 70 ~ 80dB 이상의 CMRR 값을 갖는다.

$$\text{CMRR} \equiv \left| \frac{A_{dm}}{A_{cm}} \right| \tag{16.3}$$

점검하기 **다음 각 문제에 답하라.**

(1) 차동증폭기는 두 입력전압의 (차, 합)를/을 증폭한다.

(2) 이상적인 차동증폭기에 공통모드 전압이 인가되면, 출력은 0이다. (O, X)

(3) 공통모드 이득이 (작을수록, 클수록) 차동증폭기의 성능이 우수하다.

(4) 차동모드 이득이 클수록 차동증폭기의 성능이 우수하다. (O, X)

(5) 공통모드 제거비(CMRR)가 (작을수록, 클수록) 차동증폭기의 성능이 우수하다.

16.2 실험 진행하기

실험 16-1 | MOSFET 차동증폭기 회로의 특성 측정

1. PSpice 시뮬레이션

1 회로도 입력

- MOSFET 차동증폭기의 해석을 위해 [그림 16-3(a)]의 회로를 PSpice 회로도 편집기에 입력한다.
- N채널 MOSFET는 2N7000을 사용하고, 전원전압 V_{DD}와 V_{SS}는 SOURCE 라이브러리의 VDC를 사용하며, VDC의 속성 창을 열어 DC 5V와 −5V로 설정한다.
- 드레인 저항은 $R_{D1} = R_{D2} = 1\,\text{k}\Omega$으로 설정하고, 정전류원 회로의 저항은 $R_4 = 1.5\,\text{k}\Omega$으로 설정한다.
- 입력전압은 SOURCE 라이브러리의 VSIN을 사용하며, VSIN의 속성 창을 열어 주파수 $10\,\text{kHz}$, 오프셋 $0\,\text{V}$이고, v_{s1}과 v_{s2}의 진폭은 각각 $100\,\text{mV}$, $50\,\text{mV}$ 정현파로 설정한다.
- 입력전압과 출력전압 파형을 확인할 수 있도록 [그림 16-3(a)]와 같이 Voltage Marker를 연결한다.

2 DC 바이어스 해석 및 결과 확인

- PSpice의 Simulation Settings 창을 열어 [그림 16-3(b)]와 같이 Analysis Type을 Bias Point로 지정하고, Options에서 General Settings만 선택한다.
- Output File Options에서 Include detailed bias point information ⋯ (.OP)를 체크한다.
- 회로도에 DC 동작점 전류, 전압이 표시되도록 [그림 16-3(c)]와 같이 Enable Bias Current Display와 Enable Bias Voltage Display를 활성화시킨다.

- 시뮬레이션을 실행한 후, 다음의 시뮬레이션 결과 값을 확인하여 [표 16-1]의 해당 칸에 기록한다.
  - 정전류원 전류(M3 드레인 전류) I_{SS}
  - M1, M2의 드레인 바이어스 전류 $I_{DQ,M1}$, $I_{DQ,M2}$
  - M1, M2의 게이트-소오스 바이어스 전압 $V_{GSQ,M1}$, $V_{GSQ,M2}$
  - M1, M2의 드레인-소오스 바이어스 전압 $V_{DSQ,M1}$, $V_{DSQ,M2}$

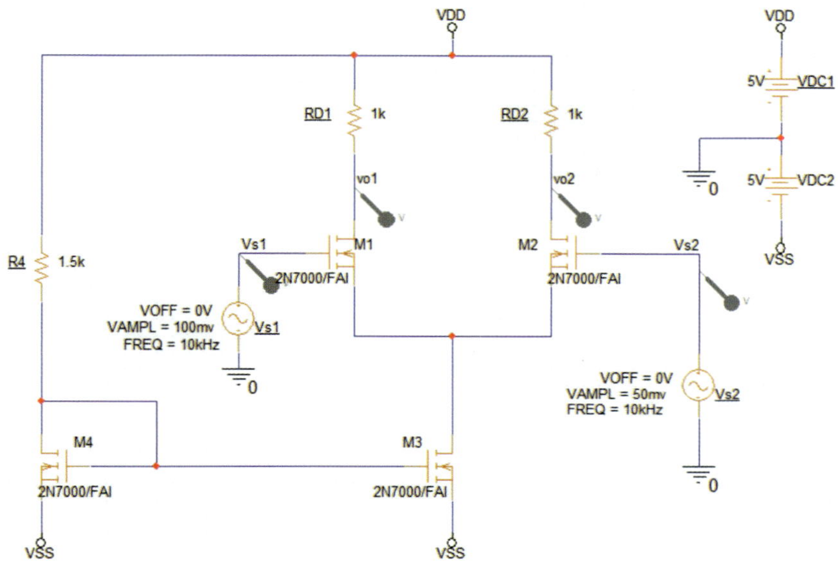

(a) 시뮬레이션 회로

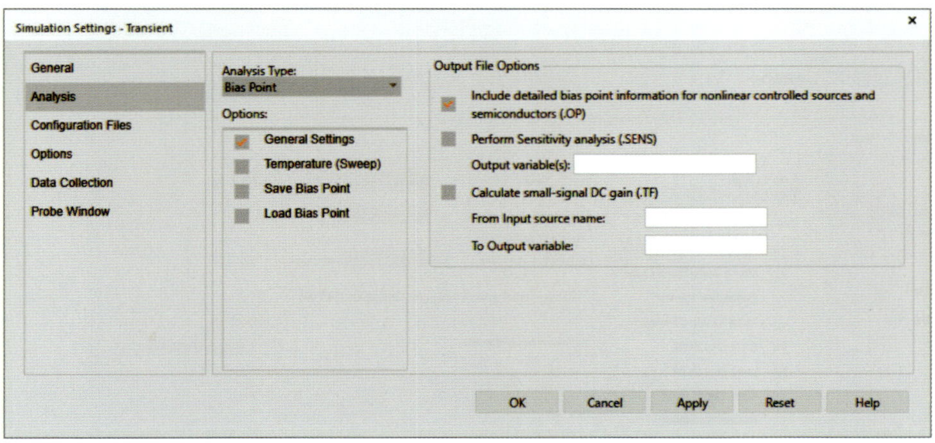

(b) DC 바이어스 해석

그림 16-3 MOSFET 차동증폭기 회로의 시뮬레이션(계속)

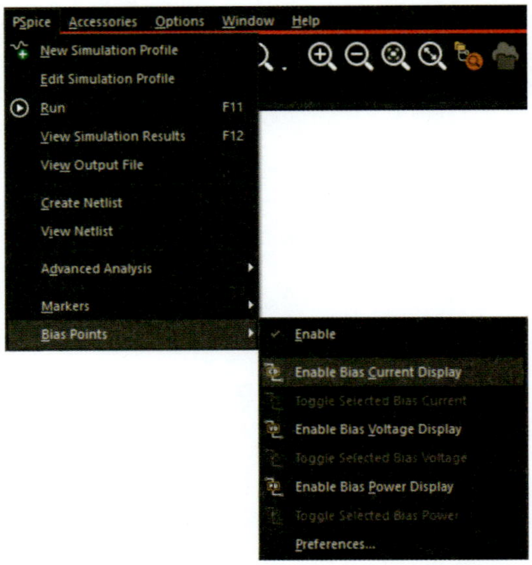

(c) 동작점 전류, 전압 표시 설정

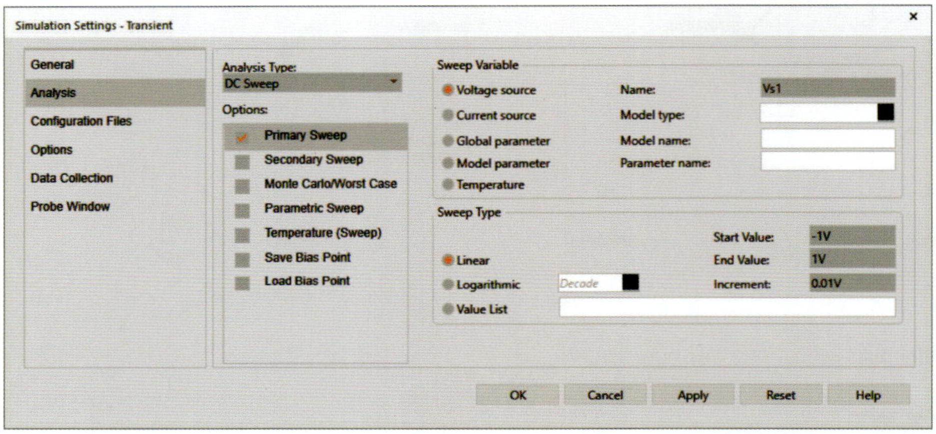

(d) 시뮬레이션 설정(DC Sweep)

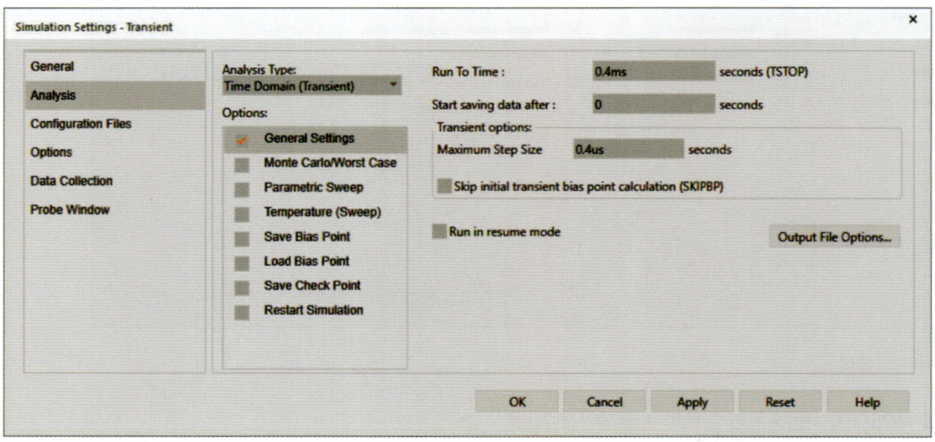

(e) 시뮬레이션 설정(Transient 해석)

그림 16-3 MOSFET 차동증폭기 회로의 시뮬레이션(계속)

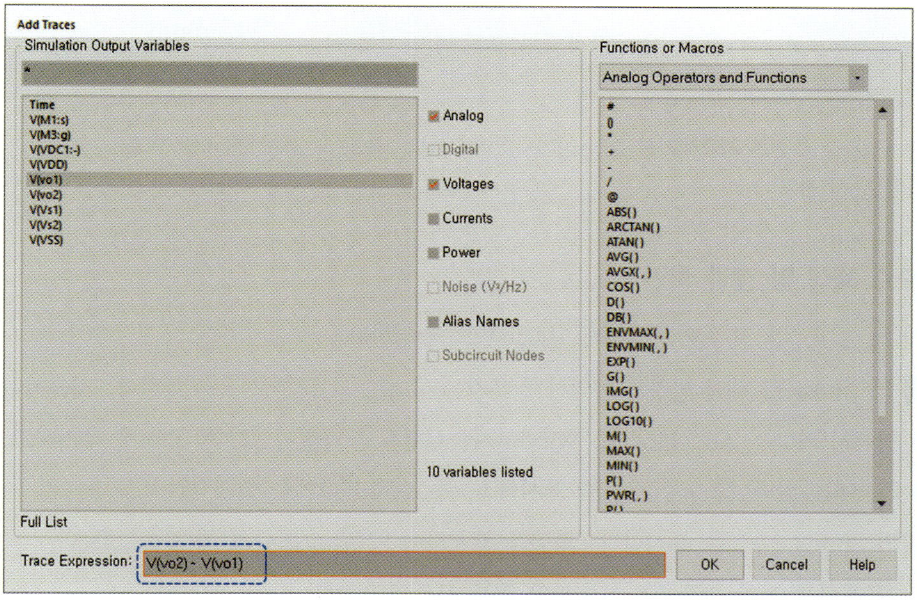

(f) 시뮬레이션 결과 창에 $v_{o2} - v_{o1}$ 파형 추가

그림 16-3 MOSFET 차동증폭기 회로의 시뮬레이션

3 입출력 전달 특성 해석 및 결과 확인

- PSpice의 Simulation Settings 창을 열어 Analysis Type을 DC Sweep으로 지정하고, [그림 16-3(d)]와 같이 설정한다.
- 시뮬레이션을 실행하면, 입력신호 v_{s1}을 X-축으로 한 입출력 전달 특성이 시뮬레이션 결과 창에 표시된다. 시뮬레이션 결과 화면을 캡처하여 [그림 16-4(a)]에 붙여 넣는다.

4 차동모드 해석 및 결과 확인

- PSpice의 Simulation Settings 창을 열어 Analysis Type을 Time Domain(Transient)으로 지정하고, [그림 16-3(e)]와 같이 설정한다.
- 시뮬레이션을 실행하면, 입력전압과 출력전압의 파형이 시뮬레이션 결과 창에 표시된다. 시뮬레이션 결과 창에서 Plot > Add Plot To Window를 두 번 실행해서 파형이 표시될 Plot 2개를 추가하고, 첫 번째 Plot에는 입력신호 v_{s1}, v_{s2}를 표시하고, 두 번째 Plot에는 출력전압 v_{o1}, v_{o2}를 표시한다. 세 번째 Plot에는 [그림 16-3(f)]와 같이 Trace > Add Trace를 실행해서 두 출력전압의 차 $v_{o2} - v_{o1}$을 표시한다. 화면을 캡처하여 [그림 16-4(b)]에 붙여 넣는다.
- 다음의 시뮬레이션 결과 값을 [표 16-1]의 차동모드 열의 해당 칸에 기록한다.
  - 입력신호 v_{s1}, v_{s2}의 첨두-첨두값
  - 입력신호 v_{s1}과 출력전압 v_{o1}, v_{o2}의 위상 관계
  - 출력전압 v_{o1}, v_{o2}의 첨두-첨두값

– 출력전압 $v_{o2}-v_{o1}$의 첨두–첨두값과 차동모드 전압이득 $A_v = \frac{v_{o2}-v_{o1}}{v_d}$
단, $v_d = v_{s1} - v_{s2}$

참고 첨두–첨두값 측정은 시뮬레이션 결과 창에서 Evaluate Measurement를 이용한다. ([그림 8-4] 참조)

5 공통모드 해석 및 결과 확인

- 입력전압 v_{s1}, v_{s2}의 진폭을 동일하게 100 mV로 변경한다.
- 단계 4 의 Transient 해석 설정을 동일하게 유지한 상태로 시뮬레이션을 실행한다. 시뮬레이션 결과 창에서 Plot > Add Plot To Window를 실행해서 파형이 표시될 Plot을 추가하고, 첫 번째 Plot에는 입력신호 v_{s1}, v_{s2}를 표시하고, 두 번째 Plot에는 출력전압 v_{o1}, v_{o2}와 두 출력전압의 차 $v_{o2}-v_{o1}$을 표시한다. 화면을 캡처하여 [그림 16-4(c)]에 붙여 넣는다.
- 다음의 시뮬레이션 결과 값을 [표 16-1]의 공통모드 열의 해당 칸에 기록한다.
  - 입력신호 v_{s1}, v_{s2}의 첨두–첨두값
  - 출력전압 v_{o1}, v_{o2}의 첨두–첨두값
  - 출력전압 $v_{o2}-v_{o1}$의 첨두–첨두값과 공통모드 전압이득 $A_v = \frac{v_{o2}-v_{o1}}{v_d}$
    단, $v_d = v_{s1} - v_{s2}$

표 16-1 MOSFET 차동증폭기 회로의 특성 시뮬레이션 결과

		MOSFET M1	MOSFET M2
동작점 전류, 전압 (DC Bias 해석 결과)	V_{GSQ} [V]		
	I_{DQ} [mA]		
	V_{DSQ} [V]		
정전류원 전류 [mA]			
		차동모드	공통모드
v_{s1}, v_{s2}의 첨두–첨두값 [V]	v_{s1}		
	v_{s2}		
v_{s1}과 v_{o1}, v_{o2}의 위상 관계	v_{o1}		–
	v_{o2}		–
v_{o1}의 첨두–첨두값 [V]			
v_{o2}의 첨두–첨두값 [V]			
$v_{o2}-v_{o1}$의 첨두–첨두값 [V]			
전압이득 $A_v = \frac{v_{o2}-v_{o1}}{v_d}$ [V/V]			

시뮬레이션 결과 파형을 캡처하여 붙여 넣는다.

(a) 입출력 전달 특성

시뮬레이션 결과 파형을 캡처하여 붙여 넣는다.

(b) 차동모드 특성

시뮬레이션 결과 파형을 캡처하여 붙여 넣는다.

(c) 공통모드 특성

그림 16-4 MOSFET 차동증폭기 회로의 시뮬레이션 결과 파형

2. 실험 MOSFET 차동증폭기 회로의 특성 측정

[실험장비]

장비명	수량	장비명	수량
DC 전원공급 장치(2출력)	1대	오실로스코프(2채널)	1대
함수발생기	1대	멀티미터	1대

[실험부품]

트랜지스터	N채널 MOSFET 2N7000(4개)	저항	1kΩ(2개), 1.5kΩ

1 브레드보드 부품 배치도 연결 완성하기

- [그림 16–5(a)]의 실험회로를 참조해서 [그림 16–5(b)]의 브레드보드 부품 배치도의 연결을 완성한다.
  - 2N7000 N채널 MOSFET의 소오스(❶), 게이트(❷), 드레인(❸) 단자를 잘 구별하여 소자 간의 연결, 전원전압 V_{DD}, V_{SS}와 접지의 연결을 표시한다.

2 회로 구성하기

- 완성된 부품 배치도를 참조해서 [그림 16–5(a)]의 실험회로를 브레드보드에 구성한다.

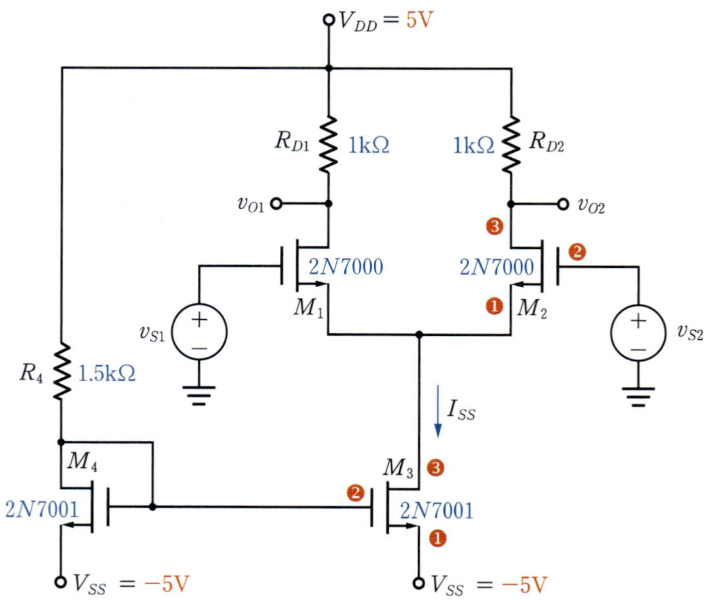

(a) 실험회로

그림 16–5 MOSFET 차동증폭기 실험회로(계속)

실험회로를 참고해서 부품 배치도의 연결을 완성한다.

(b) 부품 배치도

그림 16-5 MOSFET 차동증폭기 실험회로

3 회로 점검하기

- 브레드보드에 부품 실장이 완료되면, 멀티미터를 저항측정 모드로 설정하고 단락, 접촉불량 등을 점검한다.
- V_{DD}와 V_{SS}의 단락 여부, 그리고 입력신호 v_{s1}, v_{s2}와 V_{DD}, V_{SS}의 단락 여부를 확인한다.
- V_{DD}와 V_{SS}로 연결되는 노드들의 단락/개방 여부를 확인한다.

4 전원전압 인가하기

- DC 전원공급 장치의 출력이 5V와 −5V가 되도록 설정한 후, 실험회로의 V_{DD} 단자에 $V_{DD}=5\,\text{V}$를 연결하고, $V_{SS}=-5\,\text{V}$가 되도록 연결한다. V_{DD}와 V_{SS}의 극성이 반대가 됨에 유의한다.

5 동작점 전류, 전압 측정하기

- 다음의 측정값을 [표 16-2]의 해당 칸에 기록한다.
  - 정전류원 전류 (M3 드레인 전류) I_{SS} : 저항 R_4 양단의 전압 V_{R4}를 측정하여 드레인 전류를 $I_{SS}=\dfrac{V_{R4}}{R_4}$로 계산한다.
  - M1, M2의 드레인 바이어스 전류 $I_{DQ,M1}$, $I_{DQ,M2}$: M1, M2의 드레인 저항 R_D 양단의 전압 V_{RD}를 측정하여 $I_{DQ}=\dfrac{V_{RD}}{R_D}$로 계산한다.
  - M1, M2의 게이트-소오스 바이어스 전압 $V_{GSQ,M1}$, $V_{GSQ,M2}$
  - M1, M2의 드레인-소오스 바이어스 전압 $V_{DSQ,M1}$, $V_{DSQ,M2}$

6 입출력 전달 특성 측정하기

- 차동증폭기의 입출력 전달 특성을 측정하기 위해, 함수발생기의 전원을 ON시키고 출력을 삼각파 모드로 설정한다. 삼각파의 진폭 2V, 주파수 100Hz가 되도록 설정한 후, 오실로스코프를 이용하여 삼각파의 주파수와 진폭을 확인한다.
- 확인이 완료되면 실험회로의 v_{s1} 단자에 연결한다. 함수발생기의 삼각파 출력은 오실로스코프의 XY-모드에서 X-축 신호로 사용된다.
- 실험회로의 v_{s2} 입력은 접지로 연결하여 $v_{s2} = 0\text{V}$가 되도록 한다.
- 오실로스코프의 디스플레이 모드를 XY-모드로 설정한 후, 오실로스코프 CH 1로 입력신호 v_{s1}을 측정하고 CH 2로 출력전압 v_{o1}을 측정하면, 차동증폭기의 입출력 전달 특성곡선이 표시된다. 측정된 파형을 캡처하여 [그림 16-6(a)]에 붙여 넣는다.
- 오실로스코프 CH 1로 입력신호 v_{s1}을 측정하고 CH 2로 출력전압 v_{o2}를 측정한다. 측정된 파형을 캡처하여 [그림 16-6(b)]에 붙여 넣는다.

7 차동모드 입력신호 연결하기

- 함수발생기를 정현파 출력 모드로 설정한다. 정현파의 주파수 10kHz, 진폭 100mV가 되도록 설정한 후, 오실로스코프를 이용하여 정현파의 주파수와 진폭을 확인한다. 확인이 완료되면 실험회로의 v_{s1} 단자에 연결한다.
- 함수발생기의 정현파 출력으로부터 진폭이 50mV인 정현파를 만들고(저항을 이용한 전압분배를 이용함), 오실로스코프를 이용하여 정현파의 주파수와 진폭을 확인한다. 확인이 완료되면 실험회로의 v_{s2} 단자에 연결한다.

8 차동모드 출력전압 측정하기

- 입력신호 v_{s1}, v_{s2}를 각각 오실로스코프의 CH 1, CH 2로 측정하고, 측정 결과 파형을 캡처하여 [그림 16-7(a)]에 붙여 넣는다.
- 출력신호 v_{o1}, v_{o2}를 각각 오실로스코프의 CH 1, CH 2로 측정하고, 측정 결과 파형을 캡처하여 [그림 16-7(b)]에 붙여 넣는다.
- 다음의 측정값을 [표 16-2]의 차동모드 열의 해당 칸에 기록한다.
  - 입력신호 v_{s1}, v_{s2}의 첨두-첨두값
  - 입력신호 v_{s1}과 출력전압 v_{o1}, v_{o2}의 위상 관계
  - 출력전압 v_{o1}, v_{o2}의 첨두-첨두값
  - 출력전압 $v_{o2} - v_{o1}$의 첨두-첨두값과 차동모드 전압이득 $A_v = \dfrac{v_{o2} - v_{o1}}{v_d}$
    단, $v_d = v_{s1} - v_{s2}$

9 공통모드 출력전압 측정하기

- 함수발생기의 출력 정현파를 주파수 10 kHz, 진폭 100 mV 가 되도록 설정한 후, 실험회로의 v_{s1}과 v_{s2} 단자에 연결하여 $v_{CM} = v_{s1} = v_{s2} = 100\,\text{mV}$가 되도록 한다.
- 입력신호 v_{s1}, v_{s2}를 각각 오실로스코프의 CH 1, CH 2로 측정하고, 측정 결과 파형을 캡처하여 [그림 16-8(a)]에 붙여 넣는다.
- 출력신호 v_{o1}, v_{o2}를 각각 오실로스코프의 CH 1, CH 2로 측정하고, 측정 결과 파형을 캡처하여 [그림 16-8(b)]에 붙여 넣는다.
- 다음의 측정값을 [표 16-2]의 공통모드 열의 해당 칸에 기록한다.
  - 입력신호 v_{s1}, v_{s2}의 첨두-첨두값
  - 출력전압 v_{o1}, v_{o2}의 첨두-첨두값
  - 출력전압 $v_{o2} - v_{o1}$의 첨두-첨두값과 공통모드 전압이득 $A_v = \dfrac{v_{o2} - v_{o1}}{v_d}$
    단, $v_d = v_{s1} - v_{s2}$

표 16-2 MOSFET 차동증폭기 회로의 특성 측정 결과

		MOSFET M1	MOSFET M2
동작점 전류, 전압 (DC Bias 해석 결과)	V_{GSQ} [V]		
	R_D의 전압 V_{RD} [V]		
	$I_{DQ} = \dfrac{V_{RD}}{R_D}$ [mA]		
	V_{DSQ} [V]		
정전류원 전류 I_{SS} (M3, M4의 드레인 전류)	R_4의 전압 V_{R4} [V]		
	$I_{SS} = \dfrac{V_{R4}}{R_4}$ [mA]		
		차동모드	공통모드
v_{s1}, v_{s2}의 첨두-첨두값 [V]	v_{s1}		
	v_{s2}		
v_{s1}과 v_{o1}, v_{o2}의 위상 관계	v_{o1}		-
	v_{o2}		-
v_{o1}의 첨두-첨두값 [V]			
v_{o2}의 첨두-첨두값 [V]			
$v_{o2} - v_{o1}$의 첨두-첨두값 [V]			
전압이득 $A_v = \dfrac{v_{o2} - v_{o1}}{v_d}$ [V/V]			

측정 결과 파형을 캡처하여 붙여 넣는다.

(a) $v_{s1}-v_{o1}$ 전달 특성

측정 결과 파형을 캡처하여 붙여 넣는다.

(b) $v_{s1}-v_{o2}$ 전달 특성

그림 16-6 MOSFET 차동증폭기 회로의 입출력 전달 특성 측정 결과 파형

측정 결과 파형을 캡처하여 붙여 넣는다.

(a) 입력신호 v_{s1}, v_{s2}의 측정 파형

그림 16-7 MOSFET 차동증폭기 회로의 차동모드 측정 결과 파형(계속)

측정 결과 파형을 캡처하여 붙여 넣는다.

(b) 출력신호 v_{o1}, v_{o2}의 측정 파형

그림 16-7 MOSFET 차동증폭기 회로의 차동모드 측정 결과 파형

측정 결과 파형을 캡처하여 붙여 넣는다.

(a) 입력신호 v_{s1}, v_{s2}의 측정 파형

측정 결과 파형을 캡처하여 붙여 넣는다.

(b) 출력신호 v_{o1}, v_{o2}의 측정 파형

그림 16-8 MOSFET 차동증폭기 회로의 공통모드 측정 결과 파형

실험 16-2 | BJT 차동증폭기 회로의 특성 측정

1. PSpice 시뮬레이션

1 회로도 입력

- BJT 차동증폭기의 해석을 위해 [그림 16-9]의 회로를 PSpice 회로도 편집기에 입력한다.
- NPN형 BJT는 2N3904를 사용하고, 전원전압 V_{CC}와 V_{EE}는 SOURCE 라이브러리의 VDC를 사용하며, VDC의 속성 창을 열어 DC 10V와 -10V로 설정한다.
- 컬렉터 저항은 $R_{C1} = R_{C2} = 1.5\,\text{k}\Omega$으로 설정하고, 정전류원 회로의 저항은 $R_4 = 3.3\,\text{k}\Omega$으로 설정한다.
- 입력전압은 SOURCE 라이브러리의 VSIN을 사용하며, VSIN의 속성 창을 열어 주파수 $10\,\text{kHz}$, 오프셋 $0\,\text{V}$이고, v_{s1}과 v_{s2}의 진폭은 각각 $100\,\text{mV}$, $50\,\text{mV}$ 정현파로 설정한다.
- 입력전압과 출력전압 파형을 확인할 수 있도록 [그림 16-9]와 같이 Voltage Marker를 연결한다.

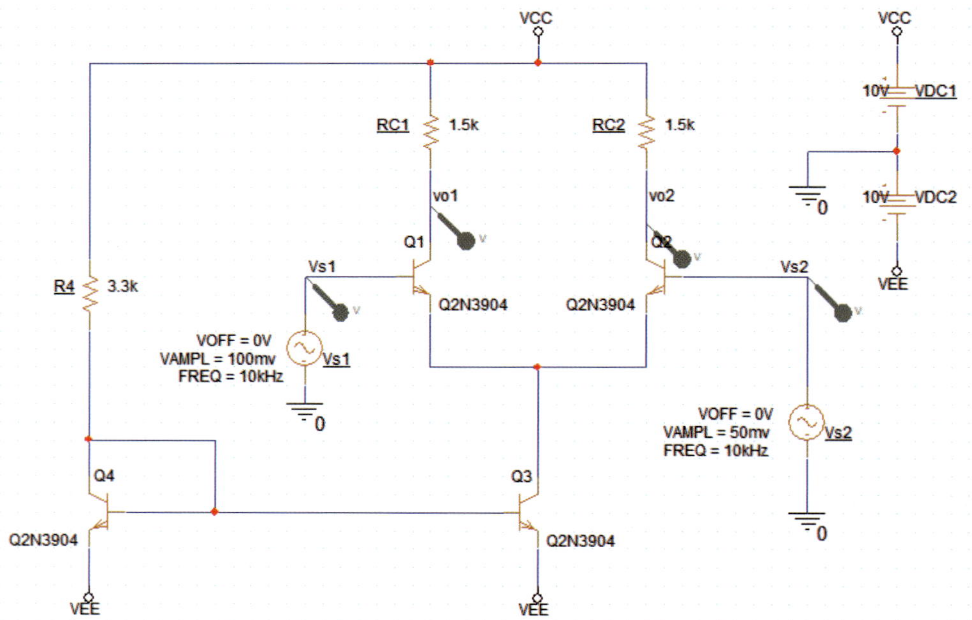

그림 16-9 BJT 차동증폭기 회로의 시뮬레이션

2 DC 바이어스 해석 및 결과 확인

- PSpice의 Simulation Settings 창을 열어 [그림 16-3(b)]와 같이 Analysis Type을 Bias Point로 지정하고, Options에서 General Settings만 선택한다.

- Output File Options에서 Include detailed bias point information ⋯ (.OP)를 체크한다.
- 회로도에 DC 동작점 전류, 전압이 표시되도록 [그림 16-3(c)]와 같이 Enable Bias Current Display와 Enable Bias Voltage Display를 활성화시킨다.
- 시뮬레이션을 실행한 후, 다음의 시뮬레이션 결과 값을 확인하여 [표 16-3]의 해당 칸에 기록한다.
  - 정전류원 전류(Q3의 컬렉터 전류) I_{SS}
  - Q1, Q2의 컬렉터 바이어스 전류 $I_{CQ,Q1}$, $I_{CQ,Q2}$
  - Q1, Q2의 베이스-이미터 바이어스 전압 $V_{BEQ,Q1}$, $V_{BEQ,Q2}$
  - Q1, Q2의 컬렉터-이미터 바이어스 전압 $V_{CEQ,Q1}$, $V_{CEQ,Q2}$

3 입출력 전달 특성 해석 및 결과 확인

- PSpice의 Simulation Settings 창을 열어 Analysis Type을 DC Sweep으로 지정하고, [그림 16-3(d)]와 같이 설정한다.
- 시뮬레이션을 실행하면, 입력신호 v_{s1}을 X-축으로 한 입출력 전달 특성이 시뮬레이션 결과 창에 표시된다. 시뮬레이션 결과 화면을 캡처하여 [그림 16-10(a)]에 붙여 넣는다.

4 차동모드 해석 및 결과 확인

- PSpice의 Simulation Settings 창을 열어 Analysis Ttype을 Time Domain(Transient)으로 지정하고, [그림 16-3(e)]와 같이 설정한다.
- 시뮬레이션을 실행하면, 입력전압과 출력전압의 파형이 시뮬레이션 결과 창에 표시된다. 시뮬레이션 결과 창에서 Plot > Add Plot To Window를 두 번 실행해서 파형이 표시될 Plot 2개를 추가하고, 첫 번째 Plot에는 입력신호 v_{s1}, v_{s2}를 표시하고, 두 번째 Plot에는 출력전압 v_{o1}, v_{o2}를 표시한다. 세 번째 Plot에는 [그림 16-3(f)]와 같이 Trace > Add Trace를 실행해서 두 출력전압의 차 $v_{o2}-v_{o1}$을 표시한다. 화면을 캡처하여 [그림 16-10(b)]에 붙여 넣는다.
- 다음의 시뮬레이션 결과 값을 [표 16-3]의 차동모드 열의 해당 칸에 기록한다.
  - 입력신호 v_{s1}, v_{s2}의 첨두-첨두값
  - 입력신호 v_{s1}과 출력전압 v_{o1}, v_{o2}의 위상 관계
  - 출력전압 v_{o1}, v_{o2}의 첨두-첨두값
  - 출력전압 $v_{o2}-v_{o1}$의 첨두-첨두값과 차동모드 전압이득 $A_v = \dfrac{v_{o2}-v_{o1}}{v_d}$

    단, $v_d = v_{s1} - v_{s2}$

참고 첨두-첨두값 측정은 시뮬레이션 결과 창에서 Evaluate Measurement를 이용한다. ([그림 8-4] 참조)

5 공통모드 해석 및 결과 확인

- 입력전압 v_{s1}, v_{s2}의 진폭을 동일하게 $100\,\mathrm{mV}$로 변경한다.
- 단계 4 의 Transient 해석 설정을 동일하게 유지한 상태로 시뮬레이션을 실행한다. 시뮬레이션 결과 창에서 Plot > Add Plot To Window를 실행해서 파형이 표시될 Plot을 추가하고, 첫 번째 Plot에는 입력신호 v_{s1}, v_{s2}를 표시하고, 두 번째 Plot에는 출력전압 v_{o1}, v_{o2}와 두 출력전압의 차 $v_{o2}-v_{o1}$을 표시한다. 화면을 캡처하여 [그림 16-10(c)]에 붙여 넣는다.
- 다음의 시뮬레이션 결과 값을 [표 16-3]의 공통모드 열의 해당 칸에 기록한다.
  - 입력신호 v_{s1}, v_{s2}의 첨두-첨두값
  - 출력전압 v_{o1}, v_{o2}의 첨두-첨두값
  - 출력전압 $v_{o2}-v_{o1}$의 첨두-첨두값과 공통모드 전압이득 $A_v = \dfrac{v_{o2}-v_{o1}}{v_d}$

    단, $v_d = v_{s1} - v_{s2}$

표 16-3 BJT 차동증폭기 회로의 특성 시뮬레이션 결과

		BJT Q1	BJT Q2
동작점 전류, 전압 (DC Bias 해석 결과)	V_{BEQ} [V]		
	I_{CQ} [mA]		
	V_{CEQ} [V]		
정전류원 전류 [mA]			
		차동모드	공통모드
v_{s1}, v_{s2} 의 첨두-첨두값 [V]	v_{s1}		
	v_{s2}		
v_{s1} 과 v_{o1}, v_{o2} 의 위상 관계	v_{o1}		–
	v_{o2}		–
v_{o1} 의 첨두-첨두값 [V]			
v_{o2} 의 첨두-첨두값 [V]			
$v_{o2}-v_{o1}$ 의 첨두-첨두값 [V]			
전압이득 $A_v = \dfrac{v_{o2}-v_{o1}}{v_d}$ [V/V]			

시뮬레이션 결과 파형을 캡처하여 붙여 넣는다.

(a) 입출력 전달 특성

시뮬레이션 결과 파형을 캡처하여 붙여 넣는다.

(b) 차동모드 특성

시뮬레이션 결과 파형을 캡처하여 붙여 넣는다.

(c) 공통모드 특성

그림 16-10 BJT 차동증폭기 회로의 시뮬레이션 결과 파형

2. 실험 BJT 차동증폭기 회로의 특성 측정

[실험장비]

장비명	수량	장비명	수량
DC 전원공급 장치(2출력)	1대	오실로스코프(2채널)	1대
함수발생기	1대	멀티미터	1대

[실험부품]

트랜지스터	NPN형 BJT 2N3904(4개)	저항	1.5kΩ(2개), 3.3kΩ

1 브레드보드 부품 배치도 연결 완성하기

- [그림 16-11(a)]의 실험회로를 참조해서 [그림 16-11(b)]의 브레드보드 부품 배치도의 연결을 완성한다.
  - 2N3904 NPN형 BJT의 이미터(❶), 베이스(❷), 컬렉터(❸) 단자를 잘 구별하여 소자 간의 연결, 전원전압 V_{CC}, V_{EE}와 접지의 연결을 표시한다.

2 회로 구성하기

- 완성된 부품 배치도를 참조해서 [그림 16-11(a)]의 실험회로를 브레드보드에 구성한다.

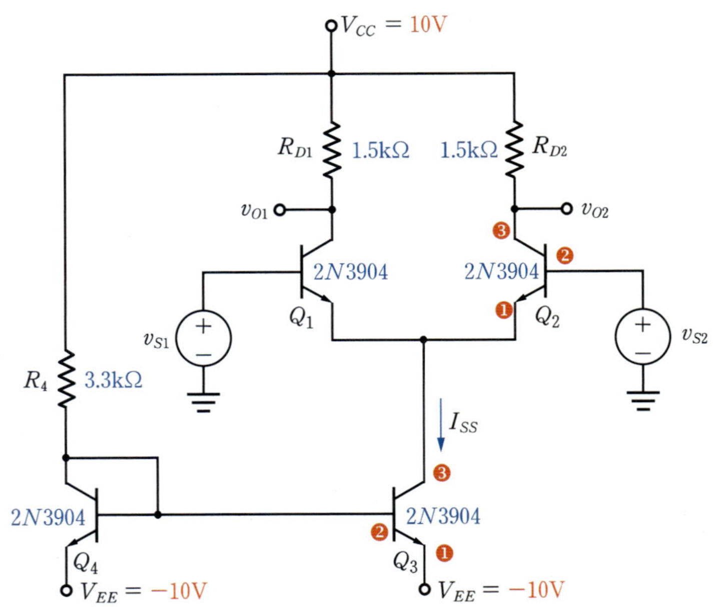

(a) 실험회로

그림 16-11 BJT 차동증폭기 실험회로(계속)

실험회로를 참고해서 부품 배치도의 연결을 완성한다.

(b) 부품 배치도

그림 16-11 BJT 차동증폭기 실험회로

3 회로 점검하기

- 브레드보드에 부품 실장이 완료되면, 멀티미터를 저항측정 모드로 설정하고 단락, 접촉불량 등을 점검한다.
- V_{CC}와 V_{EE}의 단락 여부, 그리고 입력신호 v_{s1}, v_{s2}와 V_{CC}, V_{EE}의 단락 여부를 확인한다.
- V_{CC}와 V_{EE}로 연결되는 노드들의 단락/개방 여부를 확인한다.

4 전원전압 인가하기

- DC 전원공급 장치의 출력이 $10\,\text{V}$와 $-10\,\text{V}$가 되도록 설정한 후, 실험회로의 V_{CC} 단자에 $V_{CC}=10\,\text{V}$를 연결하고, $V_{EE}=-10\,\text{V}$가 되도록 연결한다. V_{CC}와 V_{EE}의 극성이 반대가 됨에 유의한다.

5 동작점 전류, 전압 측정하기

- 다음의 측정값을 [표 16-4]의 해당 칸에 기록한다.
  - 정전류원 전류(Q3 컬렉터 전류) I_{SS} : 저항 R_4 양단의 전압 V_{R4}를 측정하여 $I_{SS}=\dfrac{V_{R4}}{R_4}$로 계산한다.
  - Q1, Q2의 컬렉터 바이어스 전류 $I_{CQ,Q1}$, $I_{CQ,Q2}$: Q1, Q2의 컬렉터 저항 R_C 양단의 전압 V_{RC}를 측정하여 $I_{CQ}=\dfrac{V_{RC}}{R_C}$로 계산한다.
  - Q1, Q2의 베이스-이미터 바이어스 전압 $V_{BEQ,Q1}$, $V_{BEQ,Q2}$
  - Q1, Q2의 컬렉터-이미터 바이어스 전압 $V_{CEQ,Q1}$, $V_{CEQ,Q2}$

6 입출력 전달 특성 측정하기

- 차동증폭기의 입출력 전달 특성을 측정하기 위해, 함수발생기의 전원을 ON시키고 출력을 삼각파 모드로 설정한다. 삼각파의 진폭 2V, 주파수 100Hz가 되도록 설정한 후, 오실로스코프를 이용하여 삼각파의 주파수와 진폭을 확인한다.
- 확인이 완료되면 실험회로의 v_{s1} 단자에 연결한다. 함수발생기의 삼각파 출력은 오실로스코프의 XY-모드에서 X-축 신호로 사용된다.
- 실험회로의 v_{s2} 입력은 접지로 연결하여 $v_{s2} = 0\,\text{V}$가 되도록 한다.
- 오실로스코프의 디스플레이 모드를 XY-모드로 설정한 후, 오실로스코프 CH 1로 입력신호 v_{s1}을 측정하고 CH 2로 출력전압 v_{o1}을 측정하면, 차동증폭기의 입출력 전달 특성곡선이 표시된다. 측정된 파형을 캡처하여 [그림 16-12(a)]에 붙여 넣는다.
- 오실로스코프 CH 1로 입력신호 v_{s1}을 측정하고 CH 2로 출력전압 v_{o2}를 측정한다. 측정된 파형을 캡처하여 [그림 16-12(b)]에 붙여 넣는다.

7 차동모드 입력신호 연결하기

- 함수발생기를 정현파 출력 모드로 설정한다. 정현파의 주파수 10kHz, 진폭 100mV가 되도록 설정한 후, 오실로스코프를 이용하여 정현파의 주파수와 진폭을 확인한다. 확인이 완료되면 실험회로의 v_{s1} 단자에 연결한다.
- 함수발생기의 정현파 출력으로부터 진폭이 50mV인 정현파를 만들고(저항을 이용한 전압분배를 이용함), 오실로스코프를 이용하여 정현파의 주파수와 진폭을 확인한다. 확인이 완료되면 실험회로의 v_{s2} 단자에 연결한다.

8 차동모드 출력전압 측정하기

- 입력신호 v_{s1}, v_{s2}를 각각 오실로스코프의 CH 1, CH 2로 측정하고, 측정 결과 파형을 캡처하여 [그림 16-13(a)]에 붙여 넣는다.
- 출력신호 v_{o1}, v_{o2}를 각각 오실로스코프의 CH 1, CH 2로 측정하고, 측정 결과 파형을 캡처하여 [그림 16-13(b)]에 붙여 넣는다.
- 다음의 측정값을 [표 16-4]의 차동모드 열의 해당 칸에 기록한다.
  - 입력신호 v_{s1}, v_{s2}의 첨두-첨두값
  - 입력신호 v_{s1}과 출력전압 v_{o1}, v_{o2}의 위상 관계
  - 출력전압 v_{o1}, v_{o2}의 첨두-첨두값
  - 출력전압 $v_{o2} - v_{o1}$의 첨두-첨두값과 차동모드 전압이득 $A_v = \dfrac{v_{o2} - v_{o1}}{v_d}$

    단, $v_d = v_{s1} - v_{s2}$

9 공통모드 출력전압 측정하기

- 함수발생기의 출력 정현파를 주파수 $10\,\mathrm{kHz}$, 진폭 $100\,\mathrm{mV}$가 되도록 설정한 후, 실험회로의 v_{s1}과 v_{s2} 단자에 연결하여 $v_{CM} = v_{s1} = v_{s2} = 100\,\mathrm{mV}$가 되도록 한다.
- 입력신호 v_{s1}, v_{s2}를 각각 오실로스코프의 CH 1, CH 2로 측정하고, 측정 결과 파형을 캡처하여 [그림 16-14(a)]에 붙여 넣는다.
- 출력신호 v_{o1}, v_{o2}를 각각 오실로스코프의 CH 1, CH 2로 측정하고, 측정 결과 파형을 캡처하여 [그림 16-14(b)]에 붙여 넣는다.
- 다음의 측정값을 [표 16-4]의 공통모드 열의 해당 칸에 기록한다.
  - 입력신호 v_{s1}, v_{s2}의 첨두-첨두값
  - 출력전압 v_{o1}, v_{o2}의 첨두-첨두값
  - 출력전압 $v_{o2} - v_{o1}$의 첨두-첨두값과 공통모드 전압이득 $A_v = \dfrac{v_{o2} - v_{o1}}{v_d}$
    단, $v_d = v_{s1} - v_{s2}$

표 16-4 BJT 차동증폭기 회로의 특성 측정 결과

		Q1	Q2
동작점 전류, 전압 (DC Bias 해석 결과)	V_{BEQ} [V]		
	R_C의 전압 V_{RC} [V]		
	$I_{CQ} = \dfrac{V_{RC}}{R_C}$ [mA]		
	V_{CEQ} [V]		
정전류원 전류 I_{SS} (Q3, Q4의 드레인 전류)	R_4의 전압 V_{R4} [V]		
	$I_{SS} = \dfrac{V_{R4}}{R_4}$ [mA]		
		차동모드	공통모드
v_{s1}, v_{s2}의 첨두-첨두값 [V]	v_{s1}		
	v_{s2}		
v_{s1}과 v_{o1}, v_{o2}의 위상 관계	v_{o1}		-
	v_{o2}		-
v_{o1}의 첨두-첨두값 [V]			
v_{o2}의 첨두-첨두값 [V]			
$v_{o2} - v_{o1}$의 첨두-첨두값 [V]			
전압이득 $A_v = \dfrac{v_{o2} - v_{o1}}{v_d}$ [V/V]			

측정 결과 파형을 캡처하여 붙여 넣는다.

(a) $v_{s1} - v_{o1}$ 전달 특성

측정 결과 파형을 캡처하여 붙여 넣는다.

(b) $v_{s1} - v_{o2}$ 전달 특성

그림 16-12 BJT 차동증폭기 회로의 입출력 전달 특성 측정 결과 파형

측정 결과 파형을 캡처하여 붙여 넣는다.

(a) 입력신호 v_{s1}, v_{s2} 의 측정 파형

그림 16-13 BJT 차동증폭기 회로의 차동모드 측정 결과 파형(계속)

측정 결과 파형을 캡처하여 붙여 넣는다.

(b) 출력신호 v_{o1}, v_{o2}의 측정 파형

그림 16-13 BJT 차동증폭기 회로의 차동모드 측정 결과 파형

측정 결과 파형을 캡처하여 붙여 넣는다.

(a) 입력신호 v_{s1}, v_{s2}의 측정 파형

측정 결과 파형을 캡처하여 붙여 넣는다.

(b) 출력신호 v_{o1}, v_{o2}의 측정 파형

그림 16-14 BJT 차동증폭기 회로의 공통모드 측정 결과 파형

실험 고찰

■ 고찰 [1]

- [그림 16-5(a)]의 MOSFET 차동증폭기 회로에 대해 [표 16-1]의 시뮬레이션 결과에 의한 차동모드 전압이득 $A_{dm,sim}$, 공통모드 전압이득 $A_{cm,sim}$, [표 16-2]의 측정 결과에 의한 차동모드 전압이득 $A_{dm,meas}$, 공통모드 전압이득 $A_{cm,meas}$를 [표 16-5]에 기록하라. 또한 공통모드 제거비를 계산해서 [표 16-5]에 기록하고, 시뮬레이션 결과와 측정 결과를 비교하여 설명하라.

표 16-5 MOSFET 차동증폭기의 특성 비교

	[표 16-1]의 시뮬레이션 결과	[표 16-2]의 측정 결과
차동모드 전압이득 A_{dm} [V/V]		
공통모드 전압이득 A_{cm} [V/V]		
CMRR = $\frac{A_{dm}}{A_{cm}}$ [dB]		

■ 고찰 [2]

- [그림 16-11(a)]의 BJT 차동증폭기 회로에 대해 [표 16-3]의 시뮬레이션 결과에 의한 차동모드 전압이득 $A_{dm,sim}$, 공통모드 전압이득 $A_{cm,sim}$, [표 16-4]의 측정 결과에 의한 차동모드 전압이득 $A_{dm,meas}$, 공통모드 전압이득 $A_{cm,meas}$를 [표 16-6]에 기록하라. 또한 공통모드 제거비를 계산해서 [표 16-6]에 기록하고, 시뮬레이션 결과와 측정 결과를 비교하여 설명하라.

표 16-6 BJT 차동증폭기의 특성 비교

	[표 16-3]의 시뮬레이션 결과	[표 16-4]의 측정 결과
차동모드 전압이득 A_{dm} [V/V]		
공통모드 전압이득 A_{cm} [V/V]		
CMRR = $\frac{A_{dm}}{A_{cm}}$ [dB]		

연계 | 〈핵심이 보이는 전자회로〉 5.4절, 5.5절

실험

17

푸시-풀 증폭기 회로

실험 목적

- 시뮬레이션을 통해 푸시-풀 증폭기의 동작 특성을 예측한다.
- B급 푸시-풀 증폭기의 회로 구성과 동작을 확인한다.
- AB급 푸시-풀 증폭기를 설계하고 동작을 확인한다.

실험 내용

- 실험 17-1 | B급 푸시-풀 증폭기 회로의 특성 측정
- 설계 실험 17-2 | AB급 푸시-풀 증폭기 회로 설계

17.1 이론적 배경 이해하기

1. B급 푸시-풀 증폭기 회로

■ 회로 구성

- B급 푸시-풀[push-pull] 증폭기는 큰 진폭의 신호를 부하에 공급하기 위한 출력단[output stage]으로 사용되며, 동작점이 차단점에 설정되므로 바이어스 전류에 의한 전력소모가 없어 전력효율이 높다는 장점을 갖는다.
- B급 푸시-풀 증폭기는 [그림 17-1(a)]과 같이 NPN형 BJT Q_n과 PNP형 BJT Q_p로 구성되며, Q_n, Q_p는 동작점이 차단점에 설정되는 B급 바이어스를 갖는다.
- 입력신호 v_s는 Q_n, Q_p의 베이스로 인가되며, 출력 v_o는 Q_n, Q_p의 이미터에서 얻어진다.

■ 회로 동작

- B급 푸시-풀 증폭기에 정현파 입력 v_s가 인가되는 경우의 출력 v_o는 [그림 17-1(b)]와 같다.
- $v_s > V_{BE(on)}$인 경우 : NPN형 BJT Q_n이 도통되고, PNP형 BJT Q_p는 차단된다. 도통된 BJT Q_n이 공통컬렉터 구조로 동작하여 입력전압 v_s와 출력전압 v_o는 동일 위상을 갖는다. $V_{BE(on)} \simeq 0.7\,\text{V}$는 BJT의 베이스-이미터 접합의 전압강하이다.
- $v_s < -V_{BE(on)}$인 경우 : NPN형 BJT Q_n이 차단되고, PNP형 BJT Q_p는 도통된다. 도통된 BJT Q_p가 공통컬렉터 구조로 동작하여 입력전압 v_s와 출력전압 v_o는 동일 위상을 갖는다.
- $-V_{BE(on)} \leq v_s \leq V_{BE(on)}$인 경우 : Q_n, Q_p가 모두 차단되어 출력은 $v_o = 0$이 된다.

■ 입출력 전달 특성

- B급 푸시-풀 증폭기의 입출력 전달 특성은 [그림 17-1(c)]와 같다.
- $v_s < -V_{BE(on)}$와 $v_s > V_{BE(on)}$인 입력신호 범위에서 전달 특성의 기울기는 1이다.
- $-V_{BE(on)} \leq v_s \leq V_{BE(on)}$의 범위에서 $v_o = 0$이므로 출력 파형에 왜곡이 발생하며, 교차왜곡[crossover distortion]이라고 한다.

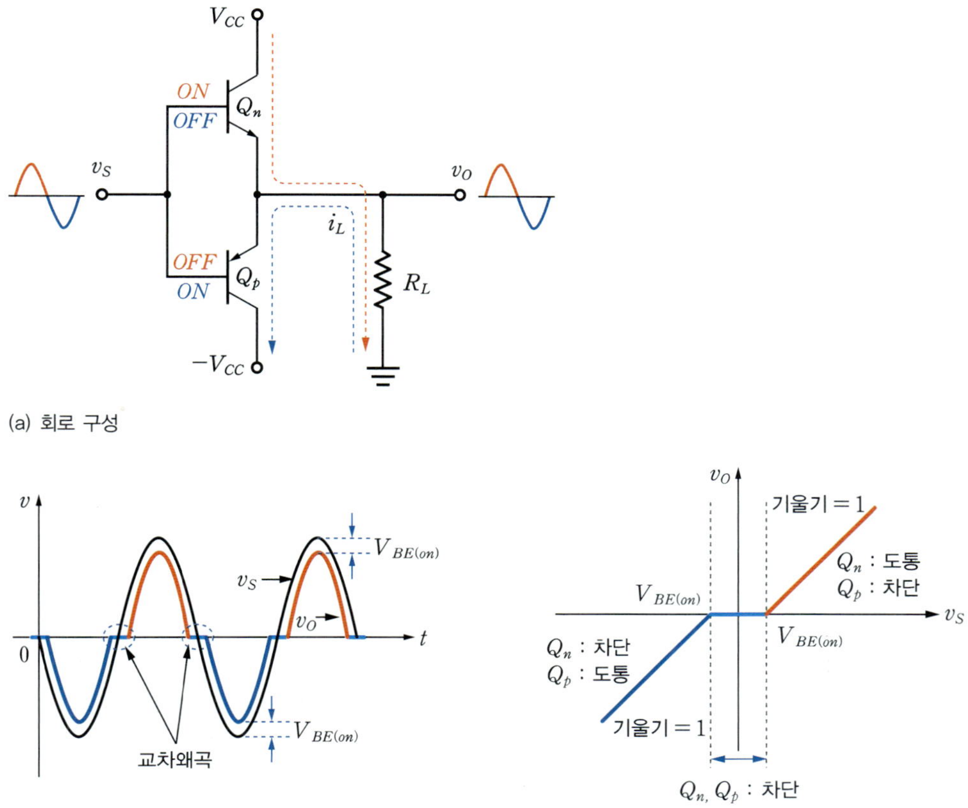

(a) 회로 구성

(b) 입력전압과 출력전압의 관계

(c) 입출력 전달 특성

그림 17-1 B급 푸시-풀 증폭기 회로 회로

2. AB급 푸시-풀 증폭기 회로

■ 회로 구성

- B급 푸시-풀 증폭기의 교차왜곡을 제거하기 위해 동작점을 선형영역 쪽으로 약간 이동시키는 AB급 바이어스가 사용된다.
- [그림 17-2]는 V_{BE} 배율기 multiplier 회로를 사용하여 푸시-풀 증폭기를 AB급으로 바이어스하는 회로이다. BJT Q_1의 베이스 전류를 무시하면, 저항 R_1, R_2에 흐르는 전류는 다음과 같다.

$$I_R = \frac{V_{BE1}}{R_2} \tag{17.1}$$

- 푸시-풀 출력단 Q_n, Q_p에 인가되는 AB급 바이어스 전압 V_{BB}는 식 (17.2)와 같으며, 저항비 $\frac{R_1}{R_2}$으로 V_{BB}를 조정할 수 있다. V_{BE1} 전압은 전류원 I_{bias}에서 공급되는 Q_1의 컬렉터 전류 I_{C1}에 의해 식 (17.3)으로 결정되며, 온도에 영향을 받는다. I_{S1}은 BJT Q_1의 베이스-

이미터 접합의 역방향 포화전류이고, V_T는 온도전압이다.

$$V_{BB} = (R_1 + R_2)I_R = \left(1 + \frac{R_1}{R_2}\right)V_{BE1} \tag{17.2}$$

$$V_{BE1} = V_T \ln\left(\frac{I_{C1}}{I_{S1}}\right) \tag{17.3}$$

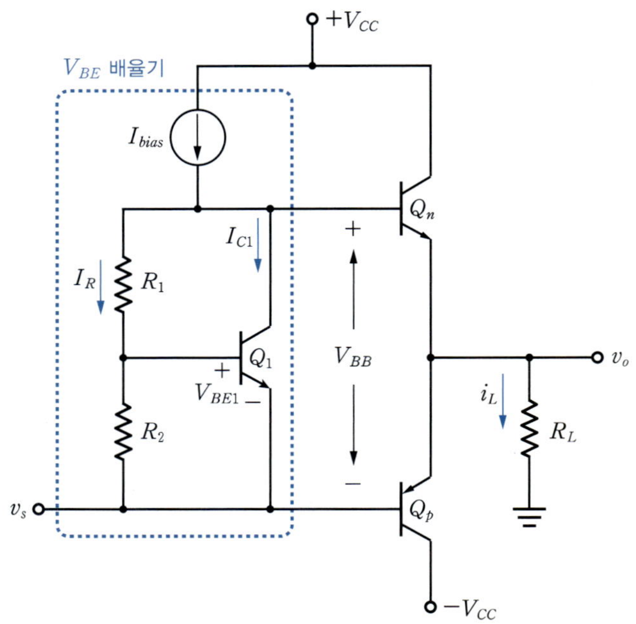

그림 17-2 V_{BE} 배율기를 이용한 AB급 바이어스 푸시-풀 증폭기 회로

점검하기 **다음 각 문제에 답하라.**

(1) B급 푸시-풀 증폭기를 구성하는 각 트랜지스터의 동작점은 (차단점, 선형영역의 중앙)에 설정된다.

(2) B급 푸시-풀 증폭기에 정현파가 인가되면, 출력전압에 (   ) 왜곡이 발생한다.

(3) B급 푸시-풀 증폭기는 진폭이 (작은 소신호, 큰 대신호) 출력에 적합하다.

(4) B급 푸시-풀 증폭기를 구성하는 BJT Q_n과 Q_p는 입력 정현파의 반주기에 대해 각각 공통 (이미터, 컬렉터) 증폭기로 동작한다.

(5) B급 푸시-풀 증폭기는 A급 바이어스 증폭기에 비해 전력효율이 (나쁘다, 좋다).

(6) B급 푸시-풀 증폭기의 교차왜곡을 제거하기 위해서 (A급, AB급) 바이어스를 사용한다.

(7) 푸시-풀 증폭기를 AB급으로 바이어스하기 위해서는 BJT의 동작점을 차단점에서 (포화영역, 선형영역)으로 약간 이동하여 설정한다.

17.2 실험 진행하기

실험 17-1 | B급 푸시-풀 증폭기 회로의 특성 측정

1. PSpice 시뮬레이션

1 회로도 입력

- [그림 17-3(a)]의 B급 푸시-풀 증폭기 회로를 PSpice 회로도 편집기에 입력한다.
- NPN형 BJT는 2N3904를 사용하고, PNP형 BJT는 2N3905를 사용한다.
- 입력전압은 SOURCE 라이브러리의 VSIN을 사용하며, VSIN의 속성 창을 열어 진폭 4 V, 주파수 1 kHz, 오프셋은 0 V인 정현파로 설정한다.
- 입력전압과 출력전압 파형을 확인할 수 있도록 회로도에 Voltage Marker를 연결한다.

2 시뮬레이션 설정

- PSpice의 Simulation Settings 창을 열어 Analysis Type을 Time Domain(Transient)으로 지정하고, [그림 17-3(b)]와 같이 설정한다.

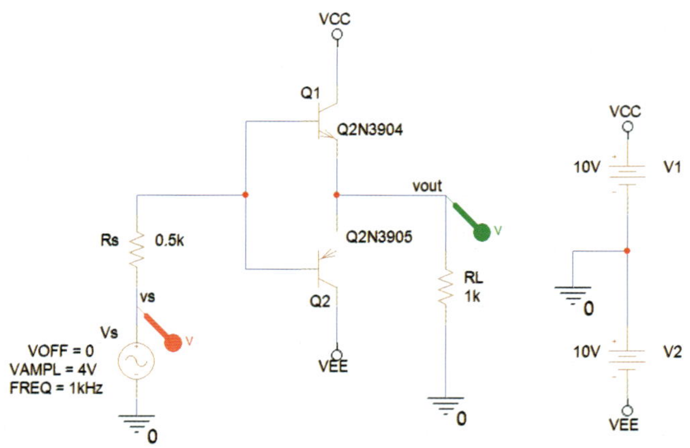

(a) 시뮬레이션 회로

그림 17-3 B급 푸시-풀 증폭기 회로의 시뮬레이션(계속)

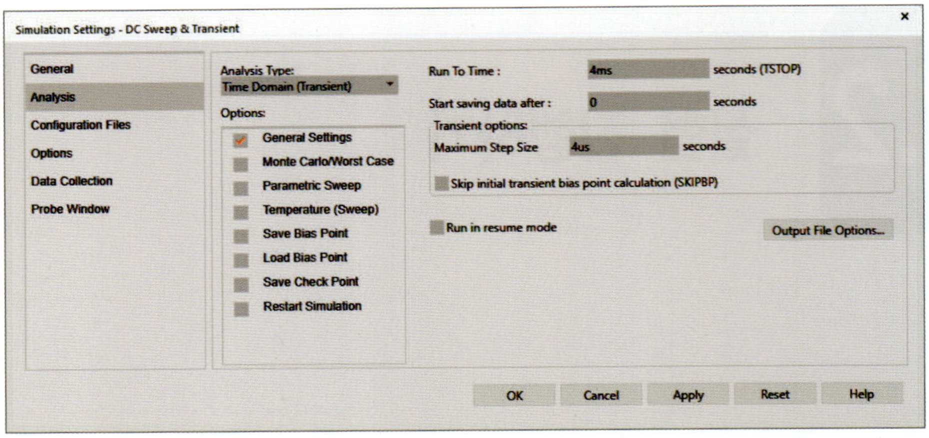

(b) 시뮬레이션 설정(Transient 해석)

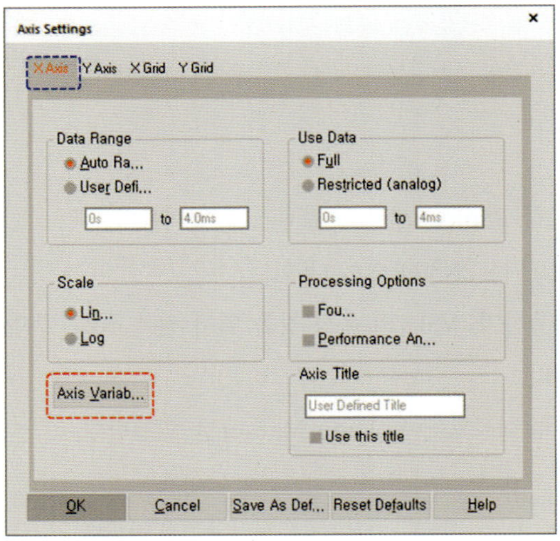

(c) 시뮬레이션 결과의 축 변경 창

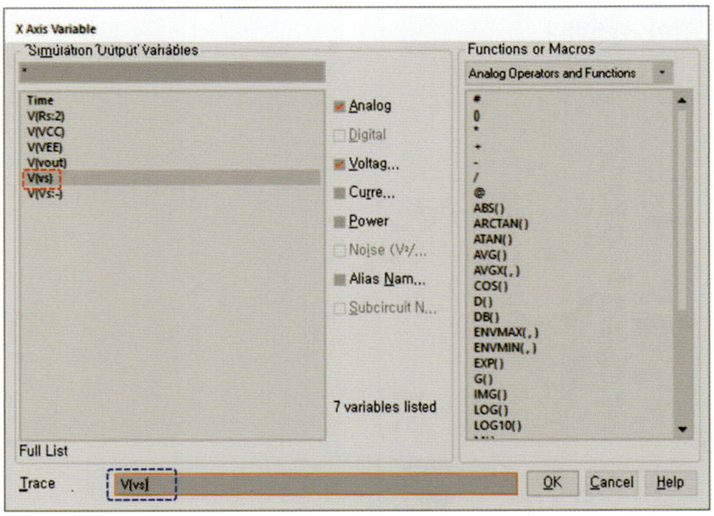

(d) 시뮬레이션 결과의 X-축을 입력전압 v_s로 변경

그림 17-3 B급 푸시-풀 증폭기 회로의 시뮬레이션

3 시뮬레이션 실행 및 결과 확인

- 시뮬레이션을 실행하면, 입력전압과 출력전압의 파형이 시뮬레이션 결과 창에 표시된다. 시뮬레이션 결과 화면을 캡처하여 [그림 17-4(a)]에 붙여 넣는다.
- 시뮬레이션 결과로부터 입력 v_s와 출력전압 v_o의 첨두-첨두값을 확인해서 [표 17-1]에 기록한다.
- Transient 시뮬레이션 결과의 X-축을 입력전압 v_s로 변경하기 위해 [그림 17-3(c), (d)]와 같이 설정하면, 시뮬레이션 결과가 입출력 전달 특성 곡선으로 변환되어 표시된다. 결과 화면을 캡처하여 [그림 17-4(b)]에 붙여 넣는다.

참고 첨두-첨두값 측정은 시뮬레이션 결과 창에서 `Evaluate Measurement`의 Swing_XRange(1,begin_x,end_x)를 이용한다. ([그림 8-4] 참고)

시뮬레이션 결과의 X-축 변경하기

❶ 시뮬레이션 결과 창 > Plot > Axis Settings > X Axis 탭 > Axis Variable... 클릭([그림 17-3(c)]).

❷ X Axis Variable 창의 Trace 필드에 V(vs)를 입력하여 시뮬레이션 결과의 x-축을 입력전압으로 변경한다([그림 17-3(d)]).

표 17-1 B급 푸시-풀 증폭기 회로의 특성 시뮬레이션 결과

입력 v_s의 첨두-첨두값[V]	
출력 v_o의 첨두-첨두값[V]	

시뮬레이션 결과 파형을 캡처하여 붙여 넣는다.

(a) 정현파 입력에 대한 출력전압

시뮬레이션 결과 파형을 캡처하여 붙여 넣는다.

(b) 입출력 전달 특성

그림 17-4 B급 푸시-풀 증폭기 회로의 시뮬레이션 결과 파형

2. 실험 B급 푸시-풀 증폭기 회로의 특성 측정

[실험장비]

장비명	수량	장비명	수량
DC 전원공급 장치(2출력)	1대	오실로스코프(2채널)	1대
함수발생기	1대	멀티미터	1대

[실험부품]

트랜지스터	2N3904 NPN형 BJT, 2N3905 PNP형 BJT
저항	$1\text{k}\Omega$

1 브레드보드 부품 배치도 연결 완성하기

- [그림 17-5(a)]의 실험회로를 참조해서 [그림 17-5(b)]의 브레드보드 부품 배치도의 연결을 완성한다.

2 회로 구성하기

- 완성된 부품 배치도를 참조해서 [그림 17-5(a)]의 실험회로를 브레드보드에 구성한다.
  - 2N3904 NPN형 BJT와 2N3905 PNP형 BJT의 이미터(❶), 베이스(❷), 컬렉터(❸) 단자를 잘 구별하여 브레드보드에 삽입한다.
  - 입력신호 v_s : BJT Q_1, Q_2의 베이스로 인가되도록 연결한다.

3 회로 점검하기

- 브레드보드에 부품 실장이 완료되면, 멀티미터를 저항측정 모드로 설정하고 단락, 접촉불량 등을 점검한다.
- V_{CC}, V_{EE}와 GND의 단락 여부, 그리고 입력신호 v_s와 V_{CC}, V_{EE}, GND의 단락 여부를 확인한다.
- V_{CC}, V_{EE}와 GND로 연결되는 노드들의 단락/개방 여부를 확인한다.

4 전원전압 인가하기

- DC 전원공급 장치의 출력이 10 V와 −10 V가 되도록 설정한 후, 실험회로의 V_{CC} 단자에 $V_{CC}=10\,\text{V}$를 연결하고, $V_{EE}=-10\,\text{V}$가 되도록 연결한다. V_{CC}와 V_{EE}의 극성이 반대가 됨에 유의한다.

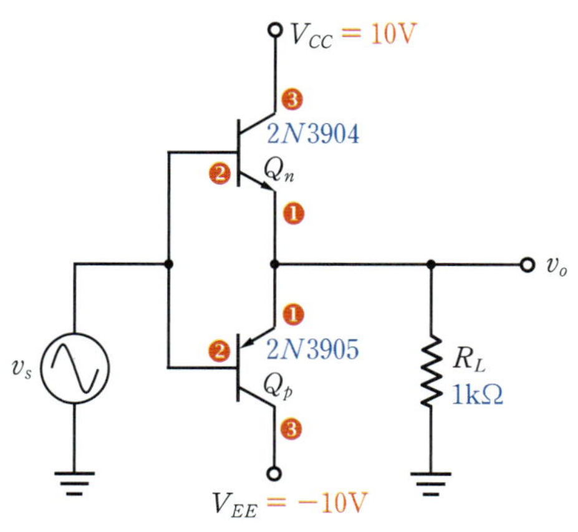

(a) 실험회로

실험회로를 참고해서 부품 배치도의 연결을 완성한다.

(b) 부품 배치도

그림 17-5 B급 푸시-풀 증폭기 실험회로

5 신호원 연결하기

- 함수발생기의 전원을 ON시키고 정현파 출력 모드로 설정한다. 정현파의 진폭이 4 V, 주파수 1 kHz 가 되도록 설정한 후, 오실로스코프를 이용하여 정현파의 주파수와 진폭을 확인한다. 확인이 완료되면 실험회로의 v_s 단자에 연결한다.

6 결과 값 측정하기

- 입력신호 v_s를 오실로스코프의 CH 1로 측정하고, 증폭기 출력전압 v_o를 CH 2로 측정한다. 측정 결과 파형을 캡처하여 [그림 17-6]에 기록한다.
- 입력신호 v_s와 출력전압 v_o의 첨두-첨두값을 측정하여 [표 17-2]의 해당 칸에 기록한다.

표 17-2 B급 푸시-풀 증폭기 회로의 특성 측정 결과

입력 v_s의 첨두-첨두값 [V]	
출력 v_o의 첨두-첨두값 [V]	

측정 결과 파형을 캡처하여 붙여 넣는다.

그림 17-6 B급 푸시-풀 증폭기 회로의 입력 v_s와 출력 v_o의 측정 결과 파형

실험 17-2 | 설계 AB급 푸시-풀 증폭기 회로 설계

1. 회로 설계

■ 설계 조건

- [그림 17-7]의 V_{BE} 배율기를 이용한 AB급 푸시-풀 증폭기 회로를 설계한다. BJT는 2N3904 NPN형과 2N3905 PNP형을 사용하며, 계산값에 가장 가까운 표준 저항값(오차 5%)으로 결정한다.
  - 푸시-풀 증폭기의 AB급 바이어스 전압 : $V_{BB} \simeq 1.45\,\text{V}$
  - 저항 R_2에 흐르는 전류 : $I_{R2} \simeq 0.16\,\text{mA}$
  - BJT Q_3의 베이스-이미터 전압 : $V_{BE3} \simeq 0.69\,\text{V}$
  - 부하저항 : $R_L = 1\,\text{k}\Omega$
  - 전원전압 : $V_{CC} = 10\,\text{V}$, $V_{EE} = -10\,\text{V}$

■ 설계

- BJT Q_3의 베이스 전류를 무시하면, 저항 R_2에 흐르는 전류 $I_{R2} = \dfrac{V_{BE3}}{R_2}$ 로부터 저항 R_2 값을 계산하고, 표준 저항값으로 결정한다.
- 푸시-풀 출력단의 AB급 바이어스 전압 V_{BB}는 식 (17.2)로 주어지므로, 이로부터 저항비 $\dfrac{R_1}{R_2}$을 구하고 저항 R_1 값을 표준 저항값으로 결정한다.

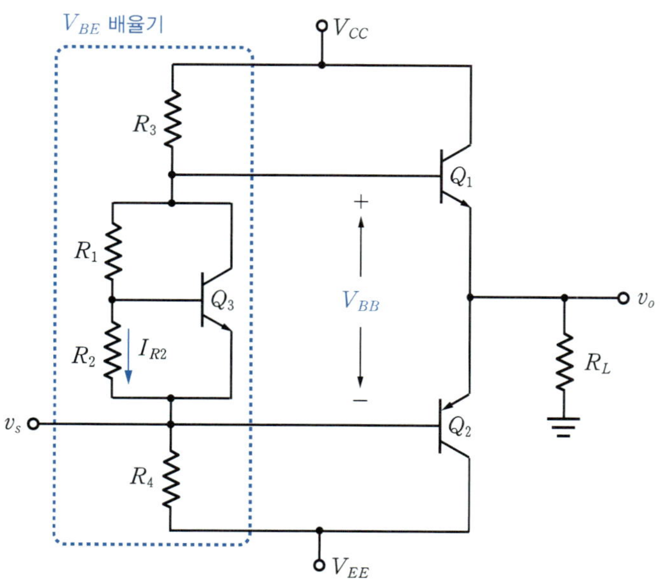

그림 17-7 V_{BE} 배율기를 이용한 AB급 푸시-풀 증폭기 회로

- 저항 R_3와 R_4는 V_{BE} 배율기를 구성하는 BJT Q_3와 푸시-풀 증폭기를 구성하는 BJT Q_1, Q_2의 컬렉터 바이어스 전류에 영향을 미친다. R_3, R_4의 값이 작을수록 BJT Q_1, Q_2, Q_3의 컬렉터 바이어스 전류가 커지므로, 적절한 값을 선택해야 한다. 이 실험에서는 $R_3 = R_4 = R_1$으로 결정한다.
- 설계 결과로 얻어진 저항의 계산값과 표준 저항값을 [표 17-3], [표 17-4]에 기록한다.

2. PSpice 시뮬레이션

1 회로도 입력

- [그림 17-8]의 AB급 푸시-풀 증폭기 회로를 PSpice 회로도 편집기에 입력한다.
- NPN형 BJT는 2N3904를 사용하고, PNP형 BJT는 2N3905를 사용한다.
- 입력전압은 SOURCE 라이브러리의 VSIN을 사용하며, VSIN의 속성 창을 열어 진폭 5 V, 주파수 1 kHz, 오프셋은 0 V인 정현파로 설정한다.
- 입력전압과 출력전압 파형을 확인할 수 있도록 회로도에 Voltage Marker를 연결한다.

2 시뮬레이션 설정

- PSpice의 Simulation Settings 창을 열어 Analysis Type을 Time Domain(Transient)으로 지정하고, [그림 17-3(b)]와 같이 설정한다.

3 시뮬레이션 실행 및 결과 확인

- 시뮬레이션을 실행하면, 입력전압과 출력전압의 파형이 시뮬레이션 결과 창에 표시된다. 시뮬레이션 결과 화면을 캡처하여 [그림 17-9(a)]에 붙여 넣는다.
- 시뮬레이션 결과로부터, 저항 R_2에 흐르는 전류 I_{R2} 값과 푸시-풀 출력단의 AB급 바이어스 전압 V_{BB}를 확인해서 [표 17-3]에 기록한다.
- 시뮬레이션 결과로부터, 입력 v_s와 출력전압 v_o의 첨두-첨두값을 확인해서 [표 17-3]에 기록한다.
- Transient 시뮬레이션 결과의 X-축을 입력전압 v_s로 변경하기 위해 [그림 17-3(c), (d)]와 같이 설정하면, 시뮬레이션 결과가 입출력 전달 특성 곡선으로 변환되어 표시된다. 결과 화면을 캡처하여 [그림 17-9(b)]에 붙여 넣는다.

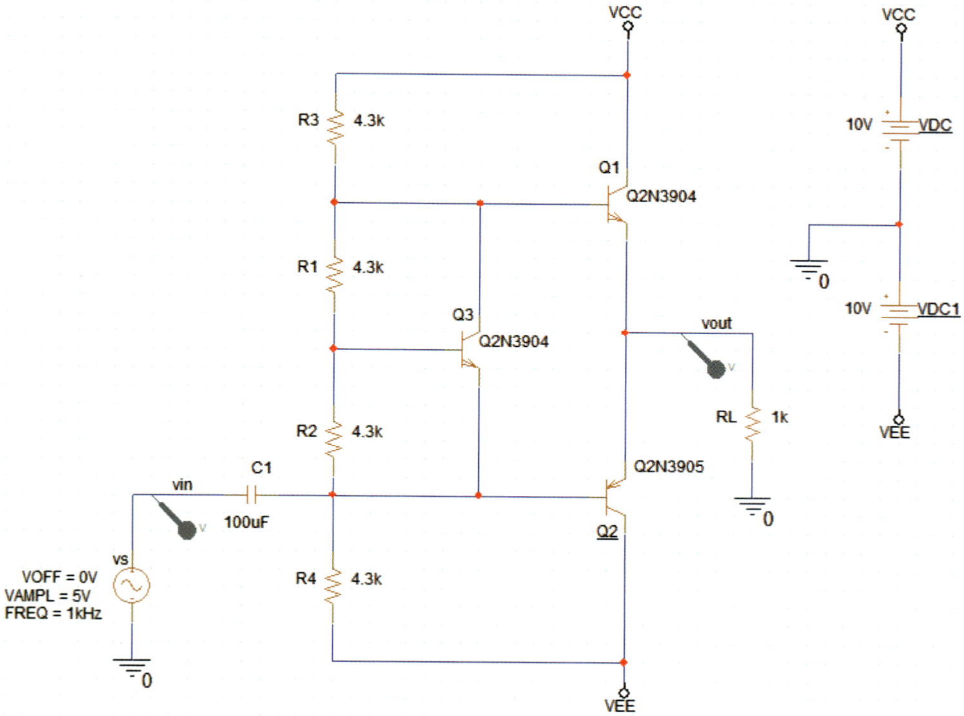

그림 17-8 설계된 AB급 푸시-풀 증폭기 회로의 시뮬레이션

표 17-3 AB급 푸시-풀 증폭기 회로의 설계 결과 및 시뮬레이션 결과

<table>
<tr><td rowspan="6">설계 결과</td><td colspan="2">R_1 [kΩ]</td><td colspan="2">R_2 [kΩ]</td></tr>
<tr><td>계산값</td><td>표준 저항값</td><td>계산값</td><td>표준 저항값</td></tr>
<tr><td></td><td></td><td></td><td></td></tr>
<tr><td colspan="2">R_3 [kΩ]</td><td colspan="2">R_4 [kΩ]</td></tr>
<tr><td>계산값</td><td>표준 저항값</td><td>계산값</td><td>표준 저항값</td></tr>
<tr><td></td><td></td><td></td><td></td></tr>
<tr><td></td><td>I_{R2} [mA]</td><td>V_{BB} [V]</td><td colspan="2" rowspan="3"></td></tr>
<tr><td>설계 조건</td><td>0.16</td><td>1.45</td></tr>
<tr><td>시뮬레이션 결과</td><td></td><td></td></tr>
<tr><td>v_s의 첨두-첨두값 [V]</td><td></td><td>v_o의 첨두-첨두값 [V]</td><td colspan="2"></td></tr>
</table>

시뮬레이션 결과 파형을 캡처하여 붙여 넣는다.

(a) 정현파 입력에 대한 출력전압

시뮬레이션 결과 파형을 캡처하여 붙여 넣는다.

(b) 입출력 전달 특성

그림 17-9 설계된 AB급 푸시-풀 증폭기 회로의 시뮬레이션 결과 파형

3. 실험 설계된 AB급 푸시-풀 증폭기 회로의 특성 측정

[실험장비]

장비명	수량	장비명	수량
DC 전원공급 장치(2출력)	1대	오실로스코프(2채널)	1대
함수발생기	1대	멀티미터	1대

[실험부품]

트랜지스터	2N3904 NPN형 BJT, 2N3905 PNP형 BJT
저항	$1\text{k}\Omega$, 설계를 통해 결정된 저항값

1 브레드보드 부품 배치도 연결 완성하기

- [그림 17-10(a)]의 실험회로를 참조해서 [그림 17-10(b)]의 브레드보드 부품 배치도의 연결을 완성한다.

2 회로 구성하기

- 완성된 브레드보드 부품 배치도를 참조해서 [그림 17-10(a)]의 실험회로를 브레드보드에 구성한다.
  - 2N3904 NPN형 BJT와 2N3905 PNP형 BJT의 이미터(❶), 베이스(❷), 컬렉터(❸) 단자를 잘 구별하여 브레드보드에 삽입한다.
- 저항 R_1, R_2, R_3, R_4는 설계를 통해 결정된 값을 적용하며, 부하저항은 $R_L = 1\text{k}\Omega$을 사용한다.

3 회로 점검하기

- 브레드보드에 부품 실장이 완료되면, 멀티미터를 저항측정 모드로 설정하고 단락, 접촉불량 등을 점검한다.
- V_{CC}, V_{EE}와 GND의 단락 여부, 그리고 입력신호 v_s와 V_{CC}, V_{EE}, GND의 단락 여부를 확인한다.
- V_{CC}, V_{EE}와 GND로 연결되는 노드들의 단락/개방 여부를 확인한다.

4 전원전압 인가하기

- DC 전원공급 장치의 출력이 10V와 -10V가 되도록 설정한 후, 실험회로의 V_{CC} 단자에 $V_{CC} = 10\text{V}$를 연결하고, $V_{EE} = -10\text{V}$가 되도록 연결한다. V_{CC}와 V_{EE}의 극성이 반대가 됨에 유의한다.

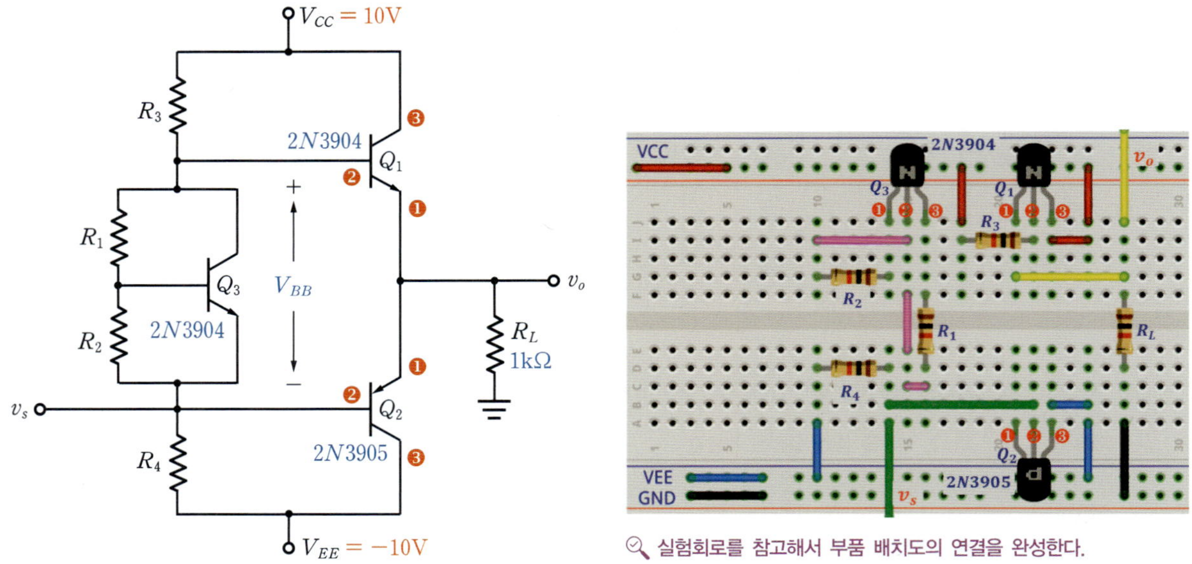

(a) 실험회로

(b) 부품 배치도

그림 17-10 설계된 AB급 푸시-풀 증폭기 실험회로 (저항 R_1, R_2, R_3, R_4는 설계를 통해 결정된 값을 적용한다.)

5 신호원 연결하기

- 함수발생기의 전원을 ON시키고 정현파 출력 모드로 설정한다. 정현파의 진폭이 5 V, 주파수 1 kHz가 되도록 설정한 후, 오실로스코프를 이용하여 정현파의 주파수와 진폭을 확인한다. 확인이 완료되면 실험회로의 v_s 단자에 연결한다.

6 결과 값 측정하기

- 입력신호 v_s를 오실로스코프의 CH 1로 측정하고, 증폭기 출력전압 v_o를 CH 2로 측정한다. 측정 결과 파형을 캡처하여 [그림 17-11]에 붙여 넣는다.
- 저항 R_2 양단의 전압 V_{R2}를 측정하고, 전류 $I_{R2} = \frac{V_{R2}}{R_2}$의 계산값과 푸시-풀 출력단의 AB급 바이어스 전압 V_{BB}를 측정해서 [표 17-4]에 기록한다.
- 입력신호 v_s와 출력전압 v_o의 첨두-첨두값을 측정하여 [표 17-4]의 해당 칸에 기록한다.

표 17-4 AB급 푸시-풀 증폭기 회로의 **설계 결과 및 측정 결과**

설계 결과	R_1 [kΩ]		R_2 [kΩ]	
	계산값	표준 저항값	계산값	표준 저항값
	R_3 [kΩ]		R_4 [kΩ]	
	계산값	표준 저항값	계산값	표준 저항값
	V_{R2} [V]	$I_{R2}=\dfrac{V_{R2}}{R_2}$ [mA]	V_{BB} [V]	
설계 조건		0.16	1.45	
측정 결과				
v_s의 첨두-첨두값 [V]		v_o의 첨두-첨두값 [V]		

측정 결과 파형을 캡처하여 붙여 넣는다.

그림 17-11 설계된 AB급 푸시-풀 증폭기 회로의 입력 v_s와 출력 v_o의 측정 결과 파형

실험 고찰

■ 고찰 [1]

• [그림 17-4(b)]의 시뮬레이션으로 얻은 DC 전달 특성 곡선으로부터, B급 푸시-풀 증폭기의 교차 왜곡이 발생하는 입력전압의 범위에 대해 설명하라.

■ 고찰 [2]

• 푸시-풀 증폭기의 AB급 바이어스를 위한 V_{BE} 배율기 회로([그림 17-7])에서 저항비 $\frac{R_1}{R_2}$이 푸시-풀 증폭기의 동작점에 미치는 영향을 설명하라.

연계 | 〈핵심이 보이는 전자회로〉 6.3절

실험

18

귀환증폭기 회로

실험 목적

- 시뮬레이션을 통해 직렬-병렬 귀환증폭기와 병렬-병렬 귀환증폭기의 동작 특성을 예측한다.
- 직렬-병렬 귀환증폭기의 회로 구성과 동작을 확인한다.
- 병렬-병렬 귀환증폭기의 회로 구성과 동작을 확인한다.

실험 내용

- 실험 18-1 | 직렬-병렬 귀환증폭기 회로의 특성 측정
- 실험 18-2 | 병렬-병렬 귀환증폭기 회로의 특성 측정

18.1 이론적 배경 이해하기

1. 직렬-병렬 귀환증폭기 회로

■ 회로 구성

- [그림 18-1]은 직렬-병렬 귀환[series-shunt feedback]을 갖는 2단 직렬-병렬 귀환증폭기 회로이다. Q_2의 컬렉터에 병렬로 연결된 저항 R_F에 의해 출력전압 V_o가 샘플링되어 Q_1의 이미터로 귀환되며, 저항 R_{E1}에 걸리는 전압 V_{fb}가 귀환된다.

■ 부귀환 작용

- 예를 들어, 발열에 의해 BJT의 온도가 상승한다면, 부귀환 작용에 의해 출력전압(또는 전압이득)이 안정화된다.
- 부귀환 작용 : Q_2의 컬렉터 전류 I_{c2} 증가 → 출력전압 V_o 감소 → 귀환전압 V_{fb} 감소 → Q_1의 베이스-이미터 전압 V_{be1} 증가 → Q_1의 컬렉터 전압 V_{c1} 감소 → 출력전압 V_o 증가

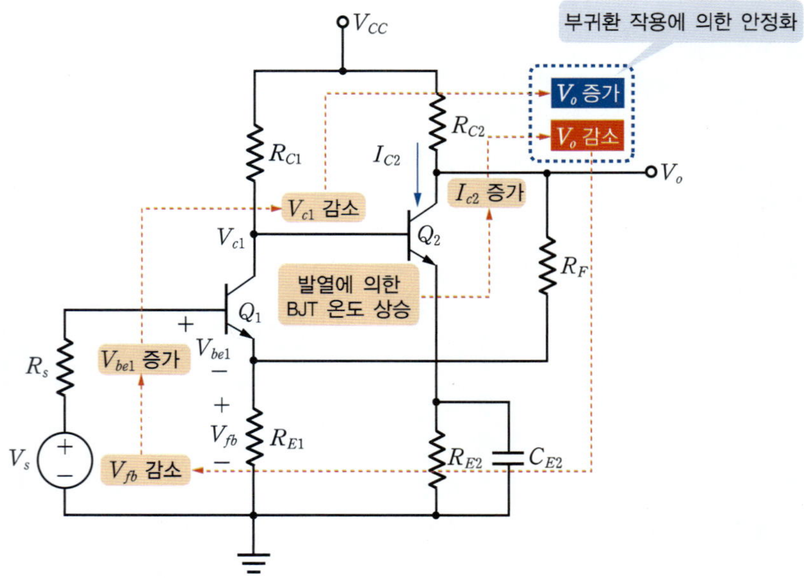

그림 18-1 직렬-병렬 귀환증폭기 회로

■ 귀환율과 폐루프 전압이득

- 귀환율 β_v와 폐루프 전압이득 A_{vf}의 근삿값은 각각 식 (18.1), 식 (18.2)와 같다.

$$\beta_v \equiv \frac{V_{fb}}{V_o} = \frac{R_{E1}}{R_{E1}+R_F} \tag{18.1}$$

$$A_{vf} \equiv \frac{V_o}{V_s} \simeq \frac{1}{\beta_v} = 1+\frac{R_F}{R_{E1}} \tag{18.2}$$

2. 병렬-병렬 귀환증폭기 회로

■ 회로 구성

- [그림 18-2]는 귀환저항 R_F에 의해 병렬-병렬 귀환shunt-shunt feedback이 형성되는 병렬-병렬 귀환증폭기 회로이다. 컬렉터 전압 V_o가 저항 R_F에 의해 샘플링되고 전류 I_{fb}로 변환되어 귀환된다.

■ 부귀환 작용

- 예를 들어, 발열에 의해 BJT의 온도가 상승한다면, 부귀환 작용에 의해 출력전압(또는 전압이득)이 안정화된다.
- 부귀환 작용 : 컬렉터 전류 I_c 증가 → 출력전압 V_o 감소 → 귀환전류 I_{fb} 증가 → 베이스 전류 I_b 감소 → 컬렉터 전류 I_c 감소 → 출력전압 V_o 증가

■ 귀환율과 폐루프 이득

- 귀환율 β_g와 폐루프 전달임피던스 A_{zf}의 근삿값은 각각 식 (18.3), 식 (18.4)와 같다. 또한, 폐루프 전압이득의 근삿값은 식 (18.5)와 같다.

$$\beta_g = \frac{I_{fb}}{V_o} = \frac{-1}{R_F} \tag{18.3}$$

$$A_{zf} = \frac{V_o}{I_s} \simeq \frac{1}{\beta_g} = -R_F \tag{18.4}$$

$$A_{vf} = \frac{V_o}{V_s} = \frac{V_o}{R_s I_s} = \frac{A_{zf}}{R_s} \simeq -\left(\frac{R_F}{R_s}\right) \tag{18.5}$$

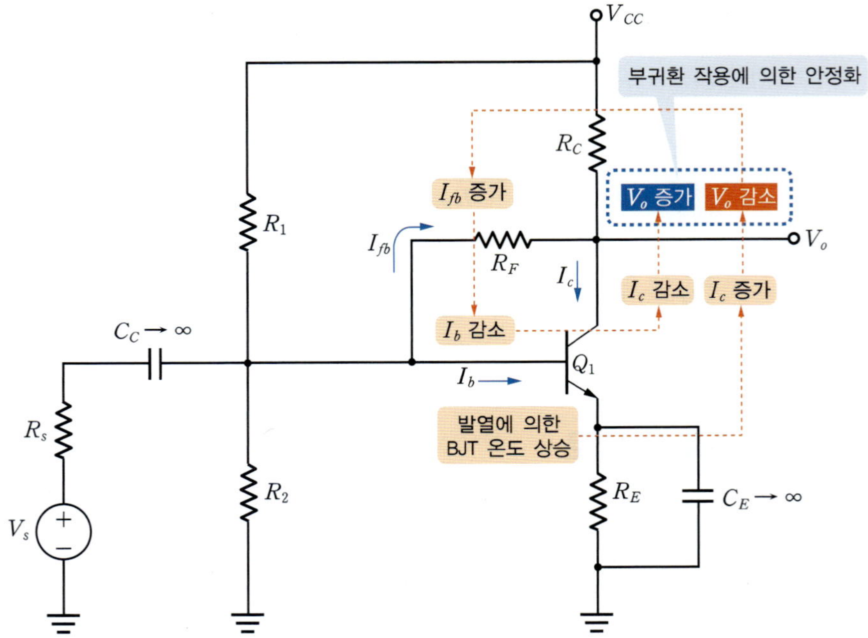

그림 18-2 병렬-병렬 귀환증폭기 회로

점검하기 **다음 각 문제에 답하라.**

(1) 직렬-병렬 귀환증폭기는 출력 쪽에서 (전류, 전압)이 샘플링되고, 입력 쪽으로 (전류, 전압)이 귀환된다.

(2) 직렬-병렬 귀환증폭기의 폐루프 이득은 (전압이득, 전류이득, 전달컨덕턴스, 전달임피던스)이다.

(3) [그림 18-1]의 직렬-병렬 귀환증폭기에서 귀환저항 R_F가 클수록 귀환이 (작다, 크다).

(4) 직렬-병렬 귀환증폭기의 귀환이 클수록 폐루프 전압이득이 (작다, 크다).

(5) 병렬-병렬 귀환증폭기는 출력 쪽에서 (전류, 전압)이 샘플링되고, 입력 쪽으로 (전류, 전압)이 귀환된다.

(6) 병렬-병렬 귀환증폭기의 폐루프 이득은 (전압이득, 전류이득, 전달컨덕턴스, 전달임피던스)이다.

(7) [그림 18-2]의 병렬-병렬 귀환증폭기에서 귀환저항 R_F가 클수록 귀환이 (작다, 크다).

(8) 병렬-병렬 귀환증폭기의 귀환이 클수록 폐루프 전압이득이 (작다, 크다).

18.2 실험 진행하기

실험 18-1 | 직렬-병렬 귀환증폭기 회로의 특성 측정

1. PSpice 시뮬레이션

1 회로도 입력

- BJT를 사용한 직렬-병렬 귀환증폭기의 해석을 위해 [그림 18-3(a)]의 회로를 PSpice 회로도 편집기에 입력한다.
- NPN형 BJT는 2N3904를 사용하고, 100 μF 의 결합 커패시터 C_{C1}, C_{C2}, C_F와 바이패스 커패시터 C_E는 DC 성분을 제거하고 교류신호 성분만 통과되도록 한다.
- 귀환저항 R_F는 파라미터 {RF}로 설정한다.
- 귀환저항 R_F의 값을 변화시키면서 시뮬레이션할 수 있도록 SPECIAL 라이브러리에서 PARAM을 회로도에 삽입한다. PARAM의 속성 창을 열고 Add New Column을 실행하여 Name에 RF를 입력하고, Value에 5.1 kΩ을 입력한다. RF의 Display Properties를 Name and Value로 설정하면, [그림 18-3(a)]와 같이 회로도에 Parameters 심벌이 RF = 5.1 k로 표시된다.
- 입력전압은 SOURCE 라이브러리의 VSIN을 사용하며, VSIN의 속성 창을 열어 진폭 50 mV, 주파수 1 kHz, 오프셋 0 V 인 정현파로 설정한다.
- 입력전압과 출력전압 파형을 확인할 수 있도록 회로도에 Voltage Marker를 연결한다.

2 시뮬레이션 설정

- PSpice의 Simulation Settings 창을 열어 Analysis Type을 Time Domain(Transient)으로 지정하고, [그림 18-3(b)]와 같이 설정한다.
- [그림 18-3(c)]와 같이 Options에서 Parametric Sweep을 선택하고, Sweep Variable에 Global parameter를 지정하고, Parameter name에 RF를 입력한다. Sweep Ttype은 Value List를 선택하고, 목록에 2.4 k, 5.1 k, 10 k, 20 k를 입력한다.

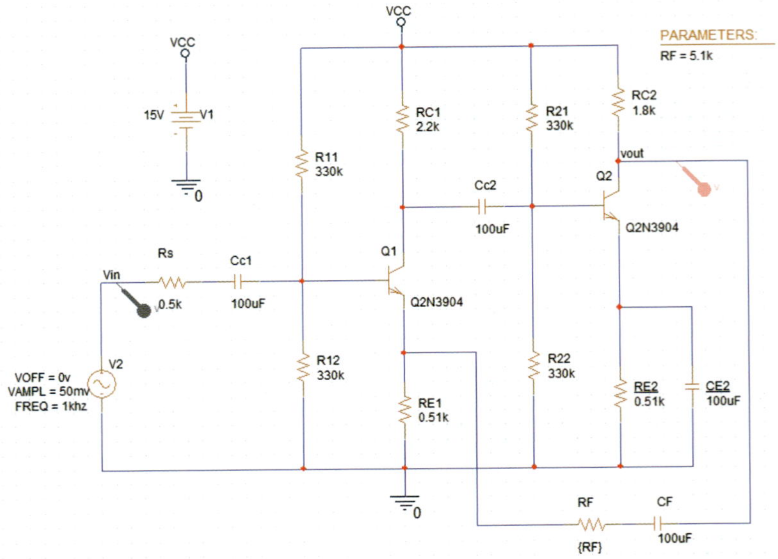

(a) 시뮬레이션 회로

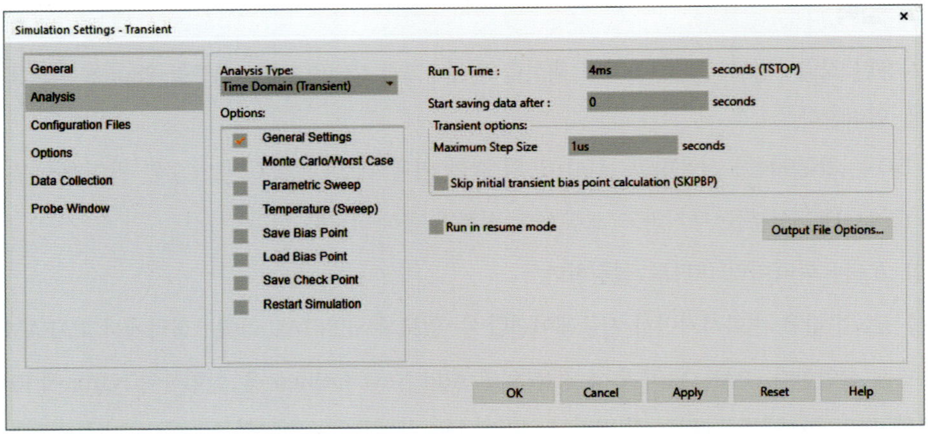

(b) 시뮬레이션 설정(Transient 해석)

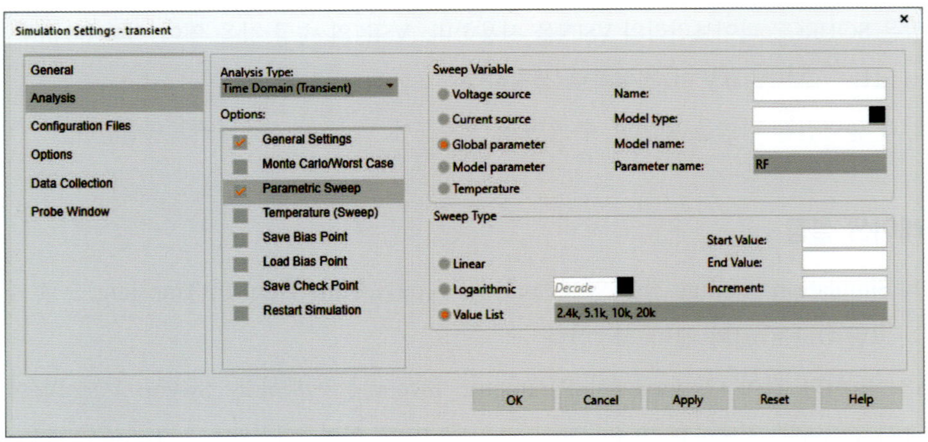

(c) 시뮬레이션 설정(Parametric Sweep)

그림 18-3 직렬-병렬 귀환증폭기 회로의 시뮬레이션

3 시뮬레이션 실행 및 결과 확인

- 시뮬레이션을 실행하면, 입력전압과 출력전압의 파형이 시뮬레이션 결과 창에 표시된다. 시뮬레이션 결과 화면을 캡처하여 [그림 18-4]에 붙여 넣는다.
- 시뮬레이션 결과로부터 입력 v_S와 출력전압 v_O의 첨두-첨두값을 확인해서 [표 18-1]의 해당 R_F 칸에 기록한다.

참고 첨두-첨두값 측정은 시뮬레이션 결과 창에서 `Evaluate Measurement`의 Swing_XRange(1,begin_x,end_x)를 이용한다. ([그림 8-4) 참고)

표 18-1 직렬-병렬 귀환증폭기 회로의 특성 시뮬레이션 결과

v_S의 첨두-첨두값[V]	
R_F[kΩ]	v_O의 첨두-첨두값[V]
2.4	
5.1	
10	
20	

시뮬레이션 결과 파형을 캡처하여 붙여 넣는다.

그림 18-4 직렬-병렬 귀환증폭기 회로의 시뮬레이션 결과 파형

2. 실험 직렬-병렬 귀환증폭기 회로의 특성 측정

[실험장비]

장비명	수량	장비명	수량
DC 전원공급 장치	1대	오실로스코프(2채널)	1대
함수발생기	1대	멀티미터	1대

[실험부품]

트랜지스터	2N3904 NPN형 BJT(2개)	커패시터	$100\,\mu\text{F}$(4개)
저항	$0.51\,\text{k}\Omega$(2개), $1.8\,\text{k}\Omega$, $2.2\,\text{k}\Omega$, $2.4\,\text{k}\Omega$, $5.1\,\text{k}\Omega$, $10\,\text{k}\Omega$, $20\,\text{k}\Omega$, $330\,\text{k}\Omega$(4개)		

1 브레드보드 부품 배치도 연결 완성하기

- [그림 18-5(a)]의 실험회로를 참조해서 [그림 18-5(b)]의 브레드보드 부품 배치도 연결을 완성한다.
  - 2N3904 NPN형 BJT의 이미터(❶), 베이스(❷), 컬렉터(❸) 단자를 잘 구별하여 소자 간의 연결, 전원전압 V_{CC}와 접지의 연결을 표시한다.

2 회로 구성하기

- 완성된 부품 배치도를 참조해서 [그림 18-5(a)]의 실험회로를 브레드보드에 구성한다.
- 입력신호 v_S : $100\,\mu\text{F}$의 결합 커패시터 C_{C1}을 통해 증폭기 Q_1의 베이스로 인가되도록 연결한다.
- 결합 커패시터 : 첫 번째 증폭단 Q_1의 DC 출력이 두 번째 증폭단 Q_2에 영향을 미치지 않도록 하기 위해 Q_1과 Q_2 사이에 $100\,\mu\text{F}$의 결합 커패시터 C_{C2}를 연결한다.
- 귀환저항 R_F : Q_2의 컬렉터와 Q_1의 이미터 사이에 $100\,\mu\text{F}$의 결합 커패시터 C_F와 저항 $R_F = 2.4\,\text{k}\Omega$을 직렬로 연결한다.

3 회로 점검하기

- 브레드보드에 부품 실장이 완료되면, 멀티미터를 저항측정 모드로 설정하고 단락, 접촉불량 등을 점검한다.
- V_{CC}와 GND, 그리고 입력신호 v_S와 V_{CC}, GND의 단락 여부를 확인한다.
- V_{CC}와 GND로 연결되는 노드들의 단락/개방 여부를 확인한다.

4 전원전압 인가하기

- DC 전원공급 장치의 출력이 15V가 되도록 설정한 후, 실험회로의 V_{CC} 단자에 연결하여 $V_{CC} = 15\,\text{V}$가 되도록 한다.

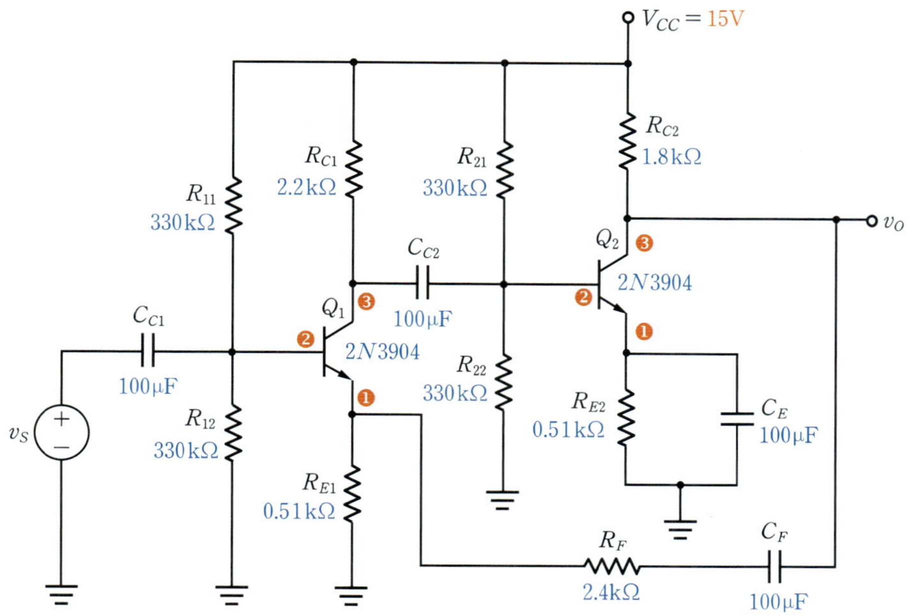

(a) 실험회로

실험회로를 참고해서 부품 배치도의 연결을 완성한다.

(b) 부품 배치도

그림 18-5 직렬-병렬 귀환증폭기 실험회로

5 신호원 연결하기

- 함수발생기의 전원을 ON시키고 정현파 출력 모드로 설정한다. 정현파의 주파수 1 kHz, 진폭 50 mV가 되도록 설정한 후, 오실로스코프를 이용하여 정현파의 주파수와 진폭을 확인한다. 확인이 완료되면 실험회로의 v_S 단자에 연결한다.

6 결과 값 측정하기

- 입력신호 v_S를 오실로스코프의 CH 1로 측정하고, 증폭기 출력전압 v_O를 CH 2로 측정한다. 측정 결과 파형을 캡처하여 [그림 18-6(a)]에 붙여 넣는다.
- 입력신호 v_S의 첨두-첨두값을 측정하여 [표 18-2]의 해당 칸에 기록한다.
- 출력전압 v_O의 첨두-첨두값을 측정해서 [표 18-2]의 $R_F = 2.4\,\text{k}\Omega$ 칸에 기록한다.

7 귀환저항 R_F 값에 따른 출력전압 관찰하기

- 귀환저항 R_F를 5.1 k, 10 k, 20 k으로 바꾸면서 출력전압 v_O를 CH 2로 측정한다. 측정 결과 파형을 캡처하여 [그림 18-6(b), (c), (d)]에 각각 붙여 넣는다.
- 출력전압 v_O의 첨두-첨두값을 측정해서 [표 18-2]의 해당 칸에 기록한다.

표 18-2 직렬-병렬 귀환증폭기 회로의 특성 측정 결과

v_S의 첨두-첨두값 [V]	
R_F [kΩ]	v_O의 첨두-첨두값 [V]
2.4	
5.1	
10	
20	

측정 결과 파형을 캡처하여 붙여 넣는다.

(a) $R_F = 2.4\,\mathrm{k}\Omega$인 경우

측정 결과 파형을 캡처하여 붙여 넣는다.

(b) $R_F = 5.1\,\mathrm{k}\Omega$인 경우

측정 결과 파형을 캡처하여 붙여 넣는다.

(c) $R_F = 10\,\mathrm{k}\Omega$인 경우

측정 결과 파형을 캡처하여 붙여 넣는다.

(d) $R_F = 20\,\mathrm{k}\Omega$인 경우

그림 18-6 직렬-병렬 귀환증폭기 회로의 입력 v_S와 출력 v_O의 측정 결과 파형

실험 18-2 | 병렬-병렬 귀환증폭기 회로의 특성 측정

1. PSpice 시뮬레이션

1 회로도 입력

- BJT를 사용한 병렬-병렬 귀환증폭기의 해석을 위해 [그림 18-7(a)]의 회로를 PSpice 회로도 편집기에 입력한다.
- NPN형 BJT는 2N3904를 사용하고, 100μF의 결합 커패시터 C_{C1}, C_F와 바이패스 커패시터 C_{E1}은 DC 성분을 제거하고 교류신호 성분만 통과되도록 한다.
- 귀환저항 R_F는 파라미터 {RF}로 설정한다.
- 귀환저항 R_F의 값을 변화시키면서 시뮬레이션할 수 있도록 SPECIAL 라이브러리에서 PARAM을 회로도에 삽입한다. PARAM의 속성 창을 열고 Add New Column을 실행하여 Name에 RF를 입력하고, Value에 3.3kΩ을 입력한다. RF의 Display Properties를 Name and Value로 설정하면, [그림 18-7(a)]와 같이 회로도에 Parameters 심벌이 RF=3.3k로 표시된다.
- 입력전압은 SOURCE 라이브러리의 VSIN을 사용하며, VSIN의 속성 창을 열어 진폭 100mV, 주파수 1kHz, 오프셋 0V인 정현파로 설정한다.
- 입력전압과 출력전압 파형을 확인할 수 있도록 회로도에 Voltage Marker를 연결한다.

2 시뮬레이션 설정

- PSpice의 Simulation Settings 창을 열어 Analysis Type을 Time Domain(Transient)으로 지정하고, [그림 18-7(b)]와 같이 설정한다.
- [그림 18-7(c)]와 같이 Options에서 Parametric Sweep을 선택하고, Sweep Variable에 Global parameter를 지정하고, Parameter name에 RF를 입력한다. Sweep Type은 Value List를 선택하고, 목록에 3.3k, 5.1k, 10k, 15k를 입력한다.

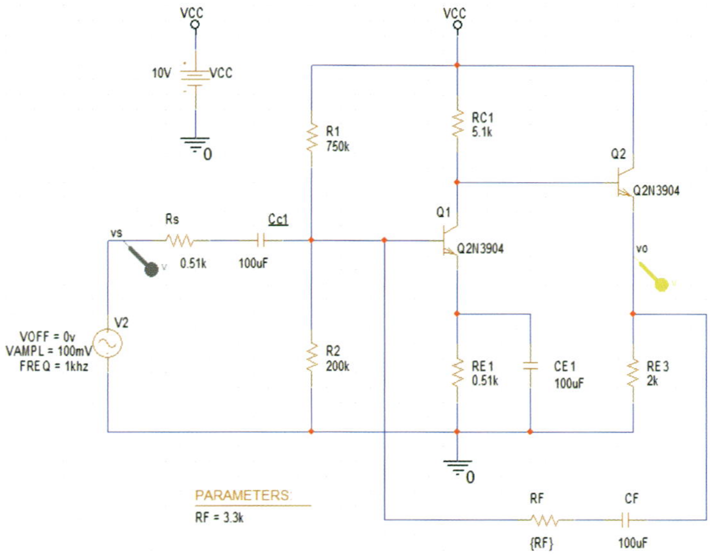

(a) 시뮬레이션 회로

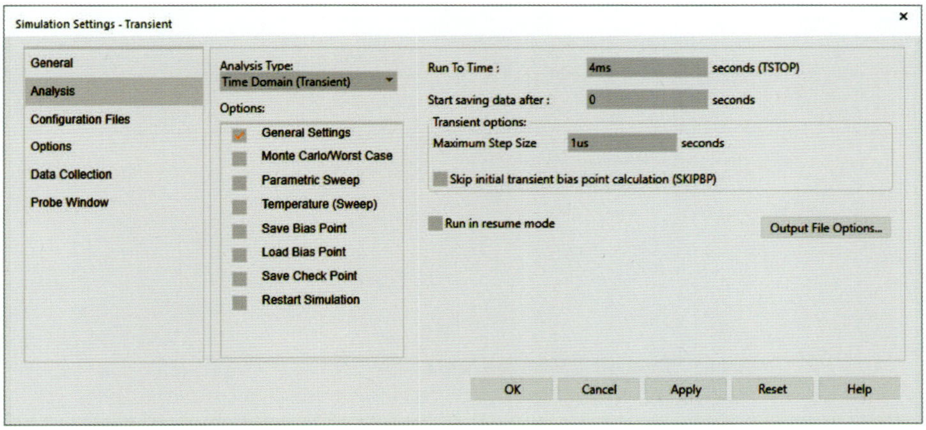

(b) 시뮬레이션 설정(Transient 해석)

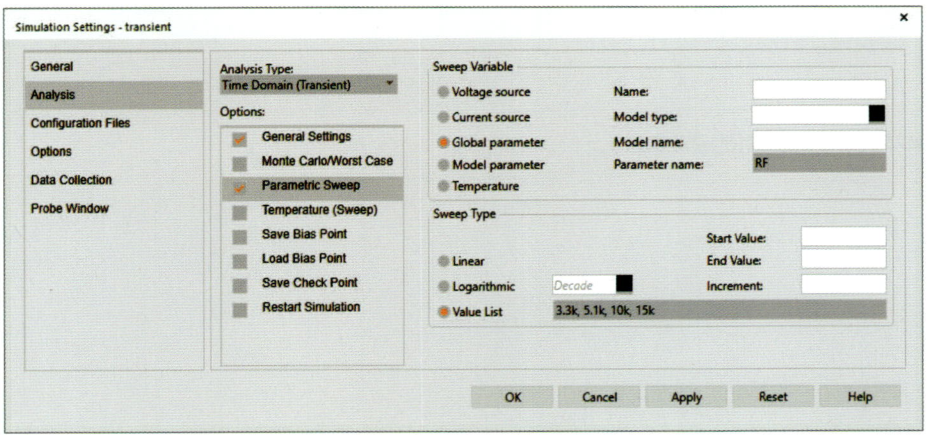

(c) 시뮬레이션 설정(Parametric Sweep)

그림 18-7 병렬-병렬 귀환증폭기 회로의 시뮬레이션

3 시뮬레이션 실행 및 결과 확인

- 시뮬레이션을 실행하면, 입력전압과 출력전압의 파형이 시뮬레이션 결과 창에 표시된다. 시뮬레이션 결과 화면을 캡처하여 [그림 18-8]에 붙여 넣는다.
- 시뮬레이션 결과로부터 입력 v_S와 출력전압 v_O의 첨두-첨두값을 확인해서 [표 18-3]의 해당 R_F 칸에 기록한다.

표 18-3 병렬-병렬 귀환증폭기 회로의 특성 시뮬레이션 결과

v_S의 첨두-첨두값[V]	
R_F[kΩ]	v_O의 첨두-첨두값[V]
3.3	
5.1	
10	
15	

시뮬레이션 결과 파형을 캡처하여 붙여 넣는다.

그림 18-8 병렬-병렬 귀환증폭기 회로의 시뮬레이션 결과 파형

2. 실험 병렬-병렬 귀환증폭기 회로의 특성 측정

[실험장비]

장비명	수량	장비명	수량
DC 전원공급 장치	1대	오실로스코프(2채널)	1대
함수발생기	1대	멀티미터	1대

[실험부품]

트랜지스터	2N3904 NPN형 BJT(2개)	커패시터	$100\,\mu F$ (3개)
저항	$0.51\,k\Omega$(2개), $2.0\,k\Omega$, $3.3\,k\Omega$, $5.1\,k\Omega$(2개), $10\,k\Omega$, $15\,k\Omega$, $200\,k\Omega$, $750\,k\Omega$		

1 브레드보드 부품 배치도 연결 완성하기

- [그림 18-9(a)]의 실험회로를 참조해서 [그림 18-9(b)]의 브레드보드 부품 배치도 연결을 완성한다.
  - 2N3904 NPN형 BJT의 이미터(❶), 베이스(❷), 컬렉터(❸) 단자를 잘 구별하여 소자 간의 연결, 전원전압 V_{CC}와 접지의 연결을 표시한다.

2 회로 구성하기

- 완성된 브레드보드 부품 배치도를 참조해서 [그림 18-9(a)]의 실험회로를 브레드보드에 구성한다.
- 입력신호 v_S : 저항 $R_s = 0.51\,\text{k}\Omega$과 $100\,\mu\text{F}$의 결합 커패시터 C_{C1}을 거쳐 증폭기 Q_1의 베이스로 인가되도록 연결한다.
- 귀환저항 R_F : Q_2의 이미터와 Q_1의 베이스 사이에 $100\,\mu\text{F}$의 결합 커패시터 C_F와 저항 $R_F = 3.3\,\text{k}\Omega$을 직렬로 연결한다.

3 회로 점검하기

- 브레드보드에 부품 실장이 완료되면, 멀티미터를 저항측정 모드로 설정하고 단락, 접촉불량 등을 점검한다.
- V_{CC}와 GND, 그리고 입력신호 v_S와 V_{CC}, GND의 단락 여부를 확인한다.
- V_{CC}와 GND로 연결되는 노드들의 단락/개방 여부를 확인한다.

4 전원전압 인가하기

- DC 전원공급 장치의 출력이 10V가 되도록 설정한 후, 실험회로의 V_{CC} 단자에 연결하여 $V_{CC} = 10\,\text{V}$가 되도록 한다.

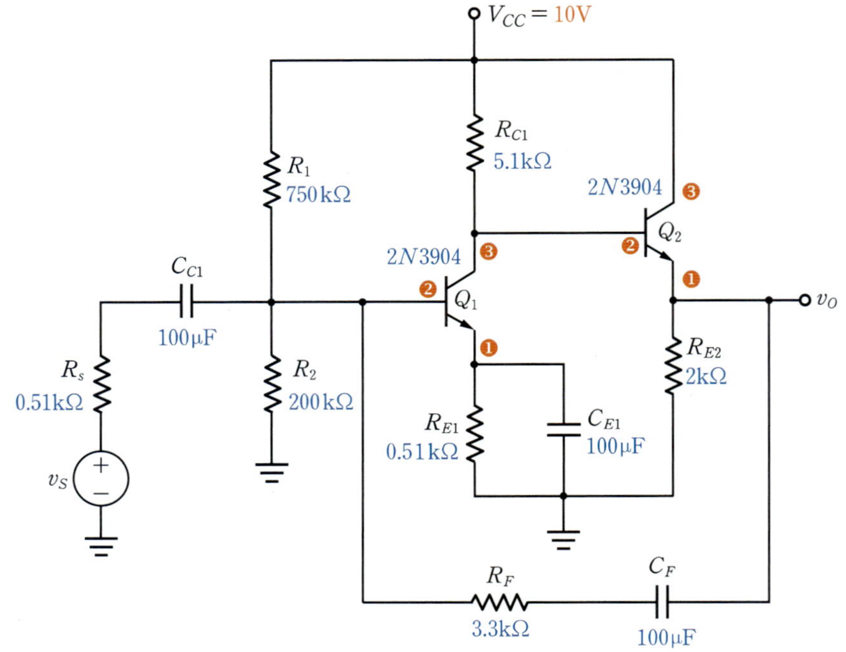

(a) 실험회로

실험회로를 참고해서 부품 배치도의 연결을 완성한다.

(b) 부품 배치도

그림 18-9 병렬-병렬 귀환증폭기 실험회로

5 신호원 연결하기

- 함수발생기의 전원을 ON시키고 정현파 출력 모드로 설정한다. 정현파의 주파수 1 kHz, 진폭 100 mV가 되도록 설정한 후, 오실로스코프를 이용하여 정현파의 주파수와 진폭을 확인한다. 확인이 완료되면 실험회로의 v_S 단자에 연결한다.

6 결과 값 측정하기

- 입력신호 v_S를 오실로스코프의 CH 1로 측정하고, 증폭기 출력전압 v_O를 CH 2로 측정한다. 측정 결과 파형을 캡처하여 [그림 18-10(a)]에 붙여 넣는다.
- 입력신호 v_S의 첨두-첨두값을 측정하여 [표 18-4]의 해당 칸에 기록한다.
- 출력전압 v_O의 첨두-첨두값을 측정해서 [표 18-4]의 $R_F = 3.3\,\text{k}\Omega$ 칸에 기록한다.

7 귀환저항 R_F 값에 따른 출력전압 관찰하기

- 귀환저항 R_F를 $5.1\,\text{k}\Omega$, $10\,\text{k}\Omega$, $15\,\text{k}\Omega$으로 바꾸면서 출력전압 v_O를 CH 2로 측정한다. 측정 결과 파형을 캡처하여 [그림 18-10(b), (c), (d)]에 각각 붙여 넣는다.
- 출력전압 v_O의 첨두-첨두값을 측정해서 [표 18-4]의 해당 칸에 기록한다.

표 18-4 병렬-병렬 귀환증폭기 회로의 특성 측정 결과

v_S의 첨두-첨두값 [V]	
R_F [kΩ]	v_O의 첨두-첨두값 [V]
3.3	
5.1	
10	
15	

측정 결과 파형을 캡처하여 붙여 넣는다.

(a) $R_F = 3.3\,\mathrm{k\Omega}$인 경우

측정 결과 파형을 캡처하여 붙여 넣는다.

(b) $R_F = 5.1\,\mathrm{k\Omega}$인 경우

측정 결과 파형을 캡처하여 붙여 넣는다.

(c) $R_F = 10\,\mathrm{k\Omega}$인 경우

측정 결과 파형을 캡처하여 붙여 넣는다

(d) $R_F = 15\,\mathrm{k\Omega}$인 경우

그림 18-10 병렬-병렬 귀환증폭기 회로의 입력 v_S와 출력 v_O의 측정 결과 파형

실험 고찰

■ 고찰 [1]

- [표 18-1]의 시뮬레이션 결과로부터, 폐루프 전압이득을 구하여 [표 18-5]의 $A_{vf,sim}$ 칸에 기록한다.
- [표 18-2]의 측정 결과로부터, 폐루프 전압이득을 구하여 [표 18-5]의 $A_{vf,meas}$ 칸에 기록한다.
- 식 (18.2)에 소자 값을 대입하여 계산된 폐루프 전압이득을 [표 18-5]의 $A_{vf,cal}$ 칸에 기록한다.
- [표 18-5]를 [그림 18-11]에 그래프로 그린 후, 귀환저항 R_F가 직렬-병렬 귀환증폭기의 폐루프 전압이득에 미치는 영향을 설명하라. $A_{vf,sim}$은 *, $A_{vf,meas}$는 ■, $A_{vf,cal}$은 ▲로 표시한다.

표 18-5 직렬-병렬 귀환증폭기의 귀환저항 R_F에 따른 폐루프 전압이득

R_F [kΩ]	[표 18-1]의 시뮬레이션 결과에 의한 폐루프 전압이득 $A_{vf,sim}$ [V/V]	[표 18-2]의 측정 결과에 의한 폐루프 전압이득 $A_{vf,meas}$ [V/V]	식 (18.2)에 의해 계산된 폐루프 전압이득 $A_{vf,cal}$ [V/V]
2.4			
5.1			
10			
20			

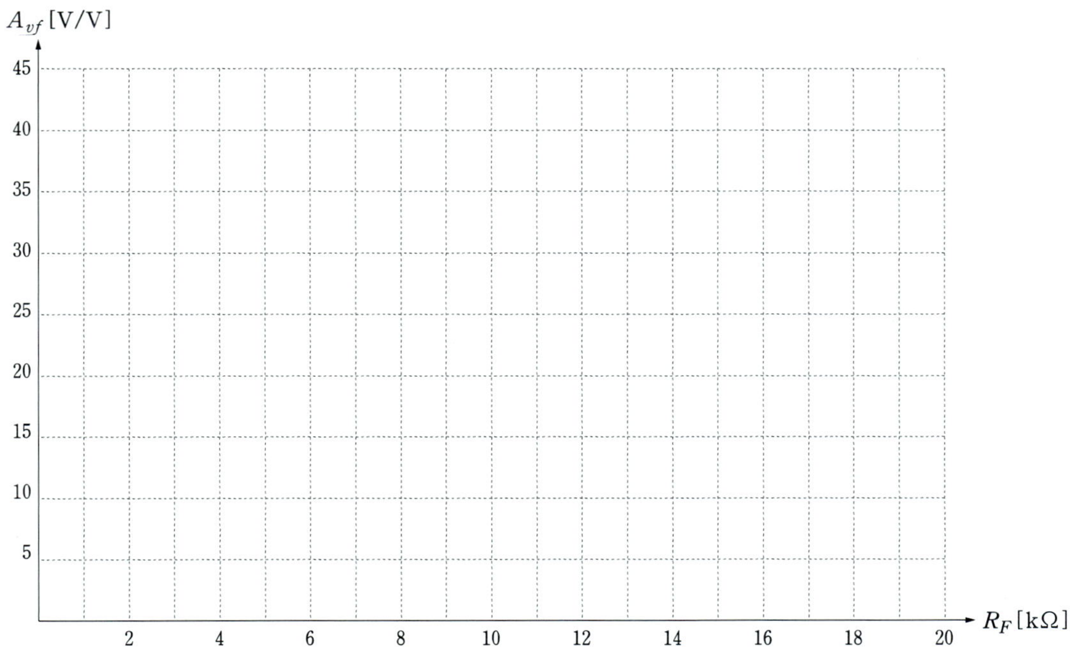

그림 18-11 귀환저항 R_F에 따른 직렬-병렬 귀환증폭기의 폐루프 전압이득 변화

실험 고찰

■ 고찰 [2]

- [표 18-3]의 시뮬레이션 결과로부터, 폐루프 전압이득을 구하여 [표 18-6]의 $A_{vf,sim}$ 칸에 기록한다.
- [표 18-4]의 측정 결과로부터, 폐루프 전압이득을 구하여 [표 18-6]의 $A_{vf,meas}$ 칸에 기록한다.
- 식 (18.5)에 소자값을 대입하여 계산된 폐루프 전압이득을 [표 18-6]의 $A_{vf,cal}$ 칸에 기록한다. 단, $R_s = 0.51\,\mathrm{k\Omega}$을 적용한다.
- [표 18-6]을 [그림 18-12]에 그래프로 그린 후, 귀환저항 R_F가 병렬-병렬 귀환증폭기의 폐루프 전압이득에 미치는 영향을 설명하라. $A_{vf,sim}$은 *, $A_{vf,meas}$는 ■, $A_{vf,cal}$은 ▲로 표시한다.

표 18-6 병렬-병렬 귀환증폭기의 귀환저항 R_F에 따른 폐루프 전압이득($R_s = 0.51\mathrm{k\Omega}$ 적용)

$R_F\,[\mathrm{k\Omega}]$	[표 18-3]의 시뮬레이션 결과에 의한 폐루프 전압이득 $A_{vf,sim}$ [V/V]	[표 18-4]의 측정 결과에 의한 폐루프 전압이득 $A_{vf,meas}$ [V/V]	식 (18.5)에 의해 계산된 폐루프 전압이득 $A_{vf,cal}$ [V/V]
3.3			
5.1			
10			
15			

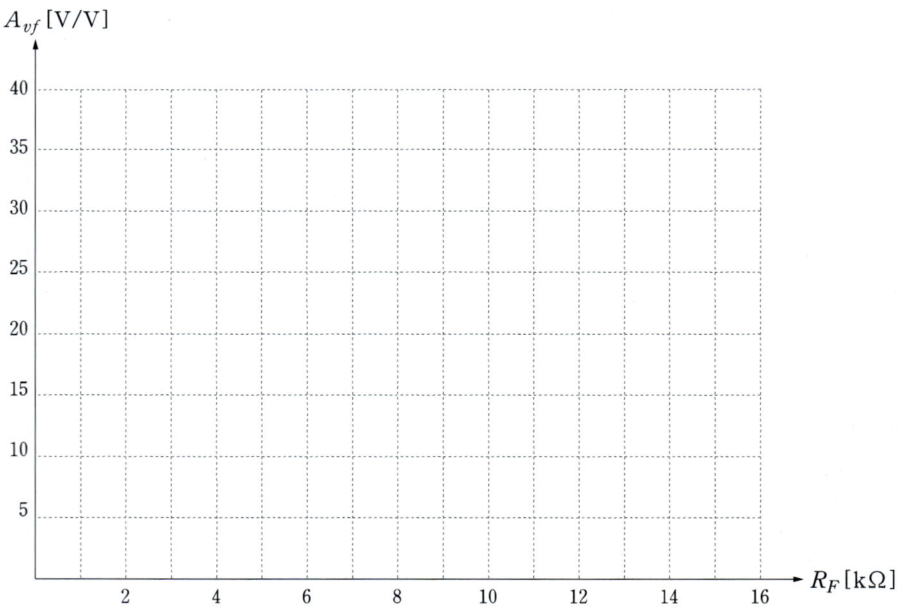

그림 18-12 귀환저항 R_F에 따른 병렬-병렬 귀환증폭기의 폐루프 전압이득 변화

연계 | 〈핵심이 보이는 전자회로〉 7.1절, 7.2절

실험

19

OP Amp 비교기 및 반전증폭기 회로

실험 목적

- 시뮬레이션을 통해 OP Amp 비교기와 반전증폭기의 동작 특성을 예측한다.
- OP Amp 비교기의 회로 구성과 동작을 확인한다.
- OP Amp 반전증폭기의 전압이득 특성을 확인한다.

실험 내용

- 실험 19-1 | OP Amp 비교기 회로의 동작 특성 측정
- 실험 19-2 | OP Amp 반전증폭기 회로의 동작 특성 측정

19.1 이론적 배경 이해하기

1. 연산증폭기

- 연산증폭기 Operational Amplifier는 BJT 또는 FET 개별소자에 비해 사용하기 쉽고 성능이 우수해 널리 사용되는 아날로그 집적회로 IC이다.
- 연산증폭기 IC는 직류 및 교류신호 증폭기, 임피던스 매칭용 버퍼, 전류-전압 변환기, 적분기, 정밀 정류기, 아날로그 필터, 발진기 등 다양한 선형 및 비선형 아날로그 회로에 폭넓게 사용된다.
- 연산증폭기 IC는 반전 입력단자와 비반전 입력단자의 차 difference v_d를 개방회로 이득 open-loop gain A_{od}만큼 증폭하여 $v_O = A_{od}v_d$를 출력하는 기능의 소자이다.
- 연산증폭기는 매우 큰 개방회로 이득을 가지므로, 증폭기 회로에 사용되기 위해서는 출력단자에서 반전 입력단자로 저항, 커패시터 등의 소자가 연결된 부귀환 negative feedback을 인가하여 사용한다.
- 연산증폭기가 부귀환 없이 개방루프 open-loop로 사용되면 입력신호의 크기를 기준값과 비교하는 비교기 comparator로 사용된다.

2. OP Amp 비교기

■ 회로 구성

- [그림 19-1(a)]와 같이 연산증폭기를 개방루프로 사용하면, 두 입력단자의 전압 차 $v_d = v_I$가 개방루프 전압이득 A_{od}만큼 증폭되어 출력되어 [그림 19-1(b)]와 같이 전원전압 근처의 $+V_{\max}$ 또는 $-V_{\max}$로 포화된 전압이 출력된다.
- [그림 19-1(a)] 회로에서 OP Amp의 반전단자가 접지되어 있으므로, 입력전압 $v_I > 0\text{V}$이면 $v_O = V_{\max}$가 되고, $v_I < 0\text{V}$이면 $v_O = -V_{\max}$가 되어 입력전압 v_I와 기준전압 0V를 비교하는 비교기로 동작한다.

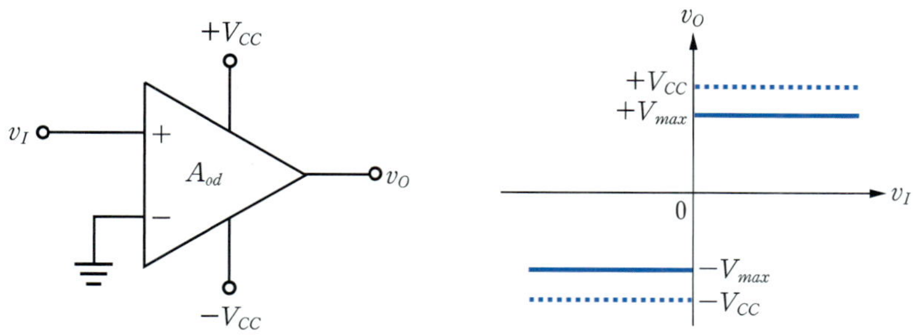

(a) 비교기 (b) 개방루프 출력

그림 19-1 연산증폭기가 개방루프로 사용되는 경우

■ 반전 및 비반전 비교기

- OP Amp 비교기에 인가되는 기준전압 V_{REF}는 비교기 출력이 $V_H \rightarrow V_L$ 천이 또는 $V_L \rightarrow V_H$ 천이되는 문턱전압[threshold voltage]으로 작용한다. 기준전압 V_{REF}가 인가되는 단자에 따라 반전 비교기 또는 비반전 비교기로 구성될 수 있다.
- **반전 비교기**([그림 19-2(a)]) : 기준전압 V_{REF}가 OP Amp의 비반전 입력단자에 인가되고 입력 v_I를 반전 입력단자에 인가하면 반전 비교기로 동작한다. $v_I > V_{REF}$이면 $v_O = V_L$이고, $v_I < V_{REF}$이면 $v_O = V_H$가 된다.
- **비반전 비교기**([그림 19-2(b)]) : 기준전압 V_{REF}가 OP Amp의 반전 입력단자에 인가되고 입력 v_I를 비반전 입력단자에 인가하면 비반전 비교기로 동작한다. $v_I > V_{REF}$이면 $v_O = V_H$이고, $v_I < V_{REF}$이면 $v_O = V_L$이 된다.
- OP Amp 비교기는 기준전압 근처에 존재하는 잡음에 민감하게 영향을 받는 단점을 갖는다.

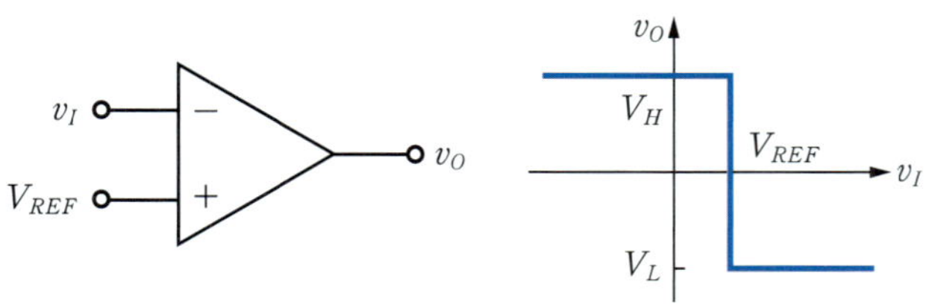

(a) 반전 비교기와 입출력 전달 특성

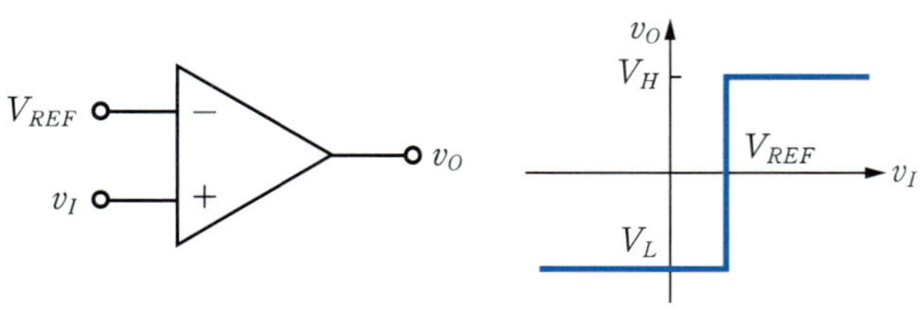

(b) 비반전 비교기와 입출력 전달 특성

그림 19-2 반전 및 비반전 비교기

3. OP Amp 반전증폭기

■ 회로 구성

- OP Amp 반전증폭기는 [그림 19-3]과 같이 입력신호 v_S가 저항 R_1을 통해 반전 입력단자로 인가되고, 출력신호 v_O는 저항 R_2를 통해 반전 입력단자로 귀환되어 부귀환을 형성한다. 비반전 입력단자는 접지된다.

■ 전압이득

- 연산증폭기의 두 입력단자로 들어가는 전류가 무시할 수 있을 정도로 작다고 가정하면, 반전증폭기의 전압이득 A_v는 식 (19.1)과 같다.

$$A_v = \frac{v_O}{v_S} = \frac{-R_2/R_1}{1+\dfrac{(1+R_2/R_1)}{A_{od}}} \tag{19.1}$$

- 식 (19.1)에서 마이너스(−) 부호는 입력전압과 출력전압의 위상이 반전 관계임을 의미한다. A_{od}는 연산증폭기의 개방회로 이득을 나타내며, uA741 연산증폭기의 경우 $A_{od}=100{,}000\,\mathrm{V/V}$이다.
- $A_{od}\rightarrow\infty$인 이상적인 연산증폭기를 가정하면, 전압이득은 $A_v \simeq -\dfrac{R_2}{R_1}$이다.

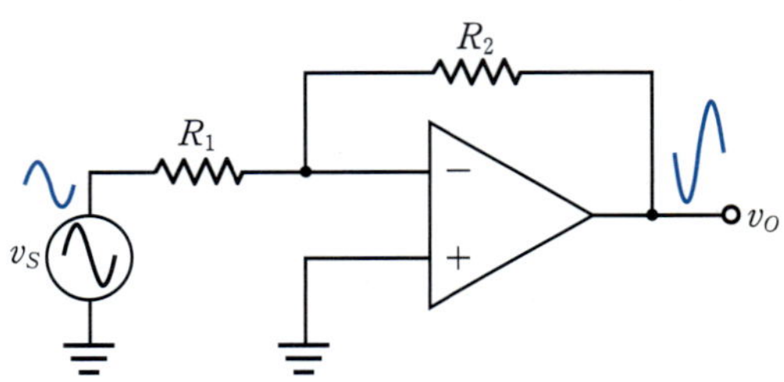

그림 19-3 OP Amp 반전증폭기 회로

점검하기 다음 각 문제에 답하라.

(1) 개방루프 상태의 연산증폭기 반전 입력단자에 기준전압을 연결하고, 비반전 입력단자에 신호를 인가하면 (반전, 비반전) 비교기로 동작한다.
(2) OP Amp 비교기는 기준전압 근처에 존재하는 잡음에 (민감, 둔감)하게 영향을 받는다.
(3) [그림 19-3]의 OP Amp 반전증폭기 회로에서 연산증폭기의 개방회로 이득 A_{od}가 매우 큰 값을 가지면, 전압이득은 A_v = (　　　　　)가 된다.

(4) OP Amp 반전증폭기 회로의 신호원 v_S에서 본 입력저항은 (R_1, R_2)이므로, 너무 (큰, 작은) 값으로 결정하지 않는 것이 바람직하다.

(5) OP Amp 반전증폭기 회로의 입력신호 v_S와 출력신호 v_O는 (동일, 반전) 위상 관계이다.

(6) OP Amp 반전증폭기 회로에서 입력전압에 무관하게 전원전압 근처로 포화된 구형파 형태의 신호가 출력된다면, (R_1, R_2) 부분에 (개방, 단락) 문제가 있다고 진단할 수 있다.

여기서 잠깐 **OP Amp의 데이터 시트 이해하기 – 최대 정격**

- OP Amp는 용도에 따라 일반 증폭용, 광대역용, 고속용 등 다양한 제품들이 시판되고 있으며, 데이터 시트에 전기적 특성, 물리적인 규격 등이 제공된다.
- 데이터 시트에 명시되는 특성 파라미터는 제조사에 따라 다소 차이가 있으나, STMicroelectronics 사의 범용 dual OP Amp인 LM158, LM258, LM358의 최대 정격에 대해 간략히 살펴본다.
- 최대 정격maximum ratings : OP Amp가 정상적으로 동작하는 전압, 전류, 동작온도의 한계치를 규정한다. 최대 정격이 초과되면 과열되어 OP Amp와 전체 회로에 치명적인 손상을 초래할 수 있다.

【 데이터 시트 – OP Amp의 최대 정격 】

ABSOLUTE MAXIMUM RATINGS

Symbol	Parameter	LM158,A	LM258,A	LM358,A	Unit
V_{CC}	Supply voltage	+/-16 or 32			V
V_i	Input Voltage	-0.3 to +32			V
V_{id}	Differential Input Voltage	+32			V
P_{tot}	Power Dissipation [1]	500			mW
	Output Short-circuit Duration [2]	Infinite			
I_{in}	Input Current [3]	50			mA
T_{oper}	Opearting Free-air Temperature Range	-55 to +125	-40 to +105	0 to +70	°C
T_{stg}	Storage Temperature Range	-65 to +150			°C

– V_{CC} : OP Amp에 인가되는 전원전압의 최댓값을 나타낸다. 2개의 전원split supply을 사용하는 경우 $+16\,\mathrm{V}$와 $-16\,\mathrm{V}$까지 인가할 수 있고, 단일 전원single supply을 사용하는 경우 최대 $32\,\mathrm{V}$까지 인가할 수 있다. 연산증폭기의 출력전압은 전원전압보다 클 수 없으며, 출력전압 스윙을 나타내는 파라미터 V_{OPP}에 의해 $V_{CC}-1.5\,\mathrm{V}$로 제한된다.

– V_i : 파라미터 V_{ICR}로 표기되는 경우도 있으며, 출력에 왜곡을 초래하지 않는 상태로 두 입력단자에 인가될 수 있는 공통모드 입력전압의 최대 범위를 나타낸다.

– V_{id} : 파라미터 V_{IDR}로 표기되는 경우도 있으며, 출력에 왜곡을 초래하지 않는 상태로 두 입력단자에 인가될 수 있는 차동모드 입력전압의 최대 범위를 나타낸다.

– P_{tot} : 허용 가능한 최대 전력소모를 나타낸다.

– Output Short–circuit Duration : OP Amp의 출력단자와 전원 V_{CC}가 단락된 상태를 유지할 수 있는 기간이 무한(또는 연속적continuous)임을 나타낸다. $V_{CC} > 15\,\mathrm{V}$인 경우, 출력단자와 전원 V_{CC}가 단락되면 OP Amp가 심하게 과열될 수 있다.

– T_{oper} : 대기 중에서 동작 가능한 접합온도의 범위를 나타낸다.

19.2 실험 진행하기

실험 19-1 | OP Amp 비교기 회로의 동작 특성 측정

1. PSpice 시뮬레이션

1 회로도 입력

- OP Amp 비교기 회로의 해석을 위해 [그림 19-4(a)]의 회로를 PSpice 회로도 편집기에 입력한다.
- OP Amp는 uA741을 사용한다.
- 저항 R_1 값을 변화시키면서 시뮬레이션할 수 있도록 SPECIAL 라이브러리에서 PARAM을 회로도에 삽입한다. PARAM의 속성 창을 열고 Add New Column을 실행하여 Name에 R1을 입력하고, Value에 10 kΩ을 입력한다. R1의 Display Properties를 Name and Value로 설정하면, [그림 19-4(a)]와 같이 회로도에 Parameters 심벌이 R1 = 10 k로 표시된다.
- LED는 OSRAM_3MMRADIAL 라이브러리의 LA-3366 소자를 사용한다.
- 입력전압 v_{in}는 SOURCE 라이브러리의 VPULSE를 사용하며, 속성 창을 열고 삼각파가 생성되도록 다음과 같이 설정한다.
  - 파형 : V1 = 0V, V2 = 10V, TD = 0, TR = 100ms, TF = 100ms, PW = 1ms, PER = 200ms
- 입력전압과 출력전압 파형을 확인할 수 있도록 [그림 19-4(a)]와 같이 회로도에 Voltage Marker를 연결한다.

2 시뮬레이션 설정

- PSpice의 Simulation Settings 창을 열어 [그림 19-4(b)]와 같이 Analysis Type을 Time Domain(Transient)으로 지정하고, Run To Time을 400ms로, Maximum Step Size는 0.1ms로 설정한다.
- [그림 19-4(c)]와 같이 Options에서 Parametric Sweep을 선택하고, Sweep Variable에서 Global parameter를 지정하고, Parameter name에 R1을 입력한다. Sweep Type은 Value List를 선택하고, 목록에 10 k, 20 k, 30 k를 입력한다.

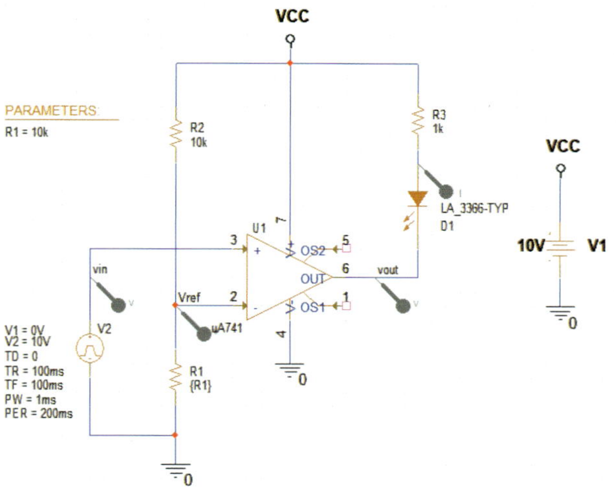

(a) 시뮬레이션 회로

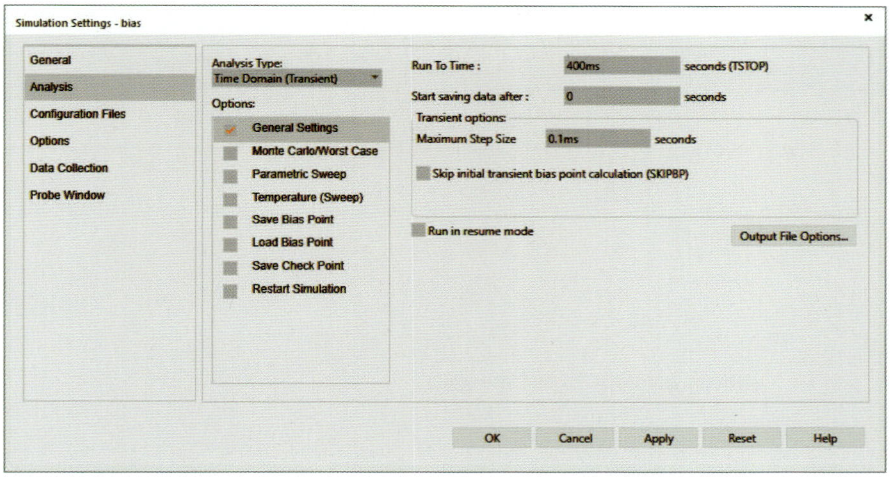

(b) 시뮬레이션 설정(Transient 해석)

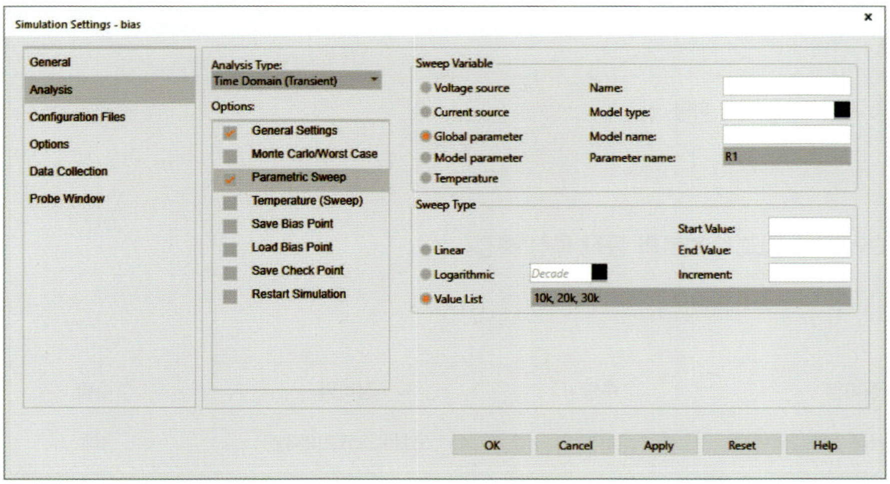

(c) 시뮬레이션 설정(Parametric Sweep)

그림 19-4 OP Amp 비교기 회로의 시뮬레이션

3 시뮬레이션 실행 및 결과 확인

- 시뮬레이션을 실행하면, 입력전압과 출력전압의 파형이 시뮬레이션 결과 창에 표시된다. 시뮬레이션 결과 화면을 캡처하여 [그림 19-5]에 붙여 넣고, LED가 ON, OFF되는 입력전압의 범위를 시뮬레이션 결과 파형 위에 표시한다.
- LED가 ON, OFF되는 입력전압 v_{in}의 범위를 [표 19-1]에 기록한다.

표 19-1 OP Amp 비교기 회로의 동작 특성 **시뮬레이션 결과**

		LED가 ON, OFF되는 입력전압 v_{in}의 범위 [V]	
		LED ON	LED OFF
저항 R_1 [kΩ]	10		
	20		
	30		

시뮬레이션 결과 파형을 캡처하여 붙여 넣는다.

그림 19-5 OP Amp 비교기 회로의 시뮬레이션 결과 파형

2. 실험 OP Amp 비교기 회로의 동작 특성 측정

[실험장비]

장비명	수량	장비명	수량
DC 전원공급 장치(2출력)	1대	오실로스코프(2채널)	1대
함수발생기	1대	멀티미터	1대

[실험부품]

OP Amp	uA741	LED	20mA
저항	1kΩ, 10kΩ(2개), 20kΩ, 30kΩ		

1 브레드보드 부품 배치도 연결 완성하기

- [그림 19-6(a)]의 실험회로와 [그림 19-6(b)]의 uA741 OP Amp 핀 배치도를 참조해서 [그림 19-6(c)]의 브레드보드 부품 배치도의 연결을 완성한다.

2 회로 구성하기

- 완성된 부품 배치도를 참조해서 [그림 19-6(a)]의 실험회로를 브레드보드에 구성한다.
- [그림 19-6(b)]의 uA741 OP Amp 핀 배치도를 참조하여 7번 핀(V_{CC})이 위쪽, 4번 핀(GND/V_{CC-})이 아래쪽이 되도록 브레드보드에 삽입한다.
- uA741 OP Amp의 4번 핀(V_{CC-})은 접지로 연결한다.

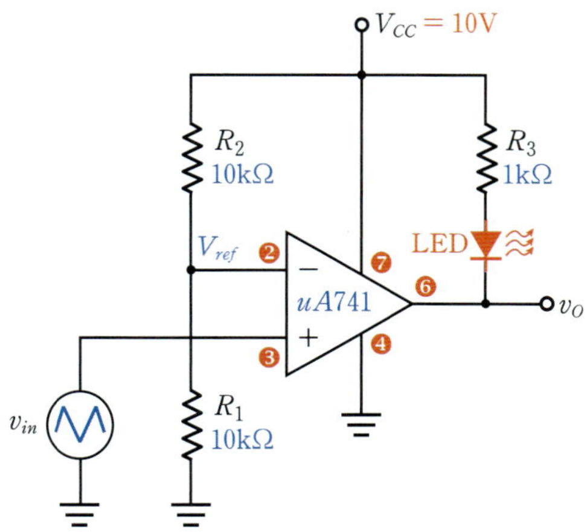

(a) 실험회로

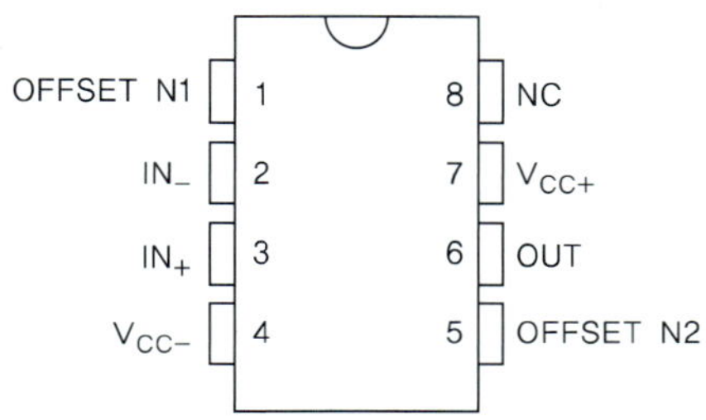

(b) uA741 OP Amp의 핀 배치도

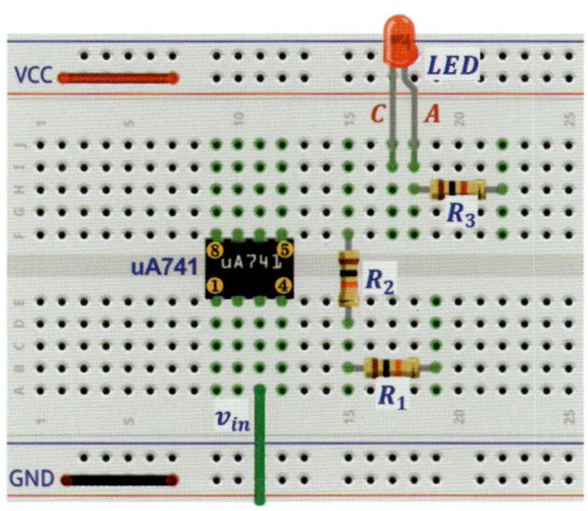

실험회로를 참고해서 부품 배치도의 연결을 완성한다.

(c) 부품 배치도

그림 19-6 OP Amp 비교기 실험회로

- LED는 길이가 긴 쪽이 애노드 단자이고 짧은 쪽이 캐소드 단자임에 유의하여 연결한다.
- 함수발생기의 전원을 ON시키고 삼각파 출력 모드로 설정한다. 삼각파의 진폭이 10 V, 주파수 1 kHz가 되도록 설정한 후, 오실로스코프를 이용하여 삼각파의 주파수와 진폭을 확인한다. 확인이 완료되면 실험회로의 v_{in} 단자에 연결한다.

3 회로 점검하기

- 브레드보드에 부품 실장이 완료되면, 멀티미터를 저항측정 모드로 설정하고 단락, 접촉 불량 등을 점검한다.
- V_{CC}와 GND의 단락 여부, 그리고 입력신호 v_{in}과 V_{CC}, GND의 단락 여부를 확인한다.
- V_{CC}와 GND로 연결되는 노드들의 단락/개방 여부를 확인한다.

4 전원전압 인가하기

- DC 전원공급 장치의 출력이 10 V가 되도록 설정한 후, OP Amp의 7번 핀에 $V_{CC} = 10\,\text{V}$를 연결한다.

5 출력전압 측정하기

- 오실로스코프의 CH 1로 입력전압 v_{in}을 측정하고 CH 2로 비교기 출력전압 v_O를 측정하며, LED의 ON, OFF 동작을 확인한다. 측정된 파형을 캡처하여 [그림 19-7(a)]에 붙여 넣는다.
- LED가 ON, OFF되는 입력전압 범위를 확인하여 측정된 파형 위에 표시한다.
- LED가 ON, OFF되는 입력전압 v_{in}의 범위를 [표 19-2]에 기록한다.

6 R_1 값에 따른 출력전압 측정하기

- 저항 R_1을 20 kΩ, 30 kΩ으로 바꾸면서, 입력전압 v_{in}과 비교기 출력전압 v_O를 측정하며, LED의 ON, OFF 동작을 확인하고 측정된 파형을 캡처하여 [그림 19-7(b), (c)]에 붙여 넣는다.
- LED가 ON, OFF되는 입력전압 범위를 확인하여 측정된 파형 위에 표시한다.
- LED가 ON, OFF되는 입력전압 v_{in}의 범위를 [표 19-2]에 기록한다.

표 19-2 OP Amp 비교기 회로의 동작 특성 측정 결과

		LED가 ON, OFF되는 입력전압 v_{in}의 범위 [V]	
		LED ON	LED OFF
저항 R_1 [kΩ]	10		
	20		
	30		

측정 결과 파형을 캡처하여 붙여 넣는다.

(a) $R_1 = 10\,\mathrm{k\Omega}$인 경우

측정 결과 파형을 캡처하여 붙여 넣는다.

(b) $R_1 = 20\,\mathrm{k\Omega}$인 경우

측정 결과 파형을 캡처하여 붙여 넣는다.

(c) $R_1 = 30\,\mathrm{k\Omega}$인 경우

그림 19-7 OP Amp 비교기의 입력 v_{in}과 출력 v_O의 측정 결과 파형

실험 19-2 | OP Amp 반전증폭기 회로의 동작 특성 측정

1. PSpice 시뮬레이션

1 회로도 입력

- OP Amp 반전증폭기 회로의 해석을 위해 [그림 19-8(a)]의 회로를 PSpice 회로도 편집기에 입력한다.
- OP Amp는 uA741을 사용하고, 저항은 $R_1 = 10\,\text{k}\Omega$, R_2는 파라미터 {RF}로 설정한다.
- 저항 R_2 값을 변화시키면서 시뮬레이션할 수 있도록 SPECIAL 라이브러리에서 PARAM을 회로도에 삽입한다. PARAM의 속성 창을 열고 Add New Column을 실행하여 Name에 RF를 입력하고, Value에 $10\,\text{k}\Omega$을 입력한다. RF의 Display Properties를 Name and Value로 설정하면, [그림 19-8(a)]와 같이 회로도에 Parameters 심벌이 RF = 10k로 표시된다.
- 입력전압은 SOURCE 라이브러리의 VSIN을 사용하며, VSIN의 속성 창을 열어 진폭 500 mV, 주파수 10 kHz, 오프셋 0 V인 정현파로 설정한다.
- 입력전압과 출력전압 파형을 확인할 수 있도록 [그림 19-8(a)]와 같이 회로도에 Voltage Marker를 연결한다.

2 시뮬레이션 설정

- PSpice의 Simulation Settings 창을 열어 Analysis Type을 Time Domain(Transient)으로 설정하고, [그림 19-8(b)]와 같이 시뮬레이션을 설정한다.
- [그림 19-8(c)]와 같이 Options에서 Parametric Sweep을 선택하고, Sweep Variable에 Global parameter를 지정하고, Parameter name에 RF를 입력한다. Sweep Type은 Value List를 선택하고, 목록에 10k, 20k, 30k, 43k를 입력한다.

3 시뮬레이션 실행 및 결과 확인

- 시뮬레이션을 실행하면, 입력전압과 출력전압의 파형이 시뮬레이션 결과 창에 표시된다. 시뮬레이션 결과 화면을 캡처하여 [그림 19-9]에 붙여 넣는다.
- 입력전압 v_S와 출력전압 v_O의 첨두-첨두값과 위상 관계를 확인하여 [표 19-3]에 기록한다.

참고 첨두-첨두값 측정은 시뮬레이션 결과 창에서 `Evaluate Measurement`를 이용한다. ([그림 8-4] 참조)

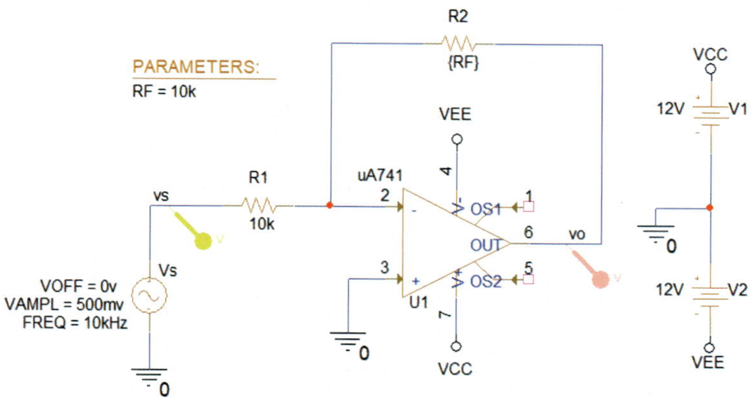

(a) 시뮬레이션 회로

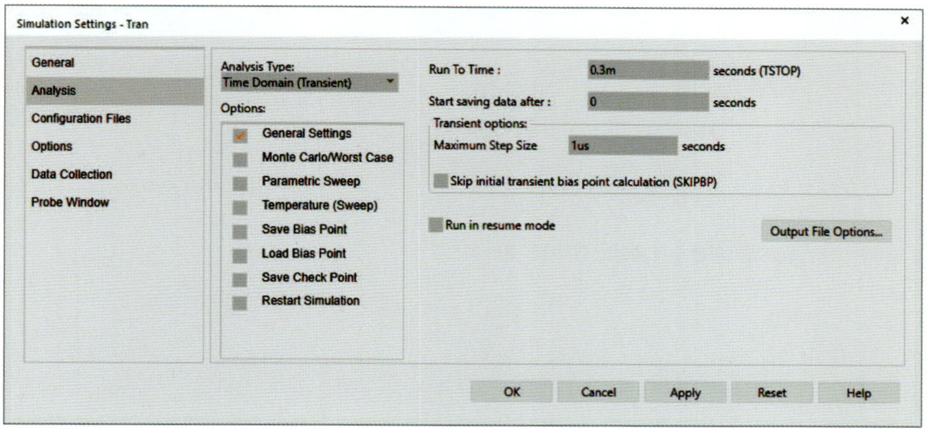

(b) 시뮬레이션 설정(Transient 해석)

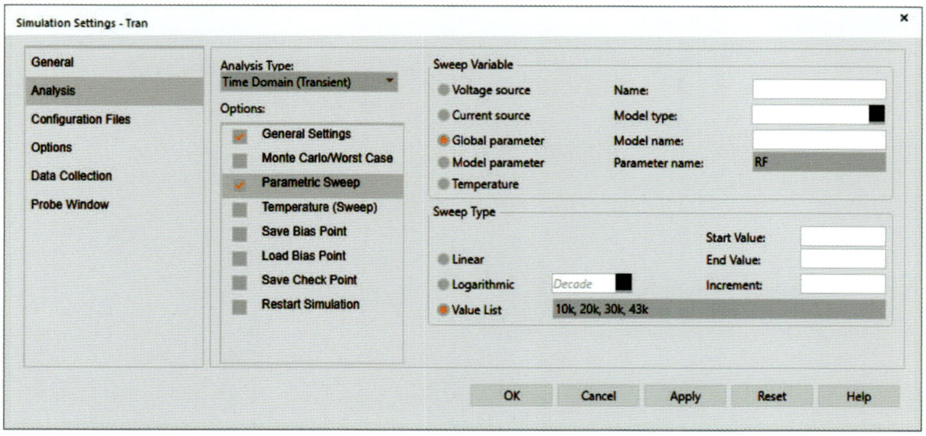

(c) 시뮬레이션 설정(Parametric Sweep)

그림 19-8 OP Amp 반전증폭기 회로의 시뮬레이션

표 19-3 OP Amp 반전증폭기 회로의 동작 특성 시뮬레이션 결과

<table>
<tr><td>v_S의 첨두-첨두값 [V]</td><td colspan="4"></td></tr>
<tr><td>입력전압 v_S와 출력전압 v_O의 위상 관계</td><td colspan="4"></td></tr>
<tr><td rowspan="3">v_O의 첨두-첨두값 [V]</td><td colspan="4">저항 R_F [kΩ]</td></tr>
<tr><td>10</td><td>20</td><td>30</td><td>43</td></tr>
<tr><td></td><td></td><td></td><td></td></tr>
</table>

시뮬레이션 결과 파형을 캡처하여 붙여 넣는다.

그림 19-9 OP Amp 반전증폭기 회로의 시뮬레이션 결과 파형

2. 실험 OP Amp 반전증폭기 회로의 동작 특성 측정

[실험장비]

장비명	수량	장비명	수량
DC 전원공급 장치(2출력)	1대	오실로스코프(2채널)	1대
함수발생기	1대	멀티미터	1대

[실험부품]

OP Amp	uA741	저항	10kΩ(2개), 20kΩ, 30kΩ, 43kΩ

1 브레드보드 부품 배치도 연결 완성하기

- [그림 19−10(a)]의 실험회로와 [그림 19−6(b)]의 uA741 OP Amp 핀 배치도를 참조해서 [그림 19−10(b)]의 브레드보드 부품 배치도의 연결을 완성한다.

2 회로 구성하기

- 완성된 부품 배치도를 참조해서 [그림 19−10(a)]의 실험회로를 브레드보드에 구성한다.
- [그림 19−6(b)]의 uA741 OP Amp 핀 배치도를 참조하여 7번 핀(V_{CC})이 위쪽, 4번 핀(V_{CC-})이 아래쪽이 되도록 브레드보드에 삽입한다.
- 저항 : $R_1 = R_2 = 10\,\text{k}\Omega$을 사용한다.

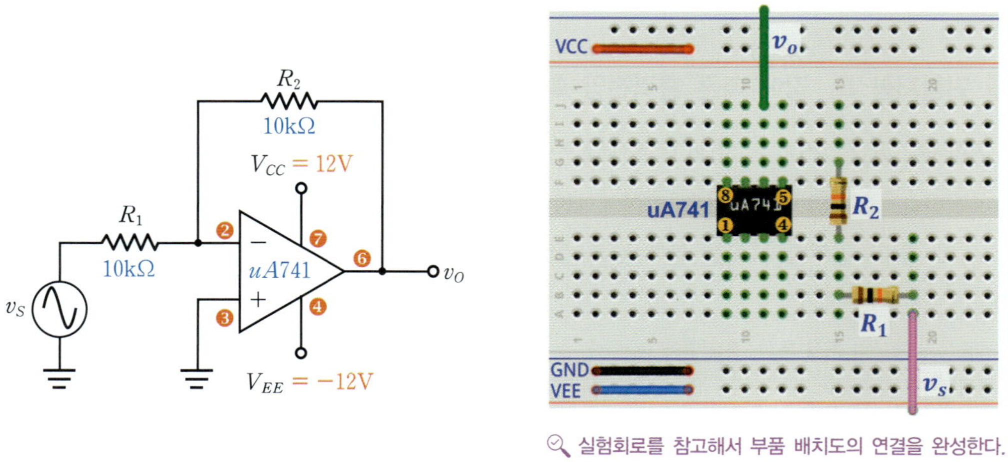

(a) 실험회로 (b) 부품 배치도

그림 19-10 OP Amp 반전증폭기 실험회로

3 회로 점검하기

- 브레드보드에 부품 실장이 완료되면, 멀티미터를 저항측정 모드로 설정하고 단락, 접촉불량 등을 점검한다.
- V_{CC}와 V_{EE}, 그리고 입력신호 v_S와 V_{CC}, V_{EE}의 단락 여부를 확인한다.
- V_{CC}와 V_{EE}로 연결되는 노드들의 단락/개방 여부를 확인한다.

4 전원전압 인가하기

- DC 전원공급 장치의 출력이 12V와 −12V가 되도록 설정한 후, 실험회로의 V_{CC} 단자에 $V_{CC} = 12\,\text{V}$를 연결하고, $V_{EE} = -12\,\text{V}$가 되도록 연결한다. V_{CC}와 V_{EE}의 극성이 반대가 됨에 유의한다.

5 신호원 연결하기

- 함수발생기의 전원을 ON시키고 정현파 출력 모드로 설정한다. 정현파의 주파수가 10 kHz, 진폭이 0.5V가 되도록 설정한 후, 오실로스코프를 이용하여 정현파의 주파수와 진폭을 확인한다. 확인이 완료되면 실험회로의 v_S 단자에 연결한다.

6 출력전압 측정하기

- 오실로스코프의 CH 1로 입력전압 v_S를 측정하고, CH 2로 출력전압 v_O를 측정한다. 측정된 파형을 캡처하여 [그림 19-11(a)]에 붙여 넣는다.
- v_O의 첨두-첨두값과 위상 관계를 확인하여 [표 19-4]의 $R_2 = 10\,\text{k}\Omega$ 칸에 기록한다.

7 귀환저항 R_2 값에 따른 출력전압 측정하기

- 귀환저항 R_2를 $20\,\text{k}\Omega$, $30\,\text{k}\Omega$, $43\,\text{k}\Omega$으로 바꾸면서, 오실로스코프의 CH 2로 출력전압 v_O를 측정한다. 측정된 파형을 캡처하여 [그림 19-11(b), (c), (d)]에 붙여 넣는다.
- v_O의 첨두-첨두값과 위상 관계를 확인하여 [표 19-4]의 해당 R_2 칸에 기록한다.

표 19-4 OP Amp 반전증폭기 회로의 동작 특성 측정 결과

v_S의 첨두-첨두값 [V]				
입력전압 v_S와 출력전압 v_O의 위상 관계				
v_O의 첨두-첨두값 [V]	저항 R_2 [kΩ]			
	10	20	30	43

측정 결과 파형을 캡처하여 붙여 넣는다.

(a) $R_1 = 10\,\text{k}\Omega$인 경우

측정 결과 파형을 캡처하여 붙여 넣는다.

(b) $R_1 = 20\,\text{k}\Omega$인 경우

측정 결과 파형을 캡처하여 붙여 넣는다.

(c) $R_1 = 30\,\text{k}\Omega$인 경우

측정 결과 파형을 캡처하여 붙여 넣는다.

(d) $R_1 = 43\,\text{k}\Omega$인 경우

그림 19-11 OP Amp 반전증폭기 회로의 입력 v_S와 출력 v_O의 측정 결과 파형

실험 고찰

■ 고찰 [1]

- [그림 19-10(a)]의 반전증폭기 회로에 대해, [표 19-3]의 시뮬레이션 결과로부터 전압이득 $A_{v,sim}$을 구하고, [표 19-4]의 측정 결과로부터 전압이득 $A_{v,meas}$를 구하라. 그리고 식 (19.1)에 의해 계산된 전압이득 $A_{v,cal}$과 이상적인 연산증폭기로 가정한 경우의 전압이득 $A_{v,ideal} = -R_2/R_1$을 계산하여 [표 19-5]에 작성하라. 단, 연산증폭기의 개방회로 이득은 $A_{od} = 100,000\,\mathrm{V/V}$로 한다.
- [표 19-5]로부터, $A_{v,sim}$, $A_{v,meas}$, $A_{v,cal}$, $A_{v,ideal}$을 비교하여 오차의 원인을 분석하라.

표 19-5 반전증폭기 회로의 전압이득 비교

	저항 R_2 [kΩ]			
	10	20	30	43
[표 19-3]의 시뮬레이션 결과에 의한 전압이득 $A_{v,sim}$ [V/V]				
[표 19-4]의 측정 결과에 의한 전압이득 $A_{v,meas}$ [V/V]				
식 (19.1)에 의해 계산된 전압이득 $A_{v,cal}$ [V/V]				
$A_{v,ideal} = -R_2/R_1$에 의해 계산된 전압이득 [V/V]				

연계 | 〈핵심이 보이는 전자회로〉 7.3절

실험

20

OP Amp 비반전증폭기 및 전압 팔로워 회로

실험 목적

- 시뮬레이션을 통해 OP Amp 비반전증폭기와 전압 팔로워의 동작 특성을 예측한다.
- OP Amp 비반전증폭기의 회로 구성과 전압이득 특성을 확인한다.
- OP Amp 전압 팔로워의 회로 구성과 동작을 확인한다.

실험 내용

- 실험 20-1 | OP Amp 비반전증폭기 회로의 동작 특성 측정
- 실험 20-2 | OP Amp 전압 팔로워 회로의 동작 특성 측정
- 설계 실험 20-3 | OP Amp 비반전가산기 회로 설계

20.1 이론적 배경 이해하기

1. OP Amp 비반전증폭기

■ 회로 구성

- OP Amp 비반전증폭기는 [그림 20-1]과 같이 입력신호 v_S가 비반전 입력단자로 인가되고, 출력신호 v_O는 저항 R_2를 통해 반전 입력단자로 귀환되어 부귀환을 형성한다.

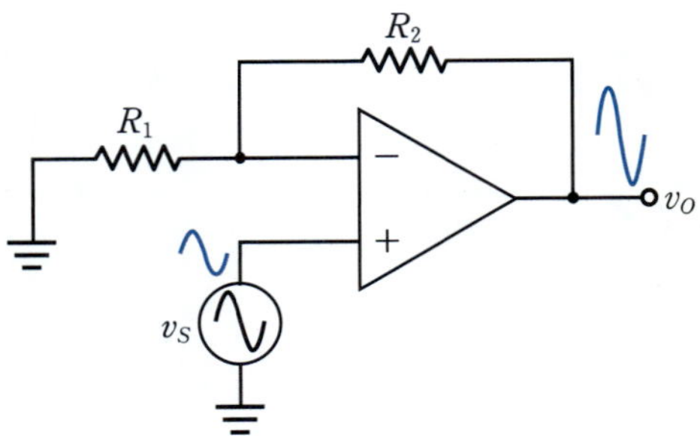

그림 20-1 OP Amp 비반전증폭기 회로

■ 전압이득

- 연산증폭기의 두 입력단자로 들어가는 전류가 무시할 수 있을 정도로 작다고 가정하면, 비반전 증폭기의 전압이득 A_v는 식 (20.1)과 같다.

$$A_v = \frac{v_O}{v_S} = \frac{1 + R_2/R_1}{1 + \dfrac{(1 + R_2/R_1)}{A_{od}}} \tag{20.1}$$

- 식 (20.1)에서 전압이득의 플러스(+) 부호는 입력전압과 출력전압이 동일 위상임을 의미한다. A_{od}는 연산증폭기의 개방회로 이득을 나타내며, uA741 연산증폭기의 경우 $A_{od} = 100{,}000\,\mathrm{V/V}$이다.
- $A_{od} \to \infty$인 이상적인 연산증폭기를 가정하면, 전압이득은 $A_v \simeq 1 + \dfrac{R_2}{R_1}$이다.

2. OP Amp 전압 팔로워

■ 회로 구성

- **전압 팔로워** 회로는 [그림 20-1]의 비반전증폭기 회로에서 귀환저항이 $R_2 = 0$인 경우이며, [그림 20-2]와 같이 연산증폭기로만 구성된다.

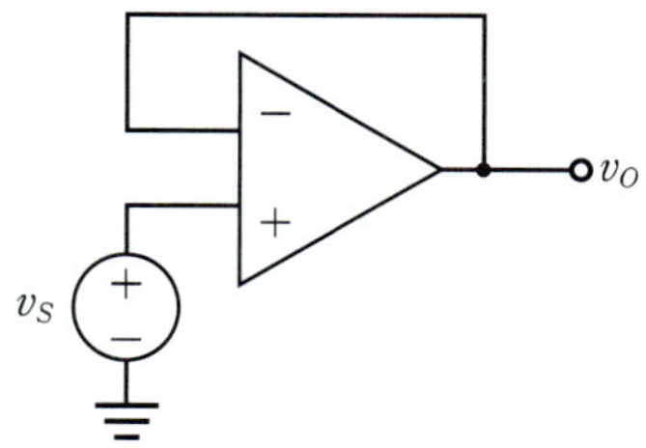

그림 20-2 OP Amp 전압 팔로워 회로

■ 전압이득

- 식 (20.1)에 $R_2 = 0$을 대입하면, 전압 팔로워 회로의 전압이득은 식 (20.2)와 같이 표현되며, 연산증폭기의 개방회로 이득 A_{od}가 매우 큰 값을 가지므로 $A_v \simeq 1\mathrm{V/V}$이 된다.

$$A_v = \frac{v_O}{v_S} = \frac{A_{od}}{1 + A_{od}} \tag{20.2}$$

- 입력신호 v_S가 비반전단자로 인가되므로 매우 큰 입력저항을 가지며, 출력저항은 매우 작아 임피던스 매칭용 전압 버퍼로 사용된다.

점검하기 ▶ **다음 각 문제에 답하라.**

(1) [그림 20-1]의 비반전증폭기 회로에서 연산증폭기의 개방회로 이득 A_{od}가 매우 큰 값을 가지면, 전압이득은 A_v = (　　　　　)가 된다.

(2) 비반전증폭기 회로의 입력신호 v_S와 출력신호 v_O는 (동일, 반전) 위상 관계이다.

(3) 비반전증폭기의 입력저항은 매우 (크고, 작고), 출력저항은 매우 (크다, 작다).

(4) 비반전증폭기 회로에서 입력전압에 무관하게 전원전압 근처로 포화된 구형파 형태의 신호가 출력된다면, 귀환저항이 (개방, 단락)되었다고 진단할 수 있다.

(5) 전압 팔로워 회로는 입력저항이 매우 (작고, 크고), 출력저항은 매우 (작다, 크다).

(6) 전압 팔로워 회로는 임피던스 매칭용 (전압, 전류) 버퍼로 사용된다.

여기서 잠깐

OP Amp의 데이터 시트 이해하기 – 전기적 특성

• STMicroelectronics 사의 범용 dual OP Amp인 uA741의 전기적 특성에 대해 간략히 설명한다.

【 데이터 시트 – uA741 OP Amp의 전기적 특성 】

파라미터	기호	Min.	Typ.	Max.	단위	설명
Input Offset Voltage	V_{io}	–	2	7	mV	• 개방회로 상태에서 출력 DC 전압을 0V로 만들기 위해 OP Amp에 인가되어야 하는 DC 전압
Input Offset Current	I_{io}	–	2	30	nA	• 두 입력단자로 흐르는 바이어스 전류의 차
Input Bias Current	I_{ib}	–	20	150	nA	• 두 입력단자로 흐르는 바이어스 전류
Large Signal Voltage Gain	A_{vd}	50	100	–	V/mV	• 개방회로 차동 전압이득
Supply Current, no load	I_{CC}	–	0.7	1.2	mA	• 무부하 상태에서 전원으로부터 공급되는 전류
Input Common Mode Voltage Range	V_{icm}	–	–	$V_{CC}-1.5$	V	• 출력에 왜곡을 초래하지 않는 상태로 두 입력단자에 인가될 수 있는 공통모드 입력전압의 최대 범위 • 최대 정격에 명시된 값보다 작은 값을 가짐
Supply Voltage Rejection Ratio	SVRR	65	100	–	dB	• 전원전압 변화와 그에 의한 출력전압 변화의 비율 • 전원전압의 변화가 출력전압에 미치는 영향을 나타냄 • PSRR이 클수록 전원전압의 변화가 출력전압에 미치는 영향이 작음
Common Mode Rejection Ratio	CMRR	70	85	–	dB	• 두 입력단자로 들어오는 신호의 공통모드 성분을 제거하는 비율 • SVRR이 클수록 두 입력단자에 인가되는 공통모드 성분이 잘 제거되어 출력에 적게 나타남을 의미
Output Voltage Swing	V_{OPP}	–	–	$V_{CC}-1.5$	V	• 출력에 왜곡을 초래하지 않는 상태의 출력전압 최대 범위
Slew Rate	SR	0.3	0.6	–	V/μs	• 시간에 따른 출력전압의 최대 변화율 • 슬루율이 클수록 짧은 시간에 큰 출력전압 변화가 가능하여 고속 응답특성을 가짐
Gain Bandwidth Product	GBP	0.7	1.1	–	MHz	• 개방회로 이득과 대역폭의 곱 • GBP가 클수록 폐루프 이득과 대역폭이 큰 증폭기를 구현할 수 있음

20.2 실험 진행하기

실험 20-1 | OP Amp 비반전증폭기 회로의 동작 특성 측정

1. PSpice 시뮬레이션

1 회로도 입력

- OP Amp 비반전증폭기의 해석을 위해 [그림 20-3(a)]의 회로를 PSpice 회로도 편집기에 입력한다.
- OP Amp는 uA741을 사용하고, 저항은 $R_1 = 10\,\text{k}\Omega$, R_2는 파라미터 {RF}로 설정한다.
- 저항 R_2 값을 변화시키면서 시뮬레이션할 수 있도록 SPECIAL 라이브러리에서 PARAM을 회로도에 삽입한다. PARAM의 속성 창을 열고 Add New Column을 실행하여 Name에 RF를 입력하고, Value에 $10\,\text{k}\Omega$을 입력한다. RF의 Display Properties를 Name and Value로 설정하면, [그림 20-3(a)]와 같이 회로도에 Parameters 심벌이 RF = 10k로 표시된다.
- 입력전압은 SOURCE 라이브러리의 VSIN을 사용하며, VSIN의 속성 창을 열어 진폭 1V, 주파수 1kHz, 오프셋 0V인 정현파로 설정한다.
- 전원전압 V_{CC}와 V_{EE}는 SOURCE 라이브러리의 VDC를 사용하며, VDC의 속성 창을 열어 DC 10V로 설정한다.
- 입력전압과 출력전압 파형을 확인할 수 있도록 [그림 20-3(a)]와 같이 회로도에 Voltage Marker를 연결한다.

2 시뮬레이션 설정

- PSpice의 Simulation Settings 창에서 Analysis Type을 Time Domain(Transient)으로 지정하고, [그림 20-3(b)]와 같이 설정한다.
- [그림 20-3(c)]와 같이 Options에서 Parametric Sweep을 선택하고, Sweep Variable에서 Global parameter를 지정하고, Parameter name에 RF를 입력한다. Sweep Type은 Value List를 선택하고, 목록에 10k, 20k, 30k를 입력한다.

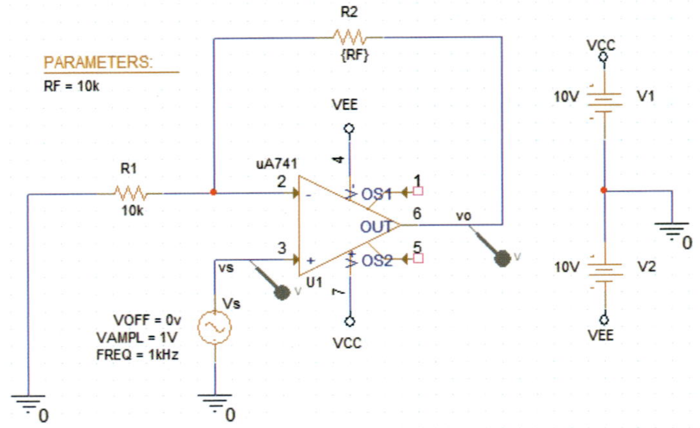

(a) 시뮬레이션 회로

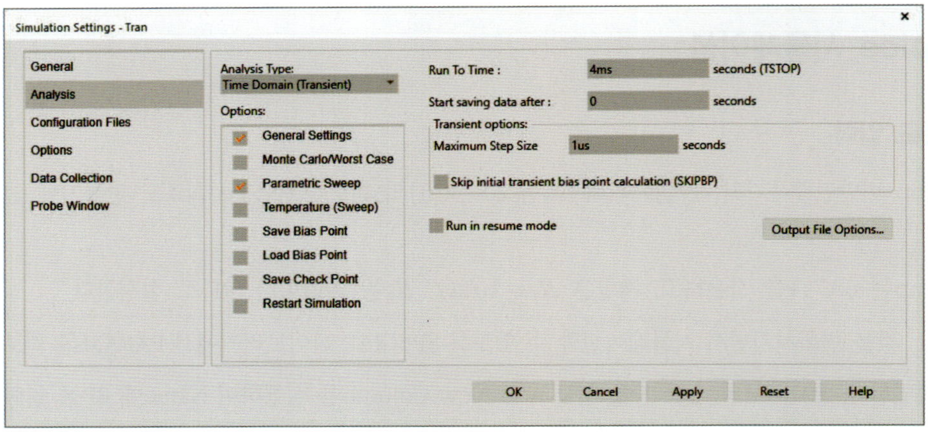

(b) 시뮬레이션 설정(Transient 해석)

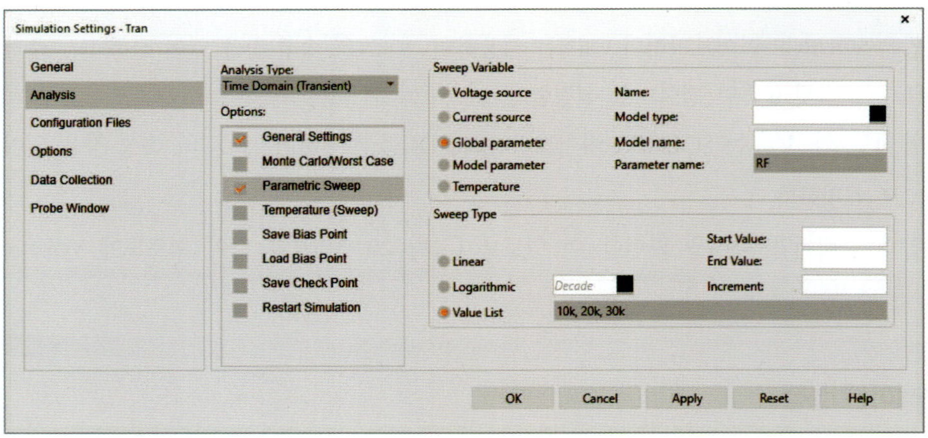

(c) 시뮬레이션 설정(Parametric Sweep)

그림 20-3 OP Amp 비반전증폭기 회로의 시뮬레이션

3 시뮬레이션 실행 및 결과 확인

- 시뮬레이션을 실행하면, 입력전압과 출력전압의 파형이 시뮬레이션 결과 창에 표시된다. 시뮬레이션 결과 화면을 캡처하여 [그림 20-4]에 붙여 넣는다.
- 입력전압 v_S와 출력전압 v_O의 첨두-첨두값과 위상 관계를 확인하여 [표 20-1]에 기록한다.

참고 첨두-첨두값 측정은 시뮬레이션 결과 창에서 `Evaluate Measurement`를 이용한다.
([그림 8-4] 참조)

표 20-1 OP Amp 비반전증폭기 회로의 동작 특성 **시뮬레이션 결과**

<table>
<tr><td>v_S의 첨두-첨두값 [V]</td><td colspan="3"></td></tr>
<tr><td>입력전압 v_S와 출력전압 v_O의 위상 관계</td><td colspan="3"></td></tr>
<tr><td rowspan="3">v_O의 첨두-첨두값 [V]</td><td colspan="3">저항 R_2 [kΩ]</td></tr>
<tr><td>10</td><td>20</td><td>30</td></tr>
<tr><td></td><td></td><td></td></tr>
</table>

시뮬레이션 결과 파형을 캡처하여 붙여 넣는다.

그림 20-4 OP Amp 비반전증폭기 회로의 시뮬레이션 결과 파형

2. 실험 OP Amp 비반전증폭기 회로의 동작 특성 측정

[실험장비]

장비명	수량	장비명	수량
DC 전원공급 장치(2출력)	1대	오실로스코프(2채널)	1대
함수발생기	1대	멀티미터	1대

[실험부품]

OP Amp	uA741	저항	10kΩ(2개), 20kΩ, 30kΩ

1 브레드보드 부품 배치도 연결 완성하기

- [그림 20-5(a)]의 실험회로와 [그림 20-5(b)]의 uA741 OP Amp 핀 배치도를 참조해서 [그림 20-5(c)]의 브레드보드 부품 배치도의 연결을 완성한다.

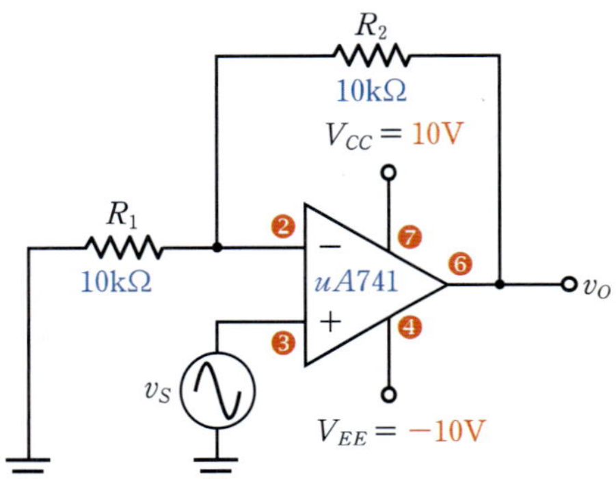

(a) 실험회로

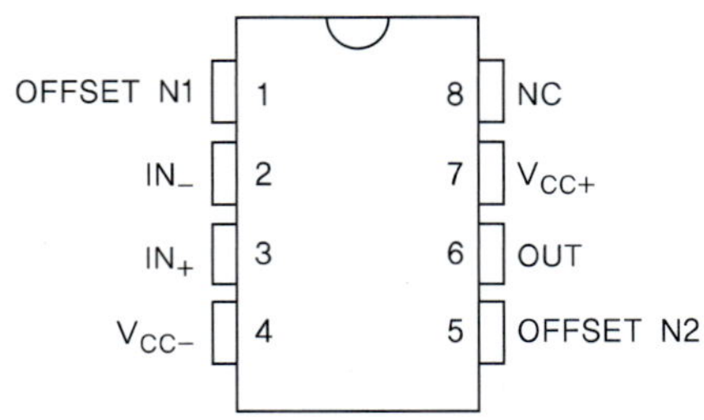

(b) uA741 OP Amp의 핀 배치도

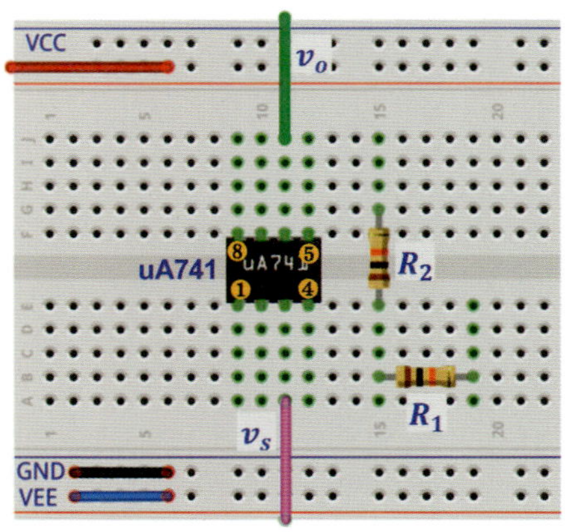

실험회로를 참고해서 부품 배치도의 연결을 완성한다.

(c) 부품 배치도

그림 20-5 OP Amp 비반전증폭기의 실험회로

2 회로 구성하기

- 완성된 부품 배치도를 참조해서 [그림 20-5(a)]의 실험회로를 브레드보드에 구성한다.
- [그림 20-5(b)]의 uA741 OP Amp 핀 배치도를 참조하여 7번 핀(V_{CC})이 위쪽, 4번 핀(V_{CC-})이 아래쪽이 되도록 브레드보드에 삽입한다.
- 저항 : $R_1 = R_2 = 10\,\text{k}\Omega$을 사용한다.

3 회로 점검하기

- 브레드보드에 부품 실장이 완료되면, 멀티미터를 저항측정 모드로 설정하고 단락, 접촉불량 등을 점검한다.
- V_{CC}와 V_{EE}의 단락 여부, 그리고 입력신호 v_S와 V_{CC}, V_{EE}의 단락 여부를 확인한다.
- V_{CC}와 V_{EE}로 연결되는 노드들의 단락/개방 여부를 확인한다.

4 전원전압 인가하기

- DC 전원공급 장치의 출력이 10 V와 −10 V가 되도록 설정한 후, 실험회로의 V_{CC} 단자에 $V_{CC} = 10\,\text{V}$를 연결하고, $V_{EE} = -10\,\text{V}$가 되도록 연결한다. V_{CC}와 V_{EE}의 극성이 반대가 됨에 유의한다.

5 신호원 연결하기

- 함수발생기의 전원을 ON시키고 정현파 출력 모드로 설정한다. 정현파의 주파수 1 kHz, 진폭 1 V가 되도록 설정한 후, 오실로스코프를 이용하여 정현파의 주파수와 진폭을 확인한다. 확인이 완료되면 실험회로의 v_S 단자에 연결한다.

6 결과 값 측정하기

- 오실로스코프의 CH 1로 입력전압 v_S의 첨두-첨두값을 측정하고, CH 2로 출력전압 v_O의 첨두-첨두값을 측정하여 [표 20-2]의 $R_2 = 10\,\text{k}\Omega$ 칸에 기록한다.
- 입력전압 v_S와 출력전압 v_O의 위상 관계를 확인하여 [표 20-2]에 기록한다.
- 측정된 v_S와 v_O의 파형을 캡처하여 [그림 20-6(a)]에 붙여 넣는다.

7 귀환저항 R_2 값에 따른 출력전압 측정하기

- 귀환저항 R_2를 $20\,\text{k}\Omega$, $30\,\text{k}\Omega$으로 바꾸면서, 오실로스코프의 CH 2로 출력전압 v_O의 첨두-첨두값을 측정하여 [표 20-2]의 해당 R_2 칸에 기록한다.
- 측정된 v_S와 v_O의 파형을 캡처하여 [그림 20-6(b), (c)]에 붙여 넣는다.

표 20-2 OP Amp 비반전증폭기 회로의 동작 특성 측정 결과

<table>
<tr><td>v_S의 첨두-첨두값 [V]</td><td colspan="3"></td></tr>
<tr><td>입력전압 v_S와 출력전압 v_O의 위상 관계</td><td colspan="3"></td></tr>
<tr><td rowspan="3">v_O의 첨두-첨두값 [V]</td><td colspan="3">저항 R_2 [kΩ]</td></tr>
<tr><td>10</td><td>20</td><td>30</td></tr>
<tr><td></td><td></td><td></td></tr>
</table>

측정 결과 파형을 캡처하여 붙여 넣는다.

(a) $R_2 = 10\,\mathrm{k\Omega}$인 경우

측정 결과 파형을 캡처하여 붙여 넣는다.

(b) $R_2 = 20\,\mathrm{k\Omega}$인 경우

그림 20-6 OP Amp 비반전증폭기 회로의 측정 결과 파형(계속)

측정 결과 파형을 캡처하여 붙여 넣는다.

(c) $R_2 = 30\,\mathrm{k\Omega}$인 경우

그림 20-6 OP Amp 비반전증폭기 회로의 측정 결과 파형

실험 20-2 | OP Amp 전압 팔로워 회로의 동작 특성 측정

1. PSpice 시뮬레이션

1 회로도 입력

- OP Amp 전압 팔로워의 해석을 위해 [그림 20-7]의 회로를 PSpice 회로도 편집기에 입력한다.
- OP Amp는 uA741을 사용한다.
- 입력전압은 SOURCE 라이브러리의 VSIN을 사용하며, VSIN의 속성 창을 열어 진폭 $2\,\mathrm{V}$, 주파수 $1\,\mathrm{kHz}$, 오프셋 $0\,\mathrm{V}$인 정현파로 설정한다.
- 입력전압과 출력전압 파형을 확인할 수 있도록 [그림 20-7]과 같이 Voltage Marker를 연결한다.
- 전원전압 V_{CC}와 V_{EE}는 SOURCE 라이브러리의 VDC를 사용하며, VDC의 속성 창을 열어 DC 10V로 설정한다.

2 시뮬레이션 설정

- PSpice의 Simulation Settings 창을 열어 Analysis Type을 Time Domain(Transient)으로 지정하고, [그림 20-3(b)]와 같이 설정한다.

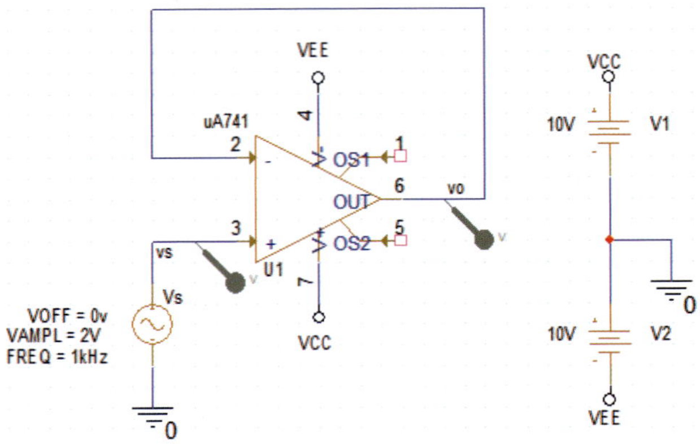

그림 20-7 OP Amp 전압 팔로워의 시뮬레이션 회로

3 시뮬레이션 실행 및 결과 확인

- 시뮬레이션을 실행하면, 입력전압과 출력전압의 파형이 시뮬레이션 결과 창에 표시된다. 시뮬레이션 결과 화면을 캡처하여 [그림 20-8]에 붙여 넣는다.
- 입력전압 v_S와 출력전압 v_O의 첨두-첨두값과 위상 관계를 확인하여 [표 20-3]에 기록한다.

참고 첨두-첨두값 측정은 시뮬레이션 결과 창에서 Evaluate Measurement를 이용한다.

표 20-3 OP Amp 전압 팔로워 회로의 동작 특성 시뮬레이션 결과

v_S의 첨두-첨두값 [V]	
v_O의 첨두-첨두값 [V]	
입력전압 v_S와 출력전압 v_O의 위상 관계	

시뮬레이션 결과 파형을 캡처하여 붙여 넣는다.

그림 20-8 OP Amp 전압 팔로워 회로의 시뮬레이션 결과 파형

2. 실험 OP Amp 전압 팔로워 회로의 동작 특성 측정

[실험장비]

장비명	수량	장비명	수량
DC 전원공급 장치(2출력)	1대	오실로스코프(2채널)	1대
함수발생기	1대	멀티미터	1대

[실험부품]

OP Amp	uA741

1 브레드보드 부품 배치도 연결 완성하기

- [그림 20-9(a)]의 OP Amp 전압 팔로워 실험회로와 [그림 20-5(b)]의 uA741 OP Amp 핀 배치도를 참조해서 [그림 20-9(b)]의 브레드보드 부품 배치도의 연결을 완성한다.

2 회로 구성하기

- 완성된 부품 배치도를 참조해서 [그림 20-9(a)]의 실험회로를 브레드보드에 구성한다.
- [그림 20-5(b)]의 uA741 OP Amp 핀 배치도를 참조하여 7번 핀(V_{CC})이 위쪽, 4번 핀(V_{CC-})이 아래쪽이 되도록 브레드보드에 삽입한다.

3 회로 점검하기

- 브레드보드에 부품 실장이 완료되면, 멀티미터를 저항측정 모드로 설정하고 단락, 접촉불량 등을 점검한다.

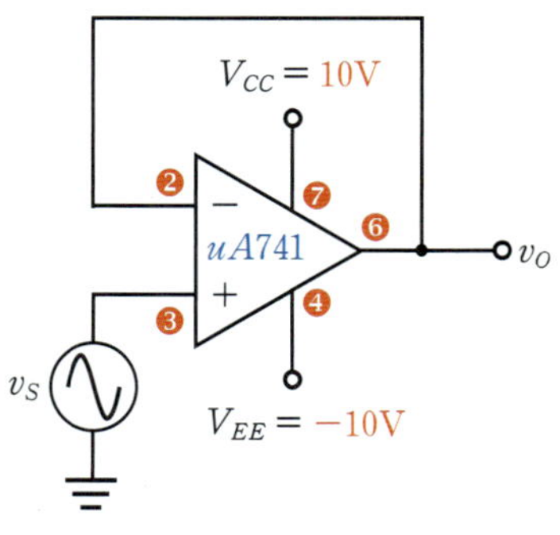

(a) 실험회로

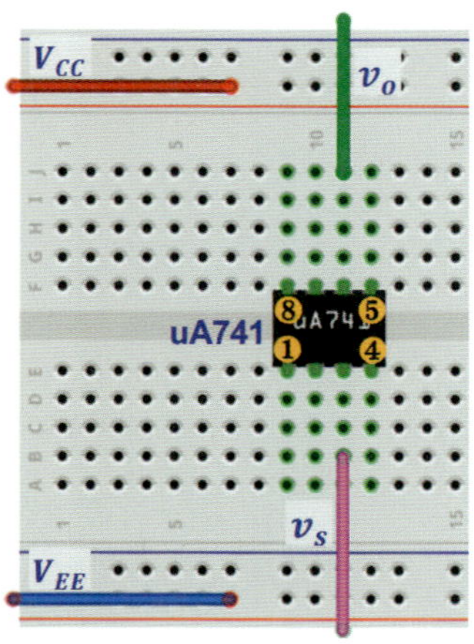

실험회로를 참고해서 부품 배치도의 연결을 완성한다.
(b) 부품 배치도

그림 20-9 OP Amp 전압 팔로워 실험회로

- V_{CC}와 V_{EE}의 단락 여부, 그리고 입력신호 v_S와 V_{CC}, V_{EE}의 단락 여부를 확인한다.
- V_{CC}와 V_{EE}로 연결되는 노드들의 단락/개방 여부를 확인한다.

4 전원전압 인가하기

- DC 전원공급 장치의 출력이 10 V와 −10 V가 되도록 설정한 후, 실험회로의 V_{CC} 단자에 $V_{CC} = 10\text{ V}$를 연결하고, $V_{EE} = -10\text{ V}$가 되도록 연결한다. V_{CC}와 V_{EE}의 극성이 반대가 됨에 유의한다.

5 신호원 연결하기

- 함수발생기의 전원을 ON시키고 정현파 출력 모드로 설정한다. 정현파의 주파수 1 kHz, 진폭 2 V가 되도록 설정한 후, 오실로스코프를 이용하여 정현파의 주파수와 진폭을 확인한다. 확인이 완료되면 실험회로의 v_S 단자에 연결한다.

6 출력전압 측정하기

- 오실로스코프의 CH 1로 입력전압 v_S의 첨두-첨두값을 측정하고, CH 2로 출력전압 v_O의 첨두-첨두값을 측정하여 [표 20-4]에 기록한다.
- 입력전압 v_S와 출력전압 v_O의 위상 관계를 확인하여 [표 20-4]에 기록한다.
- 측정된 v_S와 v_O의 파형을 캡처하여 [그림 20-10]에 붙여 넣는다.

표 20-4 OP Amp 전압 팔로워 회로의 동작 특성 측정 결과

v_S의 첨두-첨두값 [V]	
v_O의 첨두-첨두값 [V]	
입력전압 v_S와 출력전압 v_O의 위상 관계	

측정 결과 파형을 캡처하여 붙여 넣는다.

그림 20-10 OP Amp 전압 팔로워 회로의 측정 결과 파형

실험 20-3 | 설계 OP Amp 비반전가산기 회로 설계

1. 회로 설계

■ 설계 조건

- [그림 20-11]의 OP Amp 비반전가산기 회로의 출력이 $v_O = 5v_{I1} + v_{I2}$가 되도록 설계한다. 단, 계산값에 가장 가까운 표준 저항값(오차 5%)으로 결정하며, 전원전압은 $\pm 10\,\text{V}$를 사용한다.

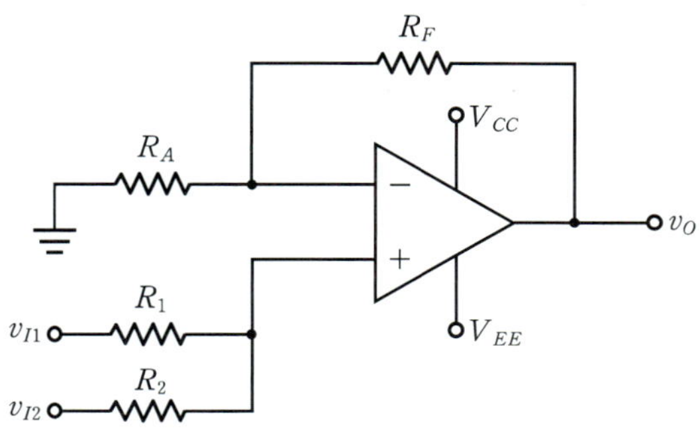

그림 20-11 OP Amp 비반전가산기 회로

■ 설계

- 중첩의 정리 superposition theorem를 적용하여 각 입력신호에 의한 출력전압을 독립적으로 구한 후, 이들을 모두 합하여 출력전압을 구할 수 있다. 먼저, $v_{I2} = 0$인 상태([그림 20-12(a)])의 입력 v_{I1}에 의한 출력 v_{O1}은 다음과 같이 표현된다.

$$v_{O1} = \left(1 + \frac{R_F}{R_A}\right)v_+ = \boxed{} \qquad (20.3)$$

- $v_{I1} = 0$인 상태([그림 20-12(b)])의 v_{I2}에 의한 출력 v_{O2}는 다음과 같다.

$$v_{O2} = \left(1 + \frac{R_F}{R_A}\right)v_+ = \boxed{} \qquad (20.4)$$

- 출력전압은 식 (20.5)가 되어 비반전가산기로 동작한다.

$$\begin{aligned} v_O &= v_{O1} + v_{O2} \\ &= \boxed{} \end{aligned} \qquad (20.5)$$

- $\dfrac{R_F}{R_A} = \dfrac{R_2}{R_1} = 5$를 식 (20.5)에 대입하면, $v_O = 5v_{I1} + v_{I2}$가 된다. 따라서, $R_F = R_2 =$ ( )kΩ, $R_A = R_1 =$ ( )kΩ으로 결정한다.
- 설계 결과로 얻어진 저항의 계산값과 표준 저항값을 [표 20-5]와 [표 20-6]에 기록한다.

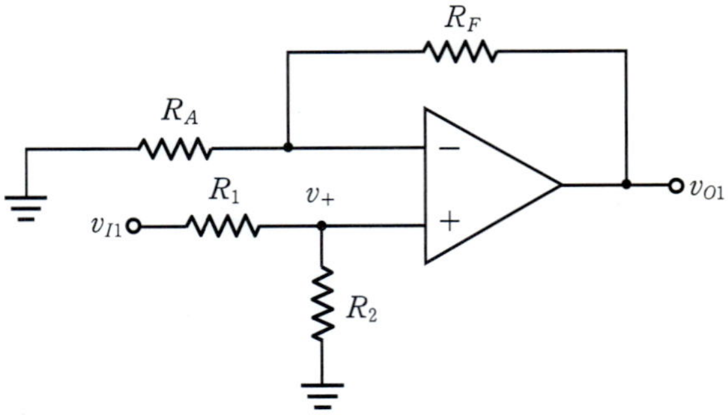

(a) $v_{I2} = 0$인 경우

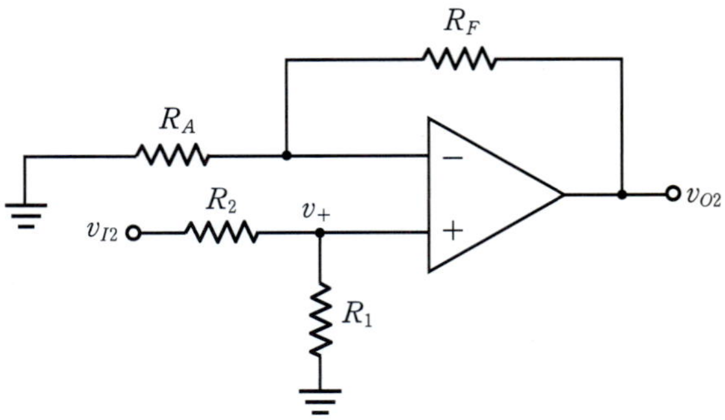

(b) $v_{I1} = 0$인 경우

그림 20-12 두 입력 중 하나가 0인 경우의 비반전가산기 회로의 출력전압

2. PSpice 시뮬레이션

1 회로도 입력

- 설계된 비반전 가산기 회로의 시뮬레이션을 위해 [그림 20-13]의 회로를 PSpice 회로도 편집기에 입력한다.
- uA741 OP Amp를 사용하고, 저항 R_A, R_F, R_1, R_2를 설계로 구해진 값으로 설정한다.
- 입력신호로는 SOURCE 라이브러리의 VSIN을 사용하며, v_{I1}은 주파수 1kHz, 진폭 1V인 정현파로 설정하고, v_{I1}은 주파수 1kHz, 진폭 2.0V인 정현파로 설정한다. 오프셋은 모두 0V로 설정한다.
- 전원전압 V_{CC}와 V_{EE}는 SOURCE 라이브러리의 VDC를 사용하며, VDC의 속성 창을 열어 DC 10V로 설정한다.
- 입력전압과 출력전압 파형을 확인할 수 있도록 [그림 20-13]과 같이 Voltage Marker를 연결한다.

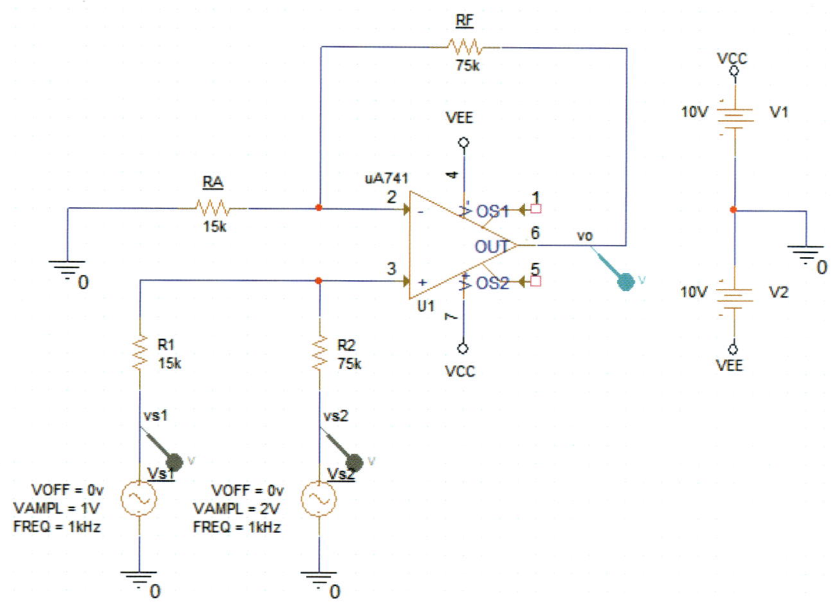

그림 20-13 OP Amp 비반전 가산기 시뮬레이션 회로

2 시뮬레이션 설정

- PSpice의 Simulation Settings 창을 열어 Analysis Type을 Time Domain(Transient)으로 지정하고, [그림 20-3(b)]와 같이 설정한다.

3 시뮬레이션 실행 및 결과 확인

- 시뮬레이션을 실행하면, 입력전압과 출력전압의 파형이 시뮬레이션 결과 창에 표시된다. 시뮬레이션 결과 화면을 캡처하여 [그림 20-14]에 붙여 넣는다.
- 두 입력전압 v_{I1}, v_{I2}와 출력전압 v_O의 첨두-첨두값을 [표 20-5]에 기록한다.
- 설계조건 $v_O = 5v_{I1} + v_{I2}$에 의해 계산된 출력전압 v_O의 첨두-첨두값을 [표 20-5]에 기록한다.

표 20-5 OP Amp 비반전가산기 회로의 설계 결과 및 시뮬레이션 결과

설계 결과	R_1 [kΩ]		R_2 [kΩ]		R_A [kΩ]		R_F [kΩ]	
	계산값	표준 저항값	계산값	표준 저항값	계산값	표준 저항값	계산값	표준 저항값
시뮬레이션 결과	v_{I1} 의 첨두-첨두값 [V]		v_{I2} 의 첨두-첨두값 [V]		v_O 의 첨두-첨두값 [V]		$v_O = 5v_{I1} + v_{I2}$ 계산값	

시뮬레이션 결과 파형을 캡처하여 붙여 넣는다.

그림 20-14 OP Amp 비반전가산기 회로의 시뮬레이션 결과 파형

3. 실험 설계된 비반전가산기 회로의 동작 특성 측정

1 회로 구성하기

- [그림 20-11]의 실험회로를 브레드보드에 구성한다.

2 회로 점검하기

- 브레드보드에 부품 실장이 완료되면, 멀티미터를 저항측정 모드로 설정하고 브레드보드에 구성된 회로의 단락, 접촉 불량 등을 점검한다.
- V_{CC}와 V_{EE}의 단락 여부, 그리고 입력신호 v_{I1}, v_{I2}와 V_{CC}, V_{EE}의 단락 여부를 확인한다.
- V_{CC}와 V_{EE}로 연결되는 노드들의 단락/개방 여부를 확인한다.

3 전원전압 인가하기

- DC 전원공급 장치의 출력이 $10\,\text{V}$와 $-10\,\text{V}$가 되도록 설정한 후, 실험회로의 V_{CC} 단자에 $V_{CC}=10\,\text{V}$를 연결하고, $V_{EE}=-10\,\text{V}$가 되도록 연결한다. V_{CC}와 V_{EE}의 극성이 반대가 됨에 유의한다.

4 신호원 연결하기

- 함수발생기의 전원을 ON시키고 정현파 출력 모드로 설정한다.
- 함수발생기의 출력이 주파수 $1\,\text{kHz}$, 진폭 $1\,\text{V}$가 되도록 설정한다.
- 오실로스코프를 이용하여 함수발생기의 주파수와 진폭을 확인한다.
- 확인이 완료되면 함수발생기 출력을 실험회로의 v_{I1} 입력과 v_{I2} 입력으로 연결한다.

5 출력전압 측정하기

- 입력 v_{I1}=v_{I2}의 첨두-첨두값을 각각 오실로스코프의 CH 1로 측정하여 [표 20-6]에 기록한다.
- 출력 v_O의 첨두-첨두값을 오실로스코프의 CH 2로 측정하여 [표 20-6]에 기록하고, 설계조건 $v_O = 5v_{I1} + v_{I2}$에 의해 계산된 출력 v_O의 첨두-첨두값을 [표 20-6]에 기록한다.
- 측정된 v_{I1}=v_{I2}와 출력 v_O의 파형을 캡처하여 [그림 20-15]에 붙여 넣는다.

표 20-6 OP Amp 비반전가산기 회로의 설계 결과 및 측정 결과

<table>
<tr><td rowspan="3">설계 결과</td><td colspan="2">R_1 [kΩ]</td><td colspan="2">R_2 [kΩ]</td><td colspan="2">R_A [kΩ]</td><td colspan="2">R_F [kΩ]</td></tr>
<tr><td>계산값</td><td>표준 저항값</td><td>계산값</td><td>표준 저항값</td><td>계산값</td><td>표준 저항값</td><td>계산값</td><td>표준 저항값</td></tr>
<tr><td></td><td></td><td></td><td></td><td></td><td></td><td></td><td></td></tr>
<tr><td rowspan="2">측정 결과</td><td colspan="4">$v_{I1} = v_{I2}$의 첨두-첨두값 [V]</td><td colspan="2">v_O의 첨두-첨두값 [V]</td><td colspan="2">$v_O = 5v_{I1} + v_{I2}$ 계산값</td></tr>
<tr><td colspan="2"></td><td colspan="2"></td><td colspan="2"></td><td colspan="2"></td></tr>
</table>

측정 결과 파형을 캡처하여 붙여 넣는다.

그림 20-15 OP Amp 비반전가산기 회로의 입력 $v_{I1} = v_{I2}$와 출력 v_o의 측정 결과 파형

실험 고찰

■ 고찰 [1]

- [그림 20-5(a)]의 비반전증폭기 회로에 대해, [표 20-1]의 시뮬레이션 결과로부터 전압이득 $A_{v,sim}$을 구하고, [표 20-2]의 측정 결과로부터 전압이득 $A_{v,meas}$를 구하라. 그리고 식 (20.1)에 의해 계산된 전압이득 $A_{v,cal}$과 이상적인 연산증폭기로 가정한 경우의 전압이득 $A_{v,ideal} = 1 + (R_2/R_1)$을 계산하여 [표 20-7]에 작성하라. 단, 연산증폭기의 개방회로 이득은 $A_{od} = 100,000\,\mathrm{V/V}$로 한다.
- [표 20-7]로부터, $A_{v,sim}$, $A_{v,meas}$, $A_{v,cal}$, $A_{v,ideal}$을 비교하여 오차의 원인을 분석하라.

표 20-7 비반전증폭기의 전압이득 비교

	저항 R_2 [kΩ]		
	10	20	30
[표 20-1]의 시뮬레이션 결과에 의한 전압이득 $A_{v,sim}$ [V/V]			
[표 20-2]의 측정 결과에 의한 전압이득 $A_{v,meas}$ [V/V]			
식 (20.1)에 의해 계산된 전압이득 $A_{v,cal}$ [V/V]			
$A_{v,ideal} = 1 + \frac{R_2}{R_1}$에 의해 계산된 전압이득 [V/V]			

■ 고찰 [2]

- [그림 20-9(a)]의 OP Amp 전압 팔로워 회로에 대해, [표 20-3]의 시뮬레이션 결과로부터 전압이득 $A_{v,sim}$, [표 20-4]의 측정 결과로부터 전압이득 $A_{v,meas}$를 구하라. 그리고 식 (20.2)에 의해 계산된 전압이득 $A_{v,cal}$을 [표 20-8]에 작성하고, 이 값들을 비교하여 오차의 원인을 분석하라.

표 20-8 OP Amp 전압 팔로워의 전압이득 비교

[표 20-3]의 시뮬레이션 결과에 의한 전압이득 $A_{v,sim}$ [V/V]	
[표 20-4]의 측정 결과에 의한 전압이득 $A_{v,meas}$ [V/V]	
식 (20.2)에 의해 계산된 전압이득 $A_{v,cal}$ [V/V]	

연계 | 〈핵심이 보이는 전자회로〉 7.4절

실험

21

OP Amp 응용회로

실험 목적

- 시뮬레이션을 통해 OP Amp 계측증폭기와 정밀 반파 정류회로의 동작 특성을 예측한다.
- OP Amp 계측증폭기 회로의 구성과 전압이득 특성을 확인한다.
- OP Amp 정밀 반파 정류회로의 구성과 동작을 확인한다.

실험 내용

- 실험 21-1 | OP Amp 계측증폭기 회로의 동작 특성 측정
- 실험 21-2 | OP Amp 정밀 반파 정류회로의 동작 특성 측정

21.1 이론적 배경 이해하기

1. OP Amp 계측증폭기

- 계측증폭기 instrumentation amplifier 는 두 입력신호의 차를 증폭하는 차동증폭기 differential amplifier 의 한 형태이다.
- [그림 21-1]과 같이 2개의 연산증폭기 A_1, A_2와 저항 R_1, R_2로 구성되는 입력회로와 차동증폭기로 구성된다.
- 두 입력신호 v_{S1}, v_{S2}가 연산증폭기 A_1, A_2의 비반전 입력단자로 인가되므로 입력저항이 매우 커서 피측정 회로에 미치는 부하효과가 매우 작은 장점을 갖는다.
- 계측증폭기의 전압이득 A_v는 식 (21.1)과 같으며, 저항 R_1을 통해 전압이득 A_v를 조정한다. 저항 R_1을 고정저항 R_{1f}와 가변저항 R_{1v}의 직렬연결로 구현하고, 가변저항 R_{1v}로 전압이득을 조정할 수 있다.

$$A_v \equiv \frac{v_O}{v_{S2} - v_{S1}} = \frac{R_4}{R_3}\left(1 + \frac{2R_2}{R_1}\right) \tag{21.1}$$

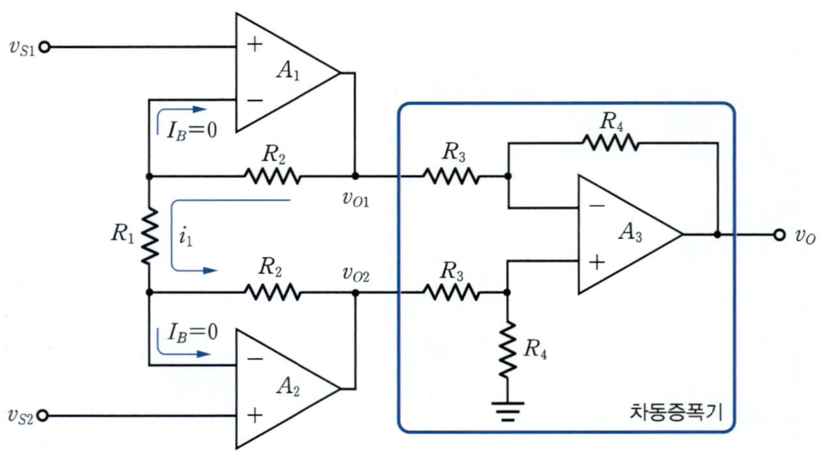

그림 21-1 OP Amp 계측증폭기 회로

2. OP Amp 정밀 반파 정류회로

- [그림 21-2(a)]는 연산증폭기와 PN 접합 다이오드를 이용한 정밀 반파 정류회로precision half-wave rectifier이다.
- **$v_I \le 0$인 경우** : 연산증폭기의 출력이 $v_a \le 0$이 되어 다이오드는 개방상태가 되므로, 연산증폭기 출력에서 반전단자로의 귀환경로가 형성되지 않아 $v_O = 0$이 된다.
- **$v_I > 0$인 경우** : 연산증폭기의 출력이 $v_a > 0$이 되어 다이오드는 도통상태가 되며, 도통된 다이오드를 통해 부귀환 경로가 형성된다. 출력전압 v_O는 식 (21.2)와 같으며, 연산증폭기의 개방루프 이득 A_{od}가 매우 큰 값을 가지므로, $v_O \simeq v_I$가 된다.

$$v_O = \frac{A_{od}}{1 + A_{od}} v_I - \frac{V_\gamma}{1 + A_{od}} \simeq v_I \tag{21.2}$$

  - 다이오드의 커트인 전압 V_γ에 의한 출력전압의 감쇄가 $\frac{V_\gamma}{(1 + A_{od})}$로 매우 작다.
  - 입력신호의 진폭이 $v_I \ge \frac{V_\gamma}{(1 + A_{od})}$이면, 반파 정류가 가능하다. 따라서 이상적인 반파 정류기에 가까운 특성을 갖는다.
  - [그림 21-2(a)] 회로의 입출력 전달 특성 곡선은 [그림 21-2(b)]와 같다.

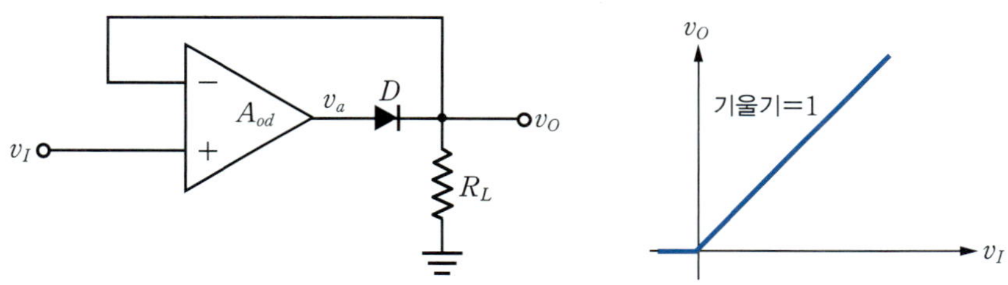

(a) 정밀 반파 정류회로 (b) 입출력 전달 특성

그림 21-2 OP Amp 정밀 반파 정류회로와 입출력 전달 특성

점검하기 **다음 각 문제에 답하라.**

(1) [그림 21-1] 계측증폭기 회로는 두 입력신호 v_{S1}, v_{S2}의 (차, 합)을 증폭하여 출력한다.

(2) [그림 21-1] 계측증폭기 회로에서 $v_{S1} = v_{S2}$이면, 출력전압 v_O = ( )이다.

(3) [그림 21-1] 계측증폭기 회로의 전압이득은 저항 ( )을/를 통해 조정하는 것이 바람직하다.

(4) 계측증폭기의 입력저항이 (작을수록, 클수록) 피측정 회로에 미치는 부하효과가 (작아서, 커서) 바람직하다.

(5) [그림 21-2(a)] 회로는 다이오드의 커트-인 전압 V_γ보다 작은 진폭의 정현파를 반파 정류할 수 없다. (O, X)

(6) [그림 21-2(a)] 회로에서 다이오드의 방향을 반대로 바꾸면 입력 정현파의 (음, 양)의 반주기가 출력되는 반파 정류회로로 동작한다.

여기서 잠깐 **OP Amp의 종류 (1)**

- 상용화된 연산증폭기는 단일 칩에 집적된 OP Amp의 개수에 따라 single형, dual형, quad형으로 구분된다.
- OP Amp의 개방회로 이득은 수 V/mV인 제품에서부터 수백 V/mV인 제품까지 있으며, 대역폭은 1MHz인 제품에서부터 수백 MHz 이상의 대역폭을 갖는 제품까지 다양한 종류가 시판되고 있다.
- 슬루율은 수 0.5V/μs인 제품에서부터 수천 V/μs의 고속용 제품까지 있으며, 최대 출력전류는 통상 수십 mA 정도이나, 수백 mA에서 수십 A의 출력전류를 가진 제품도 시판되고 있다.
- 연산증폭기 IC들의 주요 특징은 다음 표와 같다. 데이터 시트를 참고하여 회로의 요구조건에 적합한 사양의 OP Amp를 사용하는 것이 바람직하다.
  - LMV358은 LM358의 저전압용 제품으로 전원전압을 최대 5.5V까지 사용할 수 있다. LM358의 출력전압 스윙 범위는 $V_{CC}-1.5\text{V}$이나, LMV358은 전원전압의 수백 mV 이내까지 얻을 수 있다.
  - CLC404, LM7171은 매우 큰 슬루율을 가져 출력전압의 고속 스위칭이 가능하다.
  - CLC425는 1.9GHz의 매우 큰 대역폭을 갖지만, 큰 바이어스 전류를 필요로 한다.
  - LM12CL은 13,000mA의 매우 큰 출력전류를 갖지만, 상대적으로 작은 대역폭과 작은 슬루율을 갖는다.

【연산증폭기 IC들의 주요 특성】

OP Amp MODEL	OP Amp 개수	전원전압 [V]	대신호 전압이득 [V/mV]	대역폭 [MHz]	최대 바이어스 전류 [nA]	슬루율 [V/μs]	최대 출력전류 [mA]
TL082	2	18/36	200	4	8	13	17
LM301A	1	18/36	160	1	250	0.5	25
LM358	2	16/32	100	1	200	0.6	40
LMV358	2	2.7/5	100	1	250	1	40
LM741C	1	10/36	100	1	500	0.5	25
LM833	2	10/36	300	15	1,050	7	40
LM1458	2	18/36	160	1	500	10	45
CLC404	1	7/14	1	165	44,000	2,600	70
CLC425	1	7/14	1	1,900	40,000	350	90
LM12CL	1	15/80	100	0.7	1,000	9	13,000
LM7171	1	18/36	17	200	12,000	4,100	100

21.2 실험 진행하기

실험 21-1 | OP Amp 계측증폭기 회로의 동작 특성 측정

1. PSpice 시뮬레이션

1 회로도 입력

- OP Amp 계측증폭기의 해석을 위해 [그림 21-3(a)]의 회로를 PSpice 회로도 편집기에 입력한다.
- OP Amp는 연산증폭기 2개가 내장된 LM358을 사용한다.
- 저항 R_1은 여러 가지 값에 대해 시뮬레이션할 수 있도록 파라미터 {R1}으로 설정한다.
- 저항 R_1 값을 변화시키면서 시뮬레이션할 수 있도록 SPECIAL 라이브러리에서 PARAM을 회로도에 삽입한다. PARAM의 속성 창을 열고 Add New Column을 실행하여 Name에 R1을 입력하고, Value에 100 kΩ을 입력한다. R1의 Display Properties를 Name and Value로 설정하면, [그림 21-3(a)]와 같이 회로도에 Parameters 심벌이 R1 = 100 k로 표시된다.
- 입력전압 v_{S1}은 DC 2V로 설정한다. 입력전압 v_{S2}는 SOURCE 라이브러리의 VSIN을 사용한다. 입력전압 v_{S2}의 속성 창을 열어 진폭 1V, 주파수 1kHz, 오프셋 2V, 위상은 0° 인 정현파로 설정한다.
- 입력전압과 출력전압 파형을 확인할 수 있도록 [그림 21-3(a)]와 같이 Voltage Marker를 연결한다.

2 시뮬레이션 설정

- PSpice의 Simulation Settings 창을 열어 Analysis Type을 Time Domain(Transient)으로 지정하고 [그림 21-3(b)]와 같이 설정한다.
- [그림 21-3(c)]와 같이 Options에서 Parametric Sweep을 선택하고, Sweep Variable에 Global parameter를 지정하고, Parameter name에 R1을 입력한다. Sweep Type은 Value List를 선택하고, 20k, 51k, 100k, 200k를 입력한다.

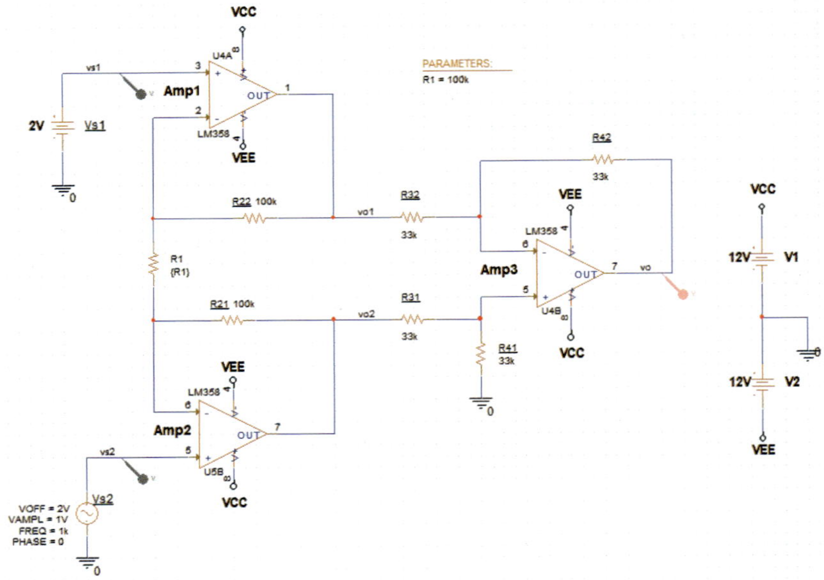

(a) 시뮬레이션 회로

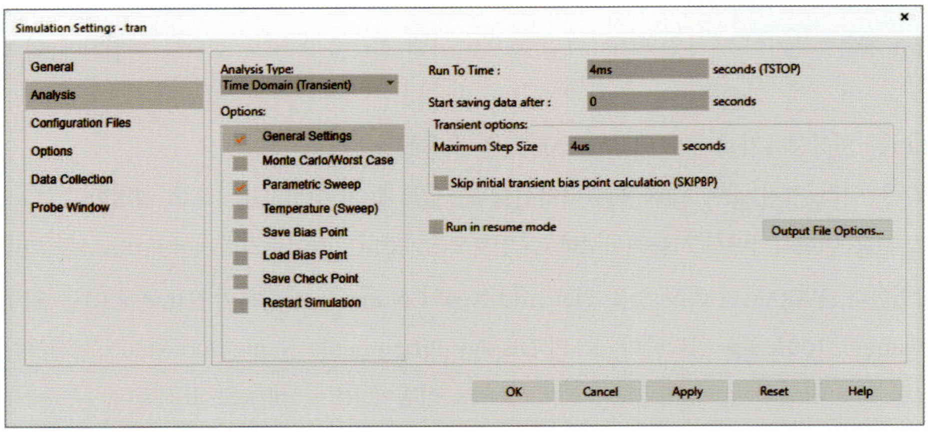

(b) 시뮬레이션 설정(Transient 해석)

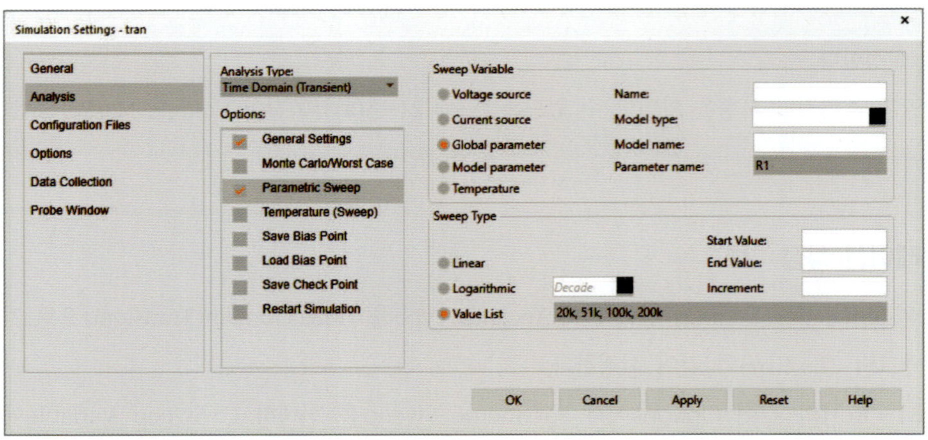

(c) 시뮬레이션 설정(Parametric Sweep)

그림 21-3 OP Amp 계측증폭기 회로의 시뮬레이션

3 시뮬레이션 실행 및 결과 확인

- 시뮬레이션을 실행하면, 입력전압과 출력전압의 파형이 시뮬레이션 결과 창에 표시된다. 시뮬레이션 결과 화면을 캡처하여 [그림 21-4]에 붙여 넣는다.
- 두 입력전압 v_{S1}, v_{S2}의 DC 값과 진폭, 그리고 저항 R_1 값에 따른 출력전압 v_O의 DC 값과 진폭을 [표 21-1]에 기록한다.

참고 진폭 측정은 시뮬레이션 결과 창에서 `Evaluate Measurement`의 peak(1,n_occur)를 이용한다.

표 21-1 OP Amp 계측증폭기 회로의 동작 특성 시뮬레이션 결과

입력전압 v_{S1}, v_{S2} [V]	v_{S1}	DC : 진폭 :		v_{S2}	DC : 진폭 :
v_O의 DC 및 진폭 [V]		저항 R_1 [kΩ]			
		20	51	100	200
	DC				
	진폭				

시뮬레이션 결과 파형을 캡처하여 붙여 넣는다.

그림 21-4 OP Amp 계측증폭기 회로의 시뮬레이션 결과 파형

2. 실험 OP Amp 계측증폭기 회로의 동작 특성 측정

[실험장비]

장비명	수량	장비명	수량
DC 전원공급 장치(2출력)	2대	오실로스코프(2채널)	1대
함수발생기	1대	멀티미터	1대

[실험부품]

OP Amp	LM358(2개)
저항	20kΩ, 33kΩ(4개), 51kΩ, 100kΩ(3개), 200kΩ

1 브레드보드 부품 배치도 연결 완성하기

- [그림 21-5(a)]의 실험회로와 [그림 21-5(b)]의 LM358 OP Amp 핀 배치도를 참조해서 [그림 21-5(c)]의 브레드보드 부품 배치도의 연결을 완성한다.

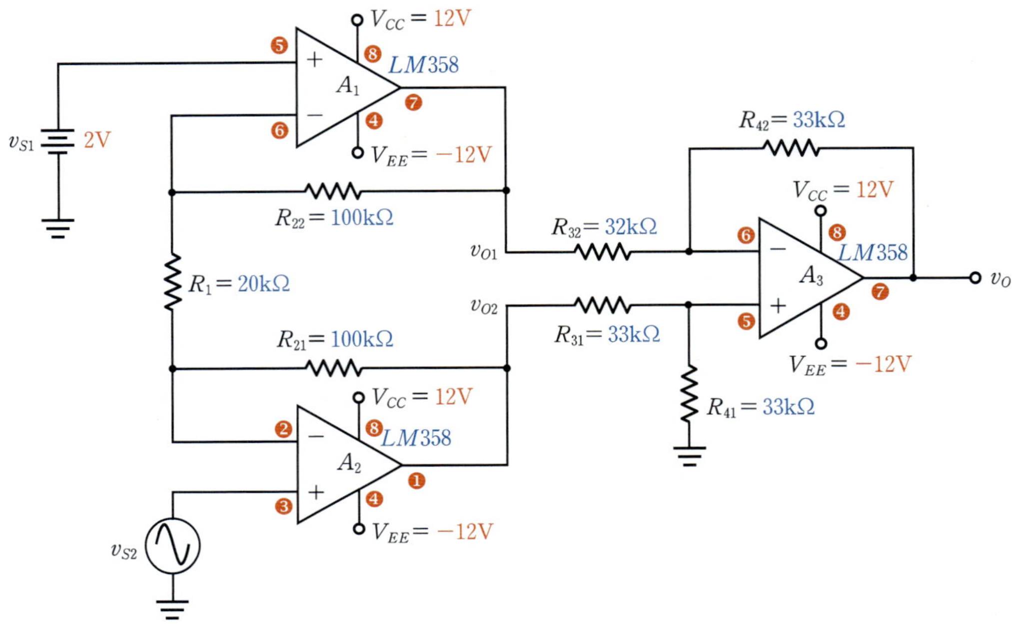

(a) 실험회로

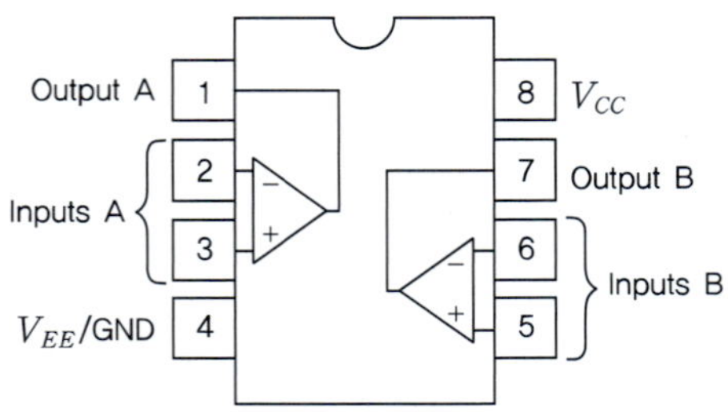

(b) LM358 OP Amp의 핀 배치도

실험회로를 참고해서 부품 배치도의 연결을 완성한다.

(c) 부품 배치도

그림 21-5 OP Amp 계측증폭기의 실험회로

2 회로 구성하기

- 완성된 부품 배치도를 참조해서 [그림 21-5(a)]의 실험회로를 브레드보드에 구성한다.
- LM358 OP Amp 핀 배치도를 참조하여 8번 핀(V_{CC})이 위쪽, 4번 핀(V_{EE}/GND)이 아래쪽이 되도록 브레드보드에 삽입한다.

3 회로 점검하기

- 브레드보드에 부품 실장이 완료되면, 멀티미터를 저항측정 모드로 설정하고 단락, 접촉불량 등을 점검한다.
- V_{CC}와 V_{EE}의 단락 여부, 그리고 입력신호 v_{S1}, v_{S2}와 V_{CC}, V_{EE}의 단락 여부를 확인한다.
- GND, V_{CC}와 V_{EE}로 연결되는 노드들의 단락/개방 여부를 확인한다.

4 전원전압 인가하기

- DC 전원공급 장치의 출력이 12V와 −12V가 되도록 설정한 후, 실험회로의 V_{CC} 단자에 $V_{CC}=12\,\text{V}$를 연결하고, $V_{EE}=-12\,\text{V}$가 되도록 연결한다. V_{CC}와 V_{EE}의 극성이 반대가 됨에 유의한다.

5 신호원 연결하기

- 입력전압 v_{S1} : DC 전원공급 장치의 출력이 2V가 되도록 설정한 후 $v_{S1}=2\,\text{V}$를 연결한다.
- 입력전압 v_{S2} : 함수발생기의 전원을 ON시키고 정현파 출력 모드로 설정한다. 정현파의 주파수 1kHz, 진폭 1V, 오프셋 2V가 되도록 설정한 후, 오실로스코프를 이용하여 정현파의 주파수와 진폭을 확인한다. 확인이 완료되면 실험회로의 v_{S2} 단자에 연결한다.

6 결과 값 측정하기

- 오실로스코프의 CH 1, CH 2로 입력전압 v_{S1}, v_{S2}의 DC 값과 진폭 측정값을 [표 21-2]에 기록한다.
- 측정된 v_{S1}, v_{S2}의 파형을 캡처하여 [그림 21-6(a)]에 붙여 넣는다.
- 오실로스코프의 CH 1로 출력전압 v_O의 DC 값과 진폭 측정값을 [표 21-2]의 $R_1=20\,\text{k}\Omega$ 칸에 기록한다.
- 측정된 v_O의 파형을 캡처하여 [그림 21-6(b)]에 붙여 넣는다.

7 저항 R_1 값에 따른 출력전압 측정하기

- 저항 R_1을 51kΩ, 100kΩ, 200kΩ으로 바꾸면서, 출력전압 v_O의 DC 값과 진폭을 측정하

여 [표 21-2]의 해당 칸에 기록한다.

- 측정된 v_O의 파형을 [그림 21-6(c), (d), (e)]에 붙여 넣는다.

표 21-2 OP Amp 계측증폭기 회로의 동작 특성 측정 결과

<table>
<tr><td>입력전압 v_{S1}, v_{S2} [V]</td><td>v_{S1}</td><td colspan="2">DC :
진폭 :</td><td>v_{S2}</td><td colspan="2">DC :
진폭 :</td></tr>
<tr><td rowspan="4">v_O의 DC 및 진폭 [V]</td><td colspan="6">저항 R_1 [kΩ]</td></tr>
<tr><td></td><td>20</td><td>51</td><td colspan="2">100</td><td colspan="2">200</td></tr>
<tr><td>DC</td><td></td><td></td><td colspan="2"></td><td colspan="2"></td></tr>
<tr><td>진폭</td><td></td><td></td><td colspan="2"></td><td colspan="2"></td></tr>
</table>

측정 결과 파형을 캡처하여 붙여 넣는다.

(a) 입력 v_{S1}, v_{S2}의 측정 결과 파형

측정 결과 파형을 캡처하여 붙여 넣는다.

(b) 출력 v_O의 측정 결과 파형($R_1 = 20\,\mathrm{k\Omega}$인 경우)

그림 21-6 OP Amp 계측증폭기 회로의 측정 결과 파형(계속)

측정 결과 파형을 캡처하여 붙여 넣는다.

(c) 출력 v_O의 측정 결과 파형 ($R_1 = 51\,\mathrm{k\Omega}$인 경우)

측정 결과 파형을 캡처하여 붙여 넣는다.

(d) 출력 v_O의 측정 결과 파형 ($R_1 = 100\,\mathrm{k\Omega}$인 경우)

측정 결과 파형을 캡처하여 붙여 넣는다.

(e) 출력 v_O의 측정 결과 파형 ($R_1 = 200\,\mathrm{k\Omega}$인 경우)

그림 21-6 OP Amp 계측증폭기 회로의 측정 결과 파형

실험 21-2 | OP Amp 정밀 반파 정류회로의 동작 특성 측정

1. PSpice 시뮬레이션

1 회로도 입력

- OP Amp 정밀 반파 정류회로의 해석을 위해 [그림 21-7(a)]의 회로를 PSpice 회로도 편집기에 입력한다.
- OP Amp는 uA741을 사용하고, 다이오드는 D1N4004를 사용한다.
- 입력전압은 SOURCE 라이브러리의 VSIN을 사용하며, VSIN의 속성 창을 열어 진폭 2 V, 주파수 1 kHz, 오프셋 0 V 인 정현파로 설정한다.
- 입력전압과 출력전압 파형을 확인할 수 있도록 [그림 21-7(a)]와 같이 Voltage Marker를 연결한다.

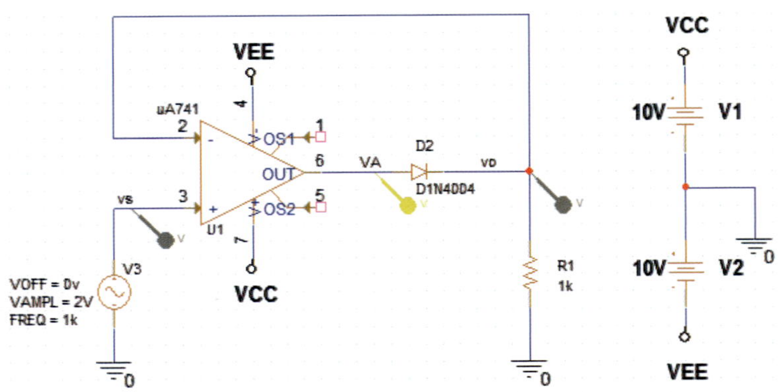

(a) 시뮬레이션 회로

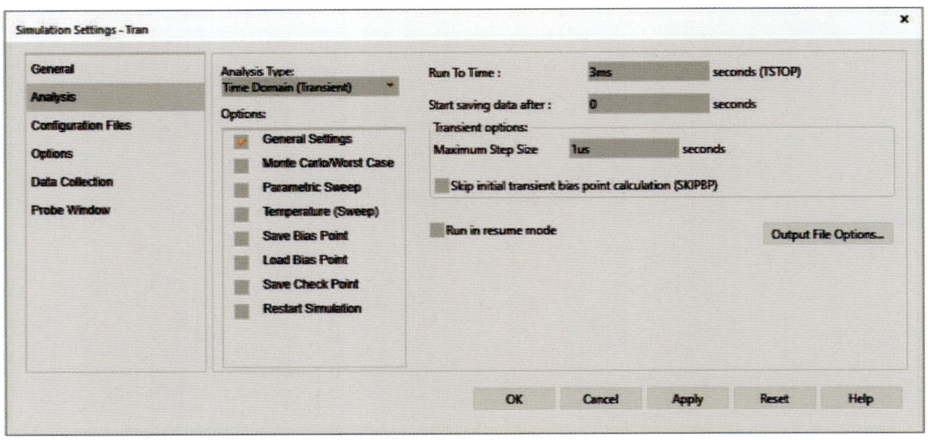

(b) 시뮬레이션 설정(Transient 해석)

그림 21-7 OP Amp 정밀 반파 정류회로의 시뮬레이션

- 전원전압 V_{CC}와 V_{EE}는 SOURCE 라이브러리의 VDC를 사용하며, VDC의 속성 창을 열어 DC 10V로 설정한다.

2 시뮬레이션 설정

- PSpice의 Simulation Settings 창을 열어 Analysis Type을 Time Domain(Transient)으로 지정하고, [그림 21-7(b)]와 같이 설정한다.

3 시뮬레이션 실행 및 결과 확인

- 시뮬레이션을 실행하면, 입력전압 v_S와 출력전압 v_O, 그리고 연산증폭기 출력전압 v_A의 파형이 시뮬레이션 결과 창에 표시된다. 시뮬레이션 결과 화면을 캡처하여 [그림 21-8(a)]에 붙여 넣는다.
- 입력전압 v_S와 반파 정류된 출력 v_O의 진폭, 상호 관계를 확인하여 [표 21-3]에 기록한다.
- 연산증폭기 출력 v_A의 최댓값을 확인하여 [표 21-3]에 기록한다.

4 다이오드 방향을 반대로 바꾼 후 시뮬레이션 재실행 및 결과 확인

- 다이오드의 캐소드 단자가 연산증폭기의 출력에 연결되도록 방향을 반대로 바꾼다.
- 시뮬레이션을 실행하면, 입력전압 v_S와 출력전압 v_O, 그리고 연산증폭기 출력전압 v_A의 파형이 시뮬레이션 결과 창에 표시된다. 시뮬레이션 결과 화면을 캡처하여 [그림 21-8(b)]에 붙여 넣는다.
- 입력전압 v_S와 반파 정류된 출력 v_O의 진폭, 상호 관계를 확인하여 [표 21-3]에 기록한다.
- 연산증폭기 출력 v_A의 최댓값을 확인하여 [표 21-3]에 기록한다.

표 21-3 OP Amp 정밀 반파 정류회로의 동작 특성 시뮬레이션 결과

	다이오드의 애노드가 OP Amp의 출력에 연결된 경우	다이오드의 캐소드가 OP Amp의 출력에 연결된 경우
v_S의 진폭 [V]		
v_O의 진폭 [V]		
입력 v_S와 출력 v_O의 관계		
연산증폭기 출력 v_A		

시뮬레이션 결과 파형을 캡처하여 붙여 넣는다.

(a) 다이오드의 애노드가 OP Amp의 출력에 연결된 경우

시뮬레이션 결과 파형을 캡처하여 붙여 넣는다.

(b) 다이오드의 캐소드가 OP Amp의 출력에 연결된 경우

그림 21-8 OP Amp 정밀 반파 정류회로의 시뮬레이션 결과 파형

2. 실험 OP Amp 정밀 반파 정류회로의 동작 특성 측정

[실험장비]

장비명	수량	장비명	수량
DC 전원공급 장치(2출력)	2대	오실로스코프(2채널)	1대
함수발생기	1대	멀티미터	1대

[실험부품]

OP Amp	uA741	다이오드	1N4004
저항	$1\text{k}\Omega$		

1 브레드보드 부품 배치도 연결 완성하기

- [그림 21-9(a)]의 실험회로와 [그림 21-9(b)]의 uA741 OP Amp 핀 배치도를 참조해서 [그림 21-9(c)]의 브레드보드 부품 배치도의 연결을 완성한다.

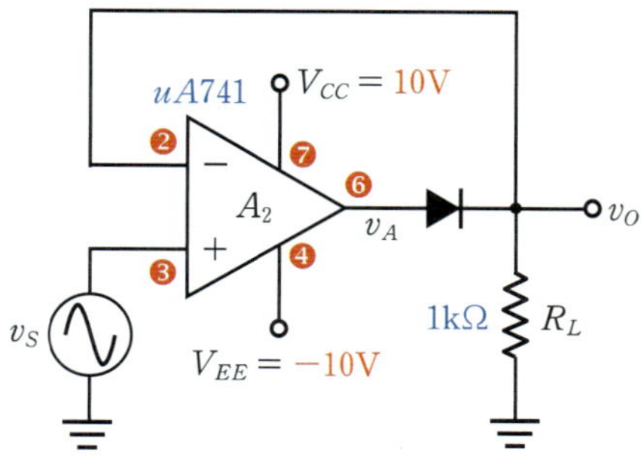

(a) 실험회로

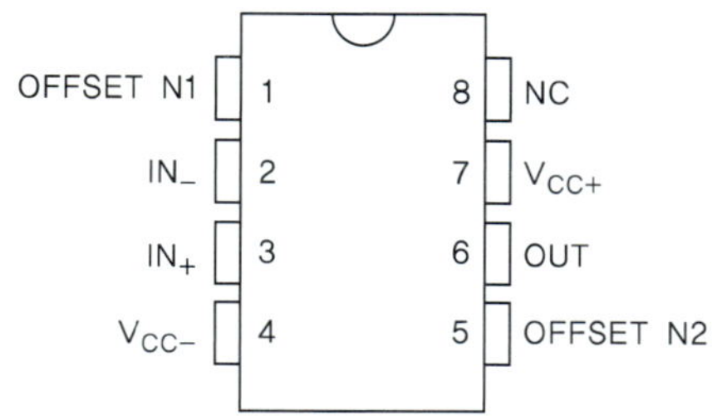

(b) uA741 OP Amp의 핀 배치도

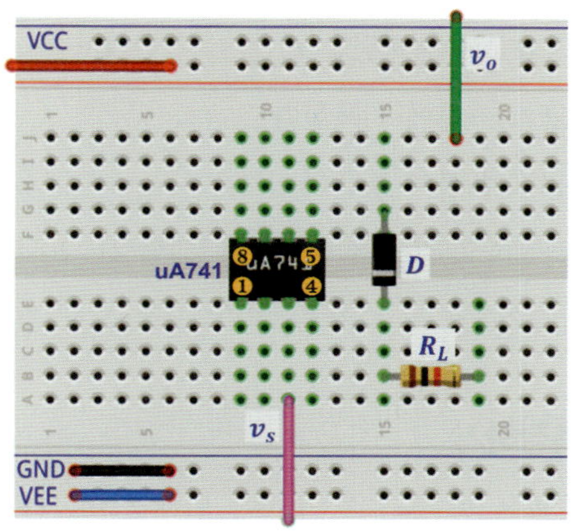

실험회로를 참고해서 부품 배치도의 연결을 완성한다.

(c) 부품 배치도

그림 21-9 OP Amp 정밀 반파 정류 실험회로

2 회로 구성하기

- 완성된 부품 배치도를 참조해서 [그림 21-9(a)]의 실험회로를 브레드보드에 구성한다.
- [그림 21-4(b)]의 uA741 OP Amp 핀 배치도를 참조하여 7번 핀(V_{CC})이 위쪽, 4번 핀(V_{CC-})이 아래쪽이 되도록 브레드보드에 삽입한다.

3 회로 점검하기

- 브레드보드에 부품 실장이 완료되면, 멀티미터를 저항측정 모드로 설정하고 단락, 접촉불량 등을 점검한다.
- V_{CC}와 V_{EE}의 단락 여부, 그리고 입력신호 v_S와 V_{CC}, V_{EE}의 단락 여부를 확인한다.
- V_{CC}와 V_{EE}로 연결되는 노드들의 단락/개방 여부를 확인한다.

4 전원전압 인가하기

- DC 전원공급 장치의 출력이 10 V 와 − 10 V 가 되도록 설정한 후, 실험회로의 V_{CC} 단자에 V_{CC} = 10 V 를 연결하고, V_{EE} = − 10 V 가 되도록 연결한다. V_{CC}와 V_{EE}의 극성이 반대가 됨에 유의한다.

5 신호원 연결하기

- 함수발생기의 전원을 ON시키고 정현파 출력 모드로 설정한다. 정현파의 주파수 1 kHz, 진폭 2 V 가 되도록 설정한 후, 오실로스코프를 이용하여 정현파의 주파수와 진폭을 확인한다. 확인이 완료되면 실험회로의 v_S 단자에 연결한다.

6 출력전압 측정하기

- 오실로스코프의 CH 1로 입력전압 v_S를 측정하고, CH 2로 출력전압 v_O를 측정한다.
- 입력전압 v_S와 출력전압 v_O의 관계를 확인하여 [표 21−4]에 기록한다.
- 측정된 v_S와 v_O의 파형을 캡처하여 [그림 21−10(a)]에 붙여 넣는다.
- 오실로스코프의 CH 1로 연산증폭기 출력전압 v_A를 측정하고, 파형을 캡처하여 [그림 21−10(a)]에 붙여 넣는다.

7 다이오드 방향을 반대로 바꾼 후 출력전압 측정하기

- 다이오드의 캐소드 단자가 연산증폭기의 출력 6번 핀에 연결되도록 방향을 반대로 바꾼다.
- 오실로스코프의 CH 1로 입력전압 v_S를 측정하고, CH 2로 출력전압 v_O를 측정한다.
- 입력전압 v_S와 출력전압 v_O의 관계를 확인하여 [표 21−4]에 기록한다.
- 측정된 v_S와 v_O의 파형을 캡처하여 [그림 21−10(b)]에 붙여 넣는다.
- 오실로스코프의 CH 1로 연산증폭기 출력전압 v_A를 측정하고, 파형을 캡처하여 [그림 21−10(b)]에 붙여 넣는다.

표 21-4 OP Amp 정밀 반파 정류회로의 동작 특성 측정 결과

	다이오드의 애노드가 OP Amp의 출력에 연결된 경우	다이오드의 캐소드가 OP Amp의 출력에 연결된 경우
v_S의 진폭 [V]		
v_O의 진폭 [V]		
입력 v_S와 출력 v_O의 관계		
연산증폭기 출력 v_A		

측정 결과 파형을 캡처하여 붙여 넣는다.
[v_S 와 v_O 의 측정 결과]

측정 결과 파형을 캡처하여 붙여 넣는다.
[연산증폭기 출력 v_A 의 측정 결과]

(a) 다이오드의 애노드가 OP Amp의 출력에 연결된 경우

측정 결과 파형을 캡처하여 붙여 넣는다.
[v_S 와 v_O 의 측정 결과]

측정 결과 파형을 캡처하여 붙여 넣는다.
[연산증폭기 출력 v_A 의 측정 결과]

(b) 다이오드의 캐소드가 OP Amp의 출력에 연결된 경우

그림 21-10 OP Amp 정밀 반파 정류회로의 동작 특성 측정 결과 파형

실험 고찰

■ 고찰 [1]

- [그림 21−5(a)]의 계측증폭기 회로에 대해, [표 21−1]의 시뮬레이션 결과로부터 전압이득 $A_{v,sim}$을 구하고, [표 21−2]의 측정 결과로부터 전압이득 $A_{v,meas}$를 구하라. 그리고 식 (21.1)로 계산된 전압이득 $A_{v,cal}$을 [표 21−5]에 작성하라.
- [표 21−5]로부터 $A_{v,sim}$, $A_{v,meas}$, $A_{v,cal}$, $A_{v,ideal}$을 비교하여 오차의 원인을 분석하라.

표 21-5 계측증폭기의 전압이득 비교

	저항 R_1 [kΩ]			
	20	51	100	200
[표 21−1]의 시뮬레이션 결과에 의한 전압이득 $A_{v,sim}$ [V/V]				
[표 21−2]의 측정 결과에 의한 전압이득 $A_{v,meas}$ [V/V]				
식 (21.1)로 계산된 전압이득 $A_{v,cal}$ [V/V]				

■ 고찰 [2]

- [그림 21−9(a)]의 OP Amp 정밀 반파 정류회로에서 출력 $v_O = 0\text{V}$인 기간에 연산증폭기의 출력 v_A가 [그림 21−8]의 시뮬레이션 결과와 [그림 21−10]의 측정 결과와 같이 전원전압 근처로 포화되는 이유를 설명하고, 반파 정류 회로의 동작에 어떤 영향을 미치는지 설명하라.

연계 | 〈핵심이 보이는 전자회로〉 7.5절

실험 22

OP Amp 주파수 응답 특성과 슬루율

실험 목적

- 시뮬레이션을 통해 OP Amp 비반전증폭기의 주파수 응답 특성과 슬루율을 예측한다.
- OP Amp 비반전증폭기의 주파수 응답 특성을 확인한다.
- OP Amp 슬루율 특성을 확인한다.

실험 내용

- 실험 22-1 | OP Amp 비반전증폭기의 주파수 응답 특성 측정
- 실험 22-2 | OP Amp 슬루율 특성 측정

22.1 이론적 배경 이해하기

1. OP Amp의 주파수 응답 특성

- OP Amp는 유한한 개방회로 이득과 주파수 응답 특성을 가지며, OP Amp를 사용한 반전 및 비반전증폭기 회로의 주파수 응답 특성에 영향을 미친다.
- 예를 들어, uA741 OP Amp는 $f_T = 1\,\mathrm{MHz}$의 단위이득 대역폭 unity gain bandwidth을 갖는다.
- OP Amp 비반전증폭기([그림 22-1(a)])의 폐루프 전압이득은 식 (22.1)과 같다.

$$A_{CL}(s) = \frac{A_{CLO}}{1 + s/w_H} \tag{22.1}$$

  - 저주파 폐루프 전압이득은 $A_{CLO} \simeq 1 + (R_2/R_1)$, 상측 차단주파수는 $w_H \simeq \omega_h A_O / A_{CLO}$이며, 여기서 A_O와 ω_h는 각각 OP Amp의 개방회로 이득과 상측 차단주파수를 나타낸다.
- 비반전증폭기의 폐루프 이득과 대역폭의 관계는 [그림 22-1(b)]와 같으며, 폐루프 이득과 대역폭 사이에 상충관계가 존재하여 폐루프 이득이 클수록 대역폭은 작다.
- 비반전증폭기의 폐루프 이득과 대역폭의 곱($A_{CLO} f_H$)은 OP Amp의 단위이득 대역폭 f_T와 같으며, 식 (22.2)의 관계가 성립한다. $A_O \gg A_{CLO}$이므로 $f_H > f_h$이다.

$$A_{CLO} f_H = A_O f_h = f_T \tag{22.2}$$

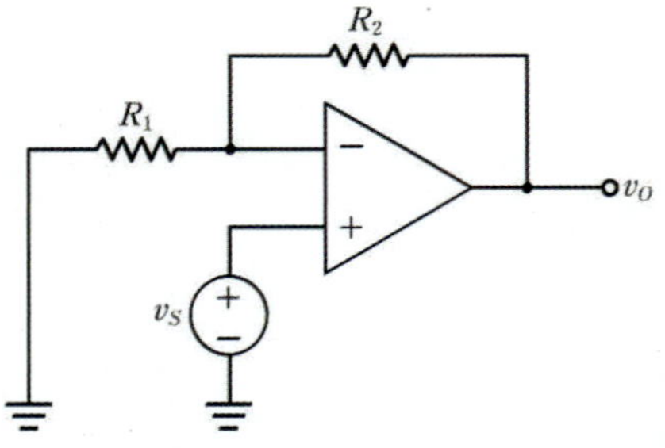

(a) 비반전증폭기

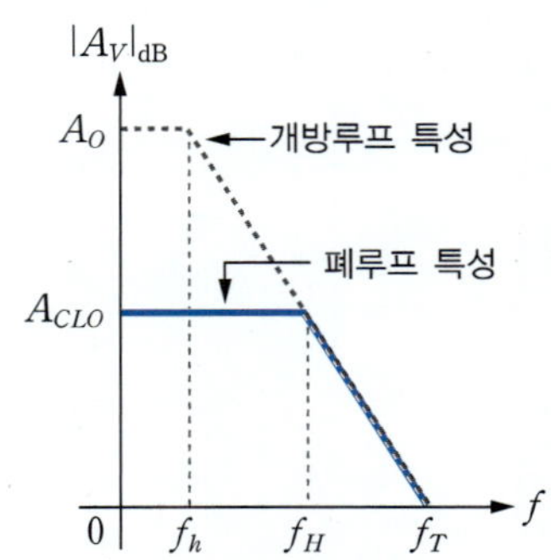

(b) 비반전증폭기의 주파수 응답 특성

그림 22-1 OP Amp 비반전증폭기의 주파수 응답 특성

2. OP Amp 슬루율 특성

- **슬루율**slew rate은 연산증폭기 출력의 반응속도를 나타내는 파라미터이며, 식 (22.3)과 같이 단위시간당 출력전압 변화의 최댓값으로 정의되고, 통상 V/μs 의 단위로 표시된다.
  - uA741 연산증폭기의 슬루율은 0.5 V/μs 이며, 이는 1μs 동안 출력전압이 최대 0.5 V 변할 수 있음을 의미한다.

$$SR \equiv \left(\frac{dv_O}{dt}\right)_{\max} \tag{22.3}$$

- [그림 22-2(a)]의 전압 팔로워에 [그림 22-2(b)]와 같은 계단입력이 인가되는 경우, 연산증폭기의 유한한 슬루율에 의해 [그림 22-2(c)]와 같이 출력전압이 일정한 기울기로 상승한다.

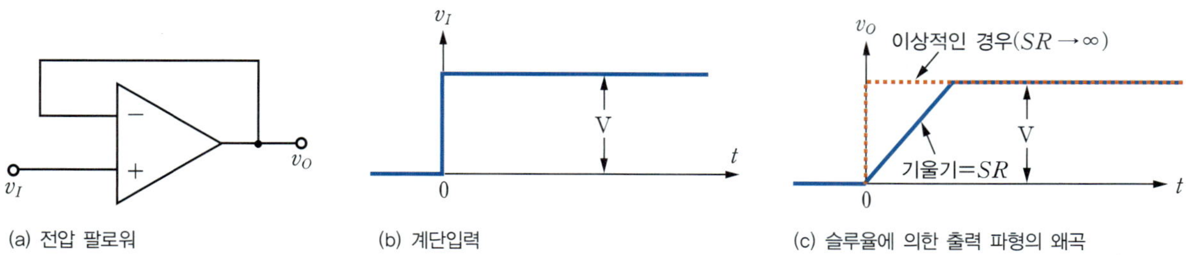

그림 22-2 OP Amp의 슬루율 특성

- 연산증폭기 슬루율이 정현파 출력에 미치는 영향은 [그림 22-3]과 같다.
  - 파형 A : 연산증폭기의 슬루율을 나타낸다.
  - 파형 B : 진폭과 주파수가 큰 정현파는 슬루율의 영향을 받아 A의 왜곡된 형태로 출력된다.
  - 파형 C : 진폭은 크지만, 주파수가 작은 정현파는 슬루율의 영향을 받지 않는다.
  - 파형 D : 주파수는 높지만, 진폭이 작은 정현파는 슬루율의 영향을 받지 않는다.
- 슬루율은 큰 진폭의 출력신호에 영향을 미치므로 **대신호**large-signal **특성**이라고 한다.
- 주파수 f인 정현파의 **슬루율 제한 출력전압 진폭**slew-rate-limited amplitude $V_{p,\max}$와 진폭 V_p인 정현파의 **슬루율 제한 주파수**slew-rate-limited frequency $f_{\max}$는 각각 식 (22.4), 식 (22.5)로 정의된다.

$$V_{p,\max} = \frac{SR}{2\pi f} \tag{22.4}$$

$$f_{\max} = \frac{SR}{2\pi V_p} \tag{22.5}$$

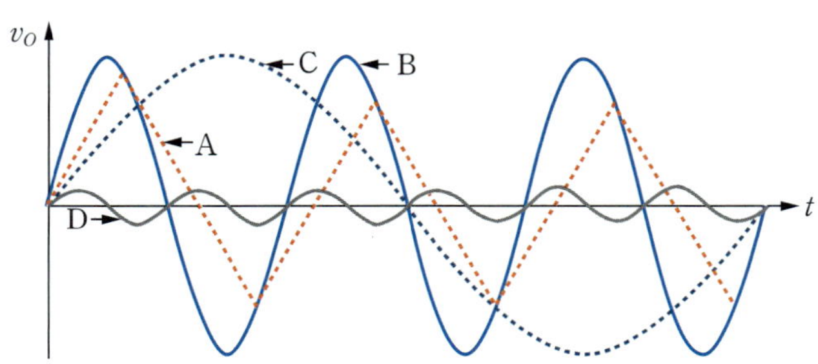

그림 22-3 정현파 출력에 대한 슬루율의 영향

점검하기 다음 각 문제에 답하라.

(1) 폐루프 이득이 $A_{CLO}=40\,\mathrm{dB}$인 OP Amp 비반전증폭기의 대역폭은 $f_H=($ $)$이다. 단, OP Amp의 단위이득 대역폭은 $f_T=1\,\mathrm{MHz}$이다.

(2) OP Amp 비반전증폭기의 폐루프 이득이 클수록 대역폭은 (작다, 크다).

(3) OP Amp의 단위이득 대역폭 f_T는 개방회로 이득의 크기가 ( ) dB인 주파수이다.

(4) 전압 팔로워의 대역폭은 OP Amp의 단위이득 대역폭과 같다. (O, X)

(5) 슬루율이 클수록 연산증폭기 출력의 응답속도가 빠르다. (X, O)

(6) 슬루율은 (소신호, 대신호) 출력에 영향을 미친다.

(7) 슬루율이 클수록 높은 주파수와 큰 진폭의 정현파가 왜곡 없이 출력될 수 있다. (X, O)

(8) 슬루율 $SR=0.8\mathrm{V}/\mu\mathrm{s}$인 OP Amp에서 주파수 50kHz인 정현파 출력이 슬루율에 의해 왜곡되지 않는 최대 진폭은 ( )V 이다.

(9) 슬루율 $SR=0.8\mathrm{V}/\mu\mathrm{s}$인 OP Amp에서 진폭 5V인 정현파 출력이 슬루율에 의해 왜곡되지 않는 최대 주파수는 ( )kHz 이다.

여기서 잠깐 **OP Amp의 종류 (2)**

- **rail-to-rail OP Amp**
  - 일반적인 범용 OP Amp의 최대 출력전압은 전원전압보다 약 $1\sim3\mathrm{V}$ 정도 작으며, 이는 OP Amp 내부의 출력단이 푸시-풀 구조를 갖기 때문이다.
  - 반면에, 출력전압 스윙이 전원전압의 수십~수백 mV까지 얻어지도록 만들어진 소자를 rail-to-rail OP Amp라고 한다. 여기서 rail-to-rail은 철도의 궤도를 따라 기차바퀴가 굴러가듯이 전원전압 $+V_{CC}$와 $-V_{CC}$에 근접한 출력전압 스윙이 얻어진다는 의미이다.
  - $+5\mathrm{V}$의 단일전원을 사용하는 회로에 일반적인 OP Amp가 사용되면, 출력전압의 스윙은 $\pm1\sim2\mathrm{V}$ 정도밖에 되지 않는다는 단점을 가지므로, rail-to-rail OP Amp는 배터리와 같은 단일 전원, 저전압으로 동작하는 회로에 적합하다.
  - 예를 들어, TI사의 LMV321, LMV358 등은 LM321, uA741의 저전압용 버전인 rail-to-rail OP Amp이다.

- **BIFET OP Amp, BIMOS OP Amp**
  - BIFET는 **BI**polar **F**ield-**E**ffect **T**ransistor의 약어이며, BIMOS는 **BI**polar **M**etal-**O**xide-**S**emiconductor의 약어이다. 내부의 회로가 BJT와 JFET 또는 MOSFET의 혼합으로 만들어진 OP Amp를 일컫는다.
  - BIFET, BIMOS OP Amp는 입력단 차동증폭기가 JFET 또는 MOSFET로 만들어지고, 이득단과 출력단은 BJT로 만들어진다. 입력단이 FET 소자로 만들어지므로, 수 $\mathrm{T\Omega}(10^{12}\Omega)$) 정도의 매우 큰 입력 임피던스를 가지며, 입력 바이어스 전류는 수 $\mathrm{pA}(10^{-12}\mathrm{A})$ 정도로 매우 작아서 입력 바이어스 전류에 의한 영향을 보상할 필요가 없다는 장점을 갖는다. 이득단과 출력단은 큰 이득과 전류 구동력을 위해 BJT로 구현된다.
  - BIFET OP Amp로는 Analog Devices사의 AD648, AD713, AD743, AD746 등이 있으며, BIMOS OP Amp로는 TI사의 TLC08x 시리즈, Intersil사의 CA3140, NTE Electronics사의 NTE7144 등이 있다.

22.2 실험 진행하기

실험 22-1 | OP Amp 비반전증폭기의 주파수 응답 특성 측정

1. PSpice 시뮬레이션

1 회로도 입력

- OP Amp 비반전증폭기의 주파수 응답 특성을 시뮬레이션하기 위해 [그림 22-4(a)]의 회로를 PSpice 회로도 편집기에 입력한다.
- OP Amp는 uA741을 사용한다.
- $R_1 = 1\,\text{k}\Omega$, $R_2 = 99\,\text{k}\Omega$으로 설정하여 비반전증폭기의 전압이득 $A_v = 100\,\text{V/V}\,(40\,\text{dB})$가 되도록 한다.
- 입력전압은 SOURCE 라이브러리의 VAC를 사용하며, VAC의 속성 창을 열어 ACMAG는 1V, DC는 0V로 설정한다.
- 출력전압의 크기를 데시벨로 확인할 수 있도록 [그림 22-4(b)]와 같이 연산증폭기의 출력단자에 VDB Marker를 연결한다.

2 시뮬레이션 설정

- PSpice의 Simulation Settings 창을 열어 Analysis Type을 AC Sweep/Noise로 지정한다.
- Options에서 General Settings을 선택하고, AC Sweep Type에서 Logarithmic과 Decade를 지정하여 주파수가 로그 스케일로 표시되도록 설정한다. 시뮬레이션을 실행할 주파수 범위를 [그림 22-4(c)]와 같이 설정한다.

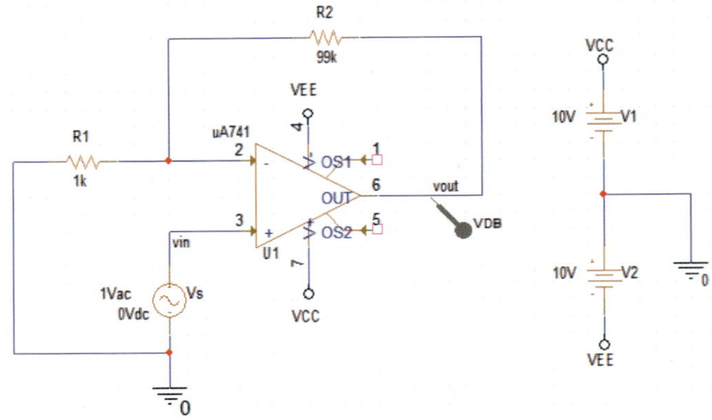

(a) 시뮬레이션 회로

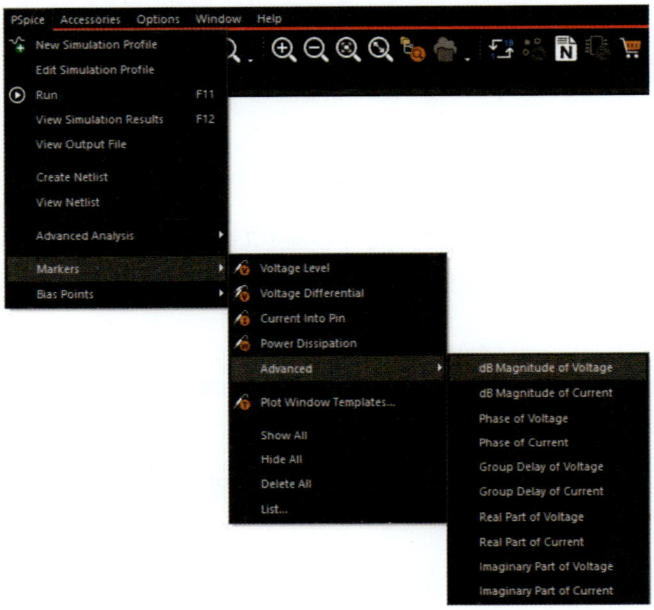

(b) VDB Marker 설정

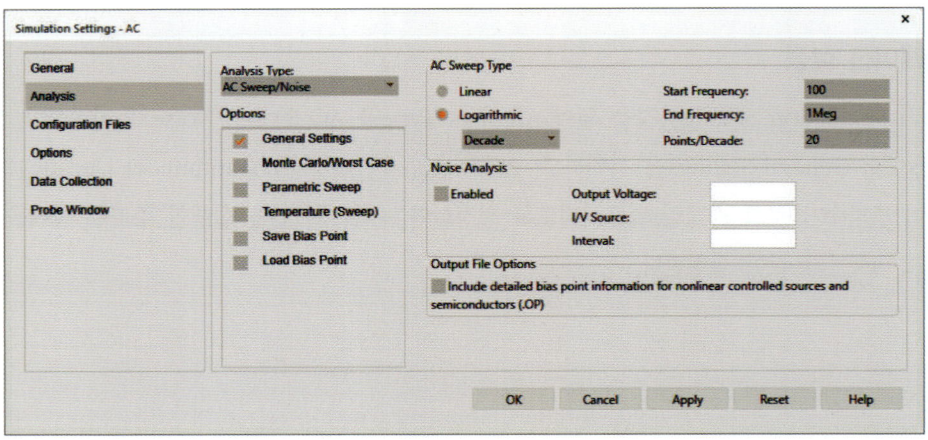

(c) 시뮬레이션 설정(AC Sweep)

그림 22-4 OP Amp 비반전증폭기의 주파수 응답 특성 시뮬레이션

3 시뮬레이션 실행 및 결과 확인

- 시뮬레이션을 실행하면, 출력전압의 파형이 시뮬레이션 결과 창에 표시된다. PSpice의 Search Command를 이용하여 [표 22-1]에 나열된 주파수 값에 대해 출력전압의 데시벨 값을 확인하여 $A_v = 40\,\text{dB}$ 열의 해당 칸에 기록한다.
- PSpice Measurements의 `Cutoff_Lowpass_3dB`를 이용하여 상측 3 dB 주파수 값을 측정하고, [표 22-1]의 $A_v = 40\,\text{dB}$ 열의 해당 칸에 기록한다.
- 시뮬레이션 결과 화면을 캡처하여 [그림 22-5(a)]에 붙여 넣는다.

4 이득 변경 후, 시뮬레이션 재실행 및 결과 확인

- [그림 22-4(a)]의 시뮬레이션 회로에서 $R_2 = 9\,\text{k}\Omega$으로 변경하여 $A_v = 10\,\text{V/V}\,(20\,\text{dB})$인 비반전증폭기로 수정한다.
- 시뮬레이션을 실행하고, [표 22-1]에 나열된 주파수 값에 대해 출력전압의 데시벨 값을 확인하여 $A_v = 20\,\text{dB}$ 열의 해당 칸에 기록한다.

표 22-1 OP Amp 비반전증폭기의 주파수 응답 특성 시뮬레이션 결과

전압이득 $A_v = 40\,[\text{dB}]$		전압이득 $A_v = 20\,[\text{dB}]$	
주파수 [kHz]	출력전압 v_O [dB]	주파수 [kHz]	출력전압 v_O [dB]
1		1	
2		2	
4		4	
6		6	
8		8	
10		10	
20		20	
30		30	
40		40	
60		60	
80		80	
100		100	
200		200	
300		300	
상측 3dB 주파수 [kHz]		상측 3dB 주파수 [kHz]	

- PSpice Measurements의 `Cutoff_Lowpass_3dB`를 이용하여 상측 3 dB 주파수 값을 측정하고, [표 22-1]의 $A_v = 20\,\mathrm{dB}$ 열의 해당 칸에 기록한다.
- 시뮬레이션 결과 화면을 캡처하여 [그림 22-5(b)]에 붙여 넣는다.

Search Command로 특정 주파수 값에서 출력전압의 데시벨 측정하기

❶ Search Commands를 실행한다(PSpice 결과 창에서 망원경 아이콘 클릭).

❷ Search Commands 창에서 search forward xvalue(0.1K)를 입력하고, OK 버튼을 클릭한다(0.1kHz의 주파수에서 측정하는 경우).

❸ Cursor가 0.1kHz 위치의 시뮬레이션 결과 파형으로 이동한다.

❹ Mark Label 아이콘을 클릭하면, Cursor가 위치한 곳의 출력전압 데시벨 값이 시뮬레이션 결과 파형에 표시된다.

시뮬레이션 결과 파형을 캡처하여 붙여 넣는다.

(a) $A_v = 40\,\mathrm{dB}$ 인 경우

시뮬레이션 결과 파형을 캡처하여 붙여 넣는다.

(b) $A_v = 20\,\mathrm{dB}$ 인 경우

그림 22-5 OP Amp 비반전증폭기의 주파수 응답 특성 시뮬레이션 결과 파형

2. 실험 OP Amp 비반전증폭기의 주파수 응답 특성 측정

[실험장비]

장비명	수량	장비명	수량
DC 전원공급 장치(2출력)	1대	오실로스코프(2채널)	1대
함수발생기	1대	멀티미터	1대

[실험부품]

OP Amp	uA741	저항	$1\text{k}\Omega$, $2.2\text{k}\Omega$, $6.8\text{k}\Omega$, $24\text{k}\Omega$, $75\text{k}\Omega$

1 브레드보드 부품 배치도 연결 완성하기

- [그림 22-6(a)]의 실험회로와 [그림 22-6(b)]의 uA741 OP Amp 핀 배치도를 참조해서 [그림 22-6(c)]의 브레드보드 부품 배치도의 연결을 완성한다.

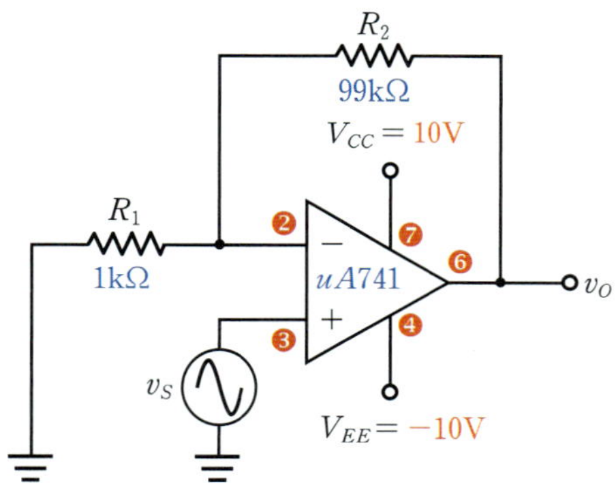

(a) 실험회로

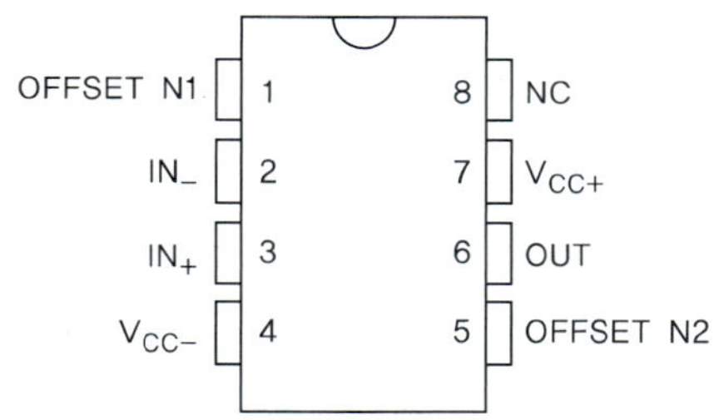

(b) uA741 OP Amp의 핀 배치도

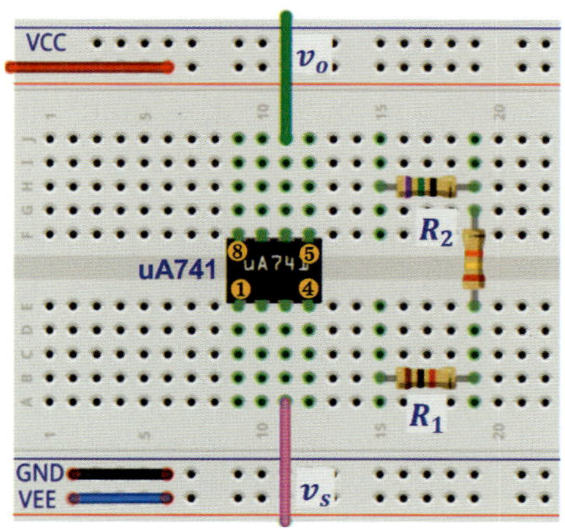

실험회로를 참고해서 부품 배치도의 연결을 완성한다.

(c) 부품 배치도

그림 22-6 OP Amp 비반전증폭기 실험회로

2 회로 구성하기

- 완성된 부품 배치도를 참조하여 브레드보드에 [그림 22-6(a)]의 실험회로를 구성한다.
- uA741 OP Amp 핀 배치도를 참조하여 7번 핀(V_{CC})이 위쪽, 4번 핀(V_{CC-})이 아래쪽이 되도록 브레드보드에 삽입한다.
- 저항 : $R_1 = 1\,\text{k}\Omega$, $R_2 = 99\,\text{k}\Omega\,(24\,\text{k}\Omega + 75\,\text{k}\Omega)$을 사용하여 비반전증폭기의 전압이득이 $A_v = 100\text{V/V}$ $(= 40\,\text{dB})$이 되도록 한다.

3 회로 점검하기

- 브레드보드에 부품 실장이 완료되면, 멀티미터를 저항측정 모드로 설정하고 점검한다.
- V_{CC}와 V_{EE}의 단락 여부, 그리고 입력신호 v_S 와 V_{CC}, V_{EE}의 단락 여부를 확인한다.
- V_{CC}와 V_{EE}로 연결되는 노드들의 단락/개방 여부를 확인한다.

4 전원전압 인가하기

- DC 전원공급 장치의 출력이 10 V와 -10 V가 되도록 설정한 후, 실험회로의 V_{CC} 단자에 $V_{CC} = 10\,\text{V}$를 연결하고, $V_{EE} = -10\,\text{V}$가 되도록 연결한다. V_{CC}와 V_{EE}의 극성이 반대가 됨에 유의한다.

5 신호원 연결하기

- 함수발생기의 전원을 ON시키고 정현파 출력 모드로 설정한다. 정현파의 진폭 50 mV, 주파수 1 kHz가 되도록 설정한 후, 오실로스코프를 이용하여 정현파의 주파수와 진폭을 확인한다. 확인이 완료되면 실험회로의 v_S 단자에 연결한다.

6 결과 값 측정하기

- 오실로스코프로 출력전압 v_O의 첨두-첨두값을 측정하여 [표 22-2]의 $A_v = 40\,\text{dB}$ 열의 $f = 1\,\text{kHz}$ 칸에 기록하고, 데시벨로 환산한 값도 기록한다.
- 함수발생기 출력 정현파의 진폭을 50 mV로 고정시킨 상태에서 [표 22-2]에 나열된 주파수 값들로 설정한 후, 출력전압의 첨두-첨두값을 측정하여 $A_v = 40\,\text{dB}$ 열의 해당 주파수 칸에 기록하고, 데시벨로 환산한 값도 기록한다.

7 이득 변경 후, 출력전압 측정하기

- $R_2 = 9\,\mathrm{k\Omega}(2.2\,\mathrm{k\Omega}+6.8\,\mathrm{k\Omega})$으로 바꾸어 전압이득이 $A_v = 10\mathrm{V/V}(=20\,\mathrm{dB})$이 되도록 만든다.
- 함수발생기 출력 정현파의 진폭을 $50\,\mathrm{mV}$로 고정시킨 상태에서 [표 22-2]에 나열된 주파수 값들로 설정한 후, 출력전압의 첨두-첨두값을 측정하여 $A_v = 20\,\mathrm{dB}$ 열의 해당 주파수 칸에 기록하고, 데시벨로 환산한 값도 기록한다.

표 22-2 OP Amp 비반전증폭기의 주파수 응답 특성 측정 결과

전압이득 $A_v = 40$[dB]			전압이득 $A_v = 20$[dB]		
주파수 [kHz]	출력전압 v_O		주파수 [kHz]	출력전압 v_O	
	첨두-첨두값	데시벨 값 [dB]		첨두-첨두값	데시벨 값 [dB]
1			1		
2			2		
4			4		
6			6		
8			8		
10			10		
20			20		
30			30		
40			40		
60			60		
80			80		
100			100		
200			200		
300			300		

실험 22-2 | OP Amp 슬루율 특성 측정

1. PSpice 시뮬레이션

1 회로도 입력

- OP Amp 슬루율 특성의 해석을 위해 [그림 22-7(a)]의 전압 팔로워 회로를 PSpice 회로도 편집기에 입력한다.
- OP Amp는 uA741을 사용한다.
- 입력전압 v_S는 SOURCE 라이브러리의 VPULSE를 사용하며, 속성 창을 열어 다음과 같이 설정하여 주파수 20 kHz 인 구형파를 인가한다.

  – 파형 A : V1 = 0V, V2 = 5V, TD = 0, TR = 1ns, TF = 1ns, PW = 25μs , PER = 50μs
- 입력전압과 출력전압 파형을 확인할 수 있도록 [그림 22-7(a)]와 같이 회로도에 Voltage Marker를 연결한다.

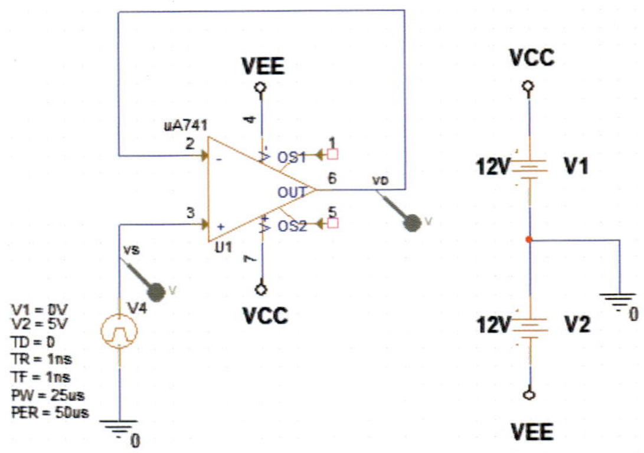

(a) 시뮬레이션 회로

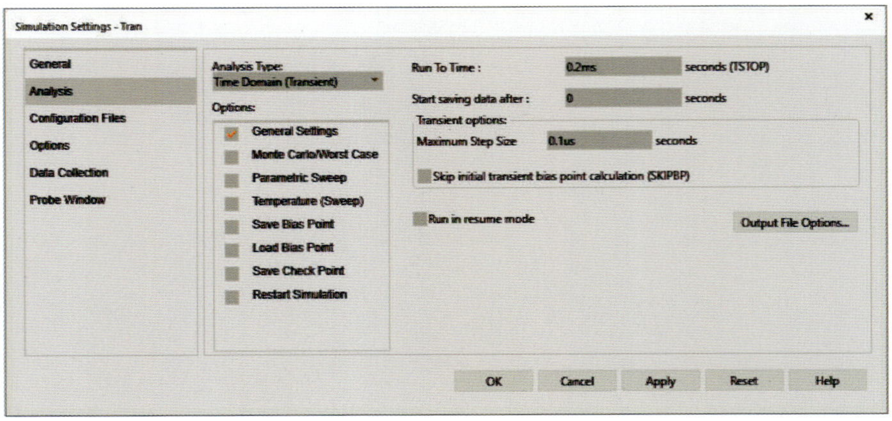

(b) 시뮬레이션 설정(Transient 해석)

그림 22-7 OP Amp 슬루율 측정을 위한 전압 팔로워 회로의 시뮬레이션

- 전원전압 V_{CC}와 V_{EE}는 SOURCE 라이브러리의 VDC를 사용하며, VDC의 속성 창을 열어 DC 12V로 설정한다.

2 시뮬레이션 설정

- PSpice의 Simulation Settings 창을 열어 Analysis Type을 Time Domain(Transient)으로 지정하고, [그림 22-7(b)]와 같이 설정한다.

3 시뮬레이션 실행 및 결과 확인

- 시뮬레이션을 실행하면, 입력전압과 출력전압의 파형이 시뮬레이션 결과 창에 표시된다. 시뮬레이션 결과 화면을 캡처하여 [그림 22-8]에 붙여 넣는다.

4 정현파 입력에 대한 슬루율 영향 시뮬레이션 실행 및 결과 확인

- 입력전압 v_S를 SOURCE 라이브러리의 VSIN으로 변경하고, VSIN의 속성 창을 열어 진폭 1V, 주파수 50kHz, 오프셋 0V인 정현파로 설정한다.
- 시뮬레이션을 실행하면, 입력전압과 출력전압의 파형이 시뮬레이션 결과 창에 표시된다. 입력전압 v_S와 출력전압 v_O의 파형을 캡처하여 [그림 22-9(a)]에 붙여 넣는다.
- VSIN의 정현파 주파수를 50kHz로 고정한 상태에서, 진폭을 2V, 3V, 5V로 변경하여 시뮬레이션하고 입력전압 v_S와 출력전압 v_O의 파형을 캡처하여 [그림 22-9(b), (c), (d)]에 붙여 넣는다.
- VSIN의 정현파 진폭을 5V로 고정한 상태에서, 주파수를 10kHz, 20kHz, 30kHz, 50kHz로 변화시키며 시뮬레이션하고 출력전압 v_O의 파형을 캡처하여 [그림 22-10(a)~(d)]에 붙여 넣는다.

시뮬레이션 결과 파형을 캡처하여 붙여 넣는다.

그림 22-8 OP Amp 슬루율 특성의 시뮬레이션 결과 파형(주파수가 20kHz인 구형파의 경우)

시뮬레이션 결과 파형을 캡처하여 붙여 넣는다.

(a) 진폭이 $1\mathrm{V}$인 경우

시뮬레이션 결과 파형을 캡처하여 붙여 넣는다.

(b) 진폭이 $2\mathrm{V}$인 경우

시뮬레이션 결과 파형을 캡처하여 붙여 넣는다.

(c) 진폭이 $3\mathrm{V}$인 경우

시뮬레이션 결과 파형을 캡처하여 붙여 넣는다.

(d) 진폭이 $5\mathrm{V}$인 경우

그림 22-9 v_S의 진폭에 따른 OP Amp 슬루율 특성의 시뮬레이션 결과 파형(정현파 주파수가 $50\mathrm{kHz}$인 경우)

시뮬레이션 결과 파형을 캡처하여 붙여 넣는다.

(a) $10\,\mathrm{kHz}$인 경우

시뮬레이션 결과 파형을 캡처하여 붙여 넣는다.

(b) $20\,\mathrm{kHz}$인 경우

시뮬레이션 결과 파형을 캡처하여 붙여 넣는다.

(c) $30\,\mathrm{kHz}$인 경우

시뮬레이션 결과 파형을 캡처하여 붙여 넣는다.

(d) $50\,\mathrm{kHz}$인 경우

그림 22-10 v_S의 주파수에 따른 OP Amp 슬루율 특성의 시뮬레이션 결과 파형(정현파 진폭이 $5\,\mathrm{V}$인 경우)

2. 실험 OP Amp 슬루율 특성 측정

[실험장비]

장비명	수량	장비명	수량
DC 전원공급 장치(2출력)	1대	오실로스코프(2채널)	1대
함수발생기	1대	멀티미터	1대

[실험부품]

OP Amp	uA741

1 브레드보드 부품 배치도 연결 완성하기

- [그림 22-11(a)]의 실험회로와 [그림 22-6(b)]의 uA741 OP Amp 핀 배치도를 참조해서 [그림 22-11(b)]의 브레드보드 부품 배치도의 연결을 완성한다.

2 회로 구성하기

- 완성된 부품 배치도를 참조해서 [그림 22-11(a)]의 실험회로를 브레드보드에 구성한다.
- [그림 22-6(b)]의 uA741 OP Amp 핀 배치도를 참조하여 7번 핀(V_{CC})이 위쪽, 4번 핀(V_{CC-})이 아래쪽이 되도록 브레드보드에 삽입한다.

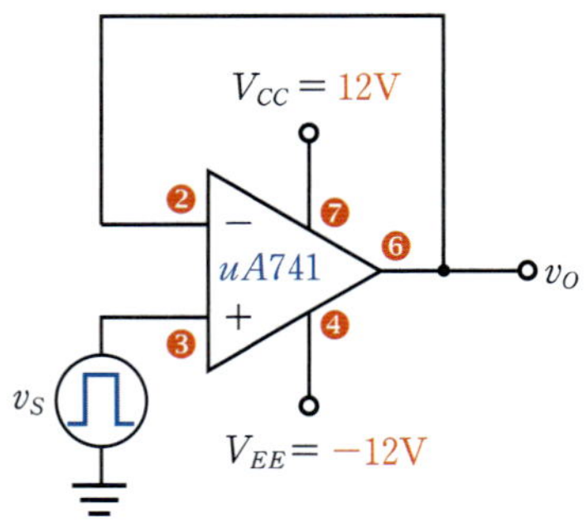

(a) 실험회로

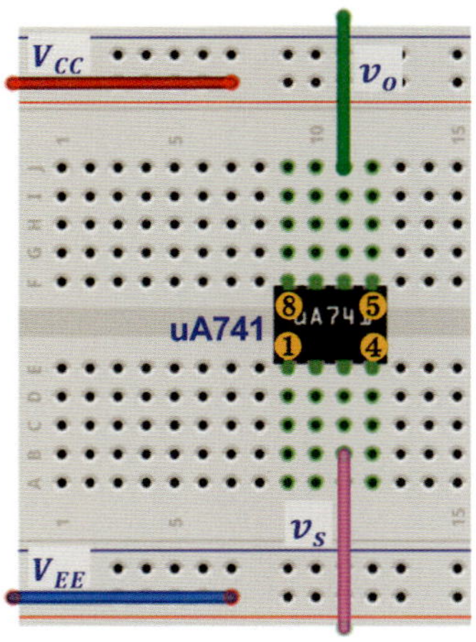

실험회로를 참고해서 부품 배치도의 연결을 완성한다.

(b) 부품 배치도

그림 22-11 OP Amp 슬루율 측정을 위한 전압 팔로워 실험회로

3 회로 점검하기

- 브레드보드에 부품 실장이 완료되면, 멀티미터를 저항측정 모드로 설정하고 단락, 접촉불량 등을 점검한다.
- V_{CC}와 V_{EE}의 단락 여부, 그리고 입력신호 v_S와 V_{CC}, V_{EE}의 단락 여부를 확인한다.
- V_{CC}와 V_{EE}로 연결되는 노드들의 단락/개방 여부를 확인한다.

4 전원전압 인가하기

- DC 전원공급 장치의 출력이 12 V와 −12 V가 되도록 설정한 후, 실험회로의 V_{CC} 단자에 $V_{CC} = 12\,\text{V}$를 연결하고, $V_{EE} = -12\,\text{V}$가 되도록 연결한다. V_{CC}와 V_{EE}의 극성이 반대가 됨에 유의한다.

5 신호원 연결하기

- 함수발생기의 전원을 ON시키고 구형파square wave 출력 모드로 설정한다. 구형파의 진폭이 5V, 주파수는 20kHz가 되도록 설정한 후, 오실로스코프를 이용하여 구형파의 주파수와 진폭을 확인한다. 확인이 완료되면 실험회로의 v_S 단자에 연결한다.

6 출력전압 측정하기

- 오실로스코프의 CH 1로 입력전압 v_S를 측정하고, CH 2로 출력전압 v_O를 측정한다. 측정된 파형을 캡처하여 [그림 22-12]에 붙여 넣는다.

측정 결과 파형을 캡처하여 붙여 넣는다.

그림 22-12 OP Amp 슬루율 특성의 측정 결과 파형(주파수가 20 kHz인 구형파의 경우)

7 정현파 입력에 대한 슬루율 영향 측정하기

- 함수발생기를 정현파 출력 모드로 설정한다. 정현파의 진폭이 1V, 주파수는 50kHz가 되도록 설정한 후, 오실로스코프를 이용하여 정현파의 주파수와 진폭을 확인한다. 확인이 완료되면 실험회로의 v_S 단자에 연결한다.
- 오실로스코프의 CH1로 입력전압 v_S를 측정하고, CH2로 출력전압 v_O를 측정한다. 측정된 파형을 캡처하여 [그림 22-13(a)]에 붙여 넣는다.
- 함수발생기에서 출력되는 정현파의 주파수를 50kHz로 고정한 상태에서, 진폭을 2V, 3V, 5V로 변화시키면서 출력전압 v_O를 측정한다. 측정된 파형을 캡처하여 [그림 22-13(b), (c), (d)]에 붙여 넣는다.
- 함수발생기에서 출력되는 정현파의 진폭을 5V로 고정한 상태에서, 주파수를 10kHz, 20kHz, 30kHz, 50kHz로 변화시키면서 출력전압 v_O를 측정한다. 측정된 파형을 캡처하여 [그림 22-14(a)~(d)]에 붙여 넣는다.

측정 결과 파형을 캡처하여 붙여 넣는다.

(a) 진폭이 $1\,\mathrm{V}$인 경우

측정 결과 파형을 캡처하여 붙여 넣는다.

(b) 진폭이 $2\,\mathrm{V}$인 경우

측정 결과 파형을 캡처하여 붙여 넣는다.

(c) 진폭이 $3\,\mathrm{V}$인 경우

측정 결과 파형을 캡처하여 붙여 넣는다.

(d) 진폭이 $5\,\mathrm{V}$인 경우

그림 22-13 v_S의 진폭에 따른 OP Amp 슬루율 특성의 측정 결과 파형(정현파 주파수가 $50\,\mathrm{kHz}$인 경우)

측정 결과 파형을 캡처하여 붙여 넣는다.

(a) 10 kHz인 경우

측정 결과 파형을 캡처하여 붙여 넣는다.

(b) 20 kHz인 경우

측정 결과 파형을 캡처하여 붙여 넣는다.

(c) 30 kHz인 경우

측정 결과 파형을 캡처하여 붙여 넣는다.

(d) 50 kHz인 경우

그림 22-14 v_S의 주파수에 따른 OP Amp 슬루율 특성의 측정 결과 파형(정현파 진폭이 5 V인 경우)

실험 고찰

■ 고찰 [1]

- [표 22-2]의 비반전증폭기의 주파수 응답 특성 측정 결과를 [그림 22-15]에 그래프로 그리고, 상측 3 dB 주파수를 표시하라. 그래프의 X-축은 로그 스케일이고, Y-축은 데시벨이다.

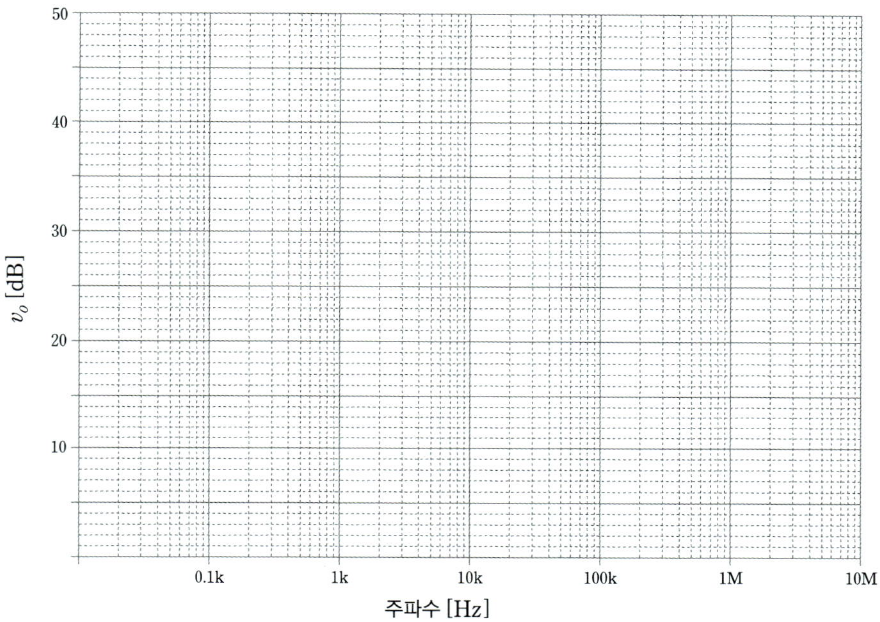

그림 22-15 OP Amp 비반전증폭기의 주파수 응답 특성(측정 결과)

- [그림 22-5]와 [그림 22-15]로부터 비반전증폭기의 상측 차단주파수를 구하여 [표 22-3]의 해당 칸에 기록하고, 시뮬레이션 결과에 의한 값과 측정 결과에 의한 값을 비교하라.

표 22-3 OP Amp 비반전증폭기의 대역폭(상측 3 dB 주파수) 비교

	$A_v = 40$ [dB]	$A_v = 20$ [dB]
시뮬레이션 결과([그림 22-5])에 의한 상측 3 dB 주파수		
측정 결과([그림 22-15])에 의한 상측 3 dB 주파수		

실험 고찰

■ 고찰 [2]

- [그림 22-8]과 [그림 22-12]로부터 uA741 연산증폭기의 슬루율을 구하여 [표 22-4]의 해당 칸에 기록하고, 시뮬레이션 결과에 의한 값과 측정 결과에 의한 값을 데이터시트에 명시된 값과 비교하라.

표 22-4 uA741 OP Amp의 슬루율 비교

	슬루율 [V/μs]
시뮬레이션 결과([그림 22-8])에 의한 슬루율	
측정 결과([그림 22-12])에 의한 슬루율	
데이터시트에 명시된 슬루율	

연계 | 〈핵심이 보이는 전자회로〉 8.2절

실험

23

정현파 발진기 회로

실험 목적

- 시뮬레이션을 통해 정현파 발진기 회로의 동작 특성을 예측한다.
- 위상이동 발진기 회로의 구성과 동작을 확인한다.
- 빈 브릿지 발진기 회로의 구성과 동작을 확인한다.

실험 내용

- 실험 23-1 | 위상이동 발진기 회로의 동작 특성 측정
- 실험 23-2 | 빈 브릿지 발진기 회로의 동작 특성 측정

23.1 이론적 배경 이해하기

1. 위상이동 발진기

- 연산증폭기를 이용한 위상이동phase shift 발진기는 [그림 23-1]과 같이 전압이득이 $-\dfrac{R_F}{R}$인 반전증폭기와 위상이동 RC 귀환회로로 구성된다.
- RC 귀환회로 : 커패시터 C와 저항 R의 3단 회로로 구성되며, 반전증폭기 출력의 위상을 $-180°$만큼 이동시키는 역할을 한다. 반전증폭기에 의한 $-180°$ 위상이동과 RC 귀환회로에 의한 $-180°$ 위상이동에 의해 $-360°$ 위상이동이 일어나 바르크하우젠의 발진조건 중 위상 조건이 만족된다.
- 반전증폭기 : RC 회로에 의한 신호 감쇄를 보상하는 이득을 제공하며, 바르크하우젠의 발진조건 중 크기 조건이 만족되어 일정한 진폭의 정현파가 발진되도록 한다.
- 발진주파수 f_0는 식 (23.1)과 같이 시상수 $\tau = RC$에 반비례한다. 저항 R과 커패시터 C값을 변경하여 발진주파수를 조정할 수 있다.

$$f_0 = \frac{\omega_0}{2\pi} = \frac{1}{2\pi\sqrt{6}\,RC} \tag{23.1}$$

- 발진을 지속하기 위한 이득조건은 식 (23.2)와 같으며, 실제 회로에서 발진이 시작되기 위해서는 29보다 조금 큰(30~31 정도) 이득이 필요하다. 이득이 너무 크면 발진 정현파에 왜곡이 발생한다.

$$\frac{R_F}{R} = 29 \tag{23.2}$$

2. 빈 브릿지 발진기

- 연산증폭기를 이용한 빈 브릿지Wien bridge 발진기는 [그림 23-2]와 같이 전압이득이 $\left(1+\dfrac{R_2}{R_1}\right)$인 비반전증폭기와 RC 귀환회로로 구성되며, 저항 R_1, R_2와 Z_S, Z_P는 브릿지 구조를 형성한다.

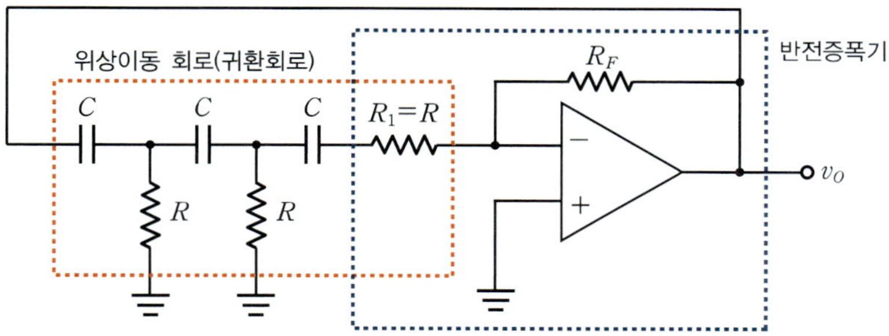

그림 23-1 위상이동 발진기 회로

- RC 귀환회로 : RC 직렬회로 Z_S와 RC 병렬회로 Z_P로 구성되며, 정귀환positive feedback을 형성한다. 비반전증폭기와 RC 귀환회로에 의해 폐루프의 총 위상이동이 $0°$가 되어 바르크하우젠의 발진조건 중 위상 조건이 만족된다.
- 비반전증폭기 : 저항 R_1, R_2는 부귀환을 형성하여 RC 회로에 의한 신호 감쇄를 보상하는 이득을 제공하며, 바르크하우젠의 발진조건 중 크기 조건이 만족되어 일정한 진폭의 정현파가 발진되도록 한다.
- 발진주파수 f_0는 식 (23.3)과 같이 시상수 $\tau = RC$에 반비례한다.

$$f_0 = \frac{\omega_0}{2\pi} = \frac{1}{2\pi RC} \tag{23.3}$$

- 발진을 지속하기 위한 이득조건은 식 (23.4)와 같으며, 실제 회로에서 발진이 시작되기 위해서는 2보다 조금 큰 이득이 필요하다. 이득이 너무 크면 발진 정현파에 왜곡이 발생한다.

$$\frac{R_2}{R_1} = 2 \tag{23.4}$$

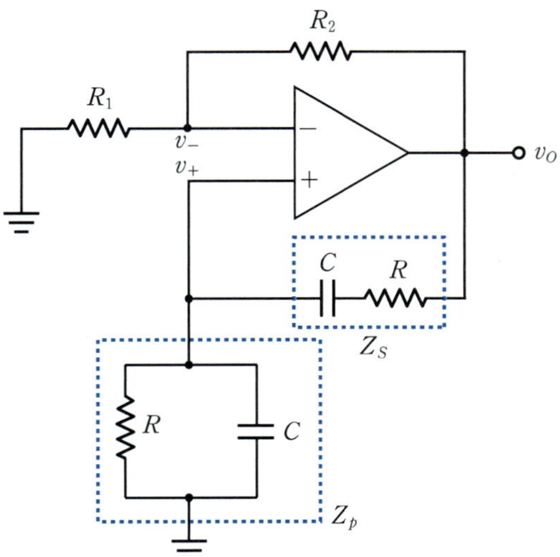

그림 23-2 빈 브릿지 발진기 회로

점검하기 ▶ **다음 각 문제에 답하라.**

(1) 위상이동 발진기는 (정현파, 구형파, 삼각파)를 발생시킨다.

(2) 위상이동 발진기를 구성하는 반전증폭기의 이득이 작으면, 발진이 일어나지 않는다. (O, X)

(3) 위상이동 발진기를 구성하는 반전증폭기의 이득이 29보다 크면, 출력 정현파의 모양에 왜곡이 발생할 수 있다. (O, X)

(4) 위상이동 발진기를 구성하는 반전증폭기의 이득이 클수록 발진이 (빨리, 늦게) 일어난다.

(5) 위상이동 발진기의 발진 주파수는 시상수 RC에 (비례, 반비례)한다.

(6) 빈 브릿지 발진기를 구성하는 비반전증폭기의 이득이 2보다 크면, 출력 정현파의 모양에 왜곡이 발생할 수 있다. (O, X)

(7) 빈 브릿지 발진기의 발진 주파수는 시상수 RC에 (비례, 반비례)한다.

(8) 빈 브릿지 발진기의 커패시턴스 C 값이 클수록 발진 주파수는 (작다, 크다).

(9) 정현파 발진기 회로의 시뮬레이션에서 Run To Time을 너무 (작은, 큰) 값으로 설정하면, 정현파 발진이 일어나지 않는 것처럼 보인다.

(10) 정현파 발진기 회로의 시뮬레이션에서 Maximum Step Size를 너무 (작은, 큰) 값으로 설정하면, 발진 정현파에 직선 성분이 포함된 형태로 보인다.

여기서 잠깐 발진회로를 시뮬레이션할 때 고려해야 할 사항

• **귀환저항 R_F의 영향**

– [그림 23-1]의 회로에서 $R_1 = 1\,\mathrm{k\Omega}$, $R_F = 30\,\mathrm{k\Omega}$으로 하고, [그림 23-3(a)]와 같이 Run To Time을 $1{,}600\,\mathrm{ms}$, Maximum Step Size를 $10\,\mu\mathrm{s}$로 설정하고 시뮬레이션을 실행하면, 약 $1{,}040\,\mathrm{ms}$ 근처에서 발진이 안정화된다.

– [그림 23-1]의 회로에서 $R_1 = 1\,\mathrm{k\Omega}$, $R_F = 50\,\mathrm{k\Omega}$으로 하고, [그림 23-3(a)]와 동일하게 Run To Time을 $1{,}600\,\mathrm{ms}$, Maximum Step Size를 $10\,\mu\mathrm{s}$로 설정하고 시뮬레이션을 실행하면, [그림 23-3(b)]와 같이 약 $80\,\mathrm{ms}$ 근처에서 발진이 빠르게 안정화된다. 그러나 발진된 정현파를 확대해보면, 양의 첨두값 쪽이 포화되어 정현파 모양이 일그러졌음을 확인할 수 있다. 따라서 귀환저항 R_F를 너무 크지 않게 설정해야 한다.

• **Transient 해석의 Maximum Step Size 영향**

– [그림 23-1]의 회로에서 $R_1 = 1\,\mathrm{k\Omega}$, $R_F = 30\,\mathrm{k\Omega}$으로 동일하게 유지하고, [그림 23-3(c)]와 같이 Run To Time을 $1{,}600\,\mathrm{ms}$, Maximum Step Size를 $200\,\mu\mathrm{s}$로 설정하고 시뮬레이션을 실행하면, 약 $1{,}500\,\mathrm{ms}$ 근처에서 발진이 안정화되어 발진에 더 많은 시간이 소요된다. 또한 발진된 정현파를 확대해보면, 직선 성분으로 표시되므로, Maximum Step Size를 너무 크지 않게 설정해야 한다.

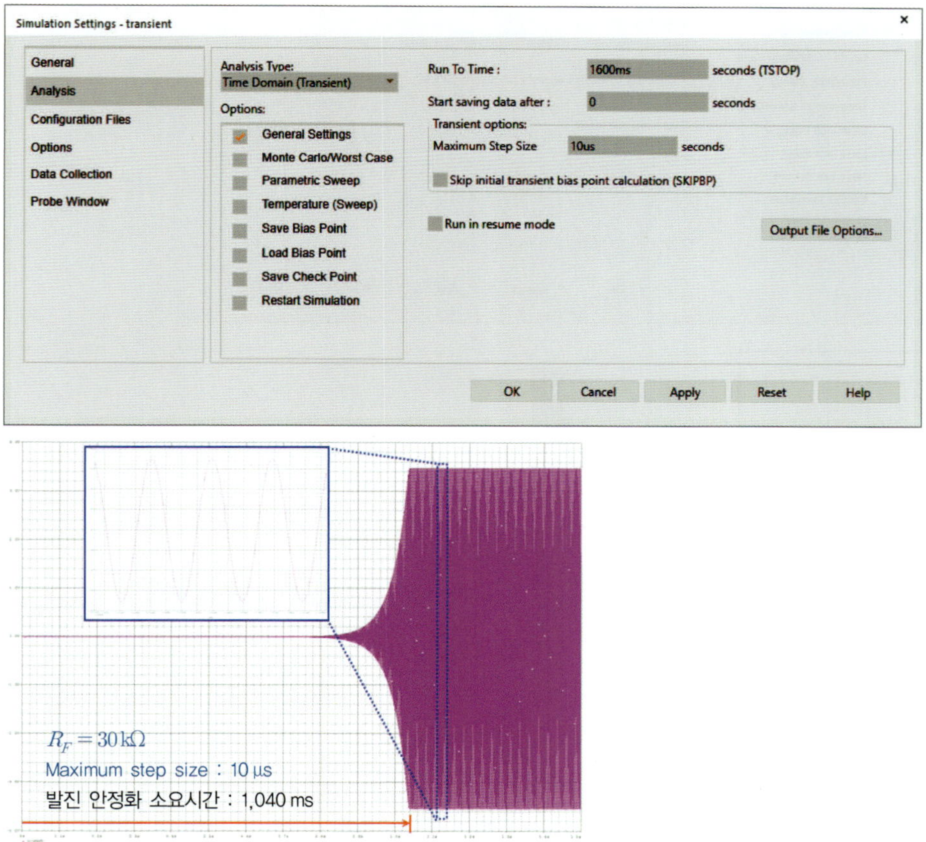

(a) $R_F = 30\,\mathrm{k\Omega}$, Run To Time : $1{,}600\,\mathrm{ms}$, Maximum Step Size : $10\,\mu\mathrm{s}$인 경우

그림 23-3 발진회로의 시뮬레이션에 영향을 미치는 요소(계속)

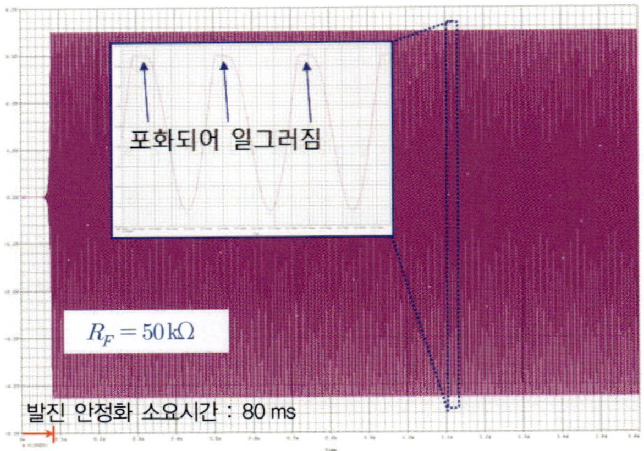

(b) $R_F = 50\,\mathrm{k\Omega}$, Run To Time : $1{,}600\,\mathrm{ms}$, Maximum Step Size : $10\,\mathrm{\mu s}$ 인 경우

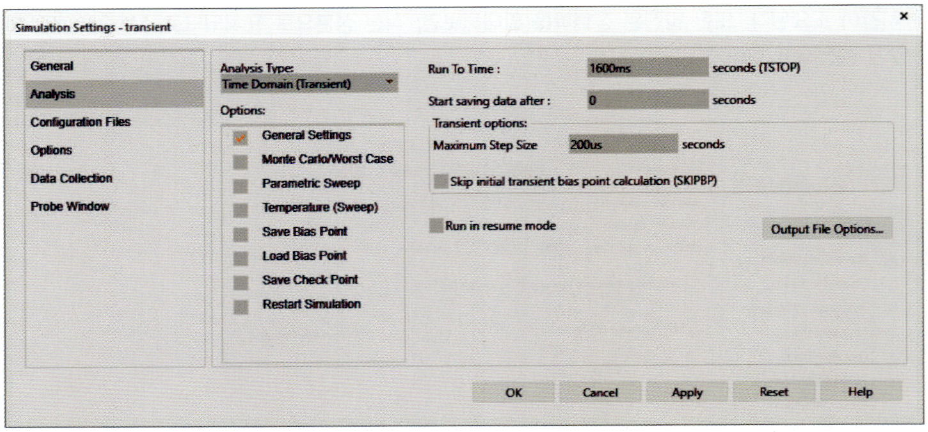

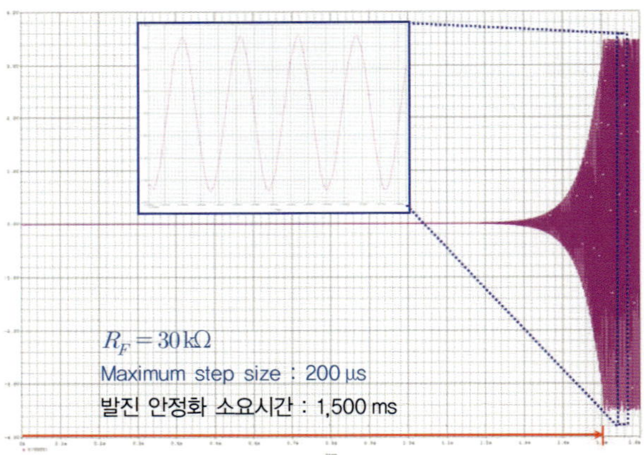

(c) $R_F = 30\,\mathrm{k\Omega}$, Run To Time : $1{,}600\,\mathrm{ms}$, Maximum Step Size : $200\,\mathrm{\mu s}$ 인 경우

그림 23-3 발진회로의 시뮬레이션에 영향을 미치는 요소

23.2 실험 진행하기

실험 23-1 | 위상이동 발진기 회로의 동작 특성 측정

1. PSpice 시뮬레이션

1 회로도 입력

- 위상이동 발진기 회로의 시뮬레이션을 위해 [그림 23-4(a)]의 회로를 PSpice 회로도 편집기에 입력한다.
- OP Amp는 uA741을 사용한다.
- 저항은 $R_{A1} = R_{A2} = R_{A3} = 1\,\text{k}\Omega$, $R_F = 29R_A \simeq 30\,\text{k}\Omega$으로 설정한다.
- 커패시터는 $C_{A1} = C_{A2} = C_{A3} = 22\,\text{nF}$으로 설정한다.
- 발진된 출력 파형을 확인할 수 있도록 회로도에 Voltage Marker를 연결한다.

2 시뮬레이션 설정

- PSpice의 Simulation Settings 창을 열어 [그림 23-4(b)]와 같이 Analysis Type을 Time Domain(Transient)으로 지정한다.
- 발진이 시작되기까지 소요 시간을 고려하여 Run To Time을 $600\,\text{ms}$로 설정하고, Transient options의 Maximum Step Size는 $10\,\mu\text{s}$로 설정한다.

3 시뮬레이션 실행 및 결과 확인

- 시뮬레이션을 실행하면, 발진된 정현파 출력이 시뮬레이션 결과 창에 표시된다. 시뮬레이션 결과 화면(출력 정현파를 4주기 정도로 확대하여)을 캡처하여 [그림 23-5(a)]에 붙여 넣는다.
- Transient 해석 결과로부터, 출력 정현파의 주기 T를 확인하여 [표 23-1]에 기록한다.
- 출력 정현파의 주기 T는 PSpice Measurements의 `Period_XRange(1,begin_x,end_x)`를 이용하여 [그림 23-4(c)]와 같이 확인한다.

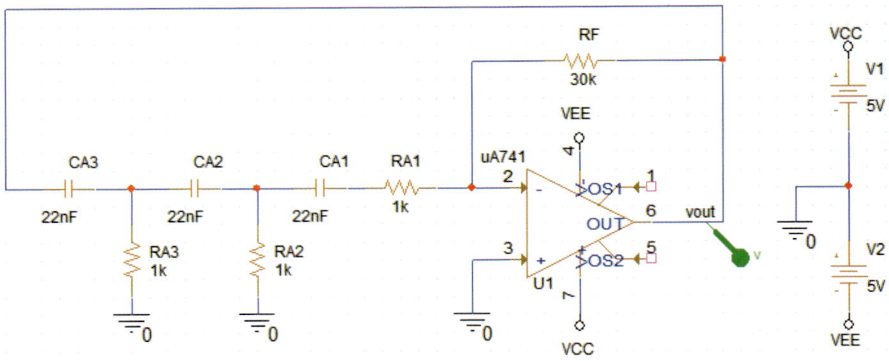

(a) 시뮬레이션 회로

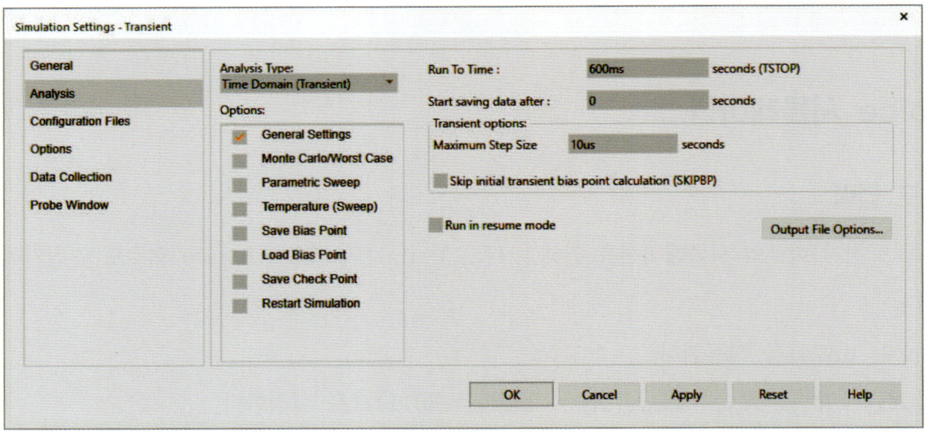

(b) 시뮬레이션 설정(Transient 해석)

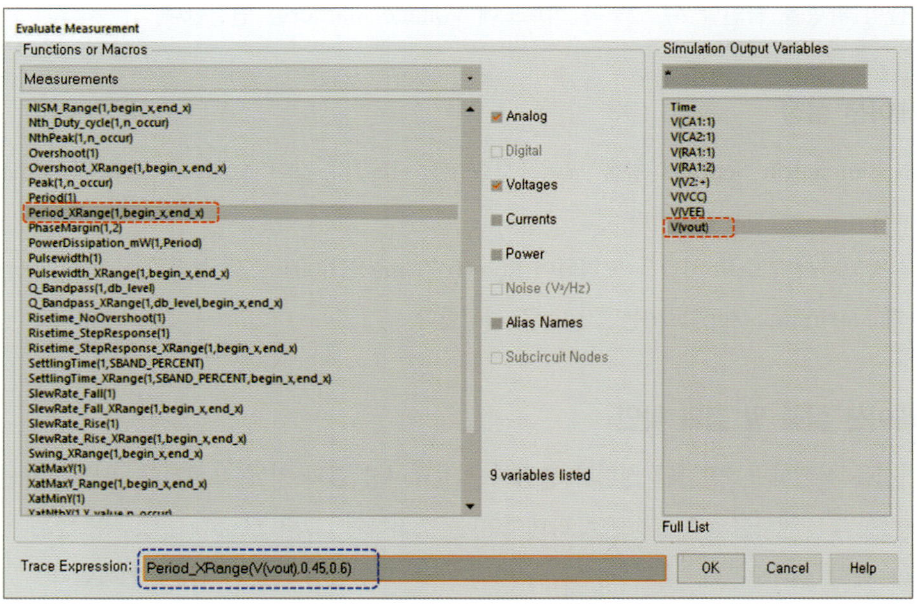

(c) 출력 정현파의 주기 T 확인

그림 23-4 위상이동 발진기 회로의 시뮬레이션

4 커패시턴스 값 변경 후, 시뮬레이션 재실행 및 결과 확인

- 저항 $R_{A1} = R_{A2} = R_{A3} = 1\text{k}\Omega$을 유지한 상태에서 커패시턴스 $C_{A1} = C_{A2} = C_{A3} = 33\,\text{nF}$, $68\,\text{nF}$으로 변경한 후, 시뮬레이션 설정을 다음과 같이 변경하여 시뮬레이션을 실행한다.

$C = C_{A1} = C_{A2} = C_{A3}$	Run To Time	Maximum Step Size	주기 측정 범위
33nF	900 ms	10 μs	600 ~ 900 ms
68nF	1,200 ms	10 μs	1,000 ~ 1,200 ms

- 시뮬레이션 결과 화면(출력 정현파를 4주기 정도로 확대하여)을 캡처하여 [그림 23-5(b), (c)]에 각각 붙여 넣는다.
- Transient 해석 결과로부터, 출력 정현파의 주기 T를 측정하여 [표 23-1]의 해당 칸에 기록한다.

표 23-1 위상이동 발진기 회로의 동작 특성 시뮬레이션 결과 ($R = R_{A1} = R_{A2} = R_{A3} = 1\text{k}\Omega$)

커패시턴스 $C = C_{A1} = C_{A2} = C_{A3}$ [nF]	주기 T [ms]
22	
33	
68	

시뮬레이션 결과 파형을 캡처하여 붙여 넣는다.

(a) $C = 22\,\mathrm{nF}$ 인 경우

시뮬레이션 결과 파형을 캡처하여 붙여 넣는다.

(b) $C = 33\,\mathrm{nF}$ 인 경우

시뮬레이션 결과 파형을 캡처하여 붙여 넣는다.

(c) $C = 68\,\mathrm{nF}$ 인 경우

그림 23-5 위상이동 발진기 회로의 시뮬레이션 결과 파형

2. 실험 위상이동 발진기 회로의 정현파 출력 측정

[실험 장비]

장비명	수량	장비명	수량
DC 전원공급 장치(2출력)	1대	오실로스코프(2채널)	1대
멀티미터	1대		

[실험부품]

OP Amp	uA741	커패시터	22nF, 33nF, 68nF (각 3개)
저항	1kΩ(3개), 30kΩ, 가변저항 20kΩ		

1 브레드보드 부품 배치도 연결 완성하기

- [그림 23-6(a)]의 실험회로와 [그림 23-6(b)]의 uA741 OP Amp 핀 배치도를 참조해서 [그림 23-6(c)]의 브레드보드 부품 배치도의 연결을 완성한다.

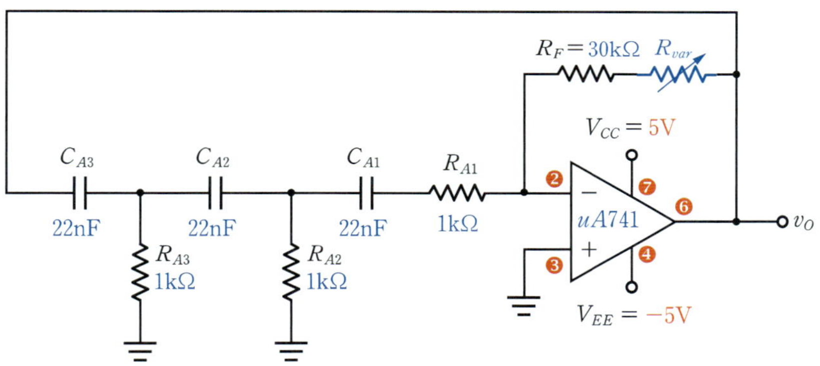

(a) 실험회로

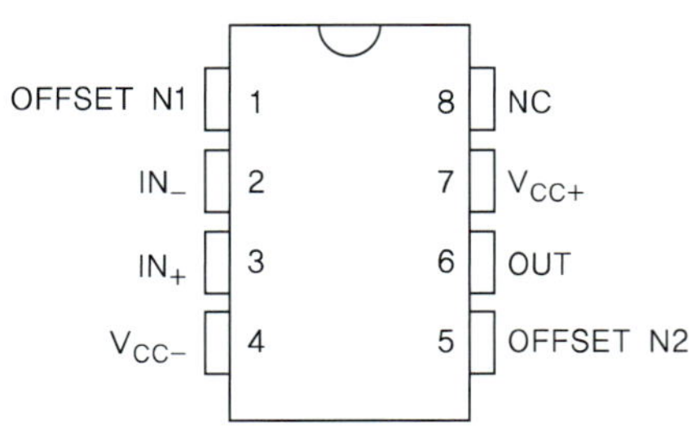

(b) uA741 OP Amp의 핀 배치도

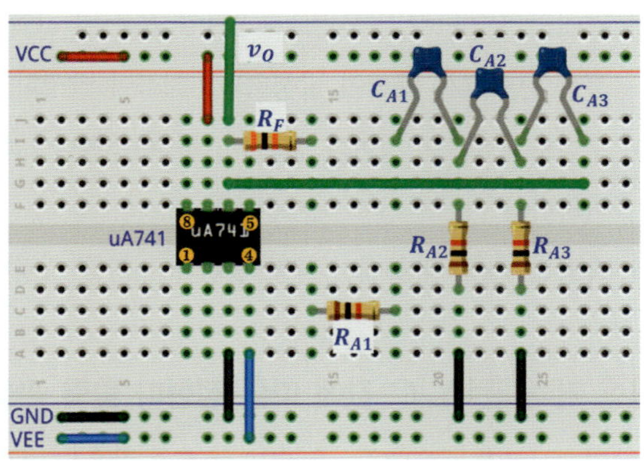

실험회로를 참고해서 부품 배치도의 연결을 완성한다.

(c) 부품 배치도

그림 23-6 위상이동 발진기의 실험회로

2 회로 구성하기

- 완성된 부품 배치도를 참조해서 [그림 23-6(a)]의 실험회로를 브레드보드에 구성한다.
- [그림 23-6(b)]의 uA741 OP Amp 핀 배치도를 참조하여 7번 핀(V_{CC})이 위쪽, 4번 핀(V_{CC-})이 아래쪽이 되도록 브레드보드에 삽입한다.
- 저항은 $R_{A1} = R_{A2} = R_{A3} = 1\,\text{k}\Omega$을 사용하고, 커패시터는 $C_{A1} = C_{A2} = C_{A3} = 22\,\text{nF}$을 사용한다.
- 귀환저항은 $R_F = 30\,\text{k}\Omega$과 가변저항 $R_{var} = 20\,\text{k}\Omega$을 직렬로 연결한다. 가변저항 R_{var}은 발진을 위한 이득 조정용으로 사용한다.

3 회로 점검하기

- 브레드보드에 부품 실장이 완료되면, 멀티미터를 저항측정 모드로 설정하고 단락, 접촉불량 등을 점검한다.
- V_{CC}와 V_{EE}의 단락 여부, 그리고 출력신호 v_O와 V_{CC}, V_{EE}의 단락 여부를 확인한다.
- V_{CC}와 V_{EE}로 연결되는 노드들의 단락/개방 여부를 확인한다.

4 전원전압 인가하기

- DC 전원공급 장치의 출력이 5V와 −5V가 되도록 설정한 후, 실험회로의 V_{CC} 단자에 $V_{CC} = 5\,\text{V}$를 연결하고, $V_{EE} = -5\,\text{V}$가 되도록 연결한다. V_{CC}와 V_{EE}의 극성이 반대가 됨에 유의한다.

5 결과 값 측정하기

- 전원을 인가하면, 회로가 발진을 시작하여 출력 v_O에 정현파가 발생한다.
- 발진이 일어나지 않으면, 가변저항 R_{var}의 값을 약간 증가시킨다. 또한, 발진된 정현파의 첨두값 근처에서 왜곡이 발생하면, 왜곡이 발생하지 않도록 가변저항 R_{var}의 값을 감소시킨다.
- 오실로스코프로 정현파 출력 v_O를 측정한다. 측정 결과 파형을 캡처하여 [그림 23-7(a)]에 기록한다.
- 측정된 v_O의 파형에서 출력 정현파 주기를 측정하여 [표 23-2]의 $C = 22\,\text{nF}$ 행에 기록한다.

6 커패시턴스 C 값에 따른 정현파 출력 관찰하기

- 커패시턴스 $C = C_{A1} = C_{A2} = C_{A3}$ 값을 33nF과 68nF으로 변경한 후, 출력 v_O를 측정한다. 측정 결과 파형을 캡처하여 [그림 23-7(b), (c)]에 기록한다.
- 측정된 v_O의 파형으로부터 출력 정현파의 주기를 측정하여 [표 23-2]의 해당 칸에 기록한다.

표 23-2 위상이동 발진기 회로의 정현파 출력 측정 결과 ($R = R_{A1} = R_{A2} = R_{A3} = 1\,\text{k}\Omega$)

커패시턴스 $C = C_{A1} = C_{A2} = C_{A3}\,[\text{nF}]$	주기 $T\,[\text{ms}]$
22	
33	
68	

측정 결과 파형을 캡처하여 붙여 넣는다.

(a) $C = 22\,\text{nF}$ 인 경우

측정 결과 파형을 캡처하여 붙여 넣는다.

(b) $C = 33\,\text{nF}$ 인 경우

그림 23-7 위상이동 발진기 회로의 정현파 출력 측정 결과 파형(계속)

측정 결과 파형을 캡처하여 붙여 넣는다.

(c) $C = 68\,\text{nF}$ 인 경우

그림 23-7 위상이동 발진기 회로의 정현파 출력 측정 결과 파형

실험 23-2 | 빈 브릿지 발진기 회로의 동작 특성 측정

1. PSpice 시뮬레이션

1 회로도 입력

- 빈 브릿지 발진기 회로의 시뮬레이션을 위해 [그림 23-8(a)]의 회로를 PSpice 회로도 편집기에 입력한다.
- OP Amp는 uA741을 사용한다.
- 비반전 증폭기의 이득을 결정하는 저항은 $R_1 = 12\,\text{k}\Omega$, $R_2 = 24.05\,\text{k}\Omega$으로 설정한다. 발진이 잘 일어나도록 $R_2 = 2R_1 = 24\,\text{k}\Omega$보다 조금 큰 값으로 설정한다.
- RC 회로의 저항은 $R_{A1} = R_{A2} = 3.3\,\text{k}\Omega$, 커패시터는 $C = C_{A1} = C_{A2} = 10\,\text{nF}$으로 설정한다.
- 발진된 출력 파형을 확인할 수 있도록 회로도에 Voltage Marker를 연결한다.

2 시뮬레이션 설정

- PSpice의 Simulation Settings 창을 열어 [그림 23-8(b)]와 같이 Analysis type을 Time Domain(Transient)으로 지정한다.
- 발진이 시작되기까지 소요 시간을 고려하여 Run To Time을 800 ms로 설정하고, Transient options의 Maximum Step Size는 10 μs로 설정한다.

3 시뮬레이션 실행 및 결과 확인

- 시뮬레이션을 실행하면, 발진된 정현파 출력전압이 시뮬레이션 결과 창에 표시된다. 시뮬레이션 결과 화면(출력 정현파를 4주기 정도로 확대하여)을 캡처하여 [그림 23-9(a)]에 붙여 넣는다.
- Transient 해석 결과로부터, 출력 정현파의 주기 T를 확인하여 [표 23-3]에 기록한다.
- 출력 정현파의 주기 T는 PSpice Measurements의 `Period_XRange(1,begin_x,end_x)`를 이용하여 [그림 23-4(c)]와 같이 확인한다.

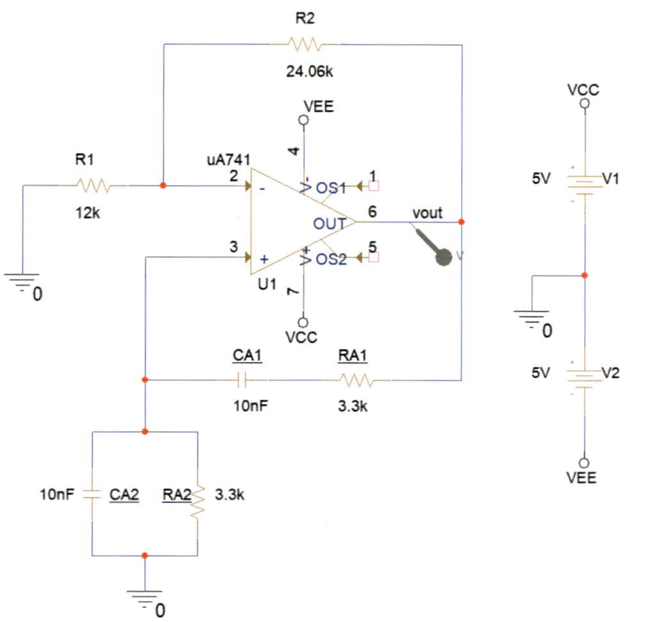

(a) 시뮬레이션 회로

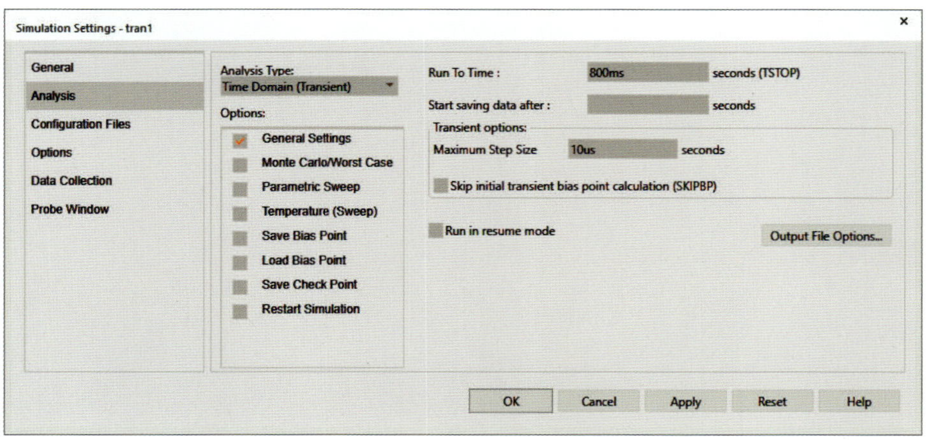

(b) 시뮬레이션 설정(Transient 해석)

그림 23-8 빈 브릿지 발진기 회로의 시뮬레이션

4 커패시턴스 값 변경 후, 시뮬레이션 재실행 및 결과 확인

- 저항 $R_{A1} = R_{A2} = 3.3\,\text{k}\Omega$을 유지한 상태에서 커패시턴스 $C = C_{A1} = C_{A2} = 22\,\text{nF}$, $47\,\text{nF}$으로 변경한 후, 시뮬레이션 설정을 다음과 같이 변경하여 시뮬레이션을 실행한다.

$C = C_{A1} = C_{A2}$	Run To Time	Maximum Step Size	주기 측정 범위
22nF	1,200ms	10μs	1,000 ~ 1,200ms
47nF	2,200ms	10μs	2,000 ~ 2,200ms

- 시뮬레이션 결과 화면(출력 정현파를 4주기 정도로 확대하여)을 캡처하여 [그림 23-9(b), (c)]에 각각 붙여 넣는다.
- Transient 해석 결과로부터, 출력 정현파의 주기 T를 측정하여 [표 23-3]의 해당 칸에 기록한다.

표 23-3 빈 브릿지 발진기 회로의 동작 특성 시뮬레이션 결과 ($R = R_{A1} = R_{A2} = 3.3\,\text{k}\Omega$)

커패시턴스 $C = C_{A1} = C_{A2}$ [nF]	주기 T [ms]
10	
22	
47	

시뮬레이션 결과 파형을 캡처하여 붙여 넣는다.

(a) $C = 10\,\mathrm{nF}$ 인 경우

시뮬레이션 결과 파형을 캡처하여 붙여 넣는다.

(b) $C = 22\,\mathrm{nF}$ 인 경우

시뮬레이션 결과 파형을 캡처하여 붙여 넣는다.

(c) $C = 47\mathrm{nF}$ 인 경우

그림 23-9 빈 브릿지 발진기 회로의 시뮬레이션 결과 파형

2. 실험 빈 브릿지 발진기 회로의 정현파 출력 측정

[실험 장비]

장비명	수량	장비명	수량
DC 전원공급 장치(2출력)	1대	오실로스코프(2채널)	1대
멀티미터	1대		

[실험부품]

OP Amp	uA741	커패시터	10nF, 22nF, 47nF (각 2개)
저항	3.3kΩ(2개), 12kΩ, 24kΩ, 가변저항 20kΩ		

1 브레드보드 부품 배치도 연결 완성하기

- [그림 23-10(a)]의 실험회로와 [그림 23-6(b)]의 uA741 OP Amp 핀 배치도를 참조해서 [그림 23-10(b)]의 브레드보드 부품 배치도의 연결을 완성한다.

2 회로 구성하기

- 완성된 부품 배치도를 참조해서 [그림 23-10(a)]의 실험회로를 브레드보드에 구성한다.
- [그림 23-6(b)]의 uA741 OP Amp 핀 배치도를 참조하여 7번 핀(V_{CC})이 위쪽, 4번 핀(V_{CC-})이 아래쪽이 되도록 브레드보드에 삽입한다.
- 저항은 $R_{A1}=R_{A2}=3.3\,\text{k}\Omega$을 사용하고, 커패시터는 $C_{A1}=C_{A2}=10\,\text{nF}$을 사용한다.
- 귀환저항은 $R_F=24\,\text{k}\Omega$과 가변저항 $R_{var}=20\,\text{k}\Omega$을 직렬로 연결한다. 가변저항 R_{var}은 발진을 위한 이득 조정용으로 사용한다.

3 회로 점검하기

- 브레드보드에 부품 실장이 완료되면, 멀티미터를 저항측정 모드로 설정하고 단락, 접촉불량 등을 점검한다.
- V_{CC}와 V_{EE}의 단락 여부, 그리고 출력신호 v_O와 V_{CC}, V_{EE}의 단락 여부를 확인한다.
- V_{CC}와 V_{EE}로 연결되는 노드들의 단락/개방 여부를 확인한다.

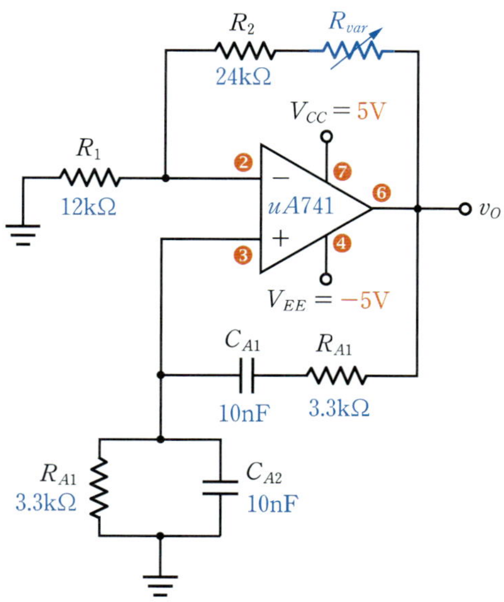

(a) 실험회로

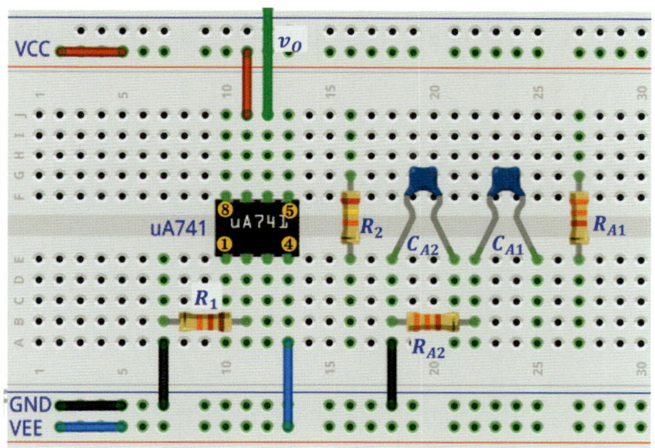

실험회로를 참고해서 부품 배치도의 연결을 완성한다.

(b) 부품 배치도

그림 23-10 빈 브릿지 발진기의 실험회로

4 전원전압 인가하기

- DC 전원공급 장치의 출력이 5V와 −5V가 되도록 설정한 후, 실험회로의 V_{CC} 단자에 $V_{CC} = 5\,\text{V}$를 연결하고, $V_{EE} = -5\,\text{V}$가 되도록 연결한다. V_{CC}와 V_{EE}의 극성이 반대가 됨에 유의한다.

5 결과 값 측정하기

- 전원을 인가하면, 회로가 발진을 시작하여 출력 v_O에 정현파가 발생한다.
- 발진이 일어나지 않으면, 가변저항 R_{var}의 값을 약간 증가시킨다. 또한, 발진된 정현파의 첨두값 근처에서 왜곡이 발생하면, 왜곡이 발생하지 않도록 가변저항 R_{var}의 값을 감소시킨다.
- 오실로스코프로 정현파 출력 v_O를 측정한다. 측정 결과 파형을 캡처하여 [그림 23-11(a)]에 붙여 넣는다.
- 측정된 v_O의 파형에서 출력 정현파 주기를 측정하여 [표 23-4]의 $C = 10\,\text{nF}$ 칸에 기록한다.

6 커패시턴스 C 값에 따른 정현파 출력 관찰하기

- 저항 $R_{A1} = R_{A2} = 3.3\,\text{k}\Omega$을 유지한 상태에서 커패시턴스 $C = C_{A1} = C_{A2}$ 값을 22 nF과 47 nF으로 변경한 후, 출력 v_O를 측정한다. 측정 결과 파형을 캡처하여 [그림 23-11(b), (c)]에 붙여 넣는다.
- 측정된 v_O의 파형으로부터 출력 정현파의 주기를 측정하여 [표 23-4]의 해당 칸에 기록한다.

표 23-4 빈 브릿지 발진기 회로의 정현파 출력 측정 결과

커패시턴스 $C = C_{A1} = C_{A2}$[nF]	주기 T[ms]
10	
22	
47	

측정 결과 파형을 캡처하여 붙여 넣는다.

(a) $C = 10\,\mathrm{nF}$ 인 경우

측정 결과 파형을 캡처하여 붙여 넣는다.

(b) $C = 22\,\mathrm{nF}$ 인 경우

측정 결과 파형을 캡처하여 붙여 넣는다.

(c) $C = 47\,\mathrm{nF}$ 인 경우

그림 23-11 빈 브릿지 발진기 회로의 정현파 측정 결과 파형

실험 고찰

■ 고찰 [1]

- [그림 23-6(a)]의 위상이동 발진기 회로에 대해 [표 23-1]의 시뮬레이션 결과로부터 발진주파수 f_{sim}을 구하고, [표 23-2]의 측정 결과로부터 발진 주파수 f_{meas}를 구하라. 그리고 식 (23.1)로 계산된 발진 주파수 f_{cal}을 [표 23-5]에 작성하고, 이 값들을 비교하라.

표 23-5 위상이동 발진기의 발진 주파수 비교 ($R = R_{A1} = R_{A2} = R_{A3} = 1\mathrm{k}\Omega$)

	커패시턴스 $C = C_{A1} = C_{A2} = C_{A3}$ [nF]		
	22	33	68
[표 23-1]의 시뮬레이션 결과에 의한 발진 주파수 f_{sim} [kHz]			
[표 23-2]의 측정 결과에 의한 발진 주파수 f_{meas} [kHz]			
식 (23.1)로 계산된 발진 주파수 f_{cal} [kHz]			

■ 고찰 [2]

- [그림 23-10(a)]의 빈 브릿지 발진기 회로에 대해 [표 23-3]의 시뮬레이션 결과로부터 발진주파수 f_{sim}을 구하고, [표 23-4]의 측정 결과로부터 발진 주파수 f_{meas}를 구하라. 그리고 식 (23.3)으로 계산된 발진 주파수 f_{cal}을 [표 23-6]에 작성하고, 이 값들을 비교하라.

표 23-6 빈 브릿지 발진기의 발진 주파수 비교 ($R = R_{A1} = R_{A2} = 3.3\mathrm{k}\Omega$)

	커패시턴스 $C = C_{A1} = C_{A2}$ [nF]		
	10	22	47
[표 23-3]의 시뮬레이션 결과에 의한 발진 주파수 f_{sim} [kHz]			
[표 23-4]의 측정 결과에 의한 발진 주파수 f_{meas} [kHz]			
식 (23.3)으로 계산된 발진 주파수 f_{cal} [kHz]			

연계 | 〈핵심이 보이는 전자회로〉 8.3절

실험

24

슈미트 트리거 회로

실험 목적

- 시뮬레이션을 통해 슈미트 트리거 회로의 동작 특성을 예측한다.
- 반전 슈미트 트리거 회로의 구성과 동작을 확인한다.
- 비반전 슈미트 트리거 회로를 설계하고 동작을 확인한다.

실험 내용

- 실험 24-1 | 반전 슈미트 트리거 회로의 동작 특성 측정
- 설계 실험 24-2 | 비반전 슈미트 트리거 회로 설계

24.1 이론적 배경 이해하기

1. 슈미트 트리거

- 비교기 또는 연산증폭기에 정귀환[positive feedback]을 인가하면 2개의 문턱전압을 갖는 이력[hysteresis] 특성이 나타나며, 이 회로를 슈미트 트리거[Schmitt trigger] 또는 재생 비교기[regenerative comparator]라고 한다.
- 슈미트 트리거는 2개의 안정된 출력 상태를 갖는 쌍안정 멀티바이브레이터[multivibrator]의 일종이며, 잡음에 둔감한 특성을 가져 채터링 잡음 제거, 구형파 발생기 등에 사용된다.

2. 반전 슈미트 트리거

- [그림 24-1(a)]는 반전[inverting] 슈미트 트리거 회로이다. 연산증폭기의 출력은 비반전단자로 귀환되어 정귀환을 이루며, 입력신호 v_I는 연산증폭기의 반전단자로 인가된다.
- 이력 특성곡선은 [그림 24-1(b)]와 같으며, 두 문턱전압 사이의 간격을 이력 폭[hysteresis width]이라고 한다.
- 비반전단자로 인가되는 전압 V_R은 이력 특성곡선을 x-축 방향으로 이동시켜 문턱전압을 조정하는 역할을 하며, 이력 폭에는 영향을 미치지 않는다.
- 슈미트 트리거의 포화 출력전압이 $V_H = -V_L = V_O$ 인 경우, 상측 문턱전압 V_{TH}, 하측 문턱전압 V_{TL}, 이력 폭 V_{HW}는 각각 다음과 같다.

$$V_{TH} = \left(\frac{R_1}{R_1 + R_2}\right) V_H + \left(\frac{R_2}{R_1 + R_2}\right) V_R = \beta V_H + V_S \tag{24.1a}$$

$$V_{TL} = \left(\frac{R_1}{R_1 + R_2}\right) V_L + \left(\frac{R_2}{R_1 + R_2}\right) V_R = \beta V_L + V_S \tag{24.1b}$$

$$V_{HW} = V_{TH} - V_{TL} = \frac{2R_1}{R_1 + R_2} V_O \tag{24.1c}$$

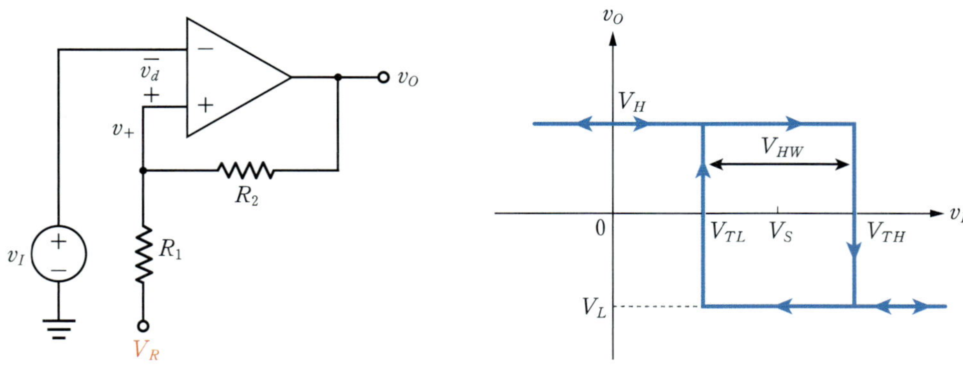

(a) 회로도 (b) 이력 특성곡선($V_R > 0$인 경우)

그림 24-1 반전 슈미트 트리거

3. 비반전 슈미트 트리거

- [그림 24-2(a)]는 비반전[noninverting] 슈미트 트리거 회로이며, 이력 특성곡선은 [그림 24-2(b)]와 같다.
- 입력신호는 연산증폭기의 비반전단자로 인가되고, 연산증폭기의 출력은 비반전단자로 귀환되어 정귀환을 이룬다.
- 반전단자로 인가되는 전압 V_R은 이력 특성곡선을 X-축 방향으로 이동시켜 문턱전압을 조정하는 역할을 하며, 이력 폭에는 영향을 미치지 않는다.
- 슈미트 트리거의 포화 출력전압이 $V_H = -V_L = V_O$인 경우, 상측 문턱전압 V_{TH}, 하측 문턱전압 V_{TL}, 이력 폭 V_{HW}는 각각 다음과 같다.

$$V_{TH} = -\frac{R_1}{R_2}V_L + \left(1 + \frac{R_1}{R_2}\right)V_R = -\frac{R_1}{R_2}V_L + V_S \tag{24.2a}$$

$$V_{TL} = -\frac{R_1}{R_2}V_H + \left(1 + \frac{R_1}{R_2}\right)V_R = -\frac{R_1}{R_2}V_H + V_S \tag{24.2b}$$

$$V_{HW} = V_{TH} - V_{TL} = \frac{2R_1}{R_2}V_O \tag{24.2c}$$

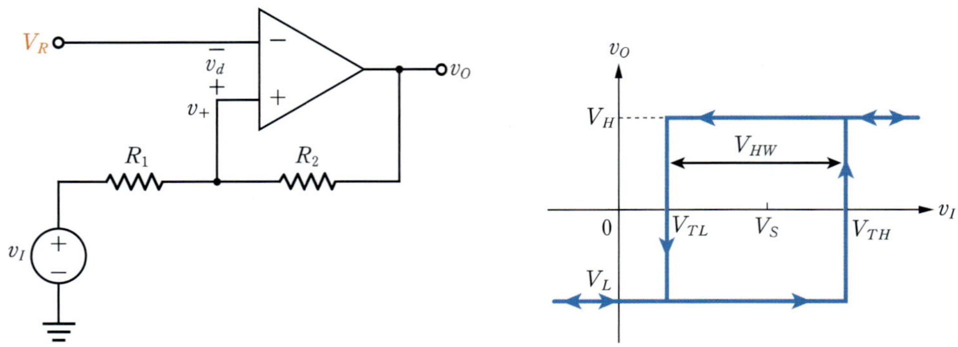

(a) 회로

(a) 회로도　　　(b) 이력 특성곡선($V_R > 0$인 경우)

그림 24-2 비반전 슈미트 트리거

점검하기 **다음 각 문제에 답하라.**

(1) 슈미트 트리거는 OP Amp의 출력을 (반전, 비반전)단자로 귀환시킨 (정귀환, 부귀환)을 갖는다.

(2) 슈미트 트리거는 출력이 천이되는 임계 문턱전압을 (1개, 2개, 3개) 갖는다.

(3) 반전 슈미트 트리거는 입력전압이 상측 문턱전압 V_{TH} 보다 크면, 출력이 ($V_L \to V_H$, $V_H \to V_L$)로 천이된다.

(4) 반전 슈미트 트리거는 입력전압이 하측 문턱전압 V_{TL} 보다 작으면, 출력이 ($V_L \to V_H$, $V_H \to V_L$)로 천이된다.

(5) 반전 슈미트 트리거의 비반전단자에 $V_R < 0$인 DC 전압이 인가되면, 이력 특성곡선이 (음, 양)의 X-축 방향으로 이동된다.

(6) 비반전 슈미트 트리거는 입력전압이 상측 문턱전압 V_{TH} 보다 크면, 출력이 ($V_L \to V_H$, $V_H \to V_L$)로 천이된다.

(7) 비반전 슈미트 트리거는 입력전압이 하측 문턱전압 V_{TL} 보다 작으면, 출력이 ($V_L \to V_H$, $V_H \to V_L$)로 천이된다.

(8) 비반전 슈미트 트리거의 반전단자에 $V_R < 0$인 DC 전압이 인가되면, $V_R = 0\,V$인 경우와 비교하여 V_{TL}과 V_{TH}가 모두 (작은, 큰) 값을 갖는다.

(9) 비반전 슈미트 트리거의 반전단자에 $V_R > 0$인 DC 전압이 인가되면, $V_R = 0\,V$인 경우와 비교하여 (작은, 큰, 동일한) 이력 폭을 갖는다.

(10) 슈미트 트리거의 문턱전압과 이력 폭은 저항비에 의해 조정될 수 있다. (O, X)

여기서 잠깐 **PSpice로 슈미트 트리거의 이력 특성곡선을 확인하는 방법**

- 슈미트 트리거 회로를 PSpice로 Transient 해석하면, [그림 24-3(a)]와 같이 X-축이 시간으로 표시된 시뮬레이션 결과 파형이 얻어진다.
- Transient 해석 결과로부터, X-축을 슈미트 트리거 입력전압 v_I로 바꾸어 [그림 24-3(b)]의 이력 특성곡선을 얻을 수 있다.
  ❶ 시뮬레이션 결과 창에서 Plot 메뉴의 Axis Settings를 실행한다([그림 24-3(c)]).
  ❷ Axis Settings 창에서 X Axis 탭을 선택하고, Axis Variable 버튼을 클릭한다([그림 24-3(d)]).
  ❸ Trace Expression에 슈미트 트리거 입력전압 V(Vs)를 지정하고, OK 버튼을 클릭한다[그림 24-3(e)].

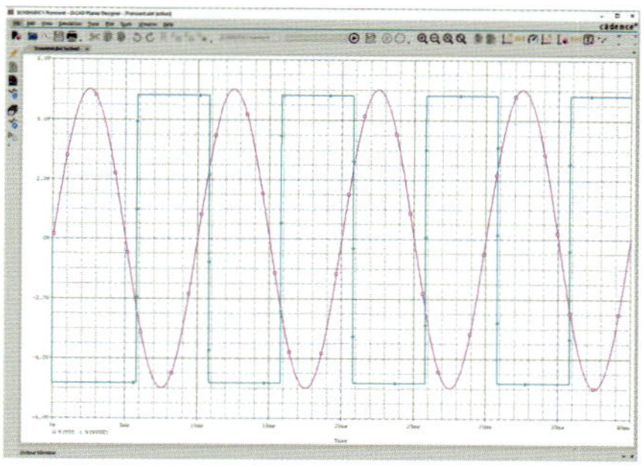

(a) Transient 해석 결과

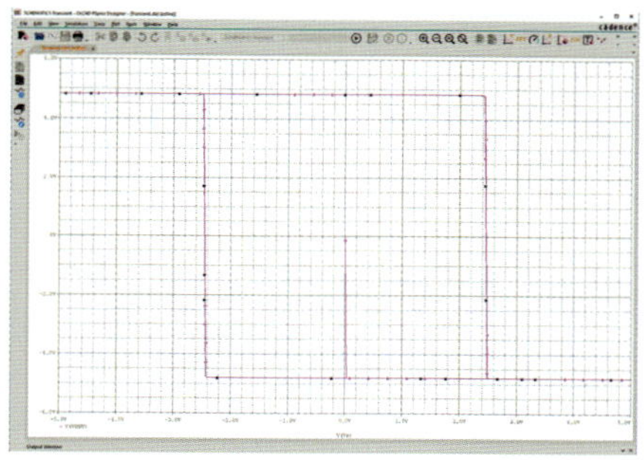

(b) 이력 특성곡선

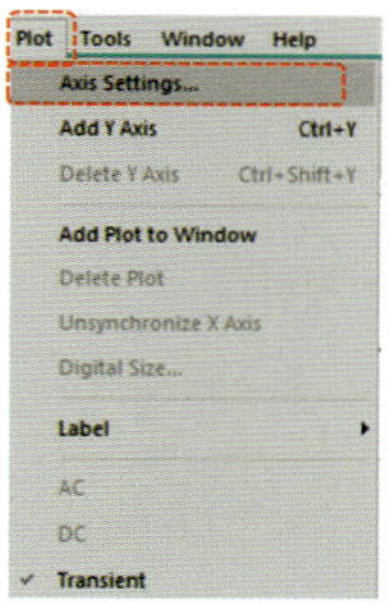

(c) Plot 메뉴의 Axis Settings

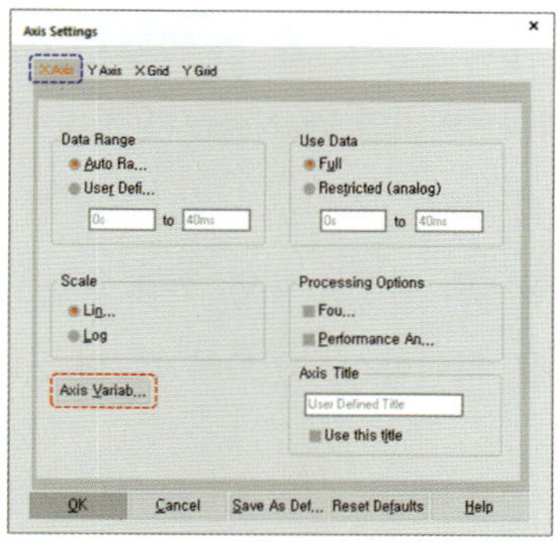

(d) X Axis Settings – Axis Variable

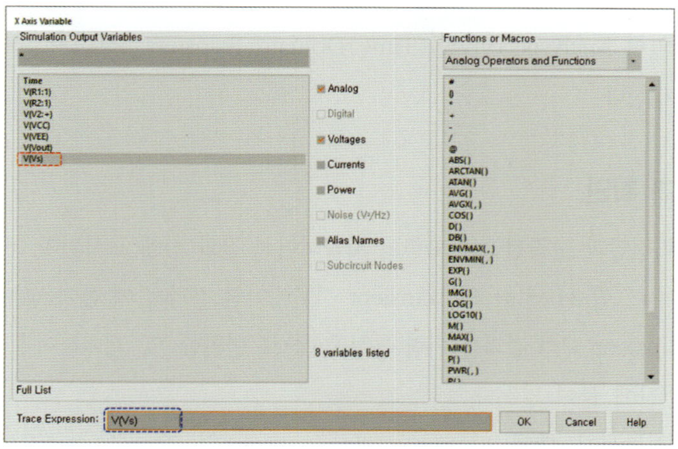

(e) X Axis Settings – Axis Variable

그림 24-3 Transient 해석 결과로부터 이력 특성곡선을 얻는 방법

24.2 실험 진행하기

실험 24-1 | 반전 슈미트 트리거 회로의 동작 특성 측정

1. PSpice 시뮬레이션

1 회로도 입력

- [그림 24-4(a)]의 회로를 PSpice 회로도 편집기에 입력한다.
- OP Amp는 uA741을 사용하고, 저항은 $R_1 = 10\,\mathrm{k\Omega}$, $R_2 = 10\,\mathrm{k\Omega}$으로 설정한다.
- 입력전압 v_S는 SOURCE 라이브러리의 VSIN을 사용하며, 진폭 5 V, 주파수 100 Hz, 오프셋이 0 V인 정현파로 설정한다.
- 이력 특성곡선의 X-축 방향으로 이동을 위한 전압 V_R은 DC 0 V로 설정한다.
- 입력전압과 출력전압 파형을 확인할 수 있도록 [그림 24-4(a)]와 같이 회로도에 Voltage Marker를 연결한다.

2 시뮬레이션 설정

- Simulation Settings 창을 열어 Analysis Type을 Time Domain(Transient)으로 지정하고, [그림 24-4(b)]와 같이 설정한다.

3 시뮬레이션 실행 및 결과 확인

- 시뮬레이션을 실행하면, 입력전압과 출력전압의 파형이 시뮬레이션 결과 창에 표시된다. 시뮬레이션 결과 화면을 캡처하여 [그림 24-5(a)]의 Transient 시뮬레이션 결과 칸에 붙여 넣는다.
- [그림 24-3]을 참조하여 Transient 해석 결과를 이력 특성곡선으로 변환한 후, 캡처하여 [그림 24-5(a)]의 이력 특성곡선 칸에 붙여 넣는다.
- 슈미트 트리거의 이력 특성곡선에 대해 `Evaluate Measurement`의 ZeroCross_XRange(1,begin_x, end_x)를 이용하여 문턱전압 V_{TL}과 V_{TH}를 확인하고 [표 24-1]의 $R_1 = R_2 = 10\,\mathrm{k\Omega}$, $V_R = 0\,\mathrm{V}$ 행에 기록한다([그림 24-4(c), (d)] 참조).

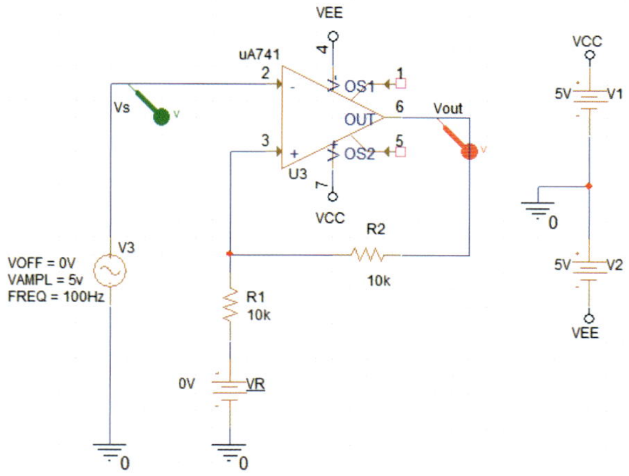

(a) 시뮬레이션 회로

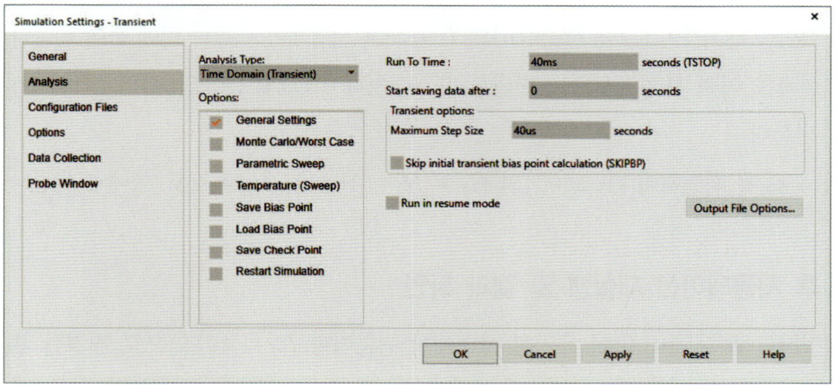

(b) 시뮬레이션 설정(Transient 해석)

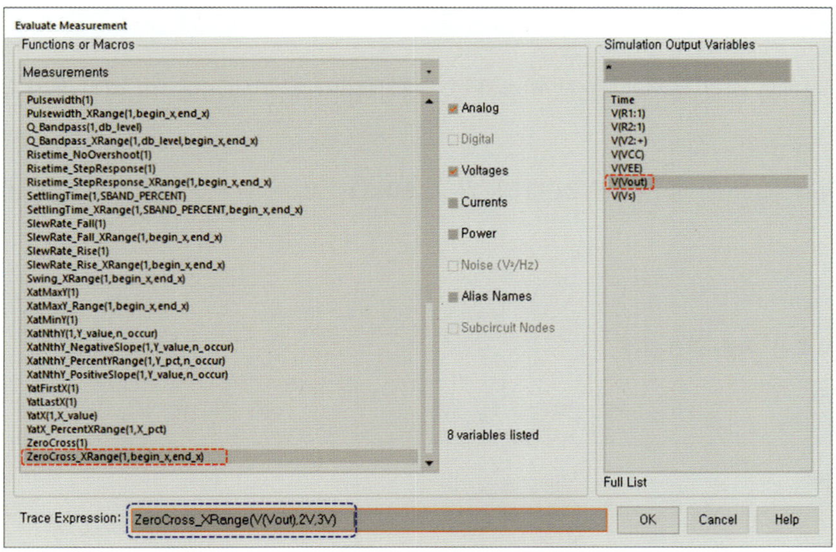

(c) ZeroCross_XRange(V(Vout),2V, 3V) 설정

그림 24-4 반전 슈미트 트리거 회로의 시뮬레이션(계속)

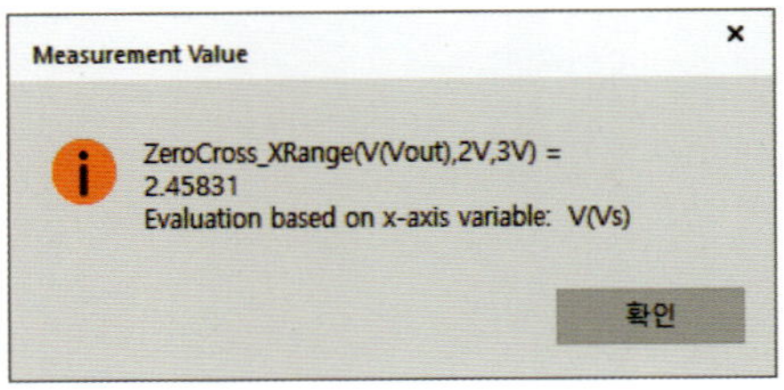

(d) 상측 문턱전압 V_{TH} 확인

그림 24-4 반전 슈미트 트리거 회로의 시뮬레이션

4 DC 전압 V_R 변경 후 시뮬레이션 재실행 및 결과 확인

- 저항 $R_1 = 10\,\text{k}\Omega$, $R_2 = 10\,\text{k}\Omega$을 유지한 상태에서 DC 전압 $V_R = 2\,\text{V}$로 변경한 후, 시뮬레이션을 실행한다.
- 시뮬레이션 결과 화면을 캡처하여 [그림 24-5(b)]의 Transient 시뮬레이션 결과 칸에 붙여 넣는다.
- Transient 해석 결과를 이력 특성곡선으로 변환한 후, 캡처하여 [그림 24-5(b)]의 이력 특성곡선 칸에 붙여 넣는다.
- 문턱전압 V_{TL}과 V_{TH}를 확인하여 [표 24-1]의 $R_1 = R_2 = 10\,\text{k}\Omega$, $V_R = 2\,\text{V}$ 행에 기록한다.

5 저항값 변경 후 시뮬레이션 재실행 및 결과 확인

- $V_R = 0\,\text{V}$로 설정하고 $R_1 = 10\,\text{k}\Omega$를 유지한 상태에서 귀환저항 $R_2 = 47\,\text{k}\Omega$으로 변경한 후, 시뮬레이션을 실행한다.
- 시뮬레이션 결과 화면을 캡처하여 [그림 24-5(c)]의 Transient 시뮬레이션 결과 칸에 붙여 넣는다.
- Transient 해석 결과를 이력 특성곡선으로 변환한 후, 캡처하여 [그림 24-5(c)]의 이력 특성곡선 칸에 붙여 넣는다.
- 문턱전압 V_{TL}과 V_{TH}를 확인하여 [표 24-1]의 $R_1 = 10\,\text{k}\Omega$, $R_2 = 47\,\text{k}\Omega$, $V_R = 0\,\text{V}$ 행에 기록한다.

표 24-1 반전 슈미트 트리거 회로의 동작 특성 시뮬레이션 결과

	하측 문턱전압 V_{TL}[V]	상측 문턱전압 V_{TH}[V]
$R_1 = R_2 = 10\,\text{k}\Omega$이고, $V_R = 0\,\text{V}$인 경우		
$R_1 = R_2 = 10\,\text{k}\Omega$이고, $V_R = 2\,\text{V}$인 경우		
$R_1 = 10\,\text{k}\Omega$, $R_2 = 47\,\text{k}\Omega$이고, $V_R = 0\,\text{V}$인 경우		

시뮬레이션 결과 파형을 캡처하여 붙여 넣는다.
[Transient 시뮬레이션 결과]

시뮬레이션 결과 파형을 캡처하여 붙여 넣는다.
[이력 특성곡선]

(a) $R_1 = R_2 = 10\,\mathrm{k}\Omega$이고, $V_R = 0\,\mathrm{V}$인 경우

시뮬레이션 결과 파형을 캡처하여 붙여 넣는다.
[Transient 시뮬레이션 결과]

시뮬레이션 결과 파형을 캡처하여 붙여 넣는다.
[이력 특성곡선]

(b) $R_1 = R_2 = 10\,\mathrm{k}\Omega$이고, $V_R = 2\,\mathrm{V}$인 경우

그림 24-5 반전 슈미트 트리거 회로의 시뮬레이션 결과 파형(계속)

시뮬레이션 결과 파형을 캡처하여 붙여 넣는다.
[Transient 시뮬레이션 결과]

시뮬레이션 결과 파형을 캡처하여 붙여 넣는다.
[이력 특성곡선]

(c) $R_1 = 10\,\text{k}\Omega$, $R_2 = 47\,\text{k}\Omega$이고, $V_R = 0\,\text{V}$인 경우

그림 24-5 반전 슈미트 트리거 회로의 시뮬레이션 결과 파형

2. 실험 반전 슈미트 트리거 회로의 이력 특성 측정

[실험장비]

장비명	수량	장비명	수량
DC 전원공급 장치(2출력)	1대	오실로스코프(2채널)	1대
함수발생기	1대	멀티미터	1대

[실험부품]

OP Amp	uA741	저항	$10\,\text{k}\Omega$(2개), $47\,\text{k}\Omega$

1 브레드보드 부품 배치도 연결 완성하기

- [그림 24-6(a)]의 실험회로와 [그림 24-6(b)]의 uA741 OP Amp 핀 배치도를 참조해서 [그림 24-6(c)]의 브레드보드 부품 배치도의 연결을 완성한다.

2 회로 구성하기

- 완성된 부품 배치도를 참조해서 [그림 24-6(a)]의 실험회로를 브레드보드에 구성한다.
- [그림 24-6(b)]의 uA741 OP Amp 핀 배치도를 참조하여 7번 핀(V_{CC})이 위쪽, 4번 핀(V_{CC-})이 아래쪽이 되도록 브레드보드에 삽입한다.
- 저항 : $R_1 = R_2 = 10\,\mathrm{k\Omega}$을 사용한다.

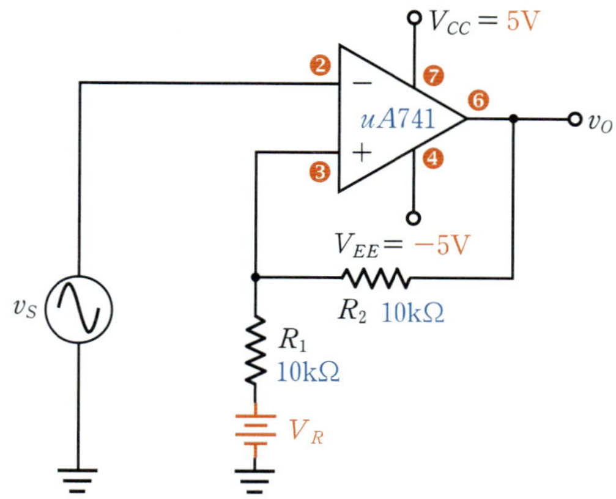

(a) 실험회로

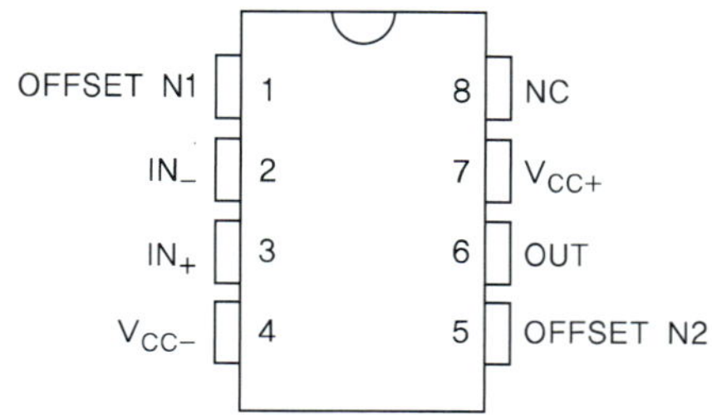

(b) uA741 OP Amp의 핀 배치도

실험회로를 참고해서 부품 배치도의 연결을 완성한다.

(c) 부품 배치도

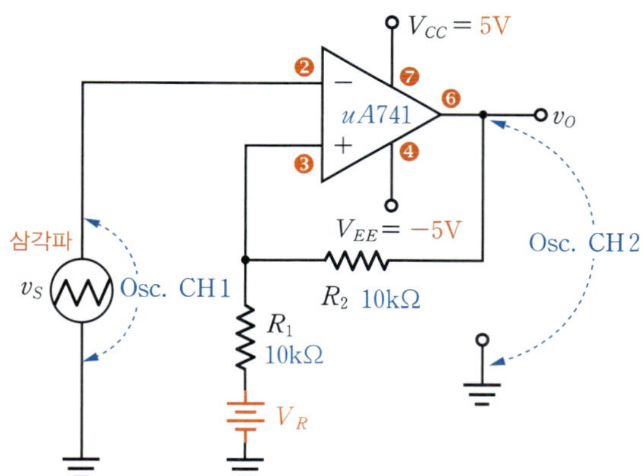

(d) 이력 특성곡선 측정

그림 24-6 반전 슈미트 트리거 실험회로

3 회로 점검하기

- 브레드보드에 부품 실장이 완료되면, 멀티미터를 저항측정 모드로 설정하고 단락, 접촉불량 등을 점검한다.
- V_{CC}와 V_{EE}의 단락 여부, 그리고 입력신호 v_S와 V_{CC}, V_{EE}의 단락 여부를 확인한다.
- V_{CC}와 V_{EE}로 연결되는 노드들의 단락/개방 여부를 확인한다.

4 전원전압 인가하기

- DC 전원공급 장치의 출력이 5 V 와 − 5V 가 되도록 설정한 후, 실험회로의 V_{CC} 단자에 V_{CC} = 5 V 를 연결하고, V_{EE} = − 5V 가 되도록 연결한다. V_{CC}와 V_{EE}의 극성이 반대가 됨에 유의한다.
- 이력 특성곡선의 X−축 방향 이동시키는 전압 $V_R = 0$를 인가한다.

5 신호원 연결하기

- 함수발생기의 전원을 ON시키고 정현파 출력 모드로 설정한다. 정현파의 진폭 5 V , 주파수 100 Hz 가 되도록 설정한 후, 오실로스코프를 이용하여 정현파의 주파수와 진폭을 확인한다. 확인이 완료되면 실험회로의 v_S 단자에 연결한다.

6 입력전압과 출력전압 파형 측정하기

- 오실로스코프의 CH 1로 입력전압 v_S를 측정하고, CH 2로 출력전압 v_O를 측정한다.
- 측정된 v_S와 v_O의 파형을 캡처하여 [그림 24−7(a)]의 입력, 출력 파형 칸에 붙여 넣는다.

7 이력 특성곡선 관찰하기

- 함수발생기를 실험회로에서 분리시킨다.
- 반전 슈미트 트리거의 이력 특성곡선을 측정하기 위해, 함수발생기의 출력을 삼각파 모드로 변경한다. 삼각파의 진폭 5 V , 주파수 100 Hz 가 되도록 설정한 후, 오실로스코프를 이용하여 삼각파의 주파수와 진폭을 확인한다.
- 확인이 완료되면 실험회로의 v_S 단자에 연결한다. 함수발생기의 삼각파 출력은 오실로스코프의 XY−모드에서 X−축 신호로 사용된다.
- 오실로스코프의 디스플레이 모드를 XY−모드로 설정한 후, [그림 24−6(d)]와 같이 오실로스코프의 CH1로 입력신호 v_S를 측정하고 출력전압 v_O를 오실로스코프의 CH2로 측정하면, 반전 슈미트 트리거의 이력 특성곡선이 표시된다. 측정된 파형을 캡처하여 [그림 24−7(a)]의 이력 특성곡선 칸에 붙여 넣는다.
- 이력 특성곡선으로부터 반전 슈미트 트리거의 하측 문턱전압 V_{TL}과 상측 문턱전압 V_{TH}를 측정하여 [표 24−2]의 $R_1 = R_2 = 10\,\text{k}\Omega$, $V_R = 0\,\text{V}$ 행에 기록한다.

8 DC 전압 V_R에 따른 이력 특성곡선 관찰하기

- 저항 $R_1 = 10\,\text{k}\Omega$, $R_2 = 10\,\text{k}\Omega$을 유지한 상태에서 DC 전압 $V_R = 2\,\text{V}$로 변경한 후, 과정 5 ~ 7을 반복하여 출력 파형과 이력 특성곡선을 측정하고, 파형을 캡처하여 [그림 24−7(b)]의 해당 칸에 붙여 넣는다.
- 문턱전압 V_{TL}과 V_{TH}를 확인하여 [표 24−2]의 $R_1 = R_2 = 10\,\text{k}\Omega$, $V_R = 2\,\text{V}$ 행에 기록한다.

9 저항 R_2 값에 따른 이력 특성곡선 관찰하기

- $V_R = 0\,\mathrm{V}$로 변경하고 $R_1 = 10\,\mathrm{k\Omega}$을 유지한 상태에서 귀환저항 $R_2 = 47\,\mathrm{k\Omega}$으로 변경한 후, 과정 5 ~ 7을 반복하여 출력 파형과 이력 특성곡선을 측정하고, 파형을 캡처하여 [그림 24-7(c)]의 해당 칸에 붙여 넣는다.
- 이력 특성곡선으로부터 문턱전압 V_{TL}과 V_{TH}를 측정하여 [표 24-2]의 $R_1 = 10\,\mathrm{k\Omega}$, $R_2 = 47\,\mathrm{k\Omega}$, $V_R = 0\,\mathrm{V}$ 행에 기록한다.

표 24-2 반전 슈미트 트리거 회로의 문턱전압 측정 결과

	하측 문턱전압 V_{TL}[V]	상측 문턱전압 V_{TH}[V]
$R_1 = R_2 = 10\,\mathrm{k\Omega}$이고, $V_R = 0\,\mathrm{V}$인 경우		
$R_1 = R_2 = 10\,\mathrm{k\Omega}$이고, $V_R = 2\,\mathrm{V}$인 경우		
$R_1 = 10\,\mathrm{k\Omega}$, $R_2 = 47\,\mathrm{k\Omega}$이고, $V_R = 0\,\mathrm{V}$인 경우		

측정 결과 파형을 캡처하여 붙여 넣는다. [입력, 출력 파형]	측정 결과 파형을 캡처하여 붙여 넣는다. [이력 특성곡선]

(a) $R_1 = R_2 = 10\,\mathrm{k\Omega}$이고, $V_R = 0\,\mathrm{V}$인 경우

그림 24-7 반전 슈미트 트리거 회로의 측정 결과 파형(계속)

측정 결과 파형을 캡처하여 붙여 넣는다.
[입력, 출력 파형]

측정 결과 파형을 캡처하여 붙여 넣는다.
[이력 특성곡선]

(b) $R_1 = R_2 = 10\,\mathrm{k\Omega}$이고, $V_R = 2\,\mathrm{V}$인 경우

측정 결과 파형을 캡처하여 붙여 넣는다.
[입력, 출력 파형]

측정 결과 파형을 캡처하여 붙여 넣는다.
[이력 특성곡선]

(c) $R_1 = 10\,\mathrm{k\Omega}$, $R_2 = 47\,\mathrm{k\Omega}$이고, $V_R = 0\,\mathrm{V}$인 경우

그림 24-7 반전 슈미트 트리거 회로의 측정 결과 파형

실험 24-2 | 설계 비반전 슈미트 트리거 회로 설계

1. 회로 설계

■ 설계 조건

- [그림 24-8]의 비반전 슈미트 트리거 회로가 다음의 조건을 만족하도록 설계한다. 전원전압은 ±5 V를 사용하며, 슈미트 트리거의 출력 포화전압은 $V_O = \pm 4.8\,\text{V}$이다. 단, 계산값에 가장 가까운 표준 저항값(오차 5%)으로 결정한다.
- 하측 문턱전압과 상측 문턱전압 : $V_{TL} \simeq 1.4\,\text{V}$, $V_{TH} \simeq 3.4\,\text{V}$
- 이력폭 : $V_{HW} \simeq 2.0\,\text{V}$
- $10\,\text{k}\Omega \sim 99\,\text{k}\Omega$ 범위의 저항값을 사용하며, uA741 OP Amp를 사용한다.

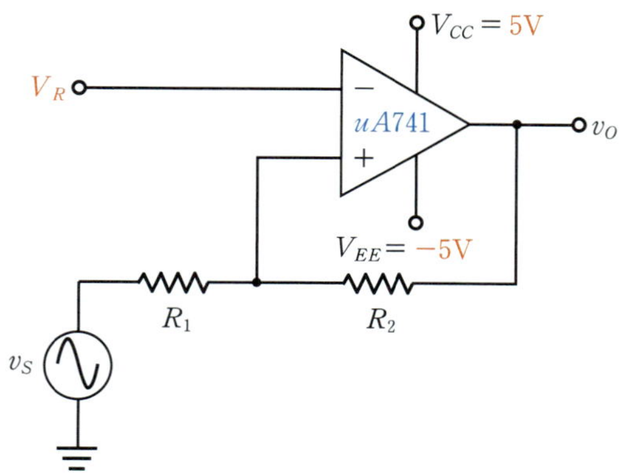

그림 24-8 비반전 슈미트 트리거 회로

■ 설계

- 식 (24.2c)의 이력폭 $V_{HW} = V_{TH} - V_{TL} = \dfrac{2R_1}{R_2} V_O$에 $V_{HW} = 2.0\,\text{V}$와 출력 포화전압 $V_O = 4.8\,\text{V}$를 대입하여 저항비 $\dfrac{R_1}{R_2}$을 구하고, $10\,\text{k}\Omega \sim 99\,\text{k}\Omega$ 범위의 표준 저항값으로 결정한다.
- 구해진 저항비 $\dfrac{R_1}{R_2}$ 값과 설계조건에 주어진 하측 문턱전압 $V_{TL} = 1.4\,\text{V}$와 출력 포화전압 $V_O = 4.8\,\text{V}$를 식 (24.2b)의 하측 문턱전압 수식에 대입해서 OP Amp 반전단자에 인가되는 DC 전압 V_R을 구한다.

2. PSpice 시뮬레이션

1 회로도 입력

- 설계된 비반전 슈미트 트리거 회로의 시뮬레이션을 위해 [그림 24-9]의 회로를 PSpice 회로도 편집기에 입력한다.
- OP Amp는 uA741을 사용하고, 저항은 R_1, R_2는 설계를 통해 결정된 값을 적용한다.
- 입력전압 v_S는 SOURCE 라이브러리의 VSIN을 사용하며, 진폭 5 V, 주파수 100 Hz, 오프셋이 0 V인 정현파로 설정한다.
- 이력 특성곡선의 X-축 방향 이동을 위한 전압 V_R은 설계를 통해 결정된 값을 적용한다.
- 입력전압과 출력전압 파형을 확인할 수 있도록 회로도에 Voltage Marker를 연결한다.

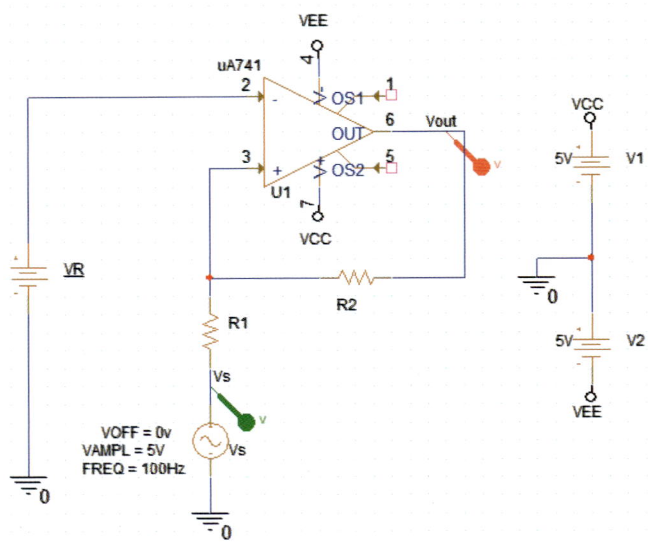

그림 24-9 비반전 슈미트 트리거 시뮬레이션 회로(저항값과 전압 V_R은 설계를 통해 결정된 값을 적용한다.)

2 시뮬레이션 설정

- Simulation Settings 창을 열어 Analysis Type을 Time Domain(Transient)으로 지정하고, 시뮬레이션을 [그림 24-4(b)]와 같이 설정한다.

3 시뮬레이션 실행 및 결과 확인

- 시뮬레이션을 실행하면, 입력전압과 출력전압의 파형이 시뮬레이션 결과 창에 표시된다. 시뮬레이션 결과 화면을 캡처하여 [그림 24-10]의 Transient 시뮬레이션 결과 칸에 붙여 넣는다.
- [그림 24-3]을 참조하여 Transient 해석 결과를 이력 특성곡선으로 변환한 후, 캡처하여 [그림 24-10]의 이력 특성곡선 칸에 붙여 넣는다.
- 슈미트 트리거의 이력 특성곡선에 대해 `Evaluate Measurement`의 ZeroCross_XRange (1,begin_x, end_x)을 이용하여 문턱전압 V_{TL}과 V_{TH}를 확인하고 [표 24-3]에 기록한다([그림 24-4(c), (d)] 참조).

표 24-3 비반전 슈미트 트리거 회로의 **설계 결과 및 시뮬레이션 결과**

<table>
<tr><td rowspan="3">설계 결과</td><td colspan="2">R_1 [kΩ]</td><td colspan="2">R_2 [kΩ]</td><td rowspan="2">V_R [V]</td></tr>
<tr><td>계산값</td><td>표준 저항값</td><td>계산값</td><td>표준 저항값</td></tr>
<tr><td></td><td></td><td></td><td></td><td></td></tr>
<tr><td></td><td colspan="2">하측 문턱전압 V_{TL} [V]</td><td colspan="2">상측 문턱전압 V_{TH} [V]</td><td>이력 폭 V_{HW} [V]</td></tr>
<tr><td>설계 사양</td><td colspan="2">1.4</td><td colspan="2">3.4</td><td>2</td></tr>
<tr><td>시뮬레이션 결과</td><td colspan="2"></td><td colspan="2"></td><td></td></tr>
</table>

시뮬레이션 결과 파형을 캡처하여 붙여 넣는다.
[Transient 시뮬레이션 결과]

시뮬레이션 결과 파형을 캡처하여 붙여 넣는다.
[이력 특성곡선]

그림 24-10 설계된 비반전 슈미트 트리거 회로의 시뮬레이션 결과 파형

3. 실험 설계된 비반전 슈미트 트리거 회로의 특성 측정

[실험장비]

장비명	수량	장비명	수량
DC 전원공급 장치(2출력)	2대	오실로스코프(2채널)	1대
함수발생기	1대	멀티미터	1대

[실험부품]

OP Amp	uA741	저항	설계를 통해 결정된 값

1 브레드보드 부품 배치도 연결 완성하기

- [그림 24-11(a)]의 실험회로와 [그림 24-6(b)]의 uA741 OP Amp 핀 배치도를 참조해서 [그림 24-11(b)]의 브레드보드 부품 배치도의 연결을 완성한다.

2 회로 구성하기

- 완성된 부품 배치도를 참조해서 [그림 24-11(a)]의 실험회로를 브레드보드에 구성한다.
- [그림 24-6(b)]의 uA741 OP Amp 핀 배치도를 참조하여 7번 핀(V_{CC})이 위쪽, 4번 핀(V_{CC-})이 아래쪽이 되도록 브레드보드에 삽입한다.
- 저항 : R_1, R_2는 설계를 통해 결정된 값을 사용한다.

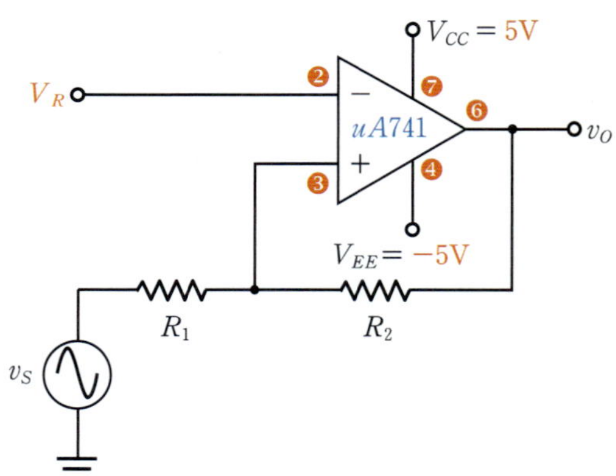

(a) 실험회로

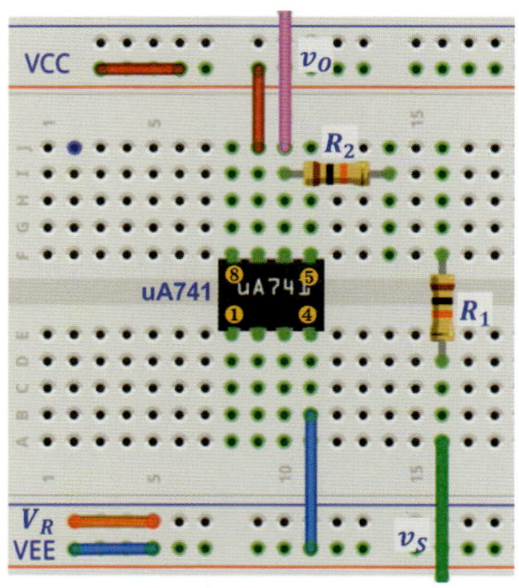

(b) 부품 배치도

그림 24-11 설계된 비반전 슈미트 트리거 실험회로

3 회로 점검하기

- 브레드보드에 부품 실장이 완료되면, 멀티미터를 저항측정 모드로 설정하고 단락, 접촉불량 등을 점검한다.
- V_{CC}와 V_{EE}의 단락 여부, 그리고 입력신호 v_S와 V_{CC}, V_{EE}의 단락 여부를 확인한다.
- V_{CC}와 V_{EE}로 연결되는 노드들의 단락/개방 여부를 확인한다.

4 전원전압 인가하기

- DC 전원공급 장치의 출력이 5 V와 −5V가 되도록 설정한 후, 실험회로의 V_{CC} 단자에 $V_{CC}=5\text{V}$를 연결하고, $V_{EE}=-5\text{V}$가 되도록 연결한다. V_{CC}와 V_{EE}의 극성이 반대가 됨에 유의한다.
- 이력 특성곡선의 X−축 방향 이동을 위한 DC 전압 V_R은 설계를 통해 결정된 값을 인가한다.

5 신호원 연결하기

- 함수발생기의 전원을 ON시키고 정현파 출력 모드로 설정한다. 정현파의 진폭 5 V, 주파수 100 Hz가 되도록 설정한 후, 오실로스코프를 이용하여 정현파의 주파수와 진폭을 확인한다. 확인이 완료되면 실험회로의 v_S 단자에 연결한다.

6 입력전압과 출력전압 파형 측정하기

- 오실로스코프의 CH 1로 입력전압 v_S를 측정하고, CH 2로 출력전압 v_O를 측정한다.
- 측정된 v_S와 v_O의 파형을 캡처하여 [그림 24−12]의 입력, 출력 파형 칸에 붙여 넣는다.

7 이력 특성곡선 관찰하기

- 함수발생기를 실험회로에서 분리시킨다.
- 비반전 슈미트 트리거의 이력 특성곡선을 측정하기 위해, 함수발생기의 출력을 삼각파 모드로 변경한다. 삼각파의 진폭 5 V, 주파수 100 Hz가 되도록 설정한 후, 오실로스코프를 이용하여 삼각파의 주파수와 진폭을 확인한다.
- 확인이 완료되면 실험회로의 v_S 단자에 연결한다. 함수발생기의 삼각파 출력은 오실로스코프의 XY−모드에서 X−축 신호로 사용된다.

- 오실로스코프의 디스플레이 모드를 XY-모드로 설정한 후, [그림 24-6(d)]와 같이 오실로스코프의 CH1로 입력신호 v_S를 측정하고 출력전압 v_O를 오실로스코프의 CH2로 측정하면, 비반전 슈미트 트리거의 이력 특성곡선이 표시된다. 측정된 파형을 캡처하여 [그림 24-12]의 이력 특성곡선 칸에 붙여 넣는다.
- 이력 특성곡선으로부터 비반전 슈미트 트리거의 하측 문턱전압 V_{TL}과 상측 문턱전압 V_{TH}를 측정하여 [표 24-4]에 기록한다.

표 24-4 설계된 비반전 슈미트 트리거 회로의 설계 결과 및 문턱전압 측정 결과

<table>
<tr><td rowspan="3">설계 결과</td><td colspan="2">R_1 [kΩ]</td><td colspan="2">R_2 [kΩ]</td><td rowspan="2">V_R [V]</td></tr>
<tr><td>계산값</td><td>표준 저항값</td><td>계산값</td><td>표준 저항값</td></tr>
<tr><td></td><td></td><td></td><td></td><td></td></tr>
<tr><td></td><td colspan="2">하측 문턱전압 V_{TL} [V]</td><td colspan="2">상측 문턱전압 V_{TH} [V]</td><td>이력 폭 V_{HW} [V]</td></tr>
<tr><td>설계 사양</td><td colspan="2">1.4</td><td colspan="2">3.4</td><td>2</td></tr>
<tr><td>측정 결과</td><td colspan="2"></td><td colspan="2"></td><td></td></tr>
</table>

측정 결과 파형을 캡처하여 붙여 넣는다.
[입력, 출력 파형]

측정 결과 파형을 캡처하여 붙여 넣는다.
[이력 특성곡선]

그림 24-12 설계된 비반전 슈미트 트리거 회로의 측정 결과 파형

실험 고찰

■ 고찰 [1]

- [그림 24-6(a)]의 반전 슈미트 트리거 회로에 대해 [표 24-1]의 시뮬레이션 결과에 의한 이력 폭 $V_{HW,sim}$, [표 24-2]의 측정 결과에 의한 이력 폭 $V_{HW,meas}$, 식 (24.1c)로 계산된 이력 폭 $V_{HW,cal}$을 [표 24-5]에 작성하고, 이 값들을 비교하여 설명하라.
- 저항 R_2가 반전 슈미트 트리거의 특성에 미치는 영향을 설명하라.

표 24-5 반전 슈미트 트리거의 이력 폭 비교

	저항 R_2 [kΩ]	
	10	47
[표 24-1]의 시뮬레이션 결과에 의한 이력 폭 $V_{HW,sim}$ [V]		
[표 24-2]의 측정 결과에 의한 이력 폭 $V_{HW,meas}$ [V]		
식 (24.1c)로 계산된 이력 폭 $V_{HW,cal}$ [V]		

실험 고찰

■ 고찰 [2]

- [그림 24-8]의 비반전 슈미트 트리거 회로에 대해 상측 문턱전압, 하측 문턱전압, 이력 폭의 설계 사양, 시뮬레이션 결과, 그리고 측정 결과 값들을 비교하라.
- DC 전압 V_R이 비반전 슈미트 트리거 회로의 특성에 미치는 영향을 설명하라.

표 24-6 설계된 비반전 슈미트 트리거의 특성 비교

	설계 사양	시뮬레이션 결과	측정 결과
하측 문턱전압 V_{TL} [V]			
상측 문턱전압 V_{TH} [V]			
이력 폭 V_{HW} [V]			

연계 | 〈핵심이 보이는 전자회로〉 8.3절

실험

25

슈미트 트리거 응용회로

실험 목적

- 시뮬레이션을 통해 슈미트 트리거를 이용한 구형파 및 삼각파 발생기 회로의 동작 특성을 예측한다.
- 슈미트 트리거를 이용한 구형파 발생기 회로의 구성과 동작을 확인한다.
- 슈미트 트리거와 적분기를 이용한 삼각파 발생기 회로의 구성과 동작을 확인한다.

실험 내용

- 실험 25-1 | 슈미트 트리거를 이용한 구형파 발생기 회로의 동작 특성 측정
- 실험 25-2 | 슈미트 트리거와 적분기를 이용한 삼각파 발생기 회로의 동작 특성 측정

25.1 이론적 배경 이해하기

1. 슈미트 트리거를 이용한 대칭 구형파 발생기

- [그림 25-1(a)]는 반전 슈미트 트리거를 이용한 대칭 구형파 발생기 회로이다.
- 반전단자에 연결된 커패시터의 주기적인 충전과 방전 작용에 의해 슈미트 트리거의 출력이 반복적으로 천이되면서 [그림 25-1(b)]와 같이 구형파가 발생된다. 외부에서 인가되는 신호 없이 회로 자체의 동작에 의해 구형파가 발생되는 비안정 멀티바이브레이터이다.
- 구형파 출력이 $v_O = V_O$인 기간 T_1과 $v_O = -V_O$인 기간 T_2는 식 (25.1)로 주어지는 대칭 구형파이며, $\beta = \dfrac{R_1}{R_1 + R_2}$은 귀환율이다.

$$T_1 = T_2 = RC\ln\left(\frac{1+\beta}{1-\beta}\right) \tag{25.1}$$

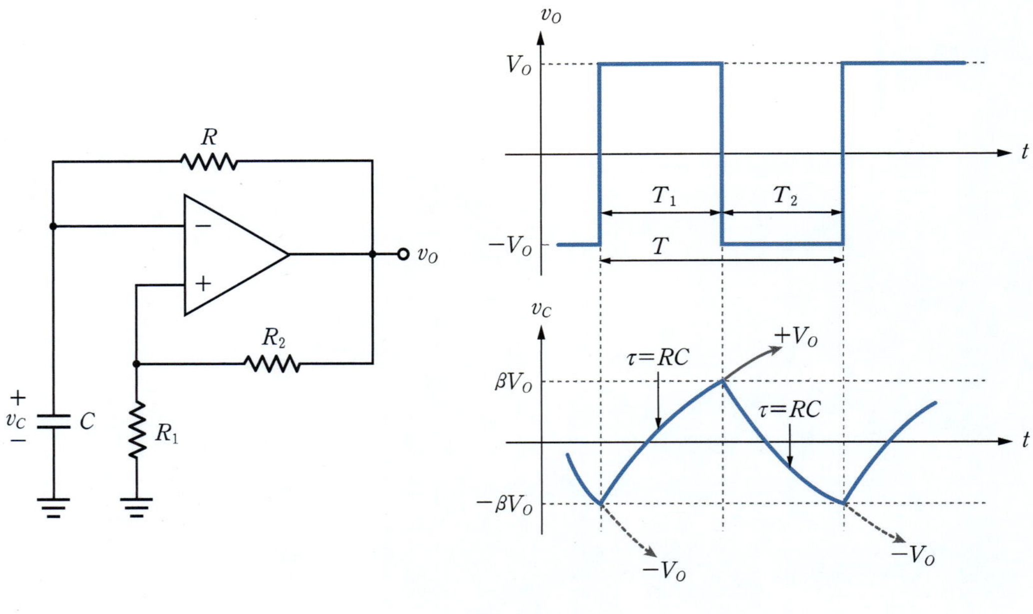

(a) 구형파 발생기 회로 (b) 동작 파형

그림 25-1 슈미트 트리거를 이용한 대칭 구형파 발생기 회로

- 출력 구형파의 주기 T는 식 (25.2)와 같으며, $R_1 = R_2$(즉, $\beta = \frac{1}{2}$)이면 $T \simeq 2.2RC$이다. 출력 구형파의 주기와 주파수$\left(f = \frac{1}{T}\right)$는 커패시터의 시상수 $\tau = RC$에 의해 조정된다.

$$T = 2RC\ln\left(\frac{1+\beta}{1-\beta}\right) \tag{25.2}$$

2. 슈미트 트리거와 적분기를 이용한 삼각파 발생기

- 구형파를 적분하면 삼각파가 얻어지므로, 삼각파 발생기는 [그림 25-2(a)]와 같이 비반전 슈미트 트리거와 반전 적분기로 구성된다.
- 슈미트 트리거의 출력 구형파가 적분되어 삼각파가 생성되며, 적분기 출력인 삼각파에 의해 슈미트 트리거 출력이 천이되는 과정이 반복되어 [그림 25-2(b)]와 같이 삼각파가 발생된다.
- 삼각파의 최대 피크값 $V_{\max}$와 최소 피크값 $V_{\min}$은 각각 식 (25.3a), 식 (25.3b)와 같으며, DC 전압 V_R은 출력 삼각파의 $V_{\max}$, $V_{\min}$과 평균값 $V_{avg} = \frac{V_{\max} + V_{\min}}{2}$에 영향을 미친다.

$$V_{\max} = \left(1 + \frac{R_1}{R_2}\right)V_R + \frac{R_1}{R_2}V_O \tag{25.3a}$$

$$V_{\min} = \left(1 + \frac{R_1}{R_2}\right)V_R - \frac{R_1}{R_2}V_O \tag{25.3b}$$

- 삼각파의 상승시간 T_1과 하강시간 T_2는 식 (25.4)로 주어지는 대칭 삼각파가 생성된다.

$$T_1 = T_2 = \frac{V_{\max} - V_{\min}}{V_O/RC} = \frac{2R_1}{R_2}RC \tag{25.4}$$

- 삼각파의 주기는 식 (25.5)와 같다.

$$T = T_1 + T_2 = \frac{4R_1}{R_2}RC \tag{25.5}$$

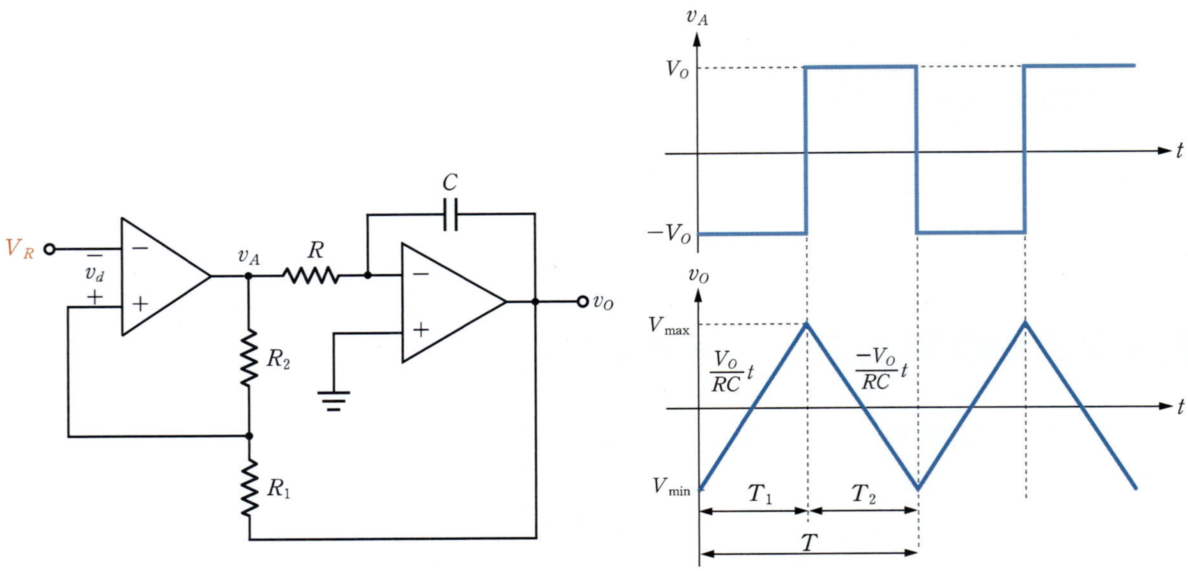

(a) 삼각파 발생기 회로

(b) 동작 파형

그림 25-2 슈미트 트리거와 적분기를 이용한 삼각파 발생기 회로

점검하기 **다음 각 문제에 답하라.**

(1) 슈미트 트리거를 이용한 구형파 발생기는 (단안정, 쌍안정, 비안정) 멀티바이브레이터이다.

(2) 슈미트 트리거를 이용한 구형파 발생기의 출력 구형파 주파수는 시상수 $\tau = RC$에 (비례, 반비례)한다.

(3) 슈미트 트리거를 이용한 구형파 발생기의 출력 구형파 주파수는 슈미트 트리거의 출력전압 크기와 무관하다. (O, X)

(4) 슈미트 트리거를 이용한 구형파 발생기는 (C, R)을 통해 구형파의 출력 주파수를 미세조정하는 것이 바람직하다.

(5) [그림 25-2(a)]의 삼각파 발생기는 (대칭, 비대칭) 삼각파를 생성한다.

(6) [그림 25-2(a)]의 삼각파 발생기에서, 삼각파의 진폭은 슈미트 트리거의 저항비 $\frac{R_1}{R_2}$과 무관하다. (O, X)

(7) [그림 25-2(a)]의 삼각파 발생기에서, 삼각파의 주파수는 시상수 $\tau = RC$에 (비례, 반비례)한다.

(8) [그림 25-2(a)]의 삼각파 발생기에서, 슈미트 트리거의 반전단자에 인가되는 기준전압 V_R은 삼각파의 피크값과 평균값에 영향을 미친다. (O, X)

여기서 잠깐 슈미트 트리거에 의한 스위치 디바운싱

- 슈미트 트리거는 2개의 문턱전압을 갖는 이력 특성에 의해 신호에 포함되어 있는 잡음의 영향을 제거하기 위한 용도로 사용될 수 있다.
- [그림 25-3(a)]에서 스위치를 누르고 뗄 때마다 스위치의 기계적 진동에 의해 접점이 여러 번 붙었다 떨어졌다 하는 현상이 나타나며, 이를 바운싱bouncing 현상이라고 한다. 바운싱 현상이 발생하면, 스위치가 여러 번 눌린 것과 같아 회로의 오동작을 유발할 수 있다.
- [그림 25-3(b)]와 같이 스위치에 병렬로 커패시터를 연결하고, 슈미트 트리거 버퍼(또는 인버터)를 연결하면, 슈미트 트리거의 이력 특성에 의해 바운싱 현상이 제거되어 깨끗한 파형의 신호가 얻어진다.
- [그림 25-3(b)]의 회로에서 커패시터 전압(슈미트 트리거의 입력전압) v_C의 변화 폭이 슈미트 트리거의 이력 폭 V_{HW}보다 작아야 바운싱 현상을 제거할 수 있다.
- 이와 같이 슈미트 트리거는 스위치의 누름과 뗌 순간에 발생하는 바운싱 현상을 제거하는 디바운싱debouncing 기능을 가지며, 7400 시리즈와 4000 시리즈 등 일부 로직 게이트 IC들은 입력단에 슈미트 트리거를 가져 잡음이 제거된 논리입력을 받도록 설계되어 있다.
- 예를 들어, 7414는 슈미트 트리거 입력을 갖는 HEX 인버터 소자이고, 74132는 슈미트 트리거 입력을 갖는 Quad NAND 게이트 소자이며, 74232는 슈미트 트리거 입력을 갖는 Quad NOR 소자이다.

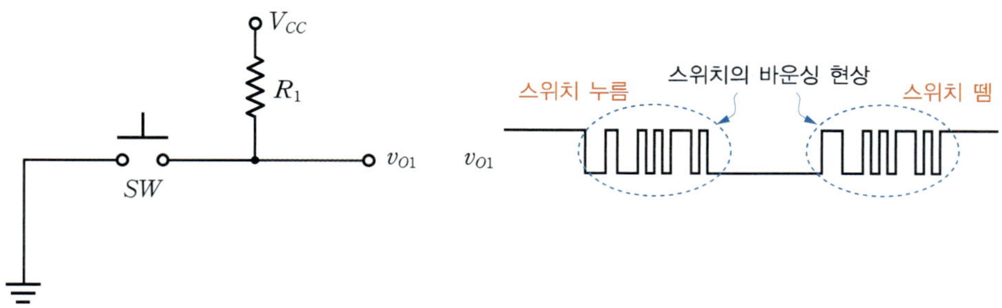

(a) 기계식 접점 스위치의 바운싱 현상

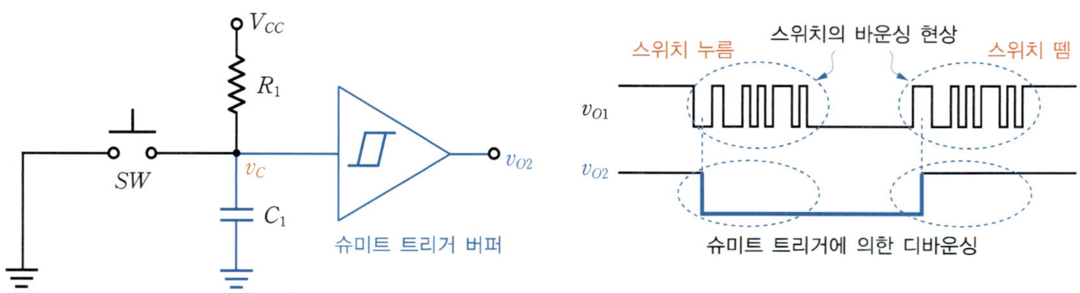

(b) 슈미트 트리거에 의한 디바운싱

그림 25-3 슈미트 트리거에 의한 스위치의 바운싱 제거

25.2 실험 진행하기

실험 25-1 | 슈미트 트리거를 이용한 구형파 발생기 회로의 동작 특성 측정

1. PSpice 시뮬레이션

1 회로도 입력

- 슈미트 트리거를 이용한 대칭 구형파 발생기 회로의 시뮬레이션을 위해 [그림 25-4(a)]의 회로를 PSpice 회로도 편집기에 입력한다.
- OP Amp는 uA741을 사용한다.
- 저항은 $R_1 = R_2 = 20\,\mathrm{k\Omega}$, $R_A = 1.8\,\mathrm{k\Omega}$으로 설정하고, 커패시터는 $C_A = 1\,\mu\mathrm{F}$으로 설정한다.
- 커패시터 전압 v_C와 출력전압 v_O의 파형을 확인할 수 있도록 회로도에 Voltage Marker를 연결한다.

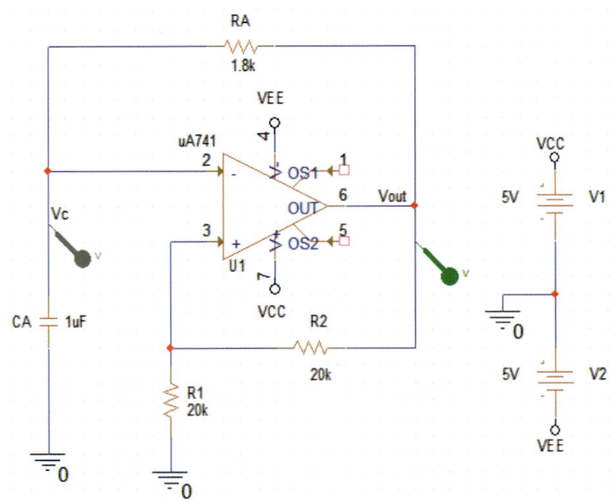

(a) 시뮬레이션 회로

그림 25-4 슈미트 트리거를 이용한 구형파 발생기 회로의 시뮬레이션(계속)

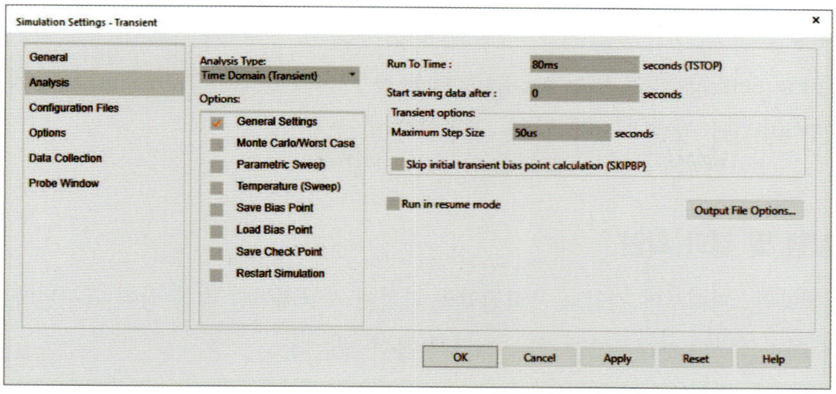

(b) 시뮬레이션 설정(Transient 해석)

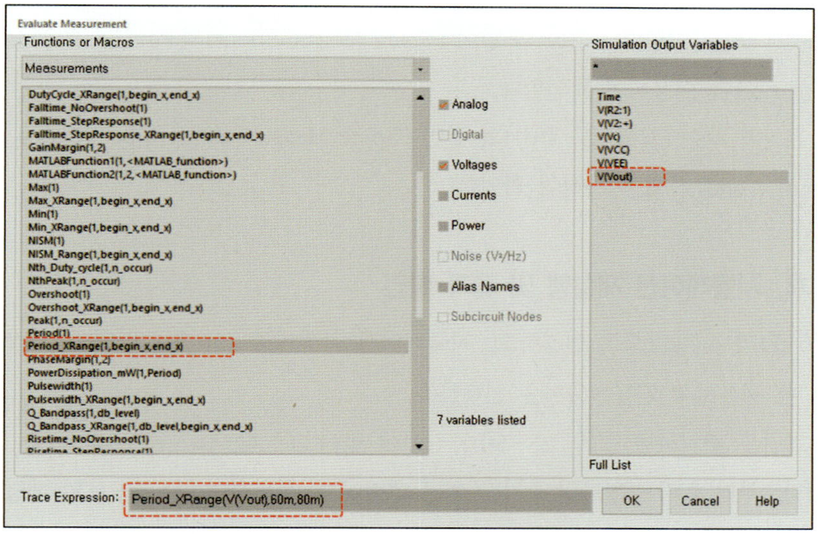

(c) 출력 구형파의 주기 T 확인

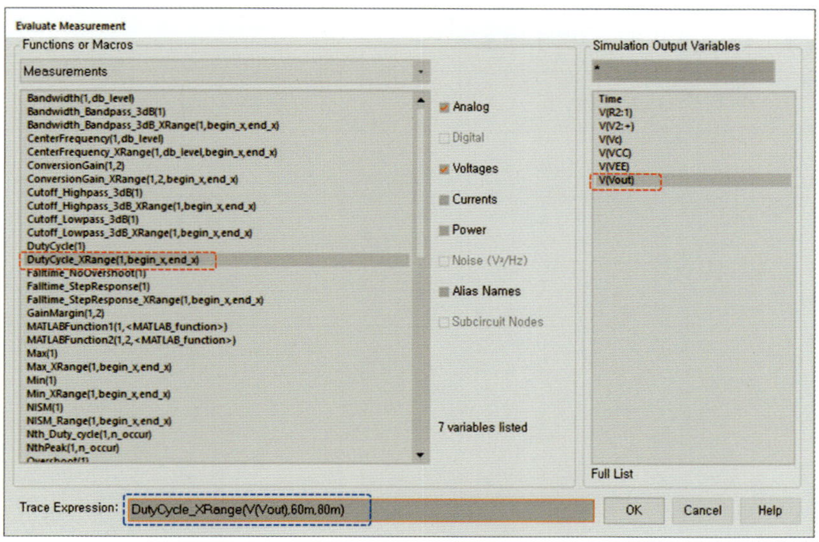

(d) 출력 구형파의 듀티비 D 확인

그림 25-4 슈미트 트리거를 이용한 구형파 발생기 회로의 시뮬레이션

2 시뮬레이션 설정

- PSpice의 Simulation Settings 창을 열어 Analysis Type을 Time Domain(Transient)으로 지정하고, [그림 25-4(b)]와 같이 시뮬레이션을 설정한다.

3 시뮬레이션 실행 및 결과 확인

- 시뮬레이션을 실행하면, 커패시터 전압과 출력전압의 파형이 시뮬레이션 결과 창에 표시된다. 시뮬레이션 결과 화면을 캡처하여 [그림 25-5(a)]에 붙여 넣는다.
- 시뮬레이션 결과로부터, 출력 구형파의 주기 T와 듀티비 duty cycle D를 확인하여 [표 25-1]에 기록한다.
  - 출력 구형파의 주기 T는 [그림 25-4(c)]와 같이 PSpice Measurements의 `Period_XRange(1, begin_x,end_x)`를 이용하여 확인한다.
  - 출력 구형파의 듀티비 D는 [그림 25-4(d)]와 같이 PSpice Measurements의 `DutyCycle_XRange(1,begin_x,end_x)`를 이용하여 확인한다.

4 저항 값 변경 후, 시뮬레이션 재실행 및 결과 확인

- 저항 R_A 값을 $3.6\,\mathrm{k\Omega}$과 $4.7\,\mathrm{k\Omega}$으로 변경하고, 시뮬레이션 설정에서 Run To Time을 각각 $160\,\mathrm{ms}$, $200\,\mathrm{ms}$로 설정하여 시뮬레이션을 실행한다.
- 시뮬레이션 결과 화면을 캡처하여 [그림 25-5(b), (c)]에 붙여 넣는다.
- Transient 해석 결과로부터 출력 구형파의 주기 T와 듀티비 D를 확인하여 [표 25-1]의 해당 칸에 기록한다.

표 25-1 슈미트 트리거를 이용한 구형파 발생기 회로의 동작 특성 시뮬레이션 결과

	주기 T[ms]	듀티비 D[%]
$R_A = 1.8\,\mathrm{k\Omega}$		
$R_A = 3.6\,\mathrm{k\Omega}$		
$R_A = 4.7\,\mathrm{k\Omega}$		

시뮬레이션 결과 파형을 캡처하여 붙여 넣는다.

(a) $R_A = 1.8\,\mathrm{k}\Omega$, $C_A = 1\,\mu\mathrm{F}$ 인 경우

시뮬레이션 결과 파형을 캡처하여 붙여 넣는다.

(b) $R_A = 3.6\,\mathrm{k}\Omega$, $C_A = 1\,\mu\mathrm{F}$ 인 경우

시뮬레이션 결과 파형을 캡처하여 붙여 넣는다.

(c) $R_A = 4.7\,\mathrm{k}\Omega$, $C_A = 1\,\mu\mathrm{F}$ 인 경우

그림 25-5 슈미트 트리거를 이용한 구형파 발생기 회로의 시뮬레이션 결과 파형

2. 실험 슈미트 트리거를 이용한 구형파 발생기 회로의 특성 측정

[실험장비]

장비명	수량	장비명	수량
DC 전원공급 장치(2출력)	1대	오실로스코프(2채널)	1대
멀티미터	1대		

[실험부품]

OP Amp	uA741	커패시터	$1\mu F$
저항	$1.8k\Omega$, $3.6k\Omega$, $4.7k\Omega$, $20k\Omega$(2개)		

1 브레드보드 부품 배치도 연결 완성하기

- [그림 25-6(a)]의 실험회로와 [그림 25-6(b)]의 uA741 OP Amp 핀 배치도를 참조해서 [그림 25-6(c)]의 브레드보드 부품 배치도의 연결을 완성한다.

2 회로 구성하기

- 완성된 부품 배치도를 참조해서 [그림 25-6(a)]의 실험회로를 브레드보드에 구성한다.
- [그림 25-6(b)]의 uA741 OP Amp 핀 배치도를 참조하여 7번 핀(V_{CC})이 위쪽, 4번 핀(V_{CC-})이 아래쪽이 되도록 브레드보드에 삽입한다.
- 저항은 $R_1 = R_2 = 20\,\text{k}\Omega$, $R_A = 1.8\,\text{k}\Omega$, 커패시터는 $C_A = 1\,\mu\text{F}$을 사용한다.

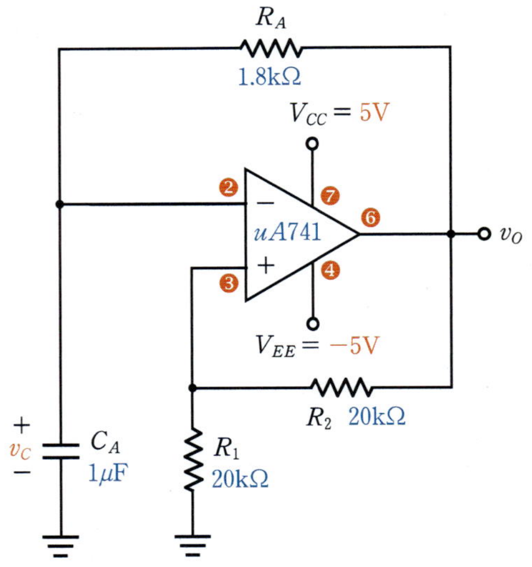

(a) 실험회로

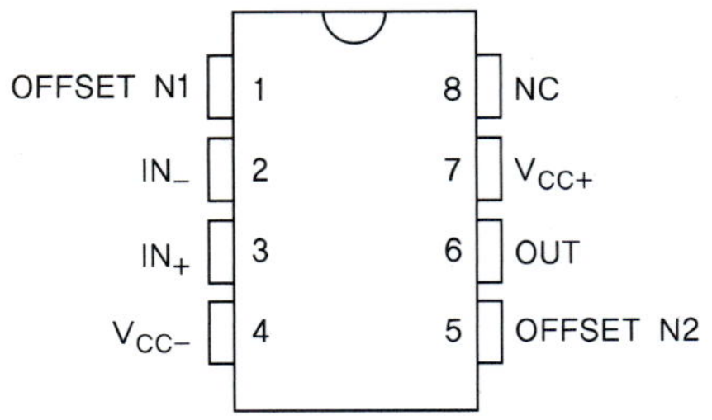

(b) uA741 OP Amp의 핀 배치도

그림 25-6 슈미트 트리거를 이용한 구형파 발생기의 실험회로(계속)

실험회로를 참고해서 부품 배치도의 연결을 완성한다.

(c) 부품 배치도

그림 25-6 슈미트 트리거를 이용한 구형파 발생기의 실험회로

3 회로 점검하기

- 브레드보드에 부품 실장이 완료되면, 멀티미터를 저항측정 모드로 설정하고 단락, 접촉불량 등을 점검한다.
- V_{CC}와 V_{EE}의 단락 여부, 그리고 출력신호 v_O와 V_{CC}, V_{EE}의 단락 여부를 확인한다.
- V_{CC}와 V_{EE}로 연결되는 노드들의 단락/개방 여부를 확인한다.

4 전원전압 인가하기

- DC 전원공급 장치의 출력이 5 V와 -5V가 되도록 설정한 후, 실험회로의 V_{CC} 단자에 $V_{CC}=5$ V를 연결하고, $V_{EE}=-5$V가 되도록 연결한다. V_{CC}와 V_{EE}의 극성이 반대가 됨에 유의한다.

5 결과 값 측정하기

- 전원이 인가되면, 회로가 발진을 시작하여 출력 v_O에 구형파가 발생한다.
- 오실로스코프의 CH 1로 커패시터 전압 v_C를 측정하고, CH 2로 출력전압 v_O를 측정한다. 측정 결과 파형을 캡처하여 [그림 25-7(a)]에 붙여 넣는다.
- 측정된 v_O의 파형으로부터 출력 구형파의 주기 T와 듀티비 D를 측정하여 [표 25-2]의 $R_A=1.8\,\text{k}\Omega$ 행에 기록한다. 듀티비는 $D=(T_H/T)\times 100\,\%$로 계산하며, T는 출력 구형파의 주기이고, T_H는 출력 구형파가 'HIGH'인 기간이다.

6 저항 R_A 값에 따른 출력 구형파 관찰하기

- 저항 R_A 값을 $3.6\,\mathrm{k\Omega}$과 $4.7\,\mathrm{k\Omega}$으로 변경한 후, v_C와 v_O를 측정한다. 측정 결과 파형을 캡처하여 [그림 25-7(b), (c)]에 붙여 넣는다.
- 측정된 v_O의 파형으로부터 출력 구형파의 주기 T와 듀티비 D를 측정하여 [표 25-2]의 해당 R_A 행에 기록한다.

표 25-2 슈미트 트리거를 이용한 구형파 발생기 회로의 출력 구형파 측정 결과

	주기 T[ms]	듀티비 D[%]
$R_A = 1.8\mathrm{k\Omega}$		
$R_A = 3.6\mathrm{k\Omega}$		
$R_A = 4.7\mathrm{k\Omega}$		

측정 결과 파형을 캡처하여 붙여 넣는다.

(a) $R_A = 1.8\,\mathrm{k\Omega}$, $C_A = 1\,\mu\mathrm{F}$ 인 경우

측정 결과 파형을 캡처하여 붙여 넣는다.

(b) $R_A = 3.6\,\mathrm{k\Omega}$, $C_A = 1\,\mu\mathrm{F}$ 인 경우

그림 25-7 슈미트 트리거를 이용한 구형파 발생기 회로의 측정 결과 파형(계속)

측정 결과 파형을 캡처하여 붙여 넣는다.

(c) $R_A = 4.7\,\mathrm{k\Omega}$, $C_A = 1\,\mu\mathrm{F}$ 인 경우

그림 25-7 슈미트 트리거를 이용한 구형파 발생기 회로의 측정 결과 파형

실험 25-2 | 슈미트 트리거와 적분기를 이용한 삼각파 발생기 회로의 동작 특성 측정

1. PSpice 시뮬레이션

1 회로도 입력

- 슈미트 트리거와 적분기를 이용한 삼각파 발생기 회로의 시뮬레이션을 위해 [그림 25-8(a)]의 회로를 PSpice 회로도 편집기에 입력한다.
- OP Amp는 uA741을 사용하며, 슈미트 트리거의 저항은 $R_1 = 56\,\mathrm{k\Omega}$, $R_2 = 100\,\mathrm{k\Omega}$으로, 적분기는 $R = 1.5\,\mathrm{k\Omega}$, $C = 1\,\mu\mathrm{F}$으로 설정한다.
- 슈미트 트리거의 OP Amp 반전단자에는 $0\,\mathrm{V}$를 인가한다.
- 슈미트 트리거의 출력전압 v_A와 적분기 출력전압 v_O의 파형을 확인할 수 있도록 회로도에 Voltage Marker를 연결한다.

2 시뮬레이션 설정

- PSpice의 Simulation Settings 창을 열어 Analysis Type을 Time Domain(Transient)으로 지정하고, [그림 25-8(b)]와 같이 설정한다.

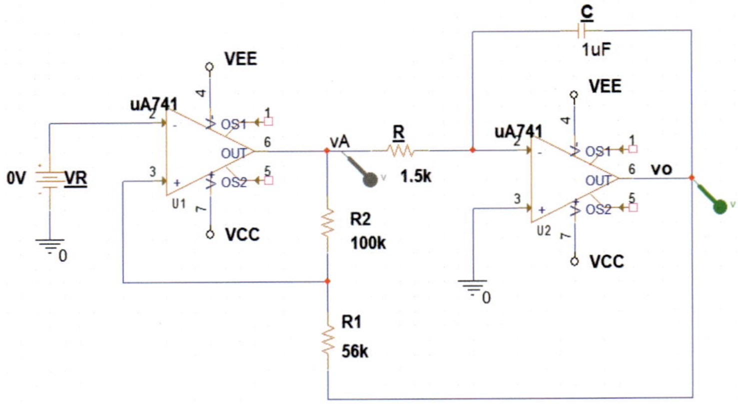

(a) 시뮬레이션 회로

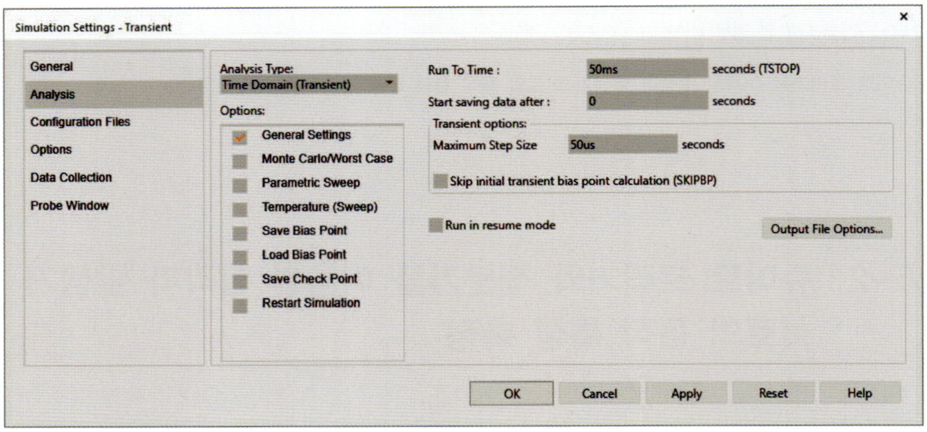

(b) 시뮬레이션 설정(Transient 해석)

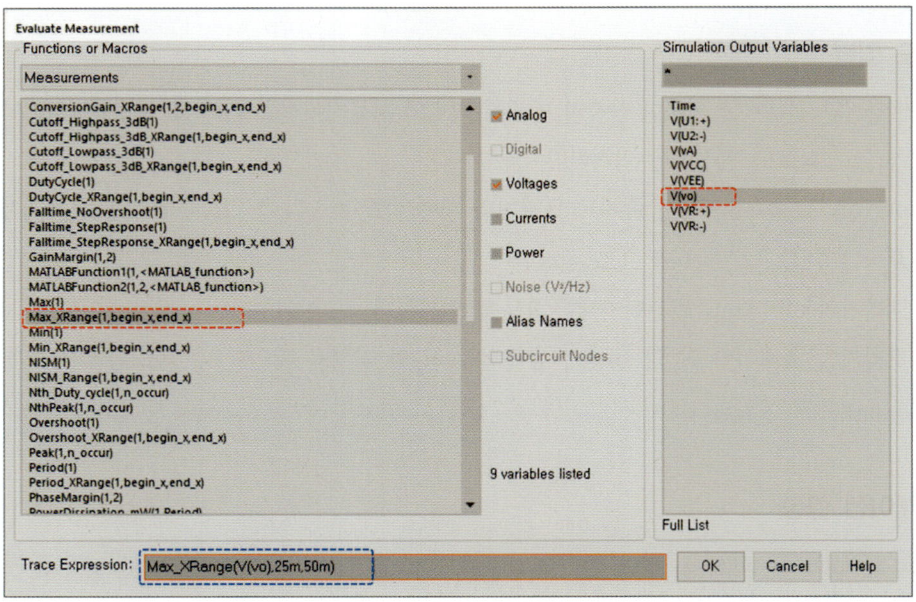

(c) 출력 삼각파의 최댓값 확인

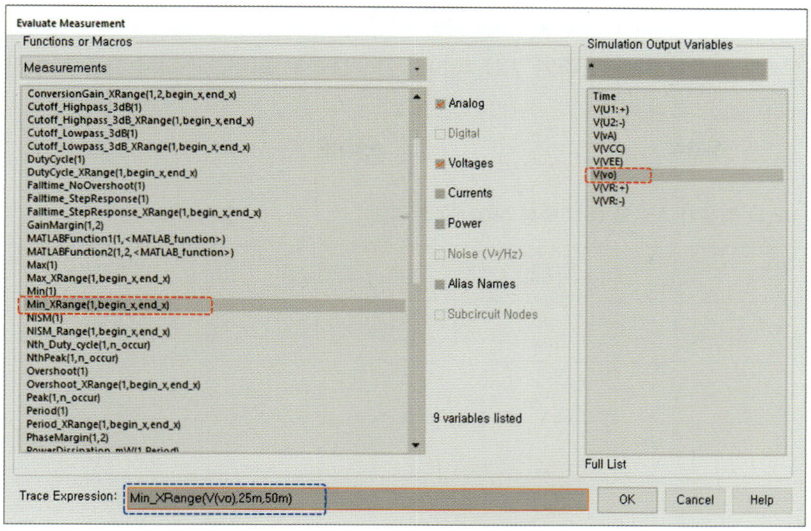

(d) 출력 삼각파의 최솟값 확인

그림 25-8 슈미트 트리거와 적분기를 이용한 삼각파 발생기 회로의 시뮬레이션

3 시뮬레이션 실행 및 결과 확인

- 시뮬레이션을 실행하면, 슈미트 트리거 출력전압과 삼각파 출력전압의 파형이 시뮬레이션 결과 창에 표시된다. 시뮬레이션 결과 화면을 캡처하여 [그림 25-9(a)]에 붙여 넣는다.
- 시뮬레이션 결과로부터, 출력 삼각파의 주기 T와 듀티비 D, 그리고 최댓값과 최솟값를 확인하여 [표 25-3]에 기록한다.
- 출력 구형파의 주기 T와 듀티비 D는 각각 [그림 25-4(c), (d)]와 같이 Measurements의 `Period_XRange(1, begin_x,end_x)`, `DutyCycle_XRange(1,begin_x,end_x)`를 이용하여 확인한다.
- 출력 삼각파의 최댓값과 최솟값은 [그림 25-8(c), (d)]와 같이 Measurements의 `Max_XRange(1, begin_x,end_x)`, `Min_XRange(1, begin_x,end_x)`를 이용하여 확인한다.

4 DC 전압 V_R 변경 후 시뮬레이션 재실행 및 결과 확인

- 적분기의 $R = 1.5\,\text{k}\Omega$, $C = 1\,\mu\text{F}$을 유지한 상태에서, 슈미트 트리거 OP Amp 반전단자의 DC 전압 V_R을 1V로 변경한 후, 시뮬레이션을 실행한다.
- 시뮬레이션 결과 화면을 캡처하여 [그림 25-9(b)]에 붙여 넣는다.
- 시뮬레이션 결과로부터, 출력 삼각파의 주기 T와 듀티비 D, 그리고 최댓값과 최솟값를 확인하여 [표 25-3]의 해당 칸에 기록한다.

5 적분기 저항값 변경 후 시뮬레이션 재실행 및 결과 확인

- 적분기의 $C = 1\,\mu\text{F}$을 유지한 상태에서 저항을 $R = 3\,\text{k}\Omega$으로 설정하고, 슈미트 트리거 OP Amp 반전단자의 DC 전압 V_R을 $0\,\text{V}$로 변경한 후, 시뮬레이션을 실행한다.

- 시뮬레이션 결과 화면을 캡처하여 [그림 25-9(c)]에 붙여 넣는다.
- 시뮬레이션 결과로부터, 출력 삼각파의 주기 T와 듀티비 D, 그리고 최댓값과 최솟값를 확인하여 [표 25-3]의 해당 칸에 기록한다.

표 25-3 슈미트 트리거와 적분기를 이용한 삼각파 발생기 회로의 동작 특성 시뮬레이션 결과

	주기 T [ms]	듀티비 D [%]	최댓값 [V]	최솟값 [V]
$R=1.5\text{k}\Omega$, $C=1\mu\text{F}$, $V_R=0\text{V}$				
$R=1.5\text{k}\Omega$, $C=1\mu\text{F}$, $V_R=1\text{V}$				
$R=3\text{k}\Omega$, $C=1\mu\text{F}$, $V_R=0\text{V}$				

시뮬레이션 결과 파형을 캡처하여 붙여 넣는다.

(a) $R=1.5\text{k}\Omega$, $C=1\mu\text{F}$, $V_R=0\text{V}$인 경우

시뮬레이션 결과 파형을 캡처하여 붙여 넣는다.

(b) $R=1.5\text{k}\Omega$, $C=1\mu\text{F}$, $V_R=1\text{V}$인 경우

그림 25-9 슈미트 트리거와 적분기를 이용한 삼각파 발생기 회로의 시뮬레이션 결과 파형(계속)

시뮬레이션 결과 파형을 캡처하여 붙여 넣는다.

(c) $R = 3\,\text{k}\Omega$, $C = 1\,\mu\text{F}$, $V_R = 0\,\text{V}$ 인 경우

그림 25-9 슈미트 트리거와 적분기를 이용한 삼각파 발생기 회로의 시뮬레이션 결과 파형

2. 실험 슈미트 트리거와 적분기를 이용한 삼각파 발생기 회로의 특성 측정

[실험장비]

장비명	수량	장비명	수량
DC 전원공급 장치(2출력)	2대	오실로스코프(2채널)	1대
멀티미터	1대		

[실험부품]

OP Amp	uA741(2개)	커패시터	$1\,\mu\text{F}$
저항	$1.5\,\text{k}\Omega$, $3\,\text{k}\Omega$, $56\,\text{k}\Omega$, $100\,\text{k}\Omega$		

1 브레드보드 부품 배치도 연결 완성하기

- [그림 25-10(a)]의 삼각파 발생기 실험회로와 [그림 25-6(b)]의 uA741 OP Amp 핀 배치도를 참조해서 [그림 25-10(b)]의 브레드보드 부품 배치도의 연결을 완성한다.

2 회로 구성하기

- 완성된 부품 배치도를 참조해서 [그림 25-10(a)]의 실험회로를 브레드보드에 구성한다.
- [그림 25-6(b)]의 uA741 OP Amp 핀 배치도를 참조하여 7번 핀(V_{CC})이 위쪽, 4번 핀(V_{CC-})이 아래쪽이 되도록 브레드보드에 삽입한다.

- 슈미트 트리거의 저항은 $R_1 = 56\,\text{k}\Omega$, $R_2 = 100\,\text{k}\Omega$을 사용하고, 적분기는 저항 $R = 1.5\,\text{k}\Omega$, 커패시터 $C = 1\,\mu\text{F}$을 사용한다.
- 슈미트 트리거의 반전단자에 인가되는 DC 전압은 $V_R = 0\,\text{V}$를 인가한다.

3 회로 점검하기

- 브레드보드에 부품 실장이 완료되면, 멀티미터를 저항측정 모드로 설정하고 단락, 접촉불량 등을 점검한다.
- V_{CC}와 V_{EE}의 단락 여부, 그리고 출력신호 v_O와 V_{CC}, V_{EE}의 단락 여부를 확인한다.
- V_{CC}와 V_{EE}로 연결되는 노드들의 단락/개방 여부를 확인한다.

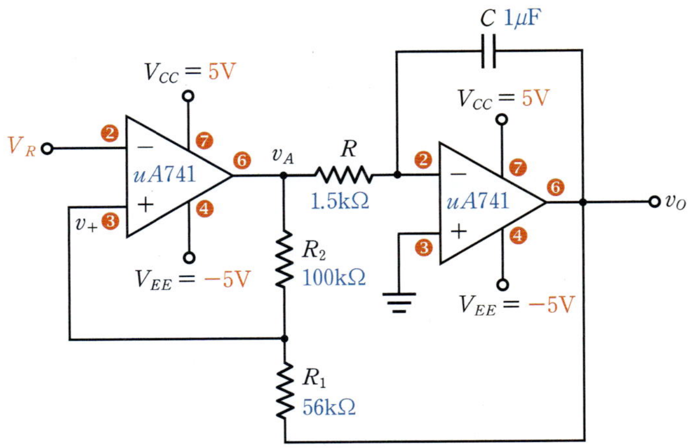

(a) 실험회로

실험회로를 참고해서 부품 배치도의 연결을 완성한다.

(b) 부품 배치도

그림 25-10 슈미트 트리거와 적분기를 이용한 삼각파 발생기의 실험회로

4 전원전압 인가하기

- DC 전원공급 장치의 출력이 5 V와 −5V가 되도록 설정한 후, 실험회로의 V_{CC} 단자에 $V_{CC} = 5\,\text{V}$를 연결하고, $V_{EE} = -5\text{V}$가 되도록 연결한다. V_{CC}와 V_{EE}의 극성이 반대가 됨에 유의한다.

5 결과 값 측정하기

- 전원이 인가되면, 회로가 발진을 시작하여 출력 v_O에 삼각파가 발생한다.
- 오실로스코프의 CH 1로 슈미트 트리거 출력전압 v_A를 측정하고, CH 2로 삼각파 출력전압 v_O를 측정한다. 측정 결과 파형을 캡처하여 [그림 25-11(a)]에 붙여 넣는다.
- 측정된 v_O의 파형으로부터 출력 삼각파의 주기 T와 듀티비 D, 최댓값과 최솟값을 측정해서 [표 25-4]의 $R = 1.5\,\text{k}\Omega$, $V_R = 0\,\text{V}$ 행에 기록한다. 듀티비는 $D = (T_H / T) \times 100\,\%$로 계산하며, T는 출력 삼각파의 주기이고, T_H는 출력 삼각파가 양(+)의 기울기를 갖는 기간이다.

6 DC 전압 V_R에 따른 출력 삼각파 관찰하기

- 슈미트 트리거 반전단자에 인가되는 DC 전압을 $V_R = 1\,\text{V}$로 변경한 후, v_A와 v_O를 측정한다. 측정 결과 파형을 캡처하여 [그림 25-11(b)]에 붙여 넣는다.
- 측정된 v_O의 파형으로부터 출력 삼각파의 주기 T와 듀티비 D, 최댓값과 최솟값을 측정해서 [표 25-4]의 $R = 1.5\,\text{k}\Omega$, $V_R = 1\,\text{V}$ 행에 기록한다.

7 적분기의 저항 R 값에 따른 출력 삼각파 관찰하기

- 슈미트 트리거 반전단자에 인가되는 DC 전압을 $V_R = 0\,\text{V}$로 변경하고, 적분기의 저항을 $R = 3\,\text{k}\Omega$으로 변경한 후, v_A와 v_O를 측정한다. 측정 결과 파형을 캡처하여 [그림 25-11(c)]에 붙여 넣는다.
- 측정된 v_O의 파형으로부터 출력 삼각파의 주기 T와 듀티비 D, 최댓값과 최솟값을 측정해서 [표 25-4]의 $R = 3\,\text{k}\Omega$, $V_R = 0\,\text{V}$ 행에 기록한다.

표 25-4 슈미트 트리거와 적분기를 이용한 삼각파 발생기 회로의 특성 측정 결과

	주기 T [ms]	듀티비 D[%]	최댓값 [V]	최솟값 [V]
$R = 1.5\text{k}\Omega$, $C = 1\mu\text{F}$, $V_R = 0\text{V}$				
$R = 1.5\text{k}\Omega$, $C = 1\mu\text{F}$, $V_R = 1\text{V}$				
$R = 3\text{k}\Omega$, $C = 1\mu\text{F}$, $V_R = 0\text{V}$				

측정 결과 파형을 캡처하여 붙여 넣는다.

(a) $R = 1.5\,\text{k}\Omega$, $C = 1\,\mu\text{F}$, $V_R = 0\,\text{V}$ 인 경우

측정 결과 파형을 캡처하여 붙여 넣는다.

(b) $R = 1.5\,\text{k}\Omega$, $C = 1\,\mu\text{F}$, $V_R = 1\,\text{V}$ 인 경우

측정 결과 파형을 캡처하여 붙여 넣는다.

(c) $R = 3\,\text{k}\Omega$, $C = 1\,\mu\text{F}$, $V_R = 0\,\text{V}$ 인 경우

그림 25-11 슈미트 트리거와 적분기를 이용한 삼각파 발생기 회로의 측정 결과 파형

실험 고찰

■ 고찰 [1]

- [그림 25-6(a)]의 구형파 발생기 회로에 대해 [표 25-1]의 시뮬레이션 결과로부터 출력 구형파의 주파수 f_{sim}을 구하고, [표 25-2]의 측정 결과로부터 주파수 f_{meas}를 구하라. 그리고 식 (25.2)로 주파수 f_{cal}을 구하여 [표 25-5]에 기록하고, 이 값들을 비교하여 설명하라.
- 저항 R_A가 출력 구형파의 주파수에 미치는 영향을 설명하라.

표 25-5 구형파 발생기의 발진주파수 비교($C_A = 1\mu F$)

	저항 R_A [kΩ]		
	1.8	3.6	4.7
[표 25-1]의 시뮬레이션 결과에 의한 주파수 f_{sim} [Hz]			
[표 25-2]의 측정 결과에 의한 주파수 f_{meas} [Hz]			
식 (25.2)로 계산된 주파수 f_{cal} [Hz]			

■ 고찰 [2]

- [그림 25-10(a)]의 삼각파 발생기 회로에 대해 [표 25-3]의 시뮬레이션 결과로부터 출력 삼각파의 주파수 f_{sim}을 구하고, [표 25-4]의 측정 결과로부터 주파수 f_{meas}를 구하라. 그리고 식 (25.5)로 주파수 f_{cal}을 구하여 [표 25-6]에 기록하고, 이 값들을 비교하여 설명하라.
- 적분기의 커패시터 C 값이 고정된 상태에서 저항 R이 출력 삼각파의 주파수에 미치는 영향을 설명하라.

표 25-6 삼각파 발생기의 발진주파수 비교($C_A = 1\mu F$)

	저항 R[kΩ]	
	1.5	3
[표 25-3]의 시뮬레이션 결과에 의한 주파수 f_{sim} [Hz]		
[표 25-4]의 측정 결과에 의한 주파수 f_{meas} [Hz]		
식 (25.5)로 계산된 주파수 f_{cal} [Hz]		

실험 고찰

■ 고찰 [3]

- [그림 25-10(a)]의 삼각파 발생기 회로에 대해 [표 25-3]의 시뮬레이션 결과로부터 출력 삼각파의 평균값 $V_{avg,sim}$을 구하고, [표 25-4]의 측정 결과로부터 평균값 $V_{avg,meas}$를 구하라. 그리고 식 (25.3)으로 평균값 $V_{avg,cal}$을 구하여 [표 25-7]에 기록하고, 이 값들을 비교하여 설명하라.
- 적분기의 커패시터 C 값과 저항 R이 고정된 상태에서, 슈미트 트리거의 반전단자에 인가되는 DC 전압 V_R이 출력 삼각파에 미치는 영향을 설명하라.

표 25-7 삼각파의 평균값 비교($R=1.5\text{k}\Omega$, $C=1\mu\text{F}$)

	V_R [V]	
	0	1
[표 25-3]의 시뮬레이션 결과에 의한 평균값 $V_{avg,sim}$		
[표 25-4]의 측정 결과에 의한 평균값 $V_{avg,meas}$		
식 (25.3)으로 계산된 평균값 $V_{avg,cal}$		

연계 | 〈핵심이 보이는 전자회로〉 8.4절

실험

26

555 타이머 IC 응용회로

실험 목적

- 시뮬레이션을 통해 555 타이머 IC 응용회로의 동작을 예측한다.
- 555 타이머 IC를 이용한 구형파 발생기와 펄스 발생기의 구성과 동작을 확인한다.

실험 내용

- 실험 26-1 | 555 타이머 IC를 이용한 구형파 발생기 회로의 동작 특성 측정
- 실험 26-2 | 555 타이머 IC를 이용한 펄스 발생기 회로의 동작 특성 측정

26.1 이론적 배경 이해하기

1. 555 타이머 IC를 이용한 구형파 발생기 회로

- 555 타이머 IC는 단안정 멀티바이브레이터(펄스 발생기)와 구형파, 삼각파, 톱니파 등의 비정현파 신호의 생성을 위해 폭넓게 사용된다.
- [그림 26-1]은 555 타이머 IC를 이용한 구형파 발생기 회로이며, 외부 인가 신호 없이 회로 자체의 동작에 의해 구형파가 발생되는 비안정 멀티바이브레이터이다.
- 555 타이머 IC 외부에 저항 R_A, R_B, 커패시터 C가 전원(❽)과 접지(❶) 사이에 직렬로 연결되고, 저항 R_B와 커패시터의 접점에 트리거 단자(❷)와 문턱전압 단자(❻)가 연결되며, 방전단자(❼)는 저항 R_A와 R_B의 접점에 연결된다.
- 커패시터의 주기적인 충전과 방전 작용으로 555 타이머 IC의 출력이 반복적으로 천이되면서 구형파가 발생된다. 커패시터 C의 충전 및 방전 시상수는 다음과 같으며, 도통된 BJT의 등가저항은 $R_{on} \ll R_B$이다.
  - 커패시터 C의 충전 시상수 : $\tau_1 = (R_A + R_B)C$
  - 커패시터 C의 방전 시상수 : $\tau_2 = (R_B + R_{on})C \simeq R_B C$
- 출력 구형파의 주기 T는 식 (26.1)과 같이 결정된다.

$$T \simeq 0.69(R_A + 2R_B)C \tag{26.1}$$

- 출력 구형파의 듀티비 D는 식 (26.2)와 같다.
  - $\tau_1 > \tau_2$이므로, $D > 50\%$인 비대칭 구형파가 발생된다.
  - $R_B \gg R_A$이면, $D \simeq 50\%$인 대칭에 가까운 구형파를 생성할 수 있다.

$$D = \frac{R_A + R_B}{R_A + 2R_B} \times 100\% \tag{26.2}$$

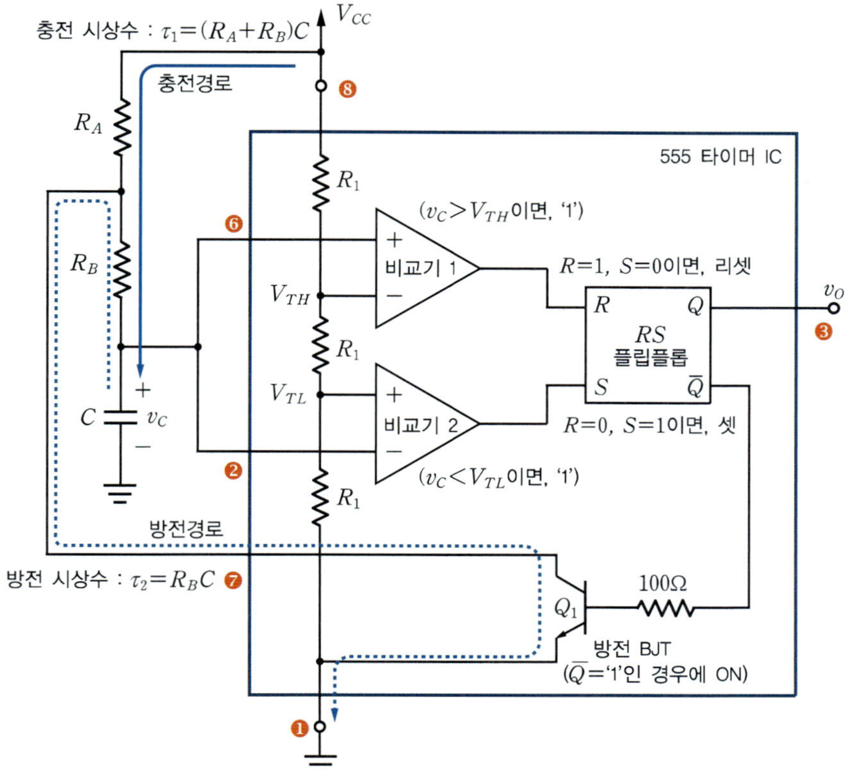

그림 26-1 555 타이머 IC를 이용한 구형파 발생기 회로

2. 555 타이머 IC를 이용한 펄스 발생기 회로

- [그림 26-2]는 555 타이머 IC를 이용한 펄스 발생기 회로이며, 외부 트리거 신호 v_T에 의해 펄스가 발생되는 단안정 멀티바이브레이터이다.
- 555 타이머 IC 외부에 저항 R과 커패시터 C가 전원(❽)과 접지(❶) 사이에 직렬로 연결되고, 저항과 커패시터의 접점에 문턱전압 단자(❻)와 방전단자(❼)가 연결된다.
- 트리거 단자(❷)에 $v_T < V_{TL}$인 네거티브negative 트리거 신호가 인가되면, 커패시터의 충전에 의해 출력 펄스가 발생된다. 트리거 신호의 폭은 생성되는 펄스의 폭보다 작아야 한다. R_{on}은 도통된 BJT의 등가저항이다.
  - 커패시터 C의 충전 시상수 : $\tau_1 = RC$
  - 커패시터 C의 방전 시상수 : $\tau_2 = R_{on}C$
- 출력 펄스의 폭 T는 식 (26.3)과 같이 결정된다.

$$T = RC \ln 3 \simeq 1.1RC \tag{26.3}$$

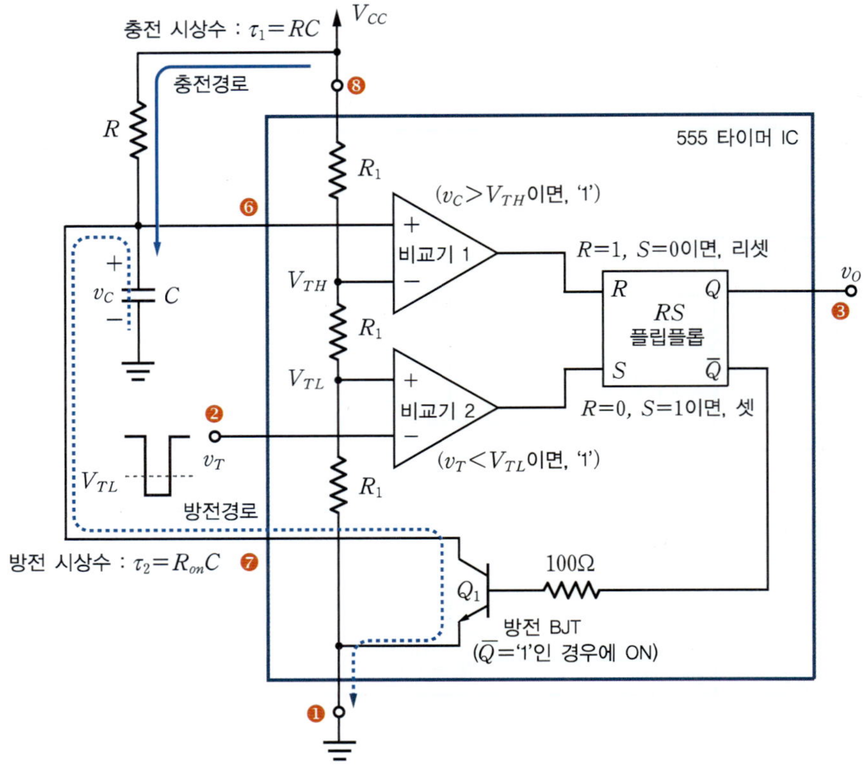

그림 26-2 555 타이머 IC를 이용한 펄스 발생기 회로

점검하기 **다음 각 문제에 답하라.**

(1) [그림 26-1]의 구형파 발생기는 (단안정, 쌍안정, 비안정) 멀티바이브레이터이다.

(2) [그림 26-1]의 구형파 발생기는 커패시터 충전 시상수가 방전 시상수보다 (작다, 크다).

(3) [그림 26-1]의 구형파 발생기의 출력 구형파 주파수는 시상수 $\tau = RC$에 (비례, 반비례)한다.

(4) [그림 26-1]의 회로에서 $R_A = R_B = 10\,\text{k}\Omega$이고, $C = 10\,\mu\text{F}$인 경우에 발생되는 구형파의 주파수는 (　　　　)Hz이다.

(5) [그림 26-2]의 펄스 발생기는 (단안정, 쌍안정, 비안정) 멀티바이브레이터이다.

(6) [그림 26-2]의 펄스 발생기에서 펄스의 폭은 시상수 RC에 (비례, 반비례)한다.

(7) [그림 26-2]의 펄스 발생기에서 트리거 신호의 폭은 생성되는 펄스의 폭보다 (작아야, 커야)한다.

(8) [그림 26-2]의 펄스 발생기에서 $T \simeq 2{,}000\,\text{ms}$의 펄스를 생성하기 위해 R은 약 (18, 180)kΩ이 사용되어야 한다. 단 $C = 10\,\mu\text{F}$이다.

26.2 실험 진행하기

실험 26-1 | 555 타이머 IC를 이용한 구형파 발생기 회로의 동작 특성 측정

1. PSpice 시뮬레이션

1 회로도 입력

- 555 타이머 IC를 이용한 구형파 발생기 회로의 시뮬레이션을 위해 [그림 26-3(a)]의 회로를 PSpice 회로도 편집기에 입력한다.
- [그림 26-3(b), (c)]와 같이 anl_misc 라이브러리를 추가한 후, anl_misc 라이브러리를 지정하고, 555 타이머 IC를 회로도에 삽입한다.

회로도 편집기에서 라이브러리 추가 및 555 타이머 IC 삽입하기

① 회로도 편집기 메뉴에서 Place의 Part를 실행하면 Place Part 창이 나타난다.

② Place Part 창에서 Add Library 버튼을 클릭한다.

③ C:₩Cadence₩SPB_24.1₩tools₩capture₩library₩pspice 폴더에서 anl_misc 라이브러리를 선택하여 추가한다([그림 26-3(b)]).

④ Place Part 창에서 anl_misc 라이브러리를 지정하고, 555alt 소자를 선택하여 회로도에 삽입한다([그림 26-3(c)]).

- 555 타이머 IC의 CONTROL 단자(5번 핀)와 접지 사이에 10 nF의 커패시터를 연결한다.
- 555 타이머 IC의 RESET 단자(4번 핀)는 전원 V_{CC}로 연결한다.
- 저항은 $R_A = R_B = 10\,\mathrm{k\Omega}$, 충방전 커패시터는 $C = 0.1\,\mu\mathrm{F}$으로 설정한다.
- 커패시터 전압 v_C와 출력전압 v_O의 파형을 확인할 수 있도록 회로도에 Voltage Marker를 연결한다.

2 시뮬레이션 설정

- Simulation Settings 창을 열어 Analysis Type을 Time Domain(Transient)으로 지정하고, [그림 26-3(d)]와 같이 시뮬레이션을 설정한다.

  참고 Transient options의 Skip initial transient bias point calculation(SKIPBP)에 체크하여 바이어스 포인트 계산을 생략하도록 설정한다. SKIPBP 옵션을 설정하지 않으면, 동작점 계산 시 수렴 오류가 발생할 수 있다.

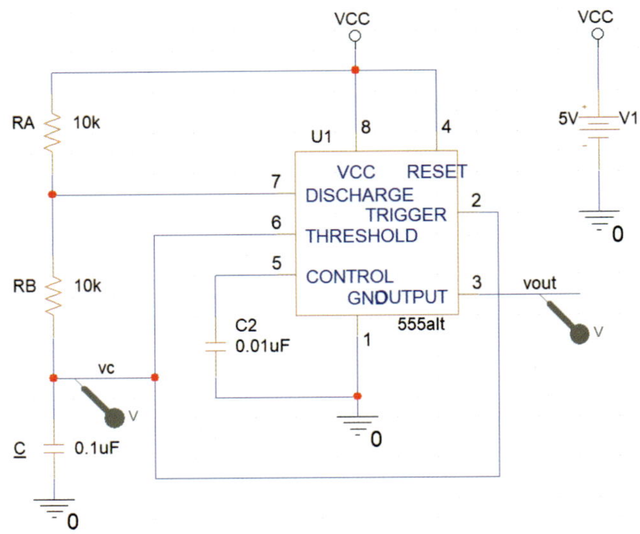

(a) 시뮬레이션 회로

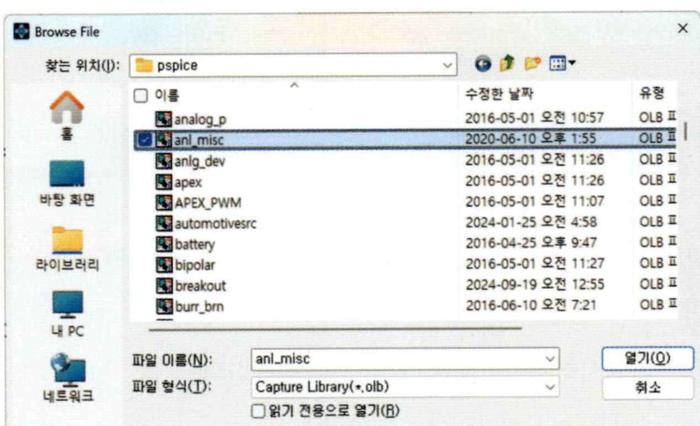

(b) anl_misc 라이브러리 추가

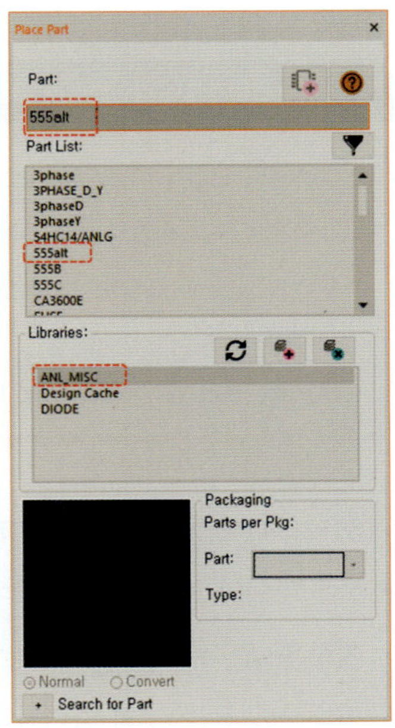

(c) 555alt 타이머 IC 소자 삽입

그림 26-3 555 타이머 IC를 이용한 구형파 발생기 회로의 시뮬레이션(계속)

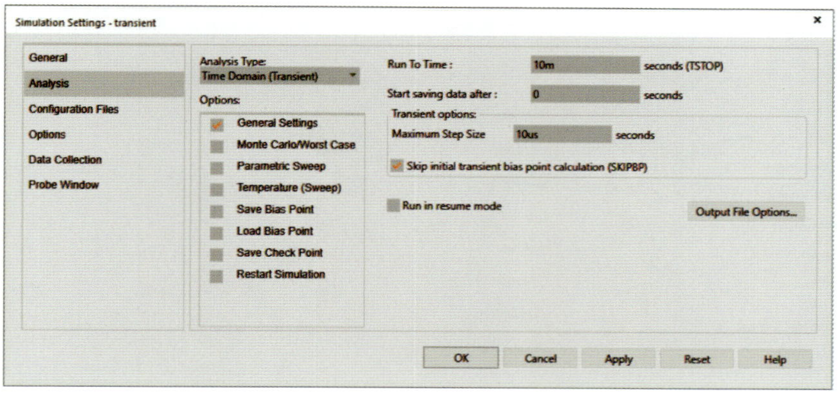

(d) 시뮬레이션 설정(Transient 해석)

그림 26-3 555 타이머 IC를 이용한 구형파 발생기 회로의 시뮬레이션

3 시뮬레이션 실행 및 결과 확인

- 시뮬레이션을 실행하면, 커패시터 전압과 출력전압의 파형이 시뮬레이션 결과 창에 표시된다. 시뮬레이션 결과 화면을 캡처하여 [그림 26-5(a)]에 붙여 넣는다.
- Transient 해석 결과로부터, 출력 구형파의 주기 T와 듀티비 D를 확인하여 [표 26-1]의 $R_B = 10\,\mathrm{k\Omega}$ 행에 기록한다.
- 출력 구형파의 주기 T는 [그림 26-4(a)]와 같이 PSpice Measurements의 `Period(1)`를 이용하여 확인한다.
- 구형파의 듀티비 D는 [그림 26-4(b)]와 같이 PSpice Measurements의 `DutyCycle(1)`을 이용하여 확인한다.

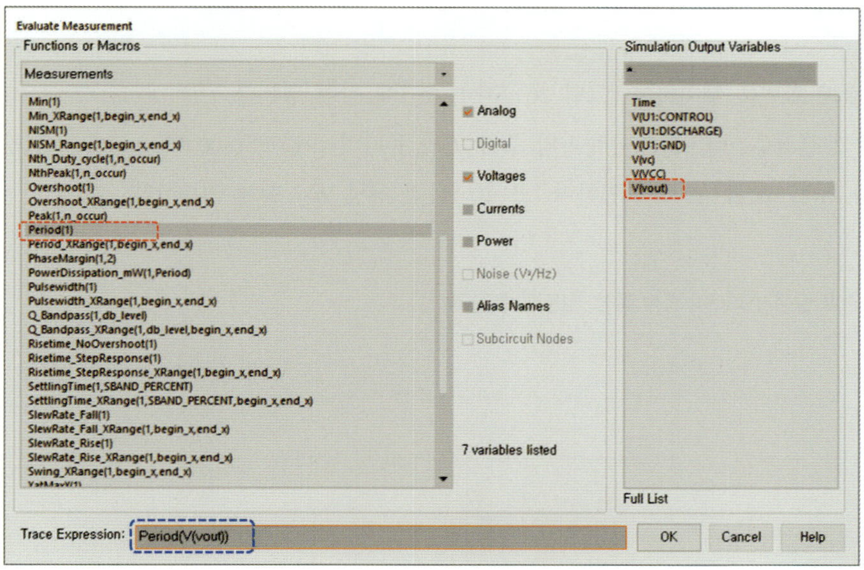

(a) 출력 구형파의 주기 T 확인

그림 26-4 Evaluate Measurement를 이용한 구형파의 주기와 듀티비 확인(계속)

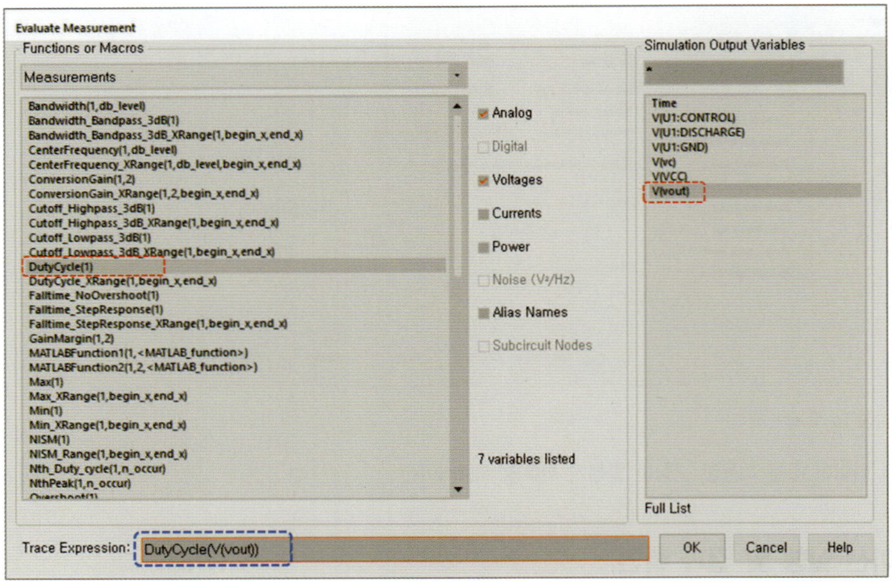

(b) 출력 구형파의 듀티비 D 확인

그림 26-4 Evaluate Measurement를 이용한 구형파의 주기와 듀티비 확인

4 저항값 변경 후 시뮬레이션 재실행 및 결과 확인

- 저항 R_B 값과 시뮬레이션 설정을 다음과 같이 변경하여 시뮬레이션을 실행한다.

R_B	Run to time	Maximum step size
33 [kΩ]	20 ms	20 μs
91 [kΩ]	60 ms	60 μs

- 시뮬레이션 결과 화면을 캡처하여 [그림 26-5(b), (c)]에 붙여 넣는다.
- Transient 해석 결과로부터, 출력 구형파의 주기 T와 듀티비 D를 PSpice Measurements의 `Period(1)`와 `DutyCycle(1)`로 확인하여 [표 26-1]의 해당 R_B 행에 기록한다.

표 26-1 555 타이머 IC를 이용한 구형파 발생기 회로의 동작 특성 시뮬레이션 결과

R_B [kΩ]	주기 T [ms]	듀티비 D [%]
10		
33		
91		

시뮬레이션 결과 파형을 캡처하여 붙여 넣는다.

(a) $R_B = 10\,\mathrm{k\Omega}$인 경우

시뮬레이션 결과 파형을 캡처하여 붙여 넣는다.

(b) $R_B = 33\,\mathrm{k\Omega}$인 경우

시뮬레이션 결과 파형을 캡처하여 붙여 넣는다.

(c) $R_B = 91\,\mathrm{k\Omega}$인 경우

그림 26-5 555 타이머 IC를 이용한 구형파 발생기 회로의 시뮬레이션 결과 파형

2. 실험 555 타이머 IC를 이용한 구형파 발생기 회로의 동작 특성 측정

[실험장비]

장비명	수량	장비명	수량
DC 전원공급 장치	1대	오실로스코프(2채널)	1대
멀티미터	1대		

[실험부품]

타이머 IC	LM555 또는 NE555	커패시터	$10\,\text{nF}$, $0.1\,\mu\text{F}$
저항	$10\,\text{k}\Omega$(2개), $33\,\text{k}\Omega$, $91\,\text{k}\Omega$		

1 브레드보드 부품 배치도 연결 완성하기

- [그림 26-6(a)]의 실험회로와 [그림 26-6(b)]의 LM555 타이머 IC 핀 배치도를 참조해서 [그림 26-6(c)]의 브레드보드 부품 배치도의 연결을 완성한다.

2 회로 구성하기

- 완성된 부품 배치도를 참조해서 [그림 26-6(a)]의 실험회로를 브레드보드에 구성한다.
- 타이머 IC는 LM555(또는 NE555)를 사용하며, [그림 26-6(b)]의 LM555 타이머 IC 핀 배치도를 참조하여 8번 핀(V_{CC})이 위쪽, 1번 핀(GND)이 아래쪽이 되도록 브레드보드에 삽입한다.
- 저항은 $R_A = R_B = 10\,\text{k}\Omega$를, 커패시터는 $C = 0.1\,\mu\text{F}$을 사용한다.

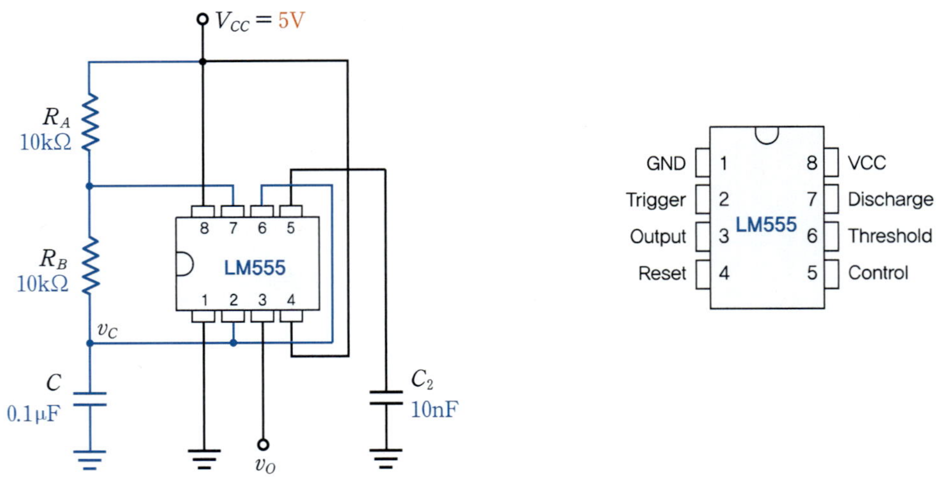

(a) 실험회로

(b) LM555 타이머 IC의 핀 배치도

그림 26-6 555 타이머 IC를 이용한 구형파 발생기의 실험회로(계속)

🔍 실험회로를 참고해서 부품 배치도의 연결을 완성한다.

(c) 부품 배치도

그림 26-6 555 타이머 IC를 이용한 구형파 발생기의 실험회로

3 회로 점검하기

- 브레드보드에 부품 실장이 완료되면, 멀티미터를 저항측정 모드로 설정하고 단락, 접촉불량 등을 점검한다.
- V_{CC}와 GND의 단락 여부, 그리고 출력신호 v_O와 V_{CC}의 단락 여부를 확인한다.
- V_{CC}와 GND로 연결되는 노드들의 단락/개방 여부를 확인한다.

4 전원전압 인가하기

- DC 전원공급 장치의 출력이 5 V가 되도록 설정한 후, 실험회로의 V_{CC} 단자에 $V_{CC} = 5\,\text{V}$가 되도록 연결한다.

5 결과 값 측정하기

- 전원을 인가하면, 회로가 발진을 시작하여 출력 v_O에 구형파가 발생한다.
- 오실로스코프 CH1로 커패시터 전압 v_C를 측정하고, CH2로 출력 구형파 v_O를 측정한다. 측정 결과 파형을 캡처하여 [그림 26-7(a)]에 붙여 넣는다.
- 측정된 v_O의 파형에서 구형파의 주기 T와 듀티비 D를 측정하여 [표 26-2]의 $R_B = 10\,\text{k}\Omega$ 행에 기록한다.

6 저항 R_B 값에 따른 구형파 출력 관찰하기

- 저항 R_B 값을 $33\,\text{k}\Omega$과 $91\,\text{k}\Omega$으로 변경한 후, v_C와 v_O를 측정한다. 측정 결과 파형을 캡처하여 [그림 26-7(b), (c)]에 붙여 넣는다.

• 측정된 v_O의 파형에서 구형파의 주기 T와 듀티비 D를 측정하여 [표 26-2]의 해당 R_B 행에 기록한다.

표 26-2 555 타이머 IC를 이용한 구형파 발생기 회로의 동작 특성 측정 결과

R_B [kΩ]	주기 T [ms]	듀티비 D [%]
10		
33		
91		

측정 결과 파형을 캡처하여 붙여 넣는다.

(a) $R_B = 10\,\text{k}\Omega$인 경우

측정 결과 파형을 캡처하여 붙여 넣는다.

(b) $R_B = 33\,\text{k}\Omega$인 경우

그림 26-7 555 타이머 IC를 이용한 구형파 발생기 회로의 측정 결과 파형(계속)

측정 결과 파형을 캡처하여 붙여 넣는다.

(c) $R_B = 91\,\mathrm{k}\Omega$인 경우

그림 26-7 555 타이머 IC를 이용한 구형파 발생기 회로의 측정 결과 파형

실험 26-2 | 555 타이머 IC를 이용한 펄스 발생기 회로의 동작 특성 측정

1. PSpice 시뮬레이션

1 회로도 입력

- 555 타이머 IC를 이용한 펄스 발생기 회로의 시뮬레이션을 위해 [그림 26-8(a)]의 회로를 PSpice 회로도 편집기에 입력한다.
- Place Part 창에서 anl_misc 라이브러리를 지정하고, 555alt 소자를 선택하여 회로도에 삽입한다.
- 555 타이머 IC의 CONTROL 단자(5번 핀)와 접지 사이에 $10\,\mathrm{nF}$의 커패시터를 연결한다.
- 555 타이머 IC의 RESET 단자(4번 핀)는 전원 V_{CC}로 연결한다.
- 저항은 $R_A = 10\,\mathrm{k}\Omega$, 충방전 커패시터는 $C = 1\,\mu\mathrm{F}$으로 설정한다.
- 커패시터 전압 v_C와 출력전압 v_O의 파형을 확인할 수 있도록 회로도에 Voltage Marker를 연결한다.

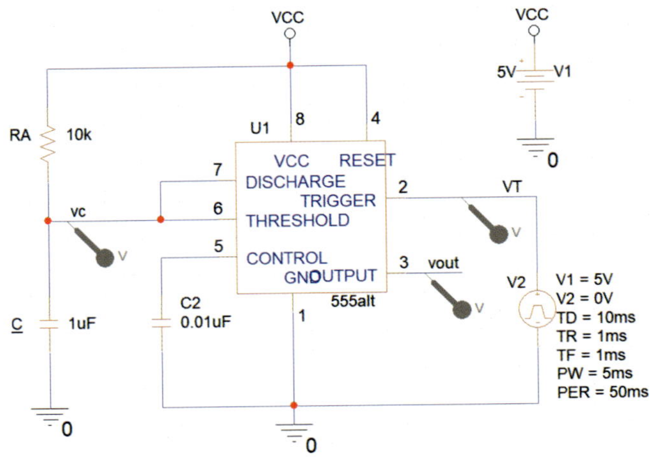

(a) 시뮬레이션 회로

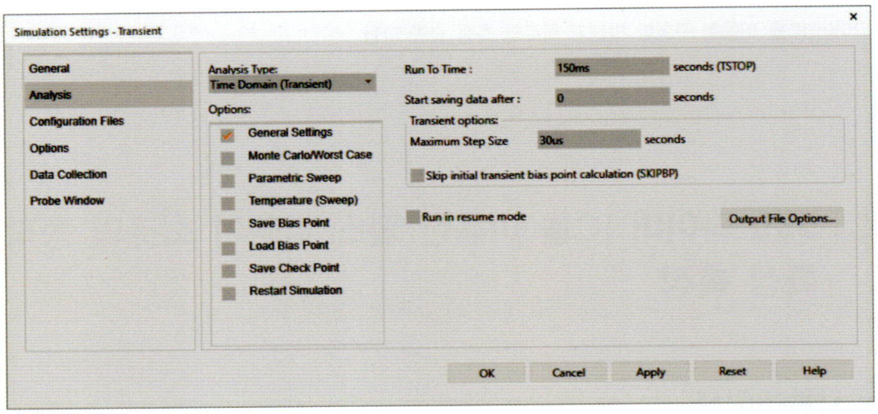

(b) 시뮬레이션 설정(Transient 해석)

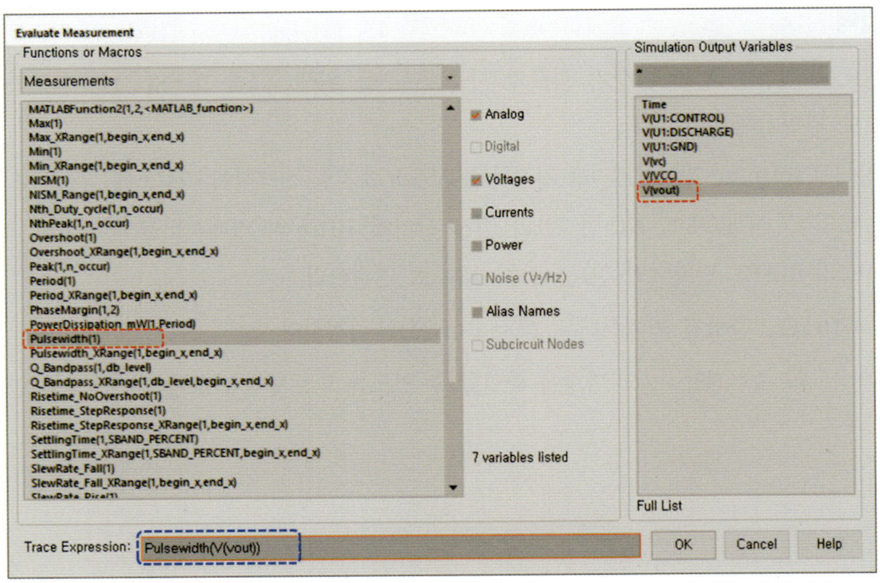

(c) 펄스폭 확인

그림 26-8 555 타이머 IC를 이용한 펄스 발생기 회로의 시뮬레이션

2 시뮬레이션 설정

- Simulation Settings 창을 열어 Analysis Type을 Time Domain(Transient)으로 지정하고, [그림 26-8(b)]와 같이 시뮬레이션을 설정한다.

3 시뮬레이션 실행 및 결과 확인

- 시뮬레이션을 실행하면, 커패시터 전압과 출력전압의 파형이 시뮬레이션 결과 창에 표시된다. 시뮬레이션 결과 화면을 캡처하여 [그림 26-9(a)]에 붙여 넣는다.
- 시뮬레이션 결과로부터, 출력 펄스의 폭 T를 확인하여 [표 26-3]의 $R_A = 10\,\text{k}\Omega$ 칸에 기록한다.
- 펄스폭 T는 [그림 26-8(c)]와 같이 PSpice Measurements의 `PulseWidth(1)`로 확인한다.

4 저항 R_A 값 변경 후 시뮬레이션 재실행 및 결과 확인

- 저항 R_A의 값을 $20\,\text{k}\Omega$, $30\,\text{k}\Omega$으로 변경한 후, 시뮬레이션을 실행한다.
- 커패시터 전압 v_C와 출력전압 v_O의 시뮬레이션 결과 화면을 캡처하여 [그림 26-9(b), (c)]에 붙여 넣는다.
- 시뮬레이션 결과로부터, 펄스폭 T를 PSpice Measurements의 `PulseWidth(1)`로 확인하여 [표 26-3]의 해당 R_A 칸에 기록한다.

표 26-3 555 타이머 IC를 이용한 펄스 발생기 회로의 동작 특성 시뮬레이션 결과

R_A [kΩ]	펄스폭 T [ms]
10	
20	
30	

시뮬레이션 결과 파형을 캡처하여 붙여 넣는다.

(a) $R_A = 10\,\mathrm{k\Omega}$인 경우

시뮬레이션 결과 파형을 캡처하여 붙여 넣는다.

(b) $R_A = 20\,\mathrm{k\Omega}$인 경우

시뮬레이션 결과 파형을 캡처하여 붙여 넣는다.

(c) $R_A = 30\,\mathrm{k\Omega}$인 경우

그림 26-9 555 타이머 IC를 이용한 펄스 발생기 회로의 시뮬레이션 결과 파형

2. 실험 555 타이머 IC를 이용한 펄스 발생기 회로의 동작 특성 측정

[실험장비]

장비명	수량	장비명	수량
DC 전원공급 장치	1대	오실로스코프(2채널)	1대
함수발생기	1대	멀티미터	1대

[실험부품]

타이머 IC	LM555 또는 NE555	커패시터	10nF, 1μF
저항	10kΩ, 20kΩ, 30kΩ		

1 브레드보드 부품 배치도 연결 완성하기

- [그림 26-10(a)]의 실험회로와 [그림 26-6(b)]의 LM555 타이머 IC 핀 배치도를 참조해서 [그림 26-10(b)]의 브레드보드 부품 배치도의 연결을 완성한다.

2 회로 구성하기

- 완성된 부품 배치도를 참조해서 [그림 26-10(a)]의 실험회로를 브레드보드에 구성한다.
- 타이머 IC는 LM555(또는 NE555)를 사용하며, [그림 26-6(b)]의 LM555 타이머 IC 핀 배치도를 참조하여 8번 핀(V_{CC})이 위쪽, 1번 핀(GND)이 아래쪽이 되도록 브레드보드에 삽입한다.
- 저항은 $R_A = 10\,\text{k}\Omega$를, 커패시터는 $C = 1\mu\text{F}$을 사용한다.

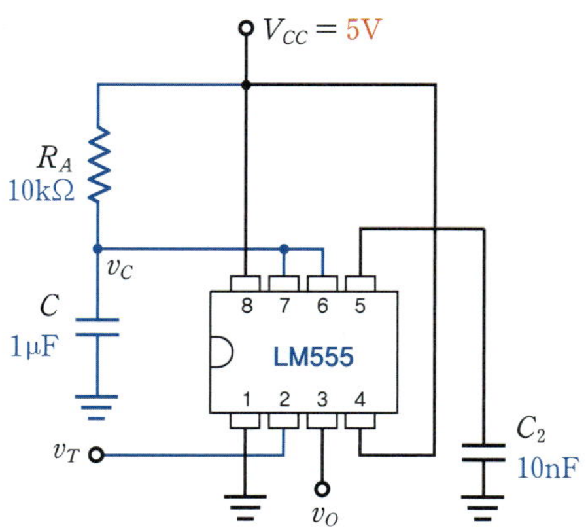

(a) 실험회로

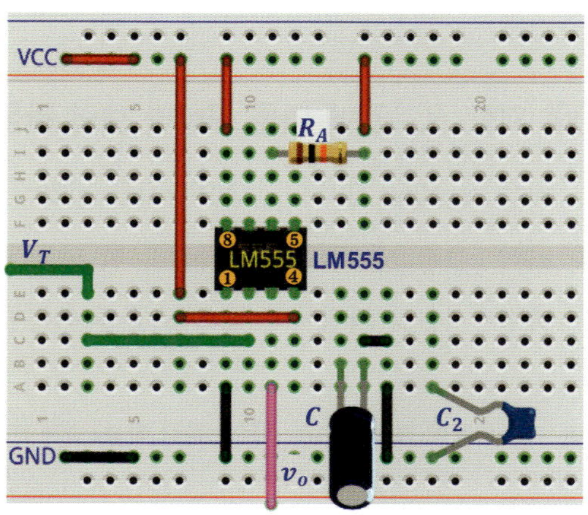

실험회로를 참고해서 부품 배치도의 연결을 완성한다.

(b) 부품 배치도

그림 26-10 555 타이머 IC를 이용한 펄스 발생기의 실험회로

3 회로 점검하기

- 브레드보드에 부품 실장이 완료되면, 멀티미터를 저항측정 모드로 설정하고 단락, 접촉불량 등을 점검한다.
- V_{CC}와 GND의 단락 여부, 그리고 출력신호 v_O와 V_{CC}의 단락 여부를 확인한다.
- V_{CC}와 GND로 연결되는 노드들의 단락/개방 여부를 확인한다.

4 전원전압 인가하기

- DC 전원공급 장치의 출력이 5 V가 되도록 설정한 후, 실험회로의 V_{CC} 단자에 $V_{CC} = 5\,\text{V}$가 되도록 연결한다.

5 트리거 펄스 인가하기

- 함수발생기의 전원을 ON시키고 구형파 출력 모드로 설정한다. 구형파의 주파수 20 Hz, 진폭 5 V, 그리고 듀티비가 대략 80% 정도가 되도록 설정한 후, 오실로스코프를 이용하여 구형파의 주파수, 진폭, 듀티비를 확인한다.
- 확인이 완료되면 실험회로의 트리거 신호 v_T 단자에 연결한다.

6 결과 값 측정하기

- 트리거 신호(함수발생기의 구형파 출력)가 인가되면, 출력 v_O에 펄스가 발생한다.
- 오실로스코프 CH1로 커패시터 전압 v_C를 측정하고, CH2로 출력 펄스 v_O를 측정한다. 측정 결과 파형을 캡처하여 [그림 26-11(a)]에 붙여 넣는다.
- 측정된 v_O의 파형에서 펄스폭 T를 측정하여 [표 26-4]의 $R_A = 10\,\text{k}\Omega$ 행에 기록한다.

7 저항 R_A 값에 따른 구형파 출력 관찰하기

- 저항 R_A 값을 $20\,\text{k}\Omega$과 $30\,\text{k}\Omega$으로 변경한 후, v_C와 v_O를 측정한다. 측정 결과 파형을 캡처하여 [그림 26-11(b), (c)]에 붙여 넣는다.
- 측정된 v_O의 파형에서 펄스폭 T를 측정하여 [표 26-4]의 해당 R_B 행에 기록한다.

표 26-4 555 타이머 IC를 이용한 펄스 발생기 회로의 동작 특성 측정 결과

R_A [kΩ]	펄스폭 T [ms]
10	
20	
30	

측정 결과 파형을 캡처하여 붙여 넣는다.

(a) $R_A = 10\,\text{k}\Omega$인 경우

측정 결과 파형을 캡처하여 붙여 넣는다.

(b) $R_A = 20\,\text{k}\Omega$인 경우

측정 결과 파형을 캡처하여 붙여 넣는다.

(c) $R_A = 30\,\text{k}\Omega$인 경우

그림 26-11 555 타이머 IC를 이용한 펄스 발생기 회로의 측정 결과 파형

실험 고찰

■ 고찰 [1]

- [그림 26-6(a)]의 555 타이머 IC를 이용한 구형파 발생기 회로에 대해 [표 26-1]의 시뮬레이션 결과로부터 출력 구형파의 주파수 f_{sim}을 구하고, [표 26-2]의 측정 결과로부터 주파수 f_{meas}를 구하라. 그리고 식 (26.1)로 주파수 f_{cal}을 구하여 [표 26-5]에 기록하고, 값을 비교하여 설명하라.
- 저항 R_B가 출력 구형파의 주파수에 미치는 영향을 설명하라.

표 26-5 555 타이머 IC를 이용한 출력 구형파의 주파수 비교 ($R_A = 10\text{k}\Omega$, $C = 0.1\mu\text{F}$)

	R_B[kΩ]		
	10	33	91
[표 26-1]의 시뮬레이션 결과에 의한 구형파 주파수 f_{sim} [kHz]			
[표 26-2]의 측정 결과에 의한 구형파 주파수 f_{meas} [kHz]			
식 (26.1)로 계산된 구형파 주파수 f_{cal} [kHz]			

■ 고찰 [2]

- [그림 26-6(a)]의 555 타이머 IC를 이용한 구형파 발생기 회로에 대해 [표 26-1]의 시뮬레이션 결과로부터 구한 출력 구형파의 듀티비 D_{sim}, [표 26-2]의 측정 결과로부터 구한 듀티비 D_{meas}, 그리고 식 (26.2)로 듀티비 D_{cal}을 구하여 [표 26-6]에 기록하고, 값을 비교하여 설명하라.
- 저항 R_B가 출력 구형파의 듀티비에 미치는 영향을 설명하라.

실험 고찰

표 26-6 555 타이머 IC를 이용한 출력 구형파의 듀티비 비교 ($R_A = 10\text{k}\Omega$, $C = 0.1\mu\text{F}$)

	R_B[kΩ]		
	10	33	91
[표 26-1]의 시뮬레이션 결과에 의한 듀티비 D_{sim} [%]			
[표 26-2]의 측정 결과에 의한 듀티비 D_{meas} [%]			
식 (26.2)로 계산된 듀티비 D_{cal} [%]			

■ 고찰 [3]

- [그림 26-10(a)]의 555 타이머 IC를 이용한 펄스 발생기 회로에 대해 [표 26-3]의 시뮬레이션 결과로부터 구한 출력 펄스의 폭 T_{sim}, [표 26-4]의 측정 결과로부터 구한 출력 펄스의 폭 T_{meas}, 그리고 식 (26.3)으로 계산된 출력 펄스의 폭 T_{cal}을 [표 26-7]에 기록하고, 이 값을 비교하여 설명하라.
- 저항 R_A가 출력 펄스의 폭에 미치는 영향을 설명하라.

표 26-7 555 타이머 IC를 이용한 펄스 발생기의 펄스폭 비교 ($C = 1\mu\text{F}$)

	R_A [kΩ]		
	10	20	30
[표 26-3]의 시뮬레이션 결과에 의한 펄스폭 T_{sim} [ms]			
[표 26-4]의 측정 결과에 의한 펄스폭 T_{meas} [ms]			
식 (26.3)으로 계산된 펄스폭 T_{cal} [ms]			

참고문헌

1. 신경욱, 핵심이 보이는 전자회로(3판), 한빛아카데미, 2024
2. Tektronix, TBS1000C 제품군 오실로스코프 사용 설명서, 2024
3. Tektronix, 오실로스코프의 모든 것 – 입문서, 2011
4. GWINSTEK, Arbitrary Function Generator AFG 2000 Series – Quick Start Guide
5. KEITHLEY, Model 2110 5½ Digital Multimeter Reference Manual, 2013.
6. Cadence OrCAD PSpice Designer v22.1, 나인플러스 IT(주)
7. 나인플러스 IT(주), http://www.npit.co.kr
8. OrCAD PSpice, Cadence Design Systems, Inc.
9. fritzing(Version 0.9.3), http://fritzing.org
10. ON Semiconductor, Datasheet(1N400x), http://www.onsemi.com
11. ON Semiconductor, Datasheet(2N3904, 2N3905), http://www.onsemi.com
12. Vishay, Datasheet(2N7000), http://www.vishay.com
13. Texas Instruments, Datasheet(uA741), http://www.ti.com
14. Texas Instruments, Datasheet(LM555), http://www.ti.com
15. STMicroelectronics, Datasheet(LM358), http://www.st.com
16. Donald A. Neamen, Microelectronics–Circuit Analysis and Design(3rd Ed.), McGraw–Hill Companies, Inc., 2008

ㄱ

ㄴ

ㄷ

ㄹ

ㅁ

ㅂ

ㅅ

ㅇ